国家科学技术学术著作出版基金资助出版

鱼类脂肪酸精准营养的理论与应用实践

李远友 等 著

科学出版社
北京

内 容 简 介

本书是一本关于鱼类脂肪酸精准营养理论和应用研究方面的学术专著，系统总结了作者团队近20年来在鱼类长链多不饱和脂肪酸（LC-PUFA）合成特性及必需脂肪酸（EFA）需求特性、LC-PUFA合成代谢的转录和转录后调控机制、脂肪酸精准营养技术在鱼油替代及高效环保配合饲料研发中的应用等方面的研究成果，体现了理论和应用的良好结合。同时，作者也介绍了国内外同行在该领域的最新研究成果，并对鱼类脂肪酸精准营养的概念、内涵、重要性、研究方法和未来的研究方向，以及提高养殖鱼类LC-PUFA含量的策略等提出了自己的见解。

本书可供从事水产动物营养与饲料及水产养殖研究的科研人员参考，也可供研究生、本科生及饲料企业研发人员学习使用。

图书在版编目（CIP）数据

鱼类脂肪酸精准营养的理论与应用实践/李远友等著. —北京：科学出版社，2023.3

ISBN 978-7-03-074734-1

Ⅰ. ①鱼… Ⅱ. ①李… Ⅲ. ①鱼类—脂肪酸—研究 Ⅳ. ①TQ225.1

中国国家版本馆CIP数据核字（2023）第005491号

责任编辑：郭勇斌 彭婧煜/责任校对：杜子昂
责任印制：张 伟/封面设计：众轩企划

科学出版社出版
北京东黄城根北街16号
邮政编码：100717
http://www.sciencep.com
北京捷迅佳彩印刷有限公司印刷
科学出版社发行 各地新华书店经销
*
2023年3月第 一 版 开本：787×1092 1/16
2023年5月第二次印刷 印张：24 1/2 插页：6
字数：560 000

定价：178.00元

（如有印装质量问题，我社负责调换）

作者简介

李远友，中山大学博士，日本东京大学博士后。华南农业大学二级教授，博士生导师，海洋学院水生动物营养与饲料科学系主任。曾任汕头大学理学院副院长、海洋生物研究所所长兼广东省海洋生物技术重点实验室主任。

主要荣誉和学术兼职：国务院政府特殊津贴专家，广东省“扬帆计划”高层次人才培养对象，广东省高等学校“千百十工程”省级培养对象先进个人，汕头市首届“十大创新人物”，广东省高教系统及华南农业大学“优秀共产党员”。全国饲料工业标准化技术委员会水产饲料分技术委员会委员，全国动物营养指导委员会水产动物营养分会委员，中国水产学会水产动物营养与饲料专业委员会委员、水产生物技术专业委员会委员、海水养殖分会委员，中国农村专业技术协会海水养殖专业委员会委员，中国海洋湖沼学会海洋生物技术分会理事；广东省动物学会常务理事兼副秘书长，广东水产学会水产动物营养与饲料专业委员会主任委员，广东省海洋学会及海洋湖沼学会理事。教育部学位与研究生教育评估专家，国家自然科学基金委员会生命科学部评审组专家，广东省学位委员会学科评审组专家；广东省水产苗种开口饲料企业重点实验室学术委员会委员，湖南省水生动物营养与品质调控重点实验室首届学术委员会委员，海南省热带海洋渔业资源保护与利用重点实验室首届学术委员会委员。

主要研究方向为水产动物营养与饲料学，重点关注鱼类脂质营养需求及代谢调控机制。已主持承担包括国家自然科学基金重点国际合作研究项目、国家海水鱼产业技术体系岗位科学家项目等在内的省部级以上科研课题 30 余项，其中国家自然科学基金项目 9 项。在 *PNAS*，*Progress in Lipid Research*，*The Journal of Biological Chemistry*，*BBA-Molecular and Cell Biology of Lipids*，*Aquaculture*，*British Journal of Nutrition*，*Aquaculture Nutrition*，*Animal Nutrition*，*Journal of Agricultural and Food Chemistry*，*Proceedings of the Royal Society B*，*Journal of Fish Biology*，*Comparative Biochemistry and Physiology*，*Gene*，*Lipids*，*Aquaculture Reports*，*Aquaculture Research*，*Marine Biotechnology*，*Fish and Shellfish Immunology*，*Fish Physiology and Biochemistry*，*Scientific Reports*，*Aquaculture International*，*International Journal of Molecular Sciences*，*Journal of the World Aquaculture Society*，*PLoS One*，《水产学报》，《水生生物学报》，《中国水产科学》，《渔业科学进展》，《动物营养学报》，《动物学研究》等国内外学术期刊上发表论文 180 余篇，其中 SCI 论文 110 余篇；获省市科技进步奖 3 项；向世界基因库 NCBI 登记新基因序列 48 个，参编著作 3 部，获授权发明专利 12 件，制订广东省农业地方标准 5 项。近 20 年来，在鱼类脂质营养、特别是长链多不饱和脂肪酸（LC-PUFA；也称高不饱和脂肪酸，HUFA）合成特性与代谢调控机制，脂肪酸精准营养与鱼油鱼粉替代技术，以及高效环保配合饲料研发等方面，取得多项重要创新性突破，相关成果在国内外具有一定的影响力。

谢帝芝，博士，华南农业大学副研究员，硕士生导师。2014～2017 年于河南师范大学工作，2017 年调入华南农业大学，2020 年赴新加坡国立大学访学。主要研究方向为鱼类脂质营养及代谢、养殖鱼类肌肉品质调控及非粮饲料源开发等。主持国家自然科学基金、广东省自然科学基金等科研课题 8 项；在 *Progress in Lipid Research*，*Journal of Agricultural and Food Chemistry*，*Aquaculture* 等期刊发表论文 70 余篇。

王树启，博士，副教授，汕头大学理学院生物系主任，广东省现代农业产业技术体系岗位专家，广东省农村科技特派员。主要研究方向为鱼类营养与饲料学，特别关注鱼类脂质营养及脂肪酸代谢分子机制。主持国家自然科学基金、广东省重点领域研发计划项目等科研课题 8 项；在 *Aquaculture*，*Marine Biotechnology* 等期刊发表论文 22 篇。

董烨玮，博士，仲恺农业工程学院动物科技学院副研究员，硕士生导师。主要研究方向为水产动物营养与饲料学、营养与免疫。主持国家自然科学基金、中国博士后科学基金等科研课题 3 项。在 *Progress in Lipid Research*，*Gene*，*Comparative Biochemistry and Physiology*，*PLoS One*，*International Journal of Molecular Sciences*，*Marine Biotechnology* 等期刊发表 SCI 论文 20 余篇。在鱼类 LC-PUFA 合成代谢调控机制方面取得重要创新性发现。

陈翠英，2014 年于华南农业大学获得博士学位，2019 于汕头大学博士后出站并留校任教。主要研究方向为水产动物脂质营养生理及代谢调控、新型饲料及高效绿色环保型配合饲料的开发与应用。主持国家自然科学基金青年项目、中国博士后科学基金、广东省科技专项资金项目等课题 4 项；在 *Progress in Lipid Research*，*The Journal of Biological Chemistry*，*BBA-Molecular and Cell Biology of Lipids*，*Journal of Agricultural and Food Chemistry*，*Aquaculture* 等期刊上发表论文 20 余篇，获授权国家发明专利 1 件。

游翠红，博士，副教授。2007 年获得博士学位后，相继在汕头大学、仲恺农业工程学院工作。研究方向为水产动物营养与饲料学，主要从事鱼类脂质营养代谢和水产饲料添加剂方面的研究工作。主持国家自然科学基金、广东省自然科学基金、广东省科技计划等科研课题 7 项，在 *Aquaculture*，*Aquaculture Nutrition*，*British Journal of Nutrition* 等期刊发表论文 25 篇。

雷彩霞，2017 年于西北农林科技大学动物科技学院获得博士学位，然后在江苏省农业科学研究院任助理研究员；2021 年 6 月从华南农业大学博士后出站后，入职中国水产科学研究院珠江水产研究所任助理研究员。主要研究方向为水产动物营养与饲料学、鱼类遗传育种学。主持并参与国家和广东省自然科学基金等各类项目多项，以第一作者发表 SCI 论文 10 篇。

序 一

鱼类营养与饲料是水产养殖业发展的重要基础，脂类是鱼类三大必需营养素之一，其重要功能之一是提供必需脂肪酸（EFA）。长链多不饱和脂肪酸（LC-PUFA）是人和鱼类等所有脊椎动物的EFA。淡水鱼类可以将α-亚麻酸（ALA）和亚油酸（LA）转化为LC-PUFA，故其可以利用富含ALA和LA、但缺乏LC-PUFA的植物油为脂肪源；相反，海水鱼类的此种能力一般缺乏或很弱，故其配合饲料中需添加富含LC-PUFA的鱼油才能满足其维持正常生理功能对EFA的需要。鱼油资源短缺、价格昂贵，严重制约海水鱼养殖业的健康发展。因此，如何降低鱼油使用量是摆脱水产养殖对鱼油过度依赖"卡脖子"问题的客观需要。开展鱼类脂肪酸精准营养研究对于提高饲料效率、减少鱼油使用量具有重要意义。

李远友在攻读硕士和博士学位阶段时，主要从事水生动物繁殖生理学方面的学习和研究工作。博士毕业后在从事n-3 PUFA对花尾胡椒鲷生殖性能的影响及机制研究工作中，对n-3 LC-PUFA的重要功能产生兴趣，研究工作逐渐转向了鱼类脂质营养特别是脂肪酸精准营养方向上。看似不太相关的两个科研方向其实有其必然联系，因为亲鱼在性腺发育成熟过程中，伴随着精卵配子的大量增殖和生长发育成熟，LC-PUFA是影响生殖性能（精卵数量和质量）的重要必需营养素之一。作为李远友的博士生导师，我很欣慰地看到他找到了自己更感兴趣的科研方向并长期地坚持下来，最终取得了可喜的成果。

20年来，李远友教授带领团队成员，以我国东南沿海的一些重要海水养殖鱼类为对象，围绕EFA需求特性、LC-PUFA合成代谢调控机制、脂肪酸精准营养与鱼油替代技术及高效配合饲料研发，开展了系统深入的研究工作，取得多项具有重要创新性的研究成果。例如，在国际上首次发现脊椎动物中存在一条合成DHA的"Δ4途径"，首次揭示miRNA参与脊椎动物LC-PUFA的合成调控作用。在应用上，研发了基于卵形鲳鲹EFA需求特性的复合油，进而开发了具有重要养殖应用前景的高效配合饲料。

李远友教授团队通过对所取得的研究成果进行总结，二十年磨一剑，完成了著作《鱼类脂肪酸精准营养的理论与应用实践》。该书不仅系统地总结了团队在鱼类脂肪酸精准营养研究方面取得的理论和应用成果，也介绍了国内外同行在该领域的最新研究成果。该书内容全面、图文并茂，是一本专门介绍鱼类脂肪酸精准营养的优秀著作，对于我国水产动物营养与饲料研究具有很好的理论及实践指导作用。

谨此，我向全国从事水产动物营养与饲料研究和水产养殖的科技工作者，高等院校相关专业的研究生、本科生，以及饲料企业研发人员推荐这本值得一阅的水产领域专著。

林浩然

林浩然

中国工程院院士

中山大学生命科学学院教授

2022 年 9 月 26 日

序　二

脂类，特别是必需脂肪酸（EFA）是鱼类最重要的营养素之一，而精准营养是提升水产动物营养与饲料研究和应用水平的必然要求和发展趋势。长链多不饱和脂肪酸（LC-PUFA）不仅对于人的健康具有重要生理作用，也是包括鱼类在内的其他脊椎动物的EFA。与淡水鱼类和鲑鳟鱼类相比，绝大多数海水鱼类的LC-PUFA合成能力缺乏或很弱，故其配合饲料中需添加一定量的富含LC-PUFA的鱼油才能满足鱼体正常生长发育对EFA的需要。鱼油资源短缺、价格昂贵的情况严重制约海水鱼养殖业的健康可持续发展。加强鱼类脂肪酸精准营养与鱼油替代技术的研究和应用，是减少饲料鱼油使用量、摆脱水产养殖对鱼油过度依赖的“卡脖子”问题的重要对策。

近20年来，李远友教授团队以黄斑蓝子鱼、卵形鲳鲹、石斑鱼、罗非鱼等我国东南沿海的重要海水养殖鱼类为对象，聚焦鱼类EFA需求特性、LC-PUFA合成特性与调控机制、脂肪酸精准营养与鱼油替代技术及优质配合饲料研发，取得了一系列重要的理论和应用成果。对黄斑蓝子鱼的LC-PUFA合成代谢调控机制进行了较系统深入的研究，发现的Δ4脂肪酸去饱和酶（Δ4 Fads2）和Δ6Δ5 Fads2分别是脊椎动物和海水鱼中的首次报道，较全面地揭示了黄斑蓝子鱼的转录调控和转录后调控机制，在脊椎动物中首次揭示miRNA参与LC-PUFA的合成调控作用。这些成果不仅对于丰富鱼类营养学理论具有重要学术价值，也有助于揭示海水鱼LC-PUFA合成能力低下的原因，开发提高鱼体内源性LC-PUFA合成能力的方法，提高饲料中的鱼油替代水平，降低海水鱼饲料中鱼油的使用量。研发的基于卵形鲳鲹EFA需求特性复合油的高效配合饲料已在生产中得到初步应用，展现出良好的应用前景。

李远友教授团队撰写的《鱼类脂肪酸精准营养的理论与应用实践》一书，系统总结了该团队近20年来在鱼类EFA需求特性与LC-PUFA合成调控机制、脂肪酸精准营养与鱼油替代及高效配合饲料开发等方面的系列研究成果，同时也介绍了国内外同行在该领域的最新研究成果。内容系统全面，体现了理论和应用的结合，是一部很有特色的鱼类营养与饲料研究著作，目前国内外尚未见同类著作出版。特此向从事水产动物营养与饲料、水产健康养殖研究方面的科研人员和学生们推荐，该书也值得饲料企业研发人员学习参考。

麦康森
中国工程院院士
中国海洋大学水产学院教授
2022年9月26日

前　言

脂类是人和动物的必需营养素之一，不仅为机体提供能量和必需脂肪酸（EFA），也是细胞组织的重要组成成分。与陆生畜禽养殖动物相比，鱼类不仅对脂肪的需求量高，而且对必需脂肪酸（EFA）有更严格的要求，故鱼类的脂肪营养非常重要。

脂肪营养的实质是脂肪酸营养。脂肪酸种类繁多，其中，碳原子数大于或等于 20、不饱和双键数大于或等于 3 的脂肪酸称为长链多不饱和脂肪酸（LC-PUFA）或高不饱和脂肪酸（HUFA），主要包括二十碳五烯酸（20:5n-3，EPA）和二十二碳六烯酸（22:6n-3，DHA）等 n-3 LC-PUFA，以及二十碳四烯酸（也称花生四烯酸，20:4n-6，ARA）等 n-6 LC-PUFA。α-亚麻酸（18:3n-3，ALA）和亚油酸（18:2n-6，LA）分别是合成 n-3 LC-PUFA 和 n-6 LC-PUFA 的前体。

LC-PUFA 是人和所有脊椎动物维持正常生理功能的 EFA。其中，DHA 和 EPA 对于促进人的大脑发育和防治心脑血管疾病等具有重要作用，有“脑黄金”“心脑金”之称。鱼类需要 LC-PUFA 作为 EFA，也是人类获取 n-3 LC-PUFA 的主要食物来源。不同鱼类的 EFA 需求种类不尽相同。淡水鱼和洄游性鲑鱼可在脂肪酸去饱和酶（Fads2）及碳链延长酶（Elovl）的作用下，将 ALA 和 LA 转化为 LC-PUFA，故 ALA 和 LA 为其 EFA；相应地，资源较丰富、富含 ALA 和 LA、但缺乏 LC-PUFA 的植物油可作为其饲料的脂肪源。相反，绝大部分海水鱼的 LC-PUFA 合成能力缺乏或很弱，故其 EFA 为 LC-PUFA，配合饲料中一般需要添加富含 LC-PUFA 的鱼油来提供 EFA。全球每年的鱼油和鱼粉产量分别只有 110 万 t 和 500 万 t 左右，且 75%鱼油和 69%鱼粉用于水产养殖。我国是鱼油和鱼粉第一大进口国，约 60%鱼油和 67%鱼粉依赖进口。鱼油和鱼粉资源短缺、价格昂贵的情况，严重制约水产养殖业的健康发展。因此，降低水产饲料中鱼油和鱼粉的使用量是解决我国水产养殖对其依赖性过强的“卡脖子”问题的客观需要。

可喜的是，近 20 年来，本团队专注鱼类脂质营养研究工作，为解决上述“卡脖子”问题积累了一些研究成果。我能走上鱼类营养特别是脂质营养研究之路，与我的求学经历及机缘密不可分。我硕士阶段（1986—1989 年）和博士阶段（1995—1998 年）分别师从刘筠院士和林浩然院士，从事水生动物繁殖生理学方面的研究。博士毕业到汕头大学工作后，有幸得到中国科学院水生生物研究所崔奕波研究员的指导及其团队的帮助，开始鱼类营养与饲料方面的研究。2000 年获得国家自然科学基金面上项目（“饲料 $\omega3$ 多不饱和脂肪酸影响花尾胡椒鲷生殖性能的机制”），这成为我从繁殖生理学转向脂质营养研究的起点。通过该项目及后续相关研究项目的实施，研究工作逐渐聚焦到了鱼类脂质营养，特别是 n-3 LC-PUFA 功能、鱼类 EFA 需求特性、LC-PUFA 合成特性与代谢调控机制、脂肪酸精准营养及其在鱼油替代及高效环保配合饲料研发中的应用等方面。

关于鱼类 LC-PUFA 合成特性与 EFA 需求特性的研究，最初出于对“淡水鱼具有 LC-PUFA 合成能力，海水鱼的该种能力缺乏或很弱”规律的质疑，基于绝大多数海水鱼为肉食性的特点，我对“具有植食性和广盐性特点的海水鱼的 LC-PUFA 合成特性”产生了兴趣。通过对兼具植食性和广盐性特点的黄斑蓝子鱼开展研究，我惊奇地发现该鱼不仅具有 LC-PUFA 合成能力，且该能力与其生活的水体盐度有关。该成果在国际上首次报道海水鱼具有较强的 LC-PUFA 合成能力，从而修正了鱼类营养学界长期认为“海水鱼缺乏 LC-PUFA 合成能力或该能力很弱”的观点。通过对黄斑蓝子鱼 LC-PUFA 合成关键酶基因的克隆和功能鉴定，揭示其具有完整的 LC-PUFA 合成途径；其中，Δ6Δ5 Fads2 是海水鱼中的首次发现，Δ4 Fads2 及由 EPA 合成 DHA 的“Δ4 途径”的存在则是脊椎动物中的首次发现，该重要成果于 2010 年发表在 *PNAS* 上。随后，通过系统深入的研究，分别从转录水平和转录后水平全面揭示了黄斑蓝子鱼的 LC-PUFA 合成代谢调控机制，并取得多项创新性发现，揭示该鱼中至少存在 3 条转录调控通路/机制，在脊椎动物中首次揭示 miRNA 参与 LC-PUFA 的合成代谢调控。

在近 20 年里，围绕鱼类脂质营养研究，除在黄斑蓝子鱼中取得的上述系列成果外，我们还对卵形鲳鲹、石斑鱼、日本鳗鲡、金鼓鱼、罗非鱼等我国东南沿海的重要养殖鱼类的 LC-PUFA 合成特性与 EFA 需求特性等进行了研究，其成果为相应鱼类配合饲料中脂肪源的选择和 EFA 添加提供了科学依据。在此基础上，我们重点研发了基于卵形鲳鲹和黄斑蓝子鱼 EFA 需求特性的复合油，利用其作为饲料脂肪源展现的养殖效果与鱼油一样好甚至更优，具有良好的推广应用价值和经济、环境效益。系列研究成果不仅对于丰富鱼类分子营养学内容具有重要学术价值，也有助于全面揭示鱼类 LC-PUFA 合成代谢调控机制，研发增强鱼体内源性 LC-PUFA 合成能力的方法，提高鱼体利用植物油的能力，降低饲料中的鱼油使用量，对于我国水产养殖摆脱对鱼油依赖性过强的“卡脖子”问题具有重要意义。

为了将本团队在脂质营养领域取得的研究成果系统性地介绍给大家，同时引入国内外同行在该领域的部分最新研究成果，我们特撰写《鱼类脂肪酸精准营养的理论与应用实践》一书。本书共分四篇十一章，四篇的内容分别为：脂类简介及鱼类脂肪酸精准营养的重要性与研究方法，鱼类对必需脂肪酸的需求特性，鱼类长链多不饱和脂肪酸合成代谢调控机制，鱼类脂肪酸精准营养的应用实践与展望。本书由 7 位作者共同撰写完成，作者（任务）分别为：李远友（内容和结构总体规划，前言，第二、十、十一章，第四章的部分内容），谢帝芝（第一、三章，第四、五章的部分内容），王树启（第九章，第四、五、八章的部分内容），董烨玮（第六章），陈翠英（第七章，第四章的第四节），游翠红（第四章的部分内容），雷彩霞（第八章的第一节）。由陈芳负责附录 1 和附录 2 的汇编。

本书的出版得到国家科学技术学术著作出版基金资助，相关研究内容得到了国家自然科学基金重大国际合作研究项目及面上项目、国家重点研发计划“蓝色粮仓科技创新”重点专项、国家海水鱼产业技术体系岗位科学家项目、教育部高等学校博士学科点专项科研基金项目、广东省科技计划项目、广东省高等学校高层次人才项目、广东省普通高校创新团队建设项目、广东省“扬帆计划”高层次人才培养项目、广东省促进经济高质量发展专项资金海洋经济发展项目等科研项目的资助。借此机会，谨向参与了相关研究工作但未在本书作者之列的所有同事和研究生表示衷心感谢！

由于作者的水平有限，书中不足之处恳请各位专家和读者批评指正。

李远友

2022年9月25日

于广州华南农业大学

目　　录

第四篇 鱼类脂肪酸精准营养的应用实践与展望

第一篇　脂类简介及鱼类脂肪酸精准营养的重要性与研究方法

第一章　脂类在鱼类营养中的重要作用

第一节　脂类的组成及生物学功能

一、脂类及其组成

脂类（lipid）是一类广泛存在于自然界的不溶于水而溶于乙醚、苯、氯仿等有机溶剂的物质，也称脂质，其化学本质是脂肪酸和醇形成的酯及其衍生物。根据化学结构组成，脂类可分为两大类：一类是中性脂肪，又名脂肪，俗称油脂，由脂肪酸和甘油或长链醇组成的酯，如甘油三酯和蜡酯，分子中含有C、H、O；另一类是类脂，与甘油结合的除脂肪酸外，还有磷酸、胆碱、糖、蛋白质，分子中含有C、H、O、N、P。按主要组成成分，脂类可分为四大类：简单脂类（包括酰基甘油酯和蜡酯）、复合脂类（磷脂和糖脂）、衍生脂类（脂肪酸及其衍生物）、不皂化脂类（类萜和类固醇）。在鱼类营养学中，应用比较广泛的脂类有：脂肪酸、脂肪、磷脂、胆固醇。

（一）脂肪酸

脂肪酸（fatty acid，FA）是指一端含有羧基的长烃链（4C～36C），是最简单的一种脂类，也是其他复杂脂类的组成成分。自然界中的游离脂肪酸较少，大多数脂肪酸与中性脂肪和类脂结合，存在于动植物和微生物的组织和细胞中。

脂肪酸分类：①根据碳链长度的不同，有短链（4C～10C）、中链（11C～15C）、长链（大于等于16C）FA之分，但分类并不统一。②根据是否含有不饱和双键，又可分为饱和脂肪酸（saturated fatty acid，SFA）及不饱和脂肪酸（unsaturated fatty acid，UFA）。不饱和脂肪酸又包括单不饱和脂肪酸（monounsaturated fatty acid，MUFA）和多不饱和脂肪酸（polyunsaturated fatty acid，PUFA），其中大于等于20C的PUFA称为高不饱和脂肪酸（highly unsaturated fatty acid，HUFA）或长链多不饱和脂肪酸（long-chain PUFA，LC-PUFA）。自然条件下，SFA非常稳定，而含有不稳定双键的PUFA易受氧化影响，且双键越多，越易氧化。

同时，PUFA又可以分为n-6系列和n-3系列（又称ω-6系列和ω-3系列）。n-6系列PUFA是指其甲基端第一个不饱和双键出现在第6和第7个碳原子之间；若甲基端第一个不饱和双键出现在第3和第4个碳之间，则该脂肪酸属于n-3系列。常见的n-6 PUFA有：亚油酸（linoleic acid，LA，18:2n-6）、γ-亚麻酸（γ-linolenic acid，GLA，18:3n-6）和花生四烯酸（arachidonic acid，ARA，20:4n-6）；常见的n-3 PUFA有：α-亚麻酸（α-linolenic acid，ALA，18:3n-3）、二十碳五烯酸（eicosapentaenoic acid，EPA，20:5n-3）、二十二碳六烯酸（docosahexaenoic acid，DHA，22:6n-3）等。

（二）脂肪

脂肪即甘油三酯（triglyceride，TG），又名三酰甘油（triacylglycerol，TAG），它是由3分子脂肪酸和1分子甘油形成的酯类化合物（图1-1）。脂肪中的3分子脂肪酸，可完全或部分相同，也可完全不同，且自然界中大多数脂肪连接的是3种完全不同的脂肪酸。而当甘油分子与1分子脂肪酸缩合时，形成甘油一酯（monoglyceride，MG），又名单酰甘油（monoacylglycerol，MAG），它是一种最为安全的非离子型表面活性剂；当甘油分子与2分子脂肪酸缩合时，形成甘油二酯（diglyceride，DG），又名二酰甘油（diacylglycerol，DAG），它具有减少内脏脂肪、抑制体重增加、降低血脂的作用。脂肪的性质主要取决于所连接的脂肪酸类型。例如，主要由饱和脂肪酸组成的脂肪，其熔点较高，常温下多呈固态；主要由不饱和脂肪酸组成的脂肪，熔点较低，常温下多呈液态。不同类型脂肪酸与甘油分子碳骨架的结合偏好性也不一致。例如，饱和脂肪酸和单不饱和脂肪酸偏向与甘油Sn-1和Sn-3位碳原子结合，而多不饱和脂肪酸偏向与Sn-2位碳原子结合。

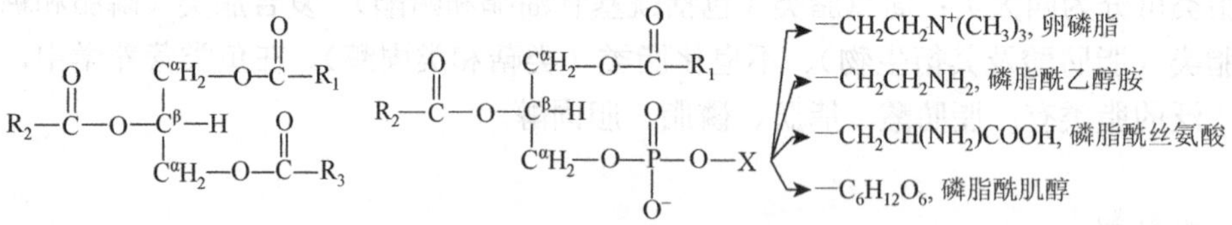

$$R_2-\overset{O}{\overset{\|}{C}}-O-C^{\beta}H(C^{\alpha}H_2-O-\overset{O}{\overset{\|}{C}}-R_1)(C^{\alpha}H_2-O-\overset{O}{\overset{\|}{C}}-R_3)$$

$$R_2-\overset{O}{\overset{\|}{C}}-O-C^{\beta}H(C^{\alpha}H_2-O-\overset{O}{\overset{\|}{C}}-R_1)(C^{\alpha}H_2-O-\overset{O}{\overset{\|}{P}}(O^-)-O-X)$$

X：
$-CH_2CH_2N^+(CH_3)_3$，卵磷脂
$-CH_2CH_2NH_2$，磷脂酰乙醇胺
$-CH_2CH(NH_2)COOH$，磷脂酰丝氨酸
$-C_6H_{12}O_6$，磷脂酰肌醇

图1-1　中性脂肪（左）和磷脂（右）结构通式

R_1、R_2、R_3代表所连接的脂肪酸。

（三）磷脂

磷脂（phospholipid，PL）广泛存在于动植物体的重要组织细胞中，是膜脂中必不可少的组成成分。其中，动物磷脂主要来源于脑、肝脏、肾脏及肌肉组织，以及蛋黄、牛奶产品；植物磷脂主要存在于油料种子中（如大豆、菜籽、棉籽、花生、葵花籽等），大量与油脂结合在一起，是一类重要的油脂伴随物。根据碳骨架的类型，磷脂可分为甘油磷脂（甘油为碳骨架）和鞘磷脂（鞘氨醇为碳骨架）。

营养饲料学中的磷脂一般指的是甘油磷脂。甘油磷脂的三个羟基中只有两个与脂肪酸结合，而另一个则通过酯键与磷酸结合，磷酸又通过酯键与含氮碱（X）相结合（图1-1）。甘油磷脂中的含氮碱可为胆碱、乙醇胺、丝氨酸和肌醇，分别形成卵磷脂（phosphatidylcholine，PC）、磷脂酰乙醇胺（phosphatidylethanolamine，PE）、磷脂酰丝氨酸（phosphatidylserine，PS）和磷脂酰肌醇（phosphatidyl inositol，PI）。生物膜中甘油磷脂主要是PC和PE，PI含量虽少，但它是重要的细胞信息分子。磷脂中PUFA或LC-PUFA含量越高，生物膜的流动性越强，膜蛋白的运动性增强，其分布和构型更易改变，从而使膜酶发挥最佳功能。

（四）甾醇类

甾醇类（sterol）为甾体的羟基衍生物，由于其是含有羟基的固体化合物，所以又称为固醇类。根据其来源不同可分为动物甾醇、植物甾醇和菌类甾醇三大类。在动物甾醇中，7-脱氢胆固醇和胆固醇比较重要。7-脱氢胆固醇主要存在于动物皮肤中，经紫外线照射后，7-脱氢胆固醇可转变为维生素 D_3。胆固醇与脂肪酸结合，酯化形成的胆固醇酯是动物各组织细胞膜的重要组成部分。植物甾醇广泛存在于植物的根、茎、叶、果实和种子中，常见的有β-谷甾醇、豆甾醇、菜油甾醇。植物甾醇具有促进动物生长、提高饲料转化率、改善养殖水产品的品质等功效，作为功能型饲料添加剂已广泛应用于养殖业（李志华等，2019）。菌类甾醇主要有菌类所含的麦角甾醇和海藻类所含的岩光甾醇。

脂类除依其化学结构分类外，在水产动物营养学上可依脂类在体内的分布和作用分为组织脂类和贮备脂类。组织脂类是指用于构成体组织细胞的脂质，主要有磷脂、固醇，这部分脂质组成和含量较稳定，饲料组成和鱼、虾类生长发育阶段对组织脂类影响较小。贮备脂类是指贮存于肝肠系膜、肝脏、皮下组织中的甘油三酯，其含量和组成受饲料组成的影响显著。

二、脂类的主要生物学功能

脂类结构的多样性赋予了其多种重要的生物学功能。作为功能物质，脂类参与鱼类多项生命活动过程，包括能量转换、物质运输、信息识别与传递、细胞发育和分化，以及细胞凋亡等。脂类对鱼类的生长、发育和营养代谢调节均具有重要的作用。主要生理功能有：

①组织细胞的组成成分。一般组织细胞中含有 1%～2%的脂类物质。其中磷脂和糖脂是细胞膜的重要组成成分。脂类与蛋白质的不同排列与结合，构成功能各异的生物膜。水产动物组织的修补和新组织的生长都需要从饲料中摄取一定量的脂类。脂肪还是体内绝大多数器官和神经组织的防护性隔离层，可保护和固定内脏器官，并作为一种填充衬垫，避免机械摩擦，并使之能承受一定压力。相比其他脊椎动物，鱼类神经组织中含有更多的DHA，其具体机制还不清楚（Halver and Hardy，2002）。

②提供能量。脂类（特别是脂肪酸）是水产动物从卵到成体的生长、发育，以及亲鱼繁殖过程中的主要代谢能量（Halver and Hardy，2002）。每克脂肪在体内氧化可释放出37.66 kJ 的能量，相当于等量碳水化合物和蛋白质的 2～2.5 倍。同时，脂肪组织含水量低，占体积少，所以贮备脂肪是鱼、虾类贮存能量，以备越冬利用的最好形式。其中，16:0 和 18:1n-9 等为主要能量源脂肪酸；中链脂肪酸可为畜禽动物快速供能，提高生产性能（孙妍，2012），但其在水产动物的相关研究报道较少。

③提供必需脂肪酸。同其他脊椎动物一样，鱼类不能从头合成 LA 和 ALA，必须从

饲料中获取，以满足生长发育的需求。这种鱼类生长、发育和繁殖所必需的，且自身不能合成，或合成量不能满足需求，必须从食物中获取的脂肪酸称为必需脂肪酸（essential fatty acid，EFA）。例如，大部分海水鱼缺乏以LA和ALA为原料合成具有重要生理功能的LC-PUFA的能力，其饲料中需添加EPA、ARA和DHA等EFA。在各种饲料脂肪源中，植物油脂可为养殖鱼类提供LA和ALA，鱼油可提供EPA、ARA和DHA等EFA（Tocher，2015）。

④作为转运载体。脂类物质有利于维生素A、维生素D、维生素E、维生素K及胡萝卜素等脂溶性营养素的吸收运输，脂类不足则影响这类维生素的吸收和利用。鱼、虾类摄食脂类不足的饲料，一般都会并发脂溶性维生素缺乏症。水产动物配合饲料中添加适宜的脂肪，有利于脂溶性营养素的吸收运输。

⑤作为活性物质的合成原料。如麦角甾醇可转化为维生素D_2，胆固醇则是合成性激素的重要原料。甲壳类不能合成胆固醇，必须由食物提供。LC-PUFA是合成前列腺素、白三烯等类二十烷酸活性物质的底物。其中，ARA是合成2-系列前列腺素和4-系列白三烯的底物，EPA是合成3-系列前列腺素和5-系列白三烯的底物。

⑥其他生理功能，因具有亲水和疏水基团，磷脂、脂肪酸酯和糖苷酯类作为两性离子型乳化剂在饲料工业中广泛应用。其中，磷脂水性好，能起到乳化、分解、稳定、黏着、防止氧化及降低黏度等功能性作用，能促进动物体内脂肪的运输。鱼类对脂肪有较强的利用能力，其用于鱼体增重和分解供能的总利用率达90%以上（Halver and Hardy，2002）。因此，当饲料中添加适量脂肪，可减少蛋白质的分解供能，节约饲料蛋白质用量，这一作用称为脂肪的蛋白质节约作用。影响体色表现在，饲料脂肪水平和脂肪酸组成欠佳会影响鱼类对色素的吸收、沉积，从而导致鱼体色出现发白、发黑、变红等不正常现象。例如，适宜饲料脂肪水平有利于黄颡鱼色素的沉积，促进叶黄素的吸收（袁立强等，2008）；提高饲料ARA水平，可促进牙鲆色素沉积；饲料DHA/EPA比例不适宜，导致鲆鲽体色异常（Pham et al.，2014）。在维护肠道健康方面。短链脂肪酸对鱼类肠道上皮细胞的生长、肠道正常生理功能维护等具有特殊作用（吴凡，2016）。Rimoldi等（2018）发现中链脂肪酸可提高金头鲷（*Sparus aurata*）肠道乳酸菌丰度。

第二节 鱼类对脂肪、脂肪酸和磷脂的需求特性

畜禽和水产品是人类获取食物蛋白质的重要来源。相比畜禽，鱼类的蛋白质更容易被消化，且富含有利于人体健康的n-3 LC-PUFA。畜禽肉类脂肪中的脂肪酸以SFA为主（禽肉也含较多的LA），而鱼类脂肪中的脂肪酸以PUFA为主，且富含EPA和DHA等n-3 LC-PUFA（Tacon and Metian，2013）。畜禽和水产品营养价值的差异，也体现了养殖动物对日粮/饲料的营养需求的差异。如表1-1所示，猪、鸡和鸭等畜禽动物对日粮碳水化合物（糖类）的需求量高达50%以上，对脂肪需求一般为1%～5%（乳母猪10%）。鱼类对饲料碳水化合物的需求量较低（特别是肉食性鱼类小于20%），对脂肪需求较高，一般为6%～30%，大西洋鲑可高达47%，且对n-3 LC-PUFA有严格需求。以上说明，与陆生畜

禽动物相比，鱼类对脂肪的量和质的要求高，且不同养殖品种对饲料脂肪和脂肪酸需求差异较大。

表 1-1　鱼类与畜禽动物对三大营养物质及必需脂肪酸的一般需求情况　（单位：%）

	蛋白质	脂肪	必需脂肪酸	碳水化合物
猪	11～20.9	2～10	LA：0.1	55～70
鸡	15.0～16.5	1～5	LA：1.0～1.5	60～70
鸭	16～20	0.5～2.0	LA：0.36～1.50	50～70
鱼类	28～50	6～30，47	LA 和 ALA 各 1 n-3 LC-PUFA：1	＜20～40

注：猪营养相关数据来源于尤如华等（2016）、张宏（2019）、刘桂武等（2010）、李娇龙等（2015）、黄忠（1995）、宿永波（2016）；鸡营养相关数据来源于刘景辉（2013）、陈永恩（2013）、赵丽（2016）、潘迎丽（2021）、Halle 等（2012）；鸭营养相关数据来源于贺建华等（1991）、Du 等（2017）、Wang 等（2021）、Halle 等（2012）；鱼营养相关数据来源于钱雪桥等（2002）、Craig 等（2017）、Hemre 和 Sandnes（1999）、Tocher（2010）、林建斌（1995）、董小林等（2019）。

一、鱼类对脂肪的需求特性

脂肪是三大营养物质中能值最高（37.66 kJ/g）且热增耗最低的一种营养素，可提供相当于碳水化合物和蛋白质的 2～2.5 倍能量，添加脂肪可以在较小的配方空间，提供较高的能量浓度以满足养殖动物对高能量的需求。如表 1-1 所示，畜禽动物对饲料脂肪需求相对较低（除哺乳和妊娠母猪外，其他畜禽动物对脂肪需求都低于 5%），鱼类对饲料脂肪需求较高，且不同食性鱼类间脂肪需求差异较大。例如，肉食性鱼类饲料脂肪适宜添加水平为 10%～30%；甚至 47%脂肪水平对大西洋鲑的生长亦有优良的促生长效果（Hemre and Sandnes，1999）。而非肉食性鱼类饲料脂肪添加水平不宜超过 10%。除了生长性能之外，抗病能力也是养殖鱼类饲料脂肪适宜添加水平的重要指标。饲料脂肪添加水平超过 4%不利于草鱼幼鱼生长（Du et al.，2005），但添加 5%～5.5%脂肪有利于草鱼幼鱼抗肠炎疾病（Feng et al.，2017）。

此外，不同养殖水体温度和盐度条件下，鱼类消化道脂肪酶活性不一样，从而影响鱼类对饲料脂肪的需求。例如，施氏鲟的最适生长温度为 21℃左右，其消化道脂肪酶活性的最适温度为 14℃，而 28℃养殖条件下消化道脂肪酶活性显著降低（田宏杰等，2007）；与此相似的是，军曹鱼、卵形鲳鲹、鲫等消化道脂肪酶活性的最适温度都低于其最适生长温度（宋波澜等，2007；区又君等，2011；韩京成等，2010）。以上这些研究说明，在相对低温养殖条件下，可适当增加相应鱼饲料的脂肪添加水平，而高温条件下，不宜采用高脂饲料。大量研究表明，低盐条件下，海水鱼消化道脂肪酶活性显著降低（温久福等，2019；刘永士等，2020），因此，持续降雨天气或强降雨季节，海水鱼不宜投喂高脂饲料。

饲料脂肪水平不仅影响鱼类的生长，也影响鱼类的代谢途径。例如，Leng 等（2019）探讨饲料脂肪水平对中华鲟（*Acipenser sinensis*）卵巢发育的调控机制，发现 14%饲料脂肪有利于类固醇激素合成，而 18%饲料脂肪促进花生四烯酸代谢、胆固醇生物合成、卵黄生成和卵巢发育。

二、鱼类对脂肪酸的需求特性

一般认为，陆生动物对 LA 有特殊偏好性（1%～2%），高 n-6/n-3 脂肪酸比（10 左右）的日粮有利于畜禽生长和免疫抗病（袁爱雲，2021）。相关鱼类营养研究发现，EPA 和 DHA 等 n-3 LC-PUFA 对鱼类生长发育具有重要生理功能。然而，不同鱼类利用 LA 和 ALA 等 C18 PUFA 底物合成 LC-PUFA 的能力不一样。一般认为，肉食性海水鱼缺乏该合成能力或该能力较弱，因此，其对 EPA 和 DHA 有严格需求（Tocher，2010）；而淡水鱼和洄游鱼类具有该合成能力，饲料中添加 1%～2% ALA 和 LA 即可满足其生长对脂肪酸的需求（Tocher，2010）。近期，Trushenski 和 Rombenso（2020）认为鱼类 LC-PUFA 合成能力及其 EFA 需求与其营养级有关（根据鱼类在生态食物链中所处的位置，可分 1～5 个营养级），低营养级（营养级小于等于 3）鱼类具有利用 C18 PUFA 合成 LC-PUFA 的能力，其 EFA 为 LA 和 ALA；而高营养级（营养级大于等于 4）鱼类不具有此能力，其 EFA 为 LC-PUFA。此外，鱼类对不同类型 EFA 利用能力也存在差异。例如，罗非鱼组织细胞对 LA 的转运吸收和氧化利用能力高于 ALA，因此其对 LA 有偏好性，而草鱼组织细胞对 ALA 的吸收利用高于 LA，因此更偏好于 ALA（Jiao et al.，2020）。相似的是，在不具有 LC-PUFA 合成能力的海水鱼中，饲料中添加适宜比的 DHA/EPA 有利于提高鱼的生长性能和免疫抗病（Xu et al.，2018；Zhang et al.，2019）。

近期研究发现，在具有 LC-PUFA 合成能力的淡水鱼和洄游鱼类饲料中添加外源性 LC-PUFA，可改善养殖品质和生产性能。例如，在饲料中添加外源性 LC-PUFA 有利于淡水鱼类的生长、免疫抗病、繁殖性能，且能提高肌肉 LC-PUFA 水平（吉红和田晶晶，2014；Yadav et al.，2020）。在降海洄游或溯河洄游过程中，摄食富含 LC-PUFA 的食物有利于洄游鱼类对环境盐度变化的适应（Rosenlund et al.，2016）。

三、鱼类对磷脂的需求特性

磷脂分子包含一个疏水（亲油）基团和一个亲水（疏油）基团，具有生物表面活性剂特征，可用于提高饲料油脂在养殖动物肠道的乳化、消化和吸收。饲料脂肪添加量越高，所需补充磷脂的剂量越高，且效果更明显。畜禽饲料中脂肪水平普遍偏低，其饲料配方中添加 0.1%～0.5%活性磷脂能够有效改善养分利用和生产性能（穆玉云和王洋，2007）。与畜禽日粮相比，水产饲料脂肪含量普遍较高，其适宜的磷脂添加水平也相应高于畜禽日粮（赵航等，2015）。

仔稚鱼和早期幼鱼的磷脂合成能力有限，自身合成量往往不能满足需要。因此，水产配合饲料通过补充适宜的磷脂，以提高营养物质消化利用，促进鱼类生长，提高鱼类存活率和抗氧化应激能力，防止畸形的发生。大量研究表明，仔稚鱼对磷脂的需要量一般为 2%～14%，其中淡水鱼较海水鱼对磷脂的需求要低。随着鱼体的生长，鱼类对磷脂的需求逐渐降低（Steinberg，2022）。磷脂摄食过量会导致鱼类发育畸形。例如，摄入过量富含 DHA 和 EPA 的磷脂，易导致鱼的类视黄醇 X 受体 α、视黄酸受体 α 和 γ 及骨形态发生蛋白 4 等基因表达降低，致使鱼头部和脊椎发育畸形（Steinberg，2022）。目前，关于鱼类磷脂需求的研究，绝大多数以饲料混合磷脂（含 PC、PE、PS 和 PI）添加水平为基准，这难以解释各种磷脂在养殖鱼类中的功能。基于少量研究数据，Tocher 等（2008）统计发现鱼类对各磷脂利用效率为 PC＞PI＞PE＞PS。

第三节　水产饲料中脂肪源的选择与鱼油替代

一、水产饲料的常用脂肪源及其脂肪酸组成

目前，渔用饲料中常添加的油脂有富含 n-3 LC-PUFA 的鱼油，及富含 C18 PUFA 的植物油，如豆油、菜籽油和亚麻籽油等。鱼油富含 n-3 LC-PUFA 等必需脂肪酸，是水产动物特别是海水鱼类和虾类最好的脂肪源。然而，自然渔业资源有限、捕捞渔业缩水以及海产品总消费量的日益增大导致鱼油价格飙升。快速增长的水产养殖业不可能一直依赖存量有限的鱼油作为脂肪来源。因此，加工饲料时应加以区别，使原料得到充分利用。在水产饲料中，油脂基本为动物性油脂和植物性油脂，不同类型油脂的主要差别在于其脂肪酸的组成。水产饲料中常用油脂的脂肪酸组成见表 1-2。

表 1-2　水产饲料中常用油脂的脂肪酸组成　（单位：%）

脂肪源	14:0	16:0	17:0	18:0	20:0	22:0	24:0	18:1	LA	ALA
豆油	0.06	10.06	0.11	4.03	0.43	0.58	0.23	22.80	54.83	6.68
葵花籽油	0.06	5.89	0.05	4.51	0.28	0.97	0.27	19.19	67.48	0.29
玉米油	—	10.87	0.08	1.94	0.39	0.54	0.21	26.13	58.45	0.75
棉籽油	0.77	21.87	0.08	2.27	0.26	0.36	0.12	16.61	56.35	0.33
菜籽油	0.06	3.75	0.04	1.87	0.64	0.35	0.27	62.41	20.12	8.37
大豆磷脂油	—	15.72	—	4.03	—	—	—	19.82	54.01	5.69
芝麻油	—	8.89	—	5.37	0.59	—	—	37.45	45.95	0.15
花生油	0.03	10.65	0.12	3.01	1.37	3.14	1.66	44.84	34.08	0.47
米糠油	0.25	15.57		1.96	0.68	0.55	0.45	42.19	36.24	1.30
亚麻籽油	0.05	4.72	0.05	3.23	0.185		0.01	19.69	15.88	55.04
橄榄油	0.02	10.11	0.13	3.34	0.49	0.18	0.07	74.55	9.17	0.61
棕榈油	1.12	42.70	0.11	4.55	0.39	0.58	0.06	39.37	10.62	0.21
棕榈仁油	16.17	8.65	—	2.27	0.15	—	0.30	16.46	2.76	—
椰子油	18.82	10.08	—	4.31	0.08	—	—	7.45	1.80	—
琉璃苣油	0.06	8.75	0.06	3.46	0.22	0.30	0.11	16.52	38.47	0.22
夜来香油	0.04	5.47	0.07	1.83	0.30	0.31	0.09	7.50	74.00	0.16

脂肪源	16:0	18:0	20:0	18:1	LA	ALA	20:4	EPA	DHA
鳀鱼油	20.23	3.31	0.52	15.24	2.02	2.75	1.27	10.68	15.32

注：“—”表示无。数据来自 Zambiazi 等（2007）和林华锋等（2012）。

（一）鱼油

鱼油（fish oil，FO）是对低值水产品进行一系列加工处理才获得的产品，主要有鳀鱼油、鲱鱼油、金枪鱼油、沙丁鱼油、鱼肝油、海产哺乳动物油（鲸鱼油）。它可以从全球不同水域所捕捞的野生鱼种中获得，也可以从鱼类加工的副产品中获得。但是由于捕获的鱼类品种、产地及季节等的不同，所获得的鱼油质量也有很大差异。一般来说，沙丁鱼、鲐等洄游鱼类油脂的不饱和程度较高。在夏季，多脂的鲱鱼含五烯酸和六烯酸比冬季高很多。另外，冷水性海水鱼类的油脂不饱和程度比温/暖水性鱼类高。

鱼油富含 n-3 LC-PUFA、脂溶性微量元素和维生素，以及高 n-3/n-6 比脂肪酸，被广泛应用于饲料、药品、功能性食品等产品中。2018 年，全球共生产 99 万 t 鱼油，其中近 90%的鱼油被用于水产养殖业（FAO，2020）。饲料中添加鱼油可改善配合饲料的适口性，提高养殖鱼类的摄食率。随着水产养殖的高速发展，资源有限的鱼油远远无法满足水产饲料业对脂肪源的需求。因此，鱼油生产和需求的矛盾已被认为是阻碍水产养殖业可持续发展的主要问题之一。水产养殖业正在努力寻找鱼油的合适替代品，例如植物油、陆源性动物油脂等。

（二）植物油

植物油（vegetable oil，VO）是从油料作物的种子或果肉中提取出来的油脂，其成分以甘油三酯为主，总脂肪含量超过 90%。植物油主要包括豆油、棕榈油、菜籽油、葵花籽油、花生油、玉米油、棉籽油、亚麻籽油、紫苏籽油、椰子油及橄榄油等（覃川杰等，2013）。根据植物油脂肪酸成分不同，植物油可分为四大类型：①富含 SFA 的植物油，如棕榈油和椰子油等；②富含 MUFA 的植物油，如菜籽油和橄榄油等；③富含 n-6 PUFA 的植物油，如豆油、花生油和葵花籽油等；④富含 n-3 PUFA 的植物油，如亚麻籽油和紫苏籽油等。相比鱼油，植物油缺乏 LC-PUFA（特别是 n-3 LC-PUFA）。其中，来源广、产量高、价格相对便宜的豆油、棕榈油、菜籽油被广泛用于水产配合饲料中。

①豆油。豆油是从大豆中提取出来的油脂，具有一定黏稠度，呈半透明液体状，其颜色因大豆种皮及大豆品种不同而异，从淡黄色至深褐色，具有大豆香味。豆油的主要成分为甘油三酯，还含有微量磷脂、固醇等成分。其中，甘油三酯富含亚油酸（占总脂肪酸的 50%以上），含少量 ALA（小于 5%）。豆油的产量在油脂中占首位，在水产饲料（特别是淡水鱼配合饲料）的油脂添加方面，起着举足轻重的作用。

②棕榈油。棕榈树果实和种子中都含有 50%左右的棕榈油，并且产量稳定，近 4 t/hm^2。棕榈树为终年生长的植物，它可以产油 25 年左右，这保证了此种油脂的充足来源。棕榈油是世界油脂市场中最廉价的植物油。棕榈油作为世界上单位产量最高的油脂，是种植面积最广泛的食用油，在淡水鱼配合饲料中也常添加。然而，同陆源性动物油脂一样，棕榈油在室温呈固态状，给饲料加工带来不便（覃川杰等，2013）。

③菜籽油。油菜首先出现在 14 世纪的欧洲，由于其抗冻的特性，在温带地区得到广

泛种植。相比于豆油，菜籽油中含有较高的ALA（10%左右），而ALA是合成n-3 LC-PUFA的前体，有利于提高养殖鱼类脂肪酸营养品质。菜籽油是唯一含有芥酸（C22:1n-13）的植物油，其脂肪酸中芥酸含量较高，难以被消化吸收，营养价值较低。而近年来，低芥酸菜籽品种的研发，以及菜籽油自身含有较多α-亚麻酸的属性，促进了菜籽油在水产配合饲料中的应用。

④亚麻籽油。亚麻籽油来自于亚麻籽（又称胡麻籽），ALA含量高达55%，亚油酸含量与橄榄油含量接近，远低于其他植物油。大量鱼油替代研究发现，在具有LC-PUFA合成能力的鱼类饲料中，亚麻籽油可完全替代饲料鱼油，不影响养殖鱼类的生长性能和健康状况（Turchini and Francis，2009）。

（三）陆源性动物油脂

全球每年提炼陆源性动物油脂产量高达0.22 t，其在畜禽和水产养殖业中具有重要的经济价值（FAO，2020）。早期研究认为，鱼类对陆源性动物油脂的消化利用率低，然而，近来越来越多的研究发现，采用陆源性动物油脂、植物油和鱼油配制的复合油，可被绝大多数鱼类很好地消化利用（Turchini et al.，2010）。目前常用的陆源性动物油脂包括畜禽油脂和昆虫脂质提取物等。

①畜禽油脂。畜禽油脂是畜禽产品加工过程中的副产品经过加热、加压、分离或浸提而制得的油脂。例如猪油、家禽脂肪、下脚料油、牛油和羊油。畜禽油脂富含SFA和MUFA，含有少量的n-6 PUFA，几乎不含n-3 LC-PUFA（Alhazzaa et al.，2019）。陆源性动物油脂比大多数植物油（除棕榈油、豆油和菜籽油外）更易生产。牛油、羊油和下脚料油价格相对稳定。且随着近来主要植物油（豆油和棕榈油）价格的上升，陆源性动物油脂已成为水产饲料业中廉价的脂肪原料之一。大量研究结果表明，在满足鱼类EFA条件下，陆源性动物油脂可在虹鳟、大西洋鲑和鲈鱼等经济鱼类的饲料中应用，表现出较优的促生长效果，但是影响鱼体n-3 LC-PUFA含量（Alhazzaa et al.，2019）。

②昆虫脂质提取物。同其他动物一样，昆虫也富含蛋白质、脂肪（含量可高达40%以上）、维生素和矿物质。目前，昆虫的饲料化应用研究是全球的热点，至少有16种昆虫已被报道用于水产饲料原料开发相关研究中（Nogales-Mérida et al.，2019；Hua，2021）。其中，报道较多的是黄粉虫和黑水虻。昆虫脂质提取物中SFA含量为20%～75%，MUFA含量为10%～50%，PUFA含量为5%～30%（基本上为LA），其脂肪酸成分受昆虫品种及其发育阶段和所摄食的食物有关。经日粮摄取，昆虫的脂质提取物也保留微量EPA和DHA等n-3 LC-PUFA（Nogales-Mérida et al.，2019）。研究表明，饲料中添加适量的昆虫和蠕虫粉部分替代鱼粉和鱼油，对肉食性鱼类的生长和健康无显著影响（Alhazzaa et al.，2019）。说明昆虫脂质提取物具有作为水产配合饲料脂肪源的潜力。

（四）其他油脂产品

①乌贼油（或鱿鱼油）。乌贼油（或鱿鱼油）是从乌贼（或鱿鱼）内脏降解产物中分

离而得到的油状物。由于我国目前还没有专门加工乌贼粉的工厂，故品质参差不齐，渔用饲料厂在采购、使用时应把握质量。

②大豆磷脂。大豆磷脂是大豆油脱胶过程中所得到的复合磷脂产品，又称大豆卵磷脂。大豆磷脂在大豆中的含量为1.2%～3.2%，而在水化油脚中的含量超过50%。液态大豆磷脂油为棕黄色或褐色的黏稠状液体，具有磷脂固有气味（略带豆腥味）。大豆磷脂油的脂肪酸组成和大豆油类似。此外，大豆磷脂具有亲水和亲油的特性，有很好的表面活性剂作用，是一种良好的天然乳化剂和分散剂。由于特殊的理化性质，性价比极高，大豆磷脂已广泛应用于水产饲料中。其作用主要表现为可促进营养物质的消化，加速脂类的吸收；提供和保护饲料中的不饱和脂肪酸；提高制粒的物理质量；引诱鱼、虾采食，提高饲料效率并提供未知的生长因子。磷脂对处于开食阶段和快速生长阶段的鱼有效，而对稍大规格的鱼种和成鱼未显示出明显的促生长作用（蔡菊等，2016）。

③菜油磷脂。菜油磷脂是菜油精炼时的副产品。浓缩菜油磷脂的成分为残油 30%、磷脂 50%、水分 20%。菜油磷脂还可以提供必需脂肪酸及丰富的维生素。添加在草鱼、鳊等经济鱼类饲料中能促进鱼类生长、提高饲料效率、降低饲料成本。菜油磷脂黏稠性、流动性差，需在饲料中均匀添加，应预先制作成预混料。

二、水产饲料中鱼油替代的必要性及问题

鱼油以其富含 EPA 和 DHA 等 n-3 LC-PUFA、良好的适口性、高比值 n-3/n-6 脂肪酸等优点被认为是最好的水产饲料脂肪源。绝大部分海水鱼 LC-PUFA 合成能力缺乏或很弱，故其配合饲料中必须添加鱼油或充足的鱼粉（含 5%～10%鱼油）才能满足正常生长。然而，鱼油资源有限，市场供不应求导致其价格不断上涨，为降低和摆脱水产养殖对鱼油的依赖，近三十年，水产研究者们已开展了大量有关各种脂肪源替代鱼油的研究（Alhazzaa et al.，2019）。

植物油脂富含 C18 PUFA、SFA、MUFA，具有价格相对较低、资源量大的优点，是较理想的鱼油替代品。大量研究表明，植物油部分或完全替代鱼油对大部分具有 LC-PUFA 合成能力的鱼类的生长性能无负面影响（Alhazzaa et al.，2019；Mozanzadeh et al.，2021）。例如，与 100%鱼油组相比，植物油替代 50%～70%的鱼油对大西洋鲑、虹鳟的增重率和饲料利用率无影响（Giri et al.，2016；Kutluyer et al.，2017；Ofori-Mensah et al.，2020）；在草鱼、罗非鱼、鲶鱼、鲤等淡水鱼的饲养中，摄食豆油、菜籽油和棕榈油等植物油饲料的鱼的生长性能甚至优于摄食鱼油饲料的鱼（Nasopoulou and Zabetakis，2012；Tocher，2015；Trushenski et al.，2020；Mozanzadeh et al.，2021）。然而，在大部分海水鱼（如金头鲷、海鲈和石斑鱼）及某些淡水鱼中，当植物油高比例替代鱼油时，鱼的生长性能和免疫健康指标显著降低（Nasopoulou and Zabetakis，2012；Tocher，2015；Li et al.，2019；Mozanzadeh et al.，2021）。植物油能否成功替代水产饲料中的鱼油，取决于养殖鱼是否拥有可将 C18 PUFA 脂肪酸底物合成 LC-PUFA 的完整酶体系，以及饲料脂肪源的脂肪酸组成是否科学合理等。相比于淡水鱼，海洋肉食性鱼类缺乏将 C18 PUFA 转化为 LC-PUFA 的能力或该能力很弱，因此，其饲料中需要添加富含 LC-PUFA 的鱼油，以满足其生长对

EFA 的需求（Tocher，2010）。在某些海水鱼饲料中，当添加 40%以上鱼粉时，植物油完全替代鱼油，也能有良好的生长状况（Eroldoğan et al.，2013；Betancor et al.，2016）。主要原因是鱼粉中一般含有 7%左右的鱼油，可满足养殖鱼生长对 EFA 的基本需求。

随着水产饲料鱼油替代研究的深入，研究者认为鱼类对 n-3 LC-PUFA 需求量分为 3 个层次（Tocher，2015）。①低需求水平：能满足鱼体基本生理对 n-3 LC-PUFA 需求，预防典型的营养性疾病；②较高需求水平：能长期维持鱼体快速健康生长；③高需求水平：保证鱼体肌肉 n-3 LC-PUFA 含量及鱼产品的感官品质。不管是淡水鱼还是海水鱼，饲料鱼油替代对养殖鱼类肌肉的蛋白质和脂肪含量无明显影响，但显著影响其脂肪酸组成。尤其降低了 EPA、DHA 等对人类健康具有重要功能作用的 n-3 LC-PUFA 含量，以及降低了组织 n-3/n-6 PUFA 比例，使经济鱼的脂肪酸营养品质大打折扣（Turchini et al.，2009；Xu et al.，2020）。为了降低植物油对鱼类肌肉 LC-PUFA 含量的影响，研究者采用了多种营养策略以最大限度地提高鱼体内源 LC-PUFA 合成量（和子杰等，2020）。例如，在饲料中添加适宜比的 ALA/LA，可促进鱼体内 LC-PUFA 合成代谢中关键酶基因的表达及其酶活性，提高机体内源性 LC-PUFA 的合成水平；养殖后期，再投喂鱼油饲料或富含 n-3 PUFA 的饲料，以提高养殖鱼类的 LC-PUFA 含量。此外，近期他人的研究发现，当饲料中添加适宜水平的 LC-PUFA 时，饲料中足量的 SFA 和 MUFA 能够产生积极的生产性能，提高 DHA 和 EPA 等 n-3 LC-PUFA 在肌肉中的保留率，这一生理现象被称为 LC-PUFA“节约效应”（Colombo et al.，2018；Rombenso et al.，2018；Marques et al.，2021）。

综上所述，鱼油替代是水产配合饲料加工业绿色可持续发展的必经之路。目前，鱼油替代所产生的问题很可能与饲料 EFA 不能满足养殖鱼类生长和生理功能的需求，以及脂肪酸之间比例不合适有关。开展鱼类脂肪酸精准营养需求研究，优化饲料脂肪酸比例，使之配比更为平衡，是今后鱼油替代研究重点方向之一。

三、水产养殖生产中高脂饲料应用的益处及存在的问题

在鱼类营养中，脂肪是鱼类能量和 EFA 的重要来源，是脂溶性维生素 A、维生素 D 和维生素 K 等营养物质的载体。除了上述营养功能以外，在养殖鱼类可接受范围内，提高饲料脂肪水平（高脂），还具有以下养殖优势：①节约蛋白质，降低氮磷排放对环境的污染。作为一种非蛋白质能量，脂类通过有效地减少有机物氮的损失，起到节约蛋白质的作用。近年来研究表明，饲料中的脂质可相应降低鱼类对蛋白质的需求，因此，高脂饲料越来越多地用于水产饲料（Kikuchi et al.，2009；Sagada et al.，2017；Wang et al.，2019）。特别是对于鲑鳟鱼类、狼鲈和黄狮鱼等冷水性肉食性鱼类，因为它们对碳水化合物利用能力较低，高脂饲料可促进它们生长，提高饲料利用率和蛋白质效率，以及有效地降低饲料蛋白质添加水平，降低饲料成本，减少环境污染（Hemre and Sandnes，1999；López et al.，2009；Kikuchi et al.，2009）。②提高营养物质消化吸收，促进生长。高脂饲料可刺激脂肪酶的分泌，且协同促进胰蛋白酶的分泌。饲料脂类水平的升高有利于刺激胰腺分泌胰蛋白酶和提高其酶活性，促进鱼体对营养物质吸收和快速生长（张辉，2008）。③提高养殖鱼类脂肪酸营养品质。一般认为，鱼类组织脂肪酸组成体现其饲料脂

肪酸成分。LC-PUFA 是鱼类生长发育和繁殖所必需的功能性脂肪酸，而高脂饲料可促进肌肉和肝脏组织中对 LC-PUFA（特别是 n-3 LC-PUFA）的保留，提高 n-3/n-6 脂肪酸比，改善鱼产品脂肪酸营养品质（López et al.，2009；Xu et al.，2011；Wang et al.，2015）。④改善肌肉质构、色泽和风味。在多脂鱼类（如大西洋鲑、虹鳟、大西洋比目鱼）中，高脂饲料可提高其肌肉色泽、光亮值等感官指标，以及硬度和黏性等物理特性品质（邓士秋等，2011）。此外，庄柯瑾等（2015）研究发现，增加饲料脂肪水平可提高鲜鱼肌肉的甜味，增强烟熏鱼片的气味和滋味。

然而，高脂饲料的应用受多种因素影响，如养殖品种、生长阶段、饲料脂肪源和养殖水体温度。①养殖品种的影响。不同鱼类对饲料脂肪水平和质量的要求不一样，冷水肉食性鱼类大西洋鲑的饲料脂肪添加水平可高达 47%（Hemre and Sandnes，1999），而暖水性鱼类（特别是暖水性植食性鱼类）的饲料脂肪添加水平普遍低于 10%（Gaylord and Gatlin，2000）。对于这些鱼类，饲料脂肪过量添加并不能提高其生长性能和蛋白质效率，反而使饲料效率下降，生长性能受到抑制，并产生脂质代谢紊乱、体内脂肪蓄积异常等现象（覃川杰等，2013；周锴等，2018）。②生长阶段的影响。不同生长阶段，饲料脂肪的促生长效果不一样。例如，在海鲈仔稚鱼阶段，将饲料脂肪含量从 9%增加至 15%可显著促进其生长及蛋白质沉积率；然而，在幼体阶段，将饲料脂肪含量从 12%增加到 20%，对鱼体的生长无显著影响（Halver and Hardy，2002）。③饲料脂肪源的影响。目前，在饲料加工业中，来源广、产量高的豆油和大豆磷脂油是饲料鱼油的主要替代源。然而，豆油和大豆磷脂油富含 LA 等 n-6 PUFA，豆油饲料的应用加剧了鱼体 n-3/n-6 脂肪酸的不平衡，易导致脂质代谢和脂肪蓄积异常，抑制鱼类生长（Turchini et al.，2009）。近期，本书作者团队根据卵形鲳鲹（金鲳）EFA 需求特性，开发出金鲳复合油，并探究其在饲料中的适宜添加水平。我们以金鲳复合油和豆油∶鱼油为 2∶1 的复合油为饲料脂肪源，各配制脂肪水平为 13%、16%和 19%的 3 种配合饲料。利用此 6 种饲料开展的养殖试验结果表明，在 13%和 16%脂肪水平下，两种复合油饲料组鱼的生长性能（增重率和特定生长率）无差异；但是，在 19%脂肪水平时，金鲳复合油组鱼的生长性能显著高于豆油∶鱼油为 2∶1 的复合油组（数据待发表）。以上结果表明，在满足鱼类 EFA 需求以及饲料 n-3/n-6 脂肪酸较均衡的基础上，饲料脂肪添加水平还有一定的提升空间。④养殖水体温度的影响。鱼类是一种变温水生动物，温度偏离最佳生活温度对鱼类生理代谢的影响要远大于恒温动物，环境温度的变化直接影响了鱼类的代谢率，从而影响它们的能量平衡、行为和生长。低温条件下，鱼类维持能量的需求增加，提高饲料脂肪水平可以提高其成活率和生长速度（周梦馨，2018）。此外，低温条件下，鱼类肠道黏膜中不饱和脂肪酸含量增加，从而提高肠细胞膜的流动性，促进营养物质的吸收（Volkoff and Rønnestad，2020），说明该条件下，鱼类对 LC-PUFA 需求较高。然而，高温养殖条件下，鱼类脂肪酶活性显著降低，因此不适宜采用高脂饲料投喂（周梦馨，2018）。

脂肪的质和量与饲料成本、养殖鱼的健康生长和品质都有密切的联系。在饲料脂肪适宜的添加范围内，提高其油脂水平，可起到蛋白质节约作用和油脂增效作用，以节约养殖成本。而在当前饲料脂肪的应用模式下（n-3/n-6 脂肪酸均衡性差），高脂饲料的应用易引起鱼体脂质过量蓄积、脂质氧化，损害鱼体健康，严重影响水产养殖业可持续发展。

因此，准确掌握鱼类的 EFA 精准营养需求，可以为养殖对象合理选择和搭配饲料脂肪源奠定基础。此外，在满足养殖鱼类 EFA 需求的前提下，可依据原料市场油脂价格，适当采用其他油脂替代鱼油，既可提高饲料市场竞争力，也可满足人们对养殖鱼类品质的要求。

参考文献

蔡菊，朱可，魏玉强，等，2016. 大豆磷脂的加工工艺及其在水产饲料中的应用进展[J]. 饲料研究，(17)：24-26.
陈永恩，2013. 鸡饲料营养成分中的碳水化合物、脂肪和水[J]. 养殖技术顾问，(9)：65.
邓士秋，段青源，中屠基康，2011. 饲料脂质对养殖鱼类品质的影响[J]. 水产科学，30 (5)：301-306.
董小林，钱雪桥，刘家寿，等，2019. 饲料蛋白质和小麦淀粉水平对中大规格草鱼生长性能及肝脏组织结构的影响[J]. 水生生物学报，43 (5)：983-991.
韩京成，刘国勇，梅朋森，等，2010. 温度对鲫血液生化指标和消化酶的影响[J]. 水生态学杂志，31 (1)：87-92.
和子杰，谢帝芝，聂国兴，2020. 提升养殖鱼类 n-3 高不饱和脂肪酸含量的综合策略[J]. 动物营养学报，32 (11)：5089-5104.
贺建华，杨凤，陈可容，1991. 肉鸭的营养需要（综述）[J]. 四川农业大学学报，(3)：469-476.
黄忠，1995. 猪对脂肪的利用[J]. 中国饲料，(6)：26-28.
吉红，田晶晶，2014. 高不饱和脂肪酸（HUFAs）在淡水鱼类中的营养作用研究进展[J]. 水产学报，38 (9)：1650-1665.
李娇龙，吴兴利，计成，2015. 日粮脂肪在妊娠后期及哺乳期母猪上的应用[J]. 饲料工业，36 (7)：48-52.
李志华，黄志毅，潘忠超，等，2019. 植物甾醇对罗非鱼生长性能、血清脂质代谢指标和肝胰脏抗氧化指标的影响[J]. 动物营养学报，31 (12)：5866-5872.
林华锋，石桂城，何流健，2012. 不同油脂的脂肪酸组成比较分析及其在水产中的应用[J]. 饲料与畜牧，6：30-32.
林建斌，1995. 鱼类对日粮中碳水化合物的利用（综述）[J]. 饲料工业，(12)：7-11.
刘桂武，刘谨，涂兴强，等，2010. 脂肪营养及其在养猪生产中的应用[J]. 当代畜禽养殖业，(12)：17-19.
刘景辉，2013. 鸡对碳水化合物和脂肪需要量的分析[J]. 养殖技术顾问，(12)：59.
刘永士，徐嘉波，施永海，等，2020. 盐度对金钱鱼幼鱼消化酶和抗氧化酶活性的影响[J]. 水产科技情报，47 (4)：181-185.
穆玉云，王洋，2007. 磷脂在猪禽饲料中的应用[J]. 中国饲料，(19)：23-26.
区又君，罗奇，李加儿，等，2011. 卵形鲳鲹消化酶活性的研究Ⅳ养殖水温和酶反应温度对幼鱼酶活性的影响[J]. 海洋渔业，33 (1)：28-32.
潘迎丽，2021. 蛋雏鸡颗粒饲料的加工调制与饲喂方法[J]. 今日畜牧兽医，37 (2)：66.
钱雪桥，崔奕波，解绶启，等，2002. 养殖鱼类饲料蛋白需要量的研究进展[J]. 水生生物学报，26 (4)：410-416.
覃川杰，陈立侨，李二超，等，2013. 饲料脂肪水平对鱼类生长及脂肪代谢的影响[J]. 水产科学，32 (8)：485-491.
宋波澜，陈刚，叶富良，等，2007. 军曹鱼幼鱼脂肪酶的活力与环境因子的关系[J]. 暨南大学学报（自然科学与医学版），28 (5)：531-536.
宿永波，2016. 猪对碳水化合物消化利用的研究[C]//2016 北京论坛·中国畜牧饲料科技未来 20 年论文集.[出版者不详]：169-172.
孙妍，2012. 不同中短链与长链脂肪酸比例对奶牛乳脂含量及组成的影响[D]. 北京：中国农业科学院.
田宏杰，庄平，章龙珍，等，2007. 水温对施氏鲟幼鱼消化酶活力的影响[J]. 中国水产科学，14 (1)：126-131.
温久福，蓝军南，周慧，等，2019. 盐度对花鲈幼鱼消化酶和抗氧化系统的影响[J]. 动物学杂志，54 (5)：719-726.
吴凡，2016. γ-氨基丁酸和丁酸钠对草鱼生长、抗氧化性能和肠道结构的影响[D]. 武汉：华中农业大学.
尤如华，郭荣富，尤瑞祺，等，2016. 大河乌猪生长肥育猪蛋白质营养需求研究初探[J]. 养猪，(1)：17-20.
袁爱雲，2021. 脂肪酸的生理功能及在畜禽养殖中的应用[J].中国动物保健，23 (7)：48，64.
袁立强，马旭洲，王武，等，2008. 饲料脂肪水平对瓦氏黄颡鱼生长和鱼体色的影响[J]. 上海海洋大学学报，17 (5)：577-584.
张宏，2019. 后备母猪营养需求及饲养管理[J]. 畜牧兽医科学（电子版），(7)：88-89.
张辉，2008. 细鳞鱼稚鱼消化酶组织化学、营养需求与高脂饲料对生理机能影响的研究[D]. 哈尔滨：东北农业大学.

赵航，张斌，吴永辉，等，2015. 大豆磷脂在水产饲料中的应用[J]. 广东饲料，24（1）：33-36.
赵丽，2016. 鸡对日粮中能量和蛋白质需要量的分析[J]. 现代畜牧科技，(7)：69.
周锴，吴莉芳，瞿子惠，等，2018. 饲料脂肪水平对鱼类生长、抗氧化及脂肪酸组成影响的研究[J]. 饲料工业，39（8）：26-31.
周梦馨，2018. 三种温度条件下吉富罗非鱼对饲料的脂肪需要量及脂肪代谢研究[D]. 上海：上海海洋大学.
庄柯瑾，王帅，王锡昌，等，2015. 饲料中脂肪对水产品品质影响的研究进展[J]. 食品科学，36（15）：288-292.
Alhazzaa R，Nichols P D，Carter C G，2019. Sustainable alternatives to dietary fish oil in tropical fish aquaculture[J]. Reviews in Aquaculture，11（4）：1195-1218.
Betancor M B，Sprague M，Montero D，et al.，2016. Replacement of marine fish oil with de novo omega-3 oils from transgenic *Camelina sativa* in feeds for Gilthead Sea Bream（*Sparus aurata* L.）[J]. Lipids，51（10）：1171-1191.
Colombo S M，Parrish C C，Wijekoon M P A，2018. Optimizing long chain-polyunsaturated fatty acid synthesis in salmonids by balancing dietary inputs[J]. PLoS One，13（10）：e0205347.
Craig S R，Helfrich L A，Kuhn D，et al.，2017. Understanding fish nutrition，feeds，and feeding[J]. Virginia Cooperative Extention：1-6.
Du X，Liu Y L，Lu L Z，et al.，2017. Effects of dietary fats on egg quality and lipid parameters in serum and yolks of Shan Partridge Duck[J]. Poultry Science，96（5）：1184-1190.
Du Z Y，Liu Y J，Tian L X，et al.，2005. Effect of dietary lipid level on growth，feed utilization and body composition by juvenile grass carp（*Ctenopharyngodon idella*）[J]. Aquaculture Nutrition，11（2）：139-146.
Eroldoğan T O，Yılmaz A H，Turchini G M，et al.，2013. Fatty acid metabolism in European sea bass（*Dicentrarchus labrax*）：effects of n-6 PUFA and MUFA in fish oil replaced diets[J]. Fish Physiology and Biochemistry，39（4）：941-955.
FAO，2020. The State of World Fisheries and Aquaculture 2020：Sustainability in action[R]. Rome：Food and Agriculture Organisation of the United Nations.
Feng L，Ni P J，Jiang W D，et al.，2017. Decreased enteritis resistance ability by dietary low or excess levels of lipids through impairing the intestinal physical and immune barriers function of young grass carp（*Ctenopharyngodon idella*）[J]. Fish and Shellfish Immunology，67：493-512.
Gaylord T G，Gatlin Ⅲ D M，2000. Dietary lipid level but not L-carnitine affects growth performance of hybrid striped bass（*Morone chrysops*♀×*M. saxatilis*♂）[J]. Aquaculture，190（3-4）：237-246.
Giri S S，Graham J，Hamid N K，et al.，2016. Dietary micronutrients and *in vivo* n-3 LC-PUFA biosynthesis in Atlantic salmon[J]. Aquaculture，452：416-425.
Halle I，Jahreis G，Henning M，et al.，2012. Effects of dietary conjugated linoleic acid on the growth performance of chickens and ducks for fattening and fatty acid composition of breast meat[J]. Journal Für Verbraucherschutz und Lebensmittelsicherheit，7（1）：3-9.
Halver J E，Hardy R W，2002. Fish Nutrition[M]. 3rd. Cambridge：Academic Press：181-257.
Hemre G I，Sandnes K，1999. Effect of dietary lipid level on muscle composition in Atlantic salmon *Salmo salar*[J]. Aquaculture Nutrition，5（1）：9-16.
Hua K，2021. A meta-analysis of the effects of replacing fish meals with insect meals on growth performance of fish[J]. Aquaculture，530：735732.
Jiao J G，Liu Y，Zhang H，et al.，2020. Metabolism of linoleic and linolenic acids in hepatocytes of two freshwater fish with different n-3 or n-6 fatty acid requirements[J]. Aquaculture，515：734595.
Kikuchi K，Furuta T，Iwata N，et al.，2009. Effect of dietary lipid levels on the growth，feed utilization，body composition and blood characteristics of tiger puffer *Takifugu rubripes*[J]. Aquaculture，298（1-2）：111-117.
Kutluyer F，Sirkecioğlu A N，Aksakal E，et al.，2017. Effect of dietary fish oil replacement with plant oils on growth performance and gene expression in juvenile rainbow trout（*Oncorhynchus mykiss*）[J]. Annals of Animal Science，17（4）：1135-1153.
Leng X Q，Zhou H，Tan Q S，et al.，2019. Integrated metabolomic and transcriptomic analyses suggest that high dietary lipid levels facilitate ovary development through the enhanced arachidonic acid metabolism，cholesterol biosynthesis and steroid hormone

synthesis in Chinese sturgeon（*Acipenser sinensis*）[J]. British Journal of Nutrition，122（11）：1230-1241.

Li B S，Wang J Y，Huang Y，et al.，2019. Effects of replacing fish oil with wheat germ oil on growth，fat deposition，serum biochemical indices and lipid metabolic enzyme of juvenile hybrid grouper（*Epinephelus fuscoguttatus*♀×*Epinephelus lanceolatus*♂）[J]. Aquaculture，505：54-62.

López L M，Durazo E，Viana M T，et al.，2009. Effect of dietary lipid levels on performance，body composition and fatty acid profile of juvenile white seabass，*Atractoscion nobilis*[J]. Aquaculture，289（1-2）：101-105.

Marques V H，Moreira R G，Branco G S，et al.，2021. Different saturated and monounsaturated fatty acids levels in fish oil-free diets to cobia（*Rachycentron canadum*）juveniles：Effects in growth performance and lipid metabolism[J]. Aquaculture，541：736843.

Mozanzadeh M T，Hekmatpour F，Gisbert E，2021. Sustainable Aquafeeds[M]. Boca Raton：CRC Press：185-292.

Nasopoulou C，Zabetakis I，2012. Benefits of fish oil replacement by plant originated oils in compounded fish feeds[J]. LWT-Food Science and Technology，47（2）：217-224.

Nogales-Mérida S，Gobbi P，Józefiak D，et al.，2019. Insect meals in fish nutrition[J]. Reviews in Aquaculture，11（4）：1080-1103.

Ofori-Mensah S，Yıldız M，Arslan M，et al.，2020. Fish oil replacement with different vegetable oils in gilthead seabream，*Sparus aurata* diets：Effects on fatty acid metabolism based on whole-body fatty acid balance method and genes expression[J]. Aquaculture，529：735609.

Pham M A，Byun H G，Kim K D，et al.，2014. Effects of dietary carotenoid source and level on growth，skin pigmentation，antioxidant activity and chemical composition of juvenile olive flounder *Paralichthys olivaceus*[J]. Aquaculture，431：65-72.

Rimoldi S，Gliozheni E，Ascione C，et al.，2018. Effect of a specific composition of short-and medium-chain fatty acid 1-monoglycerides on growth performances and gut microbiota of gilthead sea bream（*Sparus aurata*）[J]. PeerJ，6（7）：e5355.

Rombenso A N，Trushenski J T，Drawbridge M，2018. Saturated lipids are more effective than others in juvenile California yellowtail feeds—Understanding and harnessing LC-PUFA sparing for fish oil replacement[J]. Aquaculture，493：192-203.

Rosenlund G，Torstensen B E，Stubhaug I，et al.，2016. Atlantic salmon require long-chain n-3 fatty acids for optimal growth throughout the seawater period[J]. Journal of Nutritional Science，5：e19.

Sagada G，Chen J M，Shen B Q，et al.，2017. Optimizing protein and lipid levels in practical diet for juvenile northern snakehead fish（*Channa argus*）[J]. Animal Nutrition，3（2）：156-163.

Steinberg C E W，2022. Aquatic animal nutrition：Organic macro-and micro-nutrients[J]. Springer Cham：531-582.

Tacon A G J，Metian M，2013. Fish matters：Importance of aquatic foods in human nutrition and global food supply[J]. Reviews in Fisheries Science，21（1）：22-38.

Tocher D R，2010. Fatty acid requirements in ontogeny of marine and freshwater fish[J]. Aquaculture Research，41（5）：717-732.

Tocher D R，2015. Omega-3 long-chain polyunsaturated fatty acids and aquaculture in perspective[J]. Aquaculture，449：94-107.

Tocher D R，Bendiksen E Å，Campbell P J，et al.，2008. The role of phospholipids in nutrition and metabolism of teleost fish[J]. Aquaculture，280（1-4）：21-34.

Trushenski J T，Rombenso A N，2020. Trophic levels predict the nutritional essentiality of polyunsaturated fatty acids in fish—Introduction to a special section and a brief synthesis[J]. North American Journal of Aquaculture，82（3）：241-250.

Trushenski J T，Rombenso A N，Jackson C J，2020. Reevaluating polyunsaturated fatty acid essentiality in channel catfish[J]. North American Journal of Aquaculture，82（3）：265-277.

Turchini G M，Francis D S，2009. Fatty acid metabolism（desaturation，elongation and β-oxidation）in rainbow trout fed fish oil-or linseed oil-based diets[J]. British Journal of Nutrition，102：69-81.

Turchini G M，Ng W K，Tocher D R，2010. Fish Oil Replacement and Alternative Lipid Sources in Aquaculture Feeds[M]. Boca Raton：CRC Press：245-266.

Turchini G M，Torstensen B E，Ng W K，2009. Fish oil replacement in finfish nutrition[J]. Reviews in Aquaculture，1：10-57.

Volkoff H，Rønnestad I，2020. Effects of temperature on feeding and digestive processes in fish[J]. Temperature，7（4）：307-320.

Wang A M，Yang W P，Shen Y L，et al.，2015. Effects of dietary lipid levels on growth performance，whole body composition and fatty acid composition of juvenile gibel carp（*Carassius auratus gibelio*）[J]. Aquaculture Research，46（11）：2819-2828.

Wang L，Zhang W R，Gladstone S，et al.，2019. Effects of isoenergetic diets with varying protein and lipid levels on the growth，feed utilization，metabolic enzymes activities，antioxidative status and serum biochemical parameters of black sea bream（*Acanthopagrus schlegelii*）[J]. Aquaculture，513：734397.

Wang S，Mohammed K A F，Zhang Y A，et al.，2021. Nutritional impacts of using graded levels of dietary linoleic acid on egg production，egg quality，and yolk fatty acid profile of laying ducks[J]. Italian Journal of Animal Science，20（1）：112-118.

Xu H G，Cao L，Wei Y L，et al.，2018. Lipid contents in farmed fish are influenced by dietary DHA/EPA ratio：A study with the marine flatfish，tongue sole（*Cynoglossus semilaevis*）[J]. Aquaculture，485：183-190.

Xu H G，Turchini G M，Francis D S，et al.，2020. Are fish what they eat？A fatty acid's perspective[J]. Progress in Lipid Research，80：101064.

Xu J H，Qin J，Yan B L，et al.，2011. Effects of dietary lipid levels on growth performance，feed utilization and fatty acid composition of juvenile Japanese seabass（*Lateolabrax japonicus*）reared in seawater[J]. Aquaculture International，19（1）：79-89.

Yadav A K，Jr Rossi W，Habte-Tsion H M，et al.，2020. Impacts of dietary eicosapentaenoic acid（EPA）and docosahexaenoic acid（DHA）level and ratio on the growth，fatty acids composition and hepatic-antioxidant status of largemouth bass（*Micropterus salmoides*）[J]. Aquaculture，529：735683.

Zambiazi R C，Przybylski R，Zambiazi M W，et al.，2007. Fatty acid composition of vegetable oils and fats[J]. Boletim Centro de Pesquisa de Processamento de Alimentos. 25（1）：111-120.

Zhang M，Chen C Y，You C H，et al.，2019. Effects of different dietary ratios of docosahexaenoic to eicosapentaenoic acid（DHA/EPA）on the growth，non-specific immune indices，tissue fatty acid compositions and expression of genes related to LC-PUFA biosynthesis in juvenile golden pompano *Trachinotus ovatus*[J]. Aquaculture，505：488-495.

第二章 鱼类脂肪酸精准营养的重要性与研究方法

第一节 鱼类的脂肪酸精准营养与饲料的脂肪酸平衡问题

一、精准营养的定义、内涵及实施要点

（一）精准营养的定义和内涵

精准营养（precision nutrition）也称精确营养，是近年来出现的一个相对较新的概念或学科。近年来，越来越多的研究发现，无论是为了预防慢性病还是急性感染，适当的营养干预都能够有效地提高居民的健康水平，于是“精准医学”“精准医疗”越来越受到重视，“精准”概念开始发展，“精准营养”也应运而生。由于精准营养在不同学科和不同领域中涉及的服务对象不同，导致其定义和内涵不完全相同。

在医学和临床领域，精准营养也称为“个性化营养”（personalized nutrition，individualized nutrition）。它主要是指借用大数据分析手段，整合个体遗传背景、生活方式特征、生理状态、代谢指征和肠道微生物特征等因素，对个体进行安全而高效的个性化营养干预，从而维持个体健康，预防及控制疾病的发生和发展（郭英男等，2021）。其主要目的是通过考虑个体的遗传、生活方式、代谢状况和生理状况等，为疾病治疗和管理提供安全高效的干预方法。2022 年 3 月，《精准营养》（*Precision Nutrition*）杂志（英文）已正式出版创刊号，它是国际癌症康复协会（International Society of Cancer Rehabilitation）官方学术期刊，属于精准营养专业和临床营养专业领域的刊物。随着人类对自身健康和生活质量的重视，医学领域的精准营养技术必将得到快速发展，相关技术成果的应用也将更好地惠及居民健康水平的提高。

在农业领域，精准营养也称精准饲养，该技术已开始在畜禽饲料配方设计、生猪养殖和肉羊生产中开展应用。关于精准营养的概念，中国科学院亚热带农业生态研究所印遇龙院士在 2018 年畜博论坛暨中国畜牧科技创新论坛上将其定义为：精准饲养是基于群内动物的年龄、体重和生产潜能等方面的不同，以个体不同营养需要的事实为依据，在恰当的时间给群体中的每个个体供给成分适当、数量适宜饲粮的饲养技术（张吉鹃，2018）。

在水产养殖领域，“精准营养”已开始受到重视，关于这一主题的讨论也越来越多。例如，程汉良等（2002）在《饲料工业》杂志上发表了《鲤鱼的精准营养与健康养殖》，并提出：“精准营养就是日粮营养水平要满足动物遗传潜力的需要，即满足动物最优生产性能的营养需要，同时浪费最少。”该文从鲤鱼对蛋白质和氨基酸、能量和蛋白能量比、脂肪和必需脂肪酸、矿物质、维生素的需要量及饲料品质控制等方面，阐述如何实

施鲤鱼的精准营养及其与健康养殖的关系。2016 年，在“第五届华东水生动物营养与饲料科技论坛”上，中国科学院水生生物研究所解绶启研究员做了“不同淡水养殖模式下如何实施精准营养调控”报告，讲述如何通过精准营养和精准投喂技术，提高养殖效益，养出健康的鱼（程纯明和卫丹凤，2016）。Zhang 等（2020）发表 *Precision nutritional regulation and aquaculture*（《精准营养调控与水产养殖》）英文综述，阐述了精准营养调控的概念演变、理论体系、技术体系的构成等。文中指出，一些研究人员将精准营养定义为精准饲养，即饲料的营养成分应满足动物最佳生产性能的要求，同时实现最小的饲料浪费。在实践中，精准营养应该包括对动物的遗传背景、生活习性、代谢特征、水生态环境等因素的全面考察。同时指出，精准营养调控涵盖了从基因、细胞、组织到整个机体的每一个层面；营养素通过与基因相互作用，激活或抑制细胞内的信号通路/网络，从而调节基因表达和蛋白质合成，并随后影响碳水化合物、脂类、蛋白质和微量元素的组成、含量和沉积位点。因此，该文作者提出，精准营养干预需从“精准饲养”“精准代谢”“精准输出”“精准支持”等角度同步进行。近 20 年来，本书作者团队在黄斑蓝子鱼、卵形鲳鲹、石斑鱼、日本鳗鲡、金鼓鱼、罗非鱼等我国东南沿海重要养殖鱼类中，开展了 LC-PUFA 合成能力与 EFA 需求特性，及其成果在黄斑蓝子鱼、卵形鲳鲹、罗非鱼等鱼类高效配合饲料研发及鱼油替代中的应用研究，这些研究工作实际上就是脂肪酸精准营养方面的内容，详见本书第四章、第九章、第十章。

关于水产养殖领域精准营养的定义，本书作者参考上述研究人员的表述，并根据水产养殖具有明显多样性（种类、模式、条件等）的特点，将精准营养定义为：满足水产动物在相应养殖条件下，能够获得最佳生产性能，同时保证机体健康和浪费最少的营养素需要量或饲料的营养组成。随着我国水产养殖业的快速发展，精准营养越来越显得重要。因为，中国的水产养殖业已连续 30 多年居世界首位，产量占世界养殖量 60%以上。随着社会的快速发展和人口数量的增加，人口、资源、环境、健康之间的矛盾日益凸显，国家对生态环境保护、食品质量与安全、资源可持续利用、国民健康等问题越来越重视；相应地，要求水产养殖业必须走注重效益、质量、安全、可持续的高质量发展道路。为此，2019 年 2 月，经国务院同意，农业农村部等 9 部委联合发布《关于加快推进水产养殖业绿色发展的若干意见》的指导性纲领性文件；2020 年，我国开始实施无抗养殖，《水产养殖尾水排放标准》开始制定。要使国家的这些战略目标得以很好实现，需要有高效优质环保的配合饲料作为保障，精准营养和精准投喂技术显得更加迫切和重要。近年来，关于水产动物精准营养的研究已引起行业和国家的重视，“水产动物精准营养及其代谢调控机制”项目被科技部批准立项为 2018 年度国家重点研发计划“蓝色粮仓科技创新”重点专项。

（二）精准营养的实施要点

我国的水产养殖具有明显的多样性特点，主要体现在以下几方面：①养殖动物的种类较多，从腔肠动物到爬行动物已有 100 多种；②摄食类型复杂，有滤食性、草食性、杂食性、肉食性等；③地理分布广泛，气候、海拔、水环境等不同；④养殖模式丰富，有池塘、网箱、室内工厂化车间、围栏、湖泊、水库等。这些多样性和特殊性，使得不同水产养殖动物在不同条件下的营养需求会有较大差异，故在水产养殖中实施精准营养比较复杂，这给精准营养的研究和实践带来不少难度和挑战。

在水产养殖生产中，精准营养是研发高效配合饲料和提高养殖效益的基础，虽然我们无法做到理想的精准，但是可以无限贴近精准营养去做。精准营养实施的要点主要有：第一，弄清养殖对象在不同条件下[如不同生长阶段，不同养殖环境（如季节、水温、盐度、养殖模式）]对各类营养素的适宜需要量，为科学设计饲料配方提供依据。因为养殖对象现行的营养需要量标准并不一定适合特定养殖条件下的养殖需要，而且一些公开发布的营养需要量并不是该品种处于最优状况下取得的需要量数据，还可以继续优化。第二，准确测定饲料原料中可利用营养物质的含量。因为饲料原料产地、批次、加工和储存方式等方面的不同，使得原料营养成分差异很大，实际生产中基于饲料原料营养数据库的数据并不能真实地反映每个批次饲料原料的营养价值。所以，使用原料进行饲料配方设计和生产前，需要测定原料的相关营养成分。第三，设计精准的日粮配方，尽可能使营养素平衡，且不过量。第四，根据养殖对象的摄食和消化特点，制定科学的投喂策略，包括饲喂次数、饲喂间隔和投喂量，尽可能做到精准投喂，提高饲料的消化利用率，减少浪费和对环境的污染。

二、鱼类的脂肪酸精准营养问题

脂质是鱼类的三大营养素之一。与陆生畜禽动物相比，鱼类对脂肪的量和质有更高的要求。在量方面，陆生畜禽动物对脂肪的需要量一般小于5%，而鱼类对脂肪的需要量较高，一般为6%～30%，且海水鱼通常比淡水鱼高；其中，大西洋鲑可高达47%（Hemre and Sandnes，1999）；在质方面，陆生畜禽动物的必需脂肪酸（EFA）一般为亚油酸和α-亚麻酸，而鱼类除亚油酸和α-亚麻酸外，对n-3 LC-PUFA有更高的需求。因此，脂类营养，特别是必需脂肪酸营养在鱼类营养中占有非常重要的地位。由于脂肪是由脂肪酸和甘油组成，故脂肪营养的实质是脂肪酸营养。

目前，在人类保健与医学领域，已有为个人和人群提供个性化n-3 LC-PUFA补充的精准营养方法（Chilton et al.，2017）。在水产养殖领域，已有较多关于鱼类对EFA适宜需求及其适宜比方面的研究报道，这些实际上属于鱼类脂肪酸精准营养需求方面的内容。例如，Wu和Chen（2012）研究了1%或2%的α-亚麻酸（ALA）或亚油酸（LA）及ALA/LA比分别为3.3、1.4、0.7和0.4的饲料对点带石斑幼鱼（初始体重：11.3 g±0.6 g）生长、组织脂肪酸组成和肾脏非特异性细胞免疫反应的影响；结果表明，ALA或LA水平为2%和ALA/LA比为3.3的饲料有利于鱼的体重增加和非特异性细胞免疫反应。Ma等（2014）以DHA/EPA比分别为0.64、0.97、1.18、1.59、1.91且n-3 HUFA水平约为0.73%的5种等氮（53.51%）等能（19.76 kJ/g）饲料喂养星斑牙鲆幼鱼8周，通过分析鱼的生长性能、脂肪酸组成、脂类代谢和血清学指标，获得适宜的DHA/EPA比为1.18。Magalhães等（2020）配制ARA/EPA/DHA比值不同的4种等氮（47%）等脂（18%）饲料，养殖金头鲷8周，评估饲料必需脂肪酸组成对肝脏和肠的氧化状态、肠道组织形态学和微生物菌群结构的影响。结果表明，饲料中 ARA/EPA + DHA 之间的平衡可促进金头鲷幼鱼的健康，较高水平的 n-3 HUFA 可能会抑制肠道黏膜中病原微生物的存在。

目前，未见关于鱼类脂肪酸精准营养的定义或相关讨论。参照上述精准营养的概念，本书作者认为，鱼类脂肪酸精准营养可定义为：满足鱼类在相应养殖条件下，能够获得最佳生产性能，同时保证机体健康和浪费最少的脂肪酸需要量或饲料的脂肪酸组成。由于脂肪酸的种类和类型很多，故脂肪酸精准营养的内容非常丰富，包括鱼类对各种脂肪酸和脂肪酸类型的需求量及其适宜比，主要有：ALA、LA，ALA/LA；HUFA 或 LC-PUFA，ARA、EPA、DHA，n-3 LC-PUFA，DHA/EPA，DHA/EPA/ARA；n-3 PUFA、n-6 PUFA，n-3/n-6 PUFA；SFA、MUFA、PUFA，SFA/MUFA/PUFA。为了将脂肪酸精准营养技术尽早服务于饲料研发和养殖生产实践，可先重点弄清鱼类对 EFA 的需求特性，然后再关注鱼类对其他脂肪酸的需求特性。

鱼类对脂肪酸，特别是 EFA 的需求因种类和个体发育阶段而异，早期发育阶段的幼体和性腺发育成熟阶段的亲鱼是关键时期。营养级和/或环境因素（温度和盐度）是影响鱼类 EFA 需求特性的主要因素。一般认为，淡水/洄游鱼类通常需要 C18 PUFA 作为 EFA，而海水鱼对 LC-PUFA，如 EPA、DHA、ARA 有严格的需求。因此，确定鱼类对脂肪酸的精准需求，包括其对特定脂肪酸，特别是 EFA 的需求总量、种类和比例，以及这些需求在不同生长阶段的变化。

鱼类对 EFA 的需求可分为三个层次。第一是预防营养性疾病发生的最低水平需求：能满足鱼体的基本生理功能需求，防止典型营养性疾病发生；如果出现膳食 EFA 不足，鱼类会停止生长和繁殖，并会发展成各种疾病，最终死亡。第二是支持最佳生长性能的中等水平需求：能维持鱼体最大生长性能和适宜健康水平。第三是确保养殖产品中含有一定数量 EPA 和 DHA 的高水平需求：在饲料中提供足够的 n-3 LC-PUFA 以使这些营养素在养殖鱼类的含量跟野生鱼类相当或更高，这个水平的 EFA 需求远超鱼体的生物学需要，而是要满足人类从养殖水产品中获得更多 n-3 LC-PUFA 的需要。鱼类对 EFA 需求的第一层次水平容易满足，但第二、三层次的需求水平还有待进一步研究。在过去，由于水产养殖业快速发展的需要，确定满足正常生长和发育所需的 EFA 适宜需要量（第一层次需求水平）一直是鱼类脂质代谢研究最多的领域之一。近年来，随着鱼类脂质营养研究工作的不断深入，鱼类在不同生长阶段、不同养殖环境、不同饲料原料下的 EFA 精准需求的第二层次需求水平的研究开始受到关注，但仍需要加强研究。第三层次需求水平的研究已有较多报道，这也是饲料中鱼油替代导致养殖产品 n-3 LC-PUFA 含量降低需要解决的主要问题。近年来，可持续发展迫使水产养殖业改变饲料配方，以陆源性的植物产品替代海洋来源的鱼粉和鱼油，减少水产养殖对鱼粉鱼油的过度依赖。需要特别注意的是，预防鱼类营养性疾病和保持最佳生长对 EFA 的生理需求可能与保障养殖产品营养价值（如鱼肉 n-3 LC-PUFA 含量）的 EFA 需求不平行。例如，很多淡水鱼和鲑鱼可以在缺乏 n-3 LC-PUFA 的植物油饲料情况下成功养殖，但会使养殖产品的 n-3 LC-PUFA 含量显著降低，从而影响它们对人类消费者的健康益处。要解决这个问题就需要详细了解鱼类 EFA 需求和代谢的生化与分子基础，以及饲料脂肪源的脂肪酸组成。

鱼类对脂肪酸，特别是 EFA 的需要量受多种因素影响，主要包括：①种类：淡水鱼类、海水鱼类、洄游鱼类转化亚油酸和α-亚麻酸为 LC-PUFA 的能力不同，导致其对 EFA 的需求种类、需求量不同；②食性（植食性、肉食性、杂食性）、运动习性（运动型、好静型）也影响鱼类对脂肪酸的需求；③鱼类在不同生长阶段、不同季节、不同养殖环境（养殖模式、水体盐度等）的脂肪酸需求也可能不同；④饲料成分（种类和比例）也会影响鱼类对脂肪酸的需求。

在鱼类营养学中，确定脂肪酸的必要性是复杂的，因为它涉及物种多样性（例如，受到不同选择压力的物种之间的差异）、生物因素（营养级和环境耐受性）和外部因素（实验条件、饲料配方和制作工艺的差异）等，所有这些因素都会影响鱼类对脂肪酸的绝对需要量。不同鱼类转化 C18 PUFA（18:2n-6 和 18:3n-3）为 LC-PUFA（20:4n-6、20:5n-3 和 22:6n-3）以满足个体生理需求的能力不相同。以前认为，温度和盐度是决定鱼类膳食脂肪酸需求的主要因素，即冷水鱼类和/或海水鱼类对 LC-PUFA 有膳食需求，而温水鱼类和/或淡水鱼类则没有需求，后来发现此种观点在许多情况下是不准确的。为此，Trushenski 和 Rombenso（2020）评估了虹鳟（*Oncorhynchus mykiss*）、斑点叉尾鮰（*Ictalurus punctatus*）、尼罗罗非鱼（*Oreochromis niloticus*）、佛罗里达鲳（*Trachinotus carolinus*）和杂交条纹鲈（白鲈 *Morone chrysops*×条纹鲈 *M. saxatilis*）等 5 种与集约化养殖相关的有鳍鱼类饲料中 C18 PUFA 与 LC-PUFA 的营养重要性。研究结果表明，营养级是预测鱼类 C18 PUFA 和 LC-PUFA 营养重要性的最可靠指标。他们给营养级较低的尼罗罗非鱼和斑点叉尾鮰（平均营养级分别为 2.0 和 3.1～4.2）提供 LC-PUFA，发现其对增长性能并没有产生有意义的影响。中营养级肉食性的虹鳟和佛罗里达鲳（平均营养级分别为 4.1 和 3.5）对含有 C18 PUFA 和 LC-PUFA 饲料的反应不同；由于它们能够合成 LC-PUFA，这些营养物质并不是严格必需的；当给其提供完整的 LC-PUFA 时，不会产生生物合成干扰，不需要进行从头合成似乎提供了生物能量优势，有利于鱼的生长。LC-PUFA 显然是高营养级肉食性的杂交条纹鲈（白鲈的平均营养级为 4.0，条纹鲈为 4.7）食物中不可或缺的，但饲料中的 C18 PUFA 对其作用不大。在这些研究中，温度和盐度耐受性并不能作为上述结果的有用预测因子或贡献者，而营养级确实是 PUFA 营养重要性的准确预测因子。

三、饲料的脂肪酸平衡问题

在水产动物的饲料配方研发中，氨基酸平衡已受到相当重视，且水产饲料标准中有赖氨酸或蛋氨酸的最低添加量及其与蛋白质之比方面的要求。氨基酸平衡主要考虑饲料中各种氨基酸之间的比例关系。当然，生产中完全的氨基酸平衡是不存在的，在设计配方时，应优先考虑最易缺乏的必需氨基酸，如赖氨酸、蛋氨酸、半胱氨酸、苏氨酸和色氨酸等是否满足鱼体的生理需要。然而，关于水产动物或其饲料中的脂肪酸平衡（fatty acid balance）问题，目前普遍重视不够或很少考虑。我国目前的水产饲料标准中只有饲料脂肪含量方面的要求，尚没有必需脂肪酸种类、含量及比例方面的要求。

饲料的脂肪酸平衡问题，实际上就是脂肪酸精准营养中重要脂肪酸或脂肪酸类型的比例关系，如饲料中 LA/ALA、EPA/DHA、ARA/EPA/DHA、n-3/n-6 PUFA 及 SFA/MUFA/PUFA 的适宜比。本书作者认为，饲料脂肪酸欠平衡可能是导致目前养殖鱼类普遍存在脂肪过度蓄积问题的重要原因。一般认为，鱼油因其脂肪酸组成全面且富含 n-3 HUFA，是鱼类配合饲料的优质脂肪源。但是，鱼油资源短缺且价格昂贵，生产者为了降低饲料成本，常常利用资源较丰富、价格相对较低但缺乏 n-3 HUFA 的陆源性动植物油作为脂肪源，或利用其高比例替代鱼油，这容易导致鱼体脂质代谢紊乱，脂肪蓄积严重或形成脂肪肝，免疫力和品质下降，甚至大量死亡，给行业带来严重损失。本书作者认为，饲料的脂肪酸组成欠科学、脂肪酸欠平衡及鱼体所需的 EFA 缺乏或不足等可能是关键或重要原因。为验证此推论，本书作者团队以卵形鲳鲹（*Trachinotus ovatus*，俗称金鲳）幼鱼为对象，在海上网箱中开展养殖试验。首先从脂肪酸精准营养出发，弄清金鲳的 EFA 需求特性，确定其 EFA 为 DHA 和 EPA 等 n-3 HUFA（Wang et al.，2020），饲料中 n-3 HUFA 的适宜水平为 0.64%～1.73%、DHA/EPA 适宜比为 1.17～1.48（Zhang et al.，2019；Li et al.，2020）。在此基础上，研发出基于其 EFA 需求特性的“金鲳复合油”；利用其作为脂肪源配制的饲料，展现的养殖效果（增重率和特定生长率）跟鱼油饲料一样好甚至更优（Xie et al.，2020）。但是，鱼油∶豆油为 2∶3 的“公司复合油”饲料组鱼的生长性能显著低于鱼油和金鲳复合油饲料组，而肝体比、肝脏脂肪含量及血清的甘油三酯和胆固醇水平显著高于金鲳复合油组。脂肪酸组成分析结果显示，“金鲳复合油”饲料的 18:2n-6 和 n-6 PUFA 水平及 DHA/EPA 比值与鱼油接近，但“公司复合油”饲料的 18:2n-6 和 n-6 PUFA 水平及 DHA/EPA 比值明显偏高，而 SFA 水平偏低。因为三种饲料除脂肪源不同外，其他成分完全相同，结果说明，“公司复合油”的脂肪酸欠平衡应该是导致其饲料养殖效果较差、肝体比和血脂水平高的主要原因。所以，重视饲料的脂肪酸平衡问题，可能是解决养殖鱼类普遍存在脂肪过度蓄积问题的重要应对措施。

关于脂肪酸平衡的定义，在文献中目前未见相关陈述。本书作者认为，脂肪酸平衡可这样定义：为满足动物获得最佳生产性能和健康水平，日粮中各种（类）脂肪酸在数量和比例上与动物的特定需要量相符合，即供给与需求之间相平衡。不同鱼类在不同条件下（如不同生长阶段、不同养殖模式、不同饲料组成）的必需脂肪酸需求特性可能不同，故其脂肪酸平衡的具体内容也会发生变化。据报道，鱼类对 n-3 LC-PUFA 的需求量可随发育阶段、饲料脂质含量和饲料 LC-PUFA 比例（DHA/EPA）而变化（NRC，2011）。在金头鲷的养殖试验中，随着饲料中 DHA/EPA 比值的增加，总的 n-3 LC-PUFA 需求降低（Rodriguez et al.，1998）；幼鲷的最佳生长在总 n-3 LC-PUFA 水平为日粮干重的 0.9%、DHA/EPA 比为 1.0 时获得（Kalogeropoulos et al.，1992）；当饲料 n-3 LC-PUFA 水平增加到 1.9%时，幼鲷需要 EPA（1.0%）比 DHA（0.5%）更高时才能获得最大生长（Ibeas et al.，1997）。这些结果说明，饲料中适宜的 n-3 LC-PUFA 含量和 DHA/EPA 比值可以相互影响，结合饲料中的脂质和 n-3 LC-PUFA 水平去确定适宜的 DHA/EPA 比值也很重要。随着鱼类脂质营养研究的不断深入，关于脂肪酸平衡方面的研究报道必将越来越多。

第二节　弄清鱼类脂肪酸精准营养需求的重要性

弄清养殖鱼类对脂肪酸，特别是必需脂肪酸的精准需求，对于确定饲料中鱼油可以被减少或者被其他油脂替代的程度是必要的，对于提高饲料配方效果、鱼油资源科学利用和提高养殖生产效益等至关重要，其重要性和意义主要体现在如下四方面：

①弄清鱼类对脂肪酸的精准需求，有助于饲料脂肪源的选择和脂肪酸添加，也有助于研发脂肪酸平衡性好的优质配合饲料，提高饲料效率，促进养殖鱼类的生长，提高其健康水平和营养品质。

②弄清鱼类对 EFA 的精准需求，有助于精准开展鱼油替代及减少配合饲料中鱼油使用量方面的研究，降低水产养殖对鱼油的依赖，促进水产养殖业的健康可持续发展。

③弄清鱼类的脂肪酸精准需求特性也可能有助于提高饲料中的鱼粉替代水平，体现脂肪对鱼粉替代的协同效应。例如，最近几年，本书作者团队以卵形鲳鲹幼鱼为对象，在弄清其 EFA 需求特性基础上，成功研发出符合其 EFA 需求特性的复合油；以其作为饲料脂肪源时，展现的养殖效果与鱼油一样好甚至更优，可使陆源性复合蛋白替代饲料中60%～80%鱼粉，使饲料中的鱼粉含量从传统的 20%以上降低至 6%，体现出脂肪对鱼粉替代的协同效应，具体内容见第十章。

④重视鱼类的脂肪酸精准营养及脂肪酸平衡问题，有助于提高养殖鱼类的健康水平、降低其脂肪蓄积水平。在目前的鱼类饲料配方研究中，氨基酸平衡受到重视，脂质营养研究多注重脂肪的供能作用，如饲料的脂肪含量、氮能比，但不太重视 EFA 需求特性、脂肪酸平衡问题。由于不同脂肪源的脂肪酸组成差异较大，如果饲料的脂肪源选择不当，容易导致饲料的脂肪酸不平衡及鱼体所需的 EFA 缺乏或不足、脂肪代谢失衡等问题，进而诱发鱼体脂肪蓄积严重，免疫力和营养品质下降等问题。如本章第一节所述，本书作者团队在卵形鲳鲹的养殖试验结果表明，重视饲料的脂肪酸平衡可有效降低其脂肪蓄积水平，提高健康水平和养殖效益。

最近，美国南伊利诺伊大学卡本代尔分校动物学系的 Trushenski 团队对虹鳟、斑点叉尾鮰、尼罗罗非鱼、佛罗里达鲳和杂交条纹鲈等 5 种营养级不同鱼类的 PUFA 需求特性进行了再评估，获得的结果完善了此 5 种鱼的 EFA 需求特性（Trushenski and Rombenso，2020）。他们配制了 n-3 和 n-6 PUFA 不同组合的 7 种饲料（D1～D7），其脂肪源分别为鲱鱼油（D1，阳性对照），完全氢化的大豆油（D2，无 EFA，阴性对照），完全氢化大豆油与 5 种不同组合的脂肪酸乙酯，包括 18:3n-3（D3）、18:2n-6 + 18:3n-3（D4）、22:6n-3（DHA）（D5）、DHA + 20:4n-6（ARA）（D6）和 LC-PUFA（DHA + ARA + 20:5n-3）（D7）。通过评估不同饲料对试验鱼生长性能和组织脂肪酸组成的影响，确定其 EFA 需求特性。5 种试验鱼已知的 EFA 需求特性及再评估后的结果如下。

①虹鳟。美国国家研究委员会（NRC，2011）报道，虹鳟饲料中含 0.7%～1.0% 18:3n-3 或 0.4%～0.5% n-3 LC-PUFA（20:5n-3 和 22:6n-3）即可满足该鱼对 EFA 的需求。但这些 EFA 需求量数据大约是在 20 世纪 70 年代确定的，那时没有考虑 n-6 PUFA 在饲料中的重要性。为此，Barry 和 Trushenski（2020a）评估了虹鳟幼鱼（平均初始体重 24.6 g）在摄

食上述7种不同饲料的存活率、生长性能和组织脂肪酸组成，以阐明n-3和n-6 PUFA的相对重要性。养殖8周后，终末体重（78.2～132 g）、增重率（216%～433%）、饲料转化率（0.93～1.42）、特定生长率（2.05%～2.98%）和肝体比（1.4～2.1）受到投喂饲料的显著影响，鱼油饲料组虹鳟显著优于所有其他饲料组。饲喂不同脂肪酸乙酯组合饲料（D3～D7）组鱼的生长性能没有统计学差异。组织脂肪酸组成通常反映饲料构成，但在腹腔脂肪、肌肉和肝脏中的脂肪酸组成变化最大，而在脑和眼组织中的变化最小。这些结果在很大程度上验证了先前的报道，即虹鳟在生理上能够从C18 PUFA合成LC-PUFA，因此不一定需要富含LC-PUFA的饲料。然而，生长数据结果表明，如果直接在饲料中提供EPA和DHA可能会给养殖虹鳟带来能量优势。

②斑点叉尾鮰。据报道，该鱼正常生长需要α-亚麻酸（18:3n-3）。然而，有些研究出现矛盾的结果：饲料中α-亚麻酸水平升高可能会导致生长抑制，而单独含有亚油酸（18:2n-6）或与18:0和18:1n-9组合的饲料有益于生长，喂食含LC-PUFA的饲料可以促进或抑制生长。为此，Trushenski和Rombenso（2020）以上述7种饲料喂食斑点叉尾鮰幼鱼18周后，评估生长及组织脂肪酸组成情况。他们没有观察到生长性能或饲料转化率的差异。然而，喂食添加C18 PUFA和LC-PUFA饲料的鱼在生长数值上优于喂食基于鱼油阳性对照饲料的鱼。饲喂不含EFA阴性对照饲料或添加了18:3n-3和18:2n-6或20:4n-6和22:6n-3饲料的鱼出现了22:5n-6/22:6n-3比值升高，而在添加了22:6n-3饲料的鱼观察到20:3n-9/20:4n-6比值升高。这些发现表明，C18 PUFA和LC-PUFA似乎同样满足该鱼的EFA需求；然而，饲料中完整的LC-PUFA如果脂肪酸平衡性好，则可以避免多余的n-3 LC-PUFA对n-6 LC-PUFA合成的拮抗作用。

③尼罗罗非鱼。过去认为，18:2n-6是尼罗罗非鱼的EFA，但直接提供20:4n-6是否会更有效不得而知。同时，目前还没有直接的证据表明罗非鱼对n-3脂肪酸有定量需求，但是已有饲料中同时含有n-3和n-6 PUFA的有益效果报道。为了更好地了解PUFA在罗非鱼中的重要性，Jackson等（2020）以上述7种饲料喂养尼罗罗非鱼幼鱼（平均初始体重25.7 g）7周后，鱼油饲料（D1，阳性对照）组鱼的增重率、饲料转化率和特定生长率明显大于不含PUFA的阴性对照组（D2）。在大多数情况下，添加n-3和n-6 PUFA饲料组鱼的生长性能得到提高，且没有出现任何脂肪酸缺乏导致的特征脂肪酸比率（即20:3n-9/20:4n-6和22:5n-6/22:6n-3）的明显迹象。但饲喂不含n-3 PUFA饲料的尼罗罗非鱼显示22:5n-6/22:6n-3比值显著升高，表明n-3 PUFA缺乏症正在发展。饲喂含n-3 PUFA如18:3n-3、22:6n-3或n-3 LC-PUFA饲料的鱼对该脂肪酸缺乏的特征脂肪酸比率有纠正作用，从而证实n-3和n-6 PUFA的适当平衡对满足尼罗罗非鱼EFA需求的重要性，也说明其具有利用C18 PUFA合成LC-PUFA满足生理需求的能力。

④佛罗里达鲳。Jackson等（2020）以上述7种饲料喂养佛罗里达鲳幼鱼（平均初始体重47.4 g）7周，通过生长性能和脂肪酸组成的比较，评估C18 PUFA和LC-PUFA在满足该鱼EFA需求方面的相对重要性。结果显示，与喂食不含EFA的阴性对照饲料组鱼相比，喂食含鱼油的阳性对照饲料组鱼的增重率、饲料转化率和特定生长率显著增加。在阴性对照饲料中添加n-3和/或n-6 PUFA都没有显著改善性能效果，尽管在增重率和饲料转化率方面观察到的数值有所改善，但在饲料中提供n-3和n-6 LC-PUFA

具有一定优势。分析组织脂肪酸的组成发现，佛罗里达鲳对 C18 PUFA 具有一定的延长及去饱和能力，故在饲料中含有 C18 PUFA 时能够存活，但是当直接提供 LC-PUFA 时，它们表现最佳。

⑤杂交条纹鲈。据报道，杂交条纹鲈的 EFA 需要量为 0.5%～1.0% EPA 和/或 DHA。但这种需求没有说明在单个脂肪酸基础上对 n-3 PUFA 需求特性，也没有回答对 n-6 PUFA（即亚油酸或花生四烯酸）的可能需求。为此，Barry 和 Trushenski（2020b）以上述 7 种饲料喂养杂交条纹鲈幼鱼（平均初始体重 14 g）8 周，以确定营养素的必要性或可消耗性。生长性能和组织脂肪酸组成中的 22:5n-6/22:6n-3 比值结果表明，饲料中供应 22:6n-3 足以满足其对 LC-PUFA 的生理需求。然而，饲料转化率和生长数值改善表明，饲料中 20:4n-6 的供应也很重要。研究结果表明，仅提供 C18 PUFA 不足以避免必需脂肪酸缺乏和支持鱼的最佳生长。为了确保满足 EFA 需求并优化养殖性能，杂交条纹鲈的饲料中如果不能补充完全的 n-3 和 n-6 LC-PUFA，至少应包含 22:6n-3 和 20:4n-6。

上述 5 种鱼 EFA 需求特性再评估的结果表明，弄清鱼类对 EFA 的精准需求对于提高饲料效率、获得最佳生产性能非常重要和必要。

第三节 鱼类脂肪酸精准营养的研究方法

如前面所述，由于脂肪酸的种类和类型很多，养殖鱼类的品种、养殖环境多样，致使鱼类脂肪酸精准营养的研究内容丰富、复杂，研究的难度和挑战大。为了更好地将脂肪酸精准营养技术尽早服务于高效饲料研发与养殖生产实践，可根据脂肪酸对鱼类生理功能的重要性，对脂肪酸精准营养的研究采取分步实施的办法，即先开展鱼类对 EFA 的精准需求研究，然后再开展其对其他脂肪酸的需求特性研究。具体内容为：第一，鱼类对 EFA 的需求特性研究。首先，通过养殖试验，弄清其是否具有 LC-PUFA 合成能力及其强弱；然后，再确定其对不同 EFA 的适宜需求水平或适宜比。具体来说，对于具有 LC-PUFA 合成能力的鱼类，如淡水鱼和鲑鳟鱼类，需重点弄清其在不同条件下对 ALA、LA、n-3 PUFA 和 n-6 PUFA 的适宜需求水平及 ALA/LA 和 n-3/n-6 PUFA 的适宜比；对于 LC-PUFA 合成能力缺乏或很弱的鱼类，如绝大部分海水鱼类，需重点弄清其对 LC-PUFA（EPA、DHA 和 ARA）或 n-3 LC-PUFA（EPA、DHA）的适宜需求水平及 DHA/EPA、DHA/EPA/ARA 的适宜比。第二，鱼类对非 EFA 的需求特性研究。包括鱼类对 SFA、MUFA 或其中的某些脂肪酸的适宜需求水平及 SFA/MUFA、SFA/PUFA、MUFA/PUFA、SFA/MUFA/PUFA 的适宜需求比。

开展鱼类脂肪酸精准营养研究的主要步骤如下：第一，弄清养殖对象在不同条件下[不同生长阶段，不同养殖环境（如季节、水温、盐度、养殖模式）]对各种（类）脂肪酸的适宜需要水平，为科学设计饲料配方提供依据。第二，准确测定脂肪源的脂肪酸组成及其他饲料原料中的脂肪含量和脂肪酸组成。第三，在此基础上，设计符合养殖对象脂肪酸需求特性的日粮配方，并采用科学的饲料生产工艺及合适的储存、运输方法，尽可能减少饲料在加工、储存、运输过程中对脂肪酸功能的影响，提高饲料效率，减少浪费和对环境的污染。

弄清鱼类对脂肪酸的精准需求特性，有助于科学地开展鱼油替代研究，从而使有限的鱼油资源更加科学地得到利用，也可以使资源较丰富、价格相对较低的陆源性植物油和动物油得到充分利用。科学开展鱼类脂肪酸精准营养需求与鱼油替代研究的具体路线图见图 2-1。首先通过养殖试验是弄清该鱼的 EFA 需求特性，即该鱼是否具有将 ALA 和 LA 转化为 LC-PUFA 的能力以及该能力的强弱情况。如果鱼体自身的 LC-PUFA 合成能力强，则可以利用陆源性植物油或动物油替代鱼油，并根据鱼体对 ALA 和 LA 的需求特性（需求水平、ALA/LA 比）及替代油脂的脂肪酸组成，确定饲料的适宜脂肪源及其替代鱼油的适宜比例；如果鱼体的 LC-PUFA 合成能力缺乏或很弱，则首先要弄清其对 n-3 LC-PUFA 的适宜需求水平及 DHA/EPA 适宜比，在确保饲料中含有足量 EFA 的情况下，再考虑陆源性植物油或动物油的添加比例。

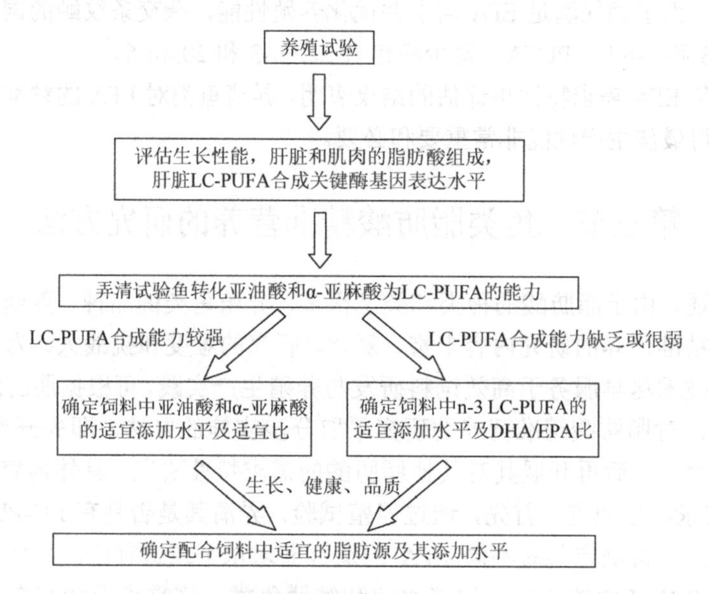

图 2-1　开展鱼类脂肪酸精准营养需求与鱼油替代研究路线图

参考文献

程纯明，卫丹凤，2016. 解绥启：不同淡水养殖模式下如何实施精准营养调控[J]. 当代水产，（4）：87-88.

程汉良，吴立新，王亮，2002. 鲤鱼的精准营养与健康养殖[J]. 饲料工业，23（10）：40-43.

郭英男，郭倩颖，陈勇言，等，2021. 精准营养的评价指标体系进展[J]. 中国慢性病预防与控制，21（9）：711-714.

张吉鹏，2018. 运用猪营养工程技术，高效实施精准营养[J]. 中国猪业，（7）：24-28.

Barry K J，Trushenski J T，2020a. Reevaluating polyunsaturated fatty acid essentiality in Rainbow Trout[J]. North American Journal of Aquaculture，82（3）：251-264.

Barry K J，Trushenski J T，2020b. Reevaluating polyunsaturated fatty acid essentiality in hybrid Striped Bass[J]. North American Journal of Aquaculture，82（3）：307-320.

Chilton F H，Dutta R，Reynolds L M，et al.，2017. Precision nutrition and omega-3 polyunsaturated fatty acids：A case for personalized supplementation approaches for the prevention and management of human diseases[J]. Nutrients，9（11）：1165.

Hemre G I，Sandnes K，1999. Effect of dietary lipid level on muscle composition in Atlantic salmon *Salmo salar*[J]. Aquaculture

Nutrition，5（1）：9-16.

Ibeas C，Cejas J R，Fores R，et al.，1997. Influence of eicosapentaenoic to docosahexaenoic acid ratio（EPA/DHA）of dietary lipids on fatty acid composition of gilthead sea bream（*Sparus aurata*）juveniles[J]. Aquaculture，150：91-102.

Jackson C J，Trushenski J T，Schwarz M H，2020. Reevaluating polyunsaturated fatty acid essentiality in Nile Tilapia[J]. North American Journal of Aquaculture，82：278-292.

Kalogeropoulos N，Alexis M N，Henderson R J，1992. Effects of dietary soybean and cod-liver oil levels on growth and body composition of gilthead bream（*Sparus aurata*）[J]. Aquaculture，104：293-308.

Li M M，Xu C，Ma Y C，et al.，2020. Effects of dietary n-3 highly unsaturated fatty acids levels on growth，lipid metabolism and innate immunity in juvenile golden pompano（*Trachinotus ovatus*）[J]. Fish & Shellfish Immunology，105：177-185.

Ma J J，Wang J Y，Zhang D R，et al.，2014. Estimation of optimum docosahexaenoic to eicosapentaenoic acid ratio（DHA/EPA）for juvenile starry flounder，*Platichthys stellatus*[J]. Aquaculture，433：105-114.

Magalhães R，Guerreiro I，Santos R A，et al.，2020. Oxidative status and intestinal health of gilthead sea bream（*Sparus aurata*）juveniles fed diets with different ARA/EPA/DHA ratios[J]. Scientific Reports，10（1）：13824.

NRC，2011. Nutrient Requirements of Fish and Shrimp[M]. Washington DC：National Academies Press.

Rodriguez C，Pérez J A，Badıa P，et al.，1998. The n-3 highly unsaturated fatty acids requirements of gilthead sea bream（*Sparus aurata* L.）larvae when using an appropriate DHA/EPA ratio in the diet[J]. Aquaculture，169：9-23.

Trushenski J T，Rombenso A N，2020. Trophic levels predict the nutritional essentiality of polyunsaturated fatty acids in fish-introduction to a special section and a brief synthesis[J]. North American Journal of Aquaculture，82：241-250.

Wang S Q，Wang M，Zhang H R，et al.，2020. Long-chain polyunsaturated fatty acid metabolism in carnivorous marine teleosts：Insight into the profile of endogenous biosynthesis in golden pompano *Trachinotus ovatus*[J]. Aquaculture Research，51（2）：623-635.

Wu F C，Chen H Y，2012. Effects of dietary linolenic acid to linoleic acid ratio on growth，tissue fatty acid profile and immune response of the juvenile grouper *Epinephelus malabaricus*[J]. Aquaculture，324：111-117.

Xie D Z，Wang M，Wang S Q，et al.，2020. Fat powder can be a feasible lipid source in aquafeed for the carnivorous marine teleost golden pompano，*Trachinotus ovatus*[J]. Aquaculture International，28（3）：1153-1168.

Zhang M，Chen C Y，You C H，et al.，2019. Effects of different dietary ratios of docosahexaenoic to eicosapentaenoic acid（DHA/EPA）on the growth，non-specifc immune indices，tissue fatty acid compositions and expression of genes related to LC-PUFA biosynthesis in juvenile golden pompano *Trachinotus ovatus*[J]. Aquaculture，505：488-495.

Zhang Y R，Lu R H，Qin C B，et al.，2020. Precision nutritional regulation and aquaculture[J]. Aquaculture Reports，18：100496.

第二篇　鱼类对必需脂肪酸的需求特性

第三章 鱼类对必需脂肪酸需求的一般特性

第一节 不同鱼类对必需脂肪酸的需求特性

多不饱和脂肪酸（PUFA），特别是长链多不饱和脂肪酸（LC-PUFA）在调节鱼类的生殖发育、免疫、渗透压、肌肉收缩、细胞黏附等方面具有特殊的生理功能（Tocher，2010）。与其他脊椎动物一样，鱼类缺乏 Δ12 和 Δ15 脂肪酸去饱和酶（fatty acid desaturase，Fads2 或 Fads、Fad），不能从头合成 C18 PUFA，需从食物中获取 C18 PUFA（即 ALA 和 LA）。在一系列 Fads2 及碳链延长酶（elongases of very long chain fatty acid，Elovl）的作用下，鱼体可将 LA 和 ALA 转化为具有生物活性的 LC-PUFA（如 ARA、EPA 和 DHA）（Monroig and Kabeya，2018）。然而，不同鱼类的 LC-PUFA 合成能力差异较大，导致它们的必需脂肪酸（EFA）也不一样。例如，淡水鱼和鲑鳟鱼类，以及少数海水鱼（如黄斑蓝子鱼和叉牙鲷）具有完整的 LC-PUFA 合成酶系，可利用 C18 PUFA 底物合成 LC-PUFA，以满足生理功能的需求，故其 EFA 为 LA 和 ALA。相反，因 LC-PUFA 合成途径中某个/些关键酶的表达水平或活性低，肉食性海水鱼类缺乏该合成能力或该能力很弱，其 EFA 则为 LC-PUFA。相应地，在养殖生产中，淡水鱼配合饲料可以使用价格相对便宜且来源广泛的植物油（VO，富含 LA 和 ALA）作为脂肪源；而肉食性海水鱼的配合饲料中须添加富含 LC-PUFA 的鱼油（FO）或足量鱼粉（含 5%～10%油脂），才能满足其生长发育对 EFA 的需求。此外，为了适应环境因素（如温度和盐度）的变化，维持生物膜和细胞渗透压调节的功能，具有 LC-PUFA 合成能力的鱼类对 DHA 和 EPA 亦有特定的需求（Rosenlund et al.，2016）。

一、淡水鱼类对必需脂肪酸的需求特性

如前面所述，淡水鱼具有 LC-PUFA 合成能力，故其 EFA 为 LA 和 ALA，且其添加总量为饲料干重的 0.5%～1.5%（Tocher，2010）。此外，根据对 LA 和 ALA 的需求偏好性，淡水鱼可分为三种类型（表 3-1）：①以 ALA 为主，如虹鳟等冷水性淡水鱼；②以 LA 为主，如罗非鱼等暖水性淡水鱼；③对 ALA 和 LA 无偏好性，如鲤科鱼类。近期研究发现，以生长性能为评价指标，某些淡水鱼（大盖巨脂鲤和细鳞鲑）对饲料 LA 和 ALA 无偏好性，但是适宜的 ALA/LA 比有利于改善鱼体免疫能力和肌肉品质（Paulino et al.，2018；Yu et al.，2020）。值得注意的是，尽管鲑鳟鱼类和斑点叉尾鮰能够利用 C18 PUFA 合成 LC-PUFA 以满足自身对 EFA 的需求。但是，额外添加少量的 n-3 LC-PUFA 可进一步促进鱼的生长（Tocher，2010）。

表 3-1　淡水鱼类对必需脂肪酸的需求特性

EFA 需求类型	鱼名	参考文献
以 ALA 为主	欧洲白鲑（*Coregonus lavaretus*）	Tocher，2010
	虹鳟（*O. mykiss*）	
	香鱼（*Plecoglossus altivelis*）	
	马苏大马哈鱼（*Oncorhynchus masou*）	
	斑点叉尾鮰（*I. punctatus*）	
	多鳞白甲鱼（*Onychostoma macrolepis*）	Gou et al.，2020
	多鳞鱚（*Sillago sihama*）	何昊伦等，2018
以 LA 为主	尼罗罗非鱼（*O. niloticus*）	Tocher，2010
	巴沙鱼（*Pangasius hypophthalmus*）	Asdari et al.，2011
对 ALA 和 LA 无偏好性	草鱼（*Ctenopharyngodon idellus*）	Tocher，2010
	鲤（*Cyprinus carpio*）	谢帝芝等，2017
	大盖巨脂鲤（*Colossoma macropomum*）	Paulino et al.，2018
	达氏鳇（*Huso huso*）	Hassankiadeh et al.，2013
	黄颡鱼（*Pelteobagrus fulvidraco*）	Fei et al.，2020
	细鳞鲑（*Brachymystax lenok*）	Yu et al.，2020

二、海水鱼类对必需脂肪酸的需求特性

与淡水鱼类相比，海水鱼类一般不能利用 C18 PUFA 合成生长发育所必需的 LC-PUFA 或该能力很弱，故 EPA、DHA 和 ARA 等 LC-PUFA 为其 EFA（表 3-2），添加量多为饲料干重的 0.5%～2.0%（Tocher，2010）。2008 年，本书作者团队在植食性黄斑蓝子鱼（*Siganus canaliculatus*）中首次发现海水鱼具有 LC-PUFA 合成能力，可以 LA 和 ALA 为 EFA（Li et al.，2008）；此后，该鱼被揭示具有完整的 LC-PUFA 合成酶系统（Li et al.，2010；Monroig et al.，2012）。近年来，研究工作者又陆续在其他海水鱼中发现完整的 LC-PUFA 合成酶系。例如，植食性叉牙鲷（*Sarpa salpa*）、肉食性沙鳎（*Pegusa lascaris*）和杂食性粗唇龟鲻（*Chelon labrosus*）也可利用 LA 和 ALA 为底物合成 LC-PUFA（Galindo et al.，2021；Garrido et al.，2019）。上述研究结果表明，海水鱼的 LC-PUFA 合成能力及 EFA 需求具有一定的物种特异性，不能简单地以物种的生境和营养级划分。

表 3-2　海水鱼类对必需脂肪酸的需求特性

EFA 需求类型	鱼名	参考文献
ALA 和 LA	黄斑蓝子鱼（*S. canaliculatus*）	Li et al.，2008；Xie et al.，2018
	叉牙鲷（*Sarpa salpa*）	Galindo et al.，2021；Garrido et al.，2019
	粗唇龟鲻（*Chelon labrosus*）	
	沙鳎（*Pegusa lascaris*）	

续表

EFA 需求类型	鱼名	参考文献
LC-PUFA	大黄鱼（*Larmichthys crocea*）	赵金柱，2007；Zuo et al.，2012
	大菱鲆（*Scophthalmus maximus*）	Gatesoupe et al.，1977；Wei et al.，2021
	大西洋白姑鱼（*Argyrosomus regius*）	Carvalho et al.，2019
	点带石斑鱼（*Epinephelus malabaricus*）	艾春香等，2004
	黑鲷（*Sparus macrocephalus*）	张小东，2007；Jin et al.，2017
	军曹鱼（*Rachycentron canadum*）	黄钦成等，2018
	金头鲷（*S. aurata*）	Magalhães et al.，2020
	欧洲鲈鱼（*Dicentrarchus labrax*）	Skalli and Robin，2004
	卵形鲳鲹（*Trachinotus ovatus*）	Zhang et al.，2019；Li et al.，2020
	牙鲆（*Paralichthys olivaceus*）	Kim et al.，2004
	银鲳（*Pampus argenteus*）	Hossain et al.，2012

此外，与淡水鱼一样，饲料 ALA/LA 比也影响黄斑蓝子鱼的生长和 LC-PUFA 合成能力；在 ALA/LA 比为 1.93 的条件下，鱼体的生长性能、肝脏 *fads2* 和 *elovl* 等关键酶基因表达水平都显著提高（Xie et al.，2018）。

三、洄游鱼类对必需脂肪酸的需求特性

洄游是某些鱼类因自身生理要求、遗传等因素，以及外界环境因子而引起的定向的、主动的往复行为，是相对其所处环境而产生的一种长期适应性行为。根据洄游的方向不同，可分为降海洄游（如日本鳗鲡）和溯河洄游（如大西洋鲑）。同淡水鱼一样，日本鳗鲡和大西洋鲑具有完整的 LC-PUFA 合成酶体系，以 LA 和 ALA 等 C18 PUFA 为 EFA（Tocher，2010）。然而，在洄游的过程中，水体盐度变化对洄游鱼类的细胞渗透压调节是一大挑战。而不饱和程度较高的 LC-PUFA 可提高鱼类细胞膜脂的流动性，有利于其渗透压调节。例如，幼鱼阶段，1% ALA 和 1%（ALA + LA）即可满足大西洋鲑和日本鳗鲡的生长对 EFA 需求（Tocher，2010），而在银化期，饲料中添加 2.7% n-3 LC-PUFA 有利于大西洋鲑及时建立更高效的渗透调节机制，以适应降海后的养殖环境（Rosenlund et al.，2016）。在溯河洄游前，大西洋鲑体内 ARA 升高，且其类二十烷酸——前列腺素的合成量增加，以上提示 ARA 在鱼类适应海淡水转换阶段起到重要作用（Bell and Sargent，2003）。此外，降海产卵的尖吻鲈对 DHA 和 EPA 也有严格的需求，饲料中添加 1%～1.7% 的 n-3 LC-PUFA（DHA/EPA = 1）更有利于其健康生长（Morton et al.，2014）。

第二节　影响鱼类必需脂肪酸需求的主要因素

内源性 LC-PUFA 的合成需要一系列 Fads2（如 Δ6 Fads2、Δ5 Fads2 和 Δ4 Fads2）及 Elovl（Elovl5、Elovl4 和 Elovl2）等关键酶的参与（Monroig and Kabeya，2018）。因此，

这些关键酶基因的表达水平及其酶活性直接影响机体 LC-PUFA 的合成效率。大量研究表明，遗传和生长发育等内在因素，以及饲料营养和环境等外部因素都可影响鱼类 LC-PUFA 合成关键酶基因的表达水平及其酶活性，从而间接地影响养殖鱼类 LC-PUFA 合成能力及其对饲料 EFA 的需求。

一、遗传背景

遗传背景在机体响应营养和环境因子，以及营养需求方面发挥着关键作用。人类营养基因组研究表明，代谢途径中关键基因的突变或缺失会引起先天代谢综合征，而这些症状可通过有针对性的营养管理得以控制，预防严重的健康问题发生（Murgia and Adamski，2017）。类似的是，大部分海水鱼类 LC-PUFA 合成代谢中关键酶基因的缺失，以及重要转录因子的启动子结合区的缺失，都可能导致其不能合成 DHA、EPA 和 ARA（Burdge，2018；Xie et al.，2018）。因此，海水鱼配合饲料中一般需要添加上述 LC-PUFA，以满足生长发育对 EFA 的需求。此外，鱼类 *fads2* 基因的多样性也影响其 LC-PUFA 合成代谢。例如，斑马鱼只有一个 *fads2* 基因，而罗非鱼有三个 *fads2* 基因（Burdge，2018）。多个 *fads2* 基因可为罗非鱼利用有限 ALA 底物高效合成所需的 n-3 LC-PUFA 提供一定保障。

除了关键酶系组成及其拷贝数影响鱼类 EFA 需求之外，同一种鱼的不同品系对 EFA 需求也存在差异。Morais 等（2011）利用添加鱼油和植物油的配合饲料同时饲喂脂肪型和瘦肉型大西洋鲑，结合基因芯片技术分析脂肪源对不同品系肝脏转录组的影响，并比较了植物油对两品系 LC-PUFA 合成相关基因表达的影响。结果发现瘦肉型鲑鱼的 LC-PUFA 合成相关基因的表达量高于脂肪型鲑鱼，且植物油显著促进了瘦肉型鲑鱼 *elovl2* 基因的表达，对 Δ5 *fads2* 及 Δ6 *fads2* 基因表达的促进程度也高于脂肪型鲑鱼。同时，基因型的不同也影响着脂肪酸代谢的转录因子，如摄食植物油抑制了瘦肉型鲑鱼的 *pparα* 和 *pparβ* 基因的表达，而促进了脂肪型鲑鱼的 *srebp-1* 基因的表达（Morais et al.，2011）。该研究提示了不同基因型的鱼类 LC-PUFA 代谢和调控因子对 FO 替代的响应机制也不一样。因此，充分了解养殖鱼类的遗传背景，可为更科学地添加饲料 EFA 提供依据。

二、生长阶段

不同生长阶段的鱼体对饲料脂肪、脂肪酸、蛋白质等营养物质的需求不一样（Tocher，2010）。然而，目前对于鱼类脂肪酸营养需求研究，主要集中于生长快速的幼鱼阶段。如前一节所述，快速生长阶段的淡水鱼和鲑鳟鱼类可以利用 C18 PUFA 以满足其 EFA 的需求。但亲鱼营养需求研究发现，LC-PUFA（特别是 n-3 LC-PUFA）对淡/海水鱼亲体性腺发育、卵子和精子质量、产卵量、受精率、孵化率、仔鱼成活率和质量有重要影响（于建华等，2018）。例如，饲料中添加 2% n-3 LC-PUFA 能够改善虹鳟精子的质量（Köprücü et al.，2015）。牙鲆幼鱼对饲料 n-3 LC-PUFA 适宜需求量为 1.4%（Tocher，2010），而其亲鱼的适宜需求量为 2.1%（于建华等，2018）。此外，饲料中 DHA/EPA/ARA 比例也影响海水鱼亲鱼的性腺成熟、配子质量等生殖性能。例如，饲料中 DHA/EPA 比会影响海水鱼的生长和卵黄发育程度（Henrotte et al.，2010；Morais et al.，2011）。饲料中 DHA/EPA/ARA 比为 3/2/2 时，可显著提高欧亚鲈的产卵量和仔鱼的健康水平（Henrotte et al.，2010）。亲鱼对 n-3 LC-PUFA 的特殊需求，可能是因为 n-3 LC-PUFA 是卵黄原蛋白的重要组成部分；另外，饲料中 n-3 LC-PUFA 可能改变鱼类机体中性类固醇激素水平，从而对鱼类的性腺发育进行调节（于建华等，2018）。

n-3 LC-PUFA 是仔鱼的重要营养物质，其组成和含量影响仔鱼的正常生长发育和存活。营养强化研究表明，活饵料或微粒饲料中 n-3 LC-PUFA 的水平，直接影响仔稚鱼的生长速度、成活率、正常变态、色素沉着、抗压耐受性和体内相关成分（Tocher，2010）。基于 DHA 在视觉和神经组织重要生理功能，仔鱼阶段对 DHA 的需求要高于 EPA（刘镜恪和陈晓琳，2002；Tocher，2010）。

三、饲料营养

（一）脂肪酸比例

目前，鱼类 EFA 需求研究主要集中于 C18 PUFA 和 LC-PUFA 总水平方面。然而，饲料脂肪源所含有的脂肪酸种类以及比例都各不相同，鱼类对 n-3 和 n-6 系列脂肪酸利用能力因品种而异（Tocher，2015）。大量研究表明，饲料中 n-3/n-6 PUFA 比适宜时，可促进 LC-PUFA 合成代谢关键酶（Fads2 和 Elovl）基因表达及 LC-PUFA 合成水平，使鱼类获得最佳的生长性能（Tocher，2015；Xie et al.，2018）。当饲料 LA/ALA 比在适宜范围内，鱼类的生长性能及组织 n-3 LC-PUFA 水平，在高 ALA 水平组和相对低 ALA 水平组之间无显著差异（Xie et al.，2018；Yu et al.，2020）。基于 DHA 在视觉和神经组织具有重要的生理功能，鱼类对 DHA 的需求要高于 EPA，同时，高 DHA/EPA 比值可降低饲料中 n-3 LC-PUFA 的添加总量（刘镜恪和陈晓琳，2002；Codabaccus et al.，2012）。

在现代水产饲料配方中，常采用高水平的非蛋白质能量以提高蛋白质利用率，节约饲料蛋白质。鉴于此，研究者发现，当饲料中主要供能脂肪酸——MUFA 与 SFA 的添加水平适宜时，可降低机体对 n-3 LC-PUFA 的分解代谢，促进有限的 LC-PUFA 更有效地参与其他重要的生理功能或保留于组织中，从而成功降低饲料鱼油（富含 LC-PUFA）的添加，起到节约饲料 n-3 LC-PUFA 效应（Turchini et al.，2011）。以上研究表明，通过精准合理地配比饲料脂肪酸，可有效地提高 EFA 的利用率，相应地降低其添加量。

（二）维生素和矿物质

维生素和矿物质是鱼类生长发育不可缺少的活性物质，其饲料添加量虽少，但对鱼类的健康生长具有重要作用。研究发现，某些维生素和矿物质也影响着鱼类 LC-PUFA 合成代谢及其在组织中的含量。例如，饲料中添加适量维生素 E 可提高波斯鲟鱼、军曹鱼、比目鱼和红鲷的 n-3 LC-PUFA 含量（和子杰等，2020）。维生素 E 作为一种过氧化物清除分子，其存在可以避免细胞膜上含不饱和双键较多的 LC-PUFA 受过氧化氢自由基的攻击，阻止自由基的进一步增殖和自由基介导的降解，从而提高机体内 LC-PUFA 的保留量（Lebold et al.，2011）。同时，作为过氧化物酶体增殖物激活受体 α（Pparα）的激动剂，维生素 E 可通过促进 LC-PUFA 合成代谢重要转录因子——Pparα 的表达，促进 LC-PUFA 的合成，从而影响组织脂肪酸组成（Ding et al.，2017）。此外，维生素 B（B_2、B_3、B_6、B_7）是电子传递链的组成成员——黄素腺嘌呤二核苷酸（FAD）、烟酰胺腺嘌呤二核苷酸（NAD）和烟酰胺腺嘌呤二核苷酸磷酸（NADP）的关键骨架结构，参与 LC-PUFA 合成代谢调控（Lewis et al.，2013）。

作为新陈代谢的重要辅酶，矿物质也影响机体的 LC-PUFA 合成代谢。例如，锌是组成 Δ6 Fads2 的重要辅酶，是 LC-PUFA 生物合成必不可少的因子（Arnold and DiSilvestro，2005）。Das（2010）发现 Fads2 也是一种镁结合蛋白，镁浓度直接影响 Δ6 Fads2 酶活性。相似的是，作为关键酶的辅助因子和辅助酶，铁也促进鱼类利用 ALA 底物合成 EPA 和 DHA（Lewis et al.，2013）。因此，配合饲料中添加适宜的维生素 E 和维生素 B，以及镁、铁和锌等矿物质，可有效促进养殖鱼类 LC-PUFA 合成代谢，提高饲料 EFA 的利用效率。

四、养殖环境

（一）温度

脂质分子是生物膜的主要组成部分，对维持细胞器的形状和正常生理功能是必需的。温度主要通过影响细胞膜中脂肪酸的饱和度，影响膜的流动性。在低温条件下，细胞膜脂肪酸不饱和程度越高膜脂的流动性越高，有利于细胞信号传导和物质转运（Tocher，2010）。因此，外界温度的改变可能改变膜中 LC-PUFA 的含量，从而影响鱼类对 EFA 的需求。在水体温度 20℃左右的条件下，饲料中添加 0.68%～0.70% ALA 可显著提高罗非鱼的增重率和饲料转化率，维护肝脏结构完整性（Nobrega et al.，2017；Almeida et al.，2019）。亚适温度条件下，饲料添加 0.7% ARA 和 1.2% DHA，有利于肉食性杂交条纹鲈的生长和脂质代谢（Araujo et al.，2021）。大量离体试验也证明，低温条件下，鱼类肝细胞和肠细胞 Fads2 的酶活性更强，n-3 LC-PFUA 合成水平更高（Burdge，2018）。例如，Ruyer 等（2003）在 5℃和 12℃条件下分别进行大西洋鲑肝细胞的离体试验，结果表明，在 5℃条件下肝细胞 DHA 合成量更高。上述研究结果表明，在低温条件下，鱼类对 EFA（特别是 n-3 系列 EFA）的需求高于适温和高温条件，因此，该养殖条件下需适当提高饲料中 n-3 系列 EFA 的添加量。

（二）环境盐度

鱼类细胞内外的离子浓度时刻随环境盐度的变化而变化。为了维持体内正常的渗透压，鱼类可以通过调整细胞膜的脂肪酸成分，增加膜的离子通透性。大量研究资料表明，鱼体的脂肪酸组成与其生活的环境盐度有关。主要表现在两个方面：第一，海水鱼和淡水鱼的 n-3 和 n-6 脂肪酸组成区别较大。淡水鱼的 n-6/n-3 脂肪酸比为 0.37，而海水鱼为 0.16；香鱼和大马哈鱼在洄游过程中，体内的 n-6/n-3 脂肪酸比也发生相应的变化（林浩然，1999）。第二，广盐性鱼类在适应环境盐度变化的过程中，鱼体的脂肪酸组成也发生变化。例如，当大西洋鲑从淡水转入 10‰～20‰盐水中 24～48 h 后，鳃磷脂的 DHA 含量减少，EPA/ARA 比值由 1.00 降低到 0.82；网纹花鳉在适应海水的过程中，消化道的卵磷脂和磷脂酰乙醇胺的 EPA/ARA 比值分别由 0.20 降低到 0.12 和 0.28 降低到 0.07；欧洲鳗鲡由淡水转入海水后，鳃极性脂肪中的 EPA/ARA 比值由 0.26 降低到 0.20（Cordier et al.，2002）。生活在淡水环境中的虹鳟和马苏大马哈鱼组织的 PUFA 含量较低，而转入海水后，体内的 PUFA 含量升高，特别是 EPA 和 DHA 水平大幅度提高（Li et al.，1992）。

环境盐度造成鱼体内脂肪酸组成差异的原因可能有两个方面：其一调整体内脂代谢，增加机体内源性 LC-PUFA 生物合成。大西洋幼鲑初次入海时，其 Δ6 *fads2* 的表达量最高，LC-PUFA 的合成速率最快；而后，LC-PUFA 的合成速率与 Δ6 *fads2* 的表达量逐渐降低（Izquierdo et al.，2008）。在广盐性鱼类中也发现类似的研究结果，海水鱼黄斑蓝子鱼 LC-PUFA 合成代谢关键酶活性，以及肌肉中 LC-PUFA 含量随着盐度的降低呈升高趋势（Xie et al.，2015）；而红罗非鱼的 LC-PUFA 合成代谢关键酶活性则随着盐度的增加而升高（Yu et al.，2021）。其二与食物中脂肪酸的含量有关。例如，一般生长条件下，1% ALA 即可满足大西洋鲑的生长对 EFA 需求，而银化期，其饲料中需添加 2.7%的 n-3 LC-PUFA（Rosenlund et al.，2016）。通过补充 n-3 LC-PUFA 等 EFA，也可促进洄游鱼类及时建立更高效的渗透调节机制，以更好地适应降海后的养殖环境。

与陆生动物相比，鱼类对脂肪的量和质有更高的要求，尤其对 EFA 的需求更高。如上所述，鱼类对 EFA 的需求不仅受遗传背景、生长阶段、饲料营养的影响，而且养殖水体温度和盐度等环境因素对其影响也较大。因此，需综合考虑上述影响因素，科学合理地配制符合养殖鱼类 EFA 精准需求的配合饲料。

参考文献

艾春香，李少菁，王桂忠，等，2004. 石斑鱼的营养需求及其饲料的研制[J]. 海洋水产研究，25（6）：86-92.

何昊伦，董晓慧，谭北平，等，2018. 多鳞鱚对饲料中 n-3 高不饱和脂肪酸需要量的研究[J]. 动物营养学报，30（11）：4514-4525.

和子杰，谢帝芝，聂国兴，2020. 提升养殖鱼类 n-3 高不饱和脂肪酸含量的综合策略[J]. 动物营养学报，32（11）：5089-5104.

黄钦成，史俊，董晓慧，等，2018. 饲料 n-3 高不饱和脂肪酸水平对较大规格军曹鱼生长性能、血清生化指标以及肌肉和肝脏脂肪酸组成的影响[J]. 动物营养学报，30（11）：4490-4503.

林浩然，1999. 鱼类生理学[M]. 广州：广东高等教育出版社.

刘镜恪，陈晓琳，2002. 海水仔稚鱼的必需脂肪酸——n-3 系列高度不饱和脂肪酸研究概况[J]. 青岛海洋大学学报，32（6）：897-902.

谢帝芝，于若梦，陈芳，等，2017. 饲料 LNA/LA 比对鲤幼鱼生长性能，肝脏脂肪酸组成及 Δ6 fad，elovl5 mRNA 表达的影响[J]. 水产学报，41（5）：757-765.

于建华，李树国，常杰，等，2018. n-3 高不饱和脂肪酸对鱼类亲体繁殖性能的影响及其作用机制[J]. 动物营养学报，30（3）：813-819.

张小东，2007. 提升养殖黑鲷脂肪酸品质若干营养调控技术研究[D]. 杭州：浙江大学.

赵金柱，2007. 大黄鱼仔稚鱼脂类营养生理的研究[D]. 青岛：中国海洋大学.

Almeida C A L，Almeida C K L，Martins E F F，et al.，2019. Effect of the dietary linoleic/α-linolenic ratio（n-6/n-3）on histopathological alterations caused by suboptimal temperature in tilapia（*Oreochromis niloticus*）[J]. Journal of Thermal Biology，85：102386.

Araujo B C，Rodriguez M，Honji R M，et al.，2021. Arachidonic acid modulated lipid metabolism and improved productive performance of striped bass（*Morone saxatilis*）juvenile under sub-to optimal temperatures[J]. Aquaculture，530：735939.

Arnold L E，DiSilvestro R A，2005. Zinc in attention-deficit/hyperactivity disorder[J]. Journal of Child and Adolescent Psychpharmacolgy，15：619-627.

Asdari R，Aliyu-Paiko M，Hashim R，et al.，2011. Effects of different dietary lipid sources in the diet for *Pangasius hypophthalmus*（Sauvage，1878）juvenile on growth performance，nutrient utilization，body indices and muscle and liver fatty acid composition[J]. Aquaculture Nutrition，17（1）：44-53.

Bell J G，Sargent J R，2003. Arachidonic acid in aquaculture feeds：Current status and future opportunities[J]. Aquaculture，218（1-4）：491-499.

Burdge G C，2018. Polyunsaturated Fatty Acid Metabolism[M]. London：Academic Press and AOCS Press：31-60.

Carvalho M，Castro P，Montero D，et al.，2019. Essential fatty acid deficiency increases hepatic non-infectious granulomatosis incidence in meagre（*Argyrosomus regius*，Asso 1801）fingerlings[J]. Aquaculture，505：393-404.

Codabaccus B M，Carter C G，Bridle A R，et al.，2012. The “n-3 LC-PUFA sparing effect” of modified dietary n-3 LC-PUFA content and DHA to EPA ratio in Atlantic salmon smolt[J]. Aquaculture，356：135-140.

Cordier M，Brichon G，Weber J M，et al.，2002. Changes in the fatty acid composition of phospholipids in tissues of farmed sea bass（*Dicentrarchus labrax*）during an annual cycle. Roles of environmental temperature and salinity[J]. Comparative Biochemistry and Physiology B：Biochemistry and Molecular Biology，133：281-288.

Das U N，2010. Δ6 desaturase as the target of the beneficial actions of magnesium[J]. Medical Science Monitor，16（8）：LE11-LE12.

Ding Z K，Li W F，Huang J H，et al.，2017. Dietary alanyl-glutamine and vitamin E supplements could considerably promote the expression of GPx and PPARα genes，antioxidation，feed utilization，growth，and improve composition of juvenile cobia[J]. Aquaculture，470：95-102.

Fei S Z，Liu C，Xia Y，et al.，2020. The effects of dietary linolenic acid to linoleic acid ratio on growth performance，tissues fatty acid profile and sex steroid hormone synthesis of yellow catfish *Pelteobagrus fulvidraco*[J]. Aquaculture Reports，17：100361.

Galindo A，Garrido D，Monroig Ó，et al.，2021. Polyunsaturated fatty acid metabolism in three fish species with different trophic level[J]. Aquaculture，530：735761.

Garrido D，Kabeya N，Betancor M B，et al.，2019. Functional diversification of teleost Fads2 fatty acyl desaturases occurs independently of the trophic level[J]. Scientific Reports，9（1）：1-10.

Gatesoupe J F，Léger C L，Metailler R，et al.，1977. Alimentation lipidique du turbot（*Scophthalmus maximus* L.）：I. Influence de la longueur de chaine des acides gras de la series ω3[J]. Annals of Hydrobiology，8：89-97.

Gou N，Ji H，Chang Z G，et al.，2020. Effects of dietary essential fatty acid requirements on growth performance，fatty acid composition，biochemical parameters，antioxidant response and lipid related genes expression in juvenile *Onychostoma macrolepis*[J]. Aquaculture，528：735590.

Hassankiadeh M N，Khara H，Sadati M A Y，et al.，2013. Effects of dietary fish oil substitution with mixed vegetable oils on growth and fillet fatty acid composition of juvenile Caspian great sturgeon（*Huso huso*）[J]. Aquaculture International，21（1）：143-155.

Henrotte E，Mandiki R S N M，Prudencio A T，et al.，2010. Egg and larval quality，and egg fatty acid composition of Eurasian perch breeders（*Perca fluviatilis*）fed different dietary DHA/EPA/AA ratios[J]. Aquaculture Research，41（9）：e53-e61.

Hossain M A，Almatar S M，James C M，2012. Effects of varying dietary docosahexaenoic acid levels on growth，proximate composition and tissue fatty acid profile of juvenile silver pomfrets，*Pampus argenteus*（Euphrasen，1788）[J]. Aquaculture Research，43（11）：1599-1610.

Izquierdo M S，Robaina L，Juárez-Carrillo E，et al.，2008. Regulation of growth，fatty acid composition and delta-6 desaturase

expression by dietary lipids in gilthead seabream larvae（*Sparus aurata*）[J]. Fish Physiology and Biochemistry，34：117-127.
Jin M，Monroig Ó，Lu Y，et al.，2017. Dietary DHA/EPA ratio affected tissue fatty acid profiles，antioxidant capacity，hematological characteristics and expression of lipid-related genes but not growth in juvenile black seabream（*Acanthopagrus schlegelii*）[J]. PLoS One，12（4）：e0176216.
Kim K D，Lee S M，2004. Requirement of dietary n-3 highly unsaturated fatty acids for juvenile flounder（*Paralichthys olivaceus*）[J]. Aquaculture，229（1-4）：315-323.
Köprücü K，Yonar M E，Özcan S，2015. Effect of dietary n-3 polyunsaturated fatty acids on antioxidant defense and sperm quality in rainbow trout（*Oncorhynchus mykiss*）under regular stripping conditions[J]. Animal Reproduction Science，163：135-143.
Lebold K M，Jump D B，Miller G W，et al.，2011. Vitamin E deficiency decreases long-chain PUFA in zebrafish（*Danio rerio*）[J]. The Journal of Nutrition，141（12）：2113-2118.
Lewis M J，Hamid N K A，Alhazzaa R，et al.，2013. Targeted dietary micronutrient fortification modulates n-3 LC-PUFA pathway activity in rainbow trout（*Oncorhynchus mykiss*）[J]. Aquaculture，412：215-222.
Li H O，Yamada J，1992. Changes of the fatty acid composition in smolts of masu salmon（*Oncorhynchus masou*）associated with desmoltification and seawater transfer[J]. Comparative Biochemistry and Physiology Part A-Molecular and Integrative Physiology，103（1）：221-226.
Li M M，Zhang M，Ma Y C，et al.，2020. Dietary supplementation with n-3 high unsaturated fatty acids decreases serum lipid levels and improves flesh quality in the marine teleost golden pompano *Trachinotus ovatus*[J]. Aquaculture，516：734632.
Li Y Y，Hu C B，Zheng Y J，et al.，2008. The effects of dietary fatty acids on liver fatty acid composition and Δ6-desaturase expression differ with ambient salinities in *Siganus canaliculatus*[J]. Comparative Biochemistry and Physiology Part B：Biochemistry and Molecular Biology，151（2）：183-190.
Li Y Y，Monroig Ó，Zhang L，et al.，2010. Vertebrate fatty acyl desaturase with Δ4 activity[J]. Proceedings of the National Academy of Sciences of the United States of America，107：16840-16845.
Magalhães R，Guerreiro I，Coutinho F，et al.，2020. Effect of dietary ARA/EPA/DHA ratios on growth performance and intermediary metabolism of gilthead sea bream（*Sparus aurata*）juveniles[J]. Aquaculture，516：734644.
Monroig Ó，Kabeya N，2018. Desaturases and elongases involved in polyunsaturated fatty acid biosynthesis in aquatic invertebrates：A comprehensive review[J]. Fisheries Science，84（6）：911-928.
Monroig Ó，Wang S Q，Zhang L，et al.，2012. Elongation of long-chain fatty acids in rabbitfish *Siganus canaliculatus*：Cloning，functional characterisation and tissue distribution of Elovl5-and Elovl4-like elongases[J]. Aquaculture，350：63-70.
Morais S，Pratoomyot J，Taggart J B，et al.，2011. Genotype-specific responses in Atlantic salmon（*Salmo salar*）subject to dietary fish oil replacement by vegetable oil：A liver transcriptomic analysis[J]. BMC Genomics，12：255-271.
Morton K M，Blyth D，Bourne N，et al.，2014. Effect of ration level and dietary docosahexaenoic acid content on the requirements for long-chain polyunsaturated fatty acids by juvenile barramundi（*Lates calcarifer*）[J]. Aquaculture，433：164-172.
Murgia C，Adamski M M，2017. Translation of nutritional genomics into nutrition practice：The next step[J]. Nutrients，9（4）：366.
Nobrega R O，Corrêa C F，Mattioni B，et al.，2017. Dietary α-linolenic for juvenile Nile tilapia at cold suboptimal temperature[J]. Aquaculture，471：66-71.
Paulino R R，Pereira R T，Fontes T V，et al.，2018. Optimal dietary linoleic acid to linolenic acid ratio improved fatty acid profile of the juvenile tambaqui（*Colossoma macropomum*）[J]. Aquaculture，488：9-16.
Rosenlund G，Torstensen B E，Stubhaug I，et al.，2016. Atlantic salmon require long-chain n-3 fatty acids for optimal growth throughout the seawater period[J]. Journal of Nutritional Science，5：e19.
Ruyter B，Røjø C，Grisdale-Helland B，et al.，2003. Influence of temperature and high dietary linoleic acid content on esterification，elongation，and desaturation of PUFA in Atlantic salmon hepatocytes[J]. Lipids，2003，38（8）：833-840.
Skalli A，Robin J H，2004. Requirement of n-3 long chain polyunsaturated fatty acids for European sea bass（*Dicentrarchus labrax*）juveniles：Growth and fatty acid composition[J]. Aquaculture，240（1-4）：399-415.

Tocher D R，2010. Fatty acid requirements in ontogeny of marine and freshwater fish[J]. Aquaculture Research，41（5）：717-732.

Tocher D R，2015. Omega-3 long-chain polyunsaturated fatty acids and aquaculture in perspective[J]. Aquaculture，449：94-107.

Turchini G M，Francis D S，Senadheera S，et al.，2011. Fish oil replacement with different vegetable oils in *Murray cod*：Evidence of an “omega-3 sparing effect” by other dietary fatty acids[J]. Aquaculture，315（3-4）：250-259.

Wei C Q，Liu C D，Wang X，et al.，2021. Dietary arachidonic acid supplementation improves the growth performance and alleviates plant protein-based diet-induced inflammation in juvenile turbot（*Scophthalmus maximus* L.）[J]. Aquaculture Nutrition，27（2）：533-543.

Xie D Z，Liu X B，Wang S Q，et al.，2018. Effects of dietary LNA/LA ratios on growth performance，fatty acid composition and expression levels of elovl5，Δ4 fad and Δ6/Δ5 fad in the marine teleost *Siganus canaliculatus*[J]. Aquaculture，484：309-316.

Xie D Z，Wang S Q，You C H，et al.，2015. Characteristics of LC-PUFA biosynthesis in marine herbivorous teleost *Siganus canaliculatus* under different ambient salinities[J]. Aquaculture Nutrition，21（5）：541-551.

Yu J，Wen X B，You C H，et al.，2021. Comparison of the growth performance and long-chain polyunsaturated fatty acids（LC-PUFA）biosynthetic ability of red tilapia（*Oreochromis mossambicus*♀×*O. niloticus*♂）fed fish oil or vegetable oil diet at different salinities[J]. Aquaculture，542：736899.

Yu J H，Li S G，Chang J，et al.，2020. Effects of dietary LNA/LA ratios on growth performance，tissue fatty acid composition and immune indices in Manchurian trout，*Brachymystax lenok*[J]. Aquaculture Research，51（11）：4495-4506.

Zhang M，Chen C Y，You C H，et al.，2019. Effects of different dietary ratios of docosahexaenoic to eicosapentaenoic acid（DHA/EPA）on the growth，non-specific immune indices，tissue fatty acid compositions and expression of genes related to LC-PUFA biosynthesis in juvenile golden pompano *Trachinotus ovatus*[J]. Aquaculture，505：488-495.

Zuo R T，Ai Q H，Mai K S，et al.，2012. Effects of dietary n-3 highly unsaturated fatty acids on growth，nonspecific immunity，expression of some immune related genes and disease resistance of large yellow croaker（*Larmichthys crocea*）following natural infestation of parasites（*Cryptocaryon irritans*）[J]. Fish and Shellfish Immunology，32（2）：249-258.

第四章　一些重要养殖鱼类对必需脂肪酸的需求特性

第一节　黄斑蓝子鱼对必需脂肪酸的需求特性

一、黄斑蓝子鱼的生物学特性及养殖现状

蓝子鱼（rabbitfish）属于鲈形目（Perciformes）刺尾鱼亚目（Acanthuroidei）蓝子鱼科（Siganidae）蓝子鱼属（*Siganus*），俗称象耳、臭肚鱼、娘哀等，属于近岸小型鱼类，广泛分布于印度–太平洋及地中海东部的热带、亚热带海域。蓝子鱼外形酷似刺尾鱼，两者的区别为蓝子鱼的腹鳍内外均有 1 枚硬棘，中间夹有 3 枚软鳍条；背鳍、臀鳍之硬棘数较多；尾柄两侧无硬棘或盾板等。蓝子鱼体呈长卵圆形，极侧扁；体被极小之圆鳞。侧线单一且完全，高位。头小，吻钝。口小不能伸缩，齿一列，密生门状齿，且有具齿缘。背鳍及背鳍之硬棘数和软鳍条数每一种皆相同。背鳍硬棘为 13 枚、软鳍条 10 枚；臀鳍硬棘 7 枚、软鳍条 9 枚。尾鳍后缘截平，凹入或深叉。蓝子鱼背鳍、腹鳍及臀鳍之硬棘具有毒腺，被刺后会引起剧痛。蓝子鱼肌肉中的粗蛋白质和粗脂肪含量，以及氨基酸总量和鲜味氨基酸含量均较高；其肌肉中还富含较多的多不饱和脂肪酸，特别是 DHA、EPA 和 ARA，具有很高的营养价值与保健作用。此外，蓝子鱼肌肉中矿物质与微量元素的含量也较丰富，尤其是富含人体必需的微量元素硒和锌，且各元素之间比例合理，因此，经常食用蓝子鱼具有防癌及抗衰老作用。另有报道蓝子鱼的胆汁和背鳍毒液皆可入药。由于蓝子鱼具有肉质细嫩、味道鲜美、富含高不饱和脂肪酸、营养价值高等优点，深受人们的喜爱，在我国南方市场十分畅销，价格高而稳定。因此，蓝子鱼在东南亚、中东、斐济及我国南部（台湾、广东、广西、福建等）地区正成为海水养殖的新对象。

据报道，全球有经济价值的蓝子鱼约 14 种，目前约有 10 种在不同地区被人工养殖，主要有黄斑蓝子鱼（*S. canaliculalus*）、褐蓝子鱼（*S. fuscescens*）、点蓝子鱼（*S. guttatus*）和金带蓝子鱼（*S. lineatus*）等。在东南亚和中东地区主要养殖白斑蓝子鱼，而在我国东南沿海主要养殖黄斑蓝子鱼和褐蓝子鱼。据 FAO 统计，早在 1998 年，新加坡的蓝子鱼年产量就在 1000 t 以上，菲律宾的产量则达 14 748 t，占该国鱼类总产量的 5.7%。近年来，我国福建、广东等省的蓝子鱼养殖规模逐渐扩大。从发展趋势看，蓝子鱼是一种很有发展前途的海水养殖品种。福建省已将其列为十大名优海水动物养殖品种之一加以推广，欲使之形成规模生产；广东省也将其作为重点发展的海水增养殖鱼类品种之一。

二、黄斑蓝子鱼 LC-PUFA 合成能力与 EFA 确定

鱼类与哺乳动物一样，需要从食物中获取 n-3 和 n-6 必需脂肪酸（EFA）以维持正常

生长、存活和发育。一般认为，淡水鱼具有将 18C α-亚麻酸（18:3n-3）和亚油酸（18:2n-6）转化为 LC-PUFA（如 DHA、EPA、ARA）的能力，故其 EFA 为 α-亚麻酸、亚油酸；然而，海水鱼的该种转化能力缺乏或很弱，故其饲料中需要添加富含 LC-PUFA 的鱼油以满足其正常的生理活动对 EFA 的需求（Halver and Hardy，2002；Seiliez et al.，2003）。在广盐性鱼类中，有许多品种具有重要的经济价值；然而，对它们的脂肪酸代谢或 EFA 需求特征却知之甚少。此外，海水鱼大多为肉食性鱼类，而淡水鱼的许多种类具有植食性特性。这提示，鱼类的 LC-PUFA 合成特性可能与其食性或生活的水体盐度有关。

针对上述问题，本书选择黄斑蓝子鱼（*S. canaliculatus*，曾用名 *S. oramin*，图 4-1）这种具有重要经济价值且具有植食性和广盐性特点的海水鱼类为对象，通过养殖试验探讨其 LC-PUFA 合成能力和 EFA 需求特性。以酪蛋白为蛋白源，三油酸甘油酯为基础脂肪源，鱼油或红花油和紫苏籽油（均不含 LC-PUFA）为 EFA 源，制备 4 种等氮（39%）等脂（7%）但 EFA 组成不同的配合饲料（D1～D4），其具体配方见表 4-1。其中，D1 含 23.49%的 LC-PUFA，D2～D4 不含 LC-PUFA，而亚油酸和 α-亚麻酸的含量分别占总脂肪酸的 21.12%和 0.38%、13.99%和 11.64%、18.31%和 5.82%。以此 4 种配合饲料在室内水族缸中将黄斑蓝子鱼幼鱼分别养在咸水（10 ppt①）和海水（32 ppt）中 9 周，通过比较不同饲料组鱼的生长性能和肝脏脂肪酸组成，探讨鱼体在不同盐度中将 18C PUFA 前体（亚油酸和 α-亚麻酸）转化为 LC-PUFA 的能力。同时，检测 LC-PUFA 合成关键酶——Δ6 脂肪酸去饱和酶（Δ6 Fads2）基因的组织表达特性及其表达水平与环境盐度的关系。研究成果不仅拓宽了我们对于广盐性鱼类脂肪酸代谢特点的认识，也为开发黄斑蓝子鱼配合饲料的脂肪源选择提供指导。

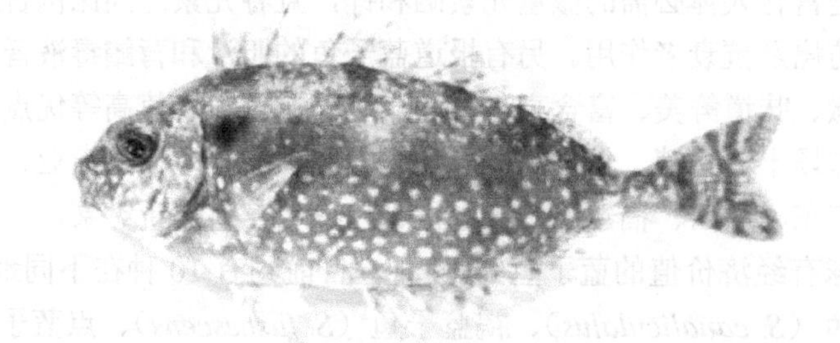

图 4-1　黄斑蓝子鱼（后附彩图）

表 4-1　试验饲料配方、常规营养成分及脂肪酸组成　（单位：%）

项目		D1	D2	D3	D4
组分	酪蛋白	44	44	44	44
	三油酸甘油酯	4.25	4.39	4.21	4.30
	红花油	0	1.61	0	0.80

① ppt 为盐度单位，即‰。

续表

项目		D1	D2	D3	D4
组分	紫苏籽油	0	0	1.79	0.90
	鱼油	1.75	0	0	0
	其他①	50	50	50	50
常规营养成分	干物质	89.64	89.58	89.30	89.59
	粗蛋白质	38.72	38.83	38.46	39.03
	粗脂肪	6.88	6.97	7.08	6.97
	粗灰分	6.83	6.68	6.74	6.77
主要脂肪酸	18:2n-6	8.73	21.12	13.99	18.31
	18:3n-3	0.75	0.38	11.64	5.82
	20:3n-6	0.07	—	—	—
	20:4n-6（ARA）	0.77	—	—	—
	20:5n-3（EPA）	8.56	—	—	—
	22:5n-3（DPA）	0.89	—	—	—
	22:6n-3（DHA）	13.27	—	—	—
	SFA	26.52	31.35	26.42	28.56
	MUFA	32.76	41.91	43.03	42.57
	n-3 PUFA	26.11	1.01	12.26	6.54
	n-6 PUFA	10.65	21.34	14.34	18.49
	n-3/n-6 PUFA	2.45	0.05	0.85	0.35

注：“—”表示未检出。

①包括糊精、α-淀粉、纤维素、多维多矿，具体见 Li 等（2008）。

（一）不同盐度下各饲料投喂组鱼生长性能比较

利用脂肪酸组成不同的 4 种配合饲料养殖黄斑蓝子鱼 9 周后，含有 α-亚麻酸和亚油酸、但不含 LC-PUFA 的 D2～D4 饲料组鱼在咸水（10 ppt）和海水（32 ppt）中的生长性能指标，包括增重率（WGR）、特定生长率（SGR）、饲料系数（FCR）及蛋白质效率（PER）与含 LC-PUFA 的 D1 饲料组鱼无差异（表 4-2，$P \geqslant 0.05$），说明黄斑蓝子鱼可以有效地利用 ALA 和 LA 来满足在不同环境盐度下正常生长和存活对 EFA 的需要，即黄斑蓝子鱼很可能具有将 α-亚麻酸和亚油酸转化为 LC-PUFA 的能力。

表 4-2　不同盐度下各饲料投喂组鱼的生长性能

盐度/ppt	生长指标	D1	D2	D3	D4
10	初始体重/g	14.12±1.08	12.90±1.34	10.38±2.38	12.91±1.65
	终末体重/g	19.33±1.32	18.39±1.56	13.63±3.36	18.09±2.42
	增重率/%	37.08±2.11	41.61±4.04	31.03±0.96	39.83±2.19

续表

盐度/ppt	生长指标	D1	D2	D3	D4
10	特定生长率/(%/d)	0.61±0.03	0.67±0.05	0.52±0.01	0.64±0.03
	饲料系数	2.67±0.21	2.85±0.40	2.66±0.35	2.57±0.18
	蛋白质效率	0.98±0.08	0.92±0.13	0.99±0.13	1.01±0.07
32	初始体重/g	15.24±1.65	15.45±0.42	12.68±1.15	13.97±0.86
	终末体重/g	20.95±2.38	21.80±0.73	17.47±1.73	19.69±0.81
	增重率/%	37.35±0.76	41.07±1.45	37.62±1.17	41.41±3.72
	特定生长率/(%/d)	0.61±0.01	0.66±0.02	0.61±0.02	0.66±0.05
	饲料系数	2.78±0.03	2.53±0.07	2.71±0.03	2.62±0.20
	蛋白质效率	0.93±0.01	1.02±0.03	0.96±0.01	0.99±0.07

注：数据为平均值±标准误（*n*＝3）。

（二）不同盐度下各饲料投喂组鱼肝脏脂肪酸组成及LC-PUFA合成能力比较

当黄斑蓝子鱼摄食试验饲料9周后，其肝脏的脂肪酸组成受饲料脂肪酸构成所影响，也受养殖水体盐度的影响（表4-3和表4-4）。由于饲料D2和D4含有相对高比例的亚油酸（18:2n-6），而D3含有相对高比例的α-亚麻酸（18:3n-3），为此，我们对n-6 LC-PUFA在D2、D4和D1组之间进行比较，对n-3 LC-PUFA在D3和D1组之间进行比较。结果表明，在10 ppt下，D2或D4饲料投喂组鱼肝脏的ARA（20:4n-6）含量显著高于D1饲料组鱼（$P<0.05$，表4-3），但在32 ppt下无差异（$P>0.05$，表4-4）。与D1饲料投喂组鱼相比，D3饲料投喂组鱼在10 ppt下肝脏的EPA、DPA和DHA含量（表4-3）以及在32 ppt下的EPA含量（表4-4）无差异，而32 ppt下的DPA和DHA含量显著降低（$P<0.05$，表4-4）。这些结果表明，在两种盐度下，黄斑蓝子鱼都能有效地将亚油酸转化为ARA，将α-亚麻酸转化为EPA，在10 ppt下将EPA转化为DPA和DHA；然而，黄斑蓝子鱼在32 ppt下转化亚油酸为ARA，或转化EPA为DPA和DHA的能力不如在10 ppt强。

表4-3　盐度10 ppt条件下，各饲料投喂组鱼肝脏的脂肪酸组成（单位：%总脂肪酸）

主要脂肪酸	D1	D2	D3	D4
18:2n-6	7.41±0.43	9.03±0.83	9.15±0.20	7.89±1.12
18:3n-6	0.81±0.05[b]	2.03±0.24[a]	1.28±0.07[b]	2.20±0.24[a]
18:3n-3	0.39±0.04[b]	0.30±0.00[b]	1.27±0.06[a]	0.59±0.09[b]
20:3n-6	1.07±0.07[d]	3.41±0.08[a]	1.94±0.10[c]	2.89±0.17[b]
20:4n-6（ARA）	0.80±0.15[b]	2.62±0.48[a]	1.80±0.15[ab]	2.56±0.17[a]

续表

主要脂肪酸	D1	D2	D3	D4
20:4n-3	0.16±0.02^{b}	0.09±0.00^{b}	0.38±0.05^{a}	0.19±0.05^{ab}
20:5n-3（EPA）	0.44±0.16^{ab}	0.08±0.01^{c}	0.73±0.05^{a}	0.34±0.04^{b}
22:5n-3（DPA）	1.19±0.05^{ab}	0.31±0.02^{c}	1.20±0.15^{a}	0.75±0.03^{bc}
22:6n-3（DHA）	8.44±0.80^{a}	3.22±0.05^{b}	8.16±0.52^{a}	6.64±0.48^{a}
SFA	33.46±0.47	35.43±0.97	33.88±0.84	34.85±1.14
MUFA	39.72±2.14^{a}	33.28±1.62^{ab}	32.23±1.22^{b}	32.64±0.51^{b}
n-3 PUFA	12.44±1.11^{a}	5.83±0.04^{b}	13.83±0.74^{a}	10.31±0.68^{a}
n-6 PUFA	11.31±0.66^{c}	21.24±0.63^{a}	15.47±0.40^{b}	17.53±0.79^{b}
n-3/n-6 PUFA	1.10±0.07^{a}	0.28±0.01^{d}	0.89±0.03^{b}	0.59±0.04^{c}

注：数据为平均值±标准误（$n=3$）。同行中，无相同上标字母标注者表示相互间差异显著（$P<0.05$）。

表 4-4　盐度 32 ppt 条件下，各饲料投喂组鱼肝脏的脂肪酸组成（单位：%总脂肪酸）

主要脂肪酸	D1	D2	D3	D4
18:2n-6	10.87±0.70	13.81±0.76	11.66±1.05	10.41±2.00
18:3n-6	0.50±0.08^{b}	2.13±0.08^{a}	1.34±0.27^{a}	2.05±0.39^{a}
18:3n-3	0.61±0.02^{b}	0.44±0.06^{b}	2.13±0.09^{a}	0.90±0.20^{b}
20:3n-6	1.00±0.16^{b}	3.43±0.17^{a}	1.68±0.24^{b}	2.76±0.33^{a}
20:4n-6（ARA）	1.43±0.09	2.27±0.16	1.78±0.17	2.13±0.33
20:4n-3	0.34±0.06^{ab}	0.22±0.03^{b}	0.52±0.02^{a}	0.27±0.03^{b}
20:5n-3（EPA）	0.80±0.10^{a}	0.23±0.04^{c}	0.62±0.01^{ab}	0.28±0.01^{bc}
22:5n-3（DPA）	2.26±0.07^{a}	0.46±0.07^{c}	1.18±0.12^{bc}	0.63±0.02^{c}
22:6n-3（DHA）	11.61±0.31^{a}	4.21±0.11^{b}	7.06±0.51^{b}	4.83±0.87^{b}
SFA	31.03±1.48	31.65±0.81	29.35±0.84	32.70±1.81
MUFA	31.45±1.13	31.27±0.65	34.72±1.42	34.26±0.92
n-3 PUFA	18.08±0.11^{a}	7.55±0.41^{c}	13.48±0.45^{b}	9.34±0.47^{c}
n-6 PUFA	16.10±1.00^{c}	24.84±0.85^{a}	18.03±0.40^{c}	19.45±1.18^{bc}
n-3/n-6 PUFA	1.13±0.07^{a}	0.30±0.02^{c}	0.75±0.03^{b}	0.49±0.05^{c}

注：数据为平均值±标准误（$n=3$）。同行中，无相同上标字母标注者表示相互间差异显著（$P<0.05$）。

沿着 PUFA 从 18:2n-6 到 ARA 和 18:3n-3 到 DHA 的生物合成途径，将表 4-3 和表 4-4 中的肝脏脂肪酸组成与表 4-1 中的饲料脂肪酸组成进行比较可以发现，在两种盐度下，D2～D4 饲料投喂组鱼肝脏的 n-6 PUFA（18:3n-6、20:3n-6、ARA）和 n-3 PUFA（20:4n-3、EPA、DPA、DHA）含量分别与各自饲料的 18:2n-6 和 18:3n-3 含量呈现出平行的变化模式（图 4-2），说明黄斑蓝子鱼肝脏具有较强的 LC-PUFA 合成能力。

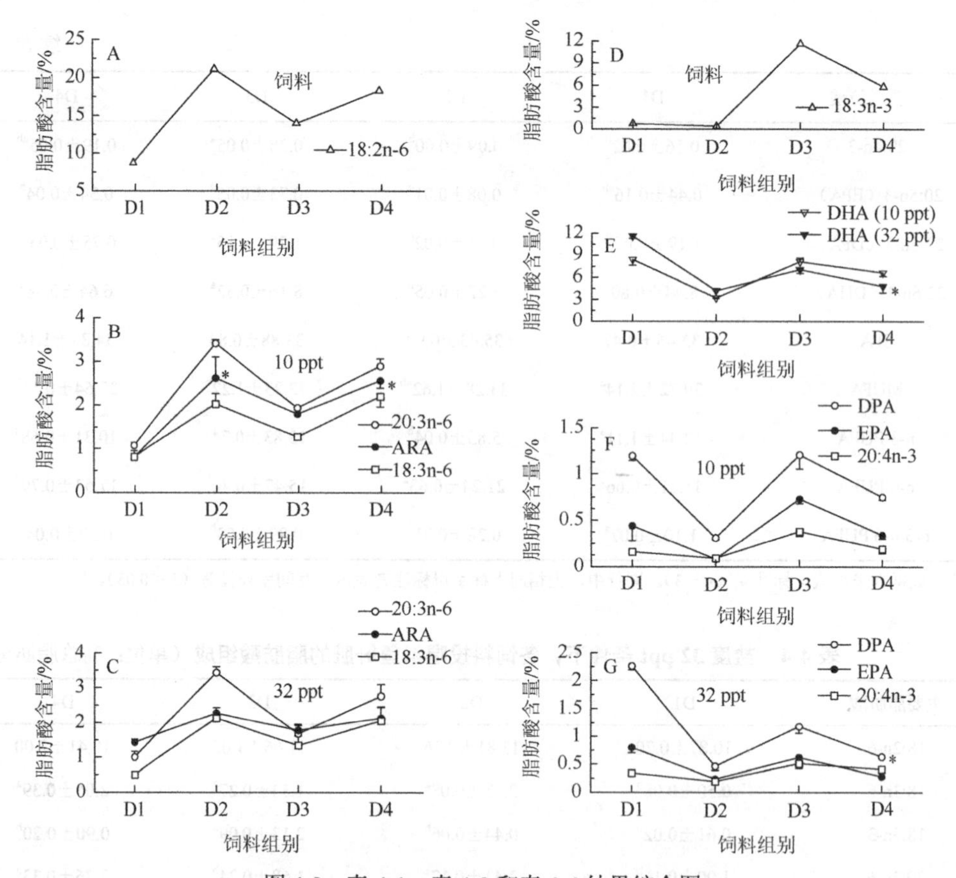

图 4-2 表 4-1、表 4-3 和表 4-4 结果综合图

在 10 ppt 和 32 ppt 两种盐度下，D2～D4 饲料投喂组鱼肝脏的 n-6 PUFA（B，C）和 n-3 PUFA（E，E，G）含量分别与饲料的 18:2n-6（A）和 18:3n-3（D）水平显示出平行的变化模式。B～C 和 E～G 中数值为来自三个重复组的 9 个样品的平均值±标准差。*表示与 D1 组相比有显著差异（$P<0.05$）。

（三）不同盐度下各饲料投喂组鱼肝脏 Δ6 *fads2* 基因表达水平

本研究也克隆了黄斑蓝子鱼的 Δ6 *fads2* 基因，并利用 RT-PCR 方法检测其组织表达特性及在不同饲料投喂组鱼肝脏中的表达差异。结果显示，在适应海水和咸水生活的黄斑蓝子鱼中，Δ6 *fads2* mRNA 呈现出一致的组织表达特性：在脑和肝中高表达，在鳃中低表达，在肠和肌肉中几乎检测不到表达（图 4-3）。

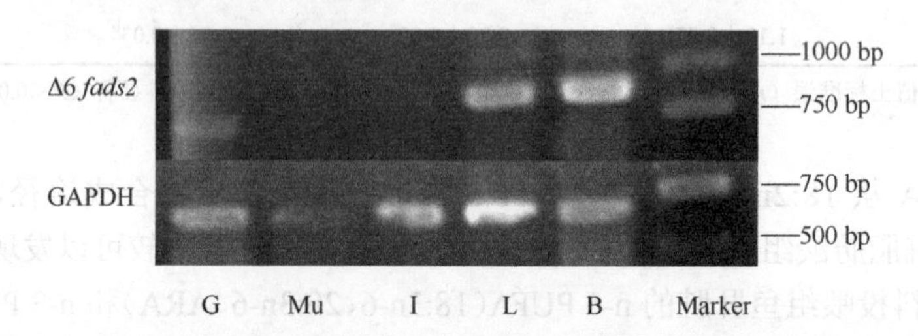

图 4-3 黄斑蓝子鱼 Δ6 *fads2* 基因的组织表达特性（RT-PCR 方法检测）

G，鳃；Mu，肌肉；I，肠；L，肝；B，脑；GAPDH，磷酸甘油醛脱氢酶。

养殖试验开始时，在 10 ppt 下黄斑蓝子鱼肝脏 Δ6 *fads2* 基因的 mRNA 表达水平约为 32 ppt 的 1.83 倍（7.37±3.32 vs 4.02±0.17，$n=3$）；当鱼摄食试验饲料 6 周或 9 周后，该基因的表达水平在不同饲料组之间以及两个时间点之间都不同（图 4-4）。结果表明，D1 饲料中的 LC-PUFA 可抑制 Δ6 *fads2* 基因的表达，而 D2～D4 饲料中的亚油酸和 α-亚麻酸增加 Δ6 *fads2* 基因的表达；α-亚麻酸对 Δ6 *fads2* 基因表达的促进作用强于亚油酸。综合考虑 4 个饲料组 6 周和 9 周的所有数据，发现 10 ppt 下的 Δ6 *fads2* 表达水平显著高于其在 32 ppt 下的表达水平（$P<0.05$），前者约为后者的 1.56 倍（6.13±1.27 vs 3.93±0.99，$n=24$）。

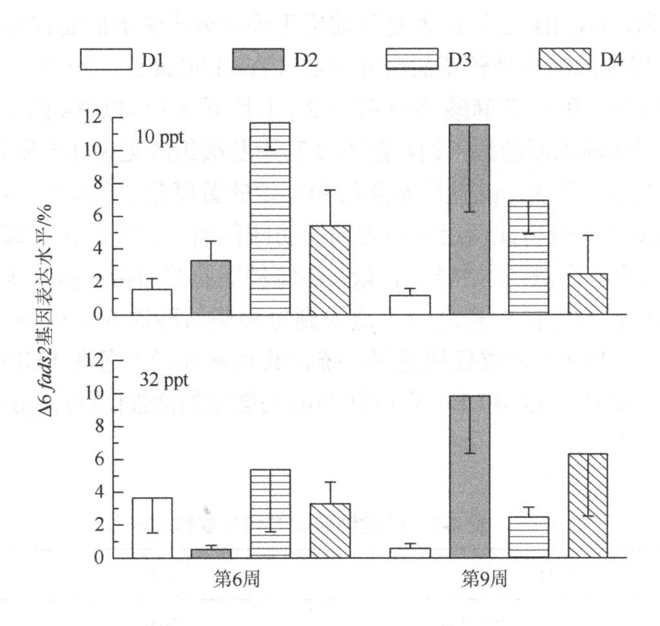

图 4-4　不同盐度下各饲料投喂组黄斑蓝子鱼肝脏 Δ6 *fads2* 基因表达水平

取样时间分别为试验开始时，养殖进行 6 周或 9 周后，数据为平均值±标准差（$n=3$）。

（四）总结

本研究探讨了黄斑蓝子鱼在不同盐度下的 LC-PUFA 合成特性。基于生长性能、肝脏脂肪酸组成及 LC-PUFA 生物合成关键酶基因（Δ6 *fads2*）表达水平的结果表明，黄斑蓝子鱼在咸水（10 ppt）和海水（32 ppt）中都具有将亚油酸和 α-亚麻酸转化为 LC-PUFA 的能力，且该能力在低盐度下比在高盐度下更强。黄斑蓝子鱼的 Δ6 *fads2* 基因表达水平的结果提示，转录调控可能是膳食脂肪酸和环境盐度影响 LC-PUFA 生物合成活性的一种机制。因此，亚油酸和 α-亚麻酸为黄斑蓝子鱼的必需脂肪酸，富含 C18 PUFA 的植物油可以作为其饲料脂肪源。研究成果不仅拓宽了我们对于广盐性鱼类脂肪酸代谢特点的认识，也为开发黄斑蓝子鱼配合饲料的脂肪源选择提供指导。据我们所知，本研究是关于海水鱼具有 LC-PUFA 合成能力及广盐性鱼类脂肪酸代谢特性与盐度关系的首次报道，相关成果详见已发表论文 Li 等（2008）。

三、黄斑蓝子鱼在不同盐度下的 LC-PUFA 合成特性

如上节所述，基于生长性能、肝脏脂肪酸组成和 Δ6 *fads2* 基因表达水平的研究结果，我们发现黄斑蓝子鱼具有 LC-PUFA 合成能力，且该能力在低盐水体中要比高盐水体中强。由于这是在国际上首次报道海水鱼具有 LC-PUFA 合成能力及其与盐度的关系，为了进一步证实黄斑蓝子鱼的 LC-PUFA 合成特性，我们采用整体脂肪酸平衡（whole-body fatty acid mass balance，FAMB）法对该鱼在不同盐度下转化 ALA 和 LA 为 LC-PUFA 的能力进行了研究。因为，FAMB 法被认为是目前用于评估分析鱼类脂肪代谢，特别是内源性 LC-PUFA 总体合成能力的一种较新的研究方法（Turchini et al.，2007）。以菜籽油和紫苏籽油为脂肪源，配制一种 α-亚麻酸/亚油酸为 2∶1 且不含 LC-PUFA 的试验饲料（VO），对照饲料（FO）以鱼油为脂肪源，饲料配方及其脂肪酸组成见表 4-5 和表 4-6。以此两种饲料分别饲喂在 10 ppt 和 32 ppt 盐度水族缸中养殖的黄斑蓝子鱼幼鱼（初始体重约 18 g）8 周后，采用 FAMB 法分析此两组鱼体内的脂肪酸代谢：首先，统计每种脂肪酸的积累量（积累量 = 终末样本含量–初始样本含量）和每种脂肪酸净摄入量（净摄入量 = 摄入量–排泄量），由积累量与净摄入量之间差值得到每种脂肪酸的净生成/消耗量；然后，根据黄斑蓝子鱼的 LC-PUFA 合成代谢途径，统计其代谢途径中各种 PUFA 的净生成/消耗量；最后，分析计算参与 LC-PUFA 合成代谢的关键酶的活性[单位：μmol/(条·d)]。主要研究结果及结论如下。

表 4-5　试验饲料配方和常规营养成分　（单位：%）

项目		FO	VO
组分	大豆浓缩蛋白	50.0	50.0
	糊精	24.0	24.0
	α-淀粉	5.0	5.0
	纤维素	5.0	5.0
	鱼油	8.0	0.0
	菜籽油	0.0	2.85
	紫苏籽油	0.0	5.15
	其他①	8.1	8.1
常规营养成分	干物质	91.0	90.8
	粗蛋白质	35.1	35.3
	粗脂肪	8.5	8.0
	粗灰分	7.6	7.2

注：①包括多维多矿、氯化胆碱、磷酸二钙、维生素 C、L-赖氨酸、DL-蛋氨酸、甜菜碱、Cr_2O_3，具体比例见所发表的文献 Xie 等（2015）。

表 4-6　试验饲料的脂肪酸组成

主要脂肪酸	FO	VO
16:0	121.04（*17.51*）	99.47（*9.03*）
18:0	23.92（*3.53*）	37.94（*3.51*）
16:1n-9	26.65（*3.87*）	6.24（*0.57*）
18:1n-9	80.94（*12.01*）	158.63（*14.78*）
18:2n-6	25.92（*3.87*）	239.01（*22.43*）
18:3n-6	1.17（0.18）	2.85（*0.27*）
20:4n-6	4.15（*0.64*）	—
18:3n-3	24.91（*3.75*）	403.04（*38.08*）
18:4n-3	12.85（*1.95*）	—
20:3n-3	0.91（*0.14*）	—
20:4n-3	1.26（*0.19*）	—
20:5n-3	50.23（*7.83*）	—
22:5n-3	4.43（*0.69*）	—
22:6n-3	75.51（*11.86*）	—
SFA	180.37（*26.11*）	146.61（*13.38*）
MUFA	130.40（*19.33*）	171.04（*15.94*）
PUFA	202.18（*52.7*）	644.90（*60.78*）
LC-PUFA	137.33（*21.48*）	—
n-6 LC-PUFA	4.98（*0.76*）	—
n-3 LC-PUFA	132.35（*20.72*）	—

注：数值为试验饲料中每克脂肪包含的脂肪酸含量（单位：mg/g），括号中斜体数值为每种脂肪酸占总脂肪酸的百分比（单位：%）。“—”表示未检出。

（一）水体盐度和饲料脂肪源对黄斑蓝子鱼生长性能和全鱼常规营养成分的影响

养殖 8 周后，各饲料投喂组鱼的生长性能和全鱼常规营养成分结果见表 4-7。结果显示，在两种盐度下，黄斑蓝子鱼的增重率、特定生长率等生长性能指标在 VO 组和 FO 组间无显著差异（$P>0.05$）。在相同脂肪源饲料投喂组，高盐组的生长性能显著高于低盐组（$P<0.05$），饲料系数在两种盐度水体中无显著差异；全鱼的水分含量是高盐组显著低于低盐组，粗脂肪含量正好相反（$P<0.05$）。

表 4-7　黄斑蓝子鱼在两种盐度下摄食 VO 饲料和 FO 饲料 8 周后的生长性能及全鱼常规营养成分

项目		10 ppt		32 ppt	
		FO	VO	FO	VO
生长指标	初始体重/g	17.96±0.06	17.59±0.34	18.20±0.16	18.40±0.32
	终末体重/g	37.98±2.24^{b}	34.37±058^{b}	46.99±0.90^{a}	43.94±0.85^{a}
	增重率/%	111.48±13.21^{bc}	95.38±0.51^{c}	158.10±2.89^{a}	138.88±4.40^{ab}

续表

项目		10 ppt		32 ppt	
		FO	VO	FO	VO
生长指标	特定生长率/(%/d)	1.33±0.11[b]	1.20±0.00[b]	1.69±0.02[a]	1.55±0.03[a]
	饲料系数	1.73±0.09	1.64±0.05	1.87±0.08	1.80±0.07
	脂肪沉积率/%	1.56±0.10[b]	1.47±0.00[b]	2.29±0.02[a]	2.25±0.03[a]
常规营养成分/%湿重	水分	71.34±0.59[a]	71.13±0.43[a]	67.18±0.85[b]	65.64±0.41[b]
	粗蛋白质	17.92±0.45[ab]	16.96±0.44[b]	20.61±0.59[a]	19.11±0.76[ab]
	粗脂肪	9.16±0.33[b]	9.38±0.33[b]	11.52±0.22[a]	12.10±0.69[a]
	粗灰分	3.01±0.16[ab]	3.18±0.16[a]	2.51±0.09[b]	2.85±0.11[b]

注：数据为平均值±标准误（$n=3$）。同行中，无相同上标字母标注者表示相互间差异显著（$P<0.05$）。

（二）水体盐度和饲料脂肪源对全鱼脂肪酸组成的影响

在两种盐度下养殖黄斑蓝子鱼 8 周后，其全鱼的脂肪酸组成见表 4-8。结果显示，在两种盐度水体中，FO 饲料投喂组全鱼的 LC-PUFA（如 ARA、EPA、DHA）含量均显著高于 VO 组；但是，其中间代谢产物如 20:3n-6、20:3n-3、20:4n-3 含量则低于 VO 组。FO 和 VO 组全鱼的 n-3 LC-PUFA 和 n-6 LC-PUFA 含量，在 10 ppt 盐度水体中均显著高于在 32 ppt 盐度水体，表明黄斑蓝子鱼在低盐下的 LC-PUFA 合成能力要高于高盐水体中。

表 4-8 黄斑蓝子鱼在两种盐度下摄食 VO 饲料和 FO 饲料 8 周后的全鱼脂肪酸组成（单位：mg/g 脂肪）

主要脂肪酸	初始鱼		10 ppt		32 ppt	
	10 ppt	32 ppt	FO	VO	FO	VO
16:0	215.65	258.40	409.08±3.74[a]	261.12±13.33[b]	408.87±19.09[a]	234.53±4.30[b]
18:0	54.25	59.60	62.76±2.35[a]	54.66±3.74[ab]	49.67±1.86[b]	45.43±1.04[b]
16:1n-9	44.83	69.47	176.83±4.67[a]	88.96±9.38[b]	169.19±4.39[a]	67.34±1.89[b]
18:1n-9	122.08	127.48	201.23±5.94	221.98±21.28	212.13±7.72	201.50±1.83
18:2n-6	52.48	60.35	30.32±3.56[b]	150.71±2.95[a]	35.48±0.97[b]	143.01±2.30[a]
18:3n-6	3.97	7.90	4.24±0.70[a]	1.93±0.10[b]	3.64±0.11[a]	3.20±0.01[ab]
20:3n-6	5.63	8.35	4.73±0.33[c]	15.55±1.48[a]	3.58±0.06[c]	10.75±1.00[b]
20:4n-6	15.81	15.59	14.26±0.48[a]	10.90±0.66[b]	6.22±0.01[c]	5.01±0.29[c]
18:3n-3	34.96	45.10	18.87±1.82[b]	156.61±9.33[a]	21.18±0.30[b]	168.88±3.19[a]
18:4n-3	24.94	23.76	17.42±0.61[c]	64.99±2.15[a]	13.22±0.18[c]	46.77±2.84[b]
20:3n-3	5.73	7.78	3.77±0.11[b]	24.36±1.68[a]	3.06±0.03[b]	24.04±0.70[a]
20:4n-3	8.51	10.06	16.66±0.59[c]	31.85±1.71[a]	13.77±0.92[c]	24.10±1.02[b]
20:5n-3	21.98	24.88	21.36±0.41[a]	11.25±0.22[c]	12.95±0.11[b]	9.11±0.65[d]
22:5n-3	2.25	3.22	3.37±0.16[a]	2.94±0.06[b]	2.42±0.54[c]	2.11±0.02[c]
22:6n-3	92.13	105.62	112.90±2.69[a]	66.57±1.87[c]	94.53±1.24[b]	41.58±0.95[d]

续表

主要脂肪酸	初始鱼		10 ppt		32 ppt	
	10 ppt	32 ppt	FO	VO	FO	VO
SFA	309.50	369.73	542.50±6.47[a]	366.90±9.04[b]	524.20±13.38[a]	318.41±5.55[c]
MUFA	183.43	213.72	414.27±2.92[a]	346.33±33.35[b]	427.17±8.70[a]	295.39±2.41[c]
PUFA	399.98	465.32	256.95±5.02[c]	540.17±17.99[a]	215.42±2.46[d]	480.24±5.84[b]
n-6 LC-PUFA	22.43	25.10	28.03±1.19[a]	28.96±2.32[a]	15.18±2.07[b]	17.41±1.98[b]
n-3 LC-PUFA	130.61	151.55	158.06±5.28[a]	136.97±6.34[b]	126.74±3.22[c]	100.95±2.54[d]

注：数据为平均值±标准误（$n=3$）。同行中，无相同上标字母标注者表示相互间差异显著（$P<0.05$）。

（三）整体脂肪酸平衡

通过 FAMB 法计算黄斑蓝子鱼全鱼各种脂肪酸的净生成/消耗量（表 4-9），发现在所有投喂组中，16:0、16:1n-9、18:1n-9 和 DHA（22:6n-3）都呈现高的净生成值，表明这些脂肪酸在黄斑蓝子鱼体内得到净合成。与此相反，亚油酸（18:2n-6）和 α-亚麻酸（18:3n-3）呈现高的净消耗值，表明这些脂肪酸在黄斑蓝子鱼体内被消耗。在两种盐度下，FO 和 VO 组鱼的 α-亚麻酸和 EPA 被消耗最多。

鱼类将 C18 亚油酸和 α-亚麻酸转化合成 C20 和 C20 以上的 LC-PUFA，需要经过一系列的去饱和作用（desaturation）与延长作用（elongation）。通过统计黄斑蓝子鱼 LC-PUFA 合成代谢途径中每种 PUFA 的净生成/消耗值，结果显示，在两种盐度水体中，FO 组蓝子鱼的去饱和酶与延长酶活性显著低于 VO 组；并且，FO 和 VO 组的酶活性在低盐（10 ppt）中显著高于高盐（32 ppt）（表 4-10）；进一步还发现，VO 组黄斑蓝子鱼的 LC-PUFA 净生成量在两种盐度水体中都显著高于 FO 组，且 VO 组黄斑蓝子鱼在低盐中的 LC-PUFA 的净生成量要显著高于高盐（图 4-5）。这些结果与前期本书作者团队获得的结论一致，即黄斑蓝子鱼在低盐（10 ppt）和高盐（32 ppt）中都具有将亚油酸和 α-亚麻酸转化为 LC-PUFA 的能力，且该能力在低盐度下比在高盐度下更强（Li et al.，2008）。

表 4-9 采用 FAMB 法推导出的黄斑蓝子鱼体内脂肪酸的净生成/消耗量（单位：%总脂肪酸）

主要脂肪酸	10 ppt		32 ppt	
	FO	VO	FO	VO
16:0	5.91±0.11[b]	3.23±0.30[c]	9.11±0.62[a]	4.34±0.15[c]
18:0	0.55±0.06	0.38±0.07	0.59±0.05	0.42±0.01
16:1n-9	3.47±0.11[b]	1.77±0.24[c]	4.63±0.10[a]	1.71±0.03[c]
18:1n-9	2.10±0.15[b]	1.86±0.44[b]	3.91±0.22[a]	2.71±0.06[b]
18:2n-6	−0.22±0.08[b]	−0.33±0.01[b]	0.07±0.02[a]	−0.06±0.00[a]
18:3n-6	0.05±0.02[a]	−0.03±0.00[b]	0.04±0.00[a]	−0.01±0.00[b]
20:3n-6	0.05±0.01[b]	0.29±0.03[a]	0.03±0.00[b]	0.26±0.03[a]
20:4n-6	0.12±0.00[a]	0.11±0.01[a]	−0.01±0.00[c]	0.04±0.01[b]

续表

主要脂肪酸	10 ppt		32 ppt	
	FO	VO	FO	VO
18:3n-3	-0.30 ± 0.04^a	-2.65 ± 0.08^b	-0.22 ± 0.01^a	-2.47 ± 0.10^b
18:4n-3	-0.01 ± 0.00^b	1.34 ± 0.07^a	-0.01 ± 0.00^b	1.37 ± 0.03^a
20:3n-3	0.02 ± 0.00^c	0.48 ± 0.04^b	0.01 ± 0.00^c	0.67 ± 0.02^a
20:4n-3	0.26 ± 0.01^b	0.62 ± 0.04^a	0.30 ± 0.03^b	0.66 ± 0.03^a
20:5n-3	-0.33 ± 0.00^b	0.07 ± 0.00^a	-0.54 ± 0.01^c	0.09 ± 0.02^a
22:5n-3	-0.01 ± 0.00^b	0.04 ± 0.01^a	-0.03 ± 0.00^c	0.04 ± 0.00^a
22:6n-3	0.33 ± 0.01^c	0.67 ± 0.04^a	0.37 ± 0.01^c	0.45 ± 0.01^b

注：数据为平均值±标准误（$n=3$）。同行中，无相同上标字母标注者表示相互间差异显著（$P<0.05$）。正数表示为净生成值，负数表示净消耗值。

表 4-10 采用 FAMB 法推导出的黄斑蓝子鱼体内去饱和酶与延长酶活性

盐度	饲料	Δ6Δ5 去饱和酶活性	Δ4 去饱和酶活性	延长酶活性
10 ppt	FO	1.04 ± 0.03^c	0.39 ± 0.01^c	1.84 ± 0.01^c
10 ppt	VO	4.67 ± 0.04^a	0.67 ± 0.04^a	4.37 ± 0.03^a
32 ppt	FO	0.28 ± 0.03^d	0.32 ± 0.01^d	1.15 ± 0.02^d
32 ppt	VO	3.97 ± 0.01^b	0.45 ± 0.01^b	3.64 ± 0.01^b

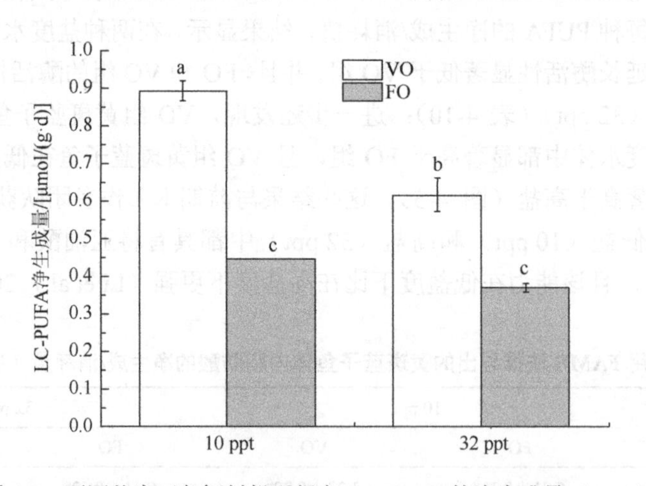

图 4-5 不同盐度下各饲料投喂组鱼 LC-PUFA 的净生成量（$n=3$）

（四）水体盐度和饲料脂肪源对黄斑蓝子鱼 LC-PUFA 合成关键酶基因表达的影响

养殖试验结束后，黄斑蓝子鱼肝脏中 LC-PUFA 合成关键酶基因的 mRNA 表达水平结果见图 4-6。结果显示，在两种盐度下，VO 组鱼的 Δ4 *fads2* 和 Δ6Δ5 *fads2* 的 mRNA 表达水平均显著高于 FO 组鱼（图 4-6A，B）；类似地，VO 组鱼 *elovl5* 的 mRNA 表达水平在 10 ppt 盐度下也显著高于 FO 组鱼；但在 32 ppt 盐度下，其表达水平在两种饲料投喂组间无显著差异（图 4-6C）。另一方面，在 VO 饲料投喂下，低盐组鱼的 3 个关键酶基因表达水平明显高于高盐组鱼；在 FO 饲料投喂下，仅Δ4 *fads2* mRNA 的表达水平在低盐组显著高于高盐组，而Δ6Δ5 *fads2* 和 *elovl5* mRNA 的表达水平在两盐度组间无差异。

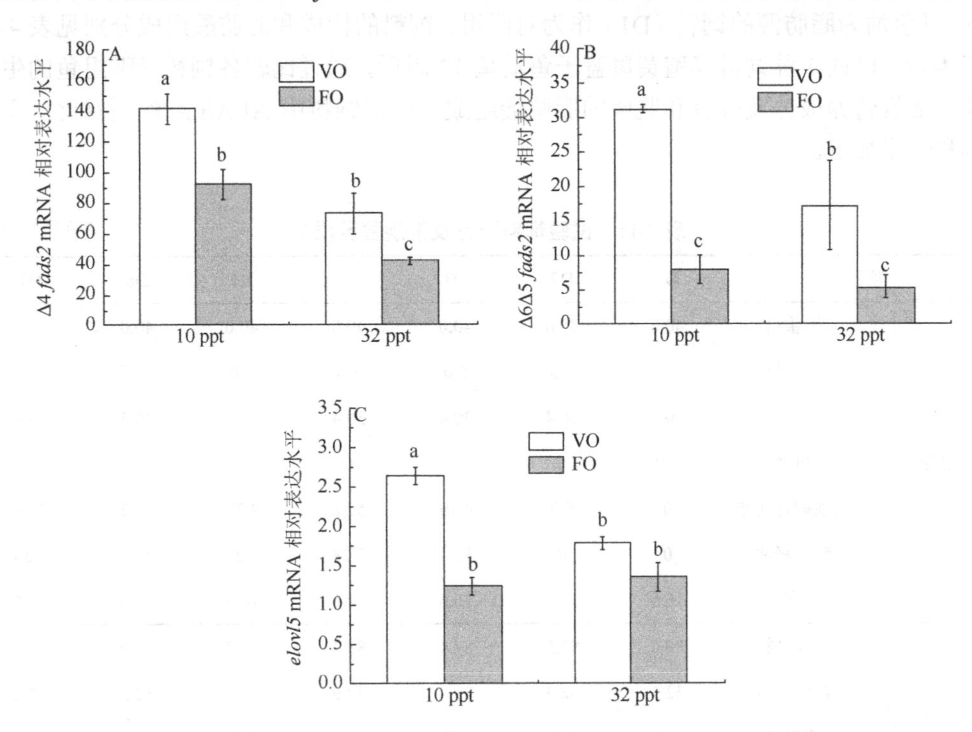

图 4-6　不同盐度下各饲料投喂组鱼肝脏中 LC-PUFA 合成关键酶基因的 mRNA 表达水平（$n = 6$）

（五）总结

本研究采用 FAMB 法探讨了水体盐度对黄斑蓝子鱼 LC-PUFA 生物合成能力的影响。生长性能、LC-PUFA 合成能力及 LC-PUFA 合成关键酶基因在肝脏中的 mRNA 表达水平结果显示，在两种盐度下，黄斑蓝子鱼的 LC-PUFA 合成能力在 VO 饲料组要显著高于 FO 饲料组；在 VO 饲料投喂下，低盐组的 LC-PUFA 合成能力显著高于高盐组，且 LC-PUFA 合成关键酶基因在肝脏中的 mRNA 表达水平呈现出一致的变化。结果表明，环境盐度可能通过调节 Fads2 及 Elovl5 的活性，部分通过转录调控 *fads2* 的机制，影响黄斑蓝子鱼体内 LC-PUFA 生物合成代谢途径的活性。本研究成果为揭示黄斑蓝子鱼 LC-PUFA 生物合成的调控机制提供了新资料，为阐明其与环境盐度的关系提供了新证据（Xie et al.，2015）。

四、黄斑蓝子鱼配合饲料中 α-亚麻酸/亚油酸的适宜比

如上所述，黄斑蓝子鱼具有将 ALA 和 LA 转化为 LC-PUFA 的能力，ALA 和 LA 是其 EFA。由于 ALA 和 LA 是 LC-PUFA 合成代谢途径中第一步限速反应Δ6Δ5 Fads2 去饱

和作用的共同底物，ALA 和 LA 会竞争Δ6Δ5 Fads2 的活性。因此，饲料中 ALA/LA 的适宜比可使该鱼的合成 LC-PUFA 能力最大化。为了探讨黄斑蓝子鱼配合饲料中 ALA/LA 的适宜比，我们以紫苏籽油和三油酸甘油酯为脂肪源，配制 ALA/LA 比分别为 0、0.5、1.0、1.5、2.0、2.5（实测值分别为 0.05、0.47、0.93、1.35、1.93、2.45）的 6 种配合饲料（D2～D7），以鱼油为脂肪源的饲料（D1）作为对照组。饲料的构成和脂肪酸组成分别见表 4-11 和表 4-12。以该 7 种饲料养殖黄斑蓝子鱼幼鱼 12 周后，通过比较各饲料投喂组鱼的生长性能、常规营养成分及肝脏和肌肉的脂肪酸组成，确定饲料中 ALA/LA 的适宜比。主要内容和结果如下。

表 4-11　试验饲料配方及常规营养成分　（单位：%）

项目		D1	D2	D3	D4	D5	D6	D7
组分	酪蛋白	40.0	40.0	40.0	40.0	40.0	40.0	40.0
	α-淀粉	5.0	5.0	5.0	5.0	5.0	5.0	5.0
	淀粉	30.4	30.4	30.4	30.4	30.4	30.4	30.4
	鱼油	8.0	0	0	0	0	0	0
	三油酸甘油酯	0	8.0	6.79	5.72	4.77	3.92	3.16
	紫苏籽油	0	0	1.21	2.28	3.23	4.08	4.84
	其他①	16.6	16.6	16.6	16.6	16.6	16.6	16.6
常规营养成分	干物质	86.6	87.5	87.4	88.4	86.7	88.0	88.1
	粗蛋白质	32.1	32.3	31.7	32.9	32.0	32.3	32.2
	粗脂肪	8.1	8.0	8.0	8.2	8.1	8.0	7.9
	粗灰分	6.9	6.6	6.6	6.5	6.2	6.2	6.5

注：①包括纤维素、多维多矿、氯化胆碱、磷酸二钙、维生素 C、甜菜碱，具体比例见论文 Xie 等（2018）。

表 4-12　试验饲料的脂肪酸组成　（单位：%总脂肪酸）

主要脂肪酸	D1	D2	D3	D4	D5	D6	D7
16:0	27.67	12.01	14.33	11.42	13.41	11.75	8.15
18:0	13.87	1.02	2.96	2.68	4.48	3.73	1.86
16:1n-9	3.18	1.59	1.43	1.12	1.31	1.57	2.13
18:1n-9	7.71	60.71	48.43	44.9	45.48	41.23	38.64
18:2n-6	9.96	21.33	21.13	19.9	14.39	13.8	13.92
18:3n-6	0.38	—	—	—	—	—	—
20:3n-6	0.17	—	—	—	—	—	—
20:4n-6（ARA）	1.31	—	—	—	—	—	—
18:3n-3	1.26	1.04	10	18.46	19.42	26.64	34.12
18:4n-3	0.66	—	—	—	—	—	—

续表

主要脂肪酸	D1	D2	D3	D4	D5	D6	D7
20:4n-3	0.15	—	—	—	—	—	—
20:5n-3（EPA）	8.03	—	—	—	—	—	—
22:5n-3	0.13	—	—	—	—	—	—
22:6n-3（DHA）	10.31	—	—	—	—	—	—
SFA	54.66	15.33	19.01	15.62	19.40	16.76	11.19
MUFA	9.16	60.71	48.43	44.9	45.48	41.23	38.64
n-3 PUFA	20.54	1.04	10	18.46	19.42	26.64	34.12
n-6 PUFA	11.82	21.33	21.13	19.9	14.39	13.8	13.92
n-3 LC-PUFA	18.62	—	—	—	—	—	—
n-6 LC-PUFA	1.48	—	—	—	—	—	—
ALA/LA	0.13	0.05	0.47	0.93	1.35	1.93	2.45

注：“—”表示未检出。

（一）饲料α-亚麻酸/亚油酸比对黄斑蓝子鱼生长性能的影响

以7种饲料投喂黄斑蓝子鱼12周后的生长性能见表4-13。结果显示，各饲料投喂组鱼的成活率均在96%以上；D3、D5、D6组鱼的特定生长率与D1和D7组无显著差异（$P>0.05$），但显著高于D2和D4组（$P<0.05$）。其他生长性能指标，如饲料系数、蛋白质效率及全鱼的常规营养成分在各饲料组间无差异。

表4-13　黄斑蓝子鱼摄食试验饲料12周后的生长性能及全鱼常规营养成分

	项目	D1	D2	D3	D4	D5	D6	D7
生长指标	初始体重/g	5.58±0.22	5.37±0.12	5.37±0.09	5.64±0.05	5.33±0.19	5.19±0.23	5.28±0.43
	终末体重/g	38.14±1.80	32.87±0.45	37.67±2.54	33.53±0.73	36.25±2.72	36.20 ±3.19	35.20 ±1.78
	特定生长率/(%/d)	2.29±0.06[a]	2.16±0.01[bc]	2.32±0.09[a]	2.13±0.03[c]	2.28±0.05[a]	2.31±0.08[a]	2.26± 0.08[ab]
	饲料系数	1.50±0.03	1.63±0.04	1.56±0.09	1.60±0.07	1.61±0.07	1.54±0.05	1.52±0.05
	蛋白质效率/%	2.12±0.06	1.94±0.06	2.01±0.12	1.96±0.08	1.94±0.09	2.03±0.07	2.05±0.07
	成活率/%	100.00	98.33	96.67	98.33	100.00	100.00	100.00
常规营养成分/%湿重	水分	72.37±0.75	69.65±2.96	68.49±0.10	67.95 ±0.88	67.71±4.29	70.29 ±0.91	72.46 ±0.85
	粗蛋白质	16.36±0.05	16.17±0.95	18.11±1.44	17.47 ±0.95	16.09±2.11	16.75 ±0.06	17.19 ±0.12
	粗脂肪	7.00±0.18	9.21±1.12	9.94±1.36	11.27 ±2.56	8.99±0.65	6.87±0.05	6.69±0.23
	粗灰分	3.49±0.04	3.81±0.28	3.76±0.38	3.26±0.06	3.32±0.28	3.20±0.07	3.29±0.29

注：数据为平均值±标准误（$n=3$）。同行中，无相同上标字母者表示相互间差异显著（$P<0.05$）。

（二）饲料α-亚麻酸/亚油酸比对黄斑蓝子鱼组织脂肪酸组成的影响

以7种饲料投喂黄斑蓝子鱼12周后，其肝脏和肌肉的脂肪酸组成见表4-14和表4-15。结果显示，肝脏和肌肉的脂肪酸组成在很大程度上反映了饲料的脂肪酸组成。其中，D1组鱼的肝脏和肌肉的n-3 LC-PUFA含量高于D2～D7组鱼；而LC-PUFA合成代谢途径的中间代谢产物如18:3n-6、20:3n-6、20:4n-3含量则是D2～D7组鱼高于D1组鱼。在6组投喂植物油饲料的D2～D7组鱼中，随着饲料ALA/LA比的升高，肝脏和肌肉的n-3 PUFA及n-3 LC-PUFA水平增加，而n-6 PUFA含量降低；在两种组织中，D6组（ALA/LA = 1.93）的n-3 LC-PUFA含量在所有植物油饲料组中最高。说明饲料ALA/LA比为1.93左右时，黄斑蓝子鱼的LC-PUFA合成能力最强。

表4-14　黄斑蓝子鱼摄食试验饲料12周后的肝脏脂肪酸组成（单位：%总脂肪酸）

主要脂肪酸	D1	D2	D3	D4	D5	D6	D7
16:0	37.87 ± 0.80^{a}	27.24 ± 0.34^{c}	27.45 ± 0.68^{c}	26.53 ± 2.32^{ab}	23.62 ± 0.51^{b}	22.73 ± 1.78^{b}	22.88 ± 3.66^{bc}
18:0	5.28 ± 0.35^{a}	4.46 ± 0.75^{ab}	4.16 ± 0.05^{b}	4.61 ± 0.5^{ab}	4.57 ± 0.27^{ab}	5.11 ± 0.47^{a}	5.01 ± 0.80^{ab}
16:1n-7	7.27 ± 0.93^{a}	5.15 ± 0.08^{b}	4.99 ± 0.18^{b}	5.13 ± 3.1^{ab}	5.31 ± 0.29^{a}	5.10 ± 1.37^{ab}	5.05 ± 1.45^{ab}
18:1n-9	24.65 ± 1.11^{c}	37.77 ± 0.37^{a}	35.13 ± 1.44^{a}	29.25 ± 1.15^{b}	29.49 ± 0.06^{b}	30.81 ± 1.11^{b}	29.25 ± 0.71^{b}
18:2n-6	3.96 ± 0.32^{d}	11.86 ± 0.76^{a}	10.25 ± 0.54^{ab}	9.90 ± 0.13^{b}	7.54 ± 0.34^{b}	7.82 ± 0.51^{bc}	7.92 ± 0.88^{c}
18:3n-6	0.14 ± 0.03^{c}	1.23 ± 0.02^{a}	1.03 ± 0.05^{a}	0.87 ± 0.04^{ab}	0.83 ± 0.01^{ab}	0.78 ± 0.10^{b}	0.70 ± 0.12^{b}
20:3n-6	0.21 ± 0.20^{d}	1.87 ± 0.10^{a}	1.71 ± 0.12^{a}	0.76 ± 0.14^{c}	0.99 ± 0.06^{bc}	1.09 ± 0.17^{b}	0.95 ± 0.06^{bc}
20:4n-6	2.51 ± 0.26^{a}	1.70 ± 0.10^{b}	1.74 ± 0.03^{b}	1.33 ± 0.02^{c}	1.28 ± 0.11^{c}	1.05 ± 0.22^{c}	1.03 ± 0.02^{c}
18:3n-3	0.83 ± 0.01^{d}	0.56 ± 0.02^{d}	5.21 ± 0.02^{c}	7.15 ± 0.01^{b}	8.16 ± 0.02^{b}	11.13 ± 0.02^{a}	13.15 ± 0.02^{a}
18:4n-3	0.22 ± 0.04^{c}	0.33 ± 0.02^{b}	0.43 ± 0.10^{ab}	0.47 ± 0.03^{a}	0.55 ± 0.01^{abc}	0.67 ± 0.04^{ab}	0.65 ± 0.02^{a}
20:4n-3	0.02 ± 0.01^{d}	0.33 ± 0.02^{c}	0.32 ± 0.09^{c}	0.42 ± 0.03^{b}	0.51 ± 0.03^{ab}	0.58 ± 0.04^{a}	0.47 ± 0.04^{ab}
20:5n-3	0.68 ± 0.04^{a}	0.09 ± 0.02^{c}	0.14 ± 0.03^{c}	0.28 ± 0.03^{b}	0.39 ± 0.01^{a}	0.40 ± 0.02^{a}	0.43 ± 0.03^{a}
22:5n-3	1.70 ± 0.20^{a}	0.23 ± 0.02^{e}	0.30 ± 0.03^{d}	0.44 ± 0.04^{c}	0.43 ± 0.02^{bc}	0.47 ± 0.04^{bc}	0.55 ± 0.02^{b}
22:6n-3	8.50 ± 0.13^{a}	1.72 ± 0.14^{e}	2.17 ± 0.14^{de}	2.38 ± 0.07^{dc}	3.31 ± 0.41^{c}	4.28 ± 0.23^{b}	3.56 ± 0.40^{c}
SFA	45.33 ± 1.25^{a}	34.79 ± 0.56^{b}	34.36 ± 1.10^{b}	34.37 ± 1.52^{b}	31.44 ± 0.23^{b}	30.63 ± 1.85^{b}	33.32 ± 0.40^{b}
MUFA	31.92 ± 0.18^{b}	42.92 ± 0.45^{a}	40.12 ± 1.62^{a}	34.38 ± 1.95^{ab}	34.80 ± 0.35^{ab}	35.91 ± 1.16^{ab}	34.46 ± 1.03^{ab}
n-3 PUFA	11.95 ± 1.16^{c}	3.26 ± 0.18^{d}	8.57 ± 1.32^{bc}	11.14 ± 1.02^{b}	13.35 ± 1.39^{ab}	17.53 ± 1.33^{a}	18.81 ± 1.52^{a}
n-6 PUFA	6.82 ± 0.38^{c}	16.66 ± 1.98^{a}	14.83 ± 1.43^{ab}	12.86 ± 1.07^{b}	10.64 ± 1.30^{b}	10.74 ± 0.80^{b}	10.52 ± 0.64^{b}
n-3 LC-PUFA	10.90 ± 0.17^{a}	2.37 ± 0.01^{d}	2.97 ± 0.04^{cd}	3.52 ± 0.02^{c}	4.64 ± 0.03^{b}	5.73 ± 0.04^{b}	4.93 ± 0.04^{b}
n-6 LC-PUFA	2.72 ± 0.05^{b}	3.57 ± 0.04^{a}	3.41 ± 0.05^{ab}	2.09 ± 0.02^{c}	2.27 ± 0.02^{bc}	2.14 ± 0.03^{bc}	1.98 ± 0.02^{c}

注：数据为平均值±标准误（$n = 3$）。同行中，无相同上标字母者表示相互间差异显著（$P<0.05$）。

表 4-15 黄斑蓝子鱼摄食试验饲料 12 周后的肌肉脂肪酸组成 （单位：%总脂肪酸）

主要脂肪酸	D1	D2	D3	D4	D5	D6	D7
16:0	26.48 ± 0.86^{ab}	24.76 ± 0.10^{bc}	24.90 ± 0.47^{c}	25.04 ± 0.34^{ab}	24.60 ± 0.34^{b}	26.16 ± 1.13^{a}	26.19 ± 0.67^{a}
18:0	5.01 ± 0.36^{a}	3.91 ± 0.09^{b}	3.70 ± 0.11^{b}	4.21 ± 0.38^{b}	4.18 ± 0.46^{b}	4.97 ± 0.33^{ab}	5.06 ± 0.08^{a}
16:1n-7	6.80 ± 0.91	7.37 ± 0.13	6.82 ± 0.42	6.91 ± 0.51	6.73 ± 0.44	7.28 ± 0.29	6.99 ± 0.13
18:1n-9	22.04 ± 0.83^{d}	38.64 ± 0.37^{a}	39.13 ± 1.12^{a}	34.80 ± 1.14^{b}	34.00 ± 1.06^{b}	32.91 ± 1.11^{bc}	32.74 ± 0.17^{c}
18:2n-6	4.04 ± 1.58^{c}	10.73 ± 0.74^{a}	10.66 ± 0.99^{a}	10.04 ± 0.33^{a}	9.76 ± 0.32^{ab}	7.72 ± 0.72^{b}	6.41 ± 0.26^{b}
18:3n-6	0.22 ± 0.02^{d}	1.36 ± 0.04^{a}	1.13 ± 0.03^{ab}	1.25 ± 0.21^{ab}	1.06 ± 0.09^{b}	0.83 ± 0.07^{c}	0.78 ± 0.03^{c}
20:3n-6	0.20 ± 0.02^{f}	1.93 ± 0.04^{a}	1.42 ± 0.09^{b}	1.23 ± 0.06^{c}	1.04 ± 0.07^{d}	0.81 ± 0.06^{e}	0.80 ± 0.03^{e}
20:4n-6	1.73 ± 0.06^{a}	1.42 ± 0.11^{b}	1.48 ± 0.03^{b}	1.39 ± 0.17^{b}	1.40 ± 0.05^{b}	1.36 ± 0.08^{b}	1.31 ± 0.03^{b}
18:3n-3	0.87 ± 0.20^{e}	1.06 ± 0.09^{e}	2.46 ± 0.07^{d}	4.41 ± 0.10^{c}	5.99 ± 0.29^{b}	6.22 ± 0.48^{b}	7.06 ± 0.13^{a}
18:4n-3	1.07 ± 0.08^{a}	0.38 ± 0.02^{d}	0.58 ± 0.03^{c}	0.77 ± 0.06^{b}	0.98 ± 0.02^{a}	0.97 ± 0.08^{a}	0.97 ± 0.08^{a}
20:4n-3	0.14 ± 0.01^{c}	0.25 ± 0.01^{ab}	0.26 ± 0.01^{a}	0.27 ± 0.10^{ab}	0.28 ± 0.03^{a}	0.32 ± 0.05^{ab}	0.27 ± 0.15^{b}
20:5n-3	1.48 ± 0.01^{a}	0.31 ± 0.02^{e}	0.20 ± 0.02^{e}	0.45 ± 0.06^{d}	0.49 ± 0.03^{c}	0.72 ± 0.01^{b}	0.70 ± 0.03^{b}
22:5n-3	0.51 ± 0.02^{a}	0.56 ± 0.02^{c}	0.48 ± 0.08^{c}	0.81 ± 0.05^{c}	0.99 ± 0.07^{b}	0.92 ± 0.02^{bc}	0.94 ± 0.11^{b}
22:6n-3	15.32 ± 0.52^{a}	2.79 ± 0.37^{c}	3.63 ± 0.12^{c}	3.93 ± 0.16^{b}	4.94 ± 0.26^{b}	5.46 ± 0.30^{b}	4.45 ± 0.30^{b}
SFA	33.39 ± 1.36^{a}	31.17 ± 0.16^{a}	30.93 ± 0.40^{a}	31.51 ± 0.24^{a}	30.97 ± 0.49^{a}	33.50 ± 1.54^{a}	33.46 ± 0.79^{a}
MUFA	28.84 ± 0.65^{d}	46.01 ± 0.52^{a}	45.96 ± 1.41^{a}	41.72 ± 1.54^{ab}	40.73 ± 0.65^{ab}	40.20 ± 0.92^{bc}	39.72 ± 0.28^{c}
n-3 PUFA	19.39 ± 0.61^{a}	5.35 ± 0.43^{d}	7.61 ± 0.14^{d}	10.57 ± 0.46^{c}	13.67 ± 0.15^{bc}	14.61 ± 0.63^{b}	14.39 ± 0.36^{b}
n-6 PUFA	6.19 ± 1.46^{c}	15.44 ± 0.62^{a}	14.79 ± 1.06^{ab}	13.91 ± 0.47^{b}	13.37 ± 0.39^{b}	10.72 ± 0.92^{c}	9.32 ± 0.32^{c}
n-3 LC-PUFA	17.45 ± 1.03^{a}	3.91 ± 0.01^{d}	4.57 ± 0.05^{cd}	5.38 ± 0.03^{c}	6.70 ± 0.04^{b}	7.42 ± 0.07^{b}	6.37 ± 0.06^{b}
n-6 LC-PUFA	1.93 ± 0.03^{c}	3.35 ± 0.04^{a}	2.90 ± 0.03^{ab}	2.62 ± 0.02^{ab}	2.44 ± 0.02^{b}	2.17 ± 0.03^{bc}	2.11 ± 0.02^{bc}

注：数据为平均值±标准误（$n=3$）。同行中，无相同上标字母者表示相互间差异显著（$P<0.05$）。

（三）饲料α-亚麻酸/亚油酸比对肝脏中LC-PUFA合成关键酶基因表达的影响

黄斑蓝子鱼 LC-PUFA 合成代谢途径中的关键酶基因（Δ6Δ5 *fads2* 和Δ4 *fads2*、*elovl5*）的 mRNA 表达水平受饲料 ALA/LA 比影响（图 4-7）。其中，D2～D7 组鱼肝脏的三种关键酶基因的 mRNA 表达量均显著高于 D1 组，且 D6 组的Δ6Δ5 *fads2*、*elovl5* mRNA 表达水平在所有植物油饲料组中最高。这与 D6 组鱼的 LC-PUFA 合成能力最强的结果一致。

（四）总结

黄斑蓝子鱼是第一种被发现具有将 ALA 和 LA 转化为 LC-PUFA 的海水硬骨鱼，富含 ALA 或 LA 但缺乏 LC-PUFA 的植物油（VO）可作为其配合饲料的脂肪源。在本研究中，用 6 种不同 ALA/LA 比的配合饲料（D2～D7）养殖黄斑蓝子鱼的结果显示，摄食 D3 或 D5～D7 组鱼的生长性能与 D1 鱼油对照组一样好；D5～D7 组鱼的肝脏和肌肉的 n-3 LC-PUFA 含量最高，且 ALA/LA 比为 1.93 的 D6 组鱼肝脏的 LC-PUFA 合成关键酶基因的 mRNA 表达水平最高。结果表明，从生长性能和 LC-PUFA 合成能力来看，黄斑蓝子鱼配合饲料中，ALA/LA 的适宜比为 1.93 左右（Xie et al.，2018）。

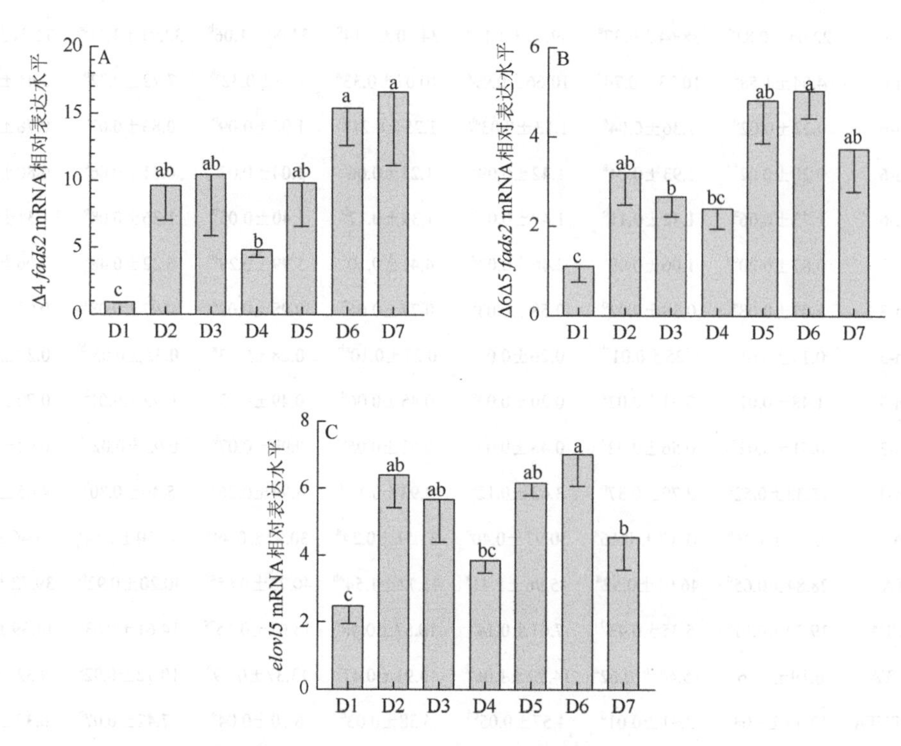

图 4-7　各饲料投喂组鱼肝脏中 LC-PUFA 合成关键酶基因 mRNA 表达水平（$n=9$）

五、黄斑蓝子鱼在早期发育阶段的 LC-PUFA 合成代谢变化规律

鱼类的早期发育阶段包括胚胎期（受精至鱼苗孵化前）、卵黄囊仔鱼期（鱼苗孵化至第一次开口摄食前）和外源性摄食期。LC-PUFA 是鱼类胚胎和仔鱼发育所必需的营养素，主要用于细胞分裂、器官发生，同时是能量来源。例如，大量 LC-PUFA，尤其是 DHA，被特别地积累起来用于构建组织器官细胞膜的基本成分——磷脂，尤其是神经和视觉系统发育所需大量的磷脂（Mourente et al.，1999；Sargent et al.，2002；Tocher，2010）。因为仔鱼是靠视觉来捕获食物的，故仔鱼的头部/眼睛构成了有效捕获猎物的主要身体部分（Morais et al.，2012）。同时，海水鱼类普遍被认为内源合成 LC-PUFA 的能力缺乏或不足（Sargent et al.，2002；Seiliez et al.，2003）。因此，海水鱼类常常需要通过活饵营养强化来提供足够的 LC-PUFA，以提高其浮游幼体的存活率及生长和发育速度。鱼类从受精后到第一次开口摄食前，这段早期发育阶段是一个非常关键的时期，伴随着快速生长和广泛的器官生成，这些完全依赖于内源性营养。探讨海水鱼类此阶段对 LC-PUFA 的需

求，可为亲鱼培育的营养强化及仔鱼的活饵强化工作提供参考。我们的前期研究工作发现，植食性海水鱼类黄斑蓝子鱼具有将α-亚麻酸和亚油酸转化合成LC-PUFA的能力（Li et al.，2008；Xie et al.，2015），但尚不清楚黄斑蓝子鱼体内的LC-PUFA合成能力在什么时候启动，以及其在早期发育阶段的必需脂肪酸需求情况。为此，本研究探讨黄斑蓝子鱼在早期发育阶段的LC-PUFA合成代谢变化规律，以期为亲鱼和仔鱼的营养强化工作提供参考。

（一）黄斑蓝子鱼受精卵在胚胎发育各阶段的脂肪酸组成

黄斑蓝子鱼的受精卵在适宜水温下，受精后22 h就可以孵出卵黄囊仔鱼，后者经过约2 d时间就可以开口摄食（Bagarinao，1986；Hara et al.，1986）。本书采集了从受精后到开口摄食前各发育阶段的受精卵及仔鱼样品、未受精卵样品，对其脂肪酸组成进行检测的结果见表4-16。结果显示，在胚胎发育过程中，16:0、18:1n-9及DHA的占比最高，分别占总脂肪酸的比例约为27%、18%、30%；胚胎的总SFA占比变化较小，呈现先升后降的趋势，在受精后21 h（21 hours post-fertilization，21hpf）比8hpf高，与16:0和18:0占比的变化趋势相类似；MUFA的占比呈升高趋势，同时伴随16:1n-7和18:1n-9占比的增加及22:1n-11的减少；DHA占比呈降低趋势，从8hpf的30.89%持续下降到21hpf的29.25%；PUFA占比和n-3/n-6 PUFA比例也在持续降低。总体来说，黄斑蓝子鱼受精卵在各发育时期的脂肪酸组成的结果表明，母源DHA可能是发育过程被消耗利用的主要脂肪酸。

（二）黄斑蓝子鱼胚胎和卵黄囊仔鱼各阶段LC-PUFA合成关键酶基因的表达情况

黄斑蓝子鱼各发育阶段受精卵和卵黄囊仔鱼的LC-PUFA合成关键酶基因的mRNA表达水平结果见图4-8。结果显示，Δ6Δ5 *fads2*和*elovl4*的mRNA表达水平从卵黄囊仔鱼刚孵出时（0 days post-hatching，0dph）开始升高，而此时*elovl5*的mRNA表达水平还很低；所有LC-PUFA合成关键酶基因的表达水平在开口摄食时（3～4 dph）开始大幅度升高，表明其内源LC-PUFA合成系统在开口摄食后开始启动，其在卵黄囊仔鱼阶段可能存在从EPA到DHA的部分合成能力。

表4-16　不同发育阶段黄斑蓝子鱼受精卵脂肪酸组成　（单位：%总脂肪酸）

主要脂肪酸	未受精卵	各阶段受精卵				
		8hpf[①]	11hpf	14hpf	18hpf	21hpf
16:0	27.82	27.20	27.27	27.49	27.44	27.33
18:0	4.92	5.39	5.67	5.68	5.62	5.48
SFA	35.76	35.31	35.75	36.07	35.93	35.72

续表

主要脂肪酸	未受精卵	各阶段受精卵				
		8hpf①	11hpf	14hpf	18hpf	21hpf
16:1n-7	10.13	8.17	8.28	8.32	8.39	8.65
18:1n-9	18.57	18.31	18.52	18.52	18.66	19.18
22:1n-11	2.82	2.60	2.51	2.49	2.49	2.43
MUFA	31.85	29.22	29.48	29.49	29.72	30.43
18:2n-6	0.88	0.74	0.77	0.80	0.79	0.79
18:3n-6	0	0.18	0.19	0.19	0.20	0.20
20:2n-6	0.07	0.08	0.08	0.08	0.08	0.08
20:3n-6	0.01	0.03	0.06	0.07	0.06	0.05
20:4n-6	0.06	0.02	0.03	0.03	0.03	0.03
n-6 PUFA	4.55	3.58	3.65	3.66	3.65	3.62
18:3n-3	0.10	0.13	0.13	0.14	0.14	0.14
20:3n-3	0.02	0.02	0.03	0.03	0.03	0.03
20:5n-3	0.35	0.13	0.10	0.15	0.12	0.11
22:5n-3	0.72	0.70	0.72	0.72	0.71	0.71
22:6n-3	26.66	30.89	30.14	29.75	29.70	29.25
n-3 PUFA	27.85	31.87	31.13	30.79	30.70	30.23
PUFA	32.40	35.45	34.78	34.45	34.35	33.85
n-3/n-6 PUFA	6.13	8.90	8.53	8.41	8.41	8.35

注：①hpf：hours post-fertilization，受精后小时数。

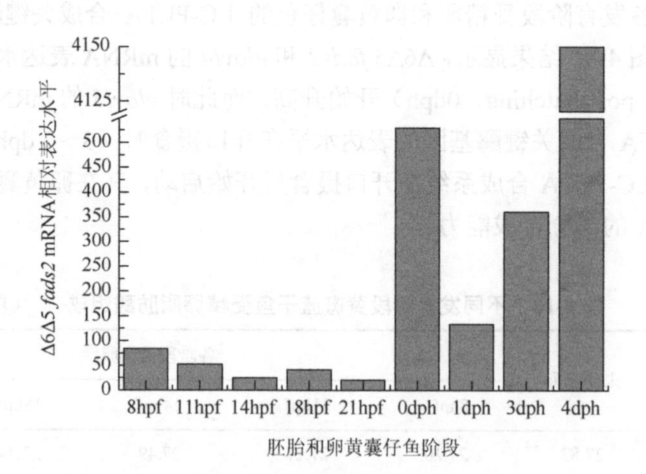

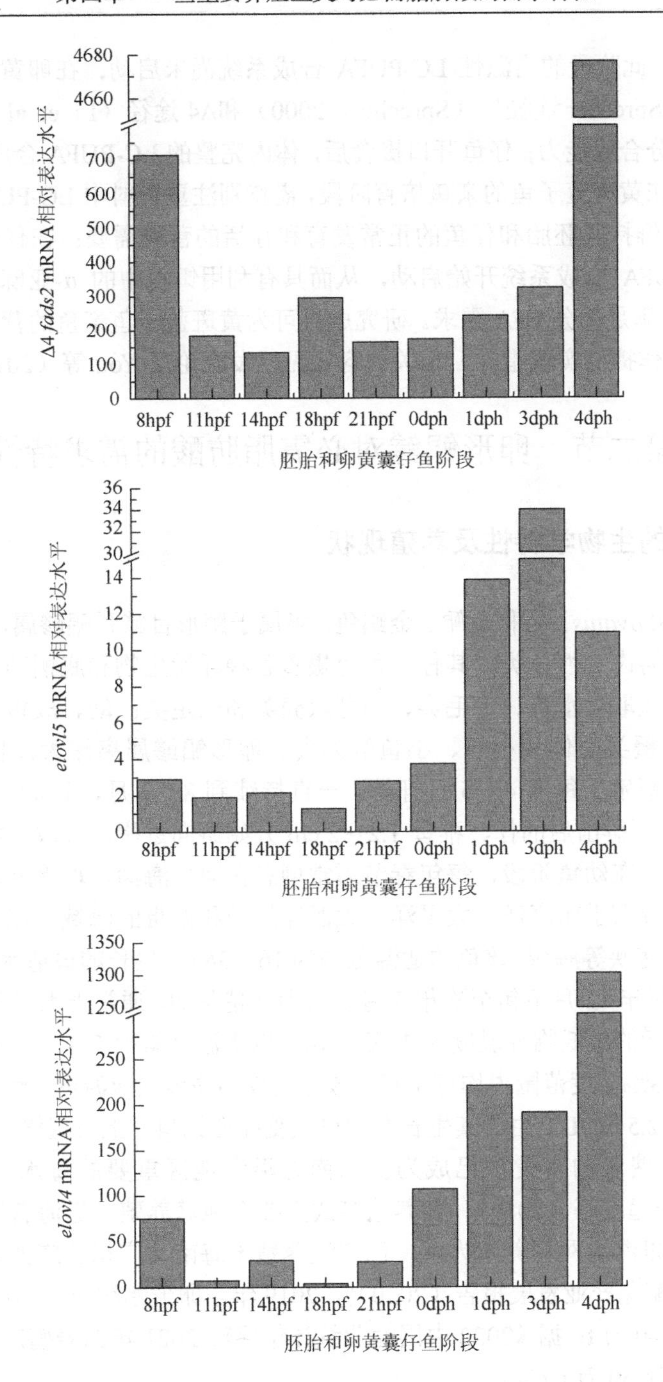

图 4-8 黄斑蓝子鱼 LC-PUFA 合成关键酶基因的时序表达

hpf:hours post-fertilization，受精后小时数；dph:days post-hatching，孵化后天数。

（三）总结

上述研究结果表明，黄斑蓝子鱼在受精卵及早期胚胎发育阶段可能主要依靠母源

DHA 提供能量，此阶段的内源性 LC-PUFA 合成系统尚未启动；在卵黄囊仔鱼阶段可能同时存在通过“Sprecher 途径”（Sprecher，2000）和Δ4 途径（Li et al.，2010）从 EPA 合成 DHA 的部分合成能力；仔鱼开口摄食后，体内完整的 LC-PUFA 合成系统开始启动。这些结果提示，在黄斑蓝子鱼的亲鱼培育阶段，需特别注重饵料中 LC-PUFA 尤其是 DHA 的营养强化，以维持其胚胎和仔鱼的正常发育和存活的营养需要；在仔鱼开口摄食后，其体内的 LC-PUFA 合成系统开始启动，从而具有利用饵料中的 α-亚麻酸和亚油酸合成 LC-PUFA 能力，满足部分 EFA 需求。研究成果可为黄斑蓝子鱼亲鱼的营养强化培育及仔鱼的活饵强化工作提供实践指导，相关内容详见已发表论文 You 等（2017）。

第二节　卵形鲳鲹对必需脂肪酸的需求特性

一、卵形鲳鲹的生物学特性及养殖现状

卵形鲳鲹（*T. ovatus*）俗称金鲳、金鲳鱼，隶属于鲈形目鲹科鲳鲹属，是一种广盐性、暖水性中上层洄游肉食性鱼类。其仔、稚鱼摄食各种浮游生物和底栖动物，以桡足类幼体为主；稚、幼鱼取食水蚤、多毛类、小型双壳类和端足类；幼、成鱼以端足类、双壳类、软体动物、蟹类幼体和小虾、小鱼等为食。卵形鲳鲹属离岸大洋性产卵鱼类，在广东地区，人工繁殖于每年 4～5 月开始，一直持续到 8～9 月，个体怀卵量为 40 万～60 万粒。天然海区孵出后的仔、稚鱼 1.2～2 cm 开始游向近岸，长成 13～15 cm 的幼鱼又游向离岸海区。在幼鱼阶段，每年春节后常栖息在河口海湾，群聚性较强，成鱼时向外海深水移动。分布于印度洋、太平洋、大西洋热带和温带的海域，在我国主要分布于南海、东海、台湾海峡等海域。该鱼的适温范围为 16～36℃，生长的最适水温为 22～28℃；耐低温能力差，每年 12 月下旬至次年 3 月上旬为其越冬期。通常当水温下降至 16℃以下时停止摄食，存活的最低临界温度为 14℃，14℃以下温度累积 2 d 出现死亡。其适盐范围广，在 3‰～33‰盐度范围内均可生存。该鱼昼夜不停地快速游泳，耐低氧能力差，最低临界溶解氧为 2.5 mg/L。由于其生长全程可接受配合饲料，上市规格适中且价格实惠，广受养殖户和消费者的喜爱，已成为我国南方沿海地区重要的海水鱼养殖品种之一（FAO，2016；李远友等，2019）。其养殖模式主要有池塘养殖、近海普通网箱养殖和深水网箱养殖，且以深水网箱养殖为主，已广泛养殖于海南、广东、广西、福建等沿海地区。据《中国金鲳鱼产业发展报告（2020）》，2019 年，卵形鲳鲹年养殖产量达 16.8 万 t，饲料年销售量近 40 万 t；据《2022 中国渔业统计年鉴》，2021 年的养殖产量为 24.39 万 t，饲料年销售量估计 50 万 t 左右。

二、卵形鲳鲹的 LC-PUFA 合成能力及 EFA 确定

本书第一章中有关鱼类的脂肪酸需求特性中提到，绝大部分海水鱼类，特别是肉食性海水鱼类的 LC-PUFA 合成能力缺乏或很弱，故其配合饲料中需要添加富含 LC-PUFA 的鱼油，才能满足其正常生理功能对 EFA 的需要。作为肉食性海水鱼类的卵形鲳鲹，其

LC-PUFA 合成能力和 EFA 需求特性如何，之前未见相关的严谨研究报道。考虑到卵形鲳鲹对脂肪的适宜需求水平为 6.5%～12%（李远友等，2019），饲料年销售量高达 50 万 t 左右，每年需要消耗的鱼油量是相当大的。在全球鱼油资源有限且价格持续高涨的情况下，研究清楚卵形鲳鲹的 LC-PUFA 合成能力和 EFA 需求特性，不仅可为其配合饲料中的鱼油添加提供依据，而且对于节约鱼油资源、降低饲料成本、促进卵形鲳鲹养殖业的健康发展等具有重要现实意义。

为此，本书以大豆油（富含 LA）和亚麻籽油（富含 ALA）为脂肪源，以酪蛋白和发酵豆粕为主要蛋白源，配制 6 种 ALA/LA 比分别为 0.0、0.5、1.0、1.5、2.0、2.5 且不含 LC-PUFA 的等氮（50%）等脂（12%）配合饲料（D1～D6），同时以鱼油为脂肪源的饲料（D0）为对照。饲料配方和常规营养成分见表 4-17，饲料的脂肪酸组成见表 4-18。利用以上 7 种饲料将卵形鲳鲹幼鱼（8.32g±0.07g）在近海网箱中开展 8 周养殖试验后，对各饲料投喂组鱼的生长性能，肝脏、肠、脑、眼的脂肪酸组成及其 LC-PUFA 合成关键酶基因的 mRNA 表达水平进行比较，探讨其 LC-PUFA 合成能力及 EFA 需求特性。主要研究内容及取得的主要结果如下。

表 4-17　试验饲料配方及常规营养成分　（单位：%）

项目		D0	D1	D2	D3	D4	D5	D6
组分	蛋白质①	62.00	62.00	62.00	62.00	62.00	62.00	62.00
	淀粉②	14.00	14.00	14.00	14.00	14.00	14.00	14.00
	鱼油	9.00	—	—	—	—	—	—
	大豆油	—	9.00	6.44	4.19	1.75	0.45	—
	亚麻籽油	—	—	25.6	48.1	72.5	85.5	90.0
	大豆卵磷脂	2.00	2.00	2.00	2.00	2.00	2.00	2.00
	微量成分预混料③	13	13	13	13	13	13	13
常规营养成分	水分	14.2	13.7	13.6	14.0	13.7	14.3	14.1
	粗蛋白质	50.2	50.7	50.9	50.3	50.0	51.0	50.5
	粗脂肪	12.0	12.4	12.2	12.2	12.7	12.5	12.6
	粗灰分	4.6	4.7	4.7	4.6	4.6	5.1	5.0

注：①包含酪蛋白和发酵豆粕。②淀粉：包含木薯淀粉和 α 淀粉。③包含复合维生素、复合矿物质、氯化胆碱、赖氨酸、磷酸二氢钙、叶黄素、羧甲基纤维素。"—"表示"无"。

表 4-18　试验饲料脂肪酸组成　（单位：%总脂肪酸）

主要脂肪酸	D0	D1	D2	D3	D4	D5	D6
14:0	5.56	0.65	0.65	0.67	0.64	0.66	0.66
16:0	21.83	12.31	11.25	10.26	9.27	8.70	8.50
18:0	5.42	4.97	4.74	4.69	4.63	4.61	4.57
22:0	1.55	—	—	—	—	—	—

续表

主要脂肪酸	D0	D1	D2	D3	D4	D5	D6
16:1n-7	4.96	0.24	0.43	0.30	0.24	0.21	0.21
18:1n-9	19.43	20.50	19.75	19.04	18.24	17.77	17.47
18:2n-6（LA）	12.36	50.55	43.00	34.88	27.11	23.33	20.63
18:3n-6	0.35	—	—	—	—	—	—
20:3n-6	0.43	—	—	—	—	—	—
20:4n-6（ARA）	2.31	—	—	—	—	—	—
18:3n-3（ALA）	6.80	6.99	17.22	26.82	36.99	43.06	45.35
18:4n-3	0.31	—	—	—	—	—	—
20:4n-3	0.33	—	—	—	—	—	—
20:5n-3（EPA）	7.88	—	—	—	—	—	—
22:6n-3（DHA）	9.17	—	—	—	—	—	—
SFA	34.35	17.95	16.64	15.62	14.54	13.97	13.73
MUFA	26.60	21.23	20.56	19.66	18.70	18.17	17.87
n-3 PUFA	24.07	7.45	17.53	27.13	37.26	43.30	45.57
n-6 PUFA	15.08	50.55	43.00	34.88	27.11	22.33	20.63
n-3/n-6 PUFA	1.60	0.15	0.40	0.78	1.37	1.94	2.21
ALA/LA	0.55	0.14	0.40	0.77	1.36	1.92	2.20

注：“—”表示未检出。

（一）不同饲料投喂组鱼生长性能的比较

养殖8周后，各饲料投喂组鱼的生长性能相关指标见表4-19。结果显示，除D0鱼油饲料组鱼的成活率为100%外，饲料中缺乏EPA和DHA的D1～D6组鱼的成活率只有66%～92%，且其特定生长率显著低于D0组，而饲料系数和肝体比显著高于D0组（$P<0.05$），说明卵形鲳鲹的LC-PUFA合成能力缺乏或很弱，导致其EFA不足而影响生长和成活率，加重肝脏的脂肪沉积。

表4-19 不同饲料投喂组鱼的生长性能和全鱼常规营养组成

	项目	D0	D1（0.0）	D2（0.5）	D3（1.0）	D4（1.5）	D5（2.0）	D6（2.5）
生长指标	初始体重/g	8.40±0.00	8.27±0.07	8.27±0.07	8.27±0.07	8.27±0.07	8.40±0.00	8.40±0.00
	终末体重/g	46.57±3.19[b]	29.69±1.32[a]	30.65±1.10[a]	30.27±2.77[a]	32.78±0.75[a]	31.35±1.28[a]	31.12±0.94[a]
	特定生长率/(%/d)	3.05±0.12[b]	2.28±0.04[a]	2.33±0.09[a]	2.30±0.17[a]	2.46±0.05[a]	2.35±0.07[a]	2.34±0.05[a]
	饲料系数	1.19±0.09[a]	2.18±0.14[b]	2.41±0.10[b]	2.54±0.22[b]	2.11±0.07[b]	2.09±0.19[b]	2.08±0.05[b]
	肝体比/%	1.81±0.14[a]	4.28±0.31[bc]	4.77±0.21[c]	3.94±0.41[bc]	3.52±0.16[bc]	3.37±0.20[b]	3.64±0.18[bc]
	成活率/%	100.00	89.33	66.00	70.67	73.33	92.00	92.00

续表

项目		D0	D1（0.0）	D2（0.5）	D3（1.0）	D4（1.5）	D5（2.0）	D6（2.5）
常规营养成分/%干重	水分	67.96±1.07[a]	72.75±0.60[b]	68.83±1.68[ab]	70.44±1.23[ab]	71.31±0.47[ab]	69.67±0.45[ab]	70.21±0.85[ab]
	粗脂肪	34.07±1.29	27.01±0.26	30.84±3.03	32.97±1.73	28.88±1.77	30.38±1.47	29.64±2.22
	粗蛋白质	53.56±1.70	54.77±0.92	51.76±0.60	52.25±0.68	53.62±0.98	55.47±0.57	54.82±0.85
	粗灰分	11.36±0.08	11.97±0.53	12.00±0.42	11.62±0.72	11.95±0.10	12.71±0.04	12.68±0.20

注：数据为平均值±标准误（$n=3$）。同行中，无相同上标字母者表示相互间差异显著（$P<0.05$）。

（二）不同饲料投喂组鱼组织的脂肪酸组成比较

养殖8周后，各饲料投喂组鱼的肝脏、肌肉、脑和眼组织中的脂肪酸组成见表4-20至表4-23。整体上，各组织中的脂肪酸组成在很大程度上反映了饲料的脂肪酸组成，D1～D6组的ALA/LA比值呈现上升趋势，且由于没有添加鱼油，EPA、DHA和ARA等LC-PUFA显著低于对照组（D0组）。此外，脂肪酸组成的两个特点是：①在四种组织中，D1～D6组的20:4n-3水平逐渐升高，而20:3n-6的变化趋势相反，它们分别与饲料的ALA和LA水平的变化趋势一致。在LC-PUFA合成通路中，ALA和LA可依次在Δ6 Fads2和Elovl5的作用下转化为20:4n-3和20:3n-6，该结果说明卵形鲳鲹具有Δ6 Fads2和Elovl5活性。而EPA和ARA水平在四种组织中均显著低于对照组，且D1～D6组间无差异，说明卵形鲳鲹缺乏生成EPA和ARA的关键酶活性，即缺乏Δ5 Fads2活性。②尽管D1～D6组鱼四种组织中的DHA水平均显著低于D0对照组，但是，脑和眼中DHA含量都比较高，显著高于其他组织，且DHA/EPA比甚至高于D0组。说明卵形鲳鲹的脑和眼具有较强的DHA积累和保留能力，或具有一定的将EPA转化为DHA的能力，以维持脑和眼生理功能对DHA的较高需求。上述结果表明：卵形鲳鲹缺乏LC-PUFA合成能力或该能力很弱，主要原因是缺乏Δ5 Fads2活性。脑和眼中可能存在Elovl4活性，补偿Elovl2缺失造成的C20→C24延长酶活性低下，因而可能具有将EPA转化为DHA的能力。

表4-20　不同饲料投喂组鱼肝脏的脂肪酸组成　（单位：%总脂肪酸）

主要脂肪酸	D0	D1	D2	D3	D4	D5	D6
14:0	1.61±0.10[b]	1.05±0.02[a]	0.92±0.04[a]	1.05±0.06[a]	1.02±0.04[a]	1.04±0.04[a]	1.05±0.05[a]
16:0	25.07±0.52[d]	19.96±0.42[bc]	16.95±0.60[a]	18.72±0.21[ab]	20.77±0.20[c]	18.49±0.44[ab]	21.58±0.39[c]
18:0	7.28±0.34[b]	4.51±0.05[a]	4.46±0.17[a]	4.32±0.22[a]	4.96±0.15[a]	4.37±0.16[a]	4.33±0.30[a]
SFA	34.97±0.72[d]	26.07±0.44[bc]	23.05±0.77[a]	24.94±0.41[ab]	27.65±0.22[c]	24.96±0.55[ab]	27.96±0.44[c]
16:1	3.37±0.09[b]	1.38±0.06[a]	1.34±0.03[a]	1.41±0.08[a]	1.48±0.10[a]	1.52±0.13[a]	1.56±0.10[a]
18:1	35.12±1.37[d]	33.06±0.88[cd]	27.88±0.19[a]	28.02±0.27[a]	31.22±0.17[bc]	29.93±0.29[ab]	33.79±0.32[cd]
MUFA	38.49±1.35[d]	34.44±0.92[bc]	29.22±0.21[a]	29.43±0.30[a]	32.70±0.24[bc]	31.45±0.39[ab]	35.36±0.36[cd]
18:3n-3	4.52±0.13[a]	4.26±0.04[a]	6.71±0.27[b]	8.83±0.22[c]	11.77±0.25[d]	15.51±0.32[f]	13.49±0.18[e]
18:4n-3	0.14±0.01[a]	0.31±0.02[b]	0.32±0.01[b]	0.31±0.00[b]	0.33±0.01[b]	0.33±0.01[b]	0.34±0.02[b]

续表

主要脂肪酸	D0	D1	D2	D3	D4	D5	D6
20:4n-3	0.92±0.20^{a}	1.67±0.04^{b}	2.50±0.07^{b}	3.56±0.09^{c}	5.04±0.14^{d}	6.24±0.20^{e}	6.39±0.34^{e}
20:5n-3	0.78±0.05^{b}	0.56±0.02^{a}	0.54±0.02^{a}	0.58±0.03^{a}	0.58±0.02^{a}	0.57±0.04^{a}	0.53±0.02^{a}
22:6n-3	5.04±0.16^{b}	0.29±0.01^{a}	0.40±0.01^{a}	0.50±0.01^{a}	0.43±0.02^{a}	0.49±0.03^{a}	0.41±0.02^{a}
n-3 PUFA	14.74±0.50^{c}	7.06±0.07^{a}	10.59±0.26^{b}	13.95±0.21^{c}	18.41±0.33^{d}	23.61±0.38^{f}	21.42±0.26^{e}
18:2n-6	6.62±0.17^{a}	25.42±1.17^{d}	29.60±0.72^{e}	24.47±0.33^{d}	15.94±0.19^{c}	15.10±0.37^{c}	10.98±0.32^{b}
18:3n-6	0.22±0.01^{a}	0.45±0.01^{b}	0.45±0.03^{b}	0.43±0.01^{b}	0.44±0.01^{b}	0.42±0.01^{b}	0.45±0.02^{b}
20:3n-6	1.09±0.02^{a}	4.18±0.11^{f}	3.32±0.14^{e}	2.71±0.11^{d}	1.90±0.05^{c}	1.75±0.08^{bc}	1.49±0.08^{b}
20:4n-6	0.45±0.09^{b}	0.11±0.00^{a}	0.12±0.00^{a}	0.12±0.00^{a}	0.14±0.00^{a}	0.12±0.00^{a}	0.11±0.00^{a}
n-6 PUFA	8.16±0.17^{a}	29.71±1.27^{d}	33.04±0.71^{e}	27.31±0.30^{d}	17.98±0.20^{c}	16.97±0.39^{c}	12.59±0.30^{b}
PUFA	22.90±0.61^{a}	36.77±1.28^{b}	43.67±0.87^{c}	41.26±0.38^{c}	36.39±0.26^{b}	40.59±0.74^{c}	34.01±0.48^{b}
n-3/n-6 PUFA	1.81	0.24	0.32	0.51	1.02	1.39	1.70
ALA/LA	0.68	0.17	0.23	0.36	0.74	1.08	1.23
DHA/EPA	6.46±0.18^{c}	0.52±0.03^{a}	0.74±0.05^{ab}	0.86±0.05^{b}	0.74±0.03^{ab}	0.86±0.07^{b}	0.77±0.02^{ab}

注：数据为平均值±标准误（$n=3$）。同行中，无相同上标字母者表示相互间差异显著（$P<0.05$）。

表 4-21 不同饲料投喂组鱼肌肉的脂肪酸组成 （单位：%总脂肪酸）

主要脂肪酸	D0	D1	D0	D3	D0	D5	D0
14:0	4.51±0.05^{b}	1.12±0.02^{a}	1.12±0.01^{a}	1.14±0.04^{a}	1.11±0.03^{a}	1.07±0.04^{a}	1.19±0.04^{a}
16:0	22.78±0.14^{c}	16.92±0.32^{b}	16.34±0.59^{ab}	15.99±0.34^{ab}	15.04±0.34^{a}	15.25±0.35^{a}	15.84±0.46^{ab}
18:0	5.73±0.07^{b}	4.49±0.08^{a}	4.40±0.08^{a}	4.45±0.10^{a}	4.45±0.19^{a}	4.29±0.10^{a}	4.18±0.11^{a}
SFA	33.33±0.14^{d}	24.07±0.35^{c}	23.39±0.62^{bc}	23.01±0.26^{abc}	22.14±0.23^{ab}	21.60±0.38^{a}	22.19±0.97^{ab}
16:1	4.99±0.05^{b}	1.15±0.06^{a}	1.15±0.06^{a}	1.51±0.05^{a}	1.13±0.07^{a}	1.16±0.07^{a}	1.33±0.07^{a}
18:1	26.05±0.33	23.56±0.52	23.36±0.82	22.47±0.63	22.38±0.62	22.10±0.59	22.69±0.55
MUFA	31.54±0.37^{b}	25.04±0.56^{ab}	24.10±0.63^{a}	23.88±0.68^{a}	24.29±0.49^{a}	23.43±0.63^{a}	24.22±0.60^{a}
18:3n-3	5.44±0.06^{a}	4.53±0.10^{a}	8.96±0.43^{b}	14.01±0.76^{c}	18.90±0.27^{d}	23.99±0.88^{e}	24.20±1.02^{e}
18:4n-3	0.27±0.02^{a}	0.46±0.01^{b}	0.45±0.01^{b}	0.46±0.01^{b}	0.47±0.01^{bc}	0.50±0.03^{c}	0.47±0.01^{bc}
20:4n-3	1.14±0.02^{a}	0.92±0.02^{a}	1.38±0.24^{a}	2.74±0.08^{b}	3.59±0.06^{c}	4.31±0.21^{d}	4.51±0.19^{d}
20:5n-3	3.09±0.03^{c}	0.31±0.02^{a}	0.31±0.02^{a}	0.42±0.04^{ab}	0.45±0.02^{b}	0.35±0.03^{ab}	0.39±0.03^{ab}
22:6n-3	10.72±0.20^{b}	1.32±0.11^{a}	1.35±0.14^{a}	1.76±0.18^{a}	1.86±0.13^{a}	1.38±0.06^{a}	1.43±0.16^{a}
n-3 PUFA	22.39±0.27^{c}	7.08±0.09^{a}	12.67±0.11^{b}	18.93±0.23^{c}	24.81±0.23^{d}	30.03±0.44^{e}	30.54±0.44^{e}
18:2n-6	10.11±0.08^{a}	34.92±0.61^{e}	33.62±1.19^{e}	26.52±0.48^{d}	21.82±0.32^{c}	18.53±0.27^{b}	16.79±0.45^{b}
18:3n-6	0.18±0.02^{a}	0.40±0.02^{b}	0.41±0.02^{b}	0.42±0.01^{bc}	0.42±0.01^{bc}	0.45±0.03^{c}	0.43±0.02^{bc}
20:3n-6	0.98±0.01^{a}	3.25±0.15^{d}	2.93±0.20^{d}	2.07±0.25^{c}	1.63±0.04^{b}	1.23±0.06^{ab}	1.13±0.06^{a}

续表

主要脂肪酸	D0	D1	D0	D3	D0	D5	D0
20:4n-6	0.62±0.02^{b}	0.21±0.02^{a}	0.19±0.01^{a}	0.22±0.02^{a}	0.25±0.02^{a}	0.19±0.02^{a}	0.20±0.01^{a}
n-6 PUFA	11.71±0.10^{a}	38.70±0.64^{f}	35.95±0.82^{e}	29.11±0.49^{d}	23.96±0.38^{c}	20.02±0.31^{b}	18.16±0.48^{b}
PUFA	32.1±0.27^{a}	45.78±0.61^{b}	48.02±0.82^{bc}	48.04±0.59^{bc}	48.77±0.47^{c}	50.05±0.72^{c}	48.70±0.81^{c}
n-3/n-6 PUFA	1.53	0.18	0.38	0.65	1.03	1.5	1.68
ALA/LA	0.54	0.13	0.27	0.53	0.87	1.29	1.44
DHA/EPA	3.47±0.05	4.26±0.18	4.35±0.25	4.19±0.20	4.13±0.28	3.94±0.15	3.67±0.27

注：数据为平均值±标准误（$n=3$）。同行中，无相同上标字母者表示相互间差异显著（$P<0.05$）。

表 4-22 不同饲料投喂组鱼脑的脂肪酸组成 （单位：%总脂肪酸）

主要脂肪酸	D0	D1	D2	D3	D4	D5	D6
14:0	0.97±0.14^{b}	0.44±0.02^{a}	0.46±0.08^{a}	0.51±0.03^{a}	0.44±0.03^{a}	0.40±0.02^{a}	0.48±0.03^{a}
16:0	18.55±0.40^{b}	16.69±0.64^{a}	16.03±0.10^{a}	16.39±0.12^{a}	16.15±0.19^{a}	16.11±0.05^{a}	16.54±0.32^{a}
18:0	12.97±0.44^{b}	11.85±0.22^{ab}	11.43±0.61^{ab}	11.15±0.23^{a}	11.95±0.23^{ab}	12.57±0.40^{ab}	12.44±0.40^{ab}
SFA	32.84±0.30^{b}	29.53±0.77^{a}	28.44±0.52^{a}	28.54±0.30^{a}	29.06±0.27^{a}	29.54±0.43^{a}	29.85±0.50^{a}
16:1	2.20±0.16^{b}	1.36±0.04^{a}	1.30±0.03^{a}	1.37±0.03^{a}	1.45±0.04^{a}	1.41±0.03^{a}	1.46±0.06^{a}
18:1	21.68±0.38^{a}	22.76±0.17^{ab}	22.57±0.13^{ab}	22.54±0.26^{ab}	22.96±0.30^{b}	22.93±0.33^{ab}	23.29±0.29^{b}
MUFA	27.93±0.43	28.58±0.39	28.35±0.46	27.70±0.40	28.80±0.50	29.35±0.59	29.58±0.40
18:3n-3	1.47±0.16^{a}	1.84±0.23^{a}	3.53±0.53^{ab}	5.72±0.38^{bc}	5.51±0.30^{bc}	6.91±0.84^{c}	7.00±0.68^{c}
18:4n-3	0.16±0.01^{a}	0.53±0.02^{b}	0.54±0.01^{b}	0.53±0.03^{b}	0.57±0.01^{b}	0.54±0.02^{b}	0.48±0.02^{b}
20:4n-3	0.45±0.04^{a}	0.85±0.06^{a}	1.49±0.04^{b}	2.02±0.03^{c}	2.25±0.10^{cd}	2.49±0.18^{d}	2.60±0.13^{d}
20:5n-3	3.83±0.03^{b}	1.98±0.10^{a}	1.92±0.19^{a}	1.69±0.05^{a}	2.02±0.10^{a}	1.80±0.14^{a}	1.68±0.08^{a}
22:6n-3	23.10±1.00^{b}	15.01±0.46^{a}	14.71±0.64^{a}	14.48±0.40^{a}	15.86±0.35^{a}	15.37±0.75^{a}	15.89±0.97^{a}
n-3 PUFA	31.30±0.78^{f}	20.59±0.35^{a}	22.65±0.43^{b}	24.87±0.20^{c}	26.75±0.21^{d}	27.70±0.54^{e}	28.26±0.33^{e}
18:2n-6	3.73±0.39^{a}	13.83±0.59^{c}	13.63±1.52^{c}	12.31±0.57^{c}	8.62±0.42^{b}	7.85±0.64^{b}	7.39±0.50^{b}
18:3n-6	0.16±0.01^{a}	0.40±0.02^{b}	0.43±0.03^{b}	0.46±0.03^{b}	0.41±0.01^{b}	0.41±0.02^{b}	0.37±0.01^{b}
20:3n-6	0.40±0.02^{a}	1.97±0.14^{d}	1.68±0.08^{cd}	1.52±0.10^{c}	1.05±0.23^{b}	0.90±0.06^{b}	0.79±0.04^{ab}
20:4n-6	2.46±0.11^{b}	0.91±0.03^{a}	1.01±0.03^{a}	0.97±0.04^{a}	1.12±0.02^{a}	1.12±0.08^{a}	1.10±0.03^{a}
n-6 PUFA	6.13±0.43^{a}	18.71±0.84^{c}	17.94±1.42^{c}	16.48±0.59^{c}	12.30±0.41^{b}	11.33±0.65^{b}	10.50±0.92^{b}
PUFA	37.43±0.39^{a}	39.30±0.76^{ab}	40.59±1.13^{ab}	41.36±0.6^{b}	39.05±0.52^{ab}	39.03±0.92^{ab}	38.76±0.27^{ab}
n-3/n-6 PUFA	5.11	1.10	1.26	1.51	2.17	2.44	2.69
ALA/LA	0.39	0.13	0.26	0.46	0.64	0.88	0.95
DHA/EPA	6.03±0.21^{a}	7.58±0.54^{ab}	7.66±0.29^{ab}	8.57±0.20^{b}	7.85±0.28^{ab}	8.54±0.52^{b}	9.46±0.77^{b}

注：数据为平均值±标准误（$n=3$）。同行中，无相同上标字母者表示相互间差异显著（$P<0.05$）。

表 4-23 不同饲料投喂组鱼眼的脂肪酸组成 （单位：%总脂肪酸）

主要脂肪酸	D0	D1	D2	D3	D4	D5	D6
14:0	3.06 ± 0.17^{b}	0.91 ± 0.04^{a}	0.99 ± 0.01^{a}	0.97 ± 0.08^{a}	0.92 ± 0.01^{a}	0.85 ± 0.05^{a}	0.94 ± 0.03^{a}
16:0	20.37 ± 0.32^{c}	16.04 ± 0.36^{b}	15.27 ± 0.12^{ab}	15.43 ± 0.24^{ab}	14.81 ± 0.56^{ab}	14.69 ± 0.20^{ab}	14.31 ± 0.19^{a}
18:0	6.67 ± 0.41	5.36 ± 0.25	5.18 ± 0.15	6.23 ± 0.87	5.64 ± 0.35	5.68 ± 0.70	6.01 ± 0.40
SFA	30.11 ± 0.10^{b}	22.31 ± 0.42^{a}	21.44 ± 0.17^{a}	22.63 ± 0.95^{a}	21.37 ± 0.90^{a}	21.22 ± 0.82^{a}	21.26 ± 0.49^{a}
16:1	4.06 ± 0.15^{b}	1.28 ± 0.07^{a}	1.28 ± 0.06^{a}	1.21 ± 0.07^{a}	1.18 ± 0.06^{a}	1.21 ± 0.11^{a}	1.41 ± 0.12^{a}
18:1	22.68 ± 0.54^{ab}	24.52 ± 0.71^{b}	23.30 ± 0.36^{ab}	21.96 ± 1.11^{ab}	22.38 ± 0.24^{ab}	22.95 ± 0.53^{ab}	21.68 ± 0.46^{a}
MUFA	27.37 ± 0.45^{b}	26.17 ± 0.80^{ab}	25.08 ± 0.41^{ab}	23.70 ± 1.19^{a}	24.22 ± 0.30^{a}	24.78 ± 0.43^{ab}	23.83 ± 0.58^{a}
18:3n-3	4.82 ± 0.39^{a}	5.12 ± 0.20^{a}	9.62 ± 0.18^{b}	13.90 ± 0.31^{c}	19.21 ± 0.83^{d}	22.77 ± 0.17^{e}	22.46 ± 0.19^{e}
18:4n-3	0.26 ± 0.01^{a}	0.45 ± 0.01^{b}	0.46 ± 0.00^{b}	0.45 ± 0.02^{b}	0.45 ± 0.02^{b}	0.46 ± 0.02^{b}	0.46 ± 0.01^{b}
20:4n-3	1.29 ± 0.10^{a}	1.36 ± 0.05^{a}	2.32 ± 0.10^{b}	3.03 ± 0.09^{b}	4.23 ± 0.34^{c}	4.09 ± 0.34^{c}	4.50 ± 0.19^{c}
20:5n-3	2.90 ± 0.21^{b}	0.43 ± 0.03^{a}	0.50 ± 0.05^{a}	0.46 ± 0.04^{a}	0.35 ± 0.05^{a}	0.52 ± 0.07^{a}	0.43 ± 0.04^{a}
22:6n-3	17.63 ± 1.53^{b}	4.41 ± 1.07^{a}	4.98 ± 0.45^{a}	6.08 ± 1.04^{a}	6.57 ± 0.73^{a}	4.61 ± 0.19^{a}	7.65 ± 0.28^{a}
n-3 PUFA	29.64 ± 0.79^{d}	11.69 ± 0.84^{a}	17.93 ± 0.33^{b}	24.05 ± 0.74^{c}	30.88 ± 0.42^{de}	32.47 ± 0.27^{e}	35.67 ± 0.31^{f}
18:2n-6	9.56 ± 0.38^{a}	34.85 ± 0.84^{f}	31.48 ± 0.39^{e}	25.67 ± 0.63^{d}	20.75 ± 0.79^{c}	19.00 ± 0.49^{bc}	16.63 ± 0.77^{b}
18:3n-6	0.22 ± 0.01^{a}	0.43 ± 0.00^{b}	0.42 ± 0.01^{b}	0.45 ± 0.04^{b}	0.45 ± 0.03^{b}	0.41 ± 0.02^{b}	0.44 ± 0.02^{b}
20:3n-6	0.97 ± 0.03^{a}	3.48 ± 0.18^{e}	2.64 ± 0.09^{d}	2.14 ± 0.09^{c}	1.57 ± 0.09^{b}	1.23 ± 0.08^{ab}	1.17 ± 0.04^{ab}
20:4n-6	1.27 ± 0.09^{b}	0.41 ± 0.05^{a}	0.36 ± 0.03^{a}	0.63 ± 0.12^{a}	0.41 ± 0.12^{a}	0.49 ± 0.11^{a}	0.65 ± 0.06^{a}
n-6 PUFA	12.89 ± 0.26^{a}	39.82 ± 0.92^{f}	35.55 ± 0.27^{e}	29.62 ± 0.39^{d}	23.53 ± 0.70^{c}	21.53 ± 0.42^{bc}	19.25 ± 0.76^{b}
PUFA	42.53 ± 0.53^{a}	51.51 ± 0.98^{b}	53.48 ± 0.43^{b}	53.67 ± 0.66^{b}	54.41 ± 1.01^{b}	54.00 ± 0.60^{b}	54.91 ± 0.53^{b}
n-3/n-6 PUFA	2.30	0.29	0.50	0.81	1.31	1.51	1.85
ALA/LA	0.50	0.15	0.31	0.54	0.93	1.20	1.35
DHA/EPA	6.08 ± 0.32^{a}	10.26 ± 1.23^{ab}	9.96 ± 0.48^{ab}	13.22 ± 1.57^{bc}	18.77 ± 0.39^{c}	12.71 ± 1.27^{bc}	17.79 ± 2.28^{bc}

注：数据为平均值±标准误（$n=3$）。同行中，无相同上标字母者表示相互间差异显著（$P<0.05$）。

（三）不同饲料投喂组鱼 LC-PUFA 合成关键酶基因 mRNA 表达水平的比较

养殖 8 周后，各饲料投喂组鱼的肝脏、脑和眼组织的 *fads2* 和 *elovl5* 基因的 mRNA 表达情况采用 qRT-PCR 进行分析，结果见图 4-9。结果显示，与 D0 组鱼相比，除 D1 组鱼的 *elovl5* 外，所考察的两个 LC-PUFA 合成关键酶基因的 mRNA 表达水平在 D1～D6 组鱼的脑中显著上调（$P<0.05$），肝脏中 *fads2* 基因的表达有随 ALA/LA 比值升高而上调的趋势，而 *elovl5* 基因的表达并不受该比值影响；尽管眼的脂肪酸组成变化暗示 ALA/LA 比值对 LC-PUFA 合成可能具有影响，但眼中的 *fads2* 和 *elovl5* 基因的表达水平在各组之间并无显著差异。上述结果表明，卵形鲳鲹的脑组织对 LC-PUFA 的缺乏非常敏感，当饲料中缺乏这些必需脂肪酸时，相关合成途径可能被激活。眼中的 LC-PUFA 合成关键酶基

因的表达情况与其脂肪酸组成变化不一致，暗示可能有其他关键酶参与 LC-PUFA 合成，比如 *elovl4* 通常在眼和脑等 DHA 高需求的组织中高表达，Elovl4 可能在调节眼 LC-PUFA 的合成中起关键作用。

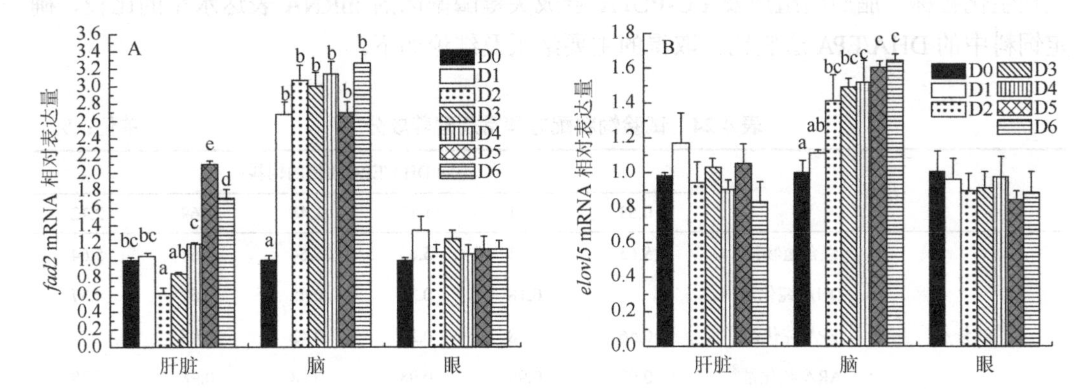

图 4-9　各饲料投喂组鱼肝脏、脑和眼组织 *fads2*（A）和 *elovl5*（B）mRNA 表达水平

数据均为平均值±标准误（$n=6$），同一组织中，柱上无相同字母标注者表示相互间差异显著（$P<0.05$）。

（四）总结

本研究的生长性能、组织脂肪酸组成及 LC-PUFA 合成关键酶基因表达水平的结果表明，卵形鲳鲹的 LC-PUFA 合成能力缺乏或很弱，故饲料中需要添加富含 LC-PUFA 的鱼油才能满足鱼体正常生理功能对 EFA 的需要。卵形鲳鲹 LC-PUFA 合成能力缺乏的主要原因是 Δ5 Fads2 活性缺乏。脑和眼中的 DHA 水平较高，一方面说明其具有较强的 DHA 积累和保留能力，另一方面也可能是其具有一定的将 EPA 转化为 DHA 的能力，这可能与 LC-PUFA 合成关键酶的组织分布以及 Elovl4 活性有关，这对于卵形鲳鲹维持相关组织对 DHA 的较高生理需求具有重要意义。相关内容详见已发表论文 Wang 等（2020）。

三、卵形鲳鲹饲料中的 DHA/EPA 适宜比及 n-3 LC-PUFA 适宜水平

在前一小节的研究结果表明，卵形鲳鲹的 LC-PUFA 合成能力缺乏或很弱，故其饲料中需要添加富含 LC-PUFA 的鱼油才能满足鱼体正常生理功能对 EFA，特别是 DHA 和 EPA 等 n-3 LC-PUFA 的需要。为了科学地利用有限的鱼油资源，研发卵形鲳鲹的高效配合饲料，有必要弄清该鱼配合饲料中的 DHA/EPA 适宜比及 n-3 LC-PUFA 适宜水平。

（一）卵形鲳鲹饲料中的 DHA/EPA 适宜比研究

饲料中的 DHA/EPA 比例可能会影响鱼体对此两种脂肪酸的内源和外源性需求，也会影响其利用效率。为了弄清卵形鲳鲹饲料中的 DHA/EPA 适宜比，我们根据前期工作基础，同时参考一般肉食性海水鱼类对 LC-PUFA 的需求特性，将饲料中 n-3 LC-PUFA（DHA + EPA）

总水平设定为1.2%，配制6个DHA/EPA比例梯度（实测值分别为0.53、0.81、1.17、1.48、1.69和2.12）的配合饲料，饲料配方及其脂肪酸组成分别见表4-24和表4-25。以其幼鱼（7.28 g±0.02 g）在近海网箱中开展70 d的养殖试验，通过不同饲料投喂组鱼生长性能、生理生化指标、脂肪酸组成及LC-PUFA合成关键酶基因的mRNA表达水平的比较，确定饲料中的DHA/EPA适宜比。取得的主要结果及结论如下。

表4-24 试验饲料配方和常规营养成分 （单位：%）

项目		不同DHA/EPA比例的饲料					
		0.53	0.81	1.17	1.48	1.69	2.12
组分	混合植物油①	5.65	5.65	5.65	5.64	5.64	5.64
	DHA纯化油②	—	0.18	0.34	0.45	0.52	0.57
	EPA纯化油③	0.56	0.38	0.22	0.12	0.05	—
	ARA纯化油④	0.98	0.98	0.98	0.98	0.98	0.98
	其他⑤	92.81	92.81	92.81	92.81	92.81	92.81
常规营养成分	水分	7.02	7.01	7.04	7.34	7.19	7.26
	粗蛋白质	46.53	46.45	46.55	46.74	46.82	47.79
	粗脂肪	12.65	12.39	12.44	12.56	12.5	12.43
	粗灰分	8.86	8.64	8.60	8.64	8.65	8.58

注：①由亚麻籽油、豆油等组成；②含83.15% DHA、4.89% EPA和8.96% SFA；③含7.37% DHA、82.67% EPA和7.96% SFA；④含50.99% ARA、20.56% SFA、15.32% MUFA、7.22% LA和3.84% ALA；⑤包括鱼粉、发酵豆粕、豆粕、木薯淀粉、大豆卵磷脂、氯化胆碱、磷酸二氢钙、叶黄素、复合维生素、复合矿物质、微晶纤维素。“—”表示“无”。

表4-25 试验饲料的脂肪酸组成 （单位：%总脂肪酸）

主要脂肪酸	不同DHA/EPA比例的饲料					
	0.53	0.81	1.17	1.48	1.69	2.12
16:0	21.28	21.26	21.40	21.66	21.46	21.50
18:0	4.76	4.79	4.76	4.88	4.79	4.96
16:1n-9	1.40	1.43	1.44	1.46	1.47	1.44
18:1n-9	23.16	22.71	22.52	22.62	22.04	22.42
20:1n-9	0.15	0.16	0.17	0.16	0.17	0.13
18:2n-6	23.82	23.61	23.37	23.30	23.06	23.65
18:3n-6	0.23	0.24	0.25	0.24	0.25	0.25
20:2n-6	0.51	0.48	0.47	0.46	0.44	0.42
20:4n-6	4.29	4.27	4.28	4.20	4.27	4.09
18:3n-3	3.04	3.07	3.07	3.07	3.05	3.08
20:3n-3	0.15	0.14	0.15	0.10	0.10	0.10
20:5n-3	6.42	5.31	4.52	3.88	3.53	2.89
22:6n-3	3.40	4.31	5.27	5.72	5.94	6.12
SFA	27.88	28.02	28.11	28.56	28.27	28.46

续表

主要脂肪酸	不同 DHA/EPA 比例的饲料					
	0.53	0.81	1.17	1.48	1.69	2.12
MUFA	24.71	24.30	24.13	24.24	23.69	23.99
PUFA	41.85	41.44	41.37	40.96	40.63	40.58
n-3 LC-PUFA	9.97	9.76	9.94	9.70	9.57	9.11
DHA/EPA	0.53	0.81	1.17	1.48	1.69	2.12

1. 不同饲料投喂组鱼生长性能的比较

经过 10 周养殖后，各饲料投喂组鱼的生长性能结果见表 4-26。结果显示，各组鱼的生长情况良好，存活率均为 100%。DHA/EPA 比为 1.17 和 1.48 的饲料组鱼增重率（WGR）和特定生长率（SGR）显著高于、饲料系数（FCR）显著低于其他四个组（$P<0.05$）。以 WGR 与 DHA/EPA 比进行二次回归分析，得出饲料中适宜的 DHA/EPA 比为 1.40 左右（图 4-10）。

表 4-26 投喂试验饲料 10 周后卵形鲳鲹幼鱼的生长性能

生长指标	不同 DHA/EPA 比例的饲料					
	0.53	0.81	1.17	1.48	1.69	2.12
初始体重/g	7.53±0.07	7.19±0.19	7.33±0.06	7.13±0.16	7.28±0.06	7.24±0.11
终末体重/g	36.75±0.17[a]	36.02±0.86[a]	39.13±0.21[b]	39.02±0.11[b]	36.48±0.84[a]	36.58±0.55[a]
增重率/%	387.94±6.29[a]	401.1±6.64[a]	433.64±4.73[b]	447.25±7.74[b]	401.11±11.61[a]	405.38±8.96[a]
特定生长率/(%/d)	2.26±0.02[a]	2.30±0.02[a]	2.39±0.01[b]	2.43±0.02[b]	2.30±0.03[a]	2.31±0.03[a]
饲料系数	1.52±0.04[b]	1.48±0.02[b]	1.35±0.01[a]	1.37±0.03[a]	1.51±0.04[b]	1.51±0.06[b]
成活率/%	100	100	100	100	100	100

注：数据为平均值±标准误（$n=3$）。同行中，无相同上标字母者表示相互间差异显著（$P<0.05$）。

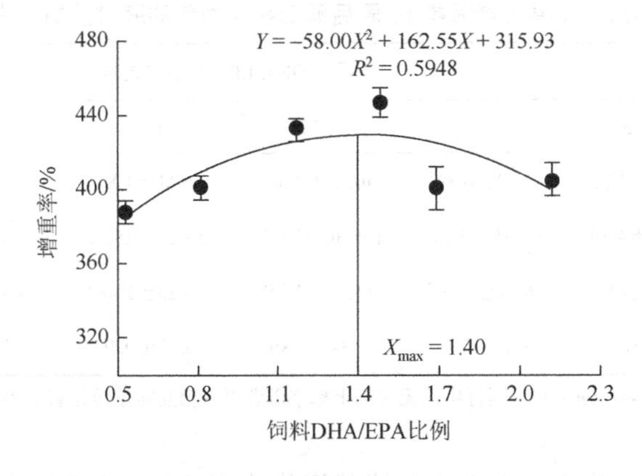

图 4-10 卵形鲳鲹幼鱼 WGR 与饲料中 DHA/EPA 比例的关系图

2. 不同饲料投喂组鱼血清和肝脏的生理生化指标比较

饲料DHA/EPA比显著影响血清的免疫及抗氧化指标（表4-27）。当饲料中的DHA/EPA比从0.53增加到1.48时，血清溶菌酶（LZM）活性从208.38 U/mL升高到220.24 U/mL（$P<0.05$）；此后，LZM活性随DHA/EPA比例增加逐渐下降（$P<0.05$）。饲料DHA/EPA比为1.48组的过氧化氢酶（CAT）活性显著高于0.53组和2.12组，1.17～1.69组的超氧化物歧化酶（SOD）显著高于0.53组。丙二醛（MDA）含量随饲料DHA/EPA比的增加而升高，其中1.69组的值显著高于0.53组、0.81组和1.17组（$P<0.05$）。

表4-27　投喂试验饲料10周后卵形鲳鲹幼鱼的血清非特异性免疫指标和抗氧化指标

指标	不同DHA/EPA比例的饲料					
	0.53	0.81	1.17	1.48	1.69	2.12
总蛋白质/(mg/mL)	53.33±2.58	48.57±1.20	49.26±0.21	47.74±1.33	53.47±1.62	49.26±2.94
LZM/(U/mL)	208.38±3.68^{a}	211.52±2.77^{ab}	210.47±2.40^{ab}	220.24±5.61^{b}	210.47±1.39^{ab}	204.19±2.12^{a}
SOD/(U/mL)	47.32±0.58^{a}	49.45±0.12^{ab}	50.39±0.50^{b}	51.20±0.30^{b}	50.14±0.06^{b}	49.39±1.17^{ab}
CAT/(U/mL)	20.89±2.90^{a}	23.09±2.90^{ab}	25.71±4.08^{ab}	37.23±3.26^{b}	27.13±4.70^{ab}	15.03±1.03^{a}
MDA/(nmol/mL)	9.93±0.49^{a}	10.59±1.19^{a}	10.89±0.71^{ab}	12.07±0.77^{bc}	13.11±0.51^{c}	12.63±0.52^{bc}

注：数据为平均值±标准误（$n=3$），同行中，无相同上标字母者表示相互间差异显著（$P<0.05$）。

在肝脏中，随着饲料中的DHA/EPA比例逐渐升高，谷胱甘肽过氧化酶（GSH-PX）活性在1.48组达到最大值，随后逐渐降低，其中1.17组和1.48组的活性显著高于0.53组、0.81组及2.12组（$P<0.05$）。SOD活性在1.48组和1.69组较高，显著高于0.53组（$P<0.05$），CAT活性在1.48组中显著高于其他组（$P<0.05$），并且2.12组的CAT和SOD活性最低（表4-28）。饲料DHA/EPA比对肝脏的MDA含量无影响（$P>0.05$）。

表4-28　投喂试验饲料10周后卵形鲳鲹幼鱼的肝脏抗氧化指标

指标	不同DHA/EPA比例的饲料					
	0.53	0.81	1.17	1.48	1.69	2.12
GSH-PX/(U/mL)	28.34±1.95^{a}	31.77±0.84^{ab}	40.73±3.30^{c}	56.11±1.86^{d}	37.71±2.57^{bc}	33.49±1.49^{ab}
SOD/(U/mL)	90.22±4.59^{a}	93.85±3.19^{a}	135.36±7.97^{b}	159.26±19.26^{b}	94.10±5.79^{a}	81.57±1.06^{a}
CAT/(U/mL)	34.02±1.87^{b}	36.17±2.10^{bc}	43.56±2.15^{c}	55.23±2.46^{d}	36.31±1.28^{bc}	24.85±3.65^{a}
MDA/(nmol/mL)	7.32±0.32	8.87±0.69	7.34±0.89	6.62±0.46	8.21±0.17	8.11±0.23

注：数据为平均值±标准误（$n=3$），同行中，无相同上标字母者表示相互间差异显著（$P<0.05$）。

饲料DHA/EPA比也影响血清中的脂代谢物浓度（表4-29）。其中，DHA/EPA比为1.17组和1.48组的甘油三酯（TG）含量显著低于0.53组和1.69组，0.81～1.69组的总胆固醇（T-CHO）含量显著低于 0.53 组和 2.12 组，0.81～1.48 组的低密度脂蛋白胆固醇（LDL-C）含量显著低于 2.12 组（P<0.05）。高密度脂蛋白胆固醇（HDL-C）含量在各组间无显著差异。

表 4-29 投喂试验饲料 10 周后卵形鲳鲹幼鱼的血脂指标

指标	不同 DHA/EPA 比例的饲料					
	0.53	0.81	1.17	1.48	1.69	2.12
TG/(mmol/L)	2.64±0.08[b]	2.27±0.10[ab]	1.98±0.25[a]	1.86±0.05[a]	2.79±0.09[b]	2.33±0.07[ab]
T-CHO/(mmol/L)	4.42±0.10[b]	3.48±0.06[a]	3.45±0.08[a]	2.79±0.21[a]	3.31±0.04[a]	4.42±0.11[b]
HDL-C/(mmol/L)	1.96±0.20	2.20±0.13	2.21±0.04	2.25±0.01	2.16±0.21	2.27±0.11
LDL-C/(mmol/L)	0.22±0.03[ab]	0.16±0.03[a]	0.21±0.03[a]	0.19±0.03[a]	0.22±0.03[ab]	0.32±0.05[b]

注：数据为平均值±标准误（n = 3），同行中，无相同上标字母者表示相互间差异显著（P<0.05）。

3. 不同饲料投喂组鱼组织脂肪酸组成的比较

不同组织的脂肪酸组成受饲料脂肪酸组成的影响，且与饲料脂肪酸组成相似。肝脏、肌肉、脑、眼和肠组织中的脂肪酸组成分别见表 4-30～表 4-34。结果显示，随着饲料中 DHA/EPA 比例的增加，肌肉、脑和眼中 DHA 的含量显著增加（P<0.05）。以组织中 DHA/EPA 比作为沉积指标时，饲料 DHA/EPA 为 1.69 组和 2.12 组的肌肉的沉积效率显著高于 0.53～1.17 组，肠的沉积效率显著高于 0.53 组；1.69 组眼的沉积效率显著高于 0.53～1.17 组和 2.12 组。结果表明，饲料中适宜的 DHA/EPA 比能最大化促进 DHA 在组织中的沉积。

表 4-30 不同饲料投喂组鱼肝脏的脂肪酸组成 （单位：%总脂肪酸）

主要脂肪酸	不同 DHA/EPA 比例的饲料					
	0.53	0.81	1.17	1.48	1.69	2.12
16:0	27.69±0.12	24.73±2.02	24.62±0.75	25.60±1.64	26.76±1.71	26.79±0.88
18:0	7.71±0.30	6.76±0.25	7.79±0.28	6.95±0.65	8.06±0.97	8.16±0.54
SFA	36.92±0.37	32.84±2.33	33.85±0.78	33.97±2.26	36.14±2.68	36.35±1.29
16:1n-9	2.19±0.06[ab]	1.83±0.21[a]	1.86±0.06[a]	2.01±0.07[a]	1.90±0.14[a]	2.02±0.06[a]
18:1n-9	35.39±0.55	36.11±0.59	35.20±0.47	34.05±2.35	34.88±1.34	36.09±0.90
MUFA	37.94±0.51	37.51±0.50	36.17±1.70	37.47±1.24	37.15±0.52	36.69±1.54
18:2n-6	8.06±0.28	8.24±0.60	9.53±1.34	7.80±1.23	8.69±0.58	8.53±0.96
20:4n-6	1.20±0.06	1.20±0.23	1.27±0.18	1.07±0.07	1.04±0.06	1.18±0.22
18:3n-3	3.24±0.12[a]	4.06±0.17[b]	3.81±0.26[b]	3.66±0.06[ab]	3.75±0.14[b]	3.72±0.07[b]

续表

主要脂肪酸	不同 DHA/EPA 比例的饲料					
	0.53	0.81	1.17	1.48	1.69	2.12
20:5n-3	1.14±0.05	1.45±0.11	1.50±0.15	1.31±0.12	1.40±0.04	1.28±0.08
22:5n-3	0.52±0.05[a]	0.88±0.15[b]	0.66±0.09[ab]	0.44±0.12[a]	0.61±0.10[ab]	0.41±0.08[a]
22:6n-3	3.22±0.15	4.06±0.79	3.87±0.59	3.33±0.44	3.21±0.11	3.94±0.87
PUFA	20.67±0.44	24.50±1.50	25.00±2.68	21.37±2.42	22.68±0.92	23.06±2.55
LC-PUFA	9.34±0.28	12.14±1.59	11.63±1.45	9.89±1.21	10.21±0.45	10.79±1.54
DHA/EPA	2.84±0.15	2.74±0.32	2.55±0.16	2.51±0.14	2.30±0.07	3.05±0.56

注：数据为平均值±标准误（$n=3$），同行中，无相同上标字母者表示相互间差异显著（$P<0.05$）。

表 4-31　不同饲料投喂组鱼肌肉的脂肪酸组成　（单位：%总脂肪酸）

主要脂肪酸	不同 DHA/EPA 比例的饲料					
	0.53	0.81	1.17	1.48	1.69	2.12
16:0	22.18±0.16	22.15±0.28	22.30±0.36	22.89±0.26	22.20±0.24	22.67±0.18
18:0	4.94±0.13	5.00±0.14	4.76±0.13	4.93±0.09	4.85±0.14	5.18±0.07
SFA	29.05±0.30	28.95±0.30	28.96±0.34	29.60±0.27	28.84±0.37	29.64±0.21
16:1n-9	2.04±0.05[a]	2.03±0.90[a]	2.13±0.13[a]	2.06±0.09[a]	2.03±0.04[a]	1.98±0.03[a]
18:1n-9	26.62±0.47	26.20±0.36	26.50±0.58	26.59±0.48	25.86±0.79	26.75±0.25
MUFA	28.85±0.50	28.36±0.36	28.72±0.72	28.77±0.57	28.06±0.82	28.84±0.27
18:2n-6	18.68±0.48[b]	17.91±0.28[b]	18.39±0.31[b]	17.95±0.58[b]	17.74±0.27[b]	17.92±0.32[b]
18:3n-6	0.18±0.01	0.16±0.03	0.16±0.02	0.16±0.02	0.19±0.02	0.13±0.00
20:4n-6	2.43±0.07[bc]	2.46±0.06[c]	2.38±0.09[bc]	2.34±0.08[bc]	2.39±0.02[bc]	2.28±0.04[ab]
18:3n-3	2.83±0.26	3.16±0.05	3.17±0.03	3.05±0.04	3.13±0.01	3.12±0.03
20:5n-3	2.41±0.05[d]	1.75±0.21[c]	1.67±0.08[bc]	1.35±0.06[ab]	1.22±0.04[a]	1.33±0.19[ab]
22:5n-3	1.79±0.05[c]	1.55±0.20[bc]	1.64±0.07[bc]	1.30±0.07[ab]	1.19±0.03[a]	1.39±0.13[ab]
22:6n-3	4.23±0.08[a]	5.74±0.32[b]	5.62±0.13[b]	5.90±0.29[bc]	6.60±0.16[c]	6.16±0.35[bc]
n-3 PUFA	11.54±0.21	12.50±0.33	12.39±0.22	11.89±0.36	12.50±0.16	12.33±0.13
LC-PUFA	12.40±0.24	13.19±0.44	12.91±0.33	12.43±0.47	13.21±0.25	12.81±0.15
DHA/EPA	1.76±0.06[a]	3.52±0.68[b]	3.37±0.14[b]	4.37±0.10[bc]	5.44±0.25[c]	4.98±0.88[c]

注：数据为平均值±标准误（$n=3$），同行中，无相同上标字母者表示相互间差异显著（$P<0.05$）。

表 4-32　不同饲料投喂组鱼脑的脂肪酸组成　（单位：%总脂肪酸）

主要脂肪酸	不同 DHA/EPA 比例的饲料					
	0.53	0.81	1.17	1.48	1.69	2.12
16:0	18.44±0.38	17.98±0.66	18.86±0.81	17.28±0.53	17.23±0.42	17.88±0.66
18:0	14.05±0.62	14.10±0.62	14.51±0.59	14.61±0.38	15.21±0.24	13.55±1.20

续表

主要脂肪酸	不同DHA/EPA比例的饲料					
	0.53	0.81	1.17	1.48	1.69	2.12
SFA	33.36±0.74	32.89±0.50	34.15±1.09	32.67±0.30	33.08±0.49	32.28±0.70
16:1n-9	1.38±0.12	1.64±0.07	1.43±0.10	1.45±0.10	1.46±0.01	1.47±0.16
18:1n-9	19.21±0.99	21.04±0.31	19.29±0.92	19.14±0.73	20.11±0.75	19.29±1.27
MUFA	20.62±1.09	22.71±0.38	20.74±1.02	20.62±0.83	21.58±0.76	20.84±1.41
18:2n-6	6.55±0.60	5.92±0.57	6.32±0.77	5.24±1.04	4.13±0.46	4.09±0.78
18:3n-6	0.10±0.0[a]	0.10±0.01[ab]	0.09±0.0[ab]	0.10±0.01[ab]	0.08±0.01[ab]	0.14±0.02[b]
20:4n-6	2.67±0.24	2.87±0.26	2.31±0.16	2.67±0.08	2.98±0.15	2.06±0.34
18:3n-3	1.19 ±0.11	1.19±0.24	1.38±0.23	1.03±0.22	0.75±0.06	1.14±0.35
20:3n-3	2.56±0.09[a]	2.99±0.13[ab]	3.08±0.14[ab]	3.20±0.22[ab]	3.29±0.05[b]	2.88±0.17[ab]
20:5n-3	2.71±0.18	2.64±0.09	2.86±0.54	2.49±0.13	2.89±0.15	2.53±0.27
22:5n-3	1.53±0.05[b]	1.43 ±0.06[ab]	1.26±0.04[a]	1.30±0.05[b]	1.28±0.01[a]	1.25±0.09[a]
22:6n-3	15.01±0.72[a]	15.56±0.37[a]	16.33±0.06[ab]	18.43±0.13[bc]	18.54±0.32[c]	18.07±0.69[bc]
PUFA	33.00±0.40	33.39±0.67	34.36±0.83	35.11±1.24	34.44±0.66	32.85±0.59
LC-PUFA	25.16±0.88[a]	26.18±0.83[ab]	26.57±0.70[ab]	28.74±0.31[bc]	29.47±0.14[c]	27.49±0.89[ab]
DHA/EPA	5.58±0.34	5.91±0.14	6.33±1.10	7.47±0.42	6.51±0.42	7.37±0.79

注：数据为平均值±标准误（$n=3$），同行中，无相同上标字母者表示相互间差异显著（$P<0.05$）。

表 4-33　不同饲料投喂组鱼眼的脂肪酸组成　（单位：%总脂肪酸）

主要脂肪酸	不同DHA/EPA比例的饲料					
	0.53	0.81	1.17	1.48	1.69	2.12
16:0	21.71±1.07	20.70±0.75	20.74±0.52	20.93±0.71	20.92±0.33	20.84±0.29
18:0	7.57±0.79	6.55±0.98	5.19±0.01	6.24±0.20	5.97±0.11	5.95±0.29
SFA	30.93±1.18[b]	28.88±0.10[ab]	27.73±0.52[a]	28.74±0.65[ab]	28.51±0.30[ab]	28.52±0.13[ab]
16:1n-9	1.95±0.01	2.15±0.14	2.18±0.01	2.12±0.09	2.06±0.10	2.17±0.06
18:1n-9	24.26±1.05	25.02±1.39	25.38±0.57	25.43±1.02	25.12±0.47	25.70±0.38
MUFA	26.21±1.05	27.16±1.52	27.56±0.58	27.55±1.07	27.18±0.56	27.87±0.43
18:2n-6	14.72±1.06	15.03±1.70	16.92±0.23	15.57±0.45	16.67±0.61	16.87±0.54
20:4n-6	2.14±0.16[b]	1.29±0.09[a]	1.66±0.18[a]	1.65±0.18[a]	1.31±0.13[a]	1.52±0.06[a]
18:3n-3	2.77±0.15	2.80±0.28	3.28±0.07	3.03±0.14	3.28±0.04	3.23±0.06
20:3n-3	2.23±0.15	2.42±0.20	2.13±0.06	2.55±0.28	2.37±0.07	2.18±0.02
20:5n-3	1.36±0.02	1.39±0.05	1.47±0.06	1.43±0.07	1.38±0.10	1.46±0.03
22:5n-3	1.67±0.13[b]	1.73±0.08[b]	1.62±0.08[b]	1.31±0.03[a]	1.31±0.02[a]	1.33±0.07[a]
22:6n-3	7.61±0.09[a]	8.13±0.34[ab]	7.72±0.53[a]	9.01±0.41[bc]	9.87±0.58[c]	8.41±0.26[ab]
PUFA	33.83±1.19	34.09±1.93	36.35±1.01	35.87±0.72	37.72±0.37	36.47±0.36
LC-PUFA	16.24±0.43	16.13±0.33	16.00±0.91	17.16±0.81	17.66±0.71	16.26±0.32
DHA/EPA	5.61±0.14[ab]	5.84±0.18[ab]	5.24±0.14[a]	6.33±0.12[bc]	7.24 ±0.64[c]	5.79±0.23[ab]

注：数据为平均值±标准误（$n=3$），同行中，无相同上标字母者表示相互间差异显著（$P<0.05$）。

表 4-34　不同饲料投喂组鱼肠组织的脂肪酸组成　（单位：%总脂肪酸）

主要脂肪酸	不同 DHA/EPA 比例的饲料					
	0.53	0.81	1.17	1.48	1.69	2.12
16:0	21.66±0.55	21.38±0.11	21.56±0.34	22.25±0.33	21.70±0.18	21.45±0.14
20:0	16.13±0.23	16.00±0.36	16.60±0.54	16.56±0.65	15.73±0.39	16.52±0.25
SFA	38.93±0.83	38.52±0.30	39.47±0.86	40.13±0.49	38.63±0.63	39.23±0.37
16:1n-9	1.29±0.08	1.29±0.38	1.43±0.08	1.53±0.02	1.43±0.06	1.41±0.04
18:1n-9	9.19±0.42	9.00±0.44	8.20±0.47	8.28±0.99	8.61±0.37	8.62±0.69
MUFA	10.45±0.35	10.29±0.41	9.62±0.41	9.81±0.98	10.05±0.31	10.03±0.23
18:2n-6	20.48±0.43	20.19±0.52	21.20±0.63	22.36±0.19	21.16±0.68	21.14±0.55
20:4n-6	3.88±0.31	3.86±0.21	3.58±0.41	2.98±0.08	3.61±0.19	3.15±0.08
18:3n-3	2.24±0.09	2.35±0.67	2.44±0.11	2.69±0.05	2.47±0.06	2.59±0.07
20:5n-3	$1.78±0.07^{c}$	$1.48±0.05^{b}$	$1.45±0.08^{b}$	$1.18±0.01^{a}$	$1.16±0.05^{a}$	$1.11±0.02^{a}$
22:5n-3	$1.96±0.04^{d}$	$1.68±0.05^{c}$	$1.65±0.05^{c}$	$1.45±0.07^{b}$	$1.41±0.02^{ab}$	$1.29±0.06^{a}$
22:6n-3	8.71±0.56	9.25±0.60	9.11±0.77	8.49±0.31	9.12±0.65	9.46±0.29
PUFA	39.05±0.56	38.83±0.40	39.42±0.53	39.12±0.41	39.93±0.50	38.75±0.30
LC-PUFA	16.33±0.94	16.28±0.75	15.79±1.15	14.06±0.34	16.30±0.85	15.01±0.42
DHA/EPA	$4.89±0.23^{a}$	$6.27±0.45^{ab}$	$6.39±0.72^{ab}$	$7.18±0.26^{ab}$	$8.71±0.42^{b}$	$8.51±0.22^{b}$

注：数据为平均值±标准误（$n=3$），同行中，无相同上标字母者表示相互间差异显著（$P<0.05$）。

4. 不同饲料投喂组鱼肝脏和脑中 LC-PUFA 合成关键酶基因表达水平的比较

经过 10 周养殖试验后，不同饲料投喂组鱼肝脏和脑的 LC-PUFA 合成关键酶基因的 mRNA 表达水平，结果见图 4-11。从结果来看，较高比例的 DHA/EPA 对其 LC-PUFA 合成关键酶的 mRNA 表达有一定促进作用。这些结果与预期有所差异。通常认为，DHA 作为 LC-PUFA 合成的最终产物，达到一定水平会对整个 LC-PUFA 合成途径产生抑制作用。从本章第二节的研究结果可知，卵形鲳鲹 LC-PUFA 合成途径中起主要调控作用的应该是 EPA 而非 DHA，这可以从两方面进行解释：一方面，在卵形鲳鲹 LC-PUFA 合成途径中，由于缺失 Δ5 Fads2 活性，导致 EPA 不能合成，因此，EPA 很可能起到调控整个合成通路的作用；当饲料中供给的 EPA 水平下降时，可能会产生激活 LC-PUFA 合成的信号。另一方面，DHA 可能不是调控 LC-PUFA 合成的关键因子，从组织脂肪酸组成变化来看，随着饲料中 DHA 水平的上升，组织中 DHA 的水平也随之上升；由于 DHA 的生理功能如此重要，鱼体在任何情况下都尽可能在组织中，特别是脑和眼中沉积和保留 DHA。

总之，上述研究结果表明，卵形鲳鲹饲料中 DHA/EPA 的适宜比为 1.4 左右。在此比例附近，生长性能及 DHA 沉积效率较高，其他各项指标也较优。研究成果可为卵形鲳鲹饲料 DHA 和 EPA 的配比关系提供科学指导，具有重要实际意义，详细内容见已发表论文 Zhang 等（2019）。

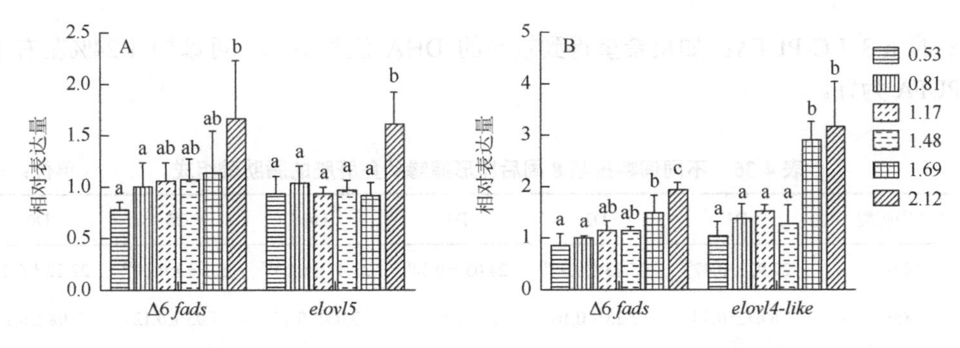

图 4-11　各饲料投喂组鱼肝脏（A）和脑（B）的 LC-PUFA 合成关键酶基因的表达水平

（二）卵形鲳鲹饲料中 n-3 LC-PUFA 适宜水平研究

在上一节确定了卵形鲳鲹饲料中 DHA/EPA 适宜比为 1.4 左右后，接下来的任务是确定饲料中 DHA 和 EPA 的总水平，即 n-3 LC-PUFA 的适宜水平。为此，本书以添加 20%鱼粉和 48%其他陆源性动植物蛋白为蛋白源，以陆源性复合植物油和 DHA、EPA 和 ARA 纯化油为脂肪源，配制 n-3 LC-PUFA 水平分别为 0.64%、1.00%、1.24%、1.73%、2.1%的 5 种配合饲料（D2～D6），同时以鱼油为脂肪源的饲料（D1，含 2.3% n-3 LC-PUFA）为对照，在海上网箱中以 14.8 g 左右卵形鲳鲹幼鱼开展为期 8 周的养殖试验，取得的主要结果及结论如下。

养殖 8 周后，各饲料投喂组鱼的成活率都为 100%。生长性能结果（表 4-35）表明，增重率、特定生长率、饲料系数各组间均无显著差异，说明饲料中含有 0.64% n-3 LC-PUFA 即可满足卵形鲳鲹正常生长对 EFA 的需要。

表 4-35　不同饲料投喂 8 周后卵形鲳鲹幼鱼的生长性能

生长指标	D1	D2	D3	D4	D5	D6
初始体重/g	14.76±0.15	14.92±0.18	14.87±0.17	14.69±0.27	14.80±0.10	14.96±0.28
终末体重/g	77.48±2.77	73.43±2.12	75.35±2.41	78.34±4.15	79.48±3.18	75.81±3.28
增重率/%	424.74±11.91	393.71±20.81	406.96±36.20	432.31±12.20	437.12±8.40	406.56±10.60
特定生长率/(%/d)	2.96±0.04	2.85±0.08	2.89±0.12	2.98±0.04	3.00±0.03	2.90±0.04
饲料系数	1.55±0.05	1.45±0.07	1.48±0.12	1.55±0.07	1.60±0.02	1.18±0.06

注：所有数值均以平均值±标准误来表示（$n=3$）。

肝脏的脂肪酸组成结果见表 4-36。结果显示，D4～D6 组鱼肝脏的 n-3 LC-PUFA（DHA 和 EPA）水平显著高于 D2 和 D3 组，但是三组之间无显著差异。说明饲料中的 n-3 LC-PUFA 达到一定水平对组织中 n-3 LC-PUFA 沉积的影响不大。此时，则应该考虑沉积效率，如果以组织中 n-3 LC-PUFA 水平除以饲料中的水平，则 D4（1.24%）组的 DHA 沉积效率最高。因此，如果希望组织中得到较高的 DHA 含量，饲料中可考虑添加

1.73%的 n-3 LC-PUFA；如果希望得到较高的 DHA 沉积效率，可添加 1.24%左右 n-3 LC-PUFA 为宜。

表 4-36　不同饲料投喂 8 周后卵形鲳鲹幼鱼肝脏的脂肪酸组成　（单位：%）

主要脂肪酸	D1	D2	D3	D4	D5	D6
16:0	22.92±0.47[ab]	25.13±0.30[d]	24.05±0.34[c]	23.47±0.13[bc]	22.56±0.29[ab]	22.22±0.23[a]
18:0	6.67±0.14	7.23±0.16	7.13±0.18	7.05±0.13	7.05±0.12	7.08±0.16
16:1	2.46±0.06[a]	1.46±0.02[c]	1.37±0.06[ab]	1.23±0.06[ab]	1.11±0.06[a]	1.13±0.05[a]
18:1	15.70±0.46[a]	27.18±0.64[e]	24.23±1.24[d]	21.40±1.15[c]	19.00±1.00[bc]	17.82±0.61[ab]
18:2n-6	7.39±0.19[a]	13.41±0.36[c]	11.62±0.35[b]	12.14±0.40[b]	12.10±0.25[b]	11.69±0.49[b]
20:4n-6	1.90±0.13[b]	0.57±0.06[a]	2.54±0.30[c]	2.82±0.25[c]	2.92±0.24[c]	3.07±0.16[c]
18:3n-3	0.90±0.02	0.79±0.04[ab]	0.75±0.04[a]	0.89±0.05[bc]	0.95±0.03[c]	0.94±0.05[c]
20:5n-3	1.48±0.06[d]	0.58±0.03[a]	0.79±0.07[b]	1.14±0.05[c]	1.68±0.09[e]	1.84±0.07[e]
22:5n-3	2.12±0.07[de]	0.44±0.05[a]	0.90±0.06[b]	1.27±0.07[c]	2.02±0.06[d]	2.28±0.09[e]
22:6n-3	17.96±0.77[d]	6.85±0.62[a]	10.15±1.24[b]	14.06±1.24[c]	16.58±1.25[cd]	18.70±0.88[d]
脂肪	5.63±0.44[a]	11.38±0.86[b]	6.34±0.54[a]	5.84±0.89[a]	5.85±0.41[a]	5.88±0.46[a]

注：数据为平均值±标准误（$n=3$）。同行上标无相同字母者表示相互间差异显著（$P<0.05$）。

（三）总结

通过上述研究，基本弄清了卵形鲳鲹幼鱼对 EFA 的需求特性。即饲料中 DHA/EPA 的适宜比为 1.4 左右（Zhang et al.，2019）；饲料中含有 0.64% n-3 LC-PUFA 可基本满足其正常生长对 EFA 的需要，但 1.24%和 1.73% n-3 LC-PUFA 可有效改善鱼体的脂肪酸组成、脂质代谢、抗氧化能力和免疫反应，并降低血脂水平和改善鱼肉营养品质，说明饲料中含有更高水平的 n-3 LC-PUFA 有利于提高养殖卵形鲳鲹的健康水平和营养价值（Li et al.，2020a，2020b）。研究成果不仅可为卵形鲳鲹饲料中鱼油和 EFA 的添加提供科学依据，有助于开发高效优质配合饲料，而且对于有效利用鱼油资源及促进水产养殖业的健康发展具有重要现实意义。

四、饲料中不同脂肪源对卵形鲳鲹生长性能及脂代谢的影响

前面关于卵形鲳鲹 EFA 需求特性的研究成果为其配合饲料中鱼油和 n-3 LC-PUFA 的添加提供了依据。这提示，在利用鱼油满足鱼体对 EFA 需求的情况下，饲料中的其他脂肪源可以由资源较丰富、价格相对较低的陆源性动植物油提供，以节约鱼油资源和降低饲料成本。基于此理念，本研究选择富含饱和脂肪酸（SFA）的椰子油（CO，如 12:0）、棕榈油（PO，16:0），富含单不饱和脂肪酸（MUFA，如 18:1）的山茶油（OTO）、橄榄

油（OO），富含 n-6 PUFA（18:2n-6）的菜籽油（RO）、花生油（PNO），以及富含 n-3 PUFA（18:3n-3）的亚麻籽油（LO）、紫苏籽油（PFO）等 8 种植物油为试验饲料的脂肪源，同时以鱼油为对照脂肪源，配制 9 种配合饲料开展养殖试验。饲料配方和脂肪酸组成分别见表 4-37 和表 4-38，饲料中鱼粉含有的 LC-PUFA 可基本满足卵形鲳鲹对 EFA 的需求。以 10.6 g 左右的幼鱼为对象，利用此 9 种饲料在海上网箱中开展 8 周养殖试验，通过比较不同脂肪酸组成的饲料对鱼生长性能、脂肪沉积及脂代谢的影响，评估脂肪源的应用效果。取得的主要结果及结论如下。

表 4-37　饲料配方及常规营养成分表　（单位：%）

项目		FO	CO	PO	OTO	OO	RO	PNO	LO	PFO
组分	混合蛋白①	65.00	65.00	65.00	65.00	65.00	65.00	65.00	65.00	65.00
	混合淀粉②	17.00	17.00	17.00	17.00	17.00	17.00	17.00	17.00	17.00
	鱼油	7.00	—	—	—	—	—	—	—	—
	椰子油	—	7.00	—	—	—	—	—	—	—
	棕榈油	—	—	7.00	—	—	—	—	—	—
	山茶油	—	—	—	7.00	—	—	—	—	—
	橄榄油	—	—	—	—	7.00	—	—	—	—
	芥花油	—	—	—	—	—	7.00	—	—	—
	花生油	—	—	—	—	—	—	7.00	—	—
	亚麻籽油	—	—	—	—	—	—	—	7.00	—
	苏籽油	—	—	—	—	—	—	—	—	7.00
	其他③	11.00	11.00	11.00	11.00	11.00	11.00	11.00	11.00	11.00
常规营养成分	水分	9.44	9.75	9.75	9.44	11.17	12.95	11.62	10.64	9.76
	粗蛋白质	45.48	46.04	45.62	46.54	45.47	45.37	45.31	45.43	46.17
	粗脂肪	12.57	12.54	12.86	12.49	11.96	12.60	12.12	12.39	12.56
	粗灰分	8.49	8.91	9.11	8.52	8.67	8.73	8.75	8.60	8.64

注：①包含鱼粉、酪蛋白和发酵豆粕；②包含木薯淀粉和 α 淀粉；③包含复合维生素、复合矿物质、氯化胆碱、大豆卵磷脂、磷酸二氢钙、叶黄素、甜菜碱、微晶纤维素。FO：鱼油；CO：椰子油；PO：棕榈油；OTO：山茶油；OO：橄榄油；RO：菜籽油；PNO：花生油；LO：亚麻籽油；PFO：紫苏籽油。“—”表示“无”。

表 4-38　饲料的脂肪酸组成　（单位：%总脂肪酸）

主要脂肪酸	FO	CO	PO	OTO	OO	RO	PNO	LO	PFO
8:0	—	3.30	—	—	—	—	—	—	—
10:0	—	3.58	—	—	—	—	—	—	—
12:0	—	34.45	1.76	—	—	—	—	—	—
14:0	6.49	14.24	3.23	1.69	1.25	1.33	1.70	1.50	1.53
16:0	21.78	11.76	32.62	13.46	14.72	10.60	13.25	10.62	9.50

续表

主要脂肪酸	FO	CO	PO	OTO	OO	RO	PNO	LO	PFO
16:1	5.35	1.48	1.56	1.63	1.43	1.33	1.50	1.29	1.36
18:0	4.22	3.13	2.81	2.06	3.50	3.19	2.79	3.06	1.83
18:1	15.36	9.28	31.10	55.69	60.11	42.94	33.12	16.30	16.32
18:2n-6	11.45	10.41	17.81	16.18	11.95	20.75	38.40	30.67	16.67
18:3n-3	5.88	1.35	1.57	1.74	1.54	9.12	1.74	29.69	46.57
20:2n-6	2.37	0.60	0.59	0.58	0.29	0.39	0.55	0.44	0.55
20:4n-6	3.55	0.27	0.46	0.18	0.18	5.34	0.16	0.25	0.13
20:5n-3	10.31	3.14	3.25	3.77	2.65	2.40	3.90	3.15	3.11
22:6n-3	11.98	2.38	2.78	2.81	2.38	2.44	2.62	2.72	2.35
SFA	32.49	70.46	40.42	17.20	19.47	15.13	17.74	15.19	12.86
MUFA	20.71	10.76	32.66	57.32	61.54	44.27	34.62	17.59	17.67
PUFA	45.54	18.16	26.46	25.27	18.99	40.45	47.39	66.92	69.37
n-6 PUFA	17.37	11.28	18.86	16.94	12.42	26.48	39.12	31.36	17.35
n-3 PUFA	28.17	6.87	7.60	8.33	6.56	13.96	8.27	35.57	52.02
LC-PUFA	28.21	6.39	7.07	7.34	5.50	10.57	7.24	6.56	6.14
n-3/n-6	1.62	0.61	0.40	0.49	0.53	0.53	0.21	1.13	3.00

注：FO：鱼油；CO：椰子油；PO：棕榈油；OTO：山茶油；OO：橄榄油；RO：菜籽油；PNO：花生油；LO：亚麻籽油；PFO：紫苏籽油。“—”表示未检出。

（一）饲料脂肪源对卵形鲳鲹生长性能及全鱼常规营养成分的影响

不同脂肪源饲料对卵形鲳鲹幼鱼生长性能及全鱼常规营养成分的影响见表 4-39。结果显示，各饲料投喂组鱼的存活率（SR）、饲料系数（FCR）无显著差异；但特定生长率（SGR）和增重率（WGR）存在一定组间差异，椰子油组（CO 组）与紫苏籽油组（PFO 组）生长性能高于其他各组，而棕榈油组（PO 组）数值最低（$P<0.05$）。山茶油组（OTO 组）的肥满度（CF）显著高于鱼油组（FO 组）（$P<0.05$）。脏体比（VSI）与肝体比呈现出相似的差异趋势，与鱼油组（FO 组）相比，椰子油组（CO 组）的脏体比与肝体比显著升高（$P<0.05$）。全鱼常规营养成分方面，鱼油组（FO 组）的粗脂肪含量最低，CO、OTO 及 PNO 组的粗脂肪含量显著高于 FO 组，说明饲料脂肪酸组成影响脂肪的沉积。

（二）饲料脂肪源对卵形鲳鲹脂肪沉积的影响

各饲料组鱼肝脏、背肌和腹肌的总脂、非极性脂和极性脂的含量见表 4-40。结果表明，植物油饲料主要增加了肝脏中的脂肪含量，且与脂肪肝的发生密切相关，在细胞形态上出现空泡化、结构缺失、细胞核堆叠等现象。如图 4-12 所示，与鱼油组（FO 组）相比，各植物油组的肝脏组织均出现了不同程度的变异情况。

表 4-39　不同饲料投喂组卵形鲳鲹幼鱼的生长性能及全鱼常规营养成分

项目		FO	CO	PO	OTO	OO	RO	PNO	LO	PFO
生长指标	初始体重/g	10.69±0.15	10.60±0.13	10.56±0.13	10.61±0.11	10.59±0.09	10.59±0.08	10.64±0.13	10.55±0.09	10.49±0.08
	终末体重/g	45.51±1.11^{ab}	49.65±3.01^{b}	39.42±1.88^{a}	45.00±2.72^{ab}	41.58±1.08^{ab}	42.44±1.17^{ab}	42.37±0.67^{ab}	40.78±2.17^{ab}	49.68±1.60^{b}
	存活率/%	86.67±3.85	84.44±1.11	83.33±3.33	87.78±1.11	81.11±9.87	91.11±2.93	88.89±1.11	94.44±2.93	93.33±5.09
	肥满度/(g/cm^3)	3.44±0.08^{a}	3.66±0.08^{ab}	3.49±0.03^{ab}	3.79±0.07^{b}	3.53±0.04^{ab}	3.64±0.01^{ab}	3.58±0.09^{ab}	3.63±0.02^{ab}	3.63±0.06^{ab}
	增重率/%	325.72±6.61^{ab}	368.49±29.31^{b}	272.97±14.31^{a}	323.90±23.28^{ab}	292.83±13.03^{ab}	300.47±8.48^{ab}	298.29±11.16^{ab}	286.98±23.50^{ab}	373.78±15.01^{b}
	特定生长率/(%/d)	2.59±0.03^{ab}	2.75±0.11^{b}	2.35±0.07^{a}	2.57±0.10^{ab}	2.44±0.06^{ab}	2.48±0.04^{ab}	2.47±0.05^{ab}	2.41±0.11^{ab}	2.78±0.06^{b}
	脏体比/%	6.84±0.36^{a}	9.16±0.43^{b}	8.84±0.62^{ab}	8.90±0.51^{ab}	8.58±0.47^{ab}	7.48±0.49^{ab}	7.72±0.38^{ab}	7.51±0.57^{ab}	7.59±0.02^{ab}
	肝体比/%	2.01±0.11^{a}	3.02±0.01^{b}	3.01±0.29^{b}	2.91±0.22^{ab}	2.82±0.09^{ab}	2.49±0.26^{ab}	2.42±0.14^{ab}	2.63±0.17^{ab}	2.19±0.14^{ab}
	FCR	1.74±0.05	1.54±0.12	2.05±0.12	1.77±0.15	1.89±0.07	1.81±0.06	1.84±0.05	2.03±0.16	1.58±0.06
常规营养成分/%湿重	水分	65.77±0.50	66.95±0.79	66.53±1.73	63.39±0.92	65.04±0.76	65.77±1.01	64.35±0.23	66.18±0.28	65.09±1.38
	粗蛋白质	17.12±0.40^{b}	16.51±0.22^{ab}	15.64±0.10^{a}	16.90±0.07^{b}	16.76±0.12^{b}	16.98±0.12^{b}	17.16±0.32^{b}	17.26±0.04^{b}	17.14±0.04^{b}
	粗脂肪	15.87±0.71^{a}	18.19±0.33^{bc}	17.13±0.50^{abc}	18.61±0.24^{c}	17.59±0.18^{abc}	17.44±0.37^{abc}	18.62±0.68^{c}	16.28±0.41^{ab}	15.48±0.63^{a}
	粗灰分	3.61±0.10^{bc}	3.13±0.16^{ab}	3.64±0.04^{bc}	3.19±0.09^{ab}	3.56±0.05^{bc}	3.92±0.07^{c}	3.50±0.23^{abc}	2.99±0.10^{a}	3.36±0.05^{abc}

注：数据为平均值±标准误（$n=3$），同行中，无相同上标字母者表示相互间差异显著（$P<0.05$）；FO：鱼油；CO：椰子油；PO：棕榈油；OTO：山茶油；OO：橄榄油；RO：菜籽油；PNO：花生油；LO：亚麻籽油；PFO：紫苏籽油。

表 4-40　不同饲料投喂组鱼肝脏、背肌及腹肌的总脂（占湿重的百分比）、非极性脂及极性脂（占总脂的百分比）水平　（单位：%）

项目		FO	CO	PO	OTO	OO	RO	PNO	LO	PFO
肝脏	总脂	21.65 ± 1.99^{ab}	25.21 ± 1.76^{bc}	28.51 ± 0.27^{c}	37.53 ± 0.22^{d}	36.07 ± 0.49^{d}	27.58 ± 0.63^{c}	18.75 ± 1.59^{a}	24.63 ± 1.25^{bc}	33.52 ± 1.24^{d}
	非极性脂	77.66 ± 2.88^{ab}	80.60 ± 1.44^{abc}	74.46 ± 0.64^{a}	77.62 ± 0.31^{ab}	81.99 ± 3.34^{abc}	84.24 ± 1.69^{abc}	86.49 ± 1.75^{bc}	90.11 ± 1.65^{c}	78.79 ± 3.20^{ab}
	极性脂	22.34 ± 2.88^{bc}	19.10 ± 1.44^{abc}	25.54 ± 0.64^{c}	22.38 ± 0.31^{bc}	18.01 ± 3.34^{abc}	15.76 ± 1.69^{abc}	13.51 ± 1.69^{ab}	9.89 ± 1.65^{a}	21.21 ± 3.20^{bc}
	非极性脂/极性脂	3.64 ± 0.65^{a}	4.21 ± 0.38^{a}	2.92 ± 0.99^{a}	3.47 ± 0.06^{a}	4.89 ± 0.93^{a}	5.49 ± 0.70^{a}	6.64 ± 0.92^{ab}	9.66 ± 1.65^{b}	3.96 ± 0.65^{a}
背肌	总脂	5.89 ± 0.19^{bc}	6.65 ± 0.18^{c}	7.01 ± 0.05^{cde}	8.36 ± 0.36^{e}	8.19 ± 0.68^{de}	6.11 ± 0.17^{bc}	6.80 ± 0.16^{cd}	3.78 ± 0.23^{a}	5.04 ± 0.26^{ab}
	非极性脂	83.83 ± 0.80^{a}	92.16 ± 0.33^{b}	91.51 ± 0.20^{b}	91.61 ± 1.23^{b}	91.35 ± 1.32^{b}	91.08 ± 0.26^{b}	92.96 ± 0.73^{b}	79.59 ± 0.76^{a}	81.58 ± 1.30^{a}
	极性脂	16.17 ± 0.80^{b}	7.84 ± 0.33^{a}	8.49 ± 0.20^{a}	8.39 ± 1.23^{a}	8.65 ± 1.32^{a}	8.92 ± 0.26^{a}	7.04 ± 0.73^{a}	20.41 ± 0.76^{b}	18.42 ± 1.30^{b}
	非极性脂/极性脂	5.21 ± 0.29^{ab}	11.80 ± 0.54^{b}	10.79 ± 0.28^{b}	11.40 ± 1.68^{b}	11.16 ± 1.96^{b}	10.23 ± 0.32^{b}	13.50 ± 1.37^{b}	3.91 ± 0.18^{a}	4.48 ± 0.39^{a}
腹肌	总脂	18.70 ± 0.19^{bc}	9.91 ± 0.38^{a}	10.99 ± 0.33^{a}	16.61 ± 1.08^{bc}	15.35 ± 0.22^{b}	9.75 ± 0.81^{a}	19.35 ± 0.92^{c}	15.40 ± 0.35^{b}	14.72 ± 0.52^{b}
	非极性脂	92.16 ± 0.71^{d}	84.05 ± 1.02^{abc}	82.22 ± 1.12^{ab}	88.03 ± 1.47^{bcd}	87.83 ± 2.09^{bcd}	80.84 ± 1.17^{a}	88.31 ± 1.04^{cd}	88.98 ± 0.48^{cd}	90.39 ± 0.93^{d}
	极性脂	7.84 ± 0.71^{a}	15.05 ± 1.02^{bcd}	17.78 ± 1.12^{cd}	11.97 ± 1.47^{abc}	12.17 ± 2.09^{abc}	19.16 ± 1.17^{d}	11.69 ± 1.04^{ab}	11.02 ± 0.48^{ab}	9.61 ± 0.93^{a}
	非极性脂/极性脂	11.99 ± 1.26^{c}	5.33 ± 0.43^{ab}	4.67 ± 0.34^{a}	7.59 ± 0.99^{abc}	7.79 ± 1.68^{abc}	4.26 ± 0.31^{a}	7.70 ± 0.82^{abc}	8.11 ± 0.41^{abc}	9.59 ± 0.95^{bc}

注：数据为平均值±标准误（$n=3$）。同行中，无相同上标字母者表示相互间差异显著（$P<0.05$）；FO：鱼油；CO：椰子油；PO：棕榈油；OTO：山茶油；OO：橄榄油；RO：菜籽油；PNO：花生油；LO：亚麻籽油；PFO：紫苏籽油。

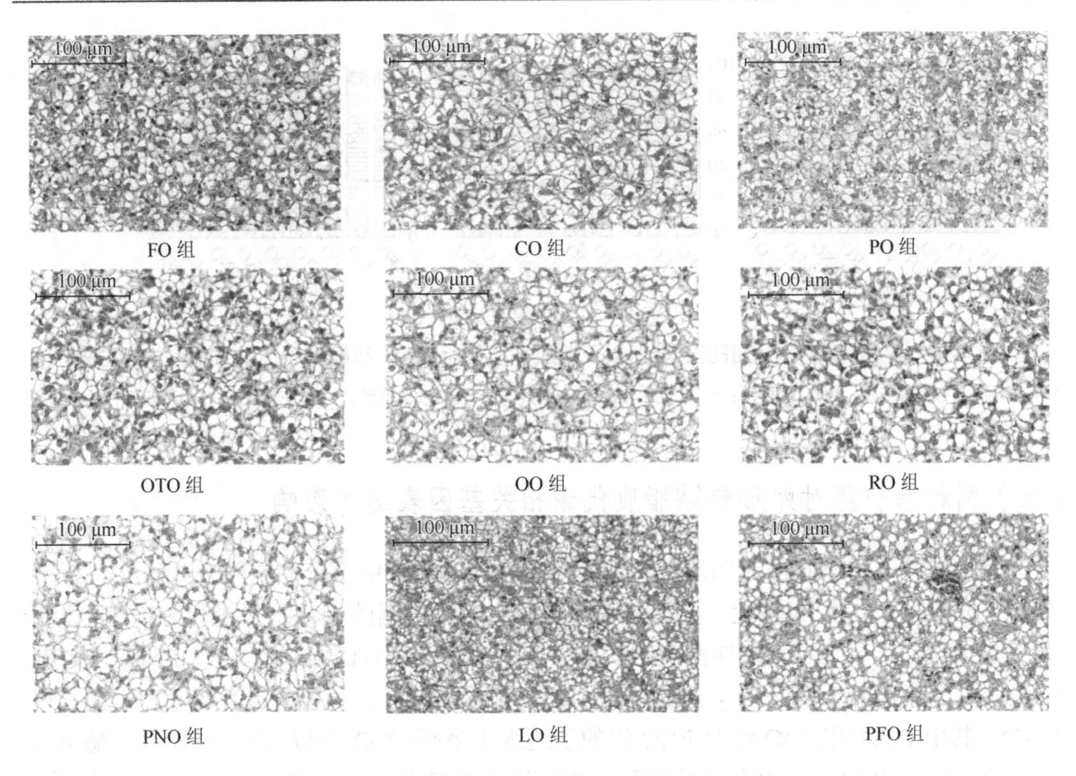

图 4-12　各饲料投喂组鱼肝脏形态结构（HE 染色）

FO：鱼油；CO：椰子油；PO：棕榈油；OTO：山茶油；OO：橄榄油；RO：菜籽油；PNO：花生油；LO：亚麻籽油；PFO：紫苏籽油。

各饲料投喂组鱼肝脏、背肌及腹肌中的非极性脂和极性脂的脂肪酸组成结果见图 4-13。通过比较组织和饲料中的脂肪酸组成，可获得以下初步结论：①饲料中的 18:1n-9 容易在组织中沉积，由于其既可以来自于食物，同时也为饱和脂肪酸在体内转化的终产物，因此在各组织中沉积较多；当饲料中包含较多 18:1n-9 时，主要以非极性脂的形式沉积，18:1n-9 的占比增加与脂肪含量增加有一定相关性。②所有组织的极性脂中均含有较高的 DHA 水平，表明鱼类对 DHA 需求有特殊偏好；当饲料中 DHA 不足时，鱼体可能通过增加总脂肪的沉积来增加对 DHA 的保留，这可能是植物油替代鱼油导致鱼体脂肪含量增加的原因之一。③就 LA 和 ALA 来看，鱼体组织中更倾向于储存 ALA，说明饲料中维持适宜的 ALA 水平可能对减少鱼体的脂肪沉积具有积极作用。

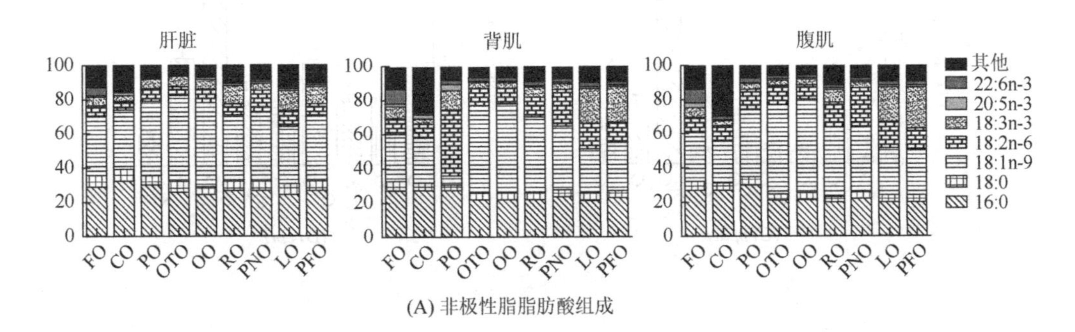

(A) 非极性脂脂肪酸组成

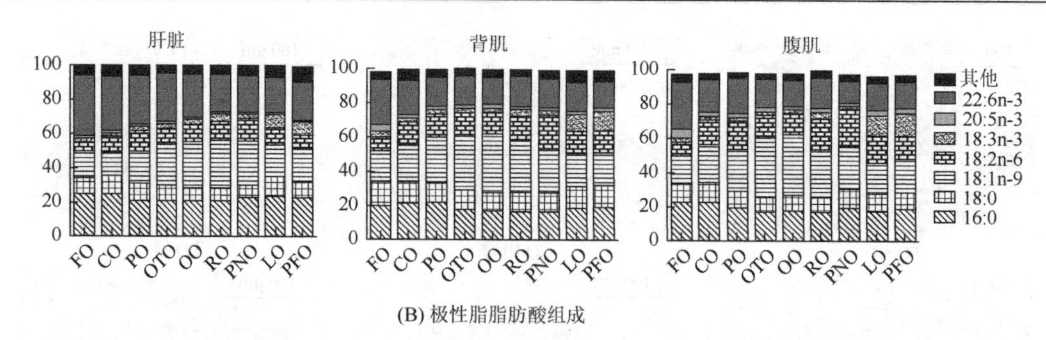

(B) 极性脂脂肪酸组成

图 4-13 各饲料投喂组鱼肝脏、背肌以及腹肌非极性脂（A）和极性脂（B）的脂肪酸组成

FO：鱼油；CO：椰子油；PO：棕榈油；OTO：山茶油；OO：橄榄油；RO：菜籽油；PNO：花生油；LO：亚麻籽油；PFO：紫苏籽油。

（三）饲料脂肪源对卵形鲳鲹脂质代谢相关基因表达的影响

为了探讨不同脂肪源对脂质代谢的影响，我们对肝脏中部分脂肪酸合成（*fas*、*scd*）、分解（*pparα*、*cpt1*）和转运（*apoB100*、*fabp1*）相关基因的表达水平进行分析测定，结果见图 4-14。结果显示，脂肪酸合成代谢方面：CO 组、OTO 组、RO 组、PNO 组及 RO 组鱼肝脏的脂肪酸合酶（fatty acid synthase，Fas）基因的表达水平显著高于 FO 组（$P<0.05$），其中 OTO 组、OO 组及 PNO 组的表达水平最高；CO 组与 PO 组硬脂酰辅酶 A 去饱和酶（Scd）基因的表达水平显著高于 OO 组及 PNO 组（$P<0.05$）。脂肪酸分解代谢方面：CO 组、LO 组及 PNO 组过氧化物酶体增殖物激活受体 α（Pparα）基因的表达水平显著高于 FO 组，且 PNO 组极显著高于其他组（$P<0.01$）；OTO 组、PNO 组及 LO 组肉碱棕榈酰转移酶 I（Cpt1）基因的表达水平显著高于 FO 组，且 PNO 组显著高于其他

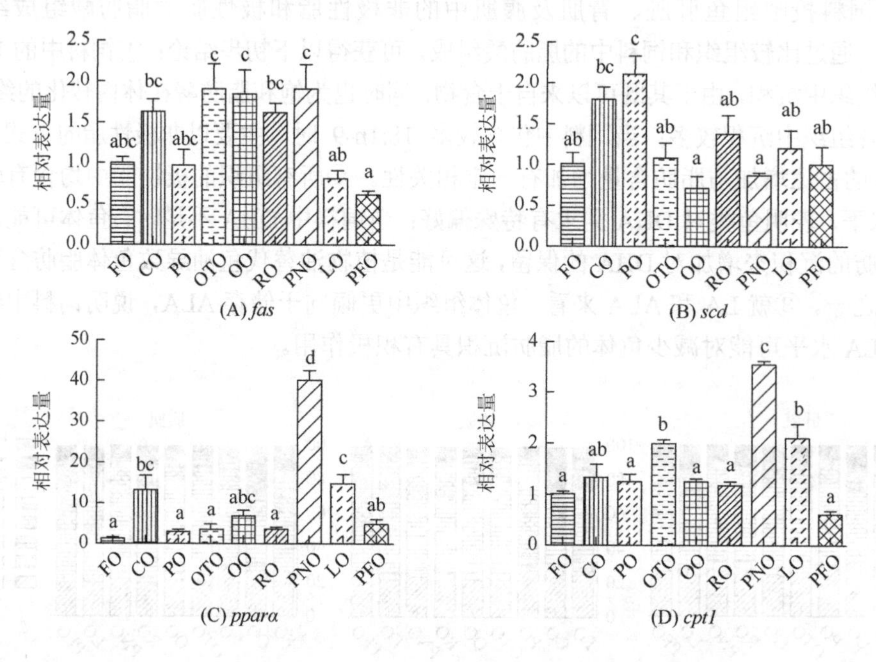

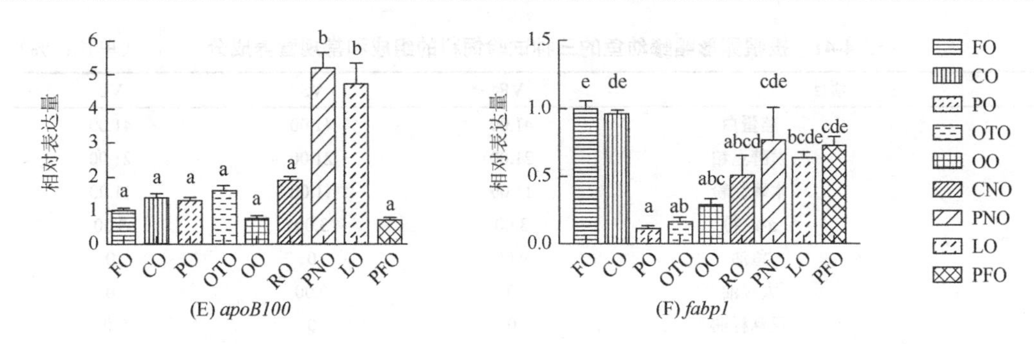

图 4-14　不同脂肪源对卵形鲳鲹肝脏中脂肪酸代谢相关基因表达的影响

FO：鱼油；CO：椰子油；PO：棕榈油；OTO：山茶油；OO：橄榄油；RO：菜籽油；PNO：花生油；LO：亚麻籽油；PFO：紫苏籽油。

组（$P<0.05$）。脂肪酸转运方面：PNO 组与 LO 组脂蛋白 B100（ApoB100）基因的表达水平极显著高于其他各组（$P<0.01$）；PO 组、OTO 组、OO 组及 RO 组脂肪酸结合蛋白 1（Fabp1）基因的表达水平显著低于 FO 组（$P<0.05$）。

（四）总结

饲料脂肪源对卵形鲳鲹的生长和脂质代谢有显著影响。与鱼油相比，大部分植物油对卵形鲳鲹的生长都具有负面影响；在所有脂肪源中，椰子油的促生长效果最佳，表明中链饱和脂肪酸具有较好的促生长作用。饲料的脂肪酸组成欠平衡可能会促进组织脂肪沉积，尤其是缺乏 DHA 和 ALA 的饲料组。由于 DHA 是卵形鲳鲹的 EFA，当饲料中缺乏时，可导致脂肪的过度沉积。同时，亚油酸具有一定促进脂肪酸分解的作用，因此饲料中适宜的 ALA/LA 比对卵形鲳鲹也很重要。详细内容见已发表论文 Guo 等（2021）。

五、饲料脂肪酸组成对卵形鲳鲹肠道健康和菌群结构的影响

（一）植物油替代鱼油对卵形鲳鲹肠道健康和菌群结构的影响

鱼类肠道是营养物质的消化和吸收器官，也是一个重要的免疫器官，它持续暴露于食物和环境微生物、病毒和抗原中，发挥着抵抗外部病原体的物理屏障的功能。值得注意的是，肠道微生物也被广泛认识到在宿主肠道健康的调节和维持中发挥关键作用。来自食物的一些发酵产物或来自肠道微生物的代谢产物可促进或损害肠道的功能和健康，从而促进或损害其营养消化和黏膜上皮屏障功能，进而对宿主发挥有利或不利的影响（Ringø et al.，2016）。为了探讨亚麻籽油（富含 ALA）、豆油（富含 LA）替代鱼油对卵形鲳鲹肠道健康和菌群结构的影响，本书分别以亚麻籽油（VL）、豆油（VS）和鱼油（VF）为脂肪源配制三种等氮等脂饲料（配方见表 4-41），利用其投喂卵形鲳鲹幼鱼（8.80 g±0.50 g）8 周，开展如下研究。

表 4-41　投喂卵形鲳鲹幼鱼的三种试验饲料的组成和常规营养成分　（单位：%）

项目		VF	VS	VL
组分	酪蛋白	41.00	41.00	41.00
	发酵豆粕	21.00	21.00	21.00
	木薯淀粉	11.00	11.00	11.00
	α-淀粉	3.00	3.00	3.00
	鱼油	9.00	0	0
	大豆油	0	9.00	0
	亚麻籽油	0	0	9.00
	大豆卵磷脂	2.00	2.00	2.00
	氯化胆碱	0.50	0.50	0.50
	甜菜碱	0.50	0.50	0.50
	磷酸二氢钙	1.00	1.00	1.00
	叶黄素	0.20	0.20	0.20
	多维	2.00	2.00	2.00
	多矿	2.00	2.00	2.00
	微晶纤维素	6.80	6.80	6.80
常规营养成分	粗蛋白质	50.04	50.82	50.73
	粗脂肪	11.55	12.21	12.35
	粗灰分	4.56	4.72	5.04

1. 不同饲料投喂组鱼肠道组织形态和酶活性比较

不同饲料投喂组鱼的肠道组织形态结果见图4-15至图4-17，酶活性比较结果见图4-18。结果显示，与鱼油组相比，豆油组的肠道组织结构受到明显损伤（图4-15），其肠道褶皱的高度和数量及肠壁厚度显著降低（图4-16）；同时，肠道紧密连接黏附连接分子1（zonula occludens-1，Zo-1）基因的mRNA表达水平也显著降低（图4-17）。但是，肠道免疫相关蛋白，如肿瘤坏死因子α（tnfα）、白细胞介素8（Il8）、补体4（C4）和溶菌酶（lysozyme，Lyz）基因的mRNA表达水平在三组间无显著差异（图4-17）。此外，两植物油组的肠道

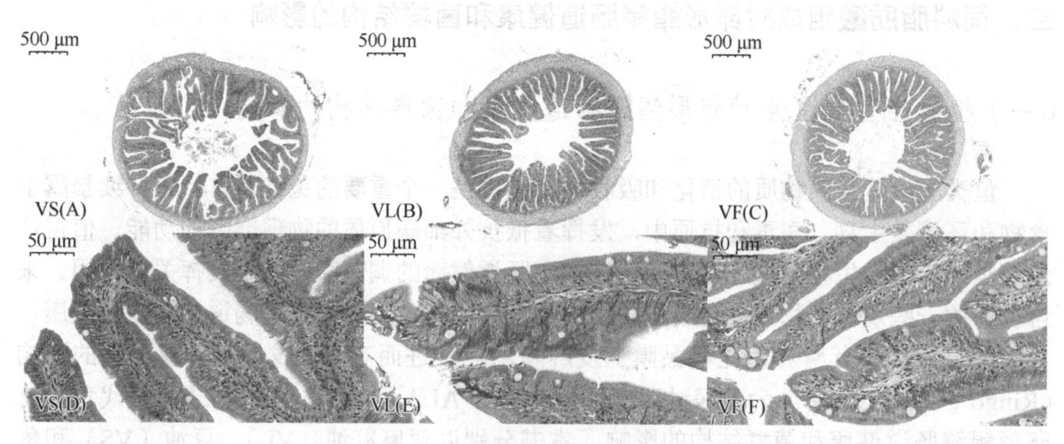

图4-15　卵形鲳鲹幼鱼摄食豆油（VS）、亚麻籽油（VL）、鱼油（VF）饲料8周后的前肠组织结构（后附彩图）

淀粉酶和脂肪酶活性显著降低，且豆油组的肠道胰蛋白酶的活性也被显著抑制（图 4-18）。完整的肠道黏膜是抵御外部有害物质和病原体的必要屏障，其功能主要建立在黏膜上皮细胞构成的物理屏障上，分布在上皮细胞之间的杯状细胞分泌的黏液上。上述研究结果表明，饲料中鱼油被豆油替代后，肠道黏膜上皮的物理屏障（组织结构）受到损伤，会削弱肠道消化营养物质的功能；亚麻籽油对肠道健康的负面作用不如豆油脂肪源明显。

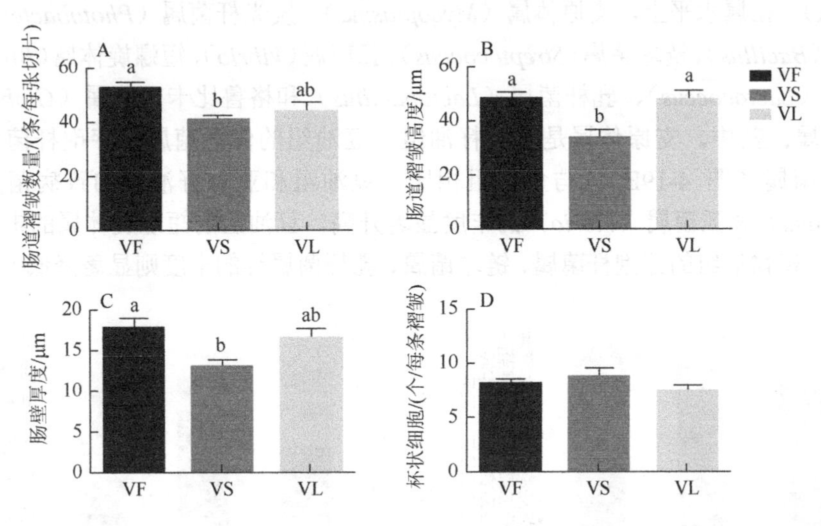

图 4-16 卵形鲳鲹幼鱼摄食豆油（VS）、亚麻籽油（VL）、鱼油（VF）饲料 8 周后的肠道形态参数

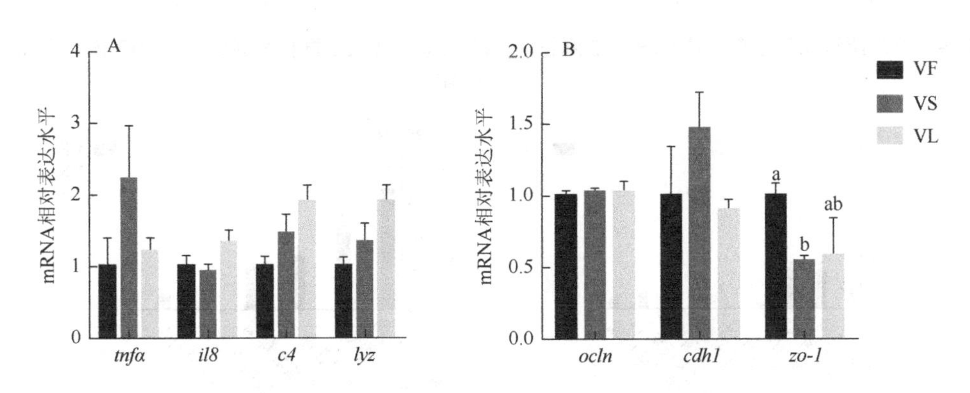

图 4-17 各饲料投喂组卵形鲳鲹幼鱼肠道的免疫与紧密连接相关基因的 mRNA 表达（$n = 6$）

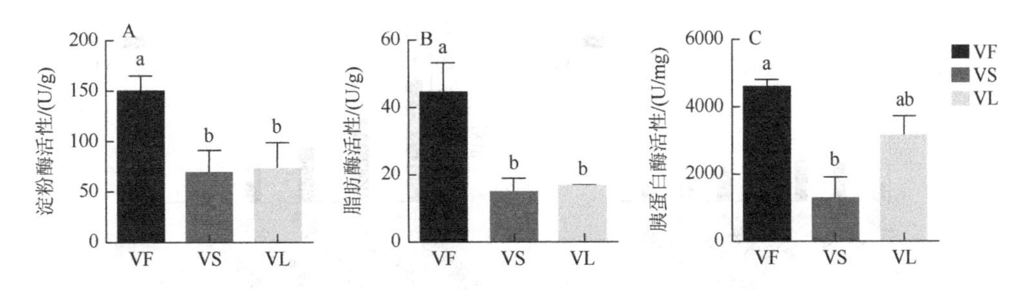

图 4-18 各饲料投喂组卵形鲳鲹幼鱼肠道的消化酶活性（$n = 3$）

2. 不同饲料投喂组鱼的肠道菌群结构比较

对卵形鲳鲹幼鱼的肠道内容物进行菌群 16S rRNA 测序分析，结果表明，在门水平上，变形菌门（Proteobacteria）、软壁菌门（Tenericutes）和厚壁菌门（Firmicutes）是优势菌门；其中，厚壁菌门是鱼油组的优势菌门，软壁菌门是亚麻籽油组和豆油组的优势菌门（图 4-19A）。在属水平上，支原体属（*Mycoplasma*）、发光杆菌属（*Photobacterium*）、芽孢杆菌属（*Bacillus*）、链球菌属（*Streptococcus*）、弧菌属（*Vibrio*）、短螺旋体属（*Brevinema*）、乳球菌属（*Lactococcus*）、乳杆菌属（*Lactobacillus*）和格鲁比卡氏菌属（*Globicatella*）是主要菌属；其中，支原体属是亚麻籽油组和豆油组的优势菌属，芽孢杆菌属是鱼油组的优势菌属（图 4-19B）。与鱼油组相比，豆油组和亚麻籽油组的致病菌支原体属（*Mycoplasma*）和弧菌属（*Vibrio*）的丰度显著升高，豆油组的短螺旋体属的丰度也显著增加；两个植物油组的芽孢杆菌属、链球菌属、乳杆菌属等的丰度则显著降低（图 4-20）。

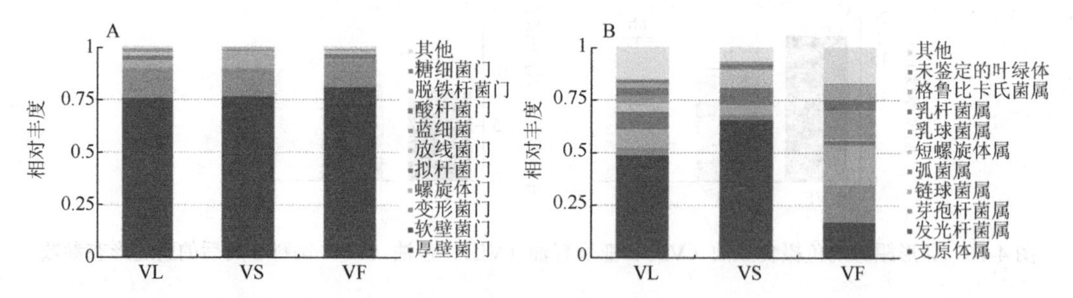

图 4-19　卵形鲳鲹幼鱼摄食豆油（VS）、亚麻籽油（VL）、鱼油（VF）饲料 8 周后的肠道菌群组成（$n=6$）（后附彩图）

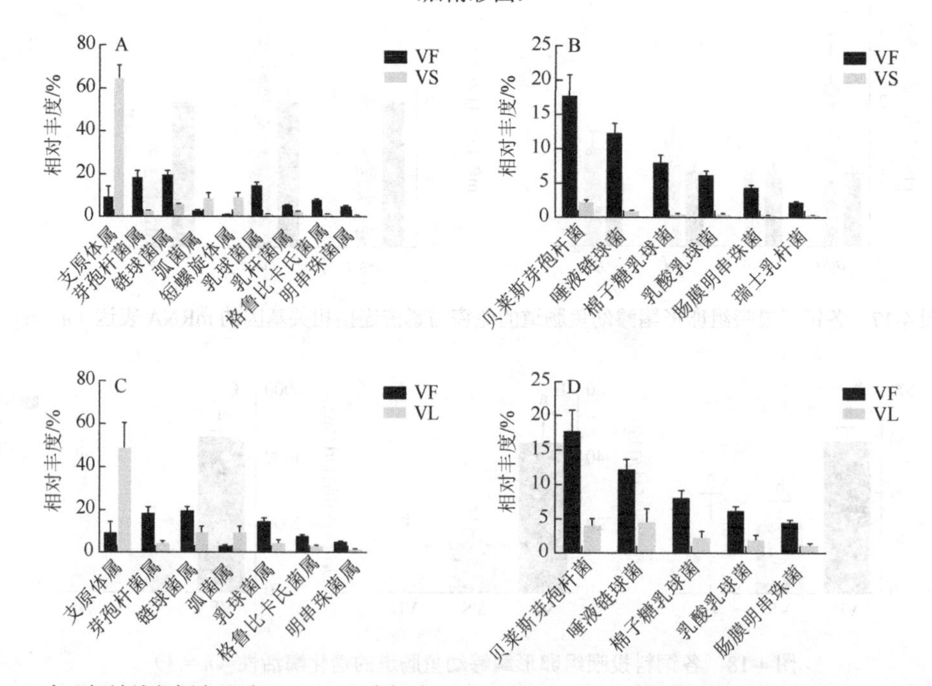

图 4-20　卵形鲳鲹幼鱼摄食豆油（VS）、亚麻籽油（VL）、鱼油（VF）饲料 8 周后肠道菌群的 MetaStat 分析

饲料脂肪酸水平与肠道优势菌属的相关性分析表明，饲料中 20:4n-6、20:5n-3 和 22:6n-3 水平与明串珠菌属（*Leuconostoc*）、格鲁比卡氏菌属（*Globicatella*）、乳球菌属（*Lactococcus*）、链球菌属（*Streptococcus*）和芽孢杆菌属（*Bacillus*）的丰度呈显著正相关，与支原体属（*Mycoplasma*）的丰度呈显著负相关（表 4-42）。

表 4-42 卵形鲳鲹的饲料脂肪酸水平与肠道优势菌属的相关性分析

脂肪酸	支原体属	芽孢杆菌属	链球菌属	短螺旋体属	乳球菌属	格鲁比卡氏菌属	明串珠菌属
16:0	−0.613**	0.784**	0.605*	−0.347	0.722**	0.728**	0.773**
18:1n-9	0.265	−0.131	−0.227	0.383	−0.239	−0.253	−0.199
18:2n-6	0.639**	−0.619**	−0.597*	0.584*	−0.682**	−0.699**	−0.676**
18:3n-3	0.151	−0.339	−0.173	−0.079	−0.229	−0.222	−0.285
20:4n-6	−0.719**	0.853**	0.698**	−0.482	0.823**	0.833**	0.863**
20:5n-3	−0.718**	0.852**	0.696**	−0.479	0.822**	0.832**	0.862**
22:6n-3	−0.719**	0.853**	0.698**	−0.482	0.823**	0.833**	0.863**
SFA	−0.659**	0.818**	0.645**	−0.399	0.767**	0.774**	0.814**
MUFA	−0.550*	0.732**	0.547*	−0.279	0.658**	0.661**	0.712**
n-3 PUFA	−0.160	0.007	0.125	−0.312	0.119	0.132	0.074
n-6 PUFA	0.625**	−0.583*	−0.572*	0.576*	−0.653**	−0.670**	−0.643**
PUFA	0.619**	−0.789**	−0.610**	0.353	−0.728**	−0.733**	−0.778**

注：*表示 $P<0.05$，**表示 $P<0.01$。

3. 总结

肠道黏膜上皮组织的完整性在维持肠道的正常功能中起着非常重要的作用（Gao et al.，2013）。肠上皮细胞间紧密连接（tight junction，TJ）蛋白作为肠道的物理屏障，主要包括 Claudin 家族成员、Occludin 家族和黏附连接分子 Zo-1，在维护肠道屏障完整性和功能中起着至关重要的作用（Turner，2009）。上述研究结果表明，饲料中豆油完全替代鱼油会损伤卵形鲳鲹肠道黏膜上皮的物理屏障和肠道组织形态，造成消化功能下降，而亚麻籽油对肠道健康的负面影响不及豆油。同时，饲料中豆油和亚麻籽油完全替代鱼油，会显著改变肠道的菌群结构，增加支原体属、弧菌属等致病菌的丰度，降低芽孢杆菌、乳酸菌等益生菌的丰度。综合分析结果可得出推论：卵形鲳鲹配合饲料的鱼油被豆油或亚麻籽油完全替代后，会使肠道中的致病菌成为优势菌，打破肠道菌群平衡，并损伤肠道黏膜上皮的物理屏障，从而影响肠道对营养物质的正常消化吸收功能，进而影响鱼体的生长。鱼油则有助于肠道益生菌的生长。研究成果为弄清海水鱼配合饲料中植物油替代鱼油影响生长的机制提供了新的资料，相关内容详见已发表论文 You 等（2019）。

（二）饲料 DHA 和 EPA 对卵形鲳鲹生长性能、肠道健康及菌群结构的影响

海水鱼类的必需脂肪酸一般为 LC-PUFA，其在营养上和生理上都是必不可少的，通常会提高鱼类的存活率和生长性能（Tocher，2015）。此外，DHA 和 EPA 也被认为能在

鱼类和哺乳动物的炎症和自身免疫疾病的预防和治疗中发挥作用（Erdal et al.，1991；Sierra et al.，2008；Shen et al.，2014；Zuo et al.，2012）。研究表明，DHA 和 EPA 有利于维持人肠道黏膜上皮细胞的完整性，缓解哺乳动物肠道炎症（Shen et al.，2014；Willemsen et al.，2008）。上一小节的研究结果表明，鱼油饲料有利于卵形鲳鲹肠道益生菌丰度的增加（You et al.，2019）。但是，关于鱼油影响鱼类肠道健康的确切机制，以及饲料 DHA 和 EPA 对鱼类肠道免疫和消化功能的作用，仍然未知。为了探讨这些问题，本研究以混合植物油为基础脂肪源，通过另外添加一定比例的 DHA 纯化油（FD）、EPA 纯化油（FE）和鱼油（FF），配制三种等氮等脂配合饲料，饲料配方、常规营养成分和主要脂肪酸组成见表 4-43。利用此三种饲料在海上网箱中分别投喂卵形鲳鲹幼鱼（7.28 g±0.02 g）10 周后，通过比较不同饲料投喂组鱼的肠道组织学、消化、免疫和抗氧化功能以及肠道微生物群落，探讨饲料 DHA 和 EPA 影响卵形鲳鲹肠道健康和菌群结构的机制，主要研究内容及结果如下。

表 4-43　试验饲料配方、常规营养成分和主要脂肪酸组成　（单位：%）

项目		FE	FD	FF
组分	鱼油	—	—	2.16
	混合植物油	5.65	5.64	4.21
	DHA 纯化油	—	5.7	—
	EPA 纯化油	0.56	—	—
	ARA 纯化油	0.98	0.98	0.82
	其他[①]	92.81	92.81	92.81
常规营养成分	水分	7.02	7.26	7.12
	粗蛋白质	46.53	47.79	47.70
	粗脂肪	12.65	12.43	12.57
	粗灰分	8.86	8.58	8.81
主要脂肪酸	16:0	21.28±0.16	21.50±0.14	21.27±0.27
	18:0	4.76±0.03	4.96±0.14	4.96±0.14
	16:1n-9	1.40±0.17[a]	1.44±0.14[a]	2.48±0.01[b]
	18:1n-9	23.16±0.23[a]	22.42±0.28[a]	20.83±0.27[b]
	18:2n-6（LA）	23.82±0.20[a]	23.65±0.16[a]	19.36±0.37[b]
	18:3n-6	0.23±0.00	0.25±0.01	0.24±0.02
	20:2n-6	0.51±0.00[a]	0.42±0.00[a]	0.77±0.01[b]
	20:4n-6（ARA）	4.29±0.02[a]	4.09±0.32[ab]	3.74±0.20[b]
	18:3n-3（ALA）	3.04±0.00	3.08±0.04	3.02±0.16
	20:3n-3	0.15±0.00[a]	0.10±0.00[b]	0.13±0.00[a]
	20:5n-3（EPA）	6.42±0.01[a]	2.89±0.06[b]	1.46±0.05[c]
	22:6n-3（DHA）	3.40±0.01[a]	6.12±0.07[b]	4.88±0.12[c]
	DHA＋EPA	9.37±0.17[ab]	9.81±0.01[a]	9.01±0.13[b]
	DHA/EPA	0.53±0.00[a]	2.12±0.02[b]	1.09±0.02[c]

续表

项目		FE	FD	FF
主要脂肪酸	SFA	27.88±0.26[a]	28.46±0.29[a]	29.33±0.29[b]
	MUFA	24.71±0.21	23.99±0.29	24.14±0.25
	PUFA	41.85±0.23[a]	40.58±0.35[a]	36.63±0.65[b]

注：①包括鱼粉、发酵豆粕、豆粕、木薯淀粉、大豆卵磷脂、氯化胆碱、磷酸二氢钙、叶黄素、维生素和矿物质预混物、微晶纤维；具体比例见发表文章 You 等（2021）。“—”表示“无”。

1. 不同饲料投喂组鱼生长性能、前肠组织结构及消化酶活性的比较

三种饲料投喂组鱼的生长性能见表 4-44。结果显示，各饲料组鱼的存活率均为 100%，生长性能指标无组间差异，其部分结果见论文 Zhang 等（2019）。前肠的消化酶活性在三个饲料组间无统计学上的显著差异，但 EPA 纯化油组呈现出最高的淀粉酶、胰蛋白酶和脂肪酶活性（图 4-21）。

表 4-44　卵形鲳鲹摄食试验饲料 10 周后的生长性能

生长指标	FE	FD	FF
初始体重/g	7.53±0.07	7.24±0.11	7.23±0.11
终末体重/g	36.75±0.17	36.58±0.55	35.58±0.42
增重率/%	387.94±6.29	405.38±8.96	396.03±0.39
特定生长率/(%/d)	2.26±0.02	2.31±0.03	2.29±0.01
饲料系数	1.52±0.04	1.51±0.05	1.48±0.03
成活率/%	100	100	100

注：数据为平均值±标准误（$n=3$）。

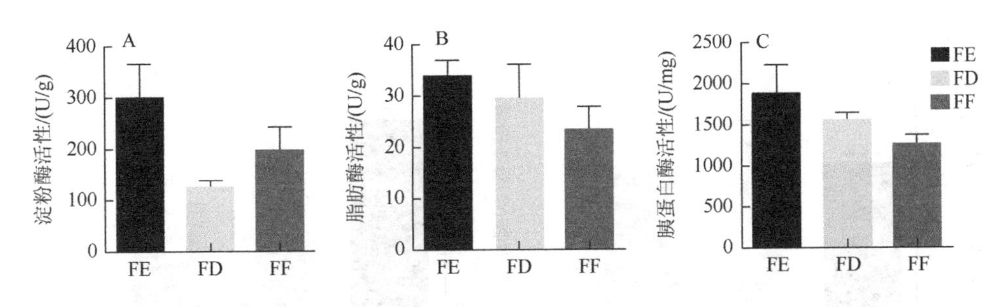

图 4-21　卵形鲳鲹幼鱼摄食三种饲料 10 周后的前肠消化酶活性（$n=3$）

前肠组织切片 HE 染色结果显示（图 4-22，图 4-23），肠壁厚度和肠道褶皱高度和数量在三个饲料投喂组间无显著差异；但前肠的杯状细胞数量在 EPA 纯化油组显著增加，而在 DHA 纯化油组和鱼油组之间无显著差异。杯状细胞分泌黏液，黏液层覆盖着肠黏膜

上皮，在肠腔和上皮细胞之间发挥保护、润滑和物质转运的功能。在本研究中，EPA 纯化油组和 DHA 纯化油组与黏液产生及杯状细胞分化相关基因 *muc2*、*muc13*、*hes-1-b*、*klf4* 的 mRNA 表达水平均显著下调，且在 DHA 纯化油组的降低效果更明显（图 4-24A）。同时，EPA 纯化油和 DHA 纯化油饲料上调了肠道黏膜上皮细胞紧密连接（TJ）黏附连接分子 *zo-1* 基因的 mRNA 表达水平，下调了闭合蛋白 *occludin* 基因（*ocln*）的 mRNA 表达水平（图 4-24B）。上述结果表明，膳食中较高水平的 DHA 或 EPA 有助于维护肠道黏液免疫和肠上皮细胞 TJ 屏障。

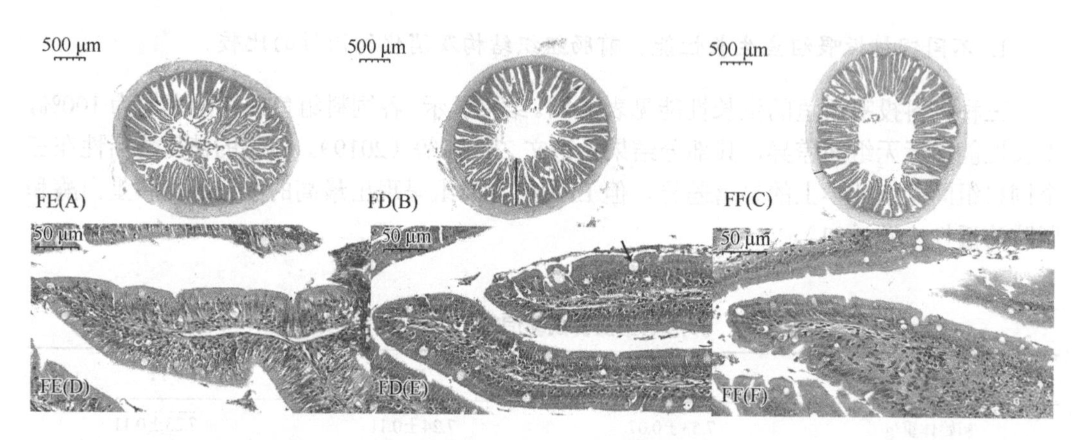

图 4-22　各饲料投喂组卵形鲳鲹幼鱼前肠的组织形态（后附彩图）

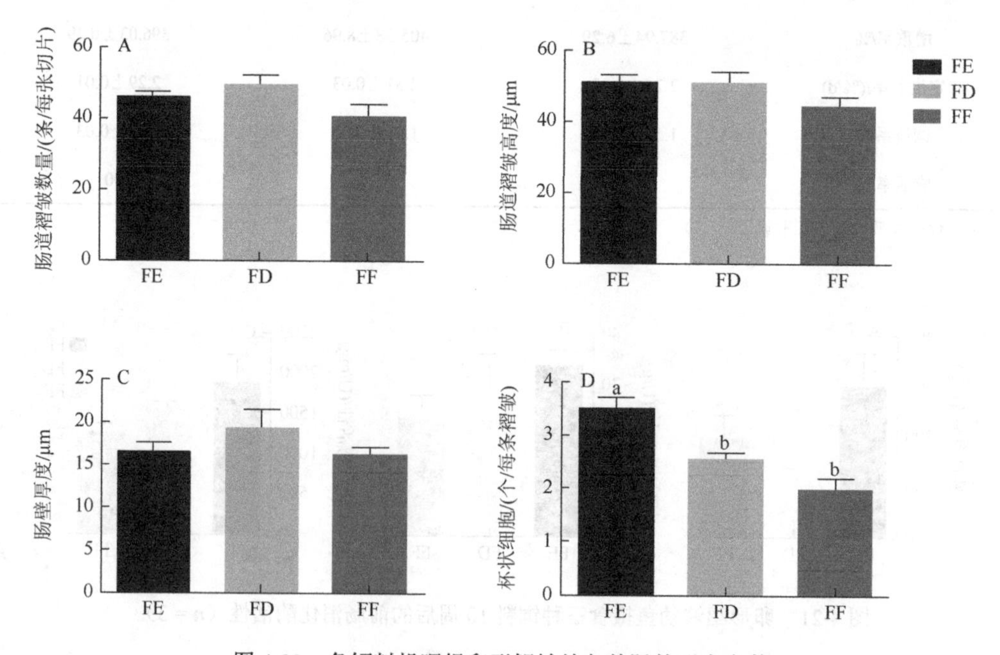

图 4-23　各饲料投喂组卵形鲳鲹幼鱼前肠的形态参数

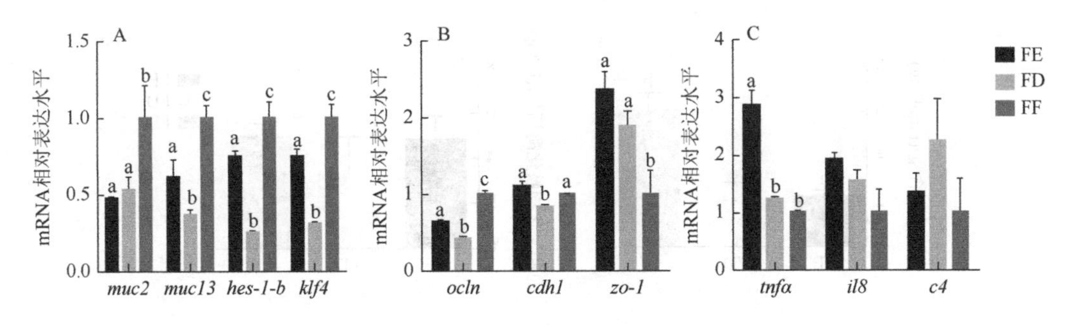

图 4-24 各饲料投喂组卵形鲳鲹幼鱼肠道紧密连接、炎症因子相关基因 mRNA 表达水平（$n=6$）

2. 不同饲料投喂组鱼肠和血清非特异性免疫和抗氧化指标的比较

由图 4-25 可知，EPA 纯化油（FE）组鱼肠的酸性磷酸酶（ACP）活性显著高于 DHA（FD）和鱼油（FF）组，其碱性磷酸酶（ALP）活性显著高于 FF 组（$P<0.05$）；而 FE 和 FD 组鱼肠的溶菌酶（LZM）活性和血清二胺氧化酶（DAO）活性则显著低于 FF 组。但是，肠道免疫与抗氧化相关基因中，除肿瘤坏死因子（*tnfα*）的 mRNA 在 FE 组显著高于其他两种外，白细胞介素 8（*il8*）和补体 4（*c4*）的 mRNA 表达量在三组间无显著差异（图 4-24C）。此外，FE 和 FD 组鱼肠的丙二醛（MDA）含量显著低于 FF 组（图 4-26）。上述结果表明，饲料中含有较高水平 EPA 或 DHA，尤其是 EPA，有助于提高卵形鲳鲹肠道的免疫和抗氧化性能。

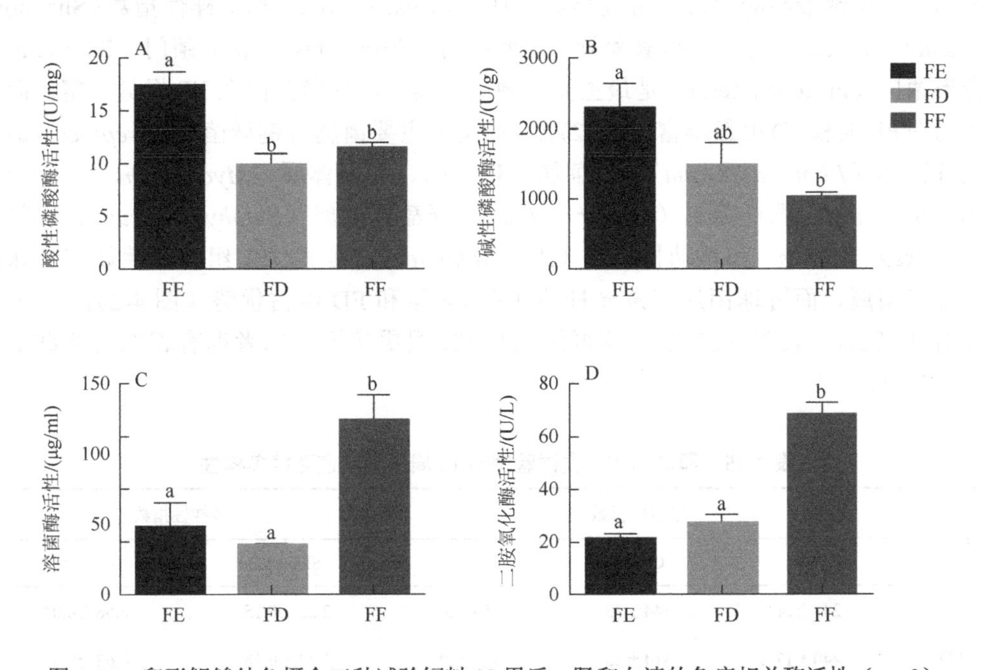

图 4-25 卵形鲳鲹幼鱼摄食三种试验饲料 10 周后，肠和血清的免疫相关酶活性（$n=3$）

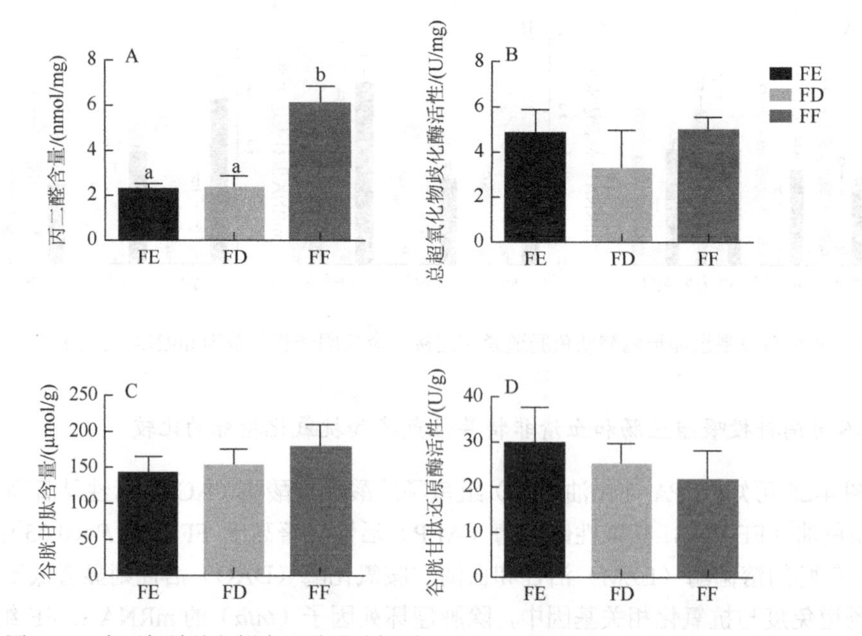

图 4-26　卵形鲳鲹幼鱼摄食三种试验饲料 10 周后，肠的抗氧化相关酶活性（$n=3$）

3. 不同饲料投喂组鱼肠内容物的菌群结构比较

对三种饲料投喂组鱼的肠道内容物 16S rRNA 测序结果（表 4-45）进行比较分析发现，FF 组呈现最高的菌群丰富度指数（OTUs，Chao1，ACE）和多样性指数（Shannon，Simpson），虽然三组之间无显著差异。厚壁菌门（Firmicutes）、软壁菌门（Tenericutes）和变形菌门（Proteobacteria）是最主要的菌门；其中，变形菌门在 FF 组最丰富，而厚壁菌门在 FE 组和 FD 组最丰富（图 4-27A）。肠道的主要菌属有链球菌属（*Streptococcus*）、发光杆菌属（*Photobacterium*）、弧菌属（*Vibrio*）、支原体属（*Mycoplasma*）、芽孢杆菌属（*Bacillus*）、乳杆菌属（*Lactobacillus*）、葡萄球菌属（*Staphylococcus*）、假单胞菌属（*Pseudomonas*）和不动杆菌属（*Acinetobacter*）；其中，FF 组以弧菌属和链球菌属为优势菌属，而链球菌属和发光杆菌属在 FE 组和 FD 组占优势（图 4-27B）。主坐标分析（PCoA）表明，FF 组的菌群组成与 FD 组更接近，二者拥有相似的菌群结构（图 4-27C）。

表 4-45　卵形鲳鲹摄食试验饲料 10 周后的肠道菌群多样性

组别	丰富度指数			多样性指数	
	OTUs	Chao1	ACE	Shannon	Simpson
FE	241±21	344±33	366±33	2.22±0.15	0.58±0.04
FD	240±17	314±23	347±28	2.32±0.18	0.62±0.05
FF	358±81	455±89	475±91	2.72±0.25	0.66±0.04

注：所有数值均以平均值±标准误来表示（$n=6$）。

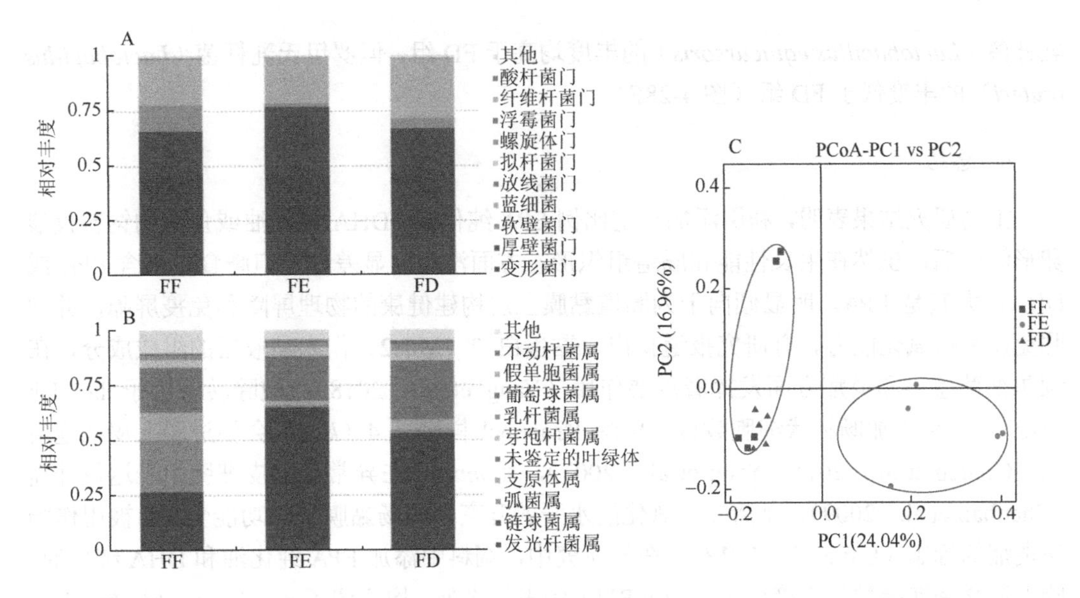

图 4-27　卵形鲳鲹摄食试验饲料 10 周后的肠道菌群组成及其二维 PCoA（后附彩图）

与 FF 组相比，FE 组的链球菌属（*Streptococcus*）的相对丰度大幅升高，但弧菌属（*Vibrio*）的相对丰度则显著降低（图 4-28A）；FD 组的弧菌属（*Vibrio*）的相对丰度也大幅降低，但葡萄球菌属（*Staphylococcus*）的相对丰度则增加（图 4-28B）；同时，FD 组的葡萄球菌属的丰度高于 FE 组（图 4-28C）。此外，FE 组的乳酸乳球菌（*Lactococcus lactis*）和 FD 组的克劳氏芽孢杆菌（*Bacillus clausii*）的丰度均显著高于 FF 组（图 4-28D，E）；并且，FE 组的乳酸乳球菌（*Lactococcus lactis*）、棉子糖乳球菌（*Lactococcus raffinolactis*）、瑞士乳杆菌（*Lactobacillus helveticus*）、肠膜明串珠菌（*Leuconostoc mesenteroides*）和马

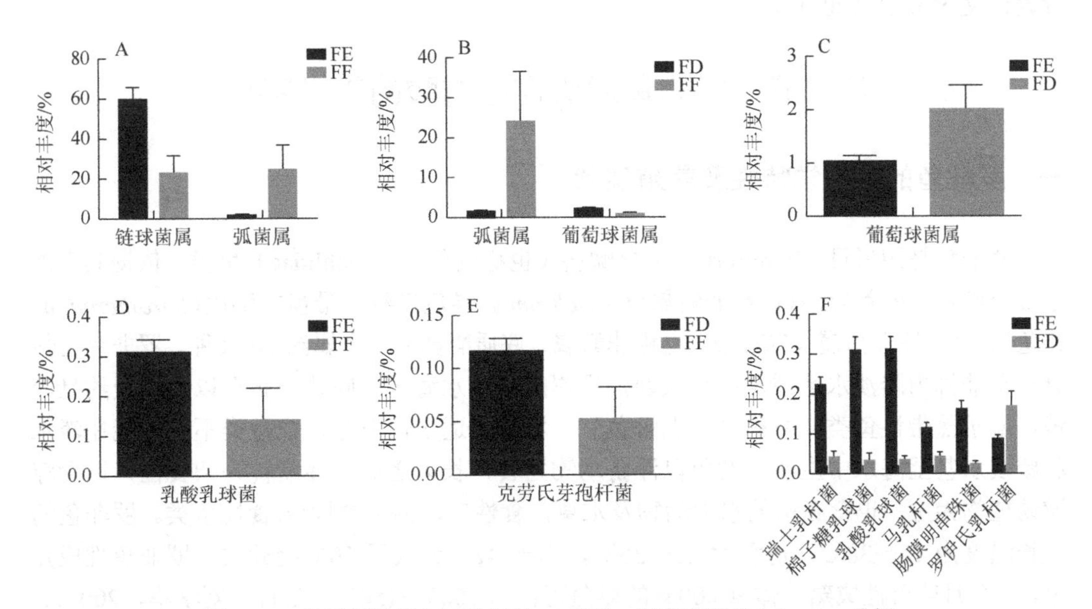

图 4-28　卵形鲳鲹摄食试验饲料 10 周后，肠道菌群的 MetaStat 分析

乳杆菌（*Lactobacillus equicursoris*）的丰度均高于 FD 组，但罗伊氏乳杆菌（*Lactobacillus reuteri*）的丰度低于 FD 组（图 4-28F）。

4. 总结

上述研究结果表明，利用添加一定比例 EPA 纯化油、DHA 纯化油或鱼油的饲料投喂卵形鲳鲹后，虽然在生长性能和肠道组织形态方面没有明显差异，但膳食中富含 EPA 或 DHA，尤其是 EPA，明显倾向于为肠道黏膜上皮构建健康的物理屏障和免疫屏障，并增强免疫和抗氧化能力。有研究报道指出，黏蛋白 2（Muc2）作为黏液层的组成成分，在预防细菌感染和炎症方面发挥着重要作用（Yang et al.，2018），敲除转录因子 hes-1-b（*hes-1-b*）会增加肠杯状细胞数目，敲除 Krueppel 样因子 4（*klf4*）会促进肠上皮细胞增殖（Ghaleb et al.，2011；Yang et al.，2001），而 *muc13* 在异常肠上皮细胞中表达量升高（Chauhan et al.，2009）。血清二胺氧化酶水平的升高表明肠黏膜屏障功能受损，被用作肠道炎症的标志（Liu et al.，2018）。在本研究中，饲料中添加 EPA 纯化油和 DHA 纯化油，除上调紧密连接黏附连接分子 *zo-1* mRNA 的表达之外，均下调了 *muc2*、*muc13*、*hes-1-b*、*klf4* 等与黏液产生及杯状细胞分化相关基因的 mRNA 表达，且显著降低了血清二胺氧化酶水平和肠道丙二醛含量，表明膳食中 EPA 或 DHA 可为肠道黏膜上皮构建健康的物理屏障和免疫屏障，有助于肠道健康。同时，膳食中 n-3 LC-PUFA，尤其是 EPA，可通过抑制肠道病原菌如弧菌和增加肠道益生菌如乳酸杆菌的丰度，发挥消炎作用。这些结果揭示了膳食中的 EPA 或 DHA 有利于卵形鲳鲹的生长、肠道健康和益生菌丰度的增加，而 EPA 的效果更明显，提示配合饲料中添加适量的 EPA 和 DHA 对卵形鲳鲹的生长和肠道健康是非常重要的。研究成果为揭示配合饲料中鱼油脂肪源对养殖鱼类肠道健康和生长的积极作用提供了新的认识和理论支撑，有助于指导鱼类养殖实践，相关内容详见已发表论文 You 等（2021）。

第三节　罗非鱼对必需脂肪酸的需求特性

一、罗非鱼的生物学特性及养殖现状

罗非鱼是鲈形目（Perciformes）慈鲷科（也称丽鱼科，Cichlidae）鱼类。依据其形态学及繁殖行为的差异，有口孵非鲫属（*Oreochromis*，雌鱼口孵）、帚齿非鲫属（*Sarotherodon*，雄鱼口孵）、罗非鱼属（*Tilapia*，也称非鲫属，底质孵卵）三个属约 70 余种。罗非鱼自然分布于非洲内陆淡水水域及中东大西洋沿岸的咸淡水海区，向北分布至以色列及约旦等地，属于热带性鱼类，俗称“非洲鲫鱼”。罗非鱼适应性很强，依种类不同，能在淡水和咸淡水甚至海水中生活。幼鱼以浮游动物为食，长大之后，逐渐转为杂食性，以食浮游动植物为主，也食底栖的水生动物及水草，食性广，为植食性/杂食性鱼类。罗非鱼的生长温度为 16～38℃，适温为 22～35℃，高于 42℃或低于 10℃会死亡。罗非鱼性成熟早，6 个月即可性成熟，体重 200 g 的雌鱼可怀卵 1000～1500 粒左右（刘孝华，2007）；产卵周期短，一年能繁殖几次，且对繁殖条件要求不严格，因此容易进行人工繁殖获得

鱼苗。罗非鱼生长快、食性杂、耐低氧、产量高、繁殖能力强，且肉质细嫩，无肌间刺，适合高密度养殖，其养殖遍布140余个国家和地区，是世界上养殖最为广泛的鱼类之一，也是联合国粮农组织向全世界推广养殖的优良品种，被誉为动物性蛋白质的主要来源之一。

罗非鱼有100多个品种，我国引进的品种有莫桑比克罗非鱼（*Oreochromis mossambicus*）、尼罗罗非鱼（*O. niloticus*）、奥利亚罗非鱼（*O. aurea*）、红罗非鱼（*O. mossambicus*♀×*O. niloticus*♂）等近10种（刘孝华，2007）。据《2021中国渔业统计年鉴》，2020年我国罗非鱼养殖产量为165.5万t，比2019年增产1.37万t，占全国淡水鱼类养殖总产量的6.44%。近二十年来，罗非鱼的养殖规模和产量在我国和全球都在不断扩大。有报道称，到2025年，罗非鱼、鲤鱼和鲶鱼的养殖产量将占到全球鱼类养殖总产量的60%（FAO，2016；Jackson et al.，2020）。在罗非鱼养殖过程中，配合饲料占45%～80%生产成本（Ng and Chong，2004）。因此，设法降低罗非鱼的养殖成本，同时提高养殖产品的品质，对于其养殖生产很有指导意义。尽管饲料蛋白源通常是水产饲料中最昂贵的成分，但采用价格相对较低的植物油替代鱼油也很必要；同时，根据罗非鱼对EFA的需求特性，配制脂肪酸均衡的配合饲料对于提高饲料效率和养殖效益具有重要意义。

二、吉富罗非鱼在不同盐度下的LC-PUFA合成能力及EFA需求特性

鱼类对必需脂肪酸的需求与其体内的LC-PUFA合成能力密切相关。一般认为，淡水鱼类和鲑鳟鱼类具有将18C的α-亚麻酸（ALA）和亚油酸（LA）转化合成LC-PUFA的能力，因此，淡水鱼类的EFA为ALA和LA，使用富含ALA和LA的植物油饲料即可满足其生长发育需要；而绝大部分海水鱼不具备此种能力或该能力很弱，因此，其EFA为LC-PUFA，配合饲料中需要添加一定比例富含LC-PUFA的鱼油才能满足其EFA需要（Tocher，2010）。对于广盐性鱼类来说，其在不同盐度水体中的LC-PUFA合成能力及EFA需求特性较少报道，值得进一步明确。

罗非鱼是起源于海洋的广盐性鱼类，在我国的养殖产量大。不同种类罗非鱼的耐盐能力差别较大，其对水体环境盐度的适应性因种类而异。其中，尼罗罗非鱼被报道具有内源性LC-PUFA合成能力（Agaba et al.，2005；Tocher et al.，2001），在淡水中生长最好（Gan et al.，2016）。吉富罗非鱼（GIFT *Oreochromis niloticus*）（图4-29A）是世界鱼类中心联合挪威、菲律宾有关研究机构协作实施的罗非鱼遗传改良（genetically improved farmed tilapia，GIFT）计划，在菲律宾通过非洲原产地直接引进的四个尼罗罗非鱼品系（埃及、加纳、肯尼亚、塞内加尔）和亚洲养殖比较广泛的四个尼罗罗非鱼品系（以色列、新加坡、泰国、中国台湾），连续12代采取群体杂交、以提高生长性能为选育目的，于2002年培育而成的优良尼罗罗非鱼品系。目前，吉富罗非鱼已被成功引进我国，是正蓬勃发展的一种重要养殖品种。有研究表明，吉富罗非鱼也具有内源性LC-PUFA合成能力（Teoh et al.，2011）。然而，其在不同盐度下的LC-PUFA合成能力如何，目前未见研究报道。为此，本团队以鱼油为对照饲料（D1）的脂肪源；以花生油、大豆油、紫苏籽油为脂肪源，制备亚油酸/α-亚麻酸（LA/ALA）比分别为4.04和0.54的两种试验饲料

（D2 和 D3），饲料配方和常规营养成分及脂肪酸组成分别见表 4-46 和表 4-47。以此三种饲料分别在淡水（0 ppt）和咸淡水（12 ppt 和 24 ppt）中喂养吉富罗非鱼幼鱼 8 周。通过比较不同饲料投喂组鱼的生长性能、组织脂肪酸组成和 LC-PUFA 合成相关基因的 mRNA 表达水平，探讨该鱼在不同盐度下的 LC-PUFA 合成能力及 EFA 需求特性，主要研究内容和结果如下。

图 4-29　吉富罗非鱼（A）和红罗非鱼（B）（后附彩图）

表 4-46　吉富罗非鱼试验饲料配方和常规营养成分　　（单位：%）

项目		D1	D2	D3
组分	酪蛋白	24	24	24
	豆粕	12	12	12
	明胶	6	6	6
	鱼油	8	—	—
	花生油	—	4	4
	大豆油	—	4	—
	紫苏籽油	—	—	4
	木薯淀粉	34.5	34.5	34.5
	其他①	15.5	15.5	15.5
常规营养组成	粗蛋白质	32.06	31.78	31.21
	粗脂肪	7.55	7.22	7.31
	粗灰分	3.23	3.41	3.17

注："—"表示"无"。①包括磷酸钙、多维多矿、甜菜碱、氯化胆碱、纤维素。

表 4-47　吉富罗非鱼试验饲料的脂肪酸组成　　（单位：%总脂肪酸）

主要脂肪酸	D1	D2	D3
14:0	8.34	0.89	1.08
16:0	24.82	10.76	9.81
16:1n-7	5.26	0.34	0.36
18:0	6.24	0.47	0.42

续表

主要脂肪酸	D1	D2	D3
18:1n-9	11.49	41.49	36.64
18:2n-6	5.59	33.42	16.77
18:3n-3	2.65	8.27	30.97
18:3n-6	0.40	—	—
20:1n-9	1.98	2.11	1.98
20:2n-6	2.34	—	—
20:3n-3	2.66	—	—
20:3n-6	0.26	—	—
20:4n-3	0.92	—	—
20:4n-6（ARA）	0.62	—	—
20:5n-3（EPA）	9.16	—	—
22:5n-3（DPA）	0.75	—	—
22:6n-3（DHA）	14.53	—	—
SFA	39.40	12.12	11.31
MUFA	18.73	43.94	38.98
n-6 PUFA	9.21	33.42	16.77
n-3 PUFA	30.58	8.27	30.97
LA/ALA	2.11	4.04	0.54

注：“—”表示未检出。

（一）吉富罗非鱼在不同盐度下的生长性能和全鱼常规营养成分

养殖吉富罗非鱼 8 周后，其生长性能结果见表 4-48。结果显示，各投喂组的存活率无显著差异，且均高于 95%。增重率、特定生长率、饲料系数不受饲料脂肪源影响，但受水体盐度影响。在相同饲料投喂组，罗非鱼在 12 ppt 水体中表现出最高的增重率和特定生长率，且显著高于在 0 ppt 和 24 ppt 水体中的鱼；12 ppt 水体中的 FCR 也最低，显著低于在 0 ppt 水体中的鱼。在相同盐度下，高 LA 饲料组（D2 组）鱼的生长性能最好，但与鱼油组（D1）和高 ALA 饲料（D3）组鱼无显著差异。此外，吉富罗非鱼全鱼的常规营养成分不受饲料脂肪源和水体盐度的影响（表 4-49）。

（二）吉富罗非鱼在不同盐度下的肌肉和肝脏脂肪酸组成

利用三种饲料在不同盐度下养殖吉富罗非鱼的肌肉脂肪酸组成见表 4-50（差异性未标出）。用 two-way ANOVA 分析显示，肌肉的脂肪酸组成在很大程度上受饲料脂肪酸组成的影响，只有少数 PUFA 如 18:2n-6、20:4n-6、20:4n-3 和 22:5n-3 受水体盐度的影响较大。在相同饲料投喂组，肌肉的 ARA（20:4n-6）水平在咸淡水（12 ppt 和 24 ppt）中高于淡水。在相同水体盐度下，两种植物油饲料投喂组鱼肌肉的 EPA 和 DHA 水平显著低于鱼油组（$P<0.05$）；高 LA 饲料组（D2 组）鱼肌肉的 ARA 水平显著高于高 ALA 饲料组（D3 组），但与鱼油组相比差异不显著（$P>0.05$）。

肝脏的脂肪酸组成见表 4-51（差异性未标出）。用 two-way ANOVA 分析显示，饲料脂肪源对 ALA、LA、ARA、EPA 和 DHA 水平有影响，而水体盐度对 ARA 和 EPA 水平有影响。在相同饲料投喂组，D3 组鱼肝脏的 EPA 水平在咸淡水（12 ppt 和 24 ppt）中高于淡水（$P<0.05$）。在相同水体盐度下，鱼油组肝脏的 DHA 水平显著高于两种植物油组，而高 ALA 饲料组（D3 组）肝脏的 DHA 水平显著高于高 LA 饲料组（D2 组）（$P<0.05$）；同时，D2 组肝脏的 ARA 含量显著高于 D3 组（$P<0.05$），但与鱼油组差异不显著（$P>0.05$）。

表 4-48 利用三种饲料养殖吉富罗非鱼幼鱼 8 周后的生长性能情况

生长指标	D1			D2			D3		
	0 ppt	12 ppt	24 ppt	0 ppt	12 ppt	24 ppt	0 ppt	12 ppt	24 ppt
初始体重/g	20.14±0.25	20.09±0.43	19.88±0.50	20.14±0.15	20.06±0.40	20.02±0.21	20.00±0.24	20.16±0.11	20.58±0.42
终末体重/g	58.41±0.67^{b}	63.59±1.05^{a}	59.08±3.52^{b}	59.28±1.81^{b}	65.24±2.69^{a}	62.50±1.86^{ab}	58.16±1.85^{b}	63.67±1.89^{a}	60.14±1.95^{b}
增重率/%	190.08±5.35^{b}	216.52±1.56^{a}	196.6±11.32^{b}	194.29±6.82^{b}	225.24±11.08^{a}	212.15±6.52^{ab}	190.71±7.18^{b}	215.89±10.43^{a}	192.03±3.60^{b}
特定生长率/(%/d)	1.90±0.03^{b}	2.06±0.01^{a}	1.94±0.07^{b}	1.93±0.04^{b}	2.10±0.06^{a}	2.03±0.04^{ab}	1.90±0.04^{b}	2.05±0.06^{a}	1.91±0.02^{b}
饲料系数	1.24±0.02^{a}	1.08±0.01^{b}	1.23±0.10^{a}	1.21±0.05^{a}	1.05±0.06^{b}	1.11±0.04^{ab}	1.24±0.06^{a}	1.09±0.05^{b}	1.19±0.04^{ab}
存活率/%	98.33±0.02	98.33±0.02	95.0±0.03	100.0±0	98.33±0.02	95.0±0.05	96.67±0.03	98.33±0.02	96.67±0.02

注：数据为平均值±标准误（$n=3$），在各饲料投喂组，不同盐度组无相同上标字母者表示相互间差异显著（$P<0.05$）；无标注数据相互间无差异。

表 4-49 利用三种饲料养殖吉富罗非鱼幼鱼 8 周后的全鱼常规营养成分 （单位：%湿重）

常规营养成分	D1			D2			D3		
	0 ppt	12 ppt	24 ppt	0 ppt	12 ppt	24 ppt	0 ppt	12 ppt	24 ppt
水分	70.29±0.32	68.67±0.26	68.20±0.84	69.13±0.24	70.20±0.57	68.94±0.74	70.23±0.10	68.79±0.18	70.33±0.55
粗蛋白质	16.39±0.23	16.33±0.14	16.77±0.24	17.46±0.16	16.44±0.23	17.19±0.26	16.40±0.25	17.27±0.21	16.49±0.14
粗脂肪	6.50±0.12	6.58±0.19	7.10±0.14	6.76±0.13	6.98±0.3	6.73±0.10	6.41±0.16	6.56±0.14	6.62±0.18
粗灰分	4.45±0.16	4.13±0.11	4.05±0.22	4.29±0.05	4.48±0.21	4.15±0.10	4.33±0.12	4.71±0.06	4.42±0.14

注：数据为平均值±标准误（$n=3$）。

表 4-50 利用三种饲料养殖吉富罗非鱼幼鱼 8 周后的肌肉脂肪酸组成 （单位：%总脂肪酸）

主要脂肪酸	D1			D2			D3		
	0 ppt	12 ppt	24 ppt	0 ppt	12 ppt	24 ppt	0 ppt	12 ppt	24 ppt
18:1n-9	18.59±0.99	16.83 ±1.14	15.41±0.25	26.63±1.49	34.78±0.77	28.02±2.04	27.28±1.69	32.48±0.99	31.54±1.44
18:2n-6	5.08±0.19	4.72±0.12	4.46±0.46	13.72±0.24	10.00±0.66	14.09±0.61	6.31±0.36	4.81±0.66	6.64±1.45
18:3n-3	0.50±0.01	0.51±0.01	0.44±0.04	1.21±0.07	1.20±0.08	2.31±0.13	8.67±0.29	6.96±0.89	8.92±1.65
20:2n-6	0.52±0.04	0.50±0.12	0.48±0.04	1.23±0.06	0.86±0.19	0.89±0.11	0.72±0.05	0.73±0.24	0.64±0.10
20:4n-3	3.54±0.25	3.76±0.21	3.42±0.11	3.65±0.31	1.37±0.11	2.94±0.08	2.50±0.24	1.71±0.59	1.53±0.26
20:4n-6	1.71±0.06	2.15±0.07	2.67±0.13	1.75±0.05	2.62±0.05	2.42±0.06	0.80±0.03	1.78±0.12	1.44±0.14
20:5n-3	3.17±0.20	3.82±0.17	3.81±0.13	1.50±0.13	1.05±0.09	1.55±0.12	2.51±0.21	1.67±0.08	2.07±0.43
22:5n-3	1.51±0.09	1.49±0.09	1.41±0.07	4.85±0.41	2.06±0.01	2.85±0.12	1.58±0.14	1.40±0.13	1.63±0.44
22:6n-3	19.83±1.48	19.66±1.94	20.48±0.06	7.37±0.83	7.89±0.31	7.79±1.03	10.47±0.88	10.08±0.88	9.23±0.42
SFA	35.99±1.03	37.63±1.27	38.17±0.88	30.38±0.93	31.55±1.13	30.68±1.13	30.84±0.51	30.12±0.68	28.37±0.64
MUFA	26.49±0.58	24.88±1.74	23.12±0.12	32.46±1.47	41.12±0.92	33.70±2.14	33.08±1.84	38.49±1.22	37.15±1.79
n-6 PUFA	7.31±0.17	7.67±0.16	7.61±0.18	16.71±0.14	13.48±0.24	17.40±0.43	7.84±0.20	7.32±0.23	8.72±0.46
n-3 PUFA	28.55±1.61	30.25±1.33	29.57±0.18	18.59±1.45	13.56±0.28	17.44±1.71	25.73±1.45	21.83±0.80	23.38±2.28
DHA + EPA	23.00±0.29	23.48±0.17	24.29±0.18	8.87±0.18	8.94±0.29	9.34±0.28	12.98±0.25	11.75±0.25	11.30±0.25

注：数据为平均值±标准误（$n=3$）。

表 4-51　利用三种饲料养殖吉富罗非鱼幼鱼 8 周后的肝脏脂肪酸组成　（单位：%总脂肪酸）

主要脂肪酸	D1			D2			D3		
	0 ppt	12 ppt	24 ppt	0 ppt	12 ppt	24 ppt	0 ppt	12 ppt	24 ppt
18:1n-9	19.62±1.67	18.40±0.37	16.98±0.51	29.55±1.53	31.69±2.53	32.54±0.68	31.55±0.86	33.02±0.98	31.94±1.55
18:2n-6	3.04±0.50	5.32±0.31	4.77±0.32	10.21±1.29	15.40±0.97	12.70±0.55	5.38±0.79	5.04±0.64	5.23±1.27
18:3n-3	0.49±0.08	1.53±0.12	1.47±0.20	1.43±0.36	1.96±0.20	3.09±0.24	7.06±0.11	6.36±0.45	7.13±1.01
20:2n-6	0.72±0.17	0.82±0.07	0.56±0.12	0.54±0.07	1.00±0.17	0.67±0.06	0.36±0.03	0.51±0.04	0.69±0.11
20:4n-3	1.29±0.15	1.13±0.04	1.87±0.38	3.02±1.11	3.41±0.76	2.62±0.15	0.81±0.08	1.02±0.08	1.25±0.22
20:4n-6	1.72±0.09	2.14±0.06	0.80±0.14	2.44±0.42	1.21±0.16	0.81±0.05	0.61±0.07	0.77±0.11	0.88±0.34
20:5n-3	3.26±0.26	3.23±0.22	3.31±0.26	1.07±0.18	2.81±0.16	0.79±0.07	0.81±0.08	1.76±0.06	2.18±0.49
22:5n-3	4.23±0.09	3.57±0.12	2.77±0.83	6.20±0.26	3.65±0.95	2.56±0.31	2.13±0.05	1.55±0.40	3.49±1.13
22:6n-3	19.16±1.10	18.79±0.92	20.10±1.41	7.35±0.66	8.08±0.10	7.72±0.99	10.29±0.59	10.90±0.68	10.56±0.68
SFA	37.32±0.56	36.50±0.61	38.10±0.41	30.72±0.39	28.55±1.22	29.46±0.48	32.56±0.61	33.12±1.34	29.89±1.42
MUFA	24.16±0.99	22.43±0.40	21.52±1.24	31.72±1.64	34.38±2.69	35.62±0.75	35.00±0.87	35.48±1.15	34.63±1.84
n-6 PUFA	5.48±0.42	8.29±0.35	6.14±0.13	13.19±0.82	17.61±0.67	14.18±0.54	6.34±0.84	6.32±0.50	6.80±0.90
n-3 PUFA	24.20±1.04	24.67±0.61	26.74±0.70	12.86±1.84	16.26±0.81	14.24±1.02	18.96±0.45	20.04±0.26	21.12±0.56
DHA + EPA	23.39±1.19	22.36±1.03	22.86±2.12	13.55±0.92	11.73±1.05	10.28±1.30	12.42±0.56	12.45±0.33	14.05±1.78

注：数据为平均值±标准误（$n=3$）。

（三）吉富罗非鱼在不同盐度下 LC-PUFA 合成关键酶基因和转录因子的 mRNA 表达情况

吉富罗非鱼 LC-PUFA 生物合成途径的关键酶 Δ5Δ6 *fads2*、Δ4 *fads2* 和 *elovl5* 基因在肝脏中的 mRNA 表达结果见图 4-30，转录因子（*pparα*、*srebp-1*、*hnf4α* 和 *lxr*）基因的 mRNA 表达结果见图 4-31。结果显示，Δ5Δ6 *fads2* 的 mRNA 表达受饲料脂肪源影响。在相同水体盐度下，Δ5Δ6 *fads2* 的 mRNA 水平在高 LA 饲料组（D2 组）中的表达量显著高于鱼油组（$P<0.05$）。水体盐度影响 *elovl5* 的 mRNA 水平，D1 和 D3 组的 *elovl5* 在 24 ppt 盐度时的 mRNA 表达水平显著高于在 0 ppt 盐度下的水平（$P<0.05$）。Δ4 *fads2* 基因的表达不受饲料脂肪源和水体盐度的影响。*pparα* 基因的 mRNA 表达水平随着水体盐度的增加而增加，D3 组的 *pparα* mRNA 在 24 ppt 水体中的表达水平显著高于在淡水中的表达水平（$P<0.05$）。*srebp*-1、*hnf4α* 和 *lxr* 的 mRNA 表达水平受饲料脂肪源影响，鱼油组的 *srebp-1* mRNA 表达水平显著高于两植物油组（$P<0.05$）。

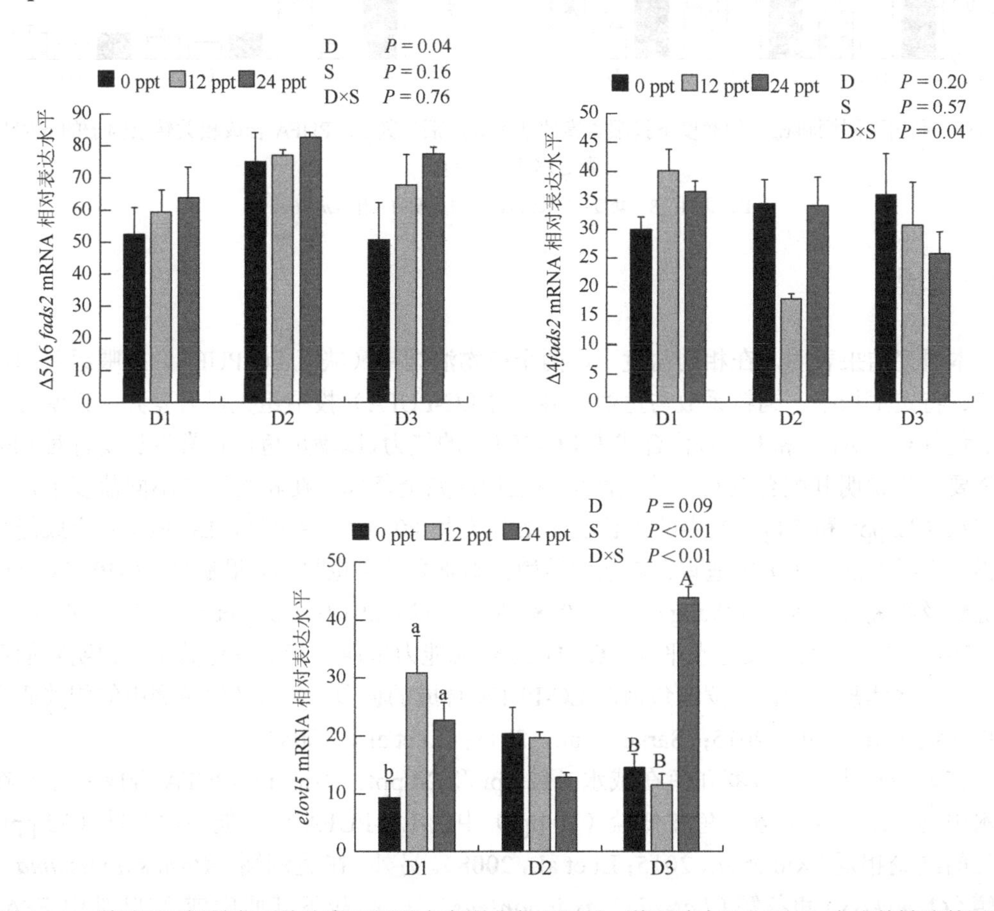

图 4-30　利用不同饲料在三种盐度下投喂吉富罗非鱼 8 周后，其肝脏中 LC-PUFA 合成关键酶基因的 mRNA 表达水平

D：饲料；S：盐度；D×S：饲料与盐度的互作（$n=6$）。

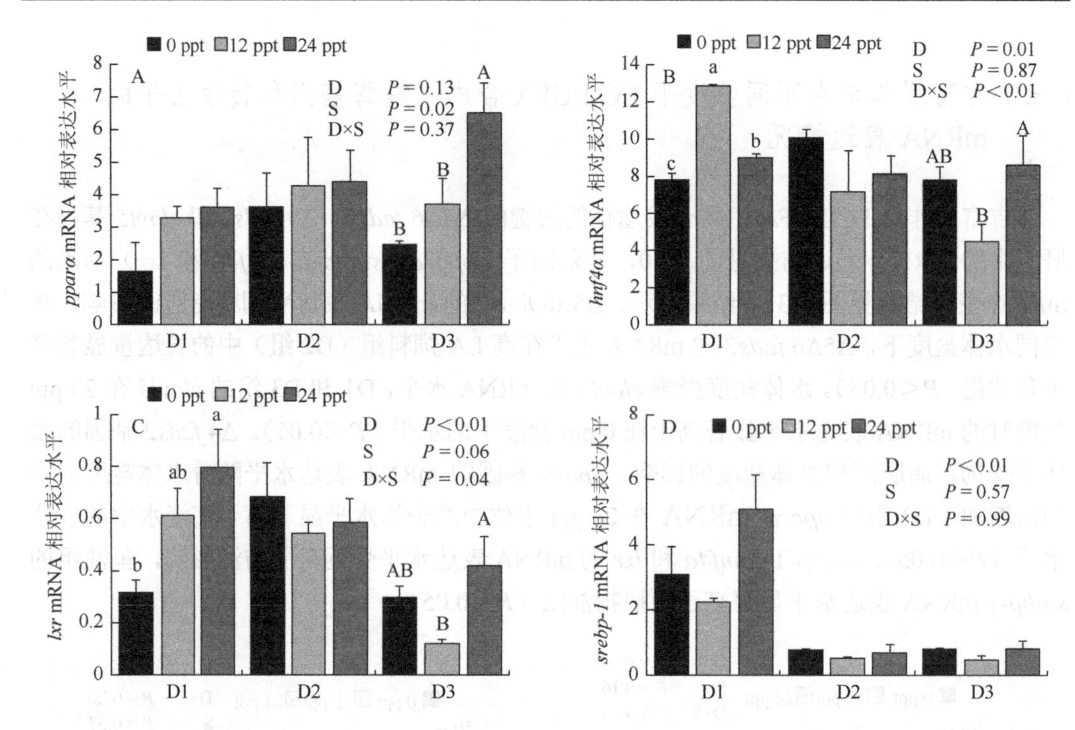

图 4-31　利用不同饲料在三种盐度下投喂吉富罗非鱼 8 周后，其 LC-PUFA 合成相关转录因子的 mRNA 表达水平（$n = 6$）

D：饲料；S：盐度；D×S：饲料与盐度的互作（$n = 6$）。

（四）总结

本研究结果表明，在相同盐度下，两个植物油饲料（缺乏 LC-PUFA）投喂组鱼的增重率、特定生长率、饲料系数与鱼油饲料（含 LC-PUFA）投喂组无显著差异，说明吉富罗非鱼具有将 ALA 和 LA 转化合成为 LC-PUFA 的能力，以满足鱼体正常生长发育对 EFA 的需要，也说明其配合饲料中的鱼油可用植物油完全替代。在相同饲料不同盐度下，其在咸水（12 ppt 和 24 ppt）中的生长性能比在淡水（0 ppt）中更好，LC-PUFA 合成能力更强，说明吉富罗非鱼更适宜在咸水中养殖。本研究结果也显示，肝脏中 LC-PUFA 合成关键酶及相关转录因子（Wang et al.，2018；You et al.，2017；Dong et al.，2016；Zhang et al.，2016）的 mRNA 表达水平与 LC-PUFA 合成能力呈现平行的变化关系，说明它们可能参与了水体盐度对吉富罗非鱼内源 LC-PUFA 合成的调节，这与其他鱼类中的相关研究结果一致（Xie et al.，2015；Sarker et al.，2011；Li et al.，2008）。

在本研究中，吉富罗非鱼在咸水（12 ppt 和 24 ppt）中的 LC-PUFA 合成能力比在淡水中强，这与黄斑蓝子鱼在低盐（10 ppt）中的 LC-PUFA 合成能力比高盐（32 ppt）中强的结论相反（Xie et al.，2015; Li et al.，2008）。另外，在美洲鲥（*Alosa sapidissima*）、虹鳟（*O. mykiss*）和花鲈（*Lateolabrax japonicus*）中，高盐下其肌肉或/和肝脏中 EPA、DHA 含量的增加（Liu et al.，2017；Xu et al.，2010；Haliloğlu et al.，2004）。这些结果说明，不同鱼类的 LC-PUFA 合成能力与水体盐度的关系存在种间差异，这可能与其在不同盐度下生活的功能调节需要有关。因为LC-PUFA是参与构建细胞膜的主要成分，当环境盐度变化时，鱼体可能通过改变内源的LC-PUFA生物合成能力，改变膜的流动性和渗透性来维持体内外渗透平衡。水体盐度与鱼体内的LC-PUFA生物合成之间的联系，可能取决于低盐或高盐水体对该鱼种的实际挑战（Fonseca-Madrigal et al.，2012）。

关于尼罗罗非鱼的EFA需求，很早之前就有研究报道，表明在膳食中需要提供LA才能满足其生长需求（Teshima et al.，1982）。也有研究表明，在膳食中直接提供n-6 LC-PUFA如ARA是满足尼罗罗非鱼生理需求的更有效的方法（Takeuchi et al.，1983）。但是，也有研究报道，尼罗罗非鱼在膳食中也需要提供一定量的n-3 PUFA如ALA（Chen et al.，2013）。Jackson等（2020）通过给尼罗罗非鱼投喂七种含不同脂肪酸组成的配合饲料，对其必需脂肪酸需求进行再评估，发现在尼罗罗非鱼的配合饲料中使用含LA与ALA的混合植物油完全可以满足机体生理活动对LC-PUFA的需求，且适宜的LA/ALA比对尼罗罗非鱼非常重要，因为LA和ALA是鱼类LC-PUFA生物合成途径中第一个限速酶Δ6 Fads2的竞争性底物（Glencross，2009）。本研究结果也说明，LA/ALA比为4.04的配合饲料较LA/ALA比为0.54更适合吉富罗非鱼的养殖。本研究成果为不同盐度下养殖吉富罗非鱼配合饲料的科学配制，特别是脂肪源选择和脂肪酸构成提供了科学依据，对于提高饲料效率、降低饲料成本及提高养殖产品的营养价值和品质等具有重要意义，相关内容详见已发表论文You等（2019）。

三、吉富罗非鱼LC-PUFA合成能力的组织特异性及饲料中的LA/ALA适宜比

早期研究表明，饲料中添加LA即可满足罗非鱼正常生长对EFA的需求（Teshima et al.，1982），且摄食富含LA豆油饲料的罗非鱼的生长性能优于鱼油饲料（Mulligan and Trushenski，2013）。然而，近年来的研究发现，饲料中添加0.45%～0.70% ALA有利于罗非鱼的生长，且富含ALA的饲料养殖罗非鱼的n-3 LC-PUFA含量更高（Chen et al.，2013；Nobrega et al.，2017）。同时，罗非鱼具有将LA和ALA转化为n-6和n-3 LC-PUFA的完整酶体系（包括Δ6Δ5 Fads2、Δ4 Fads2、Elovl5）（Nobrega et al.，2013；Oboh et al.，2017）。在上一节的研究表明，吉富罗非鱼在淡水（0 ppt）和咸淡水（12 ppt和24 ppt）养殖条件下都具有较高的LC-PUFA合成能力。然而，与野生罗非鱼相比，养殖罗非鱼的Omega-6脂肪酸含量较高，Omega-3脂肪酸含量较低（Ng and Romano，2013），从而降低了养殖罗非鱼的营养价值。那么，养殖罗非鱼n-3 LC-PUFA水平低是因为n-3 LC-PUFA合成能力弱，还是饲料ALA底物水平低引起的，尚不清楚。此外，罗非鱼LC-PUFA合成能力的组织特异性如何也不清楚。为了探讨这些问题，本研究以大豆油和亚麻籽油为脂肪源，配制LA/ALA比分别为9、6、3、1的4种等氮（32%）等脂（10%）配合饲料（D1～D4），饲料配方常规营养成分和脂肪酸组成见表4-52。以此4种饲料养殖吉富罗非鱼幼鱼10周，通过比较不同饲料投喂组鱼的生长性能，肝脏、肠和脑的脂肪酸组成，评估其LC-PUFA合成能力的组织特异性及饲料的LA/ALA适宜比。主要研究内容及结果如下。

表 4-52　饲料配方、常规营养成分和脂肪酸组成　（单位：%）

项目		D1	D2	D3	D4
组分	标准面粉	16.00	16.00	16.00	16.00
	菜粕	24.00	24.00	24.00	24.00
	豆粕	40.00	40.00	40.00	40.00
	豆油	9.00	8.48	7.10	3.64
	亚麻籽油	—	0.52	1.90	5.36
	多维①	0.50	0.50	0.50	0.50
	多矿②	0.50	0.50	0.50	0.50
	其他③	10	10	10	10
常规营养成分	干物质	90.78	91.07	91.00	90.93
	粗蛋白质	32.35	33.13	33.41	32.74
	粗脂肪	10.07	9.87	10.03	10.17
	粗灰分	10.09	11.12	10.35	10.90
主要脂肪酸	16:0	10.93	10.61	10.48	8.75
	18:0	4.52	4.14	4.25	3.96
	20:0	0.46	0.44	0.66	1.82
	16:1	2.71	0.32	0.23	0.18
	18:1	23.2	25.47	25.91	25.07
	20:1	0.67	0.5	0.44	0.32
	18:2n-6（LA）	50.45	48.03	42.85	30.59
	20:4n-6（ARA）	—	—	—	—
	18:3n-3（ALA）	5.69	7.84	13.56	27.73
	20:5n-3（EPA）	—	—	—	—
	22:6n-3（DHA）	—	—	—	—
	SFA	15.91	15.19	15.39	14.53
	MUFA	25.91	25.79	26.14	25.25
	PUFA	56.14	55.87	56.41	58.32
	LA/ALA	8.67	6.13	3.16	1.10

注：①多维（mg/kg 或 IU/kg）：维生素 A 2000 IU，维生素 D_3 700 IU，维生素 E 10 mg，维生素 K_3 2.5 mg，硫胺素 2.5 mg，核黄素 5 mg。②多矿（mg/kg 或 g/kg）：钙 230 g，钾 36 g，镁 9 g，铁 10 g，锌 8 g，锰 1.9 g，铜 1.5 g，钴 250 mg，碘 32 mg，硒 50 mg。③包括微晶纤维素、磷酸二氢钙、赖氨酸、蛋氨酸、氯化胆碱。“—”表示“无”。

（一）不同饲料投喂组鱼的生长性能及全鱼常规营养成分

如表 4-53 所示，不同饲料投喂组吉富罗非鱼的增重率、特定生长率、饲料系数、肝体比、脏体比，全鱼水分、粗蛋白质、粗脂肪和粗灰分含量均无显著影响（$P>0.05$）。

但是，D2～D4 组鱼的肥满度显著小于 D1 组（$P<0.05$），D3 组和 D4 组全鱼的粗脂肪含量显著小于 D1 组（$P<0.05$）。结果表明，饲料 LA/ALA 比对吉富罗非鱼幼鱼的生长无影响，但 LA/ALA 比较低的饲料（D3～D4 组）可降低肥满度和粗脂肪含量。

表 4-53　各饲料投喂组吉富罗非鱼幼鱼的生长性能及全鱼常规营养成分

项目		D1	D2	D3	D4
生长指标	初始体重/g	39.76±0.08	40.12±0.17	40.00±0.28	40.33±0.43
	终末体重/g	195.54±9.41	170.38±2.81	206.42±19.87	170.93±7.49
	增重率/%	393.24±23.26	326.91±7.08	414.00±49.54	326.98±15.5
	特定生长率/(%/d)	2.01±0.06	1.83±0.02	2.06±0.13	1.84±0.05
	饲料系数	1.52±0.04	1.48±0.05	1.46±0.06	1.55±0.07
	存活率/%	100	100	100	100
	肝体比/%	1.53±0.12	1.46±0.06	1.60±0.07	1.38±0.06
	脏体比/%	8.49±0.21	8.91±0.12	8.34±0.23	8.44±0.18
	肥满度/（g/cm^3）	$4.05±0.06^a$	$3.77±0.08^b$	$3.72±0.09^b$	$3.76±0.04^b$
常规营养成分/%湿重	水分	73.9±0.27	73.11±0.49	73.62±0.94	75.73±1.09
	粗蛋白质	13.82±0.57	14.32±0.62	13.50±0.72	12.98±1.02
	粗脂肪	$6.38±0.21^a$	$5.64±0.15^{ab}$	$5.55±0.07^b$	$4.86±0.12^b$
	粗灰分	3.8±0.15	3.79±0.6	3.71±0.48	3.48±0.56

注：数据为平均值±标准误（$n=3$），同行中，无相同上标字母者表示相互间差异显著（$P<0.05$）。

（二）不同饲料投喂组鱼的血清生化指标

如表 4-54 所示，各饲料投喂组鱼血清的总胆固醇、低密度脂蛋白和高密度脂蛋白含量，以及碱性磷酸酶、谷草转氨酶和谷丙转氨酶活性均无显著影响（$P>0.05$）。D3 组和 D4 组鱼血清的甘油三酯含量显著低于 D1 组鱼（$P<0.05$），而 D2 组鱼血清游离脂肪酸含量显著高于 D1 组（$P<0.05$）。D3 组鱼血清酸性磷酸酶活性显著高于其他各组（$P<0.05$）。结果表明，投喂 LA/ALA 为 3 的饲料（D3）可降低血清甘油三酯含量和提高酸性磷酸酶酶活性，促进血脂转运和提高鱼体的非特异性免疫能力，从而有利于罗非鱼的健康。

表 4-54　各饲料投喂组吉富罗非鱼幼鱼血清生化指标

血清生化指标	D1	D2	D3	D4
谷丙转氨酶/(U/L)	2.47±0.5	3.22±0.37	3.99±0.71	2.73±0.29
谷草转氨酶/(U/L)	4.13±0.79	3.28±0.37	3.81±0.44	4.18±0.59
低密度脂蛋白/(mmol/L)	0.21±0.03	0.34±0.09	0.29±0.06	0.27±0.02
高密度脂蛋白/(mmol/L)	0.38±0.09	0.39±0.05	0.45±0.07	0.58±0.06

续表

血清生化指标	D1	D2	D3	D4
酸性磷酸酶/(U/100 mL)	5.19±0.47[b]	4.63±0.38[b]	6.93±0.1[a]	5.30±0.72[b]
碱性磷酸酶/(U/100 mL)	2.08±0.17	1.83±0.22	1.94±0.1	1.95±0.18
总胆固醇/(mmol/L)	3.42±0.32	3.95±0.62	2.89±0.19	4.09±0.43
甘油三酯/(mmol/L)	2.11±0.14[a]	1.96±0.3[ab]	1.67±0.25[b]	1.43±0.10[b]
游离脂肪酸/(mmol/L)	0.18±0[b]	0.26±0.02[a]	0.21±0.01[ab]	0.21±0.03[ab]

注：数据为平均值±标准误（$n=3$），同行中，无相同上标字母者表示相互间差异显著（$P<0.05$）。

（三）不同饲料投喂组鱼的组织脂肪酸组成

各饲料投喂组吉富罗非鱼脑的脂肪酸组成见表 4-55。结果显示，其 SFA、MUFA、n-6 和 n-3 LC-PUFA 水平均无显著差异（$P>0.05$），ALA 水平随着饲料 LA/ALA 比的降低而显著升高（$P<0.05$），提示吉富罗非鱼脑组织的 LC-PUFA 合成能力缺乏或很弱。

各饲料投喂组吉富罗非鱼肝脏的脂肪酸组成见表 4-55。结果显示，随着饲料 LA/ALA 比降低，肝脏 LA 及其代谢产物 18:3n-6 水平显著下降（$P<0.05$），而 20:3n-6 和 20:4n-6 及 n-6 LC-PUFA 水平无组间差异（$P>0.05$）；相反，肝脏的 ALA、EPA、DHA 和 n-3 LC-PUFA 水平显著升高（$P<0.05$）。这些结果说明，吉富罗非鱼的肝脏 n-3 LC-PUFA 合成能力较强，但 n-6 LC-PUFA 合成能力很弱。

表 4-55　各饲料投喂组吉富罗非鱼幼鱼脑、肝脏、肠脂肪酸组成　（单位：%总脂肪酸）

主要脂肪酸		D1	D2	D3	D4
脑	16:0	17.82±0.17[a]	16.29±0.41[b]	14.92±0.49[c]	15.41±0.21[bc]
	18:0	12.16±0.53	12.02±0.62	10.64±1.03	11.54±0.39
	18:1n-9	20.46±0.35[b]	21.4±0.36[ab]	22.14±0.52[a]	21.07±0.14[ab]
	18:2n-6（LA）	10.73±0.96	11.56±1.30	12.28±2.18	11.34±0.76
	18:3n-6	0.46±0.04	0.55±0.03	0.49±0.04	0.39±0.05
	20:3n-6	0.74±0.02	0.79±0.02	0.74±0.01	0.71±0.02
	20:4n-6（ARA）	0.46±0.06	0.43±0.05	0.38±0.07	0.35±0.06
	18:3n-3（ALA）	1.38±0.11[c]	1.82±0.22[c]	4.64±0.46[b]	6.31±0.44[a]
	20:5n-3（EPA）	1.64±0.15	1.71±0.15	1.74±0.18	1.77±0.14
	22:5n-3	0.43±0.04	0.47±0.02	0.48±0.04	0.67±0.05
	22:6n-3（DHA）	13.91±0.26	14.59±0.81	15.12±1.96	15.08±0.46
	n-6 LC-PUFA	1.25±0.07	1.20±0.06	1.14±0.06	1.11±0.05
	n-3 LC-PUFA	17.26±1.65	18.18±1.06	19.00±2.23	18.88±0.93

续表

	主要脂肪酸	D1	D2	D3	D4
肝脏	16:0	15.6±1.13[a]	12.8±0.38[b]	12.38±0.63[b]	12.45±0.72[b]
	18:0	9.35±0.81	7.97±0.54	7.42±0.59	8.21±1.3
	18:1n-9	26.08±0.37	27.28±1.15	26.46±0.7	24.95±1.14
	18:2n-6	32.14±0.50[a]	32.43±1.29[ab]	27.86± 1.65[bc]	22.03±3.10[c]
	18:3n-6	1.14±0.04[a]	1.09±0.04[a]	0.77±0.06[b]	0.72±0.04[b]
	20:3n-6	0.81±0.04	0.84±0.02	0.75±0.03	0.70±0.05
	20:4n-6	0.24±0.01	0.27±0.03	0.25±0.02	0.20±0.08
	18:3n-3	2.71±0.15[d]	4.19±0.31[c]	6.01±0.45[b]	9.59±0.54[a]
	20:5n-3	0.10±0.0[c]	0.14±0.0[c]	0.26±0.02[b]	0.41±0.08[a]
	22:5n-3	0.24±0.03[c]	0.28±0.01[c]	0.32±0.02[b]	0.54±0.05[a]
	22:6n-3	1.93±0.09[c]	2.05±0.18[c]	3.04±0.12[b]	4.05±0.63[a]
	n-6 LC-PUFA	1.03±0.05	1.12±0.05	1.01±0.05	0.94±0.06
	n-3 LC-PUFA	2.25±0.58[b]	2.80±0.43[b]	3.80±0.54[ab]	5.20±0.77[a]
肠	16:0	13.53±0.27[a]	13.63±0.41[a]	13.94±0.28[a]	12.23±0.52[b]
	18:0	6.00±0.39[b]	6.46±0.25[b]	8.64±0.48[a]	5.38±0.12[b]
	18:1n-9	23.75±0.40[a]	21.49±0.60[b]	18.02±0.53[c]	21.52±0.20[b]
	18:2n-6	34.22±1.04[a]	32.85±1.12[a]	29.19±0.51[ab]	27.91±1.26[b]
	18:3n-6	0.31±0.01	0.32±0.01	0.35±0.03	0.27±0.03
	20:3n-6	0.85±0.04[b]	1.03±0.03[ab]	1.14±0.03[a]	0.82±0.09[b]
	20:4n-6	0.10±0.00[b]	0.15±0.02[a]	0.19±0.04[a]	0.11±0.02[ab]
	18:3n-3	3.24±0.16[a]	4.38±0.19[b]	6.14±0.24[c]	13.34±0.32[d]
	20:5n-3	0.25±0.02[b]	0.39±0.09[ab]	0.43±0.02[a]	0.51±0.04[a]
	22:5n-3	0.30±0.04[c]	0.48±0.02[b]	0.99±0.06[a]	0.95±0.04[a]
	22:6n-3	1.28±0.08[c]	1.96±0.06[b]	3.98±0.33[a]	3.57±0.21[a]
	n-6 LC-PUFA	0.97±0.05[b]	1.19±0.06[ab]	1.33±0.07[a]	0.93±0.08[b]
	n-3 LC-PUFA	2.11±0.13[c]	3.12±0.26[b]	5.62±0.55[a]	5.12±0.27[a]

注：数据为平均值±标准误（$n=3$），同行中，无相同上标字母者表示相互间差异显著（$P<0.05$）。

各饲料投喂组吉富罗非鱼肠的脂肪酸组成结果见表 4-55。结果显示，随着饲料 LA/ALA 比降低，肠组织的 LA 水平显著降低（$P<0.05$），其代谢产物 20:3n-6 和 20:4n-6 及 n-6 LC-PUFA 水平呈先上升后下降的趋势，且 D2 组和 D3 组的 20:4n-6 及 D3 组的 20:3n-6 和 n-6 LC-PUFA 水平显著大于 D1 组（$P<0.05$）；肠组织的 ALA、EPA、DHA 和

n-3 LC-PUFA 水平随着饲料 LA/ALA 比降低而显著升高（$P<0.05$），且 n-3 LC-PUFA 水平比 n-6 LC-PUFA 高很多。说明吉富罗非鱼的肠组织具有较强的 LC-PUFA 合成能力，且 n-3 LC-PUFA 合成能力比 n-6 LC-PUFA 合成能力强。

上述结果表明，吉富罗非鱼的 LC-PUFA 合成能力具有明显的组织特异性。其中，肠和肝组织具有较强的 n-3 LC-PUFA 合成能力，而肠组织还具有一定的 n-6 LC-PUFA 合成能力。脑组织的 n-3 和 n-6 LC-PUFA 合成能力缺乏或很弱。

（四）各饲料投喂组鱼脑、肝脏和肠组织中 LC-PUFA 合成相关基因的表达情况

各饲料投喂组吉富罗非鱼的肝脏、脑和肠中，LC-PUFA 合成关键酶基因（Δ4 *fads2*、Δ6Δ5 *fads2* 和 *elovl5*）及相关转录因子基因（*pparα* 和 *srebp1c*）的 mRNA 水平见图 4-32 和图 4-33。结果显示，随着饲料 LA/ALA 比降低，脑、肝、肠组织的 *elovl5* mRNA 水平，以及肠 *fads2* 和 *pparα* mRNA 水平均升高。其中，D3 组和 D4 组鱼脑、肝、肠组织的 *elovl5* mRNA 水平以及肠 *fads2* 和 *pparα* mRNA 水平均高于 D1 组和 D2 组。然而，各饲料投喂组鱼脑和肝 *fads2*、*pparα* 和 *srebp1c* mRNA 水平，及肠的 *srebp1c* mRNA 水平都无显著差异（$P>0.05$）。相比脑和肝组织，肠的 LC-PUFA 合成关键基因表达水平受饲料 LA/ALA 比影响较大，说明肠组织为罗非鱼 n-3 LC-PUFA 合成代谢主要组织。

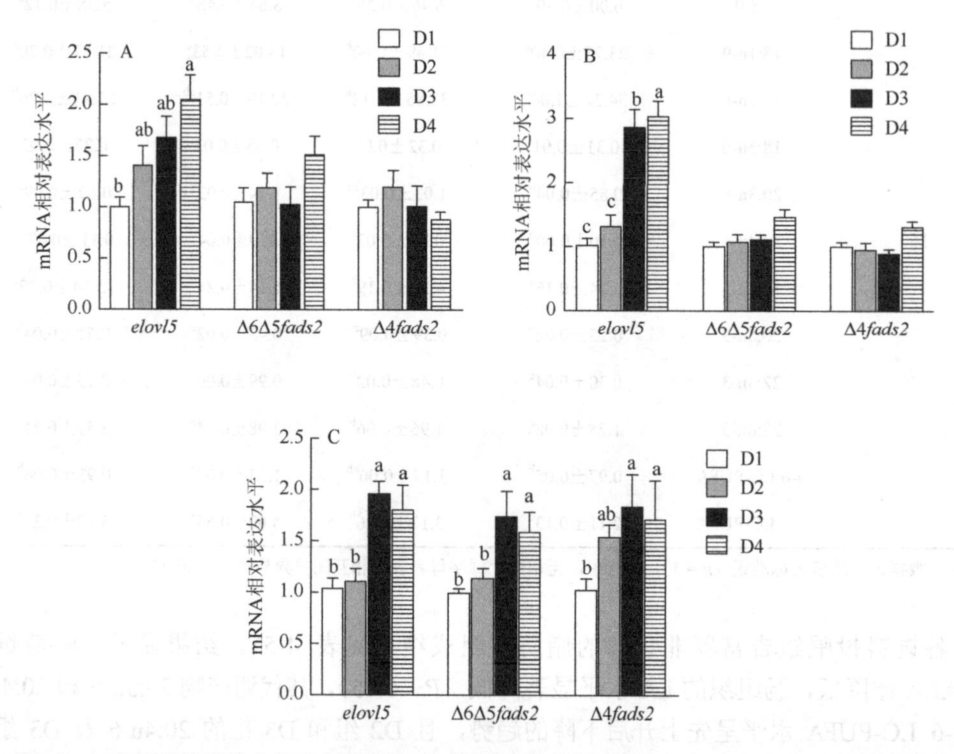

图 4-32　各饲料投喂组吉富罗非鱼脑（A）、肝（B）和肠（C）中 LC-PUFA 合成关键酶基因 mRNA 表达水平

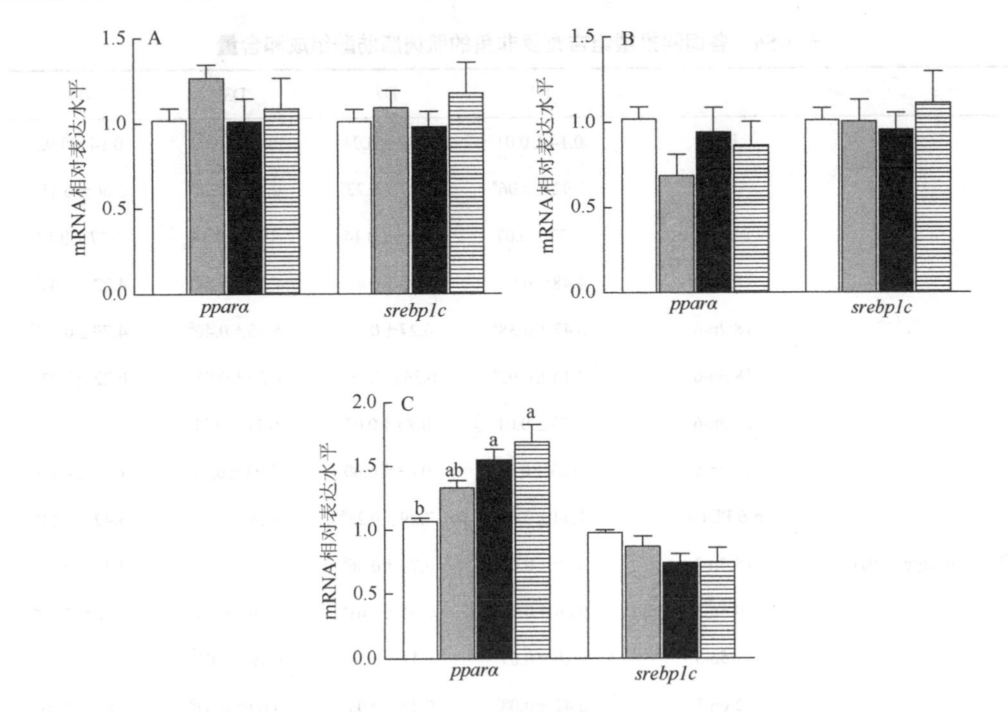

图 4-33　各饲料投喂组吉富罗非鱼脑（A）、肝（B）和肠（C）中 LC-PUFA 合成相关转录因子 mRNA 表达水平

（五）各饲料投喂组鱼肌肉的脂肪酸组成及含量

各饲料投喂组鱼肌肉的脂肪酸组成及含量见表 4-56。结果显示，D1～D4 组鱼肌肉的 SFA、MUFA 和 PUFA 含量无显著差异（$P>0.05$）。在 D1～D4 组中，随着饲料 LA/ALA 比降低(即 ALA 水平的升高)，肌肉的 ALA、EPA、DHA 和 n-3 PUFA 含量，以及 PUFA/SFA 比和 FLQ 显著提高（$P<0.05$）；而肌肉 16:0、18:1n-9、LA、18:3n-6 和 n-6 PUFA 含量，以及 n-6/n-3 PUFA 显著降低（$P<0.05$）。与 D1 组相比，D3 组和 D4 组肌肉 PUFA/SFA 比增加了 0.12～0.14 倍，n-3 PUFA 含量增加 0.81～1.80 倍，而 n-6 PUFA 含量下降 18.57%～27.45%，n-6/n-3 PUFA 比下降 54.91%～74%。结果表明，吉富罗非鱼肠和肝脏中合成的 LC-PUFA 可有效地沉积于肌肉中，因此，饲料中添加 ALA 可有效提高吉富罗非鱼肌肉中的 n-3 PUFA 含量，从而提升养殖产品的营养价值。

（六）各饲料投喂组鱼的肌肉常规营养成分、食用品质及质构特性指标

各饲料投喂组吉富罗非鱼的肌肉常规营养成分、食用品质及质构特性指标见表 4-57。结果显示，肌肉的水分、粗蛋白质和粗脂肪含量及熟肉率、持水率及弹性、黏聚性和回复性无组间差异（$P>0.05$）。D4 组的肌肉 pH 显著高于 D1 组；D2 组和 D3 组肌肉的嫩度、硬度、黏性、咀嚼性和胶着性均较高，且 D2 组的这些指标显著高于 D1 组和 D4 组（$P<0.05$）。结果表明，LA/ALA 比为 6 和 3 的饲料可有效改善吉富罗非鱼肌肉的质构特性。

表 4-56　各饲料投喂组吉富罗非鱼的肌肉脂肪酸组成和含量

项目		D1	D2	D3	D4
脂肪酸/(mg/g 肌肉)	14:0	0.14±0.01	0.12±0.04	0.13±0.02	0.14±0.02
	16:0	2.92±0.06[a]	2.77±0.22[a]	2.46±0.24[b]	2.66±0.15[b]
	18:0	1.27±0.07	1.15±0.14	1.06±0.14	1.27±0.12
	18:1n-9	4.48±0.08[a]	4.38±0.41[b]	4.39±0.24[ab]	4.02±0.31[b]
	18:2n-6	6.47±0.38[a]	6.27±0.34[a]	5.26±0.40[b]	4.79±0.18[c]
	18:3n-6	0.40±0.02[a]	0.36±0.15[ab]	0.30±0.01[b]	0.22±0.02[c]
	20:3n-6	0.23±0.01	0.25±0.02	0.21±0.01	0.20±0.01
	20:4n-6	0.03±0.01	0.03±0.00	0.03±0.01	0.02±0.00
	n-6 PUFA	7.54±0.41[a]	7.29±0.23[a]	6.14±0.15[b]	5.47±0.21[c]
	18:3n-3	0.59±0.04[d]	0.79±0.06[c]	1.38±0.07[b]	2.31±0.13[a]
	20:5n-3	0.04±0.00[c]	0.04±0.01[c]	0.06±0.00[b]	0.10±0.01[a]
	22:5n-3	0.10±0.01[c]	0.11±0.00[c]	0.16±0.00[b]	0.23±0.01[a]
	22:6n-3	0.42±0.03[c]	0.48±0.03[c]	0.60±0.03[b]	0.85±0.06[a]
	n-3 PUFA	1.37±0.06[d]	1.67±0.12[c]	2.48±0.08[b]	3.83±0.45[a]
	SFA	4.47±0.15[a]	4.20±0.14[a]	3.78±0.04[b]	4.18±0.15[b]
	MUFA	4.54±0.28	4.46±0.66	4.45±0.22	4.10±0.31
	PUFA	8.91±0.17	8.96±0.32	8.50±0.27	9.49±0.22
	n-6 LC-PUFA	0.25±0.01	0.28±0.01	0.24±0.02	0.22±0.00
	n-3 LC-PUFA	0.78±0.04[c]	0.88±0.03[c]	1.10±0.03[b]	1.53±0.07[a]
脂肪酸营养指标	PUFA/SFA	2.00±0.03[b]	2.14±0.01ab	2.28±0.05[a]	2.23±0.04[a]
	n-6/n-3 PUFA	5.50±0.11[d]	4.36±0.04c	2.48±0.03[b]	1.43±0.02[a]
	FLQ	2.58±0.02[d]	2.94±0.01c	3.93±0.02[b]	5.43±0.03[a]

注：FLQ（肌肉脂肪质量 flesh lipid quality）=（EPA+DHA）/总脂肪酸；所有数值均以平均值±标准误来表示（$n=3$），同行中，无相同上标字母者表示相互间差异显著（$P<0.05$）。

表 4-57　各饲料投喂组吉富罗非鱼的肌肉常规营养成分、食用品质及质构特性指标

指标		D1	D2	D3	D4
常规营养成分/%干重	水分	77.92±0.35	78.32±0.44	78.66±1.04	79.13±1.25
	粗蛋白质	64.79±1.7	64.25±1.51	64.22±1.43	65.74±0.46
	粗脂肪	4.39±0.21	4.18±0.57	3.76±0.21	3.65±0.33
食用品质	熟肉率/%	78.54±2.09	81.18±2.39	82.23±3.31	82.32±2.44
	持水率/%	6.05±0.66	5.52±0.95	6.10±1.19	5.79±0.87
	pH	6.44±0.05[b]	6.46±0.06[ab]	6.56±0.04[ab]	6.67±0.04[a]

续表

指标		D1	D2	D3	D4
质构特性	剪切力/N	1255.67±38.55[b]	1718.33±54.67[a]	1700.67±66.64[a]	1334.67±34.74[b]
	硬度/gf	260.2±3.51[b]	301.8±9.54[a]	279.8±6.8[b]	270.4±4.82[b]
	黏性/gf-mm	−1.02±0.23[b]	−0.44±0.11[a]	−0.36±0.04[a]	−0.48±0.12[a]
	弹性	0.18±0.01	0.24±0.02	0.21±0.01	0.19±0.01
	咀嚼性/gf	16.00±1.05[b]	26.37±2.07[a]	20.5±2.02[b]	17.36±1.15[b]
	胶着性/gf	87.94±2.37[b]	108.03±4.81[a]	94.15±4.62[ab]	88.9±3.08[b]
	黏聚性	0.34±0.01	0.36±0.01	0.34±0.01	0.33±0.01
	回复性	0.50±0.03	0.46±0.01	0.45±0.01	0.45±0.02

注：数据为平均值±标准误（$n=3$），同行中，无相同上标字母者表示相互间差异显著（$P<0.05$）。

（七）总结

本研究结果表明，罗非鱼的 LC-PUFA 合成能力具有明显的组织特异性。其中，脑组织的 n-3 和 n-6 LC-PUFA 合成能力缺乏或很弱；肠和肝组织具有较强的 n-3 LC-PUFA 合成能力，肠组织还具有一定的 n-6 LC-PUFA 合成能力，且合成的 LC-PUFA 可有效沉积在肌肉中。因此，罗非鱼也是消费者获取 n-3 LC-PUFA 的食物来源，通过向饲料中提供 ALA 可有效提高其肌肉的 n-3 PUFA 含量，从而提升养殖产品的营养价值。目前，养殖罗非鱼的 n-3 LC-PUFA 含量普遍低下的原因，是其饲料中的 n-3 LC-PUFA 或 ALA 含量较低，而不是鱼体缺乏 n-3 LC-PUFA 合成能力。此外，LA/ALA 比为 3～6 的饲料有利于提升养殖罗非鱼肌肉的质构特性。研究成果为利用饲料营养调控技术提高养殖罗非鱼的 n-3 LC-PUFA 含量和营养品质提供了依据和思路，这是有关罗非鱼肠 LC-PUFA 合成特性的首次报道，相关成果已在 *Journal of Agricultural and Food Chemistry* 期刊以封面论文发表（Xie et al.，2022）。

四、饲料中亚油酸/α-亚麻酸比对吉富罗非鱼肌肉品质及抗低温和抗病能力的影响

罗非鱼作为热带鱼类，越冬期间易受到低温的影响，导致抗病能力降低（Hassan et al.，2013；Wu et al.，2019）。为了提高罗非鱼抗低温能力，科研工作者从耐寒品种和品系选育、冬季增加保温装备和饲料营养策略等方面做了大量工作（Charo-Karisa et al.，2005；Dan and Little，2000；Soaudy et al.，2021）。研究表明，饲料中添加 n-3 LC-PUFA 及其前体（如 ALA）可改善鱼类抗低温能力（Nobrega et al.，2020）。然而，相比于豆油，富含 n-3 LC-PUFA 或 ALA 的油脂（如鱼油和亚麻籽油）来源有限，且价格较高。为此，本研究以本节第三部分中利用豆油饲料（D1）养殖的吉富罗非鱼为试验对象，再投喂 ALA 水平较高的饲料（D2 和 D3，其 LA/ALA 比为 3.15 和 1.10），探讨较高 ALA 水平饲料对有豆油营养史吉富罗非鱼的肌肉品质、抗低温和抗病能力的影响。试验于 25～28℃水温条

件下，利用饲料 D1、D2 和 D3 再投喂吉富罗非鱼 10 周，饲料配方见表 4-58。

再投喂试验结束后，于 15～20℃条件下将鱼饥饿处理 8 周（模拟南方罗非鱼越冬条件），然后采用嗜水气单胞菌攻毒处理 2 周。通过比较分析再投喂后，不同饲料投喂组鱼的生长性能、组织脂肪酸组成，饥饿后各组鱼血清抗氧化酶活性和免疫指标，以及攻毒后鱼存活率等指标，评估饲料 LA/ALA 比对吉富罗非鱼肌肉品质、抗低温和抗病能力的影响。主要研究内容及结果如下。

表 4-58　饲料配方、常规营养成分及脂肪酸组成　（单位：%）

项目		D1	D2	D3
组分	菜籽粕	24.00	24.00	24.00
	豆粕	40.00	40.00	40.00
	面粉	16.00	16.00	16.00
	豆油	9.00	7.11	3.64
	亚麻籽油	—	1.89	5.36
	预混料①	1.00	1.00	1.00
	其他②	10	10	10
常规营养成分	干物质	90.78	91.00	90.93
	粗蛋白质	32.35	33.41	32.74
	粗脂肪	8.07	8.93	8.87
	粗灰分	10.09	10.35	10.90
主要脂肪酸	16:0	10.93	10.48	8.75
	18:0	4.52	4.25	3.96
	20:0	0.46	0.66	1.82
	16:1	2.71	0.23	1.18
	18:1	25.9	26.91	22.07
	20:1	0.67	0.44	0.32
	18:2n-6（LA）	55.45	42.85	30.59
	18:3n-3（ALA）	6.55	13.56	27.73
	SFA	15.91	15.39	14.53
	MUFA	29.28	27.58	23.57
	PUFA	62	56.41	58.32
	LA/ALA	8.47	3.15	1.10

注：①多维（mg/kg 或 IU/kg）：维生素 A 2000 IU，维生素 D_3 700 IU，维生素 E 10 mg，维生素 K_3 2.5 mg，硫胺素 2.5 mg，核黄素 5 mg；多矿（mg/kg 或 g/kg）：钙 230 g，钾 36 g，镁 9 g，铁 10 g，锌 8 g，锰 1.9 g，铜 1.5 g，钴 250 mg，碘 32 mg，硒 50 mg。②包括微晶纤维素、磷酸二氢钙、赖氨酸、蛋氨酸、氯化胆碱等。“—”表示“无”。

（一）不同饲料投喂组鱼的生长性能及全鱼常规营养成分

各饲料投喂组吉富罗非鱼的生长性能和全鱼常规营养成分见表 4-59。结果显示，特定生长率、存活率、肝体比和脏体比，以及全鱼水分、粗蛋白质、粗脂肪和粗灰分含量都无组间差异（$P>0.05$）；与 D1 组相比，D2 组鱼的饲料系数和肥满度显著提高（$P<0.05$）。

表 4-59　不同饲料投喂吉富罗非鱼 10 周后的生长性能和全鱼常规营养成分

项目		D1	D2	D3
生长指标	初始体重/g	171.59±4.80	174.06±2.96	172.05±2.33
	终末体重/g	373.78±12.98	417.13±7.95	375.84±19.26
	增重率/%	117.75±1.50	139.68±3.76	118.41±10.14
	特定生长率/(%/d)	1.14±0.01	1.28±0.02	1.15±0.07
	存活率/%	100	100	100
	饲料系数	$1.5±0.03^{b}$	$1.79±0.08^{a}$	$1.62±0.04^{ab}$
	肝体比	1.69±0.23	1.27±0.41	1.04±0.33
	脏体比	8.83±0.36	6.82±0.26	6.44±0.44
	肥满度/(g/cm^3)	$3.69±0.17^{b}$	$4.4±0.14^{a}$	$4.64±0.13^{a}$
常规营养成分/%干重	水分	77.92±0.35	78.66±1.04	79.13±1.25
	粗蛋白质	17.85±0.36	17.55±0.31	17.86±0.09
	粗脂肪	4.39±0.21	3.76±0.23	3.68±0.33
	粗灰分	1.03±0.05	1.15±0.12	1.04±0.13

（二）不同饲料投喂组鱼的肌肉品质

不同饲料投喂吉富罗非鱼 10 周后，其肌肉的食用品质、质构特性及脂肪酸组成呈现一定的差异（表 4-60）。与 D1 组相比，D3 组鱼肌肉的剪切力、弹性和咀嚼性，以及 D2 和 D3 组鱼肌肉的 ALA、EPA、DHA、n-3 PUFA 和 n-3 LC-PUFA 水平都显著提高，而 n-6/n-3 PUFA 比显著降低（$P<0.05$）。结果表明，对于前期豆油饲料养殖的罗非鱼，后期再投喂 ALA 水平较高的饲料（D3）有利于其肌肉 n-3 LC-PUFA 水平提高，且能改善肌肉的质构特性。

表 4-60　不同饲料投喂吉富罗非鱼肌肉的食用品质、质构特性及脂肪酸组成

项目		D1	D2	D3
食用品质	熟肉率/%	79.82±1.65	77.87±2.76	81.54±0.98
	持水率/%	11.37±0.59	14.63±1.60	9.85±1.87

续表

项目		D1	D2	D3
质构特性	剪切力/N	2437±110.8^{b}	2665±77.57^{ab}	2869.33±213.49^{a}
	硬度/gf	140.33±14.07	151±6.87	167.67±10.50
	黏性/gf-mm	−1.00±0.23^{b}	−0.60±0.04^{ab}	−0.48±0.12^{a}
	弹性	0.56±0.01^{b}	0.62±0.01^{a}	0.64±0.01^{a}
	咀嚼性/gf	49.90±6.13^{b}	62.34±4.36^{ab}	72.12±6.11^{a}
	黏性/gf	105.31±4.1	108.44±2.26	112.39±7.82
	黏聚性	0.63±0.02	0.63±0.01	0.67±0.01
	回复性	0.30±0.06	0.40±0.04	0.42±0.06
主要脂肪酸/%总脂肪酸	16:0	14.01±0.3^{a}	13.08±0.18^{ab}	12.66±0.37^{b}
	18:0	6.19±0.35	5.44±0.18	6.04±0.20
	18:1n-9	25.25±0.46	25.40±0.30	24.83±0.35
	18:2n-6（LA）	31.94±0.49^{a}	30.02±0.30^{a}	26.67±0.50^{b}
	20:4n-6（ARA）	0.14±0	0.23±0.01	0.39±0.03
	18:3n-3（ALA）	3.83±0.19^{c}	6.76±0.14^{b}	12.4±0.47^{a}
	20:5n-3（EPA）	0.14±0.01^{b}	0.16±0.01^{b}	0.28±0.03^{a}
	22:5n-3（DPA）	0.53±0.03^{b}	0.65±0.04^{b}	1.05±0.05^{a}
	22:6n-3（DHA）	1.44±0.24^{b}	2.02±0.15^{a}	2.72±0.05^{a}
	SFA	24.91±0.94	21.98±0.49	22.1±0.63
	MUFA	26.62±0.98	28.16±0.64	26.22±0.74
	n-3 PUFA	6.34±0.23^{c}	9.47±0.21^{b}	16.20±0.54^{a}
	n-6 PUFA	36.21±0.73^{a}	33.31±0.64^{a}	29.93±1.08^{b}
	n-6/n-3 PUFA	5.71±0.21^{c}	3.52±0.31^{b}	1.85±0.33^{a}
	n-3 LC-PUFA	2.12±0.03^{a}	2.88±0.02^{b}	4.05±0.08^{c}

注：数据为平均值±标准误（$n=3$），同行中，无相同上标字母者表示相互间差异显著（$P<0.05$）。

（三）低温下饥饿对各饲料投喂组吉富罗非鱼血清抗氧化和免疫性能的影响

吉富罗非鱼在低温下禁食8周后，血清抗氧化和免疫性能结果见表4-61。与D1对照组相比，D2、D3组血清总抗氧化能力、丙二醛含量以及IgM含量无显著差异（$P>0.05$），但其血清补体C3含量和溶菌酶活性显著提高（$P<0.05$）。

表4-61　各饲料投喂组吉富罗非鱼在低温下禁食8周后的血清抗氧化和免疫性能

项目		D1	D2	D3
抗氧化能力	总抗氧化能力/(U/mL)	0.49±0.02	0.38±0.03	0.44±0.01
	丙二醛/(nmol/mL)	6.59±0.67	5.50±0.33	6.34±0.14

续表

项目		D1	D2	D3
免疫能力	IgM/(μg/mL)	2.96±0.08	2.83±0.16	2.65±0.10
	补体 C3/(μg/mL)	101.18±7.11[b]	351.37±16.28[a]	330.11±25.61[a]
	溶菌酶/(U/mL)	111.20±13.84[b]	555.20±51.60[a]	452.00±47.24[a]

注：数据为平均值±标准误（$n=3$），同行中，无相同上标字母者表示相互间差异显著（$P<0.05$）。

（四）低温下饥饿对各饲料投喂组吉富罗非鱼肝脏、脾脏和肠脂肪酸组成的影响

低温下禁食 8 周后，各试验组吉富罗非鱼肝脏、脾脏和肠的脂肪酸组成见表 4-62。结果显示，肝脏、脾脏和肠的 ALA、EPA、DHA 和 n-3 PUFA 水平的变化趋势与饲料 ALA 的变化趋势一致。D2 和 D3 组肝脏、脾脏和肠 EPA、DHA 和 n-3 PUFA 的水平显著高于 D1 组（$P<0.05$），然而，各组 ARA 水平的变化趋势与饲料 LA 水平变化趋势不一致。

表 4-62　各试验组鱼在低温下禁食 8 周后的肝脏、脾脏和肠的脂肪酸组成（单位：%总脂肪酸）

主要脂肪酸		D1	D2	D3
肝脏	18:2n-6	35.14±0.52[a]	28.72±0.52[b]	29.69±0.37[b]
	20:4n-6	0.21±0.0[b]	0.24±0.02[b]	0.44±0.02[a]
	18:3n-3	4.20±0.14[c]	6.44±0.21[b]	8.46±0.30[a]
	20:5n-3	0.13±0.01[b]	0.30±0.02[a]	0.34±0.01[a]
	22:6n-3	3.39±0.22[c]	5.47±0.65[b]	8.31±0.03[a]
	SFA	22.28±0.47[b]	26.42±0.81[a]	18.22±0.35[c]
	MUFA	26.48±0.66[ab]	27.01±0.22[ab]	27.75±0.61[a]
	n-3 PUFA	10.31±0.34[c]	13.05±0.24[b]	18.48±0.26[a]
	n-6 PUFA	40.19±0.60[a]	33.52±0.83[b]	34.13±0.41[b]
脾脏	18:2n-6	28.62±1.03[a]	17.16±0.73[b]	15.81±1.85[b]
	20:4n-6	0.13±0.04[b]	0.23±0.03[ab]	0.33±0.06[a]
	18:3n-3	2.91±0.01[b]	4.51±0.31[a]	6.51±0.47[a]
	20:5n-3	0.18±0.03[b]	0.41±0.13[a]	0.51±0.07[a]
	22:6n-3（DHA）	1.57±0.20[c]	3.20±0.18[b]	5.79±0.31[a]
	SFA	28.72±0.34[b]	36.26±0.95[a]	34.33±5.05[ab]
	MUFA	31.77±0.59[a]	26.21±1.70[b]	28.7±1.91[ab]
	n-3 PUFA	5.72±0.38[c]	8.32±0.47[b]	12.87±0.32[a]
	n-6 PUFA	29.70±3.28[a]	19.81±1.30[b]	17.36±1.31[b]

续表

	主要脂肪酸	D1	D2	D3
肠	18:2n-6	30.10±1.55[a]	26.72±1.90[b]	25.18±2.57[b]
	20:4n-6	0.14±0.01[b]	0.18±0.01[b]	0.31±0.03[a]
	18:3n-3	2.46±0.29[c]	4.95±0.01[b]	6.68±0.95[a]
	20:5n-3	0.09±0.01[c]	0.21±0.01[b]	0.38±0.03[a]
	22:6n-3	2.94±0.52[c]	4.94±0.37[b]	9.04±2.06[a]
	SFA	27.86±2.36	30.13±0.68	28.36±3.49
	MUFA	21.47±1.71	26.08±0.59	21.45±2.48
	n-3 PUFA	7.23±0.54[c]	11.66±0.29[b]	18.99±1.01[a]
	n-6 PUFA	34.95±1.72	31.39±0.76	28.93±2.74

注：数据为平均值±标准误（$n=3$），同行中，无相同上标字母者表示相互间差异显著（$P<0.05$）。

（五）低温胁迫下鱼类免疫和炎症相关基因的表达

在低温下禁食8周后，各组吉富罗非鱼肝脏、肠、脾脏中与免疫（*igm*、*c3* 和 *lzm*）和炎症（*il-1β*、*ifn-γ* 和 *tnf-α*）相关基因的表达水平见图4-34 A～F。与D1组相比，D2和D3组肝脏、肠和脾脏 *lzm* mRNA水平显著增加（$P<0.05$），D2组肠和脾脏 *c3* mRNA水平显著升高（$P<0.05$）（图4-34 A～C）。然而，各饲料处理组鱼肝脏、肠和脾脏 *igm* mRNA，以及肝 *c3* mRNA表达水平无显著差异（图4-34 A～C）。此外，相比于D1组，D2和D3组肝脏 *ifn-γ* 和 *tnf-α*，肠 *il-1β*、*ifn-γ* 和 *tnf-α*，以及脾脏 *il-1β* mRNA表达水平显著性降低（$P<0.05$）（图4-34 D～F）。

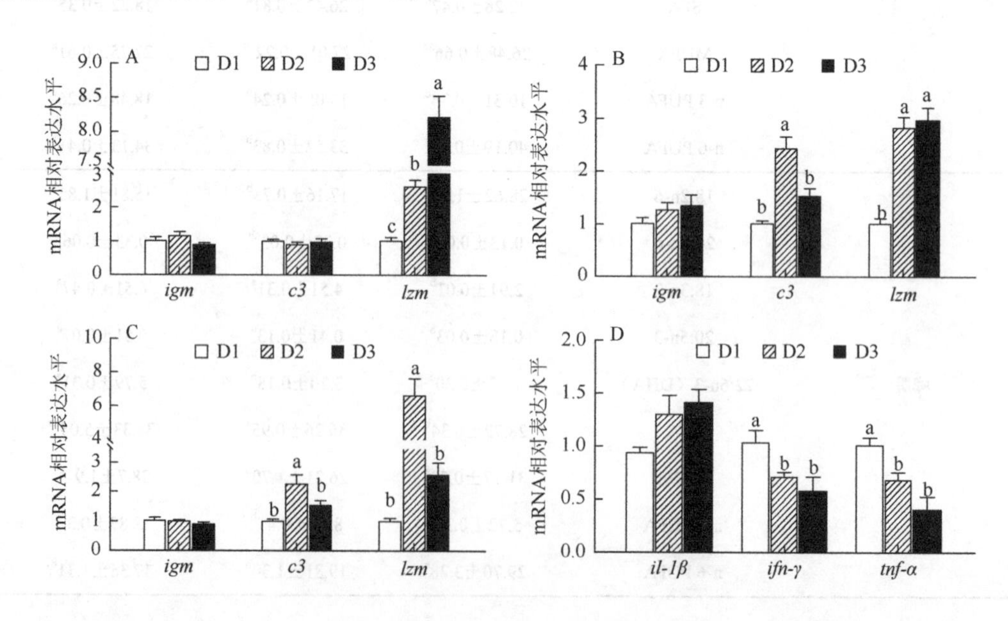

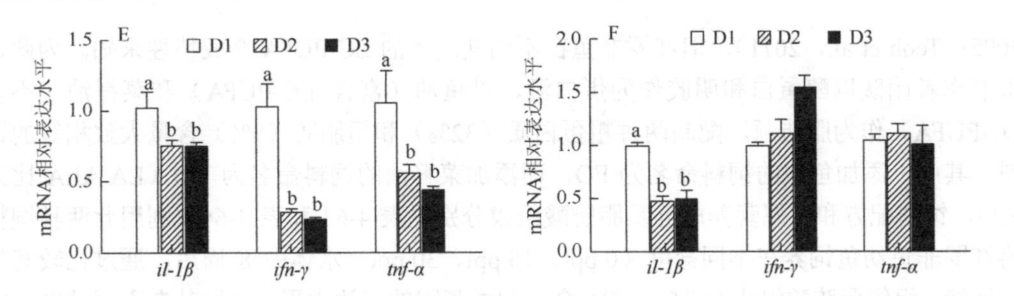

图 4-34　低温饥饿 8 周后，罗非鱼肝脏（A）（D）、肠（B）（E）和脾脏（C）（F）中与免疫和炎症相关基因的 mRNA 表达水平

（六）嗜水气单胞菌攻毒对各饲料投喂组吉富罗非鱼存活率的影响

各饲料投喂组攻毒 15 d 的存活率如图 4-35 所示。D1～D3 组存活率分别为 66.67%、86.67%和 83.33%。D2 和 D3 组鱼的存活率比 D1 对照组高 24.99%～30.00%。结果提示，越冬前投喂低 LA/ALA 比饲料可能有利于开春后吉富罗非鱼的抗病。

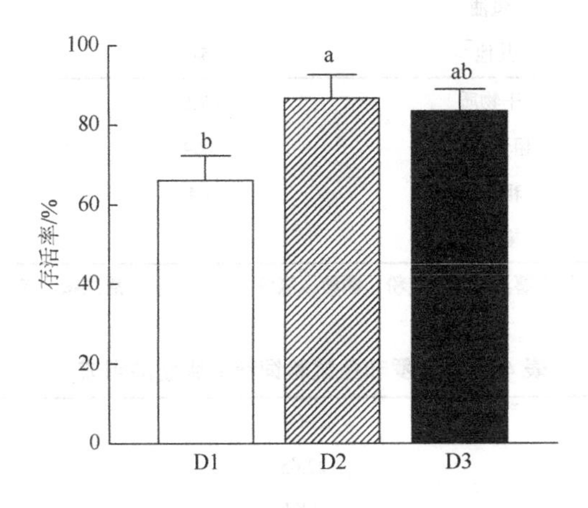

图 4-35　嗜水气单胞菌攻毒后各饲料投喂组吉富罗非鱼存活率

（七）总结

研究结果表明，在越冬前投喂 LA/ALA 比为 3 左右的饲料有利于吉富罗非鱼的生长、肌肉品质、抗低温和抗病能力。研究结果为吉富罗非鱼越冬前饲料脂肪源的选择及脂肪酸添加提供了依据，相关成果详见已发表论文 Huang 等（2022）。

五、红罗非鱼在不同盐度下的 LC-PUFA 合成能力及 EFA 需求特性

红罗非鱼（red tilapia）（图 4-29B）为莫桑比克罗非鱼雌鱼与尼罗罗非鱼雄鱼的杂交种，由于其鲜艳的体色而在市场上颇受欢迎（Watanabe et al.，2002）。已有的研究表明，红罗非鱼及其父本尼罗罗非鱼可以将 C18 PUFA 前体转化合成 LC-PUFA（Agaba et al.，

2005；Teoh et al.，2011），但红罗非鱼在不同盐度下的LC-PUFA合成特性未知。为此，本书作者团队以酪蛋白和明胶作为蛋白源，以鱼油（富含LC-PUFA）和菜籽油（不含LC-PUFA）作为脂肪源，配制两种粗蛋白质（32%）和粗脂肪（9%）含量大致相等的饲料。其中，添加鱼油的饲料命名为FO，而添加菜籽油的饲料命名为VO（LA/ALA比为3.3），饲料配方和常规营养成分及脂肪酸组成分别见表4-63和表4-64。利用此两种饲料将红罗非鱼幼鱼饲养在不同盐度（0 ppt、15 ppt、30 ppt）水体中8周后，通过比较其生长性能、组织脂肪酸组成及LC-PUFA合成相关基因的表达水平，探讨其在不同盐度下的LC-PUFA合成能力，取得的主要结果如下。

表4-63　红罗非鱼试验饲料配方和常规营养成分　（单位：%）

项目		VO	FO
组分	酪蛋白	33	33
	明胶	6	6
	花生油	10	—
	鱼油	—	10
	其他[①]	51	51
常规营养成分	干物质	87.6	85.8
	粗蛋白质	32.4	32.6
	粗脂肪	9.4	9.6
	粗灰分	5.1	5.0

注："—"表示"无"。①包括木薯淀粉、α-淀粉、磷酸二氢钙、多维多矿、甜菜碱、氯化胆碱、纤维素。

表4-64　红罗非鱼试验饲料的脂肪酸组成　（单位：%总脂肪酸）

主要脂肪酸	FO	VO
16:0	22.65	4.10
18:0	4.87	1.89
16:1n-7	4.89	0.15
18:1n-9	14.24	64.67
18:2n-6	4.30	20.41
18:3n-6	1.11	1.35
20:3n-6	0.69	—
20:4n-6	0.53	—
18:3n-3	3.53	6.14
18:4n-3	0.98	—
20:3n-3	1.28	—
20:5n-3（EPA）	9.25	—
22:5n-3	0.45	—
22:6n-3（DHA）	14.86	—

续表

主要脂肪酸	FO	VO
SFA	36.14	6.48
MUFA	22.78	65.53
n-6 PUFA	7.23	21.76
n-3 PUFA	30.36	6.14
LC-PUFA	27.66	—
LA/ALA	1.22	3.34

注：“—”表示“无”。

（一）红罗非鱼在不同盐度下的生长性能和全鱼常规营养成分

养殖 8 周后，各饲料投喂组鱼的生长性能和全鱼常规营养成分结果见表 4-65。各组鱼生长良好，成活率均在 85%以上。终末体重、增重率、特定生长率、饲料系数受水体盐度的显著影响，而受膳食脂肪源的影响不显著。在相同饲料投喂组，30 ppt 盐度组鱼的增重率和特定生长率显著高于 15 ppt 和淡水（0 ppt）组，饲料系数正好相反（$P<0.05$）。全鱼的常规营养成分结果显示，其水分含量受饲料脂肪源和水体盐度显著影响；粗脂肪含量受饲料脂肪源显著影响、但不受水体盐度影响，在淡水和 15 ppt 盐度下，FO 饲料投喂组的粗脂肪含量显著高于 VO 饲料投喂组（$P<0.05$）；粗蛋白、粗灰分含量不受饲料脂肪源和水体盐度影响。

表 4-65　两种饲料投喂不同盐度下红罗非鱼 8 周后的生长性能和全鱼常规营养成分

项目		FO			VO		
		0 ppt	15 ppt	30 ppt	0 ppt	15 ppt	30 ppt
生长指标	初始体重/g	10.37±0.21	10.49±0.29	10.41±0.46	10.12±0.20	10.68±0.51	10.54± 0.27
	终末体重/g	24.43±1.15^{c}	30.16±0.89^{b}	36.70±3.02^{a}	22.43±1.65^{c}	32.93±2.2^{b}	43.50±3.86^{a}
	增重率/%	136.76±7.99^{b}	142.25±14.43^{b}	195.28±9.37^{a}	141.64±14.60^{b}	155.90±16.40^{b}	209.48±27.63^{a}
	特定生长率/(%/d)	1.55±0.06^{b}	1.59±0.11^{b}	1.95±0.06^{a}	1.58±0.11^{b}	1.69±0.12^{b}	2.03±0.16^{a}
	成活率/%	85.00	93.33	98.33	100.00	91.67	98.30
	饲料系数	1.81±0.12^{a}	1.80±0.11^{a}	1.32±0.14^{b}	2.04±0.16^{a}	1.67±0.21^{b}	1.23±0.13^{c}
常规营养成分/%湿重	水分	68.91±0.08^{b}	69.74±0.43^{a}	68.63±0.30^{b}	71.69±0.82^{a}	72.15±0.58^{a}	70.52±0.09^{b}
	粗蛋白质	14.75±0.21	14.72±0.53	14.88±0.36	14.17±0.43	14.15±0.19	14.30±0.29
	粗脂肪	11.99±0.19^{a}	11.32±0.45^{a}	11.76±0.53^{a}	10.95±0.40^{b}	10.53±0.35^{b}	11.10±0.50^{ab}
	粗灰分	3.13±0.20	2.99±0.16	3.09±0.07	2.88±0.19	3.03±0.05	2.94±0.10

注：数据为平均值±标准误（$n=3$）。在同一行中，无相同上标字母标注者，表示相互间差异显著（$P<0.05$）；无字母标注者，表示相互间无显著差异。

（二）红罗非鱼在不同盐度下的肌肉和肝脏的脂肪酸组成

肌肉的脂肪酸组成见表 4-66。结果显示，其主要脂肪酸的水平都受饲料脂肪源影响，少数 PUFA 如 18:3n-3、ARA、20:3n-3、DHA 的水平也受水体盐度影响。VO 饲料投喂组鱼肌肉的 20:3n-3、DHA、SFA、n-3 PUFA 水平在 15 ppt 组显著高于 0 ppt 组和 30 ppt 组；肌肉 ARA 水平在 0 ppt 组明显低于 15 ppt 组和 30 ppt 组。

肝脏的脂肪酸组成见表 4-67。除 ARA 外，主要脂肪酸的水平都受饲料脂肪源的影响，而 18:2n-6、18:3n-6、18:3n-3、20:3n-3、DHA 水平也受水体盐度影响。投喂 FO 饲料的红罗非鱼肝脏的 18:3n-3、20:3n-3、DHA、n-3 PUFA 水平在 0 ppt 组显著高于 15 ppt 组和 30 ppt 组。在投喂 VO 饲料时，肝脏的 18:3n-3、22:5n-3、EPA、DHA、n-3 PUFA 的水平和 n-3/n-6 PUFA 比值都是 15 ppt 和 30 ppt 组显著高于 0 ppt 组。在相同盐度下，投喂 FO 饲料的红罗非鱼肝脏和肌肉的 EPA、22:5n-3、DHA、n-3 PUFA 水平和 n-3/n-6 PUFA 比值显著高于投喂 VO 饲料的鱼。

表 4-66　两种饲料投喂不同盐度下红罗非鱼 8 周后的肌肉脂肪酸组成　（单位：%总脂肪酸）

主要脂肪酸	FO			VO		
	0 ppt	15 ppt	30 ppt	0 ppt	15 ppt	30 ppt
16:1n-7	4.75±0.43	5.52±0.36	5.39±0.23	2.57±0.17[b]	3.16±0.57[ab]	4.24±0.61[a]
18:1n-9	25.97±1.57	27.28±1.69	23.45±1.15	42.26±1.36	39.25±2.31	43.67±1.75
18:2n-6	3.79±0.11	2.75±0.41	2.59±0.26	8.25±0.65	8.08±0.44	7.96±0.51
18:3n-6	0.54±0.02	0.51±0.03	0.48±0.06	1.10±0.06	0.88±0.05	1.02±0.08
20:4n-6	0.41±0.02[a]	0.37±0.02[ab]	0.24±0.02[b]	0.19±0.01[b]	0.42±0.03[a]	0.38±0.02[a]
18:3n-3	0.65±0.06[b]	0.70±0.11[b]	1.74±0.37[a]	1.59±0.17[b]	1.51±0.25[b]	2.05±0.26[a]
18:4n-3	0.22±0.02	0.19±0.01	0.14±0.02	0.25±0.02	0.32±0.01	0.41±0.05
20:3n-3	0.44±0.01[b]	1.02±0.19[a]	1.16±0.19[a]	0.72±0.03[b]	0.89±0.17[a]	0.56±0.03[c]
20:5n-3	1.98±0.22	1.94±0.62	2.01±0.31	1.05±0.24	1.28±0.08	0.83±0.03
22:5n-3	2.13±0.07	2.18±0.38	2.31±0.18	0.72±0.03	0.95±0.11	0.62±0.04
22:6n-3	11.03±0.90	10.93±0.63	10.68±0.48	2.97±0.39[b]	4.48±0.26[a]	2.88±0.10[b]
SFA	36.12±1.74[b]	38.70±1.57[ab]	40.10±1.14[a]	27.42±1.14[c]	31.12±0.97[a]	29.74±1.28[b]
MUFA	33.74±1.09[ab]	35.95±1.52[a]	32.06±0.93[b]	47.74±1.79[b]	44.88±1.26[c]	50.68±1.67[a]
n-6 PUFA	5.57±0.22	4.51±0.47	4.00±0.33	10.10±0.19	10.15±0.56	10.15±0.74
n-3 PUFA	16.45±0.43	16.96±0.79	18.04±0.85	7.30±0.35[b]	9.43±0.21[a]	7.35±0.17[b]
n-3/n-6 PUFA	2.95±0.11	3.76±0.15	4.51±0.21	0.72±0.02	0.93±0.03	0.72±0.07

注：数据为平均值±标准误（$n=6$）。在同一行中，无相同上标字母标注者，表示相互间差异显著（$P<0.05$）；无字母标注者，表示相互间无显著差异。

表 4-67　两种饲料投喂不同盐度下红罗非鱼 8 周后的肝脏脂肪酸组成　（单位：%总脂肪酸）

主要脂肪酸	FO			VO		
	0 ppt	15 ppt	30 ppt	0 ppt	15 ppt	30 ppt
16:1n-7	5.53±0.49	5.81±0.50	5.62±0.09	3.96±0.76	5.21±0.21	4.06±0.30
18:1n-9	20.06±0.41^b	21.14±1.01^b	26.29±0.99^a	37.98±1.47^a	34.08±2.34^b	32.50±0.60^b
18:2n-6	1.74±0.23^a	1.14±0.22^b	1.67±0.14^a	5.40±0.80^a	4.87±0.61^a	3.55±0.39^b
18:3n-6	0.35±0.08	0.38±0.05	0.38±0.06	0.86±0.08^a	0.31±0.02^b	0.64±0.07^{ab}
20:4n-6	0.22±0.04	0.24±0.03	0.20±0.03	0.21±0.01	0.28±0.01	0.20±0.02
18:3n-3	2.51±0.07^a	1.82±0.12^b	1.28±0.25^c	1.66±0.06^c	2.41±0.17^a	1.88±0.12^b
18:4n-3	0.24±0.03	0.19±0.03	0.27±0.04	0.31±0.05	0.26±0.02	0.20±0.04
20:3n-3	1.72±0.16^a	1.50±0.01^b	1.23±0.08^c	1.66±0.30^a	1.03±0.11^b	0.96±0.19^b
20:5n-3	2.32±0.21	1.98±0.17	2.15±0.20	0.72±0.16^b	1.56±0.35^a	1.33±0.23^a
22:5n-3	1.36±0.06	1.44±0.10	1.39±0.24	0.45±0.07^b	0.76±0.17^a	0.62±0.10^a
22:6n-3	10.69±1.00^a	9.22±1.33^b	8.45±0.52^c	2.97±0.43^b	3.84±0.73^a	4.13±0.46^a
SFA	49.40±1.78^a	48.74±0.68^a	46.55±1.25^b	38.83±1.26^b	46.13±1.31^a	45.62±1.51^a
MUFA	28.99±0.34^b	29.17±1.49^b	34.47±0.93^a	46.46±0.61^a	36.37±0.76^b	39.12±0.59^b
n-6 PUFA	3.33±0.17^a	2.62±0.14^b	3.47±0.09^a	7.48±0.73^a	6.25±0.28^{ab}	5.08±0.34^b
n-3 PUFA	18.84±0.63^a	16.25±1.48^b	14.77±0.44^c	7.77±0.57^b	9.62±0.51^a	9.10±0.31^a
n-3/n-6 PUFA	5.68±0.28^{ab}	6.25±0.87^a	4.26±0.20^b	1.05±0.17^b	1.61±0.21^a	1.80±0.16^a

注：数据为平均值±标准误（$n=6$）。在同一行中，无相同上标字母标注者，表示相互间差异显著（$P<0.05$）；无字母标注者，表示相互间无显著差异。

（三）红罗非鱼在不同盐度下 LC-PUFA 合成相关基因的 mRNA 表达情况

如图 4-36 和图 4-37 所示，红罗非鱼的 LC-PUFA 合成相关基因的 mRNA 表达水平与其生活的水体盐度有关。在 FO 或 VO 饲料投喂组，LC-PUFA 合成关键酶基因 *fads2* 和 *elovl5* 的 mRNA 水平随着水体盐度的增加而升高（图 4-36），而 LC-PUFA 合成相关转录因子 *pparα* 的 mRNA 表达水平呈现相反的变化趋势（图 4-37B）；*srebp-1* 和 *lxr* 基因的表达水平在 0 ppt 盐度下的表达水平最高（图 4-37A、C）；*hnf4α* 的 mRNA 表达水平与盐度的关系在 FO 和 VO 饲料投喂组不太相同（图 4-37D）。

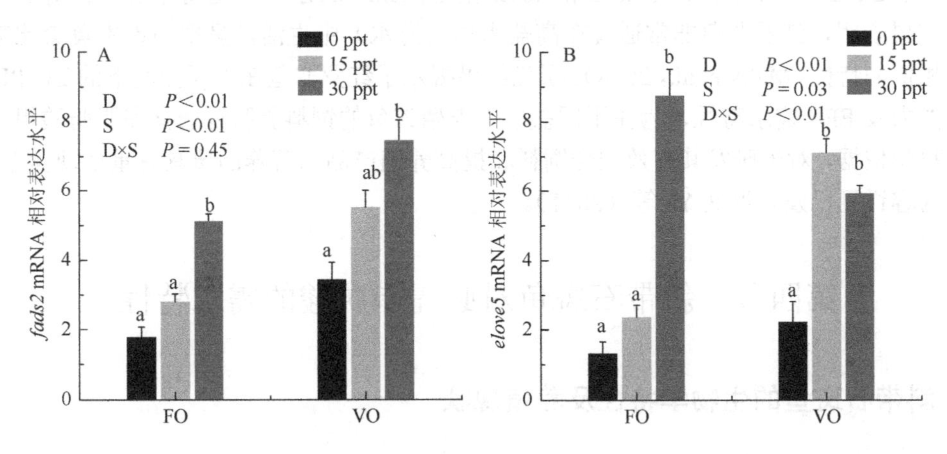

图 4-36　两种饲料投喂不同盐度下红罗非鱼 8 周后，肝脏 *fads2* 和 *elovl5* 的 mRNA 表达水平

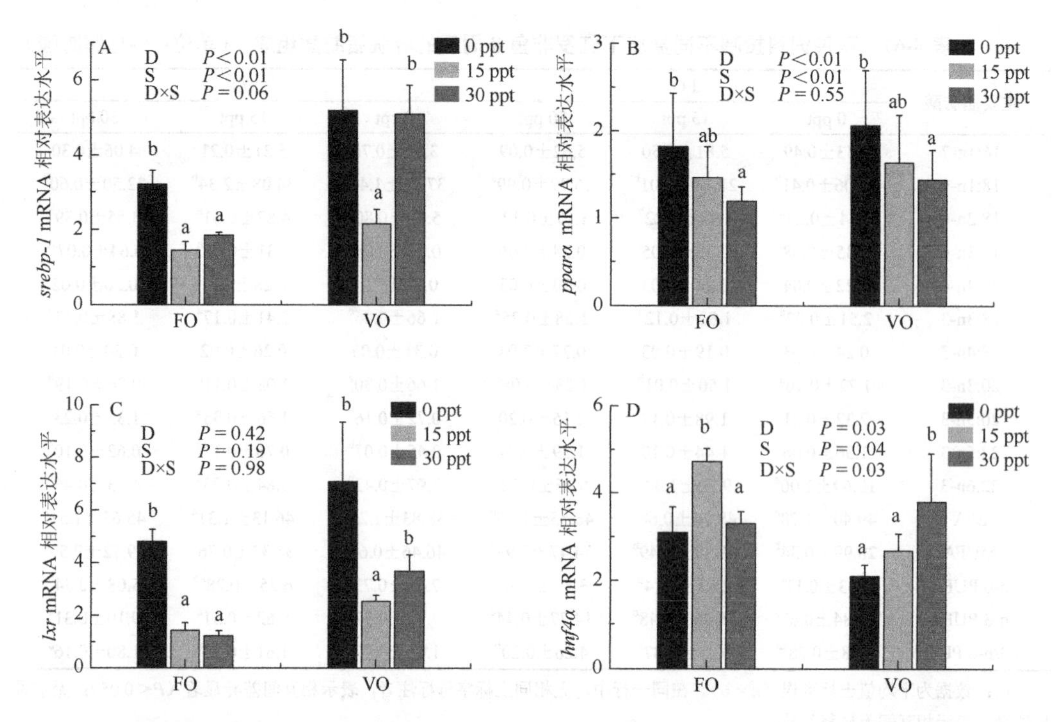

图 4-37　两种饲料投喂不同盐度下红罗非鱼 8 周后，肝脏 *srebp-1*、*pparα*、*lxr*、*hnf4α* 的 mRNA 表达水平（$n=6$）

（四）总结

上述研究结果显示，在相同饲料投喂组，30 ppt 盐度组鱼的生长性能显著高于 15 ppt 和淡水（0 ppt）组；而且，在相同盐度下，VO 饲料投喂组鱼的生长性能比 FO 饲料投喂组鱼稍好，说明红罗非鱼的 LC-PUFA 合成能力在高盐下比低盐下强，其能够利用植物油合成足够的 LC-PUFA 满足鱼体正常生长对 EFA 的需要。相应地，摄食 VO 饲料投喂组鱼肝脏的n-3 LC-PUFA水平及*fads2*和*elovl5*基因的mRNA水平也是高盐组显著高于0 ppt组。结果表明，红罗非鱼非常适宜在高盐水体（海水）中生活，呈现与母本莫桑比克罗非鱼相似的特性（Malik et al., 2018）。研究结果揭示了红罗非鱼在不同盐度下的 LC-PUFA 合成能力及 EFA 需求特性，为在不同盐度下养殖该鱼的饲料脂肪源选择和脂肪酸组成提供了科学依据，对于研发其高效配合饲料和提高养殖产品的营养品质具有重要现实意义，相关内容详见已发表论文 Yu 等（2021）。

第四节　斜带石斑鱼对必需脂肪酸的需求特性

一、斜带石斑鱼的生物学特性及养殖现状

斜带石斑鱼（*Epinephelus coioides*）是石斑鱼的一种，隶属于鲈形目鲈亚目鮨科石斑

鱼亚科石斑鱼属，为暖水性中下层鱼类，是典型肉食性、广盐性海水鱼类。该鱼主要分布在太平洋和印度洋的热带、亚热带海区，在我国的东南沿海地区都有分布，是我国海水养殖的名贵品种之一，具有很高的经济价值（Pierre et al.，2008）（图 4-38）。该鱼具有生长速度快、饲料系数低、经济价值高等优点，并因个体较大，肉质嫩滑，味道鲜美，营养丰富而深受国内外消费者青睐。随着近年来石斑鱼人工育苗技术的突破及养殖技术的不断发展，斜带石斑鱼已经取代点带石斑鱼（*E. malabaricus*）成为我国沿海如台湾、广东、福建和海南等地的重要海水养殖鱼类。2020 年我国石斑鱼的养殖产量已达 19.2 万 t，成为我国主要海水养殖鱼类之一，但是，目前石斑鱼养殖中，仍然主要采用冰鲜鱼和配合饲料交替使用的方式。冰鲜杂鱼诱食性虽好，但成分单一，价格不稳定，还易变质败坏水质，可能是水产动物病原的重要来源。配合饲料营养全面，工艺先进，可促进鱼快速生长，但相比冰鲜杂鱼，其在适口性、饲喂效果、市场价格等方面并不占优势，这是冰鲜杂鱼在石斑鱼养殖中仍受广大养殖户追捧，而配合饲料未能完全普及的重要原因。因此，大力开展石斑鱼精准营养需求的研究和加强饲料技术的研发，开发出可替代冰鲜杂鱼的性价比高的优质配合饲料，为石斑鱼养殖业的可持续发展提供内驱力乃是重中之重。

图 4-38　斜带石斑鱼（后附彩图）

二、斜带石斑鱼 LC-PUFA 合成能力和 EFA 需求特性

关于石斑鱼幼鱼的营养需求，如蛋白质、脂肪、碳水化合物及某些必需氨基酸、维生素和矿物质元素的需求量已有相关报道（Williams et al.，2009；杨俊江等，2012），但对其 EFA 需求及体内 LC-PUFA 合成代谢特性尚不完全清楚。Lin 和 Shiau（2007）报道，当用植物油替代鱼油时，点带石斑鱼的生长性能显著下降，推测其体内可能缺乏 LC-PUFA 合成能力。同时也有研究者认为，点带石斑鱼同时需要 EPA 和 DHA 来满足 n-3 LC-PUFA 作为生长和免疫反应的 EFA 需求（Wu et al.，2002，2003）。此外，Wu 和 Chen（2012）报道，点带石斑鱼在膳食中对 ALA 有一定的需求，可将 ALA 转化为 EPA，但不能进一步转化为 DHA。这些研究表明，点带石斑鱼的 LC-PUFA 生物合成能力可能缺乏或很弱，因此 LC-PUFA，特别是 DHA 是其 EFA。此外，有研究报道，在添加较高比例鱼粉的饲料中，完全用植物油替代鱼油不会对斜带石斑鱼的生长或饲料利用造成任何负面影响（Lin et al.，2007）。然而，从这些结果中我们无法知道斜带石斑鱼是否具有 LC-PUFA 的生物合成能力，因为饲料中的鱼粉可能含有足够的 LC-PUFA 以维持鱼的正常生长。因此，有必要进一步弄清斜带石斑鱼的 LC-PUFA 合成能力和 EFA 需求特性。

为此，本书共设计了 7 种等氮等脂半纯化饲料，包括以鱼油为脂肪源的对照饲料（D0），ALA/LA 比分别为 1.0、1.5 和 3.0 的 3 种饲料（D1、D2、D3），以及 DHA/EPA 比分别为 1.0、2.0 和 3.0 的另外 3 种饲料（D4、D5、D6）；饲料具体配方见表 4-68，其主要脂肪酸组成见表 4-69。利用此 7 种饲料在海上网箱（1 m×1 m×1.5 m）中养殖斜带石斑鱼幼鱼 9 周后，通过比较不同饲料投喂组鱼的生长性能、免疫机能指标及肝脏脂肪酸组成，弄清该鱼是否具有 LC-PUFA 合成能力及饲料 DHA/EPA 的适宜比，为配合饲料研制中脂肪源的选择和脂肪酸添加提供科学依据，主要研究内容及取得的结果如下。

表 4-68 石斑鱼试验饲料配方和常规营养成分 （单位：%）

项目		D0	D1	D2	D3	D4	D5	D6
饲料原料	酪蛋白	400.0	400.0	400.0	400.0	400.0	400.0	400.0
	明胶	100.0	100.0	100.0	100.0	100.0	100.0	100.0
	玉米淀粉	200.0	200.0	200.0	200.0	200.0	200.0	200.0
	纤维素	24.0	24.0	24.0	24.0	24.0	24.0	24.0
	混合矿物盐①	80.0	80.0	80.0	80.0	80.0	80.0	80.0
	混合维生素②	20.0	20.0	20.0	20.0	20.0	20.0	20.0
	羧甲基纤维素钠	20.0	20.0	20.0	20.0	20.0	20.0	20.0
	诱食剂③	45.0	45.0	45.0	45.0	45.0	45.0	45.0
	维生素 C-2-单磷酸酯	5.0	5.0	5.0	5.0	5.0	5.0	5.0
	氯化胆碱	5.0	5.0	5.0	5.0	5.0	5.0	5.0
	抗氧化剂	1.0	1.0	1.0	1.0	1.0	1.0	1.0
	鱼油	100.0	0.0	0.0	0.0	0.0	0.0	0.0
	紫苏籽油	0.0	50.9	63.8	86.8	0.0	0.0	0.0
	玉米油	0.0	49.1	36.2	13.2	74.0	74.0	74.0
	DHA-纯化油④	0.0	0.0	0.0	0.0	8.7	17.3	20.8
	EPA-纯化油⑤	0.0	0.0	0.0	0.0	17.3	8.7	5.2
常规营养成分	粗蛋白质	55.6	54.7	54.9	55.5	55.7	55.3	54.9
	粗脂肪	10.8	10.8	10.7	10.8	10.8	10.7	10.7
	粗灰分	5.6	5.5	5.5	5.5	5.6	5.6	5.5

注：①每种矿物盐含量（单位：g/kg）：乳酸钙，327；KH_2PO_4，240；$CaHPO_4·2H_2O$，135；$MgSO_4·7H_2O$，132；$Na_2HPO_4·2H_2O$，87；NaCl，43.5；柠檬酸铁，30；$ZnSO_4·7H_2O$，3；$AlCl_3·6H_2O$，0.15；$MnSO_4·H_2O$，0.8；KI，0.15；$CoCl_2·6H_2O$，1.0；$CuCl_2$，0.1。

②每种维生素含量（单位：IU/kg 或 g/kg）：维生素 A（IU），3 600 000；维生素 D（IU），1 500 000；维生素 E，20；维生素 K3，5；盐酸硫胺素，2.5；核黄素，10；吡哆醇–HCl，3；维生素 B12，0.025；D-泛酸钙，25；尼克酸，25；叶酸，0.75；D-生物素，0.25；肌醇，80。

③各物质含量（单位：mg/100 g）：天冬氨酸 18；苏氨酸 44；丝氨酸 33；谷氨酸 53；缬氨酸 36；蛋氨酸 36；异亮氨酸 29；亮氨酸 55；酪氨酸 22；苯丙氨酸 29；赖氨酸 29；组氨酸 15；脯氨酸 1456；丙氨酸 273；精氨酸 228；牛磺酸 337；甘氨酸 892；甜菜碱 910；纤维素 5。

④含 DHA 80%，EPA 16%。

⑤含 DHA 32%，EPA 64%。

表 4-69　试验饲料的主要脂肪酸组成　（单位：%总脂肪酸）

主要脂肪酸	D0	D1	D2	D3	D4	D5	D6
14:0	3.54	0.94	0.31	0.71	0.38	0.57	0.34
16:0	17.32	20.81	12.95	18.46	12.69	13.21	12.18
18:0	5.96	8.70	5.83	13.09	5.16	4.45	3.86
16:1n-7	3.96	0.59	1.17	0.42	0.21	0.51	0.23
18:1n-9	23.63	28.79	21.54	15.70	24.50	22.37	24.88
18:2n-6（LA）	21.94	22.44	24.98	13.04	38.21	38.51	37.71
18:3n-6	0.73	—	—	—	—	—	—
20:2n-6	0.59	—	—	—	—	—	—
20:3n-6	0.43	—	—	—	—	—	—
20:4n-6（ARA）	1.32	—	—	—	—	—	—
18:3n-3（ALA）	5.35	16.12	33.65	37.13	1.38	1.12	0.82
20:3n-3	0.13	—	—	—	—	—	—
20:5n-3（EPA）	5.33	—	—	—	7.96	5.42	4.44
22:5n-3（DPA）	1.54	—	—	—	0.97	0.61	0.60
22:6n-3（DHA）	7.01	—	—	—	7.97	10.49	12.54
SFA	26.82	30.45	19.09	32.26	18.23	18.23	16.38
MUFA	27.59	29.38	22.71	16.12	24.71	22.88	25.11
n-6 PUFA	25.01	22.44	24.98	13.04	38.21	38.51	37.71
n-3 PUFA	19.36	16.12	33.65	37.13	18.28	17.64	19.22
n-3/n-6 PUFA	0.77	0.72	1.35	2.85	0.49	0.46	0.5

注：“—”表示未检出（小于 0.01）。

（一）不同饲料投喂组鱼生长性能的比较

利用 ALA/LA 和 DHA/EPA 比例不同的饲料养殖斜带石斑鱼 9 周后，ALA/LA 比例不同但缺乏 LC-PUFA 的 D1～D3 组鱼的增重率（WGR）和特定生长率（SGR）虽低于鱼油饲料（D0）对照组，但差异不显著（表 4-70），说明斜带石斑鱼可能具有一定的转化 ALA 和 LA 为 LC-PUFA 的能力。但是，投喂 DHA/EPA 比例不同的 D4～D6 饲料组鱼的增重率和特定生长率与鱼油饲料（D0）组鱼无差异，但显著高于无 LC-PUFA 的 D1～D3 组（$P<0.05$），说明斜带石斑鱼的 LC-PUFA 合成能力可能很弱，故其饲料中需要添加一定量的 DHA 和 EPA 才能满足最佳生长对 EFA 的需要。在 D4～D6 组间，随着饲料中 DHA/EPA 比的升高，增重率逐渐降低，且 DHA/EPA 比为 1.0（D4）和 2.0（D5）组的增重率和特定生长率均比 DHA/EPA 比为 3.0（D6）组的鱼高，说明石斑鱼饲料的 DHA/EPA 适宜比为 1.0 或者 2.0。

表 4-70　不同饲料投喂组斜带石斑鱼幼鱼的生长性能

生长指标	D0	D1	D2	D3	D4	D5	D6
初始体重/g	9.71±0.21	9.68±0.15	9.72±0.13	9.69±0.11	9.70±0.18	9.81±0.25	9.73±0.16
终末体重/g	23.16±1.72	20.33±0.71	21.12±0.96	21.01±0.86	26.64±1.84	25.91±1.07	23.10±1.83
WGR/%	141.19±17.94[ab]	111.81±7.43[b]	119.22±9.87[b]	117.26±8.3[b]	174.77±19.95[a]	167.30±12.62[a]	137.98±18.11[a]
SGR/(%/d)	1.40±0.11[ab]	1.21±0.05[b]	1.25±0.07[b]	1.24±0.06[b]	1.61±0.11[a]	1.56±0.07[a]	1.38±0.13[a]
FCR	1.67±0.18[ab]	2.13±0.25[b]	1.97±0.19[ab]	1.99±0.12[ab]	1.58±0.15[a]	1.62±0.08[ab]	1.71±0.01[ab]
SR/%	87	76	88	83	85	87	81

注：数据为平均值±标准误（$n=3$）。同一行中，无相同上标字母标注者，表示相互间有显著差异（$P<0.05$）。

（二）不同饲料投喂组鱼的免疫相关指标的比较

由表 4-71 可知，ALA/LA 和 DHA/EPA 比例不同的饲料对斜带石斑鱼幼鱼的血清溶菌酶（LZM）活性、免疫球蛋白 M（IgM）含量以及碱性磷酸酶（ALP）活性都有显著影响（$P<0.05$）。随着饲料中 ALA/LA 比例和 DHA/EPA 比例的升高，溶菌酶活性呈现先上升后下降的趋势，且鱼油对照组显著高于 D3 组（ALA/LA＝3.0）（$P<0.05$），但与其他各组无显著差异；同时，血清免疫球蛋白 M 含量随着饲料中 ALA/LA 比例和 DHA/EPA 升高呈现先上升后下降的趋势，D1 组（ALA/LA＝1.0）显著低于对照组和 DHA/EPA 不同比例组（$P<0.05$），但与其他 ALA/LA 比例组无显著差异。碱性磷酸酶活性有随着饲料 ALA/LA 比的升高而升高的趋势，且 D4～D6 组的值均高于 D1～D3 组和鱼油对照组。这些结果表明，饲料中添加一定量的 EPA 和 DHA 可在一定程度上提高斜带石斑鱼的非特异性免疫能力。

表 4-71　不同饲料投喂组斜带石斑鱼幼鱼的免疫相关指标

免疫相关指标	D0	D1	D2	D3	D4	D5	D6
白蛋白/(g/L)	10.21±0.62[a]	6.91±0.31[c]	7.52±0.34[c]	7.29±0.38[c]	10.36±0.51[a]	8.06±0.49[bc]	9.14±0.40[ab]
IgM/(mg/L)	18.04±0.82[ab]	12.71±2.01[c]	15.37±0.49[bc]	14.38±0.71[bc]	17.91±0.59[ab]	18.22±0.68[a]	16.54±1.32[ab]
LZM/(U/mL)	297.27±29.08[a]	204.16±4.77[ab]	220.66±28.55[ab]	176.67±16.25[b]	218.20±24.06[ab]	239.87±21.68[ab]	197.83±8.43[ab]
ALP/(U/100mL)	20.68±0.71[ab]	16.61±3.35[b]	21.27±1.23[ab]	21.83±0.30[ab]	27.87±5.38[a]	21.87±3.09[ab]	24.24±1.82[ab]
ACP/(U/100mL)	2.83±0.06	2.65±0.22	3.13±0.61	2.63±0.16	3.17±0.07	3.52±0.51	2.95±0.49

注：数据为平均值±标准误（$n=3$）。同一行中，无相同上标字母标注者，表示相互间有显著差异($P<0.05$)。

（三）不同饲料投喂组鱼的肝脏和肌肉的脂肪酸组成及 LC-PUFA 合成特性分析

斜带石斑鱼肝脏（表 4-72）和肌肉（表 4-73）的脂肪酸组成受饲料脂肪酸组成的影响。其中，肝脏 EPA、DPA、DHA 和 n-3 LC-PUFA 水平随着饲料中 ALA/LA 比的增加而略有增加，但均低于鱼油组和 DHA/EPA 不同比例组。与鱼油组（D0）相比，ALA/LA 比为 1.0（D1）和 1.5（D2）组鱼的肌肉 EPA 水平显著降低，ALA/LA 不同比例组鱼的肌肉 DHA 水平与鱼油组无显著差异，但显著低于 DHA/EPA 不同比例组（$P<0.05$）。随着饲料 ALA/LA 比的增加，肝脏和肌肉中 n-6 LC-PUFA 水平略有下降，但各试验组间无显著差异。

表 4-72　不同饲料投喂组斜带石斑鱼幼鱼的肝脏脂肪酸组成　（单位：%总脂肪酸）

主要脂肪	初始鱼	D0	D1	D2	D3	D4	D5	D6
16:0	34.48	25.86±1.15	23.12±3.59	21.08±1.96	21.58±1.72	28.91±1.54	29.13±1.60	20.08±0.06
18:0	10.51	12.96±0.89	7.77±0.42	8.67±1.17	10.10±3.04	10.11±0.85	10.61±1.33	11.63±0.38
SFA	47.35	41.06±0.73	32.94±4.29	31.50±1.85	33.27±2.77	41.62±3.83	41.63±0.84	32.76±0.42
16:1n-7	5.36	$3.74±0.43^{ab}$	$1.65±0.33^{bc}$	$1.31±0.34^{c}$	$1.67±0.20^{bc}$	$4.01±0.79^{a}$	$2.97±0.47^{abc}$	$1.02±0.13^{c}$
18:1n-9	21.73	$21.43±0.89^{a}$	$23.65±1.97^{a}$	$19.29±0.43^{ab}$	$15.55±1.14^{b}$	$22.69±1.32^{a}$	$21.02±1.55^{ab}$	$18.74±0.13^{ab}$
20:1n-9	0.41	0.75±0.18	0.28±0.11	0.42±0.03	0.41±0.25	0.31±0.10	0.45±0.10	$0.86±0.04^{b}$
MUFA	27.64	$25.92±1.31^{a}$	$25.58±1.80^{a}$	$21.01±0.77^{ab}$	$17.62±1.08^{b}$	$27.01±1.99^{a}$	$24.30±1.86^{ab}$	$20.21±0.31^{ab}$
18:2n-6	2.04	$12.28±0.87^{c}$	$22.41±2.89^{ab}$	$21.18±1.15^{ab}$	$15.63±1.12^{c}$	$14.92±2.43^{bc}$	$16.60±1.26^{bc}$	$23.75±0.76^{abc}$
18:3n-6	0.32	0.46±0.04	0.42±0.06	0.42±0.02	0.42±0.01	0.41±0.05	0.46±0.05	0.39±0.02
20:2n-6	0.43	0.74±0.18	0.35±0.07	0.41±0.03	0.41±0.12	0.31±0.11	0.30±0.09	0.35±0.04
20:4n-6	2.03	$1.21±0.20^{ab}$	$0.71±0.23^{b}$	$1.68±0.47^{a}$	$1.36±0.32^{ab}$	$0.74±0.17^{b}$	$0.67±0.10^{b}$	$1.12±0.26^{ab}$
n-6 LC-PUFA	4.88	$14.60±0.69^{c}$	$23.79±2.88^{ab}$	$23.50±1.20^{ab}$	$17.63±0.81^{bc}$	$16.46±2.69^{bc}$	$18.23±1.38^{abc}$	$25.17±0.78^{a}$
18:3n-3	2.10	$2.73±0.30^{b}$	$13.09±1.99^{a}$	$17.96±0.84^{a}$	$21.99±2.84^{a}$	$1.96±0.41^{b}$	$1.44±0.16^{b}$	$1.53±0.16^{b}$
20:3n-3	0.17	$0.36±0.03^{a}$	$0.24±0.02^{ab}$	$0.27±0.02^{ab}$	$0.17±0.02^{b}$	$0.25±0.02^{ab}$	$0.26±0.01^{ab}$	$0.20±0.08^{ab}$
20:5n-3	4.47	$4.05±0.12^{a}$	$0.37±0.18^{b}$	$0.96±0.54^{b}$	$1.36±0.68^{b}$	$3.97±0.67^{a}$	$3.34±0.40^{a}$	$4.17±0.02^{a}$
22:5n-3	1.96	$1.28±0.08^{a}$	$0.24±0.11^{b}$	$0.43±0.09^{b}$	$0.47±0.16^{b}$	$1.30±0.31^{a}$	$1.30±0.31^{a}$	$1.66±0.14^{a}$
22:6n-3	8.74	$8.46±0.53^{b}$	$1.32±0.70^{c}$	$2.59±0.51^{c}$	$2.82±1.09^{c}$	$6.46±1.42^{b}$	$8.49±0.98^{b}$	$12.65±0.26^{a}$
n-3 PUFA	17.44	$16.88±0.90^{bcd}$	$15.26±2.14^{cd}$	$22.20±1.15^{b}$	$28.60±2.24^{a}$	$13.93±2.78^{d}$	$14.83±1.34^{cd}$	$20.22±0.40^{bc}$
LC-PUFA	18.18	$16.01±0.53^{ab}$	$3.14±0.87^{c}$	$6.14±1.64^{c}$	$6.41±1.95^{c}$	$13.11±2.65^{b}$	$14.56±1.57^{b}$	$19.70±0.33^{a}$
DHA + EPA	13.21	$12.51±0.63^{b}$	$1.69±0.88^{c}$	$3.54±1.04^{c}$	$4.17±1.76^{c}$	$10.43±2.09^{b}$	$11.83±1.36^{b}$	$16.83±0.26^{a}$

注：数据为平均值±标准误（$n=3$）。同一行中，无相同上标字母标注者，表示相互间有显著差异（$P<0.05$）。

表 4-73　不同饲料投喂组斜带石斑鱼幼鱼的肌肉脂肪酸组成　（单位：%总脂肪酸）

主要脂肪酸	初始鱼	D0	D1	D2	D3	D4	D5	D6
16:0	25.95	21.52±0.65^{a}	17.36±0.56^{b}	17.66±0.56^{b}	17.25±1.01^{b}	18.64±0.53^{ab}	18.67±0.25^{ab}	17.22±0.64^{b}
18:0	10.26	8.13±0.48	8.82±0.67	8.10±1.17	8.03±0.71	7.06±1.13	5.93±0.33	5.62±0.18
SFA	38.73	32.07±0.98^{a}	27.24±1.11^{ab}	27.09±0.77^{ab}	26.71±2.00^{ab}	26.84±1.36^{ab}	25.77±0.21^{b}	23.98±0.88^{b}
16:1n-7	6.67	4.43±0.12^{a}	1.83±0.06^{b}	2.04±0.28^{b}	2.74±0.62^{b}	2.12±0.08^{b}	2.08±0.13^{b}	1.95±0.21^{b}
18:1n-9	14.14	25.21±0.08^{a}	18.41±0.81^{cd}	19.65±0.71^{bcd}	16.74±0.74^{d}	22.85±1.75^{abc}	24.41±1.27^{ab}	25.25±1.12^{a}
20:1n-9	0.15	0.47±0.02	0.56±0.05	0.51±0.15	0.36±0.09	0.45±0.19	0.33±0.06	0.16±0.06
MUFA	20.96	30.10±0.06^{a}	20.79±0.81^{de}	22.20±0.85^{cde}	19.84±0.34^{e}	25.42±1.55^{bcd}	26.82±1.34^{abc}	27.36±0.91^{ab}
18:2n-6	2.30	16.42±0.73^{de}	21.88±0.98^{bc}	20.98±0.47^{cd}	13.42±1.94^{e}	25.34±1.32^{abc}	27.88±0.88^{a}	26.99±0.55^{ab}
18:3n-6	0.53	0.52±0.03^{a}	0.47±0.04^{ab}	0.45±0.03^{ab}	0.45±0.02^{ab}	0.39±0.01^{b}	0.40±0.01^{b}	0.38±0.02^{b}
20:2n-6	0.51	0.38±0.03^{a}	0.29±0.03^{b}	0.26±0.02^{b}	0.25±0.02^{b}	0.24±0.02^{b}	0.25±0.01^{b}	0.24±0.01^{b}
20:4n-6	2.66	1.55±0.35	1.97±0.27	1.80±0.57	1.77±0.22	1.37±0.41	0.93±0.10	1.08±0.17
n-6 LC-PUFA	6.69	18.94±0.57^{d}	24.62±0.93^{bc}	23.49±0.22^{c}	15.89±2.06^{d}	27.38±0.91^{ab}	29.51±0.98^{a}	28.77±0.36^{a}
18:3n-3	1.31	4.78±0.53^{c}	15.83±1.50^{b}	17.59±1.58^{b}	23.76 ±3.06^{a}	2.21±0.22^{c}	1.22±0.10^{c}	2.53±0.15^{c}
20:3n-3	0.44	0.55±0.03^{ab}	0.28±0.08^{ab}	0.23±0.07^{b}	0.78±0.37^{a}	0.50±0.07^{ab}	0.55±0.01^{ab}	0.50±0.06^{ab}
20:5n-3（EPA）	7.65	3.65±0.15^{ab}	2.15±0.45^{cd}	1.56±0.17^{d}	2.54±1.00^{bcd}	5.57±0.19^{a}	4.01±0.04^{ab}	3.10±0.10^{abc}
22:5n-3	2.69	1.44±0.06^{ab}	0.93±0.11^{b}	0.86±0.13^{b}	1.25±0.44^{ab}	1.67±0.06^{a}	1.68±0.04^{a}	1.72±0.08^{a}
22:6n-3（DHA）	18.15	7.45±0.23^{bc}	6.19±0.77^{c}	5.40±1.06^{c}	6.42±1.04^{c}	9.38±0.87^{ab}	9.42±0.38^{ab}	10.47±0.27^{a}
n-3 PUFA	30.24	17.86±0.48^{c}	25.39±1.33^{b}	25.63±0.22^{b}	34.74±0.67^{a}	19.34±1.03^{c}	16.87±0.49^{c}	18.31±0.46^{c}
LC-PUFA	33.06	15.07±0.42^{abc}	11.83±1.47^{cd}	10.11±2.00^{d}	13.00±2.64^{bcd}	18.78±1.25^{a}	16.90±0.53^{ab}	17.19±0.54^{ab}
DHA+EPA	25.80	11.09±0.08^{bc}	8.34±1.10^{cd}	6.96±1.23^{d}	8.95±2.04^{cd}	14.95±0.71^{a}	13.42±0.40^{ab}	13.57±0.35^{ab}

注：数据为平均值±标准误（$n=3$）。同一行中，无相同上标字母标注者，表示相互间有显著差异（$P<0.05$）。

沿着生物合成途径从 LA 到 ARA 和 ALA 到 DHA，比较饲料和组织脂肪酸组成，可以发现，饲料中 ALA/LA 不同比例组鱼肝脏 n-3 LC-PUFA（EPA、DPA 和 DHA）水平和 n-6 PUFA（18:3n-6，ARA），分别与其饲料 ALA 和 LA 呈现出平行的变化模式（图 4-39），进一步说明石斑鱼肝脏具有一定的 LC-PUFA 合成能力。

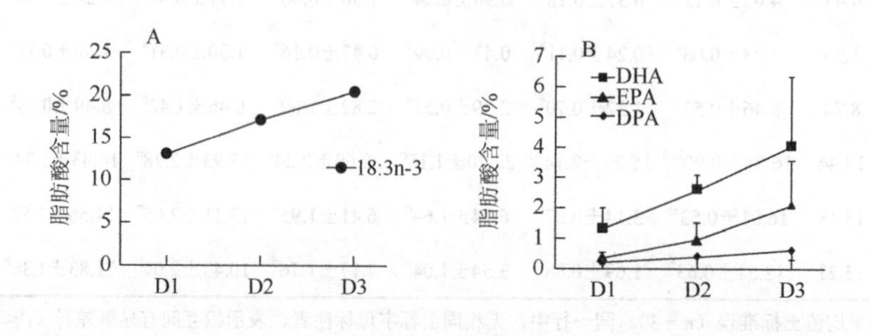

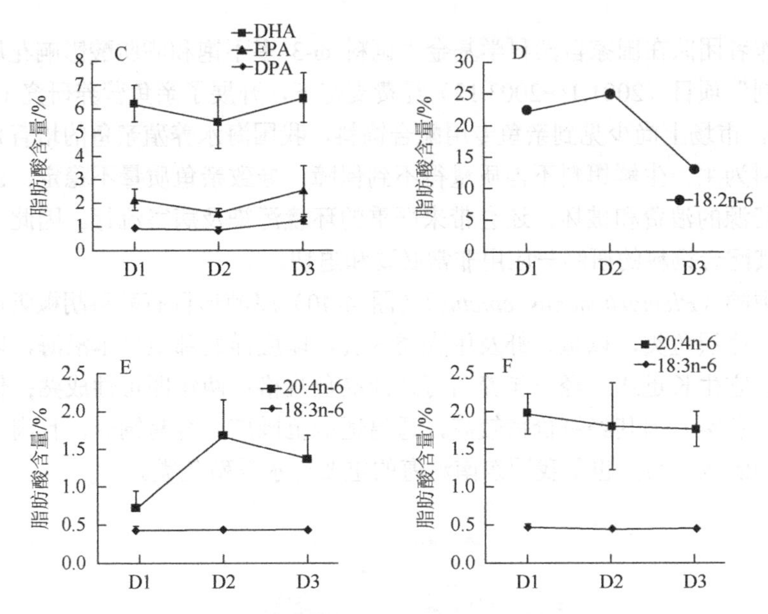

图 4-39　肝脏（B、E）和肌肉（C、F）中的主要脂肪酸水平与饲料（A、D）18:3n-3 和 18:2n-6 水平的趋势图

（四）总结

基于生长性能和肝脏脂肪酸组成的结果，得出斜带石斑鱼可能具有一定的将 LA 和 ALA 转化为 LC-PUFA 的能力；但是，此种内源性 LC-PUFA 合成能力低下，不足以满足鱼体最佳生长对 LC-PUFA 的需要。因此，其饲料中需要添加一定量的 LC-PUFA，特别是 DHA 和 EPA，且从生长、健康及组织 LC-PUFA 沉积量角度分析，饲料中 DHA/EPA 的适宜比为 1.0 或 2.0。这与在其他海水鱼中的研究结果相类似，如金头鲷（*S. aurata*）（Kalogeropoulos et al.，1992）、星斑川鲽（*P. stellatus*）（Ma et al.，2014）和大西洋鲑（*Salmo salar*）（Ruyter et al.，2000），其饲料 DHA/EPA 的适宜比为 1.0～2.0。但是，在其他肉食性海水鱼类，如花鲈（*L. japonicus*）（Xu et al.，2016）、大黄鱼（*L. crocea*）（Zuo et al.，2012）、点带石斑鱼（Wu et al.，2002）和军曹鱼（*R. canadum*）（Trushenski et al.，2012）中，其饲料 DHA/EPA 的适宜比均高于 2.0。这些研究结果表明，鱼类对 DHA/EPA 适宜比可能存在种间差异性，也可能与养殖环境条件、生长阶段及饲料脂肪水平等因素有关。据我们所知，本研究是关于斜带石斑鱼具有内源性 LC-PUFA 合成能力及配合饲料中 DHA/EPA 适宜添加比的首次报道，相关结果详见已发表论文 Chen 等（2017）。

第五节　花尾胡椒鲷性腺发育成熟对 n-3 LC-PUFA 的需求特性

目前，采用人工培育的亲鱼进行繁育已成为许多海水养殖鱼类鱼苗来源的重要手段，因为捕自天然海区的亲鱼和鱼苗数量逐年减少，质量也不稳定。然而，由于研究的难度和费用相对较大等，亲鱼营养仍然是鱼类营养中了解和研究得不多的领域之一。在 21 世纪初，本书作者团队在国家自然科学基金“饲料 ω-3 多不饱和脂肪酸影响花尾胡椒鲷生殖性能的机制”项目（2001.1～2003.12）经费支持下，开展了亲鱼营养研究工作。然而，20 年已过去，市场上尚少见到亲鱼专用配合饲料，我国海水养殖亲鱼的培育仍以冰鲜杂鱼等生鲜饵料为主。生鲜饵料不但质量得不到保障，导致亲鱼质量不稳定；而且大量使用也是自然资源的浪费和破坏，还会带来严重的环境污染及病害流行。因此，加强亲鱼营养需求及其配合饲料的研制与应用非常必要和迫切。

花尾胡椒鲷（*Plectorhynchus cinctus*）（图 4-40）属鲈形目石鲈科胡椒鲷属，为亚热带和温带浅海底层鱼类，以鱼、虾及甲壳类为食，印度洋北部至日本沿海，以及我国沿海均有分布；它生长迅速，经一年养殖可达商品鱼规格；两年即可性成熟；价格高于真鲷等传统养殖鱼类。因其经济价值较高，适温适盐范围广，容易饲养，且肉质鲜美，是我国市场畅销的水产品，也是我国东南沿海的重要海水养殖鱼类。

图 4-40　花尾胡椒鲷（后附彩图）

在亲鱼的性腺发育成熟过程中，伴随着精卵配子的大量增殖和生长发育成熟，脂肪酸，特别是 n-3 系列高不饱和脂肪酸（n-3 HUFA）（也称长链多不饱和脂肪酸，LC-PUFA）将是影响生殖性能（卵子数量和质量等）的重要必需营养素之一。为此，我们以花尾胡椒鲷为研究对象，以 n-3 LC-PUFA 含量分别为 0.16%、1.27%、2.36%和 3.47%的 4 种人工配合饲料（D1～D4）及冰鲜杂鱼（D5）饲养雌亲鱼一周年，饲料配方和常规营养成分及其脂肪酸组成见表 4-74 和表 4-75。通过比较各饲料投喂组亲鱼的产卵量、卵和仔鱼质量，评估饲料 n-3 LC-PUFA 含量对生殖性能的影响；同时，通过比较不同饲料投喂组亲鱼的血浆性类固醇激素水平随月份的变化规律，卵巢、卵、仔鱼的脂肪酸组成等，探讨饲料 n-3 LC-PUFA 水平影响生殖性能的机制。研究成果不仅可为鱼类营养生理学和生殖生理学充实新的内容，也可为花尾胡椒鲷亲鱼饲料中 n-3 LC-PUFA 的适宜添加水平提供依据。

表 4-74　花尾胡椒鲷亲鱼培育的试验饲料配方和常规营养成分

项目		D1	D2	D3	D4	D5
组分/%	鱼粉[①]	74	74	74	74	野杂鱼
	鱼油[②]	0	4.35	8.65	13	
	猪油[③]	13	8.65	4.35	0	
	淀粉	9	9	9	9	

续表

项目		D1	D2	D3	D4	D5
组分/%	混合无机盐④	2	2	2	2	野杂鱼
	混合维生素④	2	2	2	2	
常规营养成分	粗蛋白质/%	52.48	52.78	53.10	52.92	
	粗脂肪/%	19.36	19.76	19.87	20.17	
	能量⑤/(kJ/100g)	2.16×10^3	2.18×10^3	2.19×10^3	2.20×10^3	
	n-3 HUFA⑥/%	0.16	1.27	2.36	3.47	

注：①粗蛋白质：67.14%，粗脂肪：10.19%，n-3 LC-PUFA：0.24%。②粗脂肪：93.08%，n-3 LC-PUFA：25.46%。③粗脂肪：94.30%。④按 Fernandez-Palacios 等（1995）的配方。⑤由饲料中的蛋白质、脂肪及碳水化合物的产热量计算得来。⑥由鱼油和鱼粉中的 n-3 LC-PUFA 含量计算得出。

表 4-75　花尾胡椒鲷亲鱼培育试验饲料的脂肪酸组成　（单位：%总脂肪酸）

主要脂肪酸	D1	D2	D3	D4	D5
16:0	24.65	22.99	22.88	20.38	23.3
16:1	4.25	4.99	7.84	9.53	8.82
18:0	14.48	11.72	8.84	5.23	9.53
18:1n-9	37.19	34.55	28.23	20.07	11.47
18:2n-6	10	7.54	5.59	3.39	1.6
18:3n-3	0.19	0.01	—	—	0.42
20:4n-6	—	—	—	—	2.05
20:5n-3	2.08	5.25	8.75	13.19	9.68
22:6n-3	3.7	6.92	9.88	15.82	16.77
SFA	41.95	38.91	37.3	33.04	38.95
MUFA	41.92	40.73	37.52	31.81	21.4
n-3 PUFA	5.98	12.62	19.2	30.79	29.08
n-6 PUFA	10	7.54	5.59	3.39	3.65
n-3/n-6	0.60	1.67	3.43	9.08	7.97
n-3 LC-PUFA	5.78	12.17	18.63	29.01	26.45
DHA/EPA	1.78	1.32	1.13	1.20	1.73

注：“—”表示未检出。LC-PUFA：脂肪酸大于等于 20:3（Fernández-Palacios et al.，1995）。

一、饲料 n-3 LC-PUFA 含量对花尾胡椒鲷亲鱼的产卵量及卵和仔鱼质量的影响

（一）不同饲料投喂组亲鱼的产卵量、卵和仔鱼质量比较

从当年 6 月至次年 5 月，分别以饲料 D1～D5 喂养在海上网箱中的花尾胡椒鲷亲鱼

一周年后，各饲料投喂组亲鱼的产卵量、卵和仔鱼质量见表 4-76。按平均每千克雌鱼的产卵量计算，饲料 n-3 LC-PUFA 水平为 1.27%（D2）和 2.36%（D3）的饲料投喂组鱼与冰鲜杂鱼（D5）喂养组接近，均达到 D5 组的近 90%；但 n-3 LC-PUFA 水平为 0.16%（D1）和 3.47%（D4）组的产卵量分别仅为 D5 组的 50%和 54%。此外，D1 组和 D4 组的油球径较 D5 组极显著增大；受精率方面，D2 组、D3 组的受精率（浮性卵的百分率）与 D5 组均无差异，但 D1 组和 D4 组极显著低于 D5 组；D1 组的仔鱼存活率极显著低于 D5 组，D1 组、D4 组开口仔鱼的体长也极显著低于 D5 组。

表 4-76　各饲料投喂组亲鱼的产卵量、卵和仔鱼质量

项目	D1	D2	D3	D4	D5
产卵量/(g/kg)	168.02	287.03	302.54	181.64	335.23
卵径/(μmol/L)	785.00±2.75	789.21±1.61	786.15±1.57	784.55±2.13	788.46±1.21
油球径/(μmol/L)	230.50±2.58**	222.28±1.03	217.35±1.28	225.45±1.22**	220.73±0.87
受精率/%	23.52±1.20**	63.02±2.21	61.76±3.00	46.35±2.06**	67.95±2.93
孵化率/%	93.09±1.44	95.37±0.49	95.79±0.62	95.15±1.00	96.76±0.95
畸形率/%	8.34±1.30	6.32±1.04	6.45±1.06	8.99±1.01	5.92±0.76
仔鱼存活率/%	46.00±6.15**	71.00±6.05	78.22±4.81	74.00±5.27	79.11±4.31
开口仔鱼体长/mm	2.62±0.01**	2.66±0.01	2.67±0.01	2.63±0.01**	2.67±0.01

注：产卵量数据为 11～12 批卵的平均值，其他数据为 3～7 批卵的平均值±标准误；**表示与 D5 组相比差异极显著（$P<0.01$，t-检验）。

（二）不同饲料投喂组的仔鱼在不同盐度下的存活率和耐饥饿能力比较

1. 亲鱼营养对仔鱼存活率和耐饥饿能力的影响

在不投饵和 8～32 ppt 盐度下，D1 组仔鱼的生命力较 D2～D5 组弱。仔鱼的死亡高峰，D1 组出现在孵出后的第 4～5 d（即开口后的第 1～2 d），而 D2～D5 组出现在孵出后的第 6～8 d（图 4-41）。D1 组仔鱼在各盐度下的累积死亡率，到孵出后的第 4 d 已达 39.5%～65.0%，到孵出后的第 5 d 则高达 63.0%～73.0%，显著高于 D2～D5 组的 24.3%～46.7%（$P<0.05$）。相应地，到孵出后的第 5 d，D1 组仔鱼在各盐度下的存活率显著低于 D2～D5 组（$P<0.05$），而 D2～D5 组之间无明显差异（图 4-41）。这些结果说明，以 n-3 LC-PUFA 含量较低的 D1 饲料喂养的亲鱼，其仔鱼的存活率和耐饥饿能力明显降低。

2. 盐度对仔鱼存活率和耐饥饿能力的影响

仔鱼的死亡率和存活率与环境盐度有关。从图 4-41 可以看出，D2～D5 组仔鱼的死亡高峰，在 16～32 ppt 盐度下出现在孵出后的第 6～7 d，在盐度 8 ppt 时为孵出后的第 7～8 d。图 4-41 显示，到孵出后的第 7 d，D1～D5 组仔鱼在盐度 16 ppt 和 8 ppt 分别还有 9.5%～17.0%和 7.0%～36.0%存活；到孵出后的第 8 d，各组仔鱼在盐度 8 ppt 仍然有 1.0%～1.5%

存活；然而，在盐度 24 ppt 和 32 ppt 水体中，各组仔鱼在 6 d 内全部死亡。以上结果说明，在此试验条件下，花尾胡椒鲷初孵仔鱼在低盐度（8～16 ppt）下的存活时间要比在高盐度（24～32 ppt）下延长 1～2 d，即较低盐度下（8～16 ppt）培育更有利于花尾胡椒鲷鱼苗存活，从而提高鱼苗产量。

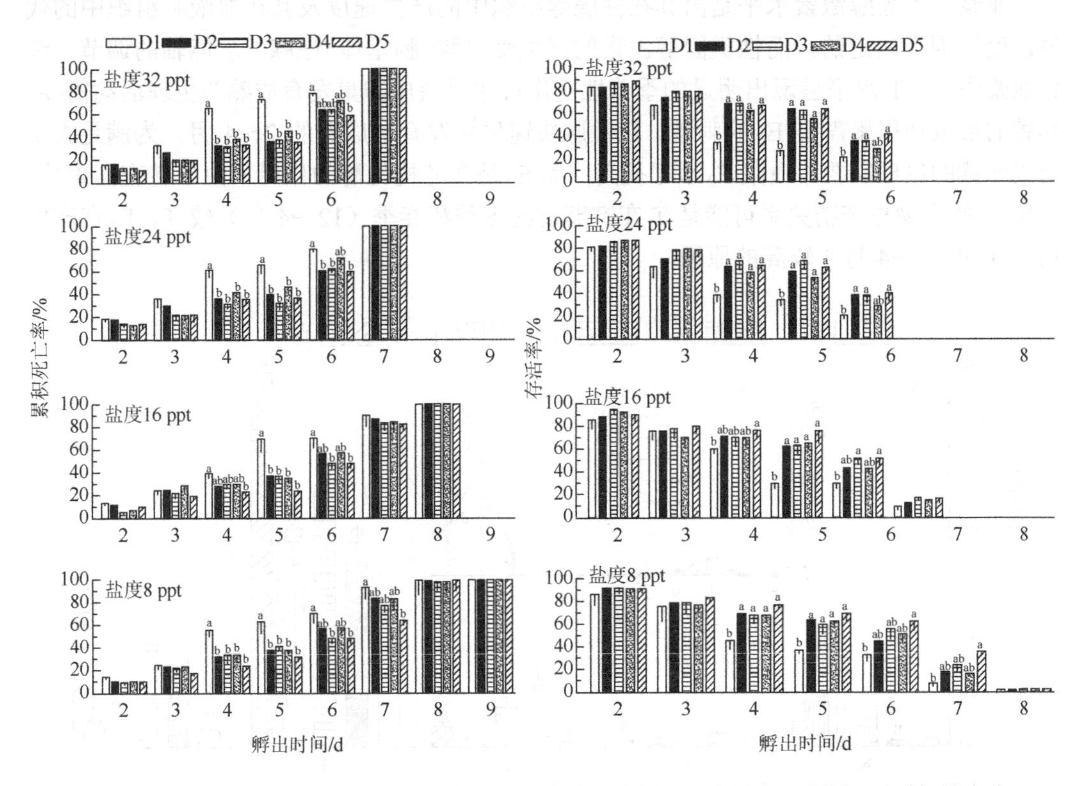

图 4-41　各饲料组仔鱼在不同盐度下的累积死亡率（左图）和存活率（右图）随时间的变化

数据为平均值±标准误（$n = 9～15$）；同一天中，柱上无字母标注表示各组间无显著差异，柱上字母不同者表示相互间差异显著（$P<0.05$，Tukey 多重比较检验）。

二、饲料 n-3 LC-PUFA 含量影响花尾胡椒鲷亲鱼生殖性能的机制

（一）饲料 n-3 LC-PUFA 含量对亲鱼血浆雌二醇（E_2）和睾酮（T）水平季节性变化的影响

E_2 和 T 是影响性腺发育成熟最重要的两种类固醇激素。本研究中，花尾胡椒鲷亲鱼除 5 月产卵期外，其他各月雌亲鱼的血浆 E_2 和 T 含量见图 4-42。各饲料投喂组亲鱼血浆的 E_2、T 水平都呈现出明显而相同的季节性变化规律：E_2 在产卵前的春季（2～4 月）较高，峰值发生在卵巢快速生长发育和成熟期（3 月），在 8 月较低，其他月份基本检测不到；T 在产卵前的冬季和春季（12～4 月）可以测出，在其他月基本检测不到。尽管饲料 n-3 LC-PUFA 含量对血浆 E_2 和 T 水平的季节性变化规律无明显影响，但对 E_2 和 T 的绝

对含量有较大影响。除 12 月 D4 组和 1 月 D1 组的 T 含量（图 4-42B），以及 8 月和 3 月 D4 组的 E_2 含量（图 4-42A）较高外，其他月 D1、D4 组的 E_2 和 T 含量都较低（图 4-42A, B）；4 月 D1、D4 组和 3 月 D1 组的 E_2 含量（图 4-42A），以及 4 月 D1、D2、D4 组和 3 月 D1 组的 T 含量（图 4-42B）都显著低于 D5 组（$P<0.05$）。

血浆性类固醇激素水平是由其在性腺等组织中的产生速度及其在血液和组织中的代谢速度等因素决定的，而性类固醇激素的产生受“脑-脑垂体-性腺”功能轴的调节。亲鱼血浆中 E_2、T 水平呈现出明显的季节性变化规律反映出卵巢发育成熟的生理活动需要。卵黄的形成和积累需要 E_2 的刺激，在性腺快速生长发育和成熟的 2～4 月，为满足大量合成卵黄的生理需要，血浆 E_2 水平提高；而 E_2 是在芳构化酶的作用下由 T 转变而来的，T 和 E_2 的底物与产物关系可能是 T 在产卵前的冬季和春季（12～4 月）较高、E_2 在产卵前的春季（2～4 月）较高的原因。

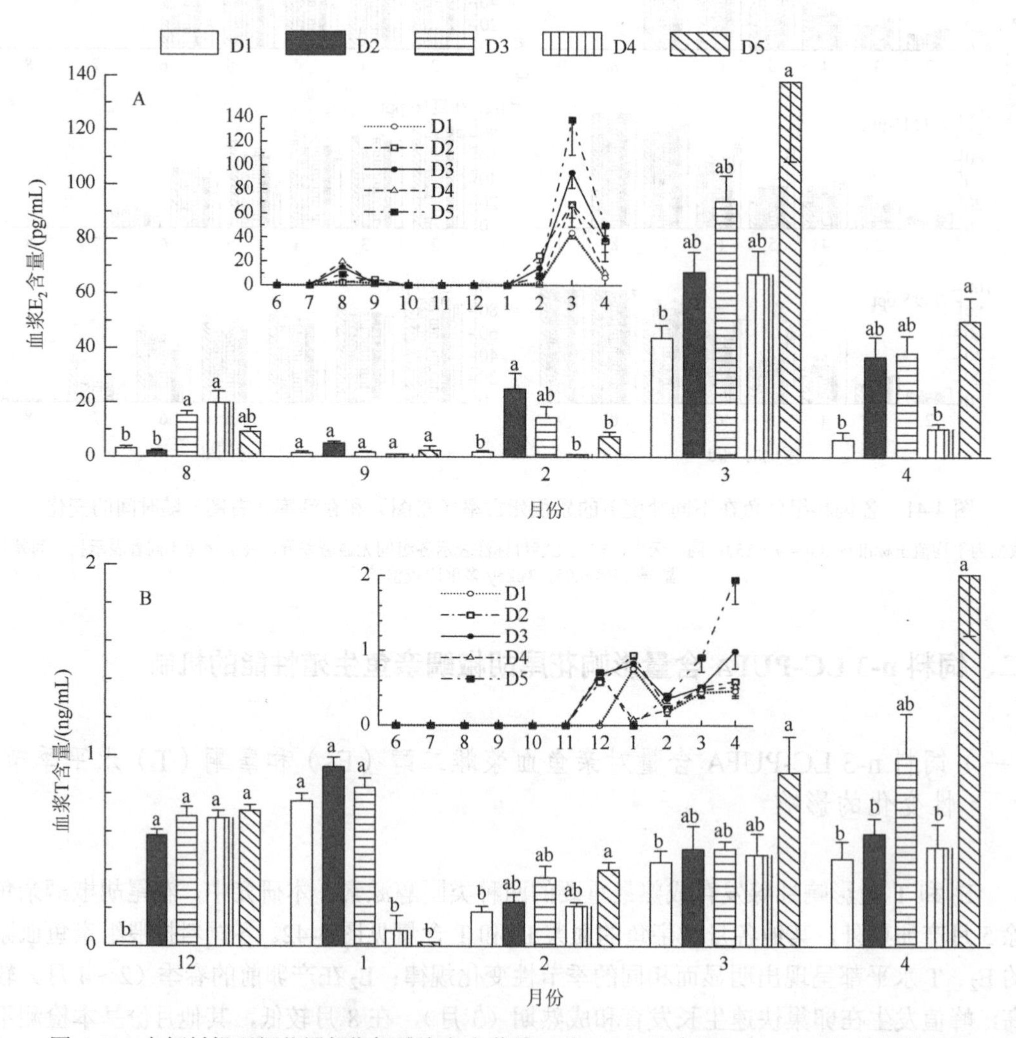

图 4-42　各饲料投喂组花尾胡椒鲷雌亲鱼血浆雌二醇（E_2）和睾酮（T）水平的季节性变化

(二) 饲料 n-3 LC-PUFA 含量对卵巢、卵、仔鱼的脂肪酸组成的影响

不同饲料投喂组鱼性腺的脂肪酸组成见表 4-77。性腺中的脂肪酸以 16:0、18:1n-9 和 DHA 的含量最高；与饲料中相应脂肪酸的含量相比，D1～D3 组性腺中的 DHA、n-3 PUFA、n-3 LC-PUFA 的含量，还有 DHA/EPA 比值都明显升高；相反，各组性腺中 18:0、SFA 的含量都明显降低。

性腺脂质中的脂肪酸组成较好地反映饲料的脂肪酸构成。其中，D1～D3 组鱼性腺中 18:1n-9、18:2n-6、EPA、DHA、MUFA、n-3 PUFA、n-3 LC-PUFA 的含量都与其饲料中相应脂肪酸的含量存在着较明显的平行变化趋势；但是，D4 组性腺中上述脂肪酸的含量没有显示出相同的变化趋势。此外，性腺中许多脂肪酸的含量存在显著的组间差异性。其中，D1 组的 18:2n-6，D1 组和 D2 组的 18:1n-9、MUFA 的含量都显著高于 D5 组；相反，D1 组、D2 组、D4 组的 DHA，以及 D1 组的 n-3 PUFA 和 n-3 LC-PUFA 的含量都显著低于 D5 组。

表 4-77　不同饲料投喂组花尾胡椒鲷卵巢的脂肪酸组成　（单位：%总脂肪酸）

主要脂肪酸	D1	D2	D3	D4	D5
16:0	19.74±0.28	16.08±0.62	16.74±0.42	19.42±1.41	19.44±0.44
16:1	7.62±0.37	7.15±0.05	7.47±0.37	7.19±0.54	8.63±0.64
16:3	3.16±0.59	3.42±0.17	3.05±0.15	3.91±0.23	3.48±0.13
18:0	5.65±0.01	4.91±0.18	5.33±0.79	7.23±0.58	6.84±0.88
18:1n-9	34.3±1.00^{a}	28.83±0.07^{ab}	25.92±0.22^{bc}	25.20±1.71^{bc}	20.35±1.23^{c}
18:2n-6	8.36±1.30^{a}	6.28±0.68^{ab}	7.19±1.12^{ab}	6.63±0.79^{ab}	2.42±0.01^{b}
18:3n-3	—	0.61±0.12	1.65±0.80	0.39±0.22	0.20±0.02
18:4n-3	1.47±0.22	2.30±0.04	1.58±0.59	1.57±0.41	1.89±0.09
20:1	1.09±0.22	2.34±0.08	2.63±0.06	1.81±0.61	1.04±0.07
20:4n-6（ARA）	0.01①	1.05±0.12	1.22±0.48	1.37②	1.28±0.23
20:5n-3（EPA）	3.29±0.29	4.84±0.41	5.69±0.52	5.76±0.78	5.33±0.15
22:6n-3（DHA）	12.55±1.09^{b}	14.85±0.7^{b}	15.43±2.56^{ab}	14.85±0.17^{b}	22.73±0.37^{a}
其他	0.29±0.07	1.07±0.39	1.10±0.26	1.55±0.33	0.82±0.42
SFA	28.95±0.34^{ab}	25.34±1.02^{b}	26.47±1.00^{ab}	30.59±0.68^{a}	30.13±0.80^{a}
MUFA	41.92±0.63^{a}	36.90±0.18^{ab}	34.78±0.99^{bc}	33.85±1.24^{bc}	29.45±1.53^{c}
n-3 PUFA	17.31±1.59^{b}	25.96±1.19^{ab}	26.19±2.75^{ab}	22.78±1.93^{ab}	32.43±0.03^{a}
n-6 PUFA	8.37±1.30^{a}	7.31±0.57^{ab}	8.41±0.64^{a}	7.32±0.10^{ab}	3.69±0.22^{b}
n-3/n-6	2.15±0.52^{b}	3.58±0.44^{b}	3.16±0.57^{b}	3.12±0.31^{b}	8.81±0.53^{a}
n-3 LC-PUFA	15.84±1.37^{b}	19.69±1.11^{ab}	21.12±2.04^{ab}	20.60±2.35^{ab}	28.05±0.21^{a}
DHA/EPA	3.81±0.00	3.08±0.12	2.78±0.71	3.00±1.11	4.27±0.19

注：数据为平均值±标准误（n＝3～4）；同一行中，无相同字母标注者，表示相互间差异显著（P<0.05，Tukey 多重比较检验）。①小于 0.01 或检测不到；②无标准误，说明该脂肪酸只在一个样品中检出。其他各表与此相同。“—”表示未检出。

卵和孵出 3 d 后仔鱼的脂肪酸组成结果见表 4-78 和表 4-79。结果显示，在卵和仔鱼的脂质中，大多数脂肪酸的含量或脂肪酸种类直接受到饲料 n-3 LC-PUFA 水平的影响，并且在各组之间表现出显著差异。卵和仔鱼中的脂肪酸主要由 16:0、16:1、18:0、18:1n-9、18:2n-6、20:5n-3（EPA）和 22:6n-3（DHA）组成。D1～D3 组的卵和仔鱼中 n-3 PUFA 和 n-3 LC-PUFA 的水平都远高于它们各自饲料中的水平，这主要是由于 DHA 含量的增加所致。相反，D1～D3 组的卵和仔鱼中的总饱和脂肪酸的含量远低于它们各自饲料中的水平。图 4-43 是表 4-75、表 4-78 和表 4-79 的综合结果，显示 D1～D4 组卵和 D1～D3 组仔鱼的大多数脂肪酸和脂肪酸种类与其相应饲料的水平呈现出平行的变化模式。

在 D2～D4 组的卵中检测到 20:4n-6（ARA）和 22:5n-3 的含量，尽管它们在各自的饲料中检测不到。在 D1 组的卵中没有检测到 ARA，因此 ARA/EPA 比为零；D4 组卵中的 DHA/EPA 的比例明显低于其他组。在每个组的仔鱼中都检测到 ARA，其含量与卵相比有所增加。D1 组仔鱼中 DHA、n-3 PUFA 和 n-3 LC-PUFA 的占比、n-3/n-6 PUFA，以及 D1 组和 D4 组仔鱼的 DHA/EPA 的比值均显著低于 D5 组（$P<0.05$）。D1 组和 D4 组的 ARA/EPA 比最低。与冰鲜杂鱼（D5）投喂组相比，饲料 D1 组和 D4 组鱼的卵和仔鱼中的这些脂肪酸含量和比率的差异可能是其卵和仔鱼质量较差的重要原因之一。

表 4-78　不同饲料投喂组花尾胡椒鲷亲鱼所产卵的脂肪酸组成　（单位：%总脂肪酸）

主要脂肪酸	D1	D2	D3	D4	D5
16:0	18.55 ± 0.03^{ab}	17.88 ± 0.35^{b}	17.92 ± 0.88^{b}	17.11 ± 0.16^{b}	20.54 ± 0.11^{a}
16:1	7.04 ± 0.16^{b}	7.23 ± 0.07^{b}	8.42 ± 0.12^{a}	8.59 ± 0.01^{a}	8.85 ± 0.14^{a}
18:0	5.10 ± 0.08^{bc}	5.49 ± 0.04^{ab}	5.10 ± 0.01^{c}	5.46 ± 0.10^{abc}	5.53 ± 0.05^{a}
18:1n-9	34.19 ± 0.04^{a}	30.93 ± 0.55^{b}	24.35 ± 0.23^{c}	22.90 ± 0.18^{c}	24.60 ± 0.66^{c}
18:2n-6	9.34 ± 0.48^{a}	7.52 ± 0.3^{ab}	5.33 ± 0.9^{bc}	4.05 ± 0.02^{c}	2.08 ± 0.08^{d}
18:3n-3	—	0.17 ± 0.03	0.25 ± 0.23	0.16 ± 0.08	—
18:4n-3	1.73 ± 0.17^{b}	2.14 ± 0.07^{ab}	2.63 ± 0.15^{a}	2.87 ± 0.13^{a}	1.70 ± 0.09^{b}
20:4n-6（ARA）	—	0.02 ± 0.01	0.38 ± 0.20	0.49 ± 0.23	0.51 ± 0.20
20:5n-3（EPA）	3.34 ± 0.20^{c}	3.94 ± 0.01^{c}	5.57 ± 0.16^{b}	7.58 ± 0.34^{a}	4.32 ± 0.08^{c}
22:5n-3	—	1.13 ± 0.13	1.67 ± 0.45	1.71 ± 0.05	1.00 ± 0.26
22:6n-3（DHA）	13.15 ± 0.96^{a}	15.77 ± 0.8^{ab}	18.96 ± 1.55^{b}	19.51 ± 0.31^{b}	23.18 ± 0.47^{c}
其他	0.25 ± 0.07	0.30 ± 0.06	0.40 ± 0.09	0.37 ± 0.02	0.33 ± 0.02
SFA	28.30 ± 0.17	27.57 ± 0.02	27.77 ± 0.92	27.92 ± 0.02	29.72 ± 0.11
MUFA	41.22 ± 0.21^{a}	38.50 ± 0.44^{a}	33.23 ± 0.57^{b}	32.14 ± 0.45^{b}	33.49 ± 0.75^{b}
n-3 PUFA	18.24 ± 0.96^{c}	23.14 ± 0.89^{b}	29.29 ± 0.64^{a}	32.00 ± 0.57^{a}	30.19 ± 0.74^{a}
n-6 PUFA	9.34 ± 0.48^{a}	7.53 ± 0.29^{ab}	5.71 ± 1.10^{b}	4.30 ± 0.23^{c}	2.59 ± 0.12^{c}
n-3/n-6 PUFA	1.96 ± 0.21^{d}	3.08 ± 0.23^{cd}	5.35 ± 1.14^{c}	7.48 ± 0.52^{b}	11.67 ± 0.25^{a}
n-3 LC-PUFA	16.49 ± 1.16^{c}	19.71 ± 0.80^{bc}	24.52 ± 1.39^{b}	27.09 ± 0.64^{a}	27.50 ± 0.40^{a}
DHA/EPA	3.93 ± 0.06^{b}	4.00 ± 0.22^{b}	3.42 ± 0.37^{bc}	2.58 ± 0.07^{c}	5.37 ± 0.20^{a}

注：数据为平均值±标准误（$n=4$）；同一行中，无相同字母标注者，表示相互间差异显著（$P<0.05$，Tukey 多重比较检验）。“—”表示未检出。

表 4-79　不同饲料投喂组花尾胡椒鲷亲鱼孵出 3 d 后仔鱼的脂肪酸组成　（单位：%总脂肪酸）

主要脂肪酸	D1	D2	D3	D4	D5
16:0	19.27±0.18	19.28±1.18	21.49±1.39	19.29±2.06	22.46±0.95
16:1	5.22±0.39	5.27±0.68	6.69±0.37	7.61±0.41	6.01±0.38
18:0	7.02±0.18	10.71±3.30	8.51±1.02	7.34±1.29	8.81±0.17
18:1n-9	28.58±1.24[a]	24.65±0.77[a]	20.58±1.32[b]	23.51±0.70[a]	22.61±0.96[b]
18:2n-6	8.29±0.15[a]	7.15±0.57[ab]	3.16±0.89[c]	4.36±0.35[b]	2.46±0.41[c]
18:4n-3	2.83±1.05	1.81±0.51	1.88±0.37	1.73±0.60	1.13±0.34
20:1	2.08±0.07	1.18±0.30	0.57±0.56	1.11±0.59	0.41±0.30
20:4n-6（ARA）	0.42±0.27	0.72±0.45	1.77±0.08	0.79±0.32	1.75±0.44
20:5n-3（EPA）	2.86±0.64[b]	3.21±0.66[ab]	4.27±0.35[ab]	6.44±0.96[a]	3.06±0.12[ab]
22:6n-3（DHA）	13.27±3.75[b]	19.1±0.12[ab]	23.91±0.60[ab]	20.68±2.07[ab]	27.28±0.18[a]
其他	2.63±2.42	1.27±1.03	15±0.92	0.33±0.05	0.46±0.10
SFA	30.59±0.34	32.98±3.98	32.72±1.55	30.93±2.53	33.37±1.07
MUFA	34.06±1.77	30.38±0.36	27.61±0.62	31.48±1.47	28.67±0.92
n-3 PUFA	19.77±3.26[b]	25.24±2.17[ab]	31.31±1.36[a]	30.07±0.68[ab]	31.78±0.95[a]
n-6 PUFA	8.70±0.12[a]	7.87±0.12[ab]	4.93±0.81[bc]	5.15±0.03[bc]	4.21±0.85[c]
n-3/n-6 PUFA	2.27±0.34[b]	3.21±0.32[ab]	6.58±1.36[ab]	5.84±0.09[ab]	7.83±1.36[a]
n-3 LC-PUFA	16.13±1.39[b]	22.31±0.54[ab]	28.19±0.25[a]	27.13±1.11[ab]	30.34±0.29[a]
DHA/EPA	4.57±0.29[b]	6.22±1.31[ab]	5.64±0.60[ab]	3.33±0.82[b]	8.93±0.29[a]
ARA/EPA	0.13±0.06	0.21±0.10	0.42±0.02	0.13±0.07	0.57±0.12

注：数据为平均值±标准误（$n=4$）；同一行中，无相同字母标注者，表示相互间差异显著（$P<0.05$，Tukey 多重比较检验）。

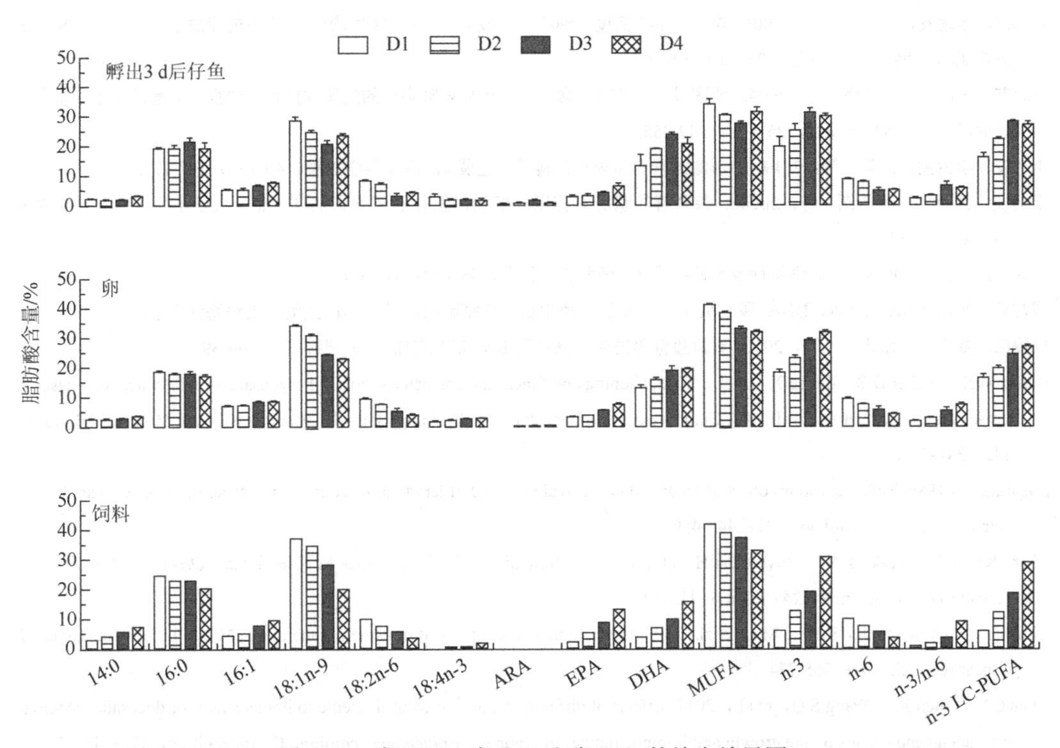

图 4-43　表 4-75、表 4-78 和表 4-79 的综合结果图

D1～D4 饲料投喂组花尾胡椒鲷亲鱼的卵及 D1～D3 组孵出 3 d 后仔鱼的大部分脂肪酸和脂肪酸种类与其相应饲料的脂肪酸和脂肪酸类群呈现出平行的变化模式。

三、总结

本节以 n-3 LC-PUFA 含量为 0.16%、1.27%、2.36%、3.47%的 4 种配合饲料及野杂鱼（对照组）饲养花尾胡椒鲷亲鱼一周年，以探讨饲料 n-3 LC-PUFA 水平对其生殖性能的影响及其机制。结果表明，饲料 n-3 LC-PUFA 含量为 1.27%和 2.36%组的产卵量、卵受精率和油球径、仔鱼存活率、开口仔鱼体长等表现最好，且与对照组接近；但 n-3 LC-PUFA 含量不足或过高都会影响产卵性能、性腺发育与成熟时期的血浆雌二醇和睾酮水平。饲料 n-3 LC-PUFA 也影响亲鱼卵巢、卵和仔鱼的脂肪酸成分，以及仔鱼合成花生四烯酸的能力，明显影响卵和仔鱼的 16:1、18:1n-9、18:2n-6、EPA、DHA 含量，n-3 LC-PUFA、n-3 PUFA、n-6 PUFA 含量及比率。结果表明，花尾胡椒鲷亲鱼饲料中 n-3 LC-PUFA 的适宜含量为 1.27%～2.36%；影响性类固醇激素的产生、卵和仔鱼的脂肪酸构成及含量等可能是饲料 n-3 LC-PUFA 含量影响亲鱼生殖性能的重要机制。研究成果对于充实鱼类营养生理学和生殖生理学内容具有重要理论意义，可为研制亲鱼和仔稚鱼的配合饲料提供参考资料和依据。详细内容见已发表论文李远友等（2004a，2004b）、Li 等（2005）、陈伟洲等（2006）。

参考文献

陈伟洲，李远友，孙泽伟，等，2006. 饲料中 n-3 高度不饱和脂肪酸含量对花尾胡椒鲷亲鱼组织的脂质含量和脂肪酸构成的影响[J]. 华南农业大学学报，27（1）：96-100.

李远友，陈伟洲，孙泽伟，等，2004a. 饲料中 n-3 HUFA 含量对花尾胡椒鲷亲鱼的生殖性能及血浆性类固醇激素水平季节变化的影响[J]. 动物学研究，25（3）：249-255.

李远友，李孟孟，汪萌，等，2019. 卵形鲳鲹营养需求与饲料研究进展[J]. 渔业科学进展，40（1）：167-177.

李远友，孙泽伟，陈伟洲，等，2004b. 亲鱼营养状况对花尾胡椒鲷仔鱼存活率的影响[J]. 汕头大学学报（自然科学版），19（4）：33-37.

刘孝华，2007. 罗非鱼的生物学特性及养殖技术[J]. 湖北农业科学，46（1）：115-116.

戚常乐，2016. LNA、ARA、DHA 和 EPA 对卵形鲳鲹幼鱼生长及免疫影响的研究[D]. 上海：上海海洋大学.

杨俊江，董晓慧，谭北平，等，2012. 石斑鱼营养需要与饲料利用研究进展[J]. 中国饲料，10：34-39.

Agaba M K，Tocher D R，Zheng X，et al.，2005. Cloning and functional characterisation of polyunsaturated fatty acid elongases of marine and freshwater teleost fish[J]. Comparative Biochemistry and Physiology Part B：Biochemistry and Molecular Biology，142：342-352.

Bagarinao T，1986. Yolk resorption，onset of feeding and survival potential of larvae of three tropical marine fish species reared in the hatchery[J]. Marine Biology，91：449-459.

Charo-Karisa H，Rezk M A， Bovenhuis H，et al.，2005. Heritability of cold tolerance in Nile tilapia，*Oreochromis niloticus*，juveniles[J]. Aquaculture，249（1-4）：115-123.

Chauhan S C，Vannatta K，Ebeling M C，et al.，2009. Expression and functions of transmembrane mucin MUC13 in ovarian cancer[J]. Cancer research，69：765-774.

Chen C Y，Chen J S，Wang S Q，et al.，2017. Effects of different dietary ratios of linolenic to linoleic acids or docosahexaenoic to eicosapentaenoic acids on the growth and immune indices in grouper，*Epinephelus coioides*[J]. Aquaculture，473：153-160.

Chen C Y，Sun B L，Li X X，et al.，2013. N-3 essential fatty acids in Nile tilapia，*Oreochromis niloticus*：Quantification of optimum requirement of dietary linolenic acid in juvenile fish[J]. Aquaculture，416-417：99-104.

Dan N C，Little D C，2000. The culture performance of monosex and mixed-sex new-season and overwintered fry in three strains of Nile tilapia（*Oreochromis niloticus*）in northern Vietnam[J]. Aquaculture，184（3-4）：221-231.

Dong Y W，Wang S Q，Chen J L，et al.，2016. Hepatocyte nuclear factor 4α（HNF4α）is a transcription factor of vertebrate fatty acyl desaturase gene as identified in marine teleost *Siganus canaliculatus*[J]. PLoS One，11：e0160361.

Erdal J I，Evensen Ø，Kaurstad O K，et al.，1991. Relationship between diet and immune response in Atlantic salmon（*Salmo salar* L.）after feeding various levels of ascorbic acid and omega-3 fatty acids[J]. Aquaculture，98：363-379.

FAO，2016. The state of world fisheries and aquaculture：Contributing to food security and nutrition for all[EB/OL]. https://www.fao.org/3/i5555e/i5555e.pdf.

Fernández-Palacios H，Izquierdo M S，Robaina L，et al. 1995. Effect of n-3 HUFA level in broodstock diets on egg quality of gilthead sea bream（*Sparus aurata* L.）[J]. Aquaculture，132（3-4）：325-337.

Fonseca-Madrigal J，Pineda-Delgado D，Martínez-Palacios C，et al.，2012. Effect of salinity on the biosynthesis of n-3 long-chain polyunsaturated fatty acids in silverside *Chirostoma estor*[J]. Fish Physiology and Biochemistry，38：1047-1057.

Gan L，Xu Z，Ma J，et al.，2016. Effects of salinity on growth，body composition，muscle fatty acid composition，and antioxidant status of juvenile Nile tilapia *Oreochromis niloticus*（Linnaeus，1758）[J]. Journal of Applied Ichthyology，32：372-374.

Gao Y，Han F，Huang X，et al.，2013. Changes in gut microbial populations，intestinal morphology，expression of tight junction proteins，and cytokine production between two pig breeds after challenge with *Escherichia coli K88*：A comparative study[J]. Journal of Animal Science，91（12）：5614-5625.

Ghaleb A M，McConnell B B，Kaestner K H，et al.，2011. Altered intestinal epithelial homeostasis in mice with intestine-specific deletion of the Krüppel-like factor 4 gene[J]. Developmental Biology，349：310-320.

Glencross B D，2009. Exploring the nutritional demand for essential fatty acids by aquaculture species[J]. Review in Aquaculture，1：71-124.

Guo H J，Chen C Y，Yan X，et al.，2021. Effects of different dietary oil sources on growth performance，antioxidant capacity and lipid deposition of juvenile golden pompano *Trachinotus ovatus*[J]. Aquaculture，530：735923.

Haliloğlu H İ，Bayır A，Sirkecioğlu A N，et al. 2004. Comparison of fatty acid composition in some tissues of rainbow trout（*Oncorhynchus mykiss*）living in seawater and freshwater[J]. Food Chemistry，86：55-59.

Halver J E，Hardy R W，2002. Fish Nutrition[M]. 3rd. Cambridge：Academic Press：181-257.

Hara S，Kohno H，Taki Y，1986. Spawning behavior and early life history of the rabbitfish，*Siganus guttatus*，in the laboratory[J]. Aquaculture，59：273-285.

Hassana B，El-Salhia M，Khalifa A，et al.，2013. Environmental isotonicity improves cold tolerance of Nile tilapia，*Oreochromis niloticus*，in Egypt[J]. The Egyptian Journal of Aquatic Research，39（1）：59-65.

Huang X P，Chen F，Guan J F，et al.，2022. Beneficial effects of re-feeding high α-linolenic acid diets on the muscle quality，cold temperature and disease resistance of tilapia[J]. Fish and Shellfish Immunology，126：303-310.

Jackson C J，Trushenski J T，2020. Reevaluating polyunsaturated fatty acid essentiality in Nile tilapia[J]. North American Journal of Aquaculture，82：278-292.

Kalogeropoulos N，Alexis M N，Henderson R J，1992. Effect of dietary soybean and cod-liver oil levels on growth and body composition of gilthead bream（*sparus aurata*）[J]. Aquaculture，104：293-308.

Li M M，Xu C，Ma Y C，et al.，2020b. Effects of dietary n-3 highly unsaturated fatty acids levels on growth，lipid metabolism and innate immunity in juvenile golden pompano（*Trachinotus ovatus*）[J]. Fish and Shellfish Immunology，105：177-185.

Li M M，Zhang M，Ma Y C，et al.，2020a. Dietary supplementation with n-3 high unsaturated fatty acids decreases serum lipid levels and improves flesh quality in the marine teleost golden pompano *Trachinotus ovatus*[J]. Aquaculture，516：734632.

Li Y Y，Chen W Z，Sun Z W，et al.，2005. Effects of n-3 HUFA content in broodstock diet on spawning performance and fatty acid composition of eggs and larvae in *Plectorhynchus cinctus*[J]. Aquaculture，245：263-272.

Li Y Y，Hu C B，Zheng Y J，et al.，2008. The effects of dietary fatty acids on liver fatty acid composition and Δ6-desaturase expression differ with ambient salinities in *Siganus canaliculatus*[J]. Comparative Biochemistry and Physiology Part B：

Biochemistry and Molecular Biology，151：183-190.

Li Y Y，Monroig O，Zhang L，et al.，2010. Vertebrate fatty acyl desaturase with Δ4 activity[J]. Proceedings of the National Academy of Sciences of the United States of America，107：16840-16845.

Lin H Z，Liu Y J，He J G，et al.，2007. Alternative vegetable lipid sources in diets for grouper，*Epinephelus coioides*（Hamilton）：effects of growth，and muscle and liver fatty acid composition[J]. Aquaculture Research，38：1605-1611.

Lin Y H，Shiau S Y，2007. Effects of dietary blend of fish oil with corn oil on growth and non-specific immune responses of grouper，*Epinephelus malabaricus*[J]. Aquaculture Nutrition，13：137-144.

Liu N，Wang J Q，Jia S C，et al.，2018. Effect of yeast cell wall on the growth performance and gut health of broilers challenged with aflatoxin B1 and necrotic enteritis[J]. Poultry Science，97：477-484.

Liu Z F，Gao X Q，Yu J X，et al.，2017. Effects of different salinities on growth performance，survival，digestive enzyme activity，immune response，and muscle fatty acid composition in juvenile American shad（*Alosa sapidissima*）[J]. Fish Physiology and Biochemistry，43：761-773.

Ma J J，Wang J Y，Zhang D R，et al.，2014. Estimation of optimum docosahexaenoic to eicosapentaenoic acid ratio（DHA/EPA）for juvenile starry flounder，*platichthys stellatus*[J]. Aquaculture，433：105-114.

Malik A，Abbas G，Ghaffar A，et al.，2018. Impact of different salinity levels on growing performance，food conversion and meat quality of red tilapia（*Oreochromis. sp.*）reared in seawater tanks[J]. Pakistan Journal of Zoology，50：409-415.

Morais S，Castanheira M F，Martinez-Rubio L，et al.，2012. Long chain polyunsaturated fatty acid synthesis in a marine vertebrate：Ontogenetic and nutritional regulation of a fatty acyl desaturase with Δ4 activity[J]. Biochimica et Biophysica Acta：Molecular and Cell Biology of Lipids，1821：660-671.

Mourente G，Rodriguez A，Grau A，et al.，1999. Utilization of lipids by *Dentex dentex* L.（Osteichthyes，Sparidae）larvae during lecitotrophia and subsequent starvation[J]. Fish Physiology and Biochemistry，21：45-58.

Mulligan B，Trushenski J，2013. Use of standard or modified plant-derived lipids as alternatives to fish oil in feeds for juvenile Nile tilapia[J]. Journal of Aquatic Food Product Technology，22：47-57.

Ng W K，Chong C Y，2004. An overview of lipid nutrition with emphasis on alternative lipid sources in tilapia feeds[J]. Manila：Proceedings of the sixth international symposium on tilapia in aquaculture，Bureau of Fisheries and Aquatic Resources，241-248.

Ng W K，Romano N，2013. A review of the nutrition and feeding management of farmed tilapia throughout the culture cycle[J]. Reviews in Aquaculture，5（4）：220-254.

Nobrega R O，Banze J F，Batista R O，et al.，2020. Improving winter production of Nile tilapia：What can be done？[J]. Aquaculture Reports，18：100453.

Nobrega R O，Batista R O，Corrêa C F，et al.，2019. Dietary supplementation of *Aurantiochytrium* sp. meal，a docosahexaenoic-acid source，promotes growth of Nile tilapia at a suboptimal low temperature[J]. Aquaculture，507：500-509.

Nobrega R O，Corrêa C F，Mattioni B，et al.，2017. Dietary α-linolenic for juvenile Nile tilapia at cold suboptimal temperature[J]. Aquaculture，471：66-71.

Oboh A，Kabeya N，Carmona-Antoñanzas G，et al.，2017. Two alternative pathways for docosahexaenoic acid（DHA，22:6n-3）biosynthesis are widespread among teleost fish[J]. Scientific Reports，7（1）：1-10.

Pierre S，Gaillard S，Prévot-D'Alvise N，et al.，2008. Grouper aquaculture：Asian success and mediterranean trials[J]. Aquatic Conservation：Marine and Freshwater Ecosystems，18（3）：297-308.

Ringø E，Zhou Z，Vecino J L G，et al.，2016. Effect of dietary components on the gut microbiota of aquatic animals. A never-ending story？[J]. Aquaculture Nutrition，22：219-282.

Ruyter B，Rosjo C，Einen O，et al.，2000. Essential fatty acids in Atlantic salmon：Effects of increasing dietary doses of n-3 and n-6 fatty acids on growth，survival and fatty acid composition of liver，blood and carcass[J]. Aquaculture Nutrition，6：119-127.

Sarker M A，Yamamoto Y，Haga Y，et al.，2011. Influences of low salinity and dietary fatty acids on fatty acid composition and fatty acid desaturase and elongase expression in red sea bream *Pagrus major*[J]. Fisheries Science，77：385-396.

Seiliez I，Panserat S，Corraze G，et al.，2003. Cloning and nutritional regulation of a Δ6-desaturase-like enzyme in the marine teleost gilthead seabream（*Sparus aurata*）[J]. Comparative Biochemistry and Physiology Part B：Biochemistry and Molecular Biology，135：449-460.

Shen W，Gaskins H R，McIntosh M K，2014. Influence of dietary fat on intestinal microbes，inflammation，barrier function and metabolic outcomes[J]. The Journal of Nutritional Biochemistry，25：270-280.

Sierra S，Lara-Villoslada F，Comalada M，et al.，2008. Dietary eicosapentaenoic acid and docosahexaenoic acid equally incorporate as decosahexaenoic acid but differ in inflammatory effects[J]. Nutrition，24：245-254.

Soaudy M R，Mohammady E Y，Elashry M A，et al.，2021. Possibility mitigation of cold stress in Nile tilapia under biofloc system by dietary propylene glycol：Performance feeding status，immune，physiological responses and transcriptional responses of delta-9-desaturase gene[J]. Aquaculture，538：736519.

Sprecher H，2000. Metabolism of highly unsaturated n-3 and n-6 fatty acids[J]. Biochimica et Biophysica Acta：Molecular and Cell Biology of Lipids，1486：219-231.

Takeuchi T，Satoh S，Watanabe W，1983. Requirement of Tilapia nilotica for essential fatty acids[J]. Bulletin of the Japanese Society of Scientific Fisheries，49：1127-1134.

Teoh C，Turchini G M，Ng W，2011. Genetically improved farmed Nile tilapia and red hybrid tilapia showed differences in fatty acid metabolism when fed diets with added fish oil or a vegetable oil blend[J]. Aquaculture，312：126-136.

Teshima S I，Kanazawa A，Sakamoto M，1982. Essential fatty acids of Tilapia nilotica[J]. Memoirs of the Faculty of Fisheries Kagoshima University，31：201-204.

Tocher D R，2003. Metabolism and functions of lipids and fatty acids in teleost fish[J]. Reviews in Fisheries Science，11：107-184.

Tocher D R，2010. Fatty acid requirements in ontogeny of marine and freshwater fish[J]. Aquaculture Research，41：717-732.

Tocher D R，2015. Omega-3 long-chain polyunsaturated fatty acids and aquaculture in perspective[J]. Aquaculture，449：94-107.

Tocher D R，Agaba M，Hastings N，et al.，2001. Nutritional regulation of hepatocyte fatty acid desaturation and polyunsaturated fatty acid composition in zebrafish（*Danio rerio*）and tilapia（*Oreochromis niloticus*）[J]. Fish Physiology and Biochemistry，24：309-320.

Trushenski J，Schwarz M，Bergman A，et al.，2012. DHA is essential，EPA appears largely expendable，in meeting the n-3 long-chain polyunsaturated fatty acid requirements of juvenile cobia *Rachycentron canadum*[J]. Aquaculture，326-329：81-89.

Turchini G M，Francis D S，de Silva S S，2007. A whole body，*in vivo*，fatty acid balance method to quantify PUFA metabolism（desaturation，elongation and beta-oxidation）[J]. Lipids，42：1065-1071.

Turner J R，2009. Intestinal mucosal barrier function in health and disease[J]. Nature Reviews Immunology，9：799-809.

Wang S Q，Chen J L，Jiang D L，et al.，2018. Hnf4alpha is involved in the regulation of vertebrate LC-PUFA biosynthesis：Insights into the regulatory role of Hnf4α on expression of liver fatty acyl desaturases in the marine teleost *Siganus canaliculatus*[J]. Fish Physiology and Biochemistry，44（3）：805-815.

Wang S Q，Wang M，Zhang H，et al.，2020. Long-chain polyunsaturated fatty acid metabolism in carnivorous marine teleosts：Insight into the profile of endogenous biosynthesis in golden pompano *Trachinotus ovatus*[J]. Aquaculture Research，51（2）：623-635.

Watanabe W O，Losordo T M，Fitzsimmons K，et al.，2002. Tilapia production systems in the Americas：Technological advances，trends，and challenges[J]. Reviews in Fisheries Science，10：465-498.

Willemsen L E，Koetsier M A，Balvers M，et al.，2008. Polyunsaturated fatty acids support epithelial barrier integrity and reduce IL-4 mediated permeability *in vitro*[J]. European Journal of Nutrition，47（4）：183-191.

Williams K C，2009. A review of feeding practices and nutritional requirements of postlarval groupers[J]. Aquaculture，292：141-152.

Wu F，Yang C G，Wen H，et al.，2019. Improving low-temperature stress tolerance of tilapia，*Oreochromis niloticus*：A functional analysis of *Astragalus membranaceus*[J]. Journal of the World Aquaculture Society，50：749-762.

Wu F C，Chen H Y，2012. Effects of dietary linolenic acid to linoleic acid ratio on growth，tissue fatty acid profile and immune response of the juvenile grouper *Epinephelus malabaricus*[J]. Aquaculture，324-325：111-117.

Wu F C，Ting Y Y，Chen H Y，2002. Docosahexaenoic acid is superior to eicosapentaenoic acid as the essential fatty acid for growth of grouper，*Epinephelus malabaricus*[J]. Journal of Nutrition，132：72-79.

Wu F C, Ting Y Y, Chen H Y, 2003. Dietary docosahexaenoic acid is more optimal than eicosapentaenoic acid affecting the level of cellular defence responses of the juvenile grouper, *Epinephelus malabaricus*[J]. Fish and Shellfish Immunology, 14: 223-238.

Xie D Z, Guan J F, Huang X P, et al., 2022. Tilapia can be a beneficial n-3 LC-PUFA source due to its high biosynthetic capacity in the liver and intestine[J]. Journal of Agricultural and Food Chemistry, 70（8）: 2701-2711.

Xie D Z, Liu X B, Wang S Q, et al., 2018. Effects of dietary LNA/LA ratios on growth performance, fatty acid composition and expression levels of *elovl5*, *Δ4 fad* and *Δ6/Δ5 fad* in the marine teleost *Siganus canaliculatus*[J]. Aquaculture, 484: 309-316.

Xie D Z, Wang S Q, You C H, et al., 2015. Characteristics of LC-PUFA biosynthesis in marine herbivorous teleost *Siganus canaliculatus* under different ambient salinities[J]. Aquaculture Nutrition, 21: 541-551.

Xu H G, Wang J, Mai K S, et al., 2016. Dietary docosahexaenoic acid to eicosapentaenoic acid（DHA/EPA）ratio influenced growth performance, immune response, stress resistance and tissue fatty acid composition of juvenile Japanese seabass, *lateolabrax japonicus*（cuvier）[J]. Aquaculture Research, 47: 741-757.

Xu J H, Yan B L, Teng Y J, et al., 2010. Analysis of nutrient composition and fatty acid profiles of Japanese sea bass *Lateolabrax japonicus*（Cuvier）reared in seawater and freshwater[J]. Journal of Food Composition and Analysis, 23: 401-405.

Yang P, Hu H B, Liu Y, et al., 2018. Dietary stachyose altered the intestinal microbiota profile and improved the intestinal mucosal barrier function of juvenile turbot, *Scophthalmus maximus* L[J]. Aquaculture, 486: 98-106.

Yang Q, Bermingham N A, Finegold M J, et al., 2001. Requirement of Math1 for secretory cell lineage commitment in the mouse intestine[J]. Science, 294: 2155-2158.

You C H, Chen B J, Wang M, et al., 2019. Effects of dietary lipid sources on the intestinal microbiome and health of golden pompano（*Trachinotus ovatus*）[J]. Fish and Shellfish Immunology, 89: 187-197.

You C H, Chen B J, Zhang M, et al., 2021. Evaluation of different dietary n-3 LC-PUFA on the growth, intestinal health and microbiota profile of golden pompano（*Trachinotus ovatus*）[J]. Aquaculture Nutrition, 27（4）: 953-965.

You C H, Jiang D L, Zhang Q H, et al., 2017. Cloning and expression characterization of peroxisome proliferator-activated receptors（PPARs）with their agonists, dietary lipids, and ambient salinity in rabbitfish *Siganus canaliculatus*[J]. Comparative Biochemistry and Physiology Part B: Biochemistry and Molecular Biology, 206: 54-64.

You C H, Lu F B, Wang S Q, et al., 2019. Comparison of the growth performance and long-chain PUFA biosynthetic ability of the genetically improved farmed tilapia（*Oreochromis niloticus*）reared in different salinities[J]. British Journal of Nutrition, 121: 374-383.

You C H, Miao S S, Lin S Y, et al., 2017. Expression of long-chain polyunsaturated fatty acids（LC-PUFA）biosynthesis genes and utilization of fatty acids during early development in rabbitfish *Siganus canaliculatus*[J]. Aquaculture, 479: 774-779.

Yu J, Wen X B, You C H, et al., 2021. Comparison of Comparison of the growth performance and long-chain polyunsaturated fatty acids（LC-PUFA）biosynthetic ability-of red tilapia（*Oreochromis mossambicus*♀×*O. niloticus*♂）fed fish oil or vegetable oil diet at different[J]. Aquaculture, 542: 736899.

Zhang M, Chen C Y, You C H, et al., 2019. Effects of different dietary ratios of docosahexaenoic to eicosapentaenoic acid（DHA/EPA）on the growth, non-specific immune indices, tissue fatty acid compositions and expression of genes related to LC-PUFA biosynthesis in juvenile golden pompano *Trachinotus ovatus*[J]. Aquaculture, 505: 488-495.

Zhang Q H, You C H, Liu F, et al., 2016. Cloning and characterization of Lxr and Srebp1, and their potential roles in regulation of LC-PUFA biosynthesis in rabbitfish *Siganus canaliculatus*[J]. Lipids, 51: 1051-1063.

Zuo R T, Ai Q H, Mai K S, et al., 2012. Effects of dietary n-3 highly unsaturated fatty acids on growth, nonspecific immunity, expression of some immune related genes and disease resistance of large yellow croaker（*Larmichthys crocea*）following natural infestation of parasites（*Cryptocaryon irritans*）[J]. Fish and Shellfish Immunology, 32: 249-258.

第三篇　鱼类长链多不饱和脂肪酸合成代谢调控机制

第五章　鱼类长链多不饱和脂肪酸合成途径及关键酶

第一节　鱼类 LC-PUFA 合成途径及关键酶概述

鱼类不仅为人类提供了优质动物蛋白质，还是获取 n-3 LC-PUFA 的重要食物来源。n-3 LC-PUFA 是包括人类在内的脊椎动物正常生长发育所需的生物活性物质，在缓解炎症、防治心脑血管疾病和癌症等方面具有积极作用（Vannice et al.，2014；Keim et al.，2015）。n-3 LC-PUFA 也是确保鱼类正常生长和发育的必要营养物质，其来源主要有两个方面：①从食物中获取的外源性 n-3 LC-PUFA；②通过自身合成的内源性 n-3 LC-PUFA，且不同鱼类的内源性合成能力差异较大（Burdge，2018）。一般认为，淡水鱼类和鲑鳟鱼类具有 LC-PUFA 合成能力，可利用 ALA 和 LA 底物合成具有生物活性的 EPA、DHA 和 ARA；绝大部分海水鱼的该种合成能力缺乏或很弱，故其配合饲料中须添加富含 LC-PUFA 的鱼油（FO）或足量的鱼粉，以满足生长发育对 LC-PUFA 的需求（Naylor et al.，2009）。

然而，近年来，随着水产养殖规模的扩大，鱼油资源短缺、价格昂贵等情况严重制约水产养殖业的可持续发展，这导致缺乏 LC-PUFA 的植物油（VO）越来越多地被应用于水产饲料中。对于 LC-PUFA 合成能力缺乏或较弱的鱼类，FO 被 VO 过量替代会严重影响其健康生长。因此，揭示鱼类 LC-PUFA 合成代谢通路及其调控机制，不仅具有重要的理论意义，也可为研发提高鱼体内源性 LC-PUFA 合成能力的方法提供理论基础，对于减少水产饲料对鱼油的过度依赖具有重要的现实意义。

一、鱼类 LC-PUFA 合成途径

与其他脊椎动物一样，鱼类缺乏 Δ12 和 Δ15 脂肪酸去饱和酶（Fads2），无法从头合成 LA 和 ALA（Pereira et al.，2003；Kabeya et al.，2018）。因此，LA 和 ALA 是脊椎动物的必需脂肪酸。在肝脏、肠和脑等脂肪代谢活跃组织的细胞内质网上，在一系列脂肪酸去饱和酶（Fads2）和碳链延长酶（Elovl）的作用下，LA 和 ALA 等 C18 PUFA 可被转化合成为 ARA、EPA 和 DHA 等 LC-PUFA。如图 5-1 显示，首先在Δ6 Fads2 的催化下，LA 和 ALA 的羧基端第 6 个和第 7 个碳原子间的单键被去饱和成双键，分别形成 18:3n-6 和 18:4n-3，随后在延长酶的作用下脂肪酸羧基端被延长两个碳原子，形成 20:3n-6 和 20:4n-3，接着通过Δ5 Fads2 的作用，在羧基端第 5 个和第 6 个碳间发生去饱和作用，分别形成 20:4n-6（ARA）和 20:5n-3（EPA）；此外，经“Δ8 路径”途径，LA 和 ALA 也可先在 Elovl 的作用下，形成 20:2n-6 和 20:3n-3，随后在Δ5 Fads2 的作用下合成 ARA 和 EPA。

脊椎动物从 EPA 合成 DHA 存在两条不同的途径。一条是广泛存在的所谓“Sprecher 途径”，即 EPA 经过两次连续延长产生 24:5n-3，然后经Δ6 Fads2 去饱和形成 24:6n-3，

再在过氧化酶体（peroxisome）内经部分 β 氧化形成 DHA（Sprecher，2000）。该途径首先在大鼠（Sprecher et al.，1995）和虹鳟（Buzzi et al.，1997）中被发现，随后在其他硬骨鱼中被报道。另外一条是更加直接的 DHA 生物合成途径——“Δ4 途径”，即二十二碳五烯酸（DPA，22:5n-3）直接被Δ4 Fads2 去饱和作用为 DHA。“Δ4 途径”首先由本书作者团队在黄斑蓝子鱼中发现，这是脊椎动物中的首次报道（Li et al.，2010），随后也陆续在其他几种硬骨鱼中被发现（表 5-1）。

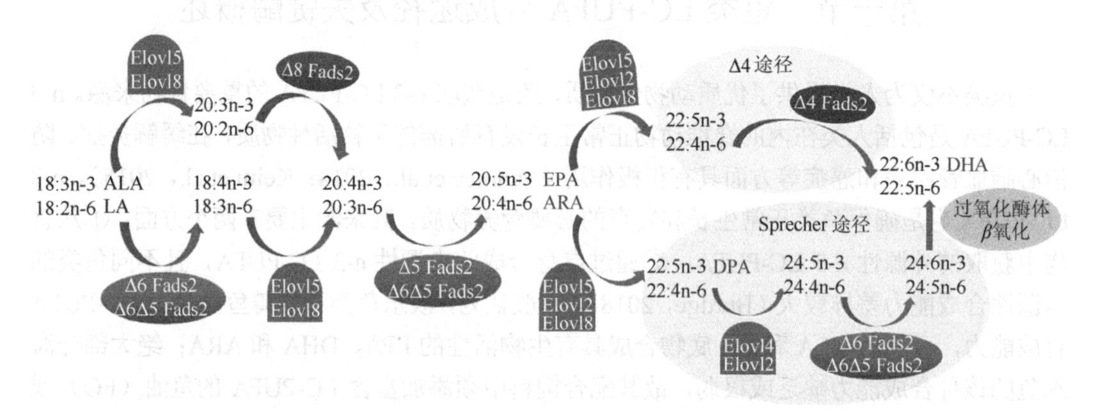

图 5-1　硬骨鱼类 LC-PUFA 合成代谢途径（Xie et al.，2021）（后附彩图）

表 5-1　硬骨鱼中所鉴定的脂肪酸去饱和酶（Fads2）

Fads2 类型	鱼类	鱼类品种
Δ6 Fads2	淡水鱼	鲤（*C. carpio*）；欧亚鲈（*Perca fluviatilis*）；草鱼（*C. idellus*）；鳜鱼（*Siniperca chuatsi*）；巨骨舌鱼（*Arapaima gigas*）；虹鳟（*O. mykiss*）
	洄游鱼类	大西洋鲑（*S. salar*）；日本鳗鲡（*Anguilla japonica*）；大西洋白姑鱼（*A. regius*）；海鳗（*Muraenesox cinereus*）
	海水鱼	大西洋蓝鳍金枪鱼（*Thunnus thynnus*）；大西洋鳕（*Gadus morhua*）；尖吻鲈（*Lates calcarifer*）；黑鲷（*Acanthopagrus schlegelii*）；浅色黄姑鱼（*Nibea coibor*）；军曹鱼（*R. canadum*）；金头鲷（*S. aurata*）；斜带石斑鱼（*E. coioides*）；牙鲆（*P. olivaceus*）；箕作黄姑鱼（*Nibea mitsukurii*）；叉牙鲷（*S. salpa*）；黄姑鱼（*N. diacanthus*）；欧洲鲈鱼（*D. labrax*）；金鼓鱼（*Scatophagus argus*）；粗唇龟鲻（*C. labrosus*）；大菱鲆（*Psetta maxima*）
	两栖鱼	薄氏大弹涂鱼（*Boleophthalmus boddarti*）
Δ5 Fads2	淡水鱼	虹鳟（*O. mykiss*）
	洄游鱼类	日本鳗鲡（*A. japonica*）
	海水鱼	叉牙鲷（*S. salpa*）；粗唇龟鲻（*C. labrosus*）；塞内加尔鳎（*Solea senegalensis*）
Δ6Δ5 Fads2	淡水鱼	非洲鲶鱼（*Clarias gariepinus*）；欢卡颏银汉鱼（Mexican silverside *Chirostoma estor*）；银无须鲃（*Barbonymus gonionotus*）；线鳢（*Channa striata*）；大盖巨脂鲤（*C. macropomum*）；丁鲹（*Tinca tinca*）；尼罗罗非鱼（*O. niloticus*）；斑马鱼（*Danio rerio*）
	洄游鱼类	大西洋鲑（*S. salar*）
	海水鱼	黄斑蓝子鱼（*S. canaliculatus*）；沙鳎（*Pegusa lascaris*）
Δ4 Fads2	淡水鱼	欢卡颏银汉鱼（*C. estor*）；线鳢（*C. striata*）；青鳉（*Oryzias latipes*）；尼罗罗非鱼（*O. niloticus*）
	海水鱼	卵形鲳鲹（*T. ovatus*）；沙鳎（*Pegusa lascaris*）；黄斑蓝子鱼（*S. canaliculatus*）；塞内加尔鳎（*S. senegalensis*）；沙真银汉鱼（*Atherina presbyter*）

二、脂肪酸去饱和酶

脂肪酸去饱和酶（Fads2）可在脂肪酰基链的原有双键与羧基端之间引入不饱和双键，因此亦称为“前端”去饱和酶。在哺乳动物体内存在 *FADS1*（Δ5 FAD）和 *FADS2*（Δ6 FAD）两种不同的 *FADS* 基因。然而，鱼类 *fads* 基因的组成与哺乳动物 *FADS* 基因完全不同。除日本鳗鲡（*Anguilla japonica*）同时拥有 *fads1* 和 *fads2* 基因外（Lopes-Marques et al.，2018），几乎所有硬骨鱼基因组中只有一种 *fads* 样基因，即 *fads2*（Burdge，2018；Castro et al.，2016）。此外，鱼类 *fads2* 基因的多样性完全不同于哺乳动物。例如，斑马鱼只有一个 *fads2* 基因，黄斑蓝子鱼含有两个 *fads2* 基因，罗非鱼有三个 *fads2* 基因，大西洋鲑甚至拥有四个 *fads2* 基因，而红鳍东方鲀（*Takifugu rubripes*）和黑绿四齿鲀（*Tetraodon nigroviridis*）基因组中无 *fads2* 基因（Burdge，2018；Castro et al.，2016）。

在生物进化过程中，为了弥补 *fads1* 基因的缺失，硬骨鱼 *fads2* 基因进化出多种 Fads2 酶活性（Castro et al.，2016）。如表 5-1 所示，斑马鱼、非洲鲶鱼（*Clarias gariepinus*）和银无须鲃（*Barbonymus gonionotus*）等鱼类 *fads2* 基因具有 Δ6Δ5 双功能去饱和酶活性；虹鳟等的 *fads2* 基因具有 Δ5 Fads2 和 Δ6 Fads2 两种单功能去饱和酶；黄斑蓝子鱼、欢卡颏银汉鱼（*Chirostoma estor*）和线鳢（*Channa striata*）两个 *fads2* 基因，分别编码 Δ6Δ5 Fads2 和 Δ4 Fads2；尼罗罗非鱼的三个 *fads2* 基因，其中两个基因分别编码 Δ6Δ5 Fads2 双功能酶和 Δ4 Fads2 单功能酶，另一个基因功能未知；而大西洋鲑的四个 *fads2* 基因，其中三个 *fads2* 基因具有 Δ6 Fads2 活性，一个具有 Δ6Δ5 Fads2 活性。鱼类 *fads2* 基因的多样性可能是其全基因组复制过程中产生的结果。综上所述，多拷贝的 *fads2* 基因拥有多种 Fads 酶活性提升了上述鱼类的 LC-PUFA 合成能力，而不具备该能力的肉食性海水鱼，可能是因其缺乏合成 EPA 和 ARA 所需的 Δ5 Fads2 酶活性（Burdge，2018；Castro et al.，2016）。

三、碳链延长酶

碳链延长酶（Elovl）可在原脂肪酰基链上延长 2 个碳原子，也是 LC-PUFA 系列酶促反应的限速酶。基于 ELOVL 家族的蛋白质基序序列及其底物的特异性，可将哺乳动物 ELOVL 家族分为 ELOVL1～ELOVL7 等七个成员（Jakobsson et al.，2006；Guillou et al.，2010）。一般来说，ELOVL1、ELOVL3、ELOVL6 和 ELOVL7 具有延长 SFA 和 MUFA 的偏好性，而 ELOVL2、ELOVL4 和 ELOVL5 偏好 PUFA 底物（Jakobsson et al.，2006；Burdge，2018；Hopiavuori et al.，2019）。在鱼类中，自斑马鱼 Elovl5 分子和功能特征被报道以来（Agaba et al.，2004），大量鱼类的 Elovl2、Elovl4 和 Elovl5 等 Elovl 分子和功能特征陆续得以报道（Burdge，2018；Castro et al.，2016）。如表 5-2 所示，在所报道的鱼类 Elovl 中，基本上含有 Elovl5（主要负责延长 C18 和 C20 PUFA 底物）。例如，广盐植食性鱼类蓝子鱼、金鼓鱼（*S. argus*）、叉牙鲷（*S. salpa*），以及肉食性鱼类鳜鱼（*S. chuatsi*）

和沙鳎（*P. lascaris*）都含有Elovl5，且该酶对C22 PUFA底物也具有一定的延伸能力。此外，在斑马鱼、非洲鲶鱼、丁鲹（*T. tinca*）和虹鳟等淡水鱼，以及大西洋鲑和鳗鱼等洄游鱼类的Elovl2研究中，发现其对C20和C22 PUFA底物有偏好性，并具有一定的延长C18 PUFA底物的能力。

表 5-2　硬骨鱼中所鉴定的碳链延长酶（Elovl）

Elovl类型	鱼类	鱼类品种
Elovl5	淡水鱼	非洲鲶鱼（*C. gariepinus*）；欧亚鲈（*P. fluviatilis*）；草鱼（*C. idellus*）；鳜鱼（*S. chuatsi*）；白斑狗鱼（*Esox lucius*）；虹鳟（*O. mykiss*）；线鳢（*C. striata*）；大盖巨脂鲤（*C. macropomum*）；银无须魮（*B. gonionotus*）；丁鲹（*T. tinca*）；尼罗罗非鱼（*O. niloticus*）；斑马鱼（*D. rerio*）
	洄游鱼类	大西洋鲑（*S. salar*）；日本鳗鲡（*A. japonica*）；大西洋白姑鱼（*A. regius*）；海鳗（*M. cinereus*）
	海水鱼	粗唇龟鲻（*C. labrosus*）；叉牙鲷（*S. salpa*）；大黄鱼（*L. crocea*）；大菱鲆（*Psetta maxima*）；大西洋蓝鳍金枪鱼（*T. thynnus*）；大西洋鳕（*Gadus morhua*）；黑鲷（*A. schlegelii*）；黄斑蓝子鱼（*S. canaliculatus*）；黄姑鱼（*N. diacanthus*）；卵形鲳鲹（*T. ovatus*）；南方蓝鳍金枪鱼（*Thunnus maccoyii*）；尖吻鲈（*L. calcarifer*）；金鼓鱼（*S. argus*）；军曹鱼（*R. canadum*）；金头鲷（*S. aurata*）；浅色黄姑鱼（*N. coibor*）；箕作黄姑鱼（*N. mitsukurii*）；斜带石斑鱼（*E. coioides*）；沙鳎（*P. lascaris*）；塞内加尔鳎（*S. senegalensis*）；牙鲆（*P. olivaceus*）
	两栖鱼	薄氏大弹涂鱼（*B. boddarti*）
Elovl4	淡水鱼	斑马鱼（*D. rerio*）；大盖巨脂鲤（*C. macropomum*）；泥鳅（*Misgurnus anguillicaudatus*）；虹鳟（*O. mykiss*）
	洄游鱼类	大西洋鲑（*S. salar*）
	海水鱼	叉牙鲷（*S. salpa*）；大黄鱼（*L. crocea*）；大西洋蓝鳍金枪鱼（*T. thynnus*）；军曹鱼（*R. canadum*）；黄斑蓝子鱼（*S. canaliculatus*）；黑鲷（*A. schlegelii*）；金鼓鱼（*S. argus*）；卵形鲳鲹（*T. ovatus*）；箕作黄姑鱼（*N. mitsukurii*）；斜带石斑鱼（*E. coioides*）；塞内加尔鳎（*S. senegalensis*）
Elovl2	淡水鱼	斑马鱼（*D. rerio*）；大盖巨脂鲤（*C. macropomum*）；丁鲹（*T. tinca*）；非洲鲶鱼（*C. gariepinus*）；虹鳟（*O. mykiss*）
	洄游鱼类	大西洋鲑（*S. salar*）；日本鳗鲡（*A. japonica*）
	海水鱼	欧洲沙丁鱼（*Sardina pilchardus*）
Elovl8	淡水鱼	大盖巨脂鲤（*C. macropomum*）
	海水鱼	黄斑蓝子鱼（*S. canaliculatus*）

大多数海水鱼 *elovl2* 基因在漫长的生物进化过程中被丢失，这也是造成其缺乏LC-PUFA合成能力的原因之一（Castro et al.，2016）。然而，近期在一种海水鱼——欧洲沙丁鱼（*S. pilchardus*）体内发现存在具有酶功能活性的 *elovl2* 基因（Machado et al.，2018）。除Elovl5和Elovl2以外，Elovl4在鱼类中也得到广泛研究。研究表明，鱼类Elovl4可生成碳链长度大于24C的超长链高不饱和脂肪酸（VLC-PUFA，碳链长度最多可达36C）（Li et al.，2017；Morais et al.，2020）。其中，Elovl4催化EPA和DPA转化成24:5n-3的能力弥补了海水鱼Elovl2的缺失（Monroig et al.，2010）。近期，在非洲鲶鱼和黄斑蓝子鱼体内发现两种新 *elovl* 基因 *elovl8a* 和 *elovl8b*，且具有延伸C18和C20 PUFA的活性（Oboh，

2018；Li et al.，2020a）。因此，*elovl8* 基因也参与 LC-PUFA 的生物合成，但哺乳动物基因组缺乏该基因（Li et al.，2020a）。

哺乳动物 ELOVL1、ELOVL3、ELOVL6、ELOVL7 等延长酶具有延长 SFA 和 MUFA 活性，但不参与 LC-PUFA 合成代谢。鱼类 Elovl1 和 Elovl6 不仅可延长 SFA 和 MUFA 底物，也参与 PUFA 合成代谢。例如，敲除斑马鱼 *elovl1* 基因（*elovl1a* 和 *elovl1b*）后，发现其胚胎中 C14～C20 SFA、MUFA 和 PUFA 上升，表明其可参与 PUFA 的延长反应（Bhandari et al.，2016）。在泥鳅（*M. anguillicaudatus*）、大黄鱼（*L. crocea*）和虹鳟 *elovl6* 基因分子特征和营养调控相关研究中，发现鱼类 Elovl6 功能与哺乳动物 ELOVL6 一致，仅具有延长 SFA 和 MUFA 的能力（Chen et al.，2018；Li et al.，2019，2020b）。甲壳动物榄绿青蟹（*Scylla olivacea*）Elovl7 不仅可延长 16:1n-7 底物，还具有一定的延伸 C18 PUFA 底物的活性（Mah et al.，2019）。目前，尚无鱼类 Elovl3 和 Elovl7 相关研究报道。

第二节 黄斑蓝子鱼的 LC-PUFA 合成途径及关键酶

不同鱼类利用 C18 PUFA 转化为 LC-PUFA 的能力不一样，这与其 Fads2 和 Elovl 酶系的完整性有关。一般认为，海水鱼不具有 LC-PUFA 合成能力，或该能力较弱。本书作者团队在黄斑蓝子鱼中首次报道海水鱼具有 LC-PUFA 合成能力，且该能力与鱼生活的水体盐度有关（Li et al.，2008；Xie et al.，2015）。为了深入研究黄斑蓝子鱼 LC-PUFA 合成代谢途径及其调控机制，我们相继克隆其 LC-PUFA 合成关键酶基因，并对其功能进行鉴定，发现其具有 Δ4 Fads2、Δ6Δ5 Fads2、Elovl5、Elovl4a/b、Elolv8a/b 等完整的 LC-PUFA 合成酶体系（Li et al.，2010，2020a；Moring et al.，2012；Wen et al.，2020）。黄斑蓝子鱼是第一种被证明具有完整 LC-PUFA 合成途径的海水鱼，上述成果为深入研究鱼类 LC-PUFA 合成代谢调控机制提供了基础。

一、黄斑蓝子鱼 *fads2* 基因克隆及功能鉴定

（一）黄斑蓝子鱼两个 *fads2* 基因的序列特征及系统发育树分析

从黄斑蓝子鱼体内克隆到两个 *fads2* 基因（*fads2-1*，*fads2-2*），其 cDNA 全长分别为 1846 bp 和 1831 bp，开放阅读框（ORF）大小分别为 1332 bp（登录号 EF424276）和 1338 bp（登录号 GU594278），各编码 443 个和 445 个氨基酸（AA）。黄斑蓝子鱼两种 Fads2 氨基酸序列具有 82.7%的同源性，与斑马鱼 Δ6Δ5 Fads2（AF309556）、人 Δ5 FADS1（AF199596）和 Δ6 FADS2（AF126799）的同源性分别为 67.8%、57.8%和 63.6%。黄斑蓝子鱼 Fads2 多肽序列具有典型的 Fads 超家族结构特征：三个组氨酸盒，一个 N 端细胞色素 b5 结构域，两个跨膜区域。黄斑蓝子鱼 Fads2 与其他脊椎动物 Fads 的系统发育树分析表明，黄斑蓝子鱼 Fads2 与其他海水鱼 Δ6 Fads2 亲缘关系最密切，与低等真核生物 Δ4 和 Δ5 Fads 亲缘关系较远（图 5-2）。

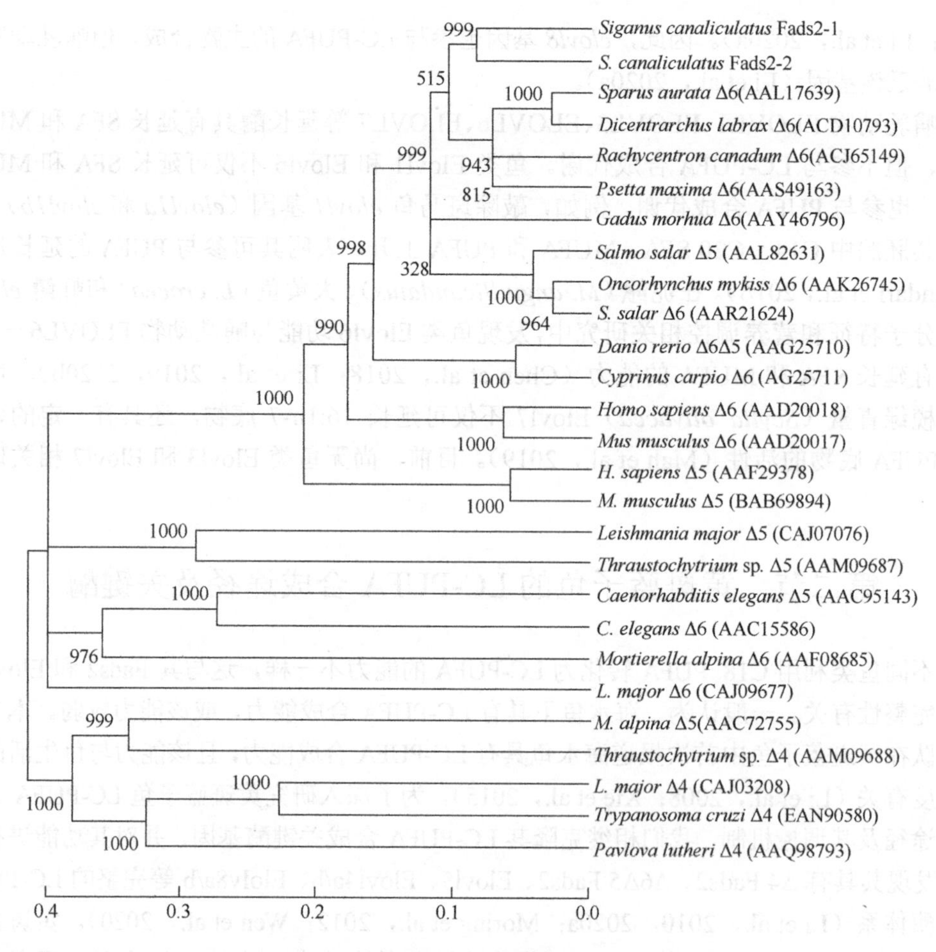

图 5-2　黄斑蓝子鱼 Fads2 和其他脊椎动物的 Fads 系统发育树

（二）黄斑蓝子鱼两个脂肪酸去饱和酶基因的功能鉴定

如图 5-3 所示，首先将黄斑蓝子鱼两个 *fads2* 的 ORF 序列分别与表达载体 pYES2 连接，获得 pYES2 *fads2-1* 和 pYES2 *fads2-2* 重组体，再将其转化到酿酒酵母中进行培养。向转化 pYES2（对照）或 pYES2 *fads2-1*、pYES2 *fads2-2* 的酵母培养物中分别加入下列 FA 之一：18:3n-3 和 18:2n-6（检验 Δ6 Fads2）、20:4n-3 和 20:3n-6（检验 Δ5 Fads2）和 22:5n-3 和 22:4n-6（检验 Δ4 Fads2）。各脂肪酸与酵母一起孵育 2 d 后，从各培养物中取等量酵母抽提脂肪，然后进行甲酯化处理。通过气相色谱（gas chromatogram，GC）比较分析其脂肪酸组成，以鉴定此两种 Fads2 的功能活性。

气相色谱检测发现（图 5-4，表 5-3），对照组酵母的脂肪酸组成为：16:0、16:1、18:0 和 18:1n-9，以及外源添加的脂肪酸底物。这表明酵母无 Δ6、Δ5 和 Δ4 Fads2 酶活性。经 Δ6（18:3n-3 和 18:2n-6）和 Δ5（20:4n-3 和 20:3n-6）底物孵育后，pYES2 *fads2-1* 酵母的 FA 谱中呈现出相应的产物峰。同样，经 Δ4（22:5n-3 和 22:4n-6）和 Δ5 底物孵育后，pYES2 *fads2-2* 酵母的 FA 谱也出现相应的产物峰。根据 GC 的保留时间，pYES2 *fads2-1* 酵母的产物峰分别为 18:4n-3（图 5-4B）、20:5n-3（图 5-4E 和图 5-4F）和 22:6n-3（图 5-4I）。图 5-4 和表 5-3 的结果表明，黄斑蓝子鱼 Fads2-1 表现出 Δ6 和 Δ5 双功能去饱和酶活性，故命名为 Δ6Δ5 Fads2；而 Fads2-2 表现出较强的 Δ4 去饱和酶活性，Δ5 去饱和酶活性很弱，故将其命名为 Δ4 Fads2。本研究首次发现脊椎动物中存在 Δ4 Fads2，以及海水鱼 Fads2 具有 Δ5 去饱和酶活性，从而首次在脊椎动物中发现存在一种 DHA 合成的 Δ4 途径（见图 5-1）。

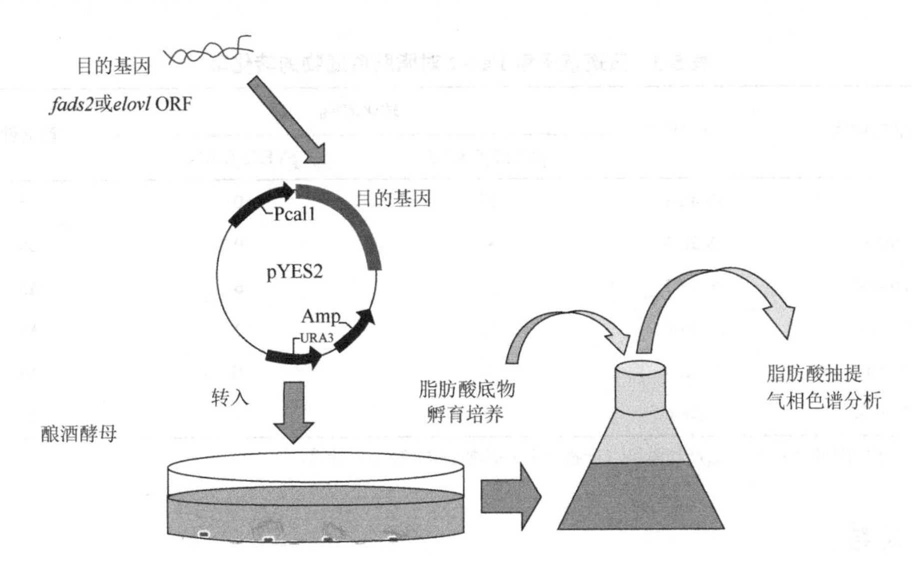

图 5-3　LC-PUFA 合成关键酶基因在酿酒酵母外源表达系统中功能鉴定方案（后附彩图）

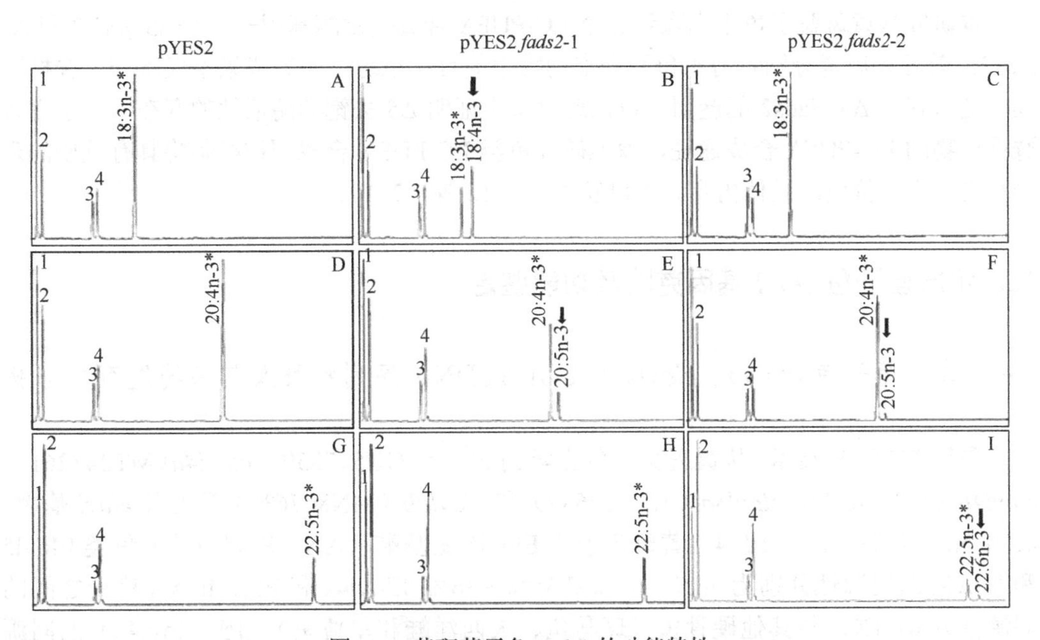

图 5-4　黄斑蓝子鱼 Fads2 的功能特性

FAME 从 pYES2 空载体（A、D、G），或含 pYES2 *fads2-1*（B、E、H）和 pYES2 *fads2-2*（C、F、I）转化子的酵母中提取；*表示 18:3n-3（A～C）、20:4n-3（D～F）和 22:5n-3（G～I）等 FA 底物。1～4 峰代表酿酒酵母的内源 FAs：分别为 16:0、16:1、18:0 和 18:1n-9。根据保留时间判断，产物峰（箭头）分别为 18:4n-3（B）、20:5n-3（E，F）和 22:6n-3（I）。横轴表示保留时间。

表 5-3 结果表明，转化 pYES2 *fads2-1* 的酵母具有 Δ6 和 Δ5 的双功能去饱和酶活性，而转化 pYES2 *fads2-2* 的酵母细胞具有 Δ4 和 Δ5 的双功能性去饱和酶活性。根据脂肪酸底物的转化率判断，黄斑蓝子鱼 *fads2-1* 的 Δ6 活性高于 Δ5 活性，*fads2-2* 的 Δ4 活性高于 Δ5 活性。这说明，相比于 n-6 FAs 底物，黄斑蓝子鱼的两种 Fads2 更偏好于 n-3 FAs 底物。

表 5-3　黄斑蓝子鱼 Fads2 对脂肪酸底物的转化率

脂肪酸底物	产物	转化率/%		酶活性
		pYES2 *fads2-1*	pYES2 *fads2-2*	
18:3n-3	18:4n-3	59	0	Δ6
18:2n-6	18:3n-6	35	0	Δ6
20:4n-3	20:5n-3	22	6	Δ5
20:3n-6	20:4n-6	12	2	Δ5
22:5n-3	22:6n-3	1	23	Δ4
22:4n-6	22:5n-6	0	14	Δ4

注：底物的转化率根据公式[产物面积/（产物面积＋底物面积）]×100 计算。

（三）总结

本研究从黄斑蓝子鱼中克隆到 2 个 LC-PUFA 合成关键酶基因——Δ6Δ5 *fads2* 和 Δ4 *fads2*，前者和后者分别是海水鱼和脊椎动物中的首次报道。研究成果不仅解开了脊椎动物中是否存在 Δ4 Fads2 的谜团，也在海水鱼中证明 Δ5 去饱和酶活性的存在，对于完善脊椎动物的 LC-PUFA 合成途径、深入研究鱼类 LC-PUFA 合成调控机制将具有重要的理论意义和学术价值。具体内容详见已发表论文 Li 等（2010）。

二、黄斑蓝子鱼 *elovl* 基因克隆及功能鉴定

（一）黄斑蓝子鱼 *elovl5*、*elovl4* 和 *elovl8* cDNA 序列特征及其系统发育树分析

采用 RT-PCR 技术，从黄斑蓝子鱼克隆到 *elovl5*（GU597350）、*elovl4a*（MT248261）、*elovl4b*（JF320823）、*elovl8a*（MN807637）和 *elovl8b*（MN807638）等五种 *elovl* 基因，其 cDNA 序列特征见表 5-4。黄斑蓝子鱼 Elovl5 氨基酸（AA）序列与其他鱼类 Elovl5 和 Elovl4 的同源性分别为 74%～81%和 35%～36%; Elovl4a 和 Elovl4b AA 序列之间的同源性为 67.3%，与其他硬骨鱼（斑马鱼、大西洋鲑和军曹鱼）相应 Elovl4a/b 的同源性为 71%～93%; Elovl8a 和 Elovl8b AA 序列之间同源性为 73%，与其他鱼类 Elovl8a/b 同源性为 85%～90%，且与鱼类 Elovl4 的同源性高达 76%～80%，与 Elovl5 的同源性较低。

表 5-4　黄斑蓝子鱼五种 *elovl* 基因 cDNA 序列特征

基因	cDNA 全长/bp	ORF 长度/bp	氨基酸数/个	GeneBank 登录号
elovl5	1254	876	291	GU597350
elovl4a	1921	957	318	MT248261
elovl4b	1475	909	302	JF320823
elovl8a	1244	804	267	MN807637
elovl8b	2501	792	263	MN807638

鱼类 Elovl AA 序列同源比对发现，黄斑蓝子鱼五种 Elovl AA 序列都具有典型的 Elovl 保守结构特征：5～6 个疏水性的 α-螺旋跨膜结构域（Elovl4 和 Elovl5 为 5 个，Elovl8 为 6 个），1～4 个组氨酸/半胱氨酸保守结构（Elovl4 和 Elovl5 为 1 个组氨酸保守框，Elovl8 为 4 个半胱氨酸保守框），1 个内质网（endoplasmic reticulum，ER）保留信号序列。

为更好地了解鱼类 *elovl* 基因的进化过程和变异特征，对其进行了系统发育树分析。采用邻接法（neighbor joining，NJ）构建其系统发育树。发现鱼类 *elovl* 系统发育树被分成三组，分别为：*elovl2* 和 *elovl5* 分支，*elovl6* 分支，*elovl8* 和 *elovl4* 分支（图 5-5）。同

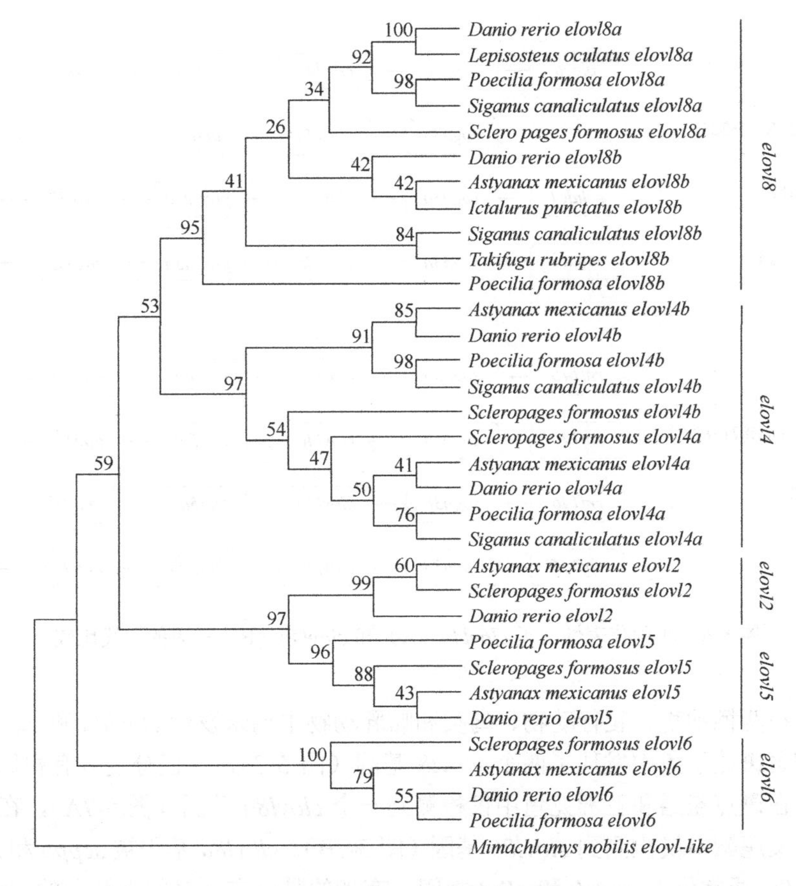

图 5-5　鱼类 *elovl* 系统发育树

时，*elovl4* 和 *elovl8* 都包含两种不同的亚型（*elovl4a/elovl4b* 和 *elovl8a/elovl8b*），且两者关系较近。*elovl8* 进一步细分为 *elovl8a* 和 *elovl8b* 两个分支。黄斑蓝子鱼 *elovl8a* 和 *elovl8b* 分别与亚马逊帆鳍鲈 *elovl8a* 和红鳍东方鲀 *elovl8b* 聚类较近。

（二）*elovl4a/b* 和 *elovl8a/b* 不同亚型基因结构比较

为了验证硬骨鱼中 *elovl4* 和 *elovl8* 存在两个基因亚型，在脊椎动物中进行了基因组同源性比较分析（图 5-6 和图 5-7）。将 *elovl4a* 在斑马鱼、墨西哥丽脂鲤、罗非鱼和黄斑蓝子鱼等四种代表性鱼类的基因组水平上进行比较分析，以确定 *elovl4* 基因特点的共性，如图 5-6 所示，鱼类 *elovl4a* 和 *elovl4b* 具有明显不同的基因位置。*elovl4a* 基因与 *soga3a* 相连（图 5-6A），而 *elovl4b* 基因的两侧分别与 *soga3b* 和 *tent5ab* 相连（图 5-6B）。在这些鱼类基因组中鉴定出 *soga3a-elovl4a* 和 *rnf146-soga3b-elovl4b-tent5ab* 两个基因簇。黄斑蓝子鱼 *elovl4* 基因的遗传位点与罗非鱼 *elovl4* 基因的遗传位点高度相同，但与斑马鱼和墨西哥丽脂鲤的遗传位点存在一些差异，这与分类学一致。

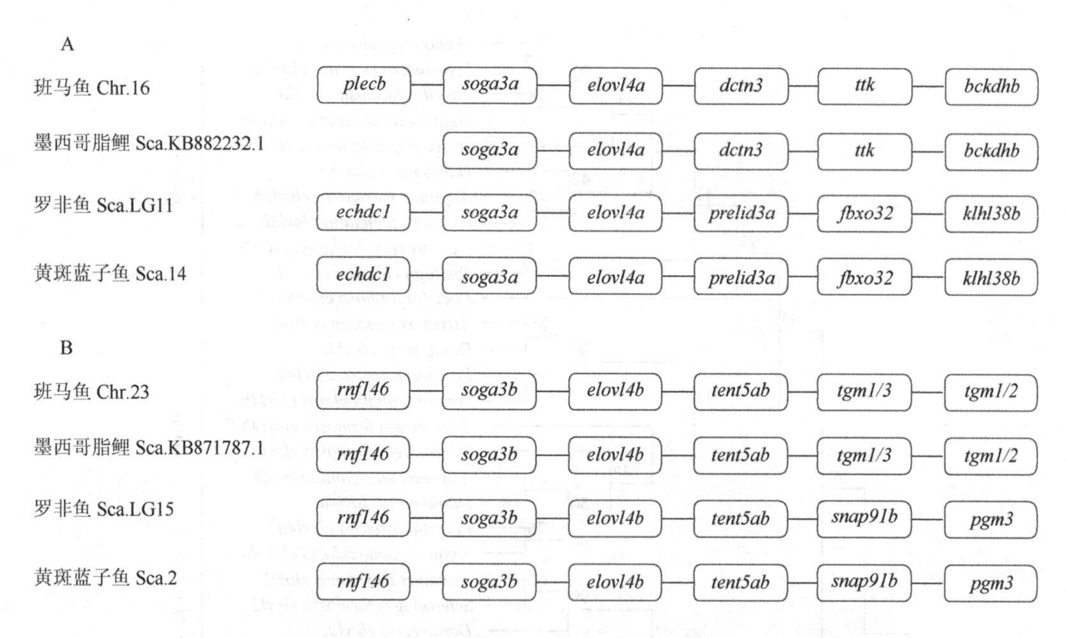

图 5-6 四种代表性鱼类 *elovl4a*（A）和 *elovl4b*（B）基因的同线比较

同时，在两栖动物、爬行动物、鸟类和哺乳动物中均未发现 *elovl8a* 和 *elovl8b* 基因，在斑马鱼和黄斑蓝子鱼中发现了两个 *elovl8* 基因（图 5-7），它们分别具有相似的基因序列。此外，在斑点雀鳝和亚洲龙鱼中仅检测到一个 *elovl8a* 基因（图 5-7A），在墨西哥丽脂鲤和斑点叉尾鮰中仅检测到 *elovl8b* 基因（图 5-7B）。*elovl8a* 基因被 *seppb* 和 *zswim5* 包围，而 *elovl8b* 通常位于 *mutyh* 和 *glis1* 之间。有趣的是，在古老的肉鳍鱼的 *elovl8a* 基因组位点上发现了一个类似 *elovl4* 基因。

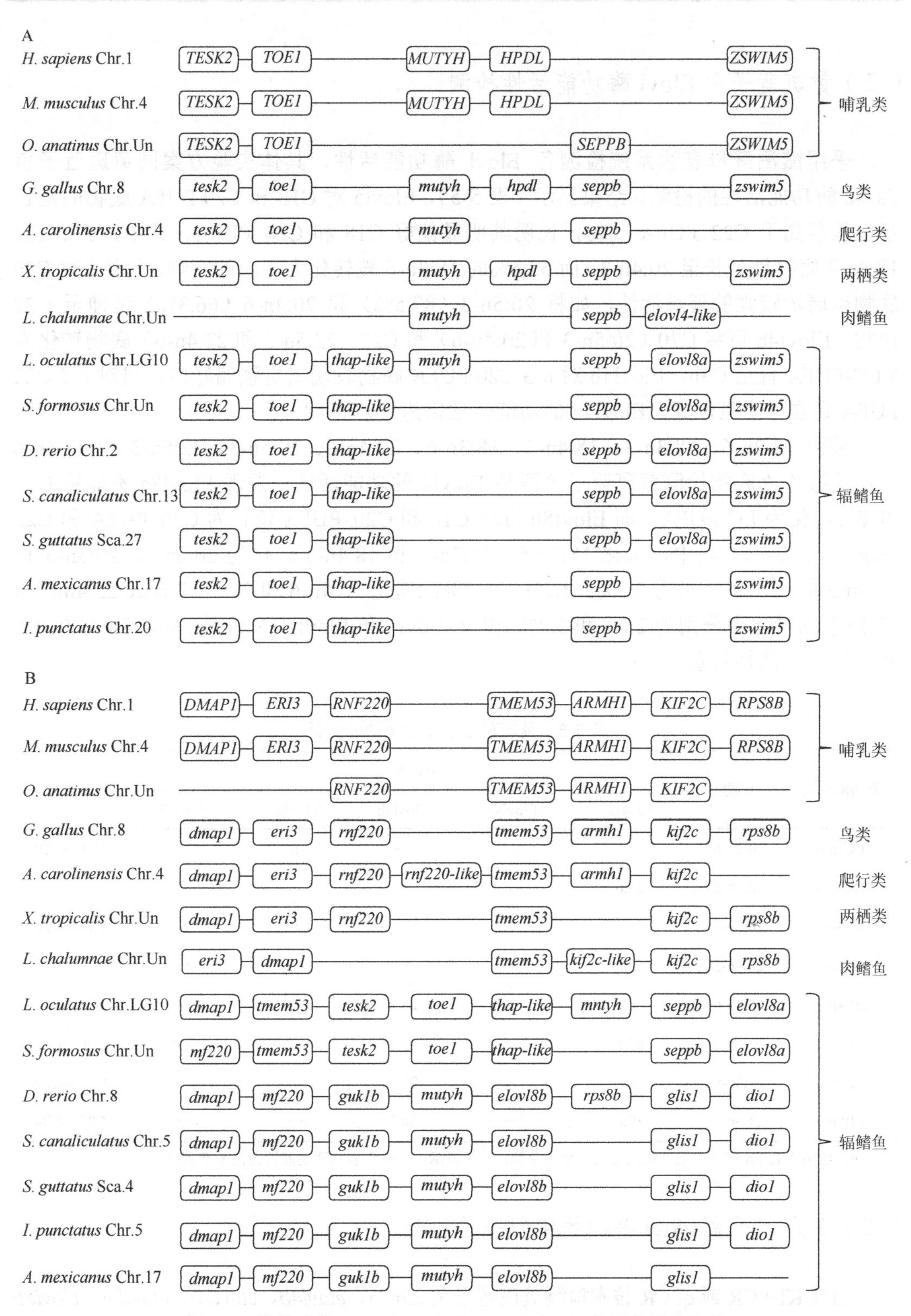

图 5-7　脊椎动物 *elovl8a*（A）和 *elovl8b*（B）基因的同线比较

（三）黄斑蓝子鱼 Elovl 酶功能活性检测

采用酿酒酵母表达系统检测各 Elovl 酶功能活性，具体实验方案同黄斑蓝子鱼 Fads2 酶功能活性的检测。结果显示（表 5-5），Elovl5 对 C18 和 C20 PUFA 底物的延长活性显著高于 C22 PUFA 底物，说明其明显偏好 C18 和 C20 PUFA。其中，67.6%的 18:4n-3 底物被延长至 20:4n-3，而 55.6%的 18:3n-6 被转化为相应的产物。此外，对 C20 底物也展示较强的延长活性，如将 20:5n-3（87.5%）和 20:4n-6（66.3%）延伸至 C22 产物。Elovl4b 可将 C20（20:5n-3 和 20:4n-6）和 C22（22:5n-3 和 22:4n-6）底物转化为 VLC-PUFA 直至 C36。Elovl4b 对 n-3 C20 PUFA 底物表现出更强偏好性，但对 n-3 C22 PUFA 底物无明显偏好。Elovl4a 的功能活性需进一步检测。

采用 18:2n-6、18:3n-3、18:4n-3、18:3n-6、20:4n-6、20:5n-3、22:5n-3 和 22:4n-6 等脂肪酸作为底物检测黄斑蓝子鱼两种 Elovl8 的功能活性。发现 Elovl8a 不能将 C18 PUFA 转化为 LC-PUFA，而 Elovl8b 可将 C18 和 C20 PUFA 延长为 C20 PUFA 和 C22 PUFA（表 5-5）。其中，催化 18:2n-6、18:3n-3 和 18:4n-3 转化为 20:2n-6、20:3n-3 和 20:4n-3 的转化率分别为 2.0%、3.7%和 3.7%；催化 20:4n-6 和 20:5n-3 合成 22:4n-6 和 22:5n-3 的转化率分别为 2.0%和 3.2%。相对 Elovl5 和 Elovl4b 酶活性，Elovl8b 对 PUFA 底物的延长活性较弱。

表 5-5　黄斑蓝子鱼 Elovl 功能特征

脂肪酸底物	产物	转化率/%					酶活性
		Elovl5	Elovl4a	Elovl4b	Elovl8a	Elovl8b	
18:2n-6	20:2n-6	—	—	—	0	2.0	C18→C20
18:3n-6	20:3n-6	55.6	—	—	—	—	—
18:3n-3	20:3n-3	—	—	—	0	3.7	C18→C20
18:4n-3	20:4n-3	67.6	—	—	—	3.7	—
20:4n-6	22:4n-6	66.3	—	28.8	0	2.0	C20→C22
20:5n-3	22:5n-3	87.5	—	41.4	0	3.2	C20→C22
22:4n-6	24:4n-6	3.9	—	23.5	—	—	C22→C24
22:5n-3	24:5n-3	10.6	—	20.7	—	—	C22→C24

注：结果以总 FA 底物合成产物的总转化率（单位：%）表示。“—”表示酶功能活性尚未检测出。

（四）黄斑蓝子鱼 *elovl* 基因的组织表达特性

通过 RT-PCR 或 qPCR 技术检测黄斑蓝子鱼 *elovl5*、*elovl4b*、*elovl4a*、*elovl8a*、*elovl8b* 转录本的组织表达特征（图 5-8 和图 5-9），发现 *elovl5* 基因在肝脏、脑、肠均有较高表达，其次是眼，在肌肉和鳃中的表达较弱；*elovl4b* 仅在眼和脑中检测到表达（图 5-8A）。*elovl4a*

在脑表达最高，其次是眼和性腺组织中表达，而在脂肪、鳃、心脏、肠、肾脏、肝脏、肌肉、脾脏和胃中未检测到表达（图 5-8B）。*elovl8a* 广泛表达于各检测组织，其表达水平高低为：心脏＞脾脏＞性腺＞肌肉＞肠＞肾脏＞胃＞鳃＞眼＞肝脏＞脂肪＞脑（图 5-9A）。同样，*elovl8b* 也广泛分布于各组织中，在脑、眼、肝脏中表达量最高，表达水平依次为：脑＞眼＞肝脏＞脂肪＞鳃＞性腺＞脾脏＞肠＞肾脏＞心脏＞胃＞肌肉（图 5-9B）。

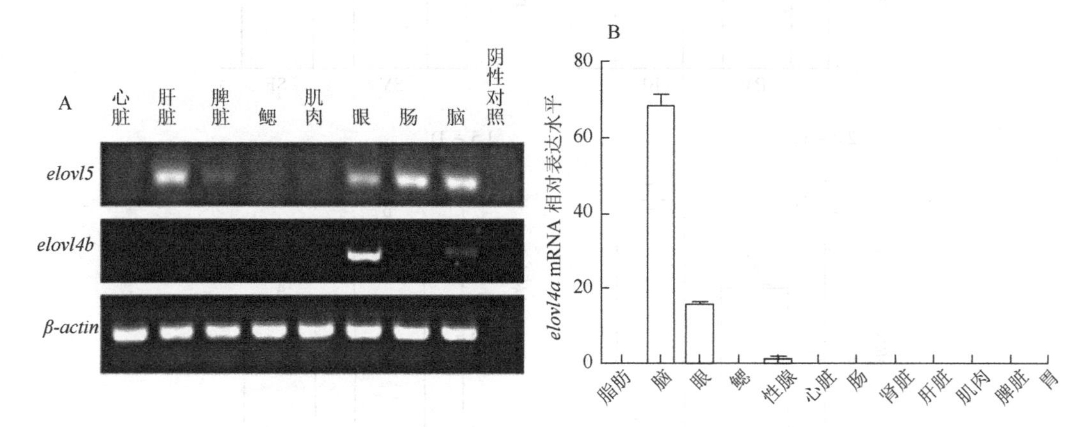

图 5-8　黄斑蓝子鱼 *elovl5* 和 *elovl4b*（A），*elovl4a*（B）基因组织表达分布

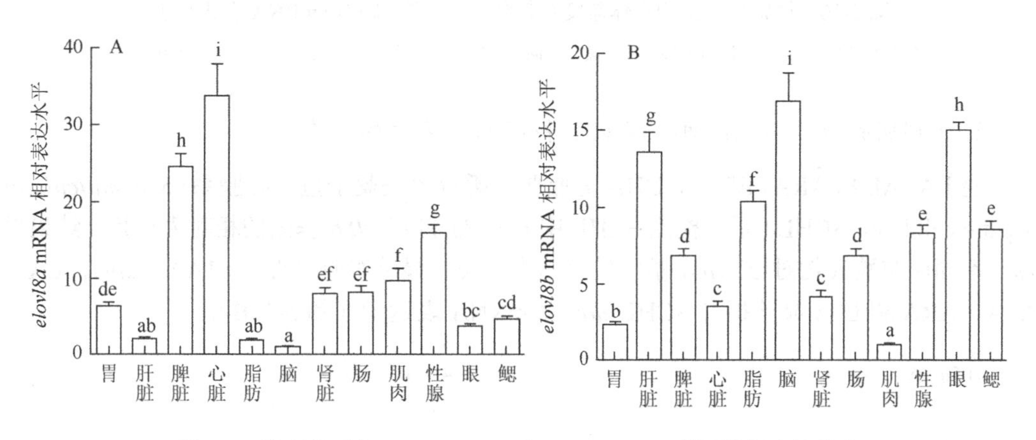

图 5-9　黄斑蓝子鱼 *elovl8a*（A）和 *elovl8b*（B）基因组织表达分布

（五）脂肪源和脂肪酸及水体盐度对黄斑蓝子鱼 *elovl* 基因表达影响

1. 饲料脂肪源和水体盐度对黄斑蓝子鱼 *elovl4a* 表达的影响

在咸水（15‰）条件下，饲料脂肪源对黄斑蓝子鱼脑 *elovl4a* mRNA 表达无显著影响（图 5-10A）。然而，在海水（32‰）养殖条件下，植物油组（SV）脑 *elovl4a* 的 mRNA 水平显著高于鱼油组（SF）（图 5-10B）。在植物油饲料投喂下，海水组（SV）鱼 *elovl4a* 的转录水平显著高于咸水组（BV）（图 5-10C）；相反，在鱼油饲料投喂下，海水组（SF）鱼 *elovl4a* 的转录水平显著低于咸水组（BF）（图 5-10D）。

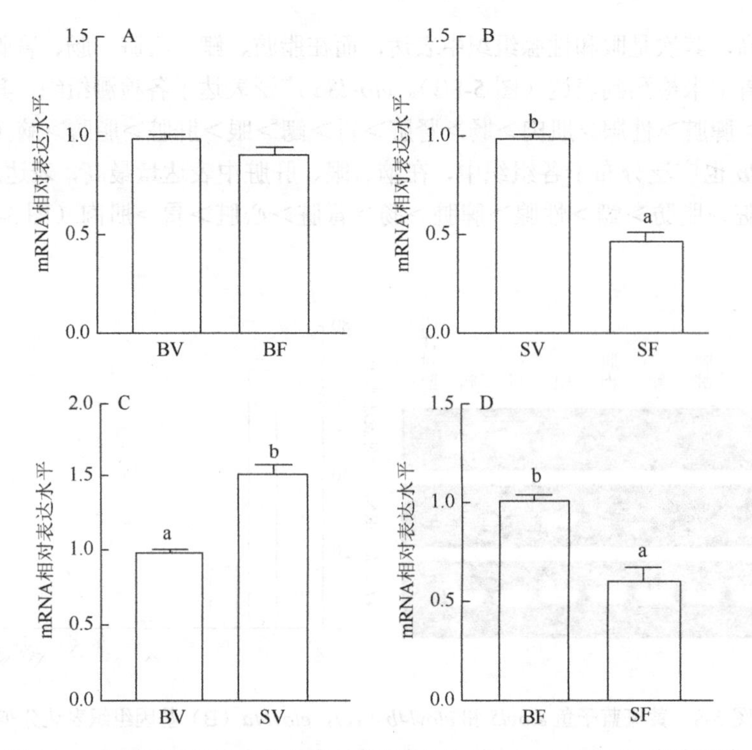

图 5-10　饲料脂肪源和水体盐度对黄斑蓝子鱼脑 *elovl4a* mRNA 表达影响

数据为平均值±标准误（$n=3$），柱形图上不同小写字母表示不同处理间差异显著（$P<0.05$）。

2. 不同脂肪酸对 SCHL 细胞 *elovl8a* 和 *elovl8b* 表达的影响

经 LA、ALA、ARA、EPA 和 DHA 等脂肪酸孵育黄斑蓝子鱼肝细胞系（*S. canaliculatus* hepatic cell line，SCHL）后，检测 SCHL 中 *elovl8a* 和 *elovl8b* 基因的相对表达量。结果显示，不同脂肪酸底物对 *elovl8a* 基因的表达水平没有显著影响（图 5-11A）。然而，LA、ALA、ARA 和 EPA 显著提升 SCHL *elovl8b* mRNA 表达量（图 5-11B）。

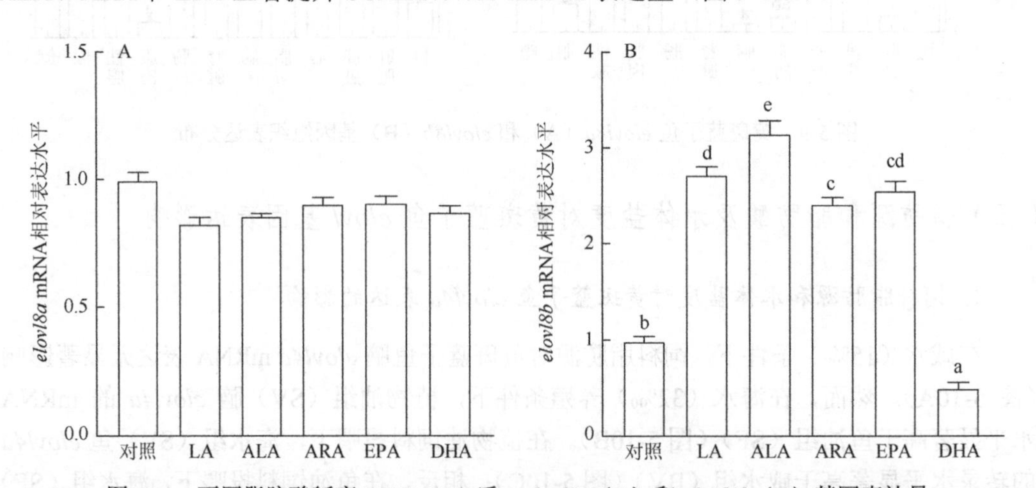

图 5-11　不同脂肪酸孵育 SCHL 24 h 后，*elovl8a*（A）和 *elovl8b*（B）基因表达量

数据为平均值±标准误（$n=6$），柱形图上不同小写字母表示不同处理间差异显著（$P<0.05$）。

3. 饲料脂肪源对黄斑蓝子鱼组织中 *elovl8b* 表达的影响

为了研究饲料脂肪源对黄斑蓝子鱼 *elovl8b* 基因表达的影响，检测了利用不同脂肪源饲料养殖黄斑蓝子鱼后的脑、肝脏、肠和鳃中的 *elovl8b* mRNA 水平。结果显示，植物油（VO）组脑、肝脏、肠和鳃中 *elovl8b* mRNA 表达水平显著高于鱼油（FO）组（图 5-12）。

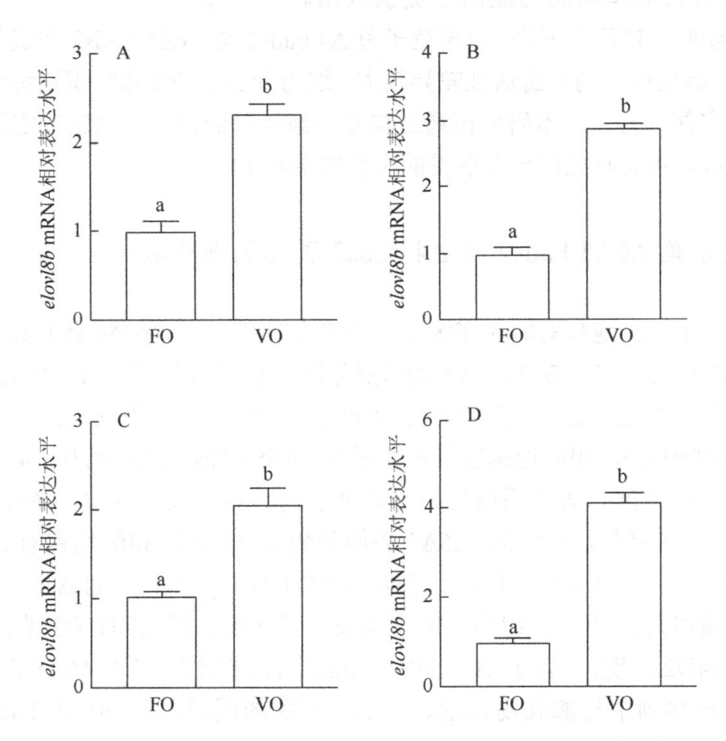

图 5-12　饲料脂肪源对黄斑蓝子鱼脑（A），肝脏（B），肠（C），鳃（D）组织 *elovl8b* 基因表达影响

数据为平均值±标准误（$n=3$），柱形图上不同小写字母表示不同处理间差异显著（$P<0.05$）。

（六）总结

黄斑蓝子鱼体内至少存在五种 *elovl* 基因，且与其他鱼类 *elovl* 序列具有高度同源性。其中，至少有三种延长酶（Elovl5、Elovl4b 和 Elovl8b）参与 LC-PUFA 合成代谢的延长反应。本研究首次发现了硬骨鱼特有的 *elovl8* 基因。黄斑蓝子鱼 Elovl8b 具有将 C18 和 C20 PUFA 延长为 C20 和 C22 长链脂肪酸的能力，而 Elovl8a 则丧失了这种能力。研究成果为全面揭示鱼类 LC-PUFA 合成调控机制增加了新的资料。具体研究内容详见已发表论文 Li 等（2020a）。

三、黄斑蓝子鱼 Fads2 底物识别的分子结构机制

相比于哺乳动物含有两种功能单一的 *fads* 基因（*fads1* 和 *fads2*），硬骨鱼类除日

本鳗鲡外，一般只含有一种 *fads* 基因（*fads2*）。然而，为了弥补 *fads1* 基因及酶功能的缺失，硬骨鱼类 *fads2* 基因在进化过程中扩增了多个拷贝，且具有 Δ6 Fads2、Δ5 Fads2、Δ6Δ5 Fads2、Δ4 Fads2 等多种单/双功能去饱和酶活性（Xie et al.，2021）。因此，研究鱼类去饱和酶的底物识别与活性的分子基础对于弄清鱼类去饱和酶的进化关系、解释绝大部分海水鱼类缺乏 LC-PUFA 合成能力的原因具有重要的理论意义，同时也可以为改善去饱和酶的功能活性提供依据。

本书作者团队前期研究发现，黄斑蓝子鱼 Δ4 Fads2 与 Δ6Δ5 Fads2 在氨基酸序列上有83%的相似性，但底物识别和酶活性差异较大，这为开展 Fads2 底物识别特异性的分子机制研究提供了方便。为此，本研究拟通过构建去饱和酶嵌合体，确定决定酶底物识别或活性的关键区域。主要研究内容及取得的主要结果如下。

（一）黄斑蓝子鱼 Δ6Δ5 Fads2 与 Δ4 Fads2 底物识别机制

根据黄斑蓝子鱼去饱和酶的保守区和预测的功能区，分别将 Δ6Δ5 Fads2 与 Δ4 Fads2 以第 231/233 位 AA 和第 375/377 位 AA 为节点分为三段，即第一段：0～231/233（pYD6D1 和 pYD4D1），第二段：231/233～375/377（pYD6D2 和 pYD4D2）；第三段：375/377～443/445（pYD6D3 和 pYD4D3），相应地构建黄斑蓝子鱼 Δ6Δ5 去饱和酶基因与 Δ4 去饱和酶基因的嵌合体，并在酿酒酵母表达系统中进行功能鉴定。结果发现（表 5-6），当去饱和酶的第一段或第三段序列被置换后，Δ6Δ5 去饱和酶及 Δ4 去饱和酶均保有原来的活性，即 pYD6D1、pYD6D3 为 Δ6Δ5 Fads2 活性，pYD4D1、pYD4D3 为 Δ4 Fads2 活性；而当中间片段被置换后，两个去饱和酶的功能发生了转换，即 pYD6D2 表现出 Δ4 去饱和酶活性、pYD4D2 表现出 Δ6 及 Δ5 的去饱和酶活性。据此确定了 Δ6Δ5 去饱和酶及 Δ4 去饱和酶氨基酸序列中与酶底物识别、酶活性相关的区域，即 Δ6Δ5 Fads2 为 231～375AA；Δ4 Fads2 为 233～377AA。

表 5-6 各去饱和酶嵌合体对不同底物的转化率

嵌合体名称		Δ6 底物转化率/%		Δ5 底物转化率/%		Δ4 底物转化率/%	
		n-3	n-6	n-3	n-6	n-3	n-6
Δ6Δ5 嵌合体	pYD6D1	48	31	20.00	8.00	1	0
	pYD6D2	0	0	6.00	1.00	24	12
	pYD6D3	56	27	22.00	5.00	0	0
野生型 Δ6Δ5 Fads2		59	35	22.00	12.00	1	0
Δ4 嵌合体	pYD4D1	0	1	8.00	2.00	20	17
	pYD4D2	56	26	16.00	3.00	4	0
	pYD4D3	0	2	19.00	2.00	41	15
野生型 Δ4 Fads2		0	0	6.00	2.00	23	14

（二）黄斑蓝子鱼Fads2底物识别区的关键片段确认

为了进一步分析 Fads2 底物识别的关键片段，将 Δ6Δ5 Fads2：231～375AA；Δ4 Fads2：233～377AA 的底物识别区再细分为三段：Δ6Δ5 Fads2 以第 270 和 338 位 AA 为节点（pYDA，pYDB 和 pYDC）；Δ4 Fads2 以第 272 和 340 位 AA 为节点（pYDa，pYDb 和 pYDc）（图 5-13）。通过片段置换的方法，构建成 pYD_ABc、pYD_aBC、pYD_aBc、pYD_abC、pYD_Abc、pYD_AbC 等六个嵌合体。

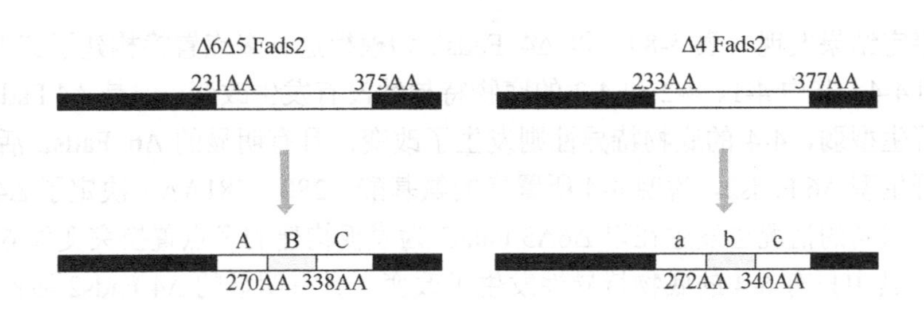

图 5-13　嵌合体分割示意图

功能鉴定发现（表 5-7），pYD_abC、pYD_Abc 和 pYD_AbC 具有较高的 Δ4 Fads2 活性，即相当于 Δ4 Fads2；pYD_ABc、pYD_aBC 和 pYD_aBc 则恰好具有 Δ6Δ5 Fads2 双功能酶活性，即相当于 Δ6Δ5 Fads2。结果说明，Δ6Δ5 Fads2 和 Δ4 Fads2 均被分割成 3 段，分别同位置换重组，构建嵌合基因重组子，其功能活性一直追随着中间段（B 或 b）而改变，因此中间段（B：270～338AA；b：272～340AA）是决定去饱和酶底物识别特异性的关键区域。

表 5-7　各去饱和酶嵌合体对不同底物的转化率

嵌合体名称		Δ6 底物转化率%		Δ5 底物转化率%		Δ4 底物转化率%	
		n-3	n-6	n-3	n-6	n-3	n-6
Δ6Δ5 嵌合体	pYD_ABc	47.0	21.8	15.0	8.0	1.5	0.4
	pYD_aBC	29.0	17.2	6.1	2.3	0	0
	pYD_aBc	48.6	30.4	25.2	13.3	0	0
野生型 Δ6Δ5 Fads2		59	35	22.0	12.0	1	0
Δ4 嵌合体	pYD_abC	0	2.2	6.0	0.5	24.2	16.3
	pYD_Abc	1.7	0.9	13.0	3.0	20.8	11.3
	pYD_AbC	0	0	8.3	0.1	15.8	12.6
野生型 Δ4 Fads2		0	0	6.0	2.0	23	14

利用点突变试剂盒分别以 Δ6Δ5 Fads2 和 Δ4 Fads2 成功进行了 7 对多点突变，构建获

得 8 对重组体，位置对应图 5-14 中Ⅰ、Ⅱ、Ⅲ、Ⅳ、Ⅴ、Ⅵ、Ⅶ和Ⅷ，分别命名 6-1、6-2、6-3、6-4、6-5、6-6、6-7、6-8 和 4-1、4-2、4-3、4-4、4-5、4-6、4-7、4-8。

```
            IV     III      II  I          V    VI   VII                  VIII
270PPLLIPVFFHYQLLKIMISHRYWLDLVWCLSFYLRYMCCYVPVYGLFGSVVLIVFTRFLESHWFVWVTQ338
272PPLLIPVFYNYNIMMTMITRRDYVDLSWAMTFYIRYMLCYVPVYGLFGSLALMMFARFLESHWFVWVTQ340
   ********::*:::   **::*:::**:*.::**:*** ***********:.*::*:*************
```

图 5-14　定点突变体突变位置及功能鉴定结果

相同、类似性较高和类似性一般的 AA 残基分别用“*”、“:”和“.”标记

功能鉴定结果发现（表 5-8），以 Δ4 Fads2 为模板进行多点置换构建了突变体 4-1、4-2、4-3 和 4-4，其中 4-1、4-2 和 4-3 的底物特异性没有发生改变，但是 Δ4 Fads2 催化活性明显比野生型弱，4-4 的底物特异性则发生了改变，具有明显的 Δ6 Fads2 活性，其转化率低于野生型 Δ6 Fads2，说明 4-4 所置换的氨基酸（280～281AA）决定了 Δ4 Fads2 底物特异性。相同的情况也发生在以 Δ6Δ5 Fads2 为模板构建的多点置换突变体 6-1、6-2、6-3 和 6-4，其中只有 6-4 的底物特异性发生了改变，具有明显的 Δ4 Fads2 活性，其转化率低于野生型 Δ4 Fads2，说明 6-4 和 4-4 相互置换的氨基酸（278～279AA 和 280～281AA）分别决定了 Δ6 Fads2 和 Δ4 Fads2 底物特异性。因此，推断 Δ6 Fads2 和 Δ4 Fads2 与底物催化特异性有关的关键氨基酸分别是 F^{278}-H^{279} 和 Y^{280}-N^{281}。

表 5-8　多点置换突变体催化活力比较（n-3 脂肪酸底物转化率）

突变体名称	Δ6 底物转化率/%	Δ4 底物转化率/%
4-1	0	7.4
4-2	0	11.5
4-3	0.5	6.5
4-4	25	2.4
4-5	0	0.1
4-6	0	0
4-7	0	0
4-8	0	0.2
6-1	24.2	0
6-2	21.2	1.4
6-3	20.9	0
6-4	4.3	20.6
6-5	0	0
6-6	0.2	0
6-7	0	0
6-8	0	0

为进一步细化关键位点，先以野生型 Δ6Δ5 Fads2 和 Δ4 Fads2 为模板，进行同位置换重组，构建嵌合基因重组子 *AbC* 和 *aBc*。以 *AbC* 和 *aBc* 为模板，进一步同位置换重组，构建 8 个短片段置换的嵌合混合体，分别命名为 6A～6D 和 4A～4D（图 5-15）。功能鉴定发现（图 5-15），6A 内含 Δ4 Fads2 的底物催化特异性相关的关键序列（270～338AA）。关键序列“渐短”式突变，6A 和 6B 的底物催化特异性并未受到影响，但活性削弱，6C 却意外地失活，6D 恢复活性，但是底物特异性发生了改变，具有低于野生型的 Δ6 去饱和酶活性。相似的是，4A 和 4B 内含 Δ6 Fads2 底物催化特异性相关的关键序列（272～340AA）和（272～332AA），内含关键序列“渐短”式突变，其底物催化特异性也未受到影响，但活性削弱，4C 却意外地失活，4D 具有较野生型弱的 Δ4 去饱和酶活性。以上表明，4A、4B 和 6A、6B 所发生置换的区域发生置换的序列未涉及底物特异性，4C 和 6C 发生置换的位置位于活性中心，4D 和 6D 置换区域囊括了与底物识别特异性相关的序列。因此，Δ6 Fads2 和 Δ4 Fads2 底物识别特异性关键区分别缩小至 278～294AA 和 280～296AA。

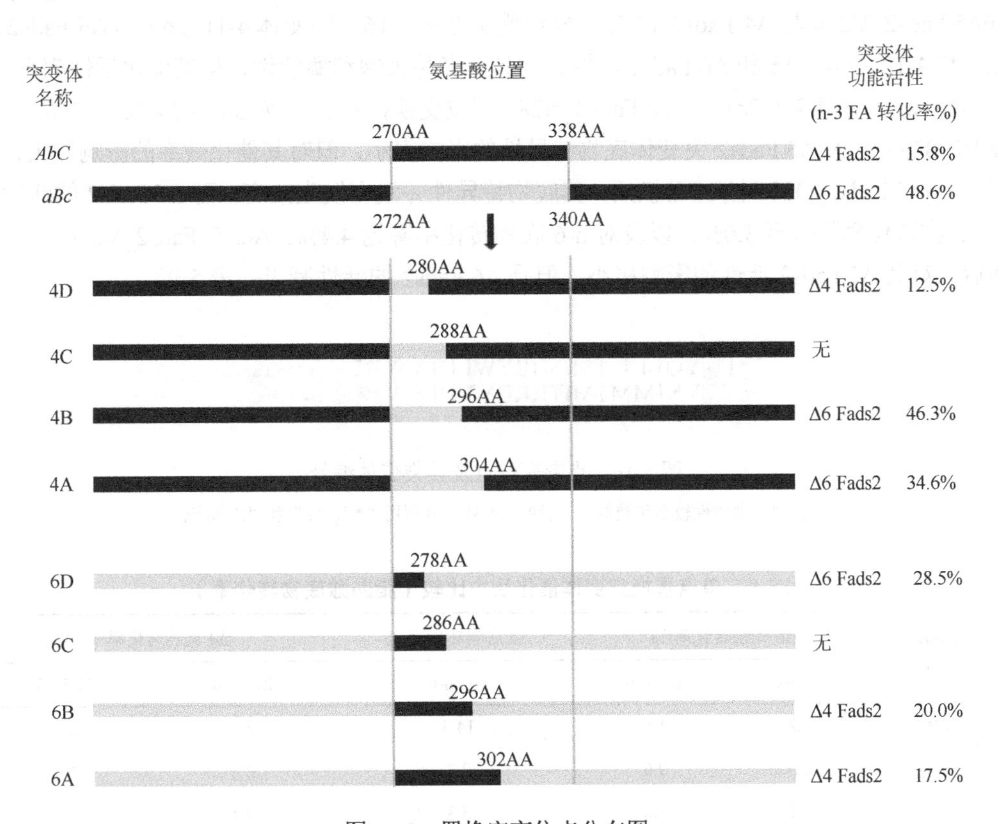

图 5-15　置换突变位点分布图

黑色表示源自 Δ6Δ5 Fads2，灰色源自 Δ4 Fads2，右边标注表示突变体的功能活性。

为了进一步了解这两组两个氨基酸对整个酶的功能和酶活性的影响，将 F^{278}-H^{279} 置换为 Y^{278}-H^{279} 和 F^{278}-N^{279}；Y^{280}-N^{281} 置换为 F^{280}-N^{281} 和 Y^{280}-H^{281}（图 5-16），突变体分别命名为 4-9、4-10、6-9、6-10（表 5-9）。鉴定结果显示：与 Δ4 Fads2 原始活性相比，

4-9 表现出较弱的 Δ4 Fads2，更强的 Δ5 Fads2 活性，以及微弱的 Δ6 Fads2 活性；4-10 表现出较弱的 Δ4 Fads2 和 Δ5 Fads2 活性，以及微弱的 Δ6 Fads2 活性。6-9 和 6-10 表现出类似的现象，保留了低于野生型的 Δ6 Fads2 活性和 Δ5 Fads2 活性，也意外地具有微弱的 Δ4 Fads2 活性。以上说明 F 与 Y，Y 与 N 分别置换，在 Δ6 Fads2 和 Δ4 Fads2 原来彼此独立的功能削弱，增加了新的功能，但是值得注意的是，突变体 4-9 的 Δ5 Fads2 活性得到显著增强。

通过将关键区域（Δ6Δ5 Fads2：270～338AA；Δ4 Fads2：272～340AA）与目前已发现的硬骨鱼去饱和酶进行氨基酸序列比对发现，Δ6Δ5 Fads2 的 Q281 和 V296 与 Δ4 Fads2 的 N283 和 S298 存在于所有硬骨鱼去饱和酶中，且此区域的氨基酸序列存在一定的规律：除了日本黄姑鱼（*Argyrosomus japonicus*）外，所有其他鱼类 Δ6Δ5 Fads2 在 281AA 对应位置上均为 Q，而 Δ4 Fads2 在此对应位置上均为 N，且 Δ4 Fads2 在 298AA 对应位置上均为亲水性的极性氨基酸 S，Δ6Δ5 Fads2 在此对应位置上均为疏水性非极性氨基酸 A、V、L 和 I。因此，构建突变体 4-11、6-11 和 4-12、6-12，氨基酸（Δ6Δ5 Fads2_Q281 与 Δ4 Fads2_N283；Δ6Δ5 Fads2_V296 与 Δ4 Fads2_S298）分别置换见图 5-16。突变体 4-11（Δ5 和 Δ6 Fads2 活性）和 4-12（Δ4、Δ5 和 Δ6 Fads2 活性）均具有多种去饱和酶活性，但其催化活性都很低。氨基酸 Δ6Δ5 Fads2_Q281 与 Δ4 Fads2_N283 同位交换，或者交换 Δ6Δ5 Fads2_V296 与 Δ4 Fads2_S298 对 Δ6Δ5 Fads2 突变体底物特异性的影响很小，但对其催化效率的影响较大，尤其是 Δ6Δ5 Fads2_Q281 被 N 替换后，其底物特异性并没有发生改变，而 Δ6 Fads2 的活性对 n-3 底物转化率降低至 3.0%，以及对 n-6 底物转化率降为 4.4%。Δ6Δ5 Fads2_V296 被 S 替换后，对其 Δ5 Fads2 活性的影响极小，但是 Δ6 Fads2 的活性减半（表 5-9）。

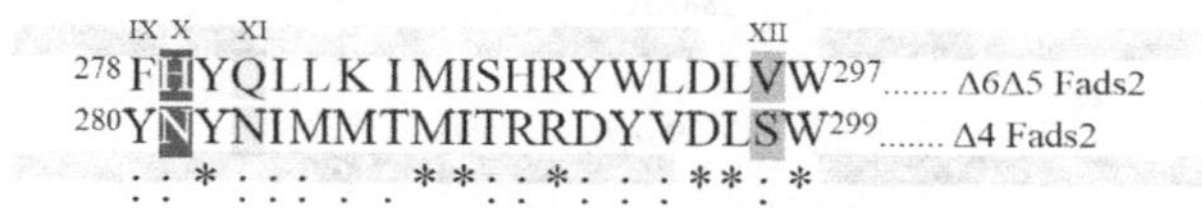

图 5-16 点突变位点及其突变体编号

相同、类似性较高和类似性一般的 AA 残基分别用“*”、“:”和“.”标记

表 5-9 单点置换突变体催化活力比较（脂肪酸底物转化率）

突变体名称	Δ6 底物转化率/%		Δ5 底物转化率/%	Δ4 底物转化率/%	
	18:3n-3	18:2n-6	20:3n-6	22:4n-6	22:5n-3
4-9	3.2	1.8	14.3	3.3	2.1
6-9	6.5	9.6	2.3	2.8	1.5
4-10	2.2	1.8	3.3	9.1	15.9
6-10	25.6	13.0	3.9	1.0	0.5
4-11	0.0	0.0	8.7	1.1	3.8
6-11	3.0	4.4	1.5	0.0	0.0
4-12	0.7	0.2	8.5	2.0	4.0
6-12	26.6	20.7	20.3	0.0	4.5

（三）生物信息学分析

利用软件 CBS Prediction Servers/InterMap3D 对关键区域的氨基酸序列（Δ6Δ5 Fads2_270～338 &Δ4 Fads2_272～340）进行建模，构建出局部图，从图 5-17 可以看出二者的拓扑结构非常接近，但是从细微的每个氨基酸来看，可发现明显的区别，氨基酸的 R 基是区别的根本所在，Δ4 Fads2_Y280～N281 比 Δ6Δ5 Fads2_F278～H279，分别多了—OH 和—CH═NH_2—，且 Y 和 N 比 F 和 H 的极性更强，更易位于酶的表面，这就有可能腾出更大空间来接受更大的底物。

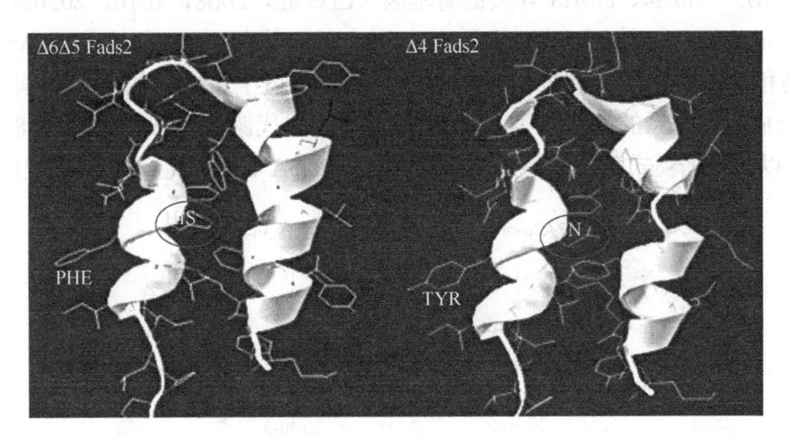

图 5-17　关键区域氨基酸的预测 3D 模型（后附彩图）

（四）总结

当关键氨基酸残基被置换后，去饱和酶原有的底物识别特性及酶活特性均受到明显的影响。在置换不同氨基酸时，去饱和酶底物识别及催化特异性发生了完全的转变，其过程并不是突然转变的，而是一个逐步变化的过程，其中呈现出一个“过渡态”现象。Δ6Δ5 Fads2_F278～H279 和 Δ4 Fads2_Y280～N281 两个关键氨基酸单独突变后，都使新的 Fads2 获得了新的去饱和酶活性，同时具有 Δ4、Δ5、Δ6 三种去饱和酶活性，但是原有的活性被不同程度削弱；将两个关键氨基酸同时置换，仍然均保留 Δ5 Fads2 活性，但是原有的 Δ6 去饱和酶活性及 Δ4 去饱和酶活性发生了互换。当与底物特异性非相关区域被置换后，去饱和酶仍保持原有的底物催化特异性，但是催化效率明显受到削弱。我们还发现，与黄斑蓝子鱼去饱和酶的底物识别机制及酶活特性相关的关键氨基酸位置的疏水性差别较大，而其他区域高度相似。此外，将 Δ6Δ5 Fads2_V296 与 Δ4 Fads2_S298 互换后，新的 Fads2 也具有 3 种去饱和酶活性。这些说明，决定两种酶底物催化差异的关键氨基酸既不直接参与底物结合，也不直接参与催化，也不一定集中于哪一区段，只要可影响到底物结合处形态的变化，均可能使酶的底物催化特性发生改变。具体研究内容详见王树启（2013）和方是强（2014）的学位论文。

四、黄斑蓝子鱼的 LC-PUFA 合成途径

一般认为，由于海洋生态系统中的食物链富含长链多不饱和脂肪酸（LC-PUFA），长期进化过程中无 LC-PUFA 缺乏压力，从而导致海水鱼的 LC-PUFA 合成功能丧失，某些或某个 LC-PUFA 合成关键酶的活性缺失或低下。因此，养殖海水鱼的配合饲料中需要添加一定量富含 LC-PUFA 的鱼油或足量鱼粉（含有少量鱼油），才能满足鱼体正常生长发育所需的必需脂肪酸。近年来，本书作者团队通过养殖试验、关键酶基因克隆及功能鉴定等技术，发现海水鱼中的黄斑蓝子鱼具有 LC-PUFA 合成能力，并从该鱼中克隆到 Δ6Δ5 *fads2*、Δ4 *fads2*、*elovl5*、*elovl4*、*elovl8* 等关键酶基因（Li et al.，2008，2010，2020a；Xie et al.，2015；Monroig et al.，2011，2012；Wen et al.，2020）。其中，Δ4 Fads2 和 Δ6Δ5 Fads2 分别是脊椎动物和海水鱼中的首次报道。相关成果使黄斑蓝子鱼成为第一种被阐明具有完整 LC-PUFA 合成代谢酶系的海水鱼类，其 LC-PUFA 合成代谢途径总结如图 5-18 所示。相关成果为我们以该鱼为模式鱼类，系统研究鱼类 LC-PUFA 合成代谢调控机制提供了基础。

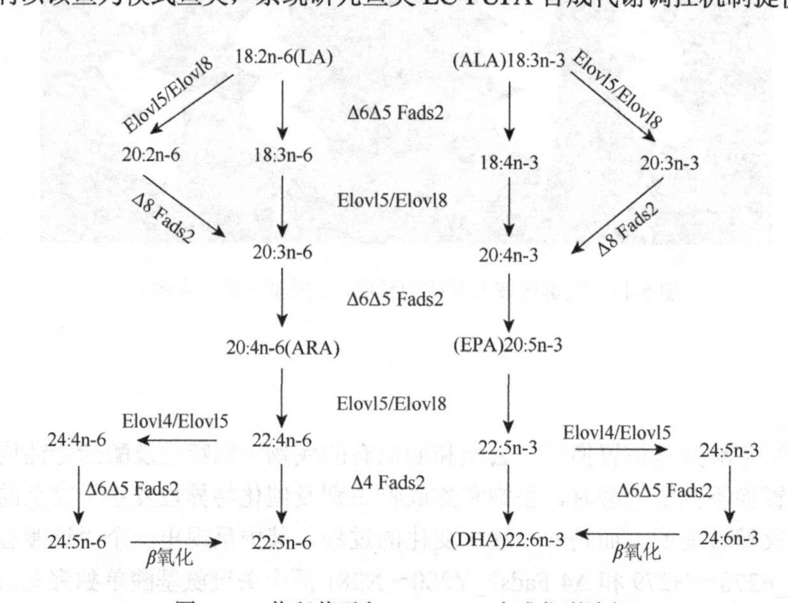

图 5-18　黄斑蓝子鱼 LC-PUFA 合成代谢途径

第三节　金鼓鱼和日本鳗鲡的 LC-PUFA 合成途径及关键酶

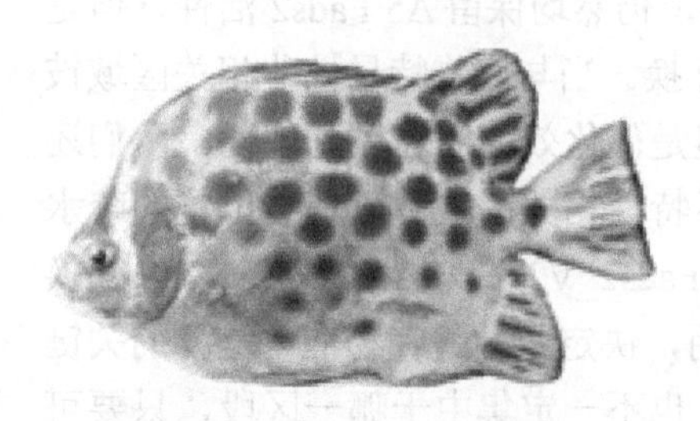
图 5-19　金鼓鱼（后附彩图）

一、金鼓鱼的 LC-PUFA 合成途径及关键酶

与黄斑蓝子鱼一样，金鼓鱼（*S. argus*）（图 5-19）具有摄食大型海藻及广盐性等特点，分布于印度洋、

太平洋、南亚和东南亚，以及我国东南沿海的淡水、咸淡水和海水环境中。为探讨金鼓鱼是否具有类似于黄斑蓝子鱼的 LC-PUFA 合成代谢酶系，本书从金鼓鱼中克隆了相应的 *fads2* 和 *elovl* 基因并进行酶功能鉴定，分析饲料脂肪酸对其表达水平的影响。研究结果可为阐明生境和食性对鱼类 LC-PUFA 合成代谢的影响奠定基础，也可为进一步研究金鼓鱼 LC-PUFA 合成代谢的调控机制提供基础。主要研究内容及结果如下。

（一）金鼓鱼 *fads2* 和 *elovl* cDNA 序列特征

金鼓鱼 *fads2* cDNA 全长为 1972 bp，开放阅读框为 1338 bp，编码 445 个氨基酸(AA)，序列 GenBank 登录号：KC508796；其氨基酸序列含有典型的 Fads2 特征：2 个跨膜区域、3 个组氨酸保守框，以及 1 个氨基端细胞色素 b5 结构域（图 5-20）。

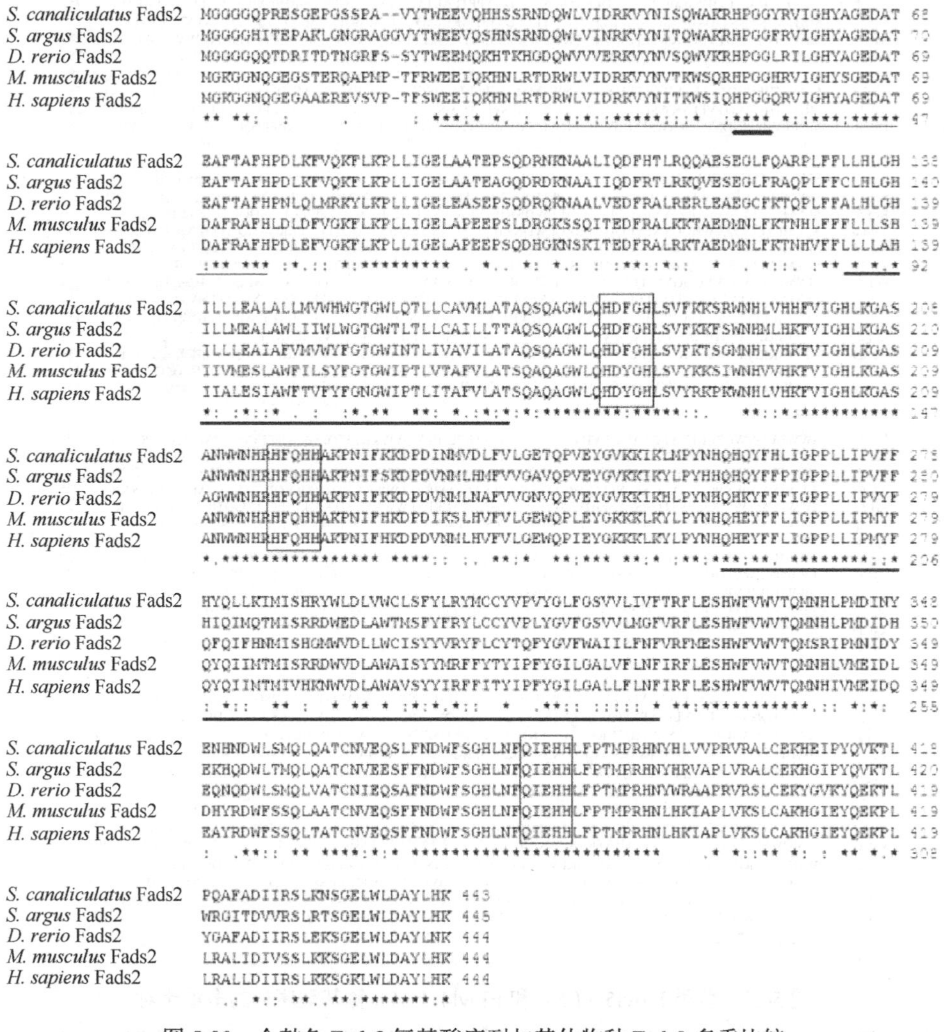

```
S. canaliculatus Fads2  MGGGGQPRESGEPGSSPA--VYTWEEVQHHSSRNDQWLVIDRKVYNISQWAKRHPGGYRVIGHYAGEDAT 68
S. argus Fads2          MGGGGHITEPAKLGNGRAGGVYTWEEVQSHNSRNDQWLVINRKVYNITQWAKRHPGGFRVIGHYAGEDAT 70
D. rerio Fads2          MGGGGQQTDRITDTNGRFS-SYTWEEMQKHTKHGDQWVVVERKVYNVSQWVKRHPGGLRILGHYAGEDAT 69
M. musculus Fads2       MGKGGNQGEGSTERQAPMP-TFRWEEIQKHNLRTDRWLVIDRKVYNVTKWSQRHPGGHRVIGHYSGEDAT 69
H. sapiens Fads2        MGKGGNQGEGAAEREVSVP-TFSWEEIQKHNLRTDRWLVIDRKVYNITKWSIQHPGGQRVIGHYAGEDAT 69
                        ** **:  :       .       : ***:* *. : *:*:*::*****:::*  :**** *::***:***** 47

S. canaliculatus Fads2  EAFTAFHPDLKFVQKFLKPLLIGELAATEPSQDRNKNAALIQDFHTLRQQAESEGLFQARPLFFLLHLGH 138
S. argus Fads2          EAFTAFHPDLKFVQKFLKPLLIGELAATEAGQDRDKNAAIIQDFRTLRKQVESEGLFRAQPLFFCLHLGH 140
D. rerio Fads2          EAFTAFHPNLQLMRKYLKPLLIGELEASEPSQDRQKNAALVEDFRALRERLEAEGCFKTQPLFFALHLGH 139
M. musculus Fads2       DAFRAFHLDLDFVGKFLKPLLIGELAPEEPSLDRGKSSQITEDFRALKKTAEDMNLFKTNHLFFFLLLSH 139
H. sapiens Fads2        DAFRAFHPDLEFVGKFLKPLLIGELAPEEPSQDHGKNSKITEDFRALRKTAEDMNLFKTNHVFFLLLLAH 139
                        :** *** :*.:: *:********* . *.. *: *.: : :**::*::  *  . *::. :** * *.* 92

S. canaliculatus Fads2  ILLLEALALLMVWHWGTGWLQTLLCAVMLATAQSQAGWLQHDFGHLSVFKKSRWNHLVHHFVIGHLKGAS 208
S. argus Fads2          ILLMEALAWLIIWLWGTGWTLTLLCAILLTTAQSQAGWLQHDFGHLSVFKKFSWNHMLHKFVIGHLKGAS 210
D. rerio Fads2          ILLLEAIAFVMVWYFGTGWINTLIVAVILATAQSQAGWLQHDFGHLSVFKTSGMNHLVHKFVIGHLKGAS 209
M. musculus Fads2       IIVMESLAWFILSYFGTGWIPTLVTAFVLATSQAQAGWLQHDYGHLSVYKKSIWNHVVHKFVIGHLKGAS 209
H. sapiens Fads2        IIALESIAWFTVFYFGNGWIPTLITAFVLATSQAQAGWLQHDYGHLSVYRKPKWNHLVHKFVIGHLKGAS 209
                        *: :*::* . :  :*.**  **: *.:*:*:*:*********:*****::.   **::*:********** 147

S. canaliculatus Fads2  ANWMNHRHFQHHAKPNIFKKDPDINMVDLFVLGETQPVEYGVKKIKLMPYNHQHQYFHLIGPPLLIPVFF 278
S. argus Fads2          ANWMNHRHFQHHAKPNIFSKDPDVNMLHMFVVGAVQPVEYGVKKIKYLPYHHQHQYFFPIGPPLLIPVFF 280
D. rerio Fads2          AGWMNHRHFQHHAKPNIFKKDPDVNMLNAFVVGNVQPVEYGVKKIKHLPYNHQHKYFFFIGPPLLIPVYF 279
M. musculus Fads2       ANWMNHRHFQHHAKPNIFHKDPDIKSLHVFVLGEWQPLEYGKKKLKYLPYNHQHEYFFLIGPPLLIPMYF 279
H. sapiens Fads2        ANWMNHRHFQHHAKPNIFHKDPDVNMLHVFVLGEWQPIEYGKKKLKYLPYNHQHEYFFLIGPPLLIPMYF 279
                        *.**************** ****::  :. **:* **:*** **:* :**:***:**. ********::* 206

S. canaliculatus Fads2  HYQLLKTMISHRYWLDLVWCLSFYLRYMCCYVPVYGLFGSVVLIVFTRFLESHWFVWVTQMNHLPMDINY 348
S. argus Fads2          HIQIMQTMISRRDWEDLAWTMSFYFRYLCCYVPLYGVFGSVVLMGFVRFLESHWFVWVTQMNHLPMDIDH 350
D. rerio Fads2          QFQIFHNMISHGMWVDLLWCISYYVRYFLCYTQFYGVFWAIILFNFVRFMESHWFVWVTQMSRIPMNIDY 349
M. musculus Fads2       QYQIIMTMISRRDWVDLAWAISYYMRFFYTYIPFYGILGALVFLNFIRFLESHWFVWVTQMNHLVMEIDL 349
H. sapiens Fads2        QYQIIMTMIVHKNWVDLAWAVSYYIRFFITYIPFYGILGALLFLNFIRFLESHWFVWVTQMNHIVMEIDQ 349
                        : *::   ** :   * ** * :*:*.*::  *  .**:: ::::: * **:***********.:: *:*: 255

S. canaliculatus Fads2  ENHNDWLSMQLQATCNVEQSLFNDWFSGHLNFQIEHHLFPTMPRHNYHLVVPRVRALCEKHEIPYQVKTL 418
S. argus Fads2          EKHQDWLTMQLQATCNVEESFFNDWFSGHLNFQIEHHLFPTMPRHNYHRVAPLVRALCEKHGIPYQVKTL 420
D. rerio Fads2          EQNQDWLSMQLVATCNIEQSAFNDWFSGHLNFQIEHHLFPTMPRHNYWRAAPRVRSLCEKYGVKYQEKTL 419
M. musculus Fads2       DHYRDWFSSQLAATCNVEQSFFNDWFSGHLNFQIEHHLFPTMPRHNLHKIAPLVKSLCAKHGIEYQEKPL 419
H. sapiens Fads2        EAYRDWFSSQLTATCNVEQSFFNDWFSGHLNFQIEHHLFPTMPRHNLHKIAPLVKSLCAKHGIEYQEKPL 419
                        :   .**:: ** ****:*:* **************************     .* *::** *: : ** *.* 308

S. canaliculatus Fads2  PQAFADIIRSLKNSGELWLDAYLHK 443
S. argus Fads2          WRGITDVVRSLRTSGELWLDAYLHK 445
D. rerio Fads2          YGAFADIIRSLEKSGELWLDAYLNK 444
M. musculus Fads2       LRALIDIVSSLKKSGELWLDAYLHK 444
H. sapiens Fads2        LRALLDIIRSLKKSGKLWLDAYLHK 444
                        .: *:: **..**:********:*
```

图 5-20　金鼓鱼 Fads2 氨基酸序列与其他物种 Fads2 多重比较

相同、类似性较高和类似性一般的 AA 残基分别用“*”和“：”和“.”标记，细胞色素 b5 结构域用细线标记，血红素结合区用短粗体线标识，长粗体线表示跨膜区域，组氨酸保守框用框架突出显示。

金鼓鱼 *elovl5* 和 *elovl4* cDNA 全长分别为 1390 bp 和 1484 bp，其 GenBank 登录号分别为 KF029625 和 KF029624。*elovl5* cDNA 含有 885 bp 的 ORF，可编码 294 个 AA，而 *elovl4* cDNA 含有 918 bp 的 ORF，编码 304 个 AA。金鼓鱼 Elovl5 与斑马鱼、大西洋鲑、黄斑蓝子鱼、大黄鱼、箕作黄姑鱼和军曹鱼等硬骨鱼 Elovl5 的同源性为 71%～85%，而其 Elovl4 与斑马鱼、大西洋鲑、大黄鱼、军曹鱼和黄斑蓝子鱼 Elovl4 的同源性为 84%～97%。与其他硬骨鱼 Elovl 蛋白质序列相似，金鼓鱼 Elovl5 和 Elovl4 蛋白质序列中具有在延长酶家族中的组氨酸保守框（HXXHH），羧基末端的内质网信号结构域（Elovl5 中有 KXRXX，Elovl4 中有 RXKXX），以及 5 个疏水性跨膜区域（图 5-21）。

图 5-21 鱼类 Elovl5（E5）和 Elovl4（E4）氨基酸序列的多重比对

所分析的 AA 序列为金鼓鱼（*S. argus*, Sa），黄斑蓝子鱼（*S. canaliculatus*, Sc），军曹鱼（*R. canadum*, Rc），箕作黄姑鱼（*Nibea mitsukurii*, Nm），大西洋鲑（*S. salar*，Ss），斑马鱼（*D. rerio*，Dr）。相同、类似性较高和类似性一般的 AA 残基分别用“*”、“：”和“.”标记，灰色阴影标识组氨酸保守框 HXXHH，虚线标记的为 5 个跨膜区域（I～V），实线所标记的为 ER 信号结构域。

（二）金鼓鱼与其他脊椎动物 Fads2 和 Elovl 系统发育树构建

对部分脊椎动物 Fads AA 序列进行多重比较，构建邻接系统发育树。结果发现，海水鱼、洄游鱼类和淡水鱼 Fads2 分别相聚一支。此外，金鼓鱼 Fads2 与金头鲷和欧洲鲈鱼 Fads2 聚类紧密（图 5-22）。

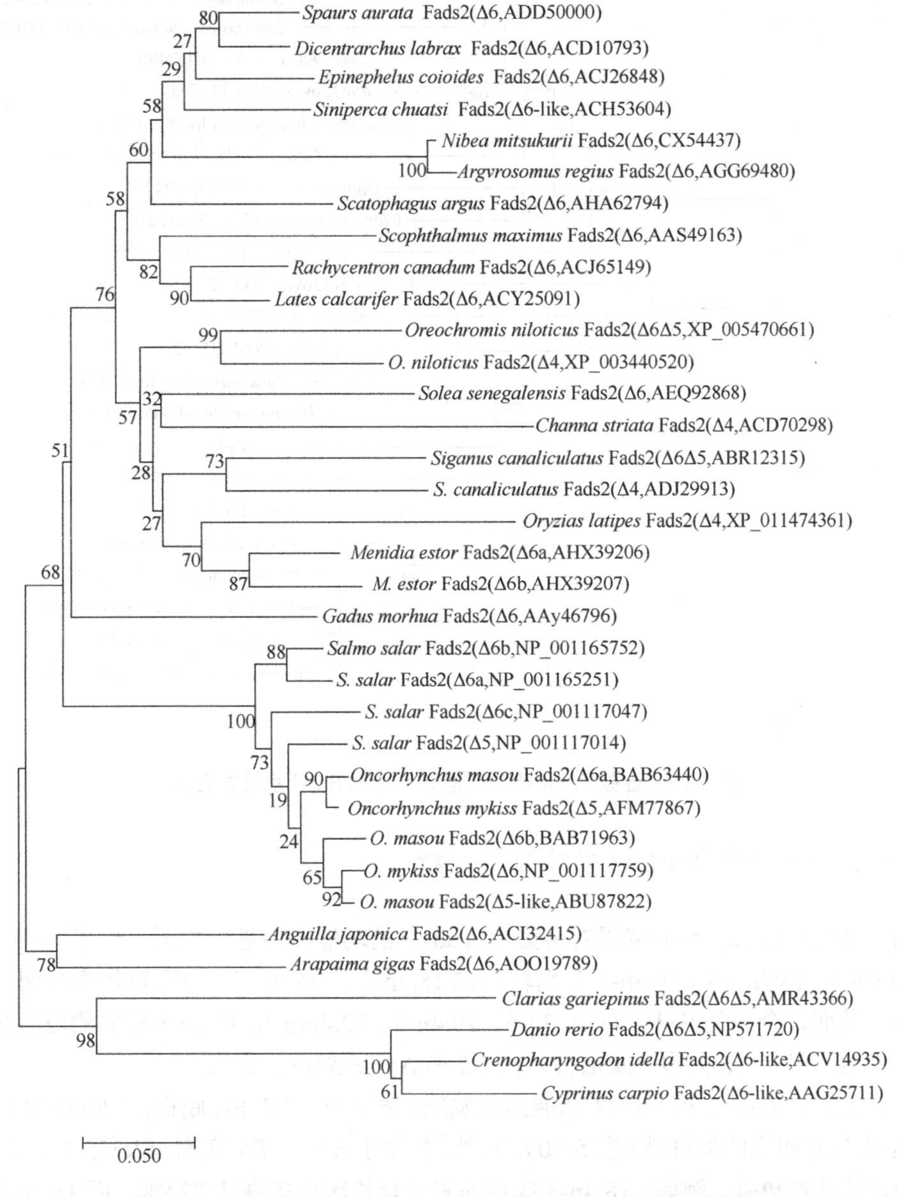

图 5-22　金鼓鱼 Δ6 Fads2 与其他脊椎动物 Fads 的系统发育树

分析脊椎动物 Elovl2、Elovl4 和 Elovl5 的系统发育树，发现 Elovl2、Elovl4 和 Elovl5 分别聚集成三大类，金鼓鱼 Elovl4 和 Elovl5 与其他鱼类和脊椎动物的 Elovl4 和 Elovl5 聚集在一起（图 5-23）。

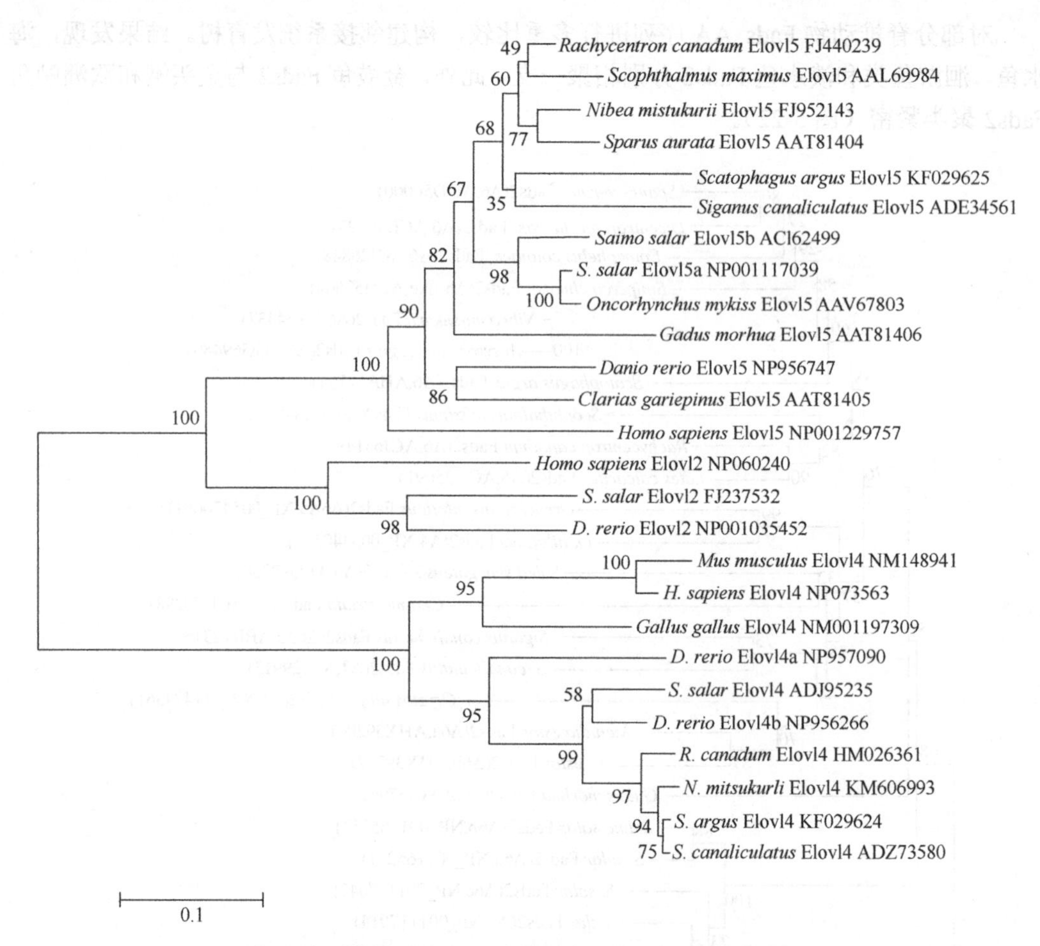

图 5-23　金鼓鱼 Elovl 与其他脊椎动物 Elovl 系统发育树

（三）金鼓鱼 Fads2 和 Elovl 功能特征分析

利用外源表达系统酿酒酵母对金鼓鱼 Fads2 的功能特性进行检测。结果表明，金鼓鱼 Fads2 可将 18:2n-6 和 18:3n-3 分别转化成 18:3n-6 和 18:4n-3，相应转化率分别为 61% 和 82%。然而，金鼓鱼 Fads2 对 20:3n-6、20:4n-3、22:4n-6 和 22:5n-3 等底物没有去饱和作用，说明其仅有 Δ6 去饱和酶活性，无 Δ5 和 Δ4 去饱和酶活性。

分析金鼓鱼 Elovl5 和 Elovl4 功能活性发现，相比于 C22 FA 底物，Elovl5 对 C18 和 C20 FA 底物有明显的偏好性（表 5-10）。此外，相比于 n-6 PUFA 底物，Elovl5 对 n-3 PUFA 底物的延长活性更强。例如，18:4n-3 底物的累计延长转化率高达 72.9%，而 18:3n-6 底物只有 43.9%。金鼓鱼 Elovl4 可有效地将 C20 和 C22 PUFA 底物转化为 C24 PUFA 产物，而在脂肪酰链长度（C20/C22）或 FA 系列（n-3/n-6）方面没有明显的偏好性。

表 5-10　金鼓鱼 Elovl5 和 Elovl4 的酶功能特性

延长酶	脂肪酸底物	产物	转化率/%	酶活性
Elovl5	18:3n-6	20:3n-6	43.9	C18→C20
		22:3n-6	10.3	C20→C22
	18:4n-3	20:4n-3	72.9	C18→C20
		22:4n-3	20.8	C20→C22
	20:4n-6	22:4n-6	32.0	C20→C22
		24:4n-6	6.9	C22→C24
	20:5n-3	22:5n-3	35.8	C20→C22
		24:5n-3	10.1	C22→C24
	22:4n-6	24:4n-6	7.5	C22→C24
	22:5n-3	24:5n-3	11.5	C22→C24
Elovl4	18:3n-6	20:3n-6	7.6	C18→C20
	18:4n-3	20:4n-3	12.3	C18→C20
	20:4n-6	22:4n-6	37.3	C20→C22
		24:4n-6	19.3	C22→C24
	20:5n-3	22:5n-3	35.2	C20→C22
		24:5n-3	21.6	C22→C24
	22:4n-6	24:4n-6	26.5	C22→C24
	22:5n-3	24:5n-3	34.8	C22→C24

注：转化率根据公式[单个产物面积/（所有产物面积＋底物面积）]×100 计算。

（四）金鼓鱼 *fads2* 和 *elovl* 基因组织表达分析

采用 qPCR 分析金鼓鱼 Δ6 *fads2* 基因组织表达特征，发现其在脑、肝脏、肠、眼、肌肉、脂肪、心脏和鳃等组织中均检测到。其中，肝脏中 Δ6 *fads2* mRNA 表达量最高（$P<0.05$），其次是脑。其他组织包括肠、眼、肌肉、脂肪、心脏和鳃的表达水平相对较低，而胃和脾脏的表达信号最弱（图 5-24）。

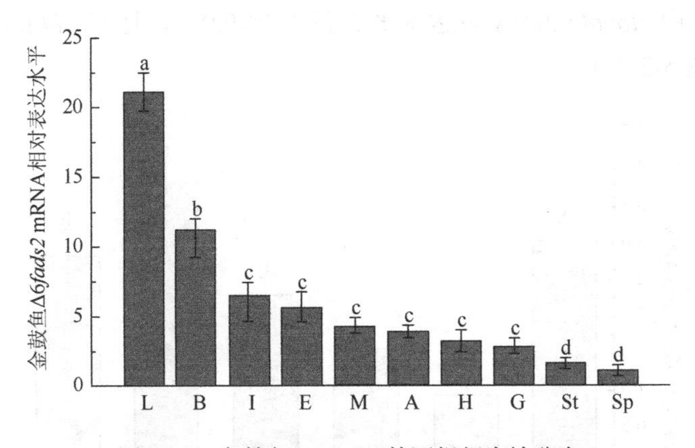

图 5-24　金鼓鱼 Δ6*fads2* 基因组织表达分布

数据为平均值±标准误（$n=6$），柱形图上不同小写字母表示不同处理间差异显著（$P<0.05$）。横坐标下方各字母表示相应组织：L，肝脏；B，脑；I，肠；E，眼；M，肌肉；A，脂肪；H，心脏；G，鳃；St，胃；Sp，脾脏。

采用 RT-PCR 方法分析金鼓鱼 *elovl5* 和 *elovl4* 组织表达分布（图 5-25）。结果表明，*elovl5* mRNA 在所有被检测的组织中都有表达，其中，*elovl5* mRNA 在肝脏中表达量最高，其次是脑、眼和肠。然而，*elovl4* mRNA 仅在眼中检测到表达。

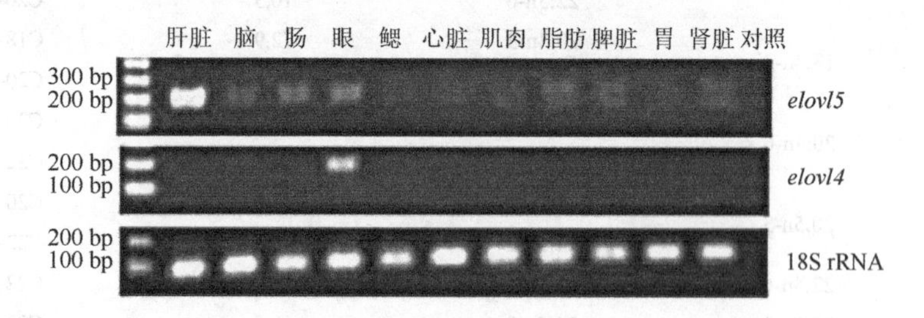

图 5-25　金鼓鱼 *elovl5* 和 *elovl4* 基因组织表达分布

（五）饲料脂肪酸组成对金鼓鱼 Δ6 *fads2* 和 *elovl* mRNA 表达的影响

采用 qPCR 检测饲料脂肪酸组成对金鼓鱼肝脏的 Δ6 *fads2*（图 5-26）和 *elovl5*（图 5-27A），以及眼 *elovl4*（图 5-27B）基因表达的影响。结果表明，与鱼油对照饲料（D2）组相比，各植物油饲料（D1、D3～D6，其 ALA/LA 比分别为：0.14、0.57、0.84、1.72 和 2.85）组鱼肝脏 *fads2* mRNA 表达水平上调（图 5-26）。具体地说，在植物油饲料 D5 组（ALA/LA = 1.72）中，*fads2* 的表达水平最高。植物油饲料 D1、D6 和 D4 组的肝脏均显著高于对照组，而 D3 组与对照组无显著差异。

与鱼油饲料对照组（D2）相比，植物油饲料（D1，D4～D6）组鱼肝脏 *elovl5* mRNA 表达水平更高（$P<0.05$）；而 D3 植物油饲料中的 ALA/LA 比与 D2 对照组饲料相同，两组间肝脏 *elovl5* mRNA 表达水平差异不显著（$P>0.05$）；摄食 D5 饲料的鱼肝脏 *elovl5* mRNA 表达水平最高。应对饲料脂肪酸变化，各饲料组鱼眼中 *elovl4* mRNA 表达规律与肝脏中 *elovl5* 基因表达基本一致（图 5-27A）。与对照组（D2）相比，植物油饲料（D1，D4～D6）组鱼眼中 *elovl4* mRNA 表达水平更高（$P<0.05$），且 *elovl4* mRNA 表达水平在 D5 组中最高（图 5-27B）。

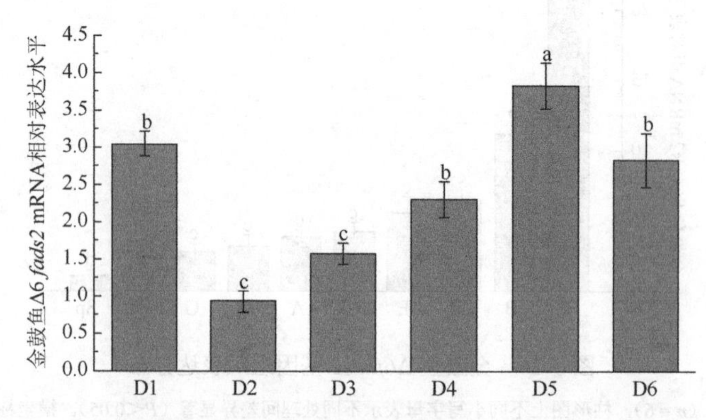

图 5-26　饲料脂肪酸组成对金鼓鱼肝脏 Δ6 *fads2* mRNA 表达水平的影响

数据为平均值±标准误（$n=6$），柱形图上不同小写字母表示不同处理间差异显著（$P<0.05$）。

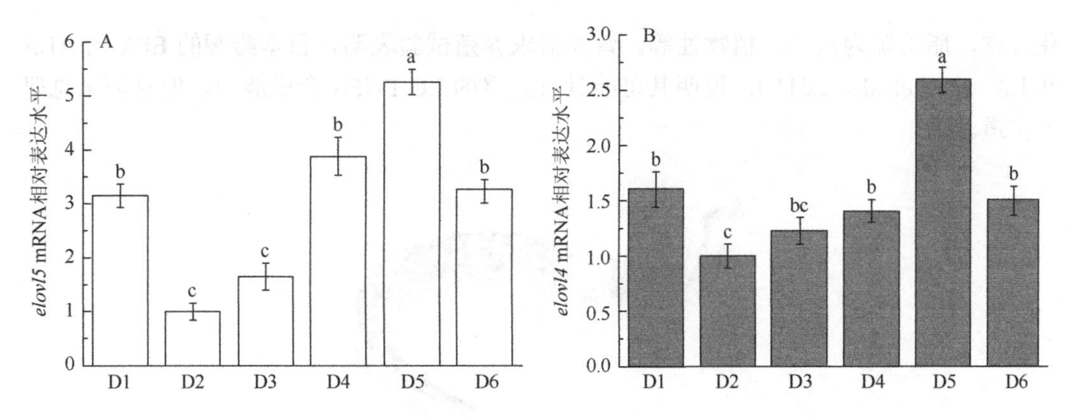

图 5-27　饲料脂肪酸组成对金鼓鱼肝脏 *elovl5*（A）和眼 *elovl4*（B）mRNA 表达的影响

数据为平均值±标准误（$n=6$），柱形图上不同小写字母表示不同处理间差异显著（$P<0.05$）。

（六）总结

本研究从广盐植食性金鼓鱼中成功克隆 1 个 *fads2* 基因和 2 个 *elovl* 基因。其 Fads2 仅具有 Δ6 Fads2 活性，并不像同属于广盐植食性黄斑蓝子鱼那样具有双功能酶活性；然而，金鼓鱼 Elovl4 和 Elovl5 酶活性与黄斑蓝子鱼 Elovl4 和 Elovl5 高度相似。采用 ALA/LA 比为 1.72 的混合 VO 替代 FO，可促进金鼓鱼肝脏 Δ6 *fads2* 和 *elovl5*，以及眼 *elovl4* 基因的表达。结果表明，虽然金鼓鱼与黄斑蓝子鱼有着相似的栖息地和摄食习性，但它们的 LC-PUFA 合成代谢途径并不完全相同，不同鱼类 LC-PUFA 合成关键酶体系的多样性丰富（特别是 Fads2）。本研究结果扩展了我们对鱼类 LC-PUFA 合成代谢途径及其营养调控机制的认识。详细内容见已发表论文 Xie 等（2014，2016）。

二、日本鳗鲡的 LC-PUFA 合成途径及关键酶

（一）日本鳗鲡生物学特性及营养需求特性

日本鳗鲡（*A. japonica*）属辐鳍鱼纲（Actinopterygii）鳗鲡目（Anguilliformes）鳗鲡科（Anguillidae）鳗鲡属（*Anguilla*），是降海洄游的代表性鱼类（图 5-28），也是传统养殖品种，养殖历史可追溯到 1879 年，日本最早开展养殖。我国于 1975 年开始鳗鲡养殖，目前养殖规模已达到世界第一，2020 年产量为 25.07 万 t（不包括台湾省的数据）。

日本鳗鲡主要分布于中国、日本、韩国和马来西亚。野生的小鳗鲡（玻璃鳗）通常在 2～5 月进入小浅滩，然后溯游至河流或山湖的上游，在淡水中生活数年后，随着性成熟于 8～10 月顺流而下进入大海，具有典型的降海洄游特性。由于鳗鲡的人工育苗技术仍未取得突破，养殖鳗鲡主要来自 2～5 月于海洋近岸及河口区域捕获的玻璃鳗。由于过度捕捞，近年来野生鳗鲡资源日益匮乏，部分传统渔场鳗苗几乎绝迹。刚捕获的玻璃鳗体重只有约 0.2 g，需要使用包含活饵的专用粉状饲料养至 5 g 左右，此时可继续投喂粉状饲料，也可以更换为颗粒饲料。鳗鲡饲料中包含 50%左右蛋白质、22%左右碳水

化合物，脂肪源为鱼油、植物油等。营养需求养殖试验表明，日本鳗鲡的 EFA 为 ALA 和 LA（Lee et al.，2015），说明其可能具有完整的 LC-PUFA 合成能力，但目前未见研究报道。

图 5-28 日本鳗鲡（*Anguilla japonica*）（后附彩图）

鱼类的 LC-PUFA 合成特性与食性和生境密切相关，淡水鱼以及溯河洄游的鲑鱼都具有完整的 LC-PUFA 合成能力。关于降海洄游鱼类的 LC-PUFA 合成能力如何，目前还不清楚。本书作者团队对其 LC-PUFA 合成特性进行了探索。

（二）日本鳗鲡 LC-PUFA 合成关键酶基因克隆、功能鉴定及组织表达特性

通过基因克隆和序列分析，发现日本鳗鲡至少存在两个去饱和酶及三个延长酶。根据序列比对和系统发育树分析结果，初步判断其 LC-PUFA 合成关键酶主要有 Fads2、Fads1、Elovl5、Elovl2 和 Elovl4。将上述候选关键酶基因在酿酒酵母表达系统进行功能鉴定，获得的体外活性见表 5-11（去饱和酶）和表 5-12（延长酶）。

从功能鉴定的结果可以推断，日本鳗鲡具有完整的 LC-PUFA 合成能力，从 ALA 起始，依次在 Fads2、Elovl5、Fads1、Elovl2/Elovl4、Fads2 的作用下转化为 DHA，也就是说日本鳗鲡通过 Sprecher 途径合成 DHA，但是暂未明确鳗鲡是否具有如黄斑蓝子鱼的 Δ4 途径。组织特异性表达分析结果（图 5-29）表明：*fads2*、*elovl5* 和 *elovl2* 都在脑组织中的表达最高，这一点与其他海水鱼类相似，这些关键酶的表达对维持脑中的 DHA 非常重要。*elovl4* 在眼组织表达最高，其次是脾脏组织，其他组织中表达量较低（图 5-29），由于日本鳗鲡具有完整的 Elovl5 和 Elovl2 活性，因此可推断 Elovl4 并非 LC-PUFA 合成的主要关键酶，其主要功能可能是参与超长链脂肪酸的合成，以满足眼组织的特殊需要。作为合成 LC-PUFA 的主要器官，肝脏中表达的 Fads2 和 Elovl5

仅略低于脑组织，日本鳗鲡 Elovl5 实际上能够代偿部分 Elovl2 的功能，因此，肝脏中表达的关键酶可以满足日本鳗鲡对 LC-PUFA 的需求，这也是其不需要额外添加 DHA 和 EPA 的分子基础。

表 5-11　日本鳗鲡 Fads2 和 Fads1 对不同脂肪酸底物的体外转化率

脂肪酸底物	产物	转化率/%		活性
		Fads2	Fads1	
18:3n-3	18:4n-3	64.8	0.0	Δ6
18:2n-6	18:3n-6	20.7	0.0	Δ6
20:3n-3	20:4n-3	6.0	0.0	Δ8
20:2n-6	20:3n-6	5.4	0.0	Δ8
20:4n-3	20:5n-3	0.0	58.1	Δ5
20:3n-6	20:4n-6	0.0	33.2	Δ5
22:5n-3	22:6n-3	0.0	0.0	Δ4
22:4n-6	22:5n-6	0.0	0.0	Δ4
总体活性		Δ6Δ8	Δ5	

表 5-12　日本鳗鲡 Elovls 对不同脂肪酸底物的体外转化率

脂肪酸底物	产物	转化率/%			活性
		Elovl5	Elovl2	Elovl4	
18:4n-3	20:4n-3	71.1	6	4	C18→C20
18:3n-6	20:3n-6	48.7	3	5	C18→C20
18:3n-3	20:3n-3	10.6	—	—	C18→C20
18:2n-6	20:2n-6	16.7	—	—	C18→C20
20:5n-3	22:5n-3	30.5	73	37	C20→C22
	24:5n-3	—	60	14	C22→C24
20:4n-6	22:4n-6	18.2	47	29	C20→C22
	24:4n-6	—	44	12	C22→C24
22:5n-3	24:5n-3	0.0	56	22	C22→C24
22:4n-6	24:4n-6	0.0	32	16	C22→C24
主要活性		C18→C20	C20→C22 和 C22→C24	C20→C22	

注：“—”表示未检出相关酶活性。

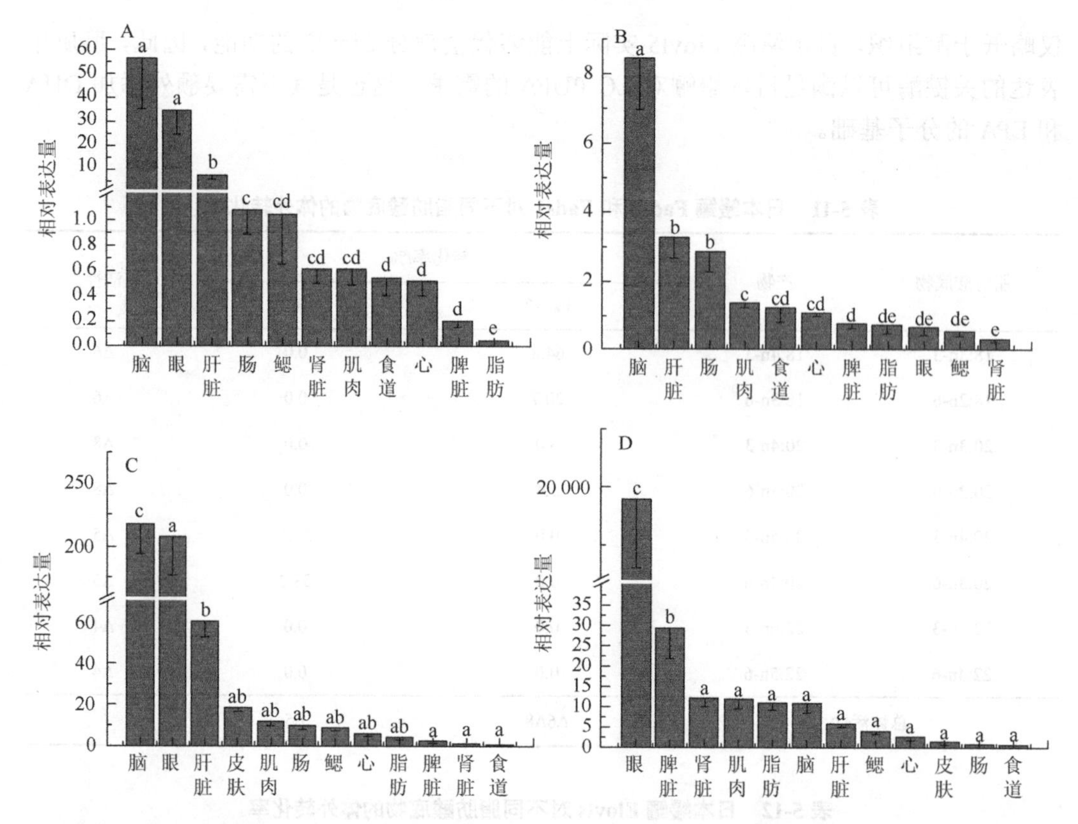

图 5-29 日本鳗鲡 *fads2*（A）、*elovl5*（B）、*elovl2*（C）和 *elovl4*（D）的组织表达特性分析

（三）日本鳗鲡 LC-PUFA 合成能力的特性

作为降海洄游鱼类的代表，日本鳗鲡有独特的生活方式和生境模式，其 LC-PUFA 合成能力特性也与众不同。最显著的差异在于日本鳗鲡具有硬骨鱼中罕有的 Fads1。哺乳动物有 2 个参与 LC-PUFA 合成的去饱和酶，分别是 FADS2 和 FADS1，分别具有 Δ6 去饱和酶活性及 Δ5 去饱和酶活性，人类还具有 FADS3，但是目前仍未发现其明确的功能。硬骨鱼中的去饱和酶与哺乳动物的为直系同源关系，系统发育树分析表明，绝大多数硬骨鱼去饱和酶都是哺乳动物 FADS2 的同源基因，因此被统一命名为 FADS2。目前关于硬骨鱼 *fads1* 丢失的原因有一个假说，即硬骨鱼的祖先曾经历过一次全基因组复制，随后又经历了大规模的基因丢失，在此过程中失去了 *fads1*。脊椎动物的其他分支没有经历这一次全基因组复制，因此保留了完整的 LC-PUFA 合成能力。而 LC-PUFA 的合成能力对很多动物非常重要，因此，部分硬骨鱼的 Fads2 又衍生出 Δ5 或 Δ4 活性，以补偿 Fads1 缺失的影响。根据全基因组序列分析，日本鳗鲡是更为古老的硬骨鱼，并没有经历那次全基因组复制，因此保留着原始的 Fads1。

除了 Fads1，日本鳗鲡的 LC-PUFA 合成通路还具有其他特性。很多研究表明，硬骨鱼 LC-PUFA 合成特性与生境有关，淡水鱼类、海水鱼类各自具有不同的共同特性，而日本鳗鲡兼具淡水鱼类和海水鱼类的一些特性。淡水鱼类的 LC-PUFA 合成能力通常可满足全身需求，因此，关键酶的组织分布在肝脏中最高；海水鱼类 LC-PUFA 合成主要满足脑、眼等组织的需求，因此，关键酶的组织分布通常在脑中最高。此外，对海水鱼类来说，Elovl4 可能发挥了重要作用，因为 Elovl5 的功能主要针对 C18 PUFA，对 C20 PUFA 底物的活性次之，对 C22 PUFA 底物的活性很弱，而对没有 Δ4 途径的鱼类来说，C22～C24 延长酶活性是合成 DHA 所必需的。因此，Elovl4 对这些肉食性海水鱼类的 DHA 合成至关重要，Elovl4 的活性及其组织分布也决定其 LC-PUFA 合成能力。对淡水鱼类来说，Elovl2 的存在很好地突破了 Elovl4 的限制，Elovl2 对 C20 和 C22 PUFA 都具有较高的活性，而且在肝脏中的表达水平可满足对相关酶活性的需要。

对日本鳗鲡来说，Elovl2 和 Fads1 可满足其合成鱼体生理需要的 LC-PUFA，这与淡水鱼类相同。但是，从关键酶的组织分布来看，合成 LC-PUFA 的重要关键酶都在脑组织中表达最高，这对不具有完整 LC-PUFA 合成能力的肉食性海水鱼类维持脑对 DHA 的高需求量非常重要。日本鳗鲡 LC-PUFA 合成关键酶在脑中的高表达，可能与组织需求有关，可能代表特定发育阶段的需求，也可能与进化有关。总之，此问题值得深入探讨。详细内容见已发表论文 Wang 等（2014）、Lopes-Marques 等（2018）和 Xu 等（2020）。

第四节 六种不同食性和生境鱼类 LC-PUFA 合成关键酶活性比较

不同鱼类的 LC-PUFA 合成能力差异较大，这不仅与其 LC-PUFA 合成途径 *fads* 和 *elovl* 关键酶基因完整性有关，还取决于这些关键酶基因的转录水平和酶活性（Fonseca-Madrigal et al.，2014）。如前面所述，鱼类的 LC-PUFA 合成特性与食性和生境密切相关。然而，关于鱼类 LC-PUFA 合成关键酶的活性与其食性、生境（栖息地）、营养级水平的关系尚不太清楚。为探讨此问题，本节采用酿酒酵母表达系统，对食性和生境不同的六种代表性鱼类的 Δ6 Fads2 和 Elovl5 酶活性进行比较分析，它们分别为鳜鱼（*S. chuatsi*，肉食性淡水鱼）、草鱼（*C. idellus*，植食性淡水鱼）、斜带石斑鱼（*E. coioides*，肉食性海水鱼）、黄斑蓝子鱼（*S. canaliculatus*，植食性海水鱼）、大西洋鲑（*S. salar*，溯河性鱼类）、日本鳗鲡（*A. japonica*，降海性鱼类）。此六种鱼中，仅鳜鱼的 Δ6 Fads2 和 Elovl5 功能未见鉴定，为此我们首先获得其 ORF 并对其功能特性进行研究；然后，再开展六种鱼的 LC-PUFA 合成关键酶活性的比较研究。主要研究内容及结果如下。

一、鳜鱼 Fads2 和 Elovl5 的功能特性研究

根据图 5-30 和图 5-31 上鳜鱼 Fads2 和 Elovl5 基因的登录号，获取其核苷酸序列；然后设计引物克隆其Δ6 Fads2 和 Elovl5 的 ORF 核苷酸序列。Δ6 *fads2* 长度为 1338 bp，编码 445 个 AA；*elovl5a* 和 *elovl5b* 长度分别 885 bp 和 876 bp，分别编码 294 个和 291 个 AA。采用酿酒酵母外源表达系统验证鳜鱼 Fads2 和 Elovl5 功能活性，发现 Δ6 Fads2 可将 18:2n-6 和 18:3n-3 底物转化为 18:3n-6 和 18:4n-3，其转化率分别为 31.40%和 54.98%（表 5-13）；但对 Δ5 和 Δ4 Fads2 底物没有作用，表明鳜鱼 Fads2 仅具有 Δ6 去饱

和酶活性。Elovl5a/b 均可将 C18～C22 PUFA 底物转化为相应的产物，其中 C18 底物可延长至 C22，C20～C22 可延长至 C24。在 FA 底物偏好性方面，Elovl5a 更偏好于 C18 和 C20，而 Elovl5b 则偏好 C22 PUFA 底物。

表 5-13　鳜鱼 Fads2 和 Elovl5 功能特征

酶	FA 底物	产物	转化率/%	活性
Fads2	18:2n-6	18:3n-6	31.40	Δ6 Fads2
	18:3n-3	18:4n-3	54.98	Δ6 Fads2
Elovl5a	18:3n-6	20:3n-6	44.13	C18→C20
		22:3n-6	3.46	C20→C22
	18:4n-3	20:4n-3	52.01	C18→C20
		22:4n-3	28.82	C20→C22
	20:4n-6	22:4n-6	42.05	C20→C22
		24:4n-6	2.62	C22→C24
	20:5n-3	22:5n-3	61.06	C20→C22
		24:5n-3	13.48	C22→C24
	22:4n-6	24:4n-6	4.28	C22→C24
	22:5n-3	24:5n-3	16.82	C22→C24
Elovl5b	18:3n-6	20:3n-6	18.19	C18→C20
		22:3n-6	11.53	C20→C22
	18:4n-3	20:4n-3	16.41	C18→C20
		22:4n-3	24.68	C20→C22
	20:4n-6	22:4n-6	28.29	C20→C22
		24:4n-6	45.68	C22→C24
	20:5n-3	22:5n-3	12.25	C20→C22
		24:5n-3	63.32	C22→C24
	22:4n-6	24:4n-6	48.61	C22→C24
	22:5n-3	24:5n-3	60.47	C22→C24

二、六种鱼类Δ6 Fads2 的氨基酸序列特征及系统发育树分析

根据图 5-30 上已报道的六种鱼 Fads2 基因的登录号，获取其核苷酸序列；然后设计引物，克隆到草鱼、鳜鱼、黄斑蓝子鱼、斜带石斑鱼、大西洋鲑和日本鳗鲡Δ6 Fads2 ORF 长度分别为 1335 bp、1338 bp、1332 bp、1338 bp、1365 bp 和 1335 bp，分别编码 444 个、445 个、443 个、445 个、454 个和 444 个 AA。氨基酸序列特性分析结果表明，所有Δ6 Fads2 AA 序列都具有典型的去饱和酶结构特征：3 个组氨酸保守框（HXXXH、HXXHH 和 QXXHH），1 个氨基端细胞色素 b5 结构域（包含血红素结合基序和两个跨膜区域）。对构建的 Fads2 系统发育树分析发现（图 5-30），Fads2 按照栖息地生态进行聚类。例如，所有海水鱼的 Fads2 聚类于一支，且与洄游鱼类 Fads2 相聚较近，与淡水鱼 Fads2 相聚较远。鲑鳟鱼类 Fads2 序列与洄游鱼类日本鳗鲡聚在一起。有趣的是，不同于尖齿胡鲶，

鲤鱼和斑马鱼等淡水鱼 Fads2 序列聚集在一起，鳜鱼和尼罗罗非鱼的 Fads2 序列反而与海水鱼相聚较近。

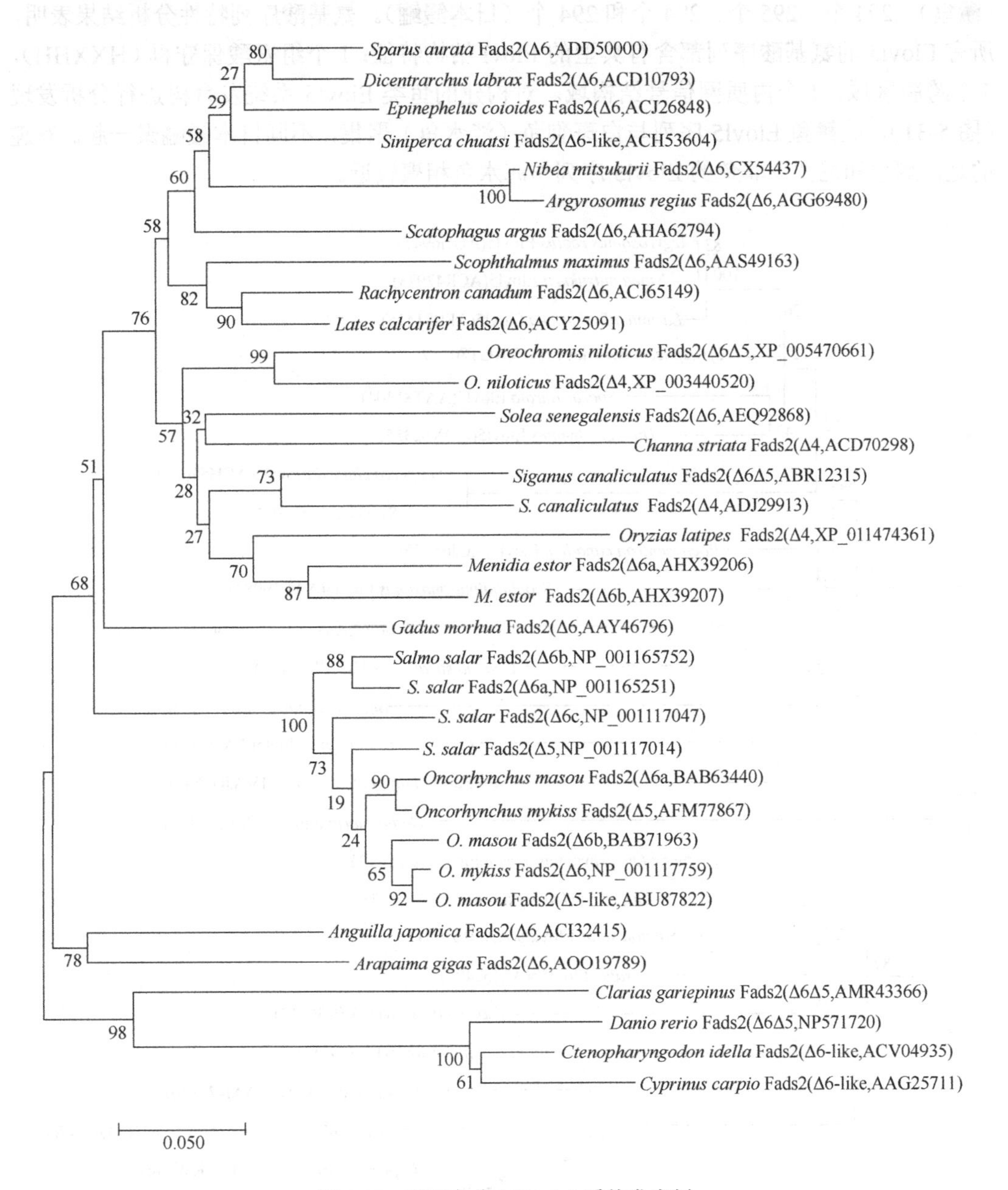

图 5-30　不同鱼类Δ6 Fads2 系统发育树

三、六种鱼类 Elovl5 的氨基酸序列特征及系统发育树分析

根据图 5-31 上已报道的六种鱼 Elovl5 基因的登录号，获取其核苷酸序列；然后设计引物，克隆到它们的 Elovl5 ORF 长度分别为：草鱼 876 bp、黄斑蓝子鱼 885 bp、鳜鱼

（Elovl5a 885 bp，Elovl5b 876 bp）、大西洋鲑 885 bp、斜带石斑鱼 888 bp、日本鳗鲡（Elovl5a 885 bp，Elovl5b 885 bp）；编码的 AA 分别为 291 个、294 个、294 个和 291 个（鳜鱼）、294 个、295 个、294 个和 294 个（日本鳗鲡）。氨基酸序列特性分析结果表明，所有 Elovl5 的氨基酸序列都含有典型的 Elovl 结构特征：1 个组氨酸保守框（HXXHH），5 个跨膜区域，1 个内质网信号结构域。对构建的鱼类 Elovl5 系统发育树进行分析发现（图 5-31），鲑鳟鱼 Elovl5 序列与白斑狗鱼（淡水鱼）聚集，不同日本鳗鲡聚一起。有趣的是，鳜鱼和尼罗罗非鱼的 Elovl5 序列与海水鱼相聚较近。

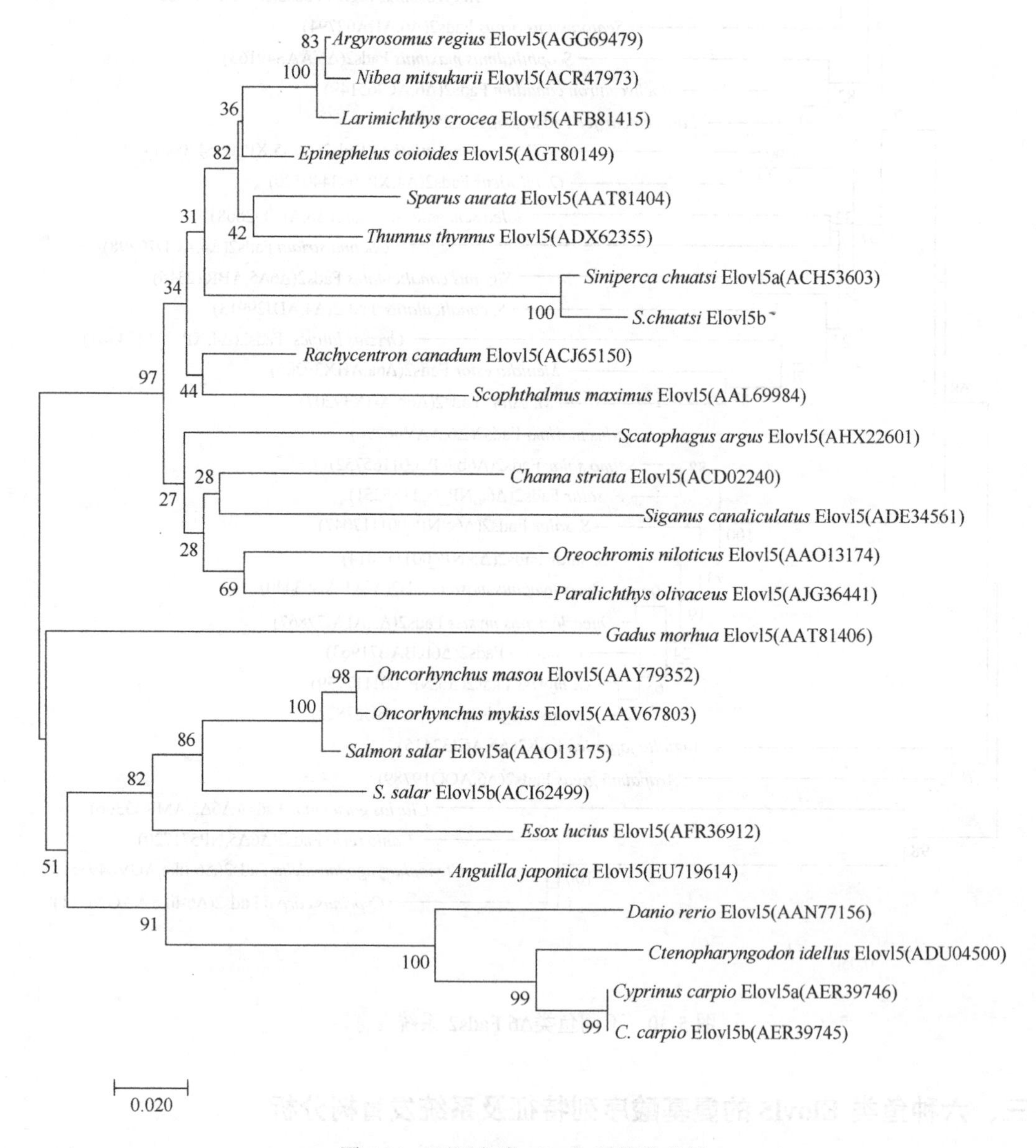

图 5-31　不同鱼类 Elovl5 系统发育树

四、六种鱼类Δ6 Fads2 和 Elovl5 酶活性比较

检测草鱼、鳜鱼、黄斑蓝子鱼、斜带石斑鱼、日本鳗鲡和大西洋鲑的Δ6 Fads2 酶活性发现，六种Δ6 Fads2 均具有 n-3 脂肪酸底物偏好性，对 18:3n-3 底物转化率分别为：79.23%、68.22%、76.92%、52.61%、76.71%和 68.02%（表 5-14）。其中，草鱼、黄斑蓝子鱼和日本鳗鲡Δ6 Fads2 酶活性高于鳜鱼、大西洋鲑和斜带石斑鱼，斜带石斑鱼Δ6 Fads2 酶活性最低。

表 5-14　不同鱼类 Δ6 Fads2 对 18:2n-6 或 18:3n-3 底物转化率

脂肪酸底物	产物	转化率/%					
		草鱼	鳜鱼	黄斑蓝子鱼	斜带石斑鱼	日本鳗鲡	大西洋鲑
18:2n-6	18:3n-6	49.49 ± 0.88^{b}	35.10 ± 0.94^{a}	51.83 ± 1.51^{b}	38.62 ± 1.35^{a}	60.6 ± 0.40^{c}	30.38 ± 0.87^{a}
18:3n-3	18:4n-3	79.23 ± 0.90^{c}	68.22 ± 3.36^{b}	76.92 ± 1.02^{c}	52.61 ± 0.31^{a}	76.71 ± 1.41^{c}	68.02 ± 2.35^{b}

注：数据为平均值±标准误（$n=3$），同一行中无相同字母标注者表示相互间差异显著（$P<0.05$）。

如表 5-15 所示，与 n-6 PUFA 底物相比，六种鱼的 Elovl5 均具有 n-3 脂肪酸底物偏好性。相比其他鱼类 Elovl5，日本鳗鲡 Elovl5 对 18:4n-3 底物具有较强的延长活性，但对 20:5n-3 的活性较低。有趣的是，鳜鱼 Elovl5a 和 Elovl5b 的酶活性差异性较大，其 Elovl5a 的酶活性明显高于 Elovl5b；但是大西洋鲑的 Elovl5a 和 Elovl5b 的酶活性差异较小，两者仅在作用 20:5n-3 底物有显著差异。

表 5-15　不同鱼类 Elovl5 对 PUFA 底物转化率

脂肪酸底物	产物	转化率/%							
		草鱼	鳜鱼 Elovl5a	鳜鱼 Elovl5b	黄斑蓝子鱼	斜带石斑鱼	日本鳗鲡	大西洋鲑 Elovl5a	大西洋鲑 Elovl5b
18:3n-6	20:3n-6	21.78 ± 1.08^{b}	42.58 ± 1.79^{c}	18.05 ± 1.64^{a}	34.95 ± 1.65^{b}	47.49 ± 1.52^{c}	47.24 ± 1.85^{c}	36.18 ± 1.21^{b}	40.60 ± 1.33^{bc}
18:4n-3	20:4n-3	28.16 ± 0.87^{b}	49.44 ± 1.53^{d}	15.85 ± 1.26^{a}	37.19 ± 0.54^{c}	53.72 ± 1.79^{d}	68.03 ± 1.13^{e}	39.83 ± 1.73^{c}	38.15 ± 1.02^{c}
20:4n-6	22:4n-6	56.30 ± 0.85^{a}	40.74 ± 1.68^{c}	29.42 ± 1.58^{b}	65.79 ± 1.95^{d}	50.96 ± 1.76^{d}	30.59 ± 1.62^{b}	23.32 ± 1.65^{b}	31.75 ± 1.81^{bc}
20:5n-3	22:5n-3	65.49 ± 1.88^{de}	58.18 ± 2.45^{d}	13.49 ± 1.51^{a}	73.63 ± 1.87^{e}	61.69 ± 1.26^{d}	18.83 ± 1.40^{a}	29.16 ± 1.75^{b}	38.09 ± 1.68^{c}

注：数据为平均值±标准误（$n=3$），同一行中无相同字母标注者表示相互间差异显著（$P<0.05$）。

五、总结

综上所述，鳜鱼 Fads2 具有 Δ6 去饱和酶活性，其 Elovl5a 和 Elovl5b 分别对 C18～C20 PUFA 和 C22 PUFA 底物具有偏好性。对不同生境和食性鱼类 Δ6 Fads2 和 Elovl5 酶活性比较发现，鱼类Δ6 Fads2 酶活性受其食性和生境的双重影响，而 Elovl5 酶活性受营

养级水平的影响更大。鱼类的Δ6 Fads2 和 Elovl5 酶功能强弱是影响其 LC-PUFA 合成能力的主要原因。研究结果为弄清鱼类 Δ6 Fads2 和 Elovl5 酶活性与其栖息地、营养级水平和生态环境之间的关系提供了资料，同时也拓宽了我们对硬骨鱼类 LC-PUFA 合成能力多样性和差异性及其影响因素的认识，为养殖鱼类配合饲料脂肪源的选择提供了指导，相关内容详见已发表论文 Xie 等（2020）。

参 考 文 献

方是强，2014. 黄斑蓝子鱼脂肪酸去饱和酶底物识别分子结构机制[D]. 汕头：汕头大学.

王树启，2013. 黄斑蓝子鱼参与 HUFA 合成的三个关键酶基因的克隆及其特性[D]. 汕头：汕头大学.

Agaba M，Tocher D R，Dickson C A，et al.，2004. Zebrafish cDNA encoding multifunctional fatty acid elongase involved in production of eicosapentaenoic（20:5n-3）and docosahexaenoic（22:6n-3）acids[J]. Marine Biotechnology，6（3）：251-261.

Bhandari S，Lee J N，Kim Y I，et al.，2016. The fatty acid chain elongase，Elovl1，is required for kidney and swim bladder development during zebrafish embryogenesis[J]. Organogenesis，12：78-93.

Burdge G C，2018. Polyunsaturated fatty acid metabolism[M]. London：Academic Press and AOCS Press：31-60，101-109.

Buzzi M，Henderson R J，Sargent J R，1997. Biosynthesis of docosahexaenoic acid in trout hepatocytes proceeds via 24-carbon intermediates[J]. Comparative Biochemistry and Physiology Part B：Biochemistry and Molecular Biology，116（2）：263-267.

Castro L F C，Tocher D R，Monroig Ó，2016. Long-chain polyunsaturated fatty acid biosynthesis in chordates：Insights into the evolution of Fads and Elovl gene repertoire[J]. Progress in Lipid Research，62：25-40.

Chen J W，Cui Y，Yan J，et al.，2018. Molecular characterization of elongase of very long-chain fatty acids 6（*elovl6*）genes in *Misgurnus anguillicaudatus* and their potential roles in adaptation to cold temperature[J]. Gene，666：134-144.

Fonseca-Madrigal J，Navarro J C，Hontoria F，et al.，2014. Diversification of substrate specificities in teleostei Fads2：Characterization of Δ4 and Δ6Δ5 desaturases of *Chirostoma estor*[J]. Journal of Lipid Research，55（7）：1408-1419.

Guillou H，Zadravec D，Martin P G，et al.，2010. The key roles of elongases and desaturases in mammalian fatty acid metabolism：Insights from transgenic mice[J]. Progress in Lipid Research，49：186-199.

Hopiavuori B R，Anderson R E，Agbaga M P，2019. ELOVL4：Very long-chain fatty acids serve an eclectic role in mammalian health and function[J]. Progress in Retinal and Eye Research，69：137-158.

Jakobsson A，Westerberg R，Jacobsson A，2006. Fatty acid elongases in mammals：Their regulation and roles in metabolism[J]. Progress in Lipid Research，45：237-249.

Kabeya N，Fonseca M M，Ferrier D E K，et al.，2018. Genes for *de novo* biosynthesis of omega-3 polyunsaturated fatty acids are widespread in animals[J]. Science Advances，4（5）：eaar6849.

Keim S A，Branum A M，2015. Dietary intake of polyunsaturated fatty acids and fish among US children 12—60 months of age[J]. Maternal and Child Nutrition，11：987-998.

Lee C S，Lim C，Gatlin III D M，et al.，2015. Dietary Nutrients，Additives，and Fish Health[M]. Hoboken：John Wiley & Sons Inc，47-94.

Li S L，Monroig Ó，Wang T J，et al.，2017. Functional characterization and differential nutritional regulation of putative Elovl5 and Elovl4 elongases in large yellow croaker（*Larimichthys crocea*）[J]. Scientific Reports，7：1-15.

Li Y，Wen Z Y，You C H，et al.，2020a. Genome wide identification and functional characterization of two LC-PUFA biosynthesis elongase（*elovl8*）genes in rabbitfish（*Siganus canaliculatus*）[J]. Aquaculture，522：735127.

Li Y N，Pang Y N，Xiang X J，et al.，2019. Molecular cloning，characterization，and nutritional regulation of Elovl6 in large yellow croaker（*Larimichthys crocea*）[J]. International Journal of Molecular Sciences，20：1801.

Li Y N，Pang Y N，Zhao Z Q，et al.，2020b. Molecular characterization，nutritional and insulin regulation of Elovl6 in rainbow trout（*Oncorhynchus mykiss*）[J]. Biomolecules，10（2）：264.

Li Y Y，Hu C B，Zheng Y J，et al.，2008. The effects of dietary fatty acids on liver fatty acid composition and Δ6-desaturase expression differ with ambient salinities in *Siganus canaliculatus*[J]. Comparative Biochemistry and Physiology Part B: Biochemistry and Molecular Biology，151（2）：183-190.

Li Y Y，Monroig Ó，Zhang L，et al.，2010. Vertebrate fatty acyl desaturase with Δ4 activity[J]. Proceedings of the National Academy of Sciences，107：16840-16845.

Lopes-Marques M，Kabeya N，Qian Y，et al.，2018. Retention of fatty acyl desaturase 1（*fads1*）in Elopomorpha and Cyclostomata provides novel insights into the evolution of long-chain polyunsaturated fatty acid biosynthesis in vertebrates[J]. BMC Ecology and Evolution，18：157.

Machado A M，Tørresen O K，Kabeya N，et al.，2018. "Out of the Can"：A draft genome assembly，liver transcriptome，and nutrigenomics of the European sardine，*Sardina pilchardus*[J]. Genes，9（10）：485.

Mah M Q，Kuah M K，Ting S Y，et al.，2019. Molecular cloning，phylogenetic analysis and functional characterisation of an Elovl7-like elongase from a marine crustacean，the orange mud crab（*Scylla olivacea*）[J]. Comparative Biochemistry and Physiology Part B：Biochemistry and Molecular Biology，232：60-71.

Monroig Ó，Li Y Y，Tocher D R，2011. Delta-8 desaturation activity varies among fatty acyl desaturases of teleost fish：High activity in delta-6 desaturases of marine species[J]. Comparative Biochemistry and Physiology Part B：Biochemistry and Molecular Biology，159（4）：206-213.

Monroig Ó，Wang S Q，Zhang L，et al.，2012. Elongation of long-chain fatty acids in rabbitfish *Siganus canaliculatus*：Cloning，functional characterisation and tissue distribution of Elovl5-and Elovl4-like elongases[J]. Aquaculture，350：63-70.

Monroig Ó，Zheng X Z，Morais S，et al.，2010. Multiple genes for functional Δ6 fatty acyl desaturases（Fad）in Atlantic salmon（*Salmo salar* L.）：Gene and cDNA characterization，functional expression，tissue distribution and nutritional regulation[J]. Biochimica et Biophysica Acta（BBA）：Molecular and Cell Biology of Lipids，1801（9）：1072-1081.

Morais S，Torres M，Hontoria F，et al.，2020. Molecular and functional characterization of *elovl4* genes in *Sparus aurata* and *Solea senegalensis* pointing to a critical role in very long-chain（>C24）fatty acid synthesis during early neural development of fish[J]. International Journal of Molecular Sciences，21：3514.

Naylor R L，Hardy R W，Bureau D P，et al.，2009. Feeding aquaculture in an era of finite resources[J]. Proceedings of the National Academy of Sciences，106：15103-15110.

Oboh A，2018. Investigating the long-chain polyunsaturated fatty acid biosynthesis of the African catfish *Clarias gariepinus*（Burchell，1822）[D]. Stirling：University of Stirling UK.

Pereira S L，Leonard A E，Mukerji P，2003. Recent advances in the study of fatty acid desaturases from animals and lower eukaryotes[J]. Prostaglandins，Leukotrienes and Essential Fatty Acids，68：97-106.

Sprecher H，2000. Metabolism of highly unsaturated n-3 and n-6 fatty acids[J]. Biochim Biophys Acta，1486：219-231.

Sprecher H，Luthria D L，Mohammed B S，1995. Reevaluation of the pathways for the biosynthesis of polyunsaturated fatty acids[J]. Journal of Lipid Research，36：2471-2477.

Vannice G，Rasmussen H，2014. Position of the academy of nutrition and dietetics：Dietary fatty acids for healthy adults[J]. Journal of the Academy of Nutrition and Dietetics，114：136-153.

Wang S Q，Monroig Ó，Tang G X，et al.，2014. Investigating long-chain polyunsaturated fatty acid biosynthesis in teleost fish：Functional characterization of fatty acyl desaturase（Fads2）and Elovl5 elongase in the catadromous species，Japanese eel *Anguilla japonica*[J]. Aquaculture，434：57-65.

Wen Z Y，Li Y，Bian C，et al.，2020. Genome-wide identification of a novel *elovl4* gene and its transcription in response to nutritional and osmotic regulations in rabbitfish（*Siganus canaliculatus*）[J]. Aquaculture，529：735666.

Xie D Z，Chen C Y，Dong Y W，et al.，2021. Regulation of long-chain polyunsaturated fatty acid biosynthesis in teleost fish[J]. Progress in Lipid Research，82：101095.

Xie D Z，Chen F，Lin S Y，et al.，2014. Cloning，functional characterization and nutritional regulation of Δ6 fatty acyl desaturase in the herbivorous euryhaline teleost *Scatophagus argus*[J]. PLoS One，9（3）：e90200.

Xie D Z，Chen F，Lin S Y，et al.，2016. Long-chain polyunsaturated fatty acid biosynthesis in the euryhaline herbivorous teleost

Scatophagus argus：Functional characterization，tissue expression and nutritional regulation of two fatty acyl elongases[J]. Comparative Biochemistry and Physiology Part B：Biochemistry and Molecular Biology，198：37-45.

Xie D Z，Wang S Q，You C H，et al.，2015. Characteristics of LC-PUFA biosynthesis in marine herbivorous teleost *Siganus canaliculatus* under different ambient salinities[J]. Aquaculture Nutrition，21（5）：541-551.

Xie D Z，Ye J L，Lu M S，et al.，2020. Comparison of activities of fatty acyl desaturases and elongases among six teleosts with different feeding and ecological habits[J]. Frontiers in Marine Science，7：117.

Xu W J，Wang S Q，You C H，et al.，2020. The catadromous teleost *Anguilla japonica* has a complete enzymatic repertoire for the biosynthesis of docosahexaenoic acid from α-linolenic acid：Cloning and functional characterization of an Elovl2 elongase[J]. Comparative Biochemistry and Physiology Part B：Biochemistry and Molecular Biology，240：110373.

第六章　鱼类长链多不饱和脂肪酸合成代谢转录调控机制

第一节　研究鱼类LC-PUFA合成代谢转录调控机制的必要性

鱼类是人类的重要食物来源和主要的 n-3 LC-PUFA 来源（Metian，2013）。1950～2018 年全球水产养殖业以平均每年 12%的增长速率爆炸式发展，以满足不断增加的人口对于蛋白质和脂肪酸的需求（FAO，2020）。同时，LC-PUFA 也是鱼类的必需脂肪酸。一般来说，淡水鱼能够将 LA 和 ALA 转化成 LC-PUFA，因而，LA 和 ALA 可作为其 EFA；然而，绝大部分海水鱼的 LC-PUFA 合成能力缺乏或很弱，故需要在其配合饲料中添加富含 LC-PUFA 的鱼油（FO）才能满足鱼体正常生长发育对 EFA 的需要。目前，FO 主要来源于远洋捕捞渔业，但是海洋渔业资源有限（Naylor et al.，2000；Tacon and Metian，2009），鱼油供需矛盾已经成为制约水产养殖业发展的瓶颈。

为了摆脱有限的鱼油资源对水产养殖业发展的制约，研究者正在致力于研发合适且可持续的 FO 替代物。目前认为，资源较丰富，富含 LA 和 ALA、但缺乏 LC-PUFA 的植物油（VO）是较理想的鱼油替代物（Turchini and Francis，2009）。大量研究表明，饲料中的鱼油被植物油替代一定比例后，使用该饲料养殖的鱼，其组织中 EPA 和 DHA 含量会出现不同程度的降低（Bell and Tocher，2009；Turchini et al.，2010），影响其营养品质，有的会对鱼体的健康产生负面影响（Turchini and Francis，2009；Geay et al.，2015）。因此，要想成功解决水产养殖生产中的鱼油替代问题，关键是要提高鱼体的内源性 LC-PUFA 合成能力，从而提高其利用植物油合成 LC-PUFA 的能力。弄清鱼类 LC-PUFA 合成代谢调控机制既是鱼类营养学中的重要科学问题，也有助于研发提高鱼体内源性 LC-PUFA 合成能力的方法。

依据基因调控“DNA→RNA→蛋白质”的中心法则，LC-PUFA 合成代谢调控机制的第一步是从基因组 DNA 转录形成细胞核外的成熟体 mRNA，这一层面的调控是影响 LC-PUFA 合成关键酶基因表达及 LC-PUFA 合成的重要步骤；第二步是以 miRNA 为主要调节物的转录后调控，miRNA 通过结合 mRNA 3′UTR 上的特异性位点，阻碍 mRNA 翻译成为蛋白质，或者直接降解 mRNA，从而调控基因的表达水平；第三步是膜受体蛋白和细胞内激酶等组成的细胞信号转导系统，通过感知外部环境的变化来调节细胞内基因表达和相应的代谢过程，最终使得细胞适应自身生存的外部环境。在以上介绍的三种调控机制中，转录调控是最基本也是最重要的一个调控过程。因此，在鱼类 LC-PUFA 合成代谢调控机制研究中，首先阐明转录调控机制非常重要。

第二节　研究鱼类LC-PUFA合成代谢转录调控机制的基本步骤及主要转录因子

一、研究鱼类LC-PUFA合成代谢转录调控机制的基本步骤

真核生物DNA调控元件的不同组合可以产生多种不同的表达模式，继而产生不同的转录本。要弄清DNA序列同表达模式之间的相互关系，需要明确转录调控的基本规则、参与转录调控的功能元件以及通过这些元件不同组合方式形成的转录产物等。转录调控规则具体内容包括：①转录因子（transcription factor，TF）结合位点的数量、位置、方向、TF亲和力、TF活力对转录的影响；②不同TF之间的共同作用；③核小体的内部组成等方面（Weingarten-Gabbay and Segal，2014）。

中心法则中，转录是从染色体上的基因到活性蛋白质转变的重要一步。转录因子是具有特定激活作用、或者特定抑制作用、或者特定辅助作用的"反式作用因子"，它们通过结合到靶基因启动子区域上相应的"顺式作用元件"（核苷酸序列）上，调控RNA聚合酶和基因表达的起始效率。在启动子区里，转录起始位点（transcriptional start site，TSS）被定义为靶基因5′端侧翼上游非编码序列中，第一个非编码外显子的第一个碱基对；在对启动子进行分析时，一般推定该位点为"+1"，而其他元件序列的位置都以此位点进行排序和标记。总体来说，LC-PUFA生物合成的转录调控机制研究一般遵循以下几步：①*fads2*和*elovl*基因启动子克隆与结构分析；②调控*fads2*和*elovl*靶基因表达的关键转录因子的鉴定；③转录因子在LC-PUFA合成代谢转录调控中的作用及机制确认。

（一）鱼类*fads2*和*elovl*基因启动子克隆与结构分析

为了探究硬骨鱼类LC-PUFA合成的转录调控机制，首先要克隆*fads2*和*elovl*基因的起始密码子ATG的5′端上游序列，以此作为候选启动子，然后对此进行结构和功能分析，确定核心启动子区及其转录因子结合位点。启动子克隆的主要方法为染色体步移法。到目前为止，Δ6 *fads2*和*elovl*基因的启动子已在20多种鱼类中被克隆。

LC-PUFA合成关键酶基因（*fads2*和*elovl*）的上游序列（候选启动子）被克隆后，其结构特性按下列顺序进行分析：

①基于对候选启动子序列的生物信息学分析，利用双荧光素酶报告基因检测系统和渐进缺失实验，确定核心启动子；

②利用生物信息学软件预测核心启动子上可能存在的转录因子结合位点，即"顺式作用元件"；

③通过定点突变和双荧光素酶报告基因检测实验，对预测到的转录因子结合位点予以验证。

如表6-1所示，通过结构分析和功能验证，已在硬骨鱼类*fads2*和*elovl*基因启动子

上发现一系列顺式作用元件。例如，肝核因子 4α 结合元件或直接重复元件 1（DR-1）、固醇调节元件（SRE）、核因子 Y（NF-Y）结合元件、激活蛋白 1（Sp1）结合元件和过氧化物酶体增殖物反应元件（PPRE）。这些元件可能在调控启动子活力方面，起着非常重要的作用，从而参与硬骨鱼类 LC-PUFA 合成代谢的调控过程。

表 6-1　鱼类已被克隆的 *fads2* 和 *elovl* 基因启动子及其转录因子结合位点

关键酶基因启动子	鱼种	鉴定出转录因子的结合位点	参考文献
Δ6 *fads2*	*S. salar*	NF-Y，Srebp1（SRE），Sp1	Zheng et al.，2009
	G. morhua	C/EBP	Zheng et al.，2009
	D. labrax	NF-Y，Srebp1（SRE）	Geay et al.，2012
	L. japonicus	NF-Y，Srebp1（SRE）	Xu et al.，2014
	O. mykiss	NF-Y，Srebp1（SRE）	Dong et al.，2017
	L. crocea	NF-Y，Srebp1（SRE）	Dong et al.，2017
	E. coioides	NF-Y，Srebp1（SRE）	Xie et al.，2018
Δ6Δ5 *fads2*	*S. canaliculatus*	NF-Y，Srebp1（SRE），Sp1，NF-1，Hnf4α（DR-1），Ppars（PPRE）	Dong et al.，2018，2020
	D. rerio	NF-Y，Srebp1（SRE），Sp1	Tay et al.，2018
Δ4 *fads2*	*S. canaliculatus*	NF-Y，Srebp1（SRE） NF-1，Hnf4α（DR-1）	Dong et al.，2016
	T. ovatus	Ppars（PPRE）	Zhu et al.，2019a，2020
elovl5	*S. salar*	NF-Y，Srebp1（SRE）	Carmona-Antonanzas et al.，2016
	S. canaliculatus	NF-Y，Srebp1（SRE） Sp1，Hnf4α（DR-1）	Li et al.，2018，2019a
	L. crocea	NF-Y，Srebp1（SRE）	Li et al.，2017
	E. coioides	NF-Y，Srebp1（SRE）	Li et al.，2016；Xie et al.，2018
	T. ovatus	Ppars（PPRE）	Zhu et al.，2018
	D. rerio	NF-Y，Srebp1（SRE）	Goh et al.，2020
	Ophiolephalus argus Cantor	NF-Y，Srebp1（SRE）	Goh et al.，2020
elovl4	*S. canaliculatus*	NF-Y，Srebp1（SRE）	（未发表）
	L. crocea	NF-Y，Srebp1（SRE）	Li et al.，2017
	T. ovatus	Ppars（PPRE）	Zhu et al.，2019b

（二）调控 *fads2* 和 *elovl* 靶基因表达的关键转录因子的鉴定

根据上面在 *fads2* 和 *elovl* 基因启动子上发现的顺式作用元件，即可推测出这些元件对应的可能参与 LC-PUFA 合成代谢转录调控的转录因子。然后，通过电泳迁移率变动分析（electrophoretic mobility shift assay，EMSA）和液相色谱-质谱（liquid chromatography-mass spectrometry，LC-MS）联用检测等方法，对可能与启动子上顺式作用元件结合/相互作用的转录因子进行鉴定。主要的转录因子包括：肝核因子4α（Hnf4α）、固醇调节元件结合蛋白1（Srebp1）、肝X受体（Lxr）、激活蛋白1（Sp1）和过氧化物酶体增殖物激活受体（Ppar）等。

（三）转录因子在LC-PUFA合成代谢转录调控中的作用及机制确认

转录因子在LC-PUFA合成代谢转录调控中的功能，主要在离体和在体水平上，从启动子活力和基因表达水平及细胞、组织的脂肪酸组成和转化率变化等方面进行确认。其中，启动子活力主要通过双荧光素酶报告基因检测系统进行检测，基因表达水平主要通过qPCR进行检测。此外，转录因子过表达、转录因子激动剂或抑制剂处理和小分子干扰RNA（siRNA）技术同样也被应用于本研究中。

关于LC-PUFA合成代谢的转录调控研究，过去仅在人的Δ6 *FADS2*（Nara et al.，2002）和小鼠的*Elovl5*基因（Qin et al.，2009）中有过一些报道。被发现的转录因子有SREBP1c、PPARα和SP1。激活的PPARα可以提高Δ6 *FADS2*启动子活力（Tang et al.，2003）及*Elovl5*基因的表达（Qin et al.，2009）。PPARγ的激动剂曲格列酮（troglitazone）可显著降低人肌肉细胞中Δ6 *FADS2*的mRNA表达水平和酶活性，提示PPARγ具有降低LC-PUFA合成的潜力（Wahl et al.，2002）。人类Δ6 *FADS2*和小鼠的*Elovl5*基因不是肝X受体α（LXRα）的直接靶标，但是可以被间接地激活；该激活作用是通过LXRα结合到SREBP1c基因启动子上的肝X受体应答元件（LXRE）完成的（Nara et al.，2002；Qin et al.，2009）。而且，Δ6 *FADS2*、Δ5 *FADS2*和*ELOVL5*的基因表达可被LXRα的激动剂显著提高，提示LXRα-SREBP1c调控途径在哺乳动物的LC-PUFA合成代谢调控中发挥重要作用（Varin et al.，2015）。

在鱼类中，近年的研究进展既表现出类似哺乳类的现象，也有一些新的发现。根据上述研究策略，我们已对Hnf4α、Srebp1和Lxrα、Pparα和Pparγ、Sp1等转录因子在黄斑蓝子鱼LC-PUFA合成调控中的作用进行了系统深入探究，并获得如下转录调控机制，详细内容和结果见本章第三节。

①Hnf4α对黄斑蓝子鱼LC-PUFA合成具有正调控作用；

②Lxrα-Srebp1通路对黄斑蓝子鱼LC-PUFA合成具有正调控作用；

③Sp1对维持黄斑蓝子鱼LC-PUFA合成关键酶基因转录活性具有决定作用；

④Pparγ对黄斑蓝子鱼LC-PUFA合成具有负调控作用。

二、调控*fads2*和*elovl*基因表达的主要转录因子

参与硬骨鱼类和哺乳类LC-PUFA合成代谢转录调控的主要转录因子如下。

（一）Hnf4α

HNF4α是平衡体内脂质代谢的主要转录调控因子。哺乳动物的HNF4α，具有两个典

型的结构域：一个DNA结合结构域（DBD）和一个配体结合结构域（LBD）（Hayhurst et al.，2001）。在硬骨鱼类中，大西洋鲑的肝脏转录组数据分析显示，肝脏中高表达的脂质转运相关基因与Hnf4α表达量的变化是相互关联的（Leaver et al.，2011）。此外，Hnf4α的结合位点在草鱼肉毒碱软脂辅酶A转移酶（carnitine-palmityl-acyl CoA transferase）α1b和α2a基因的启动子上预测到，提示Hnf4α可能参与调控脂肪酸的*β*氧化（Xu et al.，2017）。近年来，本书作者团队的研究发现，Hnf4α通过靶向作用Δ6Δ5 *fads2*、Δ4 *fads2*和*elovl5*的启动子，上调这些基因的表达，参与黄斑蓝子鱼LC-PUFA合成的转录调控（Dong et al.，2018，2020；Wang et al.，2018）。这是首次在脊椎动物中报道Hnf4α参与LC-PUFA合成代谢调控。

（二）Srebp1和Lxrα

SREBP属于碱基螺旋-环-螺旋（basic helix-loop-helix，bHLH）结构域的亮氨酸拉链家族转录因子，包含有三个异形体（SREBP1a、SREBP1c和SREBP2），SREBP1c可以结合到靶基因启动子上的SRE元件，调控靶基因的表达（Goldstein et al.，2006）。LXR包括LXRα和LXRβ，属于细胞核受体超家族转录因子，可以与类视黄醇X受体（retinoid X receptor，RXR）异源二聚化结合到SREBP1c启动子的LXRE应答元件上。一个经典的LXRα-SREBP1c途径调节着哺乳动物LC-PUFA的合成过程（Nara et al.，2002；Qin et al.，2009；Varin et al.，2015）。研究者发现，由于SREBP1启动子上具有LXRE和SRE两个保守的元件，当LXRα结合到LXRE后，SREBP1的蛋白质表达量提高，SREBP1又结合到SRE上促进自己的表达，从而快速提高靶基因的表达，具有非常高的调控效率。在硬骨鱼类中，*srebp*1和*lxrα*的cDNAs已经从大西洋鲑（Atlantic salmon）（Cruz-Garcia et al.，2009；Minghetti et al.，2011）、虹鳟（rainbow trout）（Cruz-Garcia et al.，2009）、花鲈（Japanese seabass）（Dong et al.，2015）和黄斑蓝子鱼（rabbitfish）（Zhang et al.，2016）中克隆到。有报道称，Lxrα是*elovl5*基因潜在的正调控因子，Lxrα-Srebp1途径在大西洋鲑中上调Δ6 *fads2*、*elovl5a*和*elovl5b*的转录过程（Carmona-Antonanzas et al.，2014），该调控模式也在黄斑蓝子鱼（Zhang et al.，2016）和大黄鱼（Li et al.，2017）中被发现。乌鳢和斑马鱼*elovl5*基因核心启动子上也存在保守的SRE元件，Srebp1对*elovl5*基因表达的转录起激活作用（Goh et al.，2020）。这说明，在哺乳动物和硬骨鱼类的LC-PUFA合成调控中，Lxrα-Srebp1途径是一个相当保守的调控模式。

（三）Pparα和Pparγ

PPAR是一个配体激活型细胞核受体超家族的转录因子，具有DBD和LBD两个结构域，包含有三种亚型，分别命名为PPARα、PPARβ和PPARγ（Berger and Moller，2002）。与LXR类似，激活的PPAR与RXR异源二聚化后，结合到靶基因的启动子序列上，其结合位点含有一个通用保守的应答元件，该应答元件含有两个备份（-AGGTCA-），两个备份的结合连接处被*n*个核苷酸隔离开，PPAR这样的结合位点也叫作DRn元件（Willson et al.，

2000）。在哺乳动物中，PPARα 通过促进 *ELOVL5* 和 Δ6 *FADS2* 的表达上调 LC-PUFA 的合成（Tang et al.，2003；Qin et al.，2009），而 PPARγ 具有潜在的下调作用（Wahl et al.，2002）。在硬骨鱼类中，Pparα 和 Pparγ 对 LC-PUFA 合成的调节作用似乎要比哺乳动物更加复杂。Pparα 通过上调虹鳟 *fads2* 基因的表达，促进其 LC-PUFA 的合成（Dong et al.，2017），类似的调控模式也在卵形鲳鲹中发现（Zhu et al.，2019a，2019b，2020）。然而，Pparα 对花鲈和大黄鱼 *fads2* 基因的表达则没有显著影响（Dong et al.，2017）。在黄斑蓝子鱼中，Pparγ 通过下调 Δ6Δ5 *fads2* 基因的表达降低 LC-PUFA 的合成，但 Pparα 对 LC-PUFA 合成没有显著影响（Li et al.，2019b）。

（四）Sp1

SP1 是一个普遍存在的反式激活因子，是一个基础转录因子。它具有三个连续的 Cys_2His_2 锌指结构域，可维持启动子上缺乏 TATA-框的管家基因的表达（Turner and Crossley，1999）。SP1 的结合位点通常是 GC 碱基富集基序（Samson and Wong，2002）。人 *FADS*2 启动子上存在着 5 个 SP1 元件（Tang et al.，2003）。SP1 结合位点非常接近 SRE 元件，SP1 作为 SREBP 重要的辅助因子，可以调节哺乳动物 LC-PUFA 的合成（Reed et al.，2008）。在硬骨鱼类中，将大西洋鲑、大西洋鳕、斜带石斑鱼、欧洲鲈鱼和花鲈 Δ6 *fads2* 启动子序列进行比对，发现 Sp1 结合元件仅存在于鲑鱼 Δ6 *fads2* 启动子序列中，在其他几种肉食性海水鱼中缺乏（Geay et al.，2012；Xu et al.，2014）。由于那几种肉食性海水鱼缺乏 LC-PUFA 合成能力或该能力很弱，故推测 Δ6 *fads2* 启动子上 Sp1 元件缺乏可能是其活力低下的原因。为验证此推测，我们将黄斑蓝子鱼 Δ6Δ5 *fads2* 启动子上的 Sp1 元件插入到其 Δ4 *fads2* 基因启动子上或者插入斜带石斑鱼 Δ6 *fads2* 启动子后，它们的启动子活力出现显著提高（Xie et al.，2018；Li et al.，2019a），说明该推测是正确的。Sp1 元件也在黄斑蓝子鱼、乌鳢和斑马鱼的 *elovl5* 启动子上被发现（Li et al.，2019a；Goh et al.，2020）。Sp1 通过调节黄斑蓝子鱼肝细胞中 *fads2* 和 *elovl5* 基因的表达，参与 LC-PUFA 的合成调控（Li et al.，2019a）。这些研究结果表明，Sp1 可能是硬骨鱼类调控 LC-PUFA 关键酶基因表达的重要转录因子。

第三节　黄斑蓝子鱼 LC-PUFA 合成代谢转录调控机制

绝大部分海水鱼的 LC-PUFA 合成能力缺失或很弱，故其配合饲料中必须添加富含 LC-PUFA 的鱼油（FO）和鱼粉（FM）作为脂质和蛋白营养物质（Halver and Hardy，2002）。由于鱼油、鱼粉主要来自远洋捕捞渔业，这一资源正在逐年下降（Tocher，2015）。为了从根本上解决鱼油、鱼粉资源紧缺问题，非常有必要弄清硬骨鱼类 LC-PUFA 合成代谢的转录调控机制，这既是重要的分子营养学理论问题，也可以为研发提高鱼类 LC-PUFA 合成能力的方法提供基础。

黄斑蓝子鱼是第一种被本书作者团队发现具有 LC-PUFA 合成能力的海水鱼（Li et al.，2008；Xie et al.，2015），具有完整的 LC-PUFA 合成途径（Li et al.，2010，2020；Monroig et al.，2011，2012）。其中，Δ4 *fads2* 和 Δ6Δ5 *fads2* 分别是脊椎动物和海水鱼中的首次报道（Li et al.，2010）。这些特性使得该鱼成为探究鱼类 LC-PUFA 合成代谢调控机制较理想的模式动物。同时，黄斑蓝子鱼肝细胞系（SCHL）的建立为该项研究提供了重要的实验工具（Liu et al.，2017），下面简要介绍本书作者团队近年来在黄斑蓝子鱼 LC-PUFA 合成代谢转录调控机制研究方面取得的重要进展。

一、黄斑蓝子鱼三个 LC-PUFA 合成关键酶基因启动子的结构分析

如前面第五章所述，黄斑蓝子鱼的 LC-PUFA 合成途径已被阐明，相应的关键酶基因已被克隆。为了从转录水平研究其 LC-PUFA 合成代谢调控机制，我们首先对其三个 LC-PUFA 合成关键酶基因（Δ4 *fads2*、Δ6Δ5 *fads2* 和 *elovl5*）的启动子序列进行克隆，在对其结构进行分析的基础上，确定核心启动子区及其转录调控元件，以及相应的转录因子。主要研究过程和取得的主要结果如下。

（一）黄斑蓝子鱼 Δ4 *fads2* 基因启动子的克隆和结构分析

1. 黄斑蓝子鱼 Δ4 *fads2* 基因启动子的克隆

通过蛋白酶 K 和苯酚法，从黄斑蓝子鱼肌肉组织中提取基因组 DNA。以该基因组 DNA 为模板，使用染色体步移试剂盒进行 5′端侧翼序列扩增，获得起始密码子 ATG 上游 1859 bp 序列作为 Δ4 *fads2* 基因的候选启动子序列。第一个非编码外显子的第一个碱基被视作推定的转录起始位点（TSS），这个起始位点被定义为启动子上 + 1 的位置。两个非编码外显子之间内含子长度为 561 bp，第一个外显子长度为 106 bp，第二个外显子长度为 29 bp。

2. 黄斑蓝子鱼 Δ4 *fads2* 基因启动子的结构分析

（1）Δ4 *fads2* 基因核心启动子区和 EPA 应答区的确定

通过 Δ4 *fads2* 基因启动子 5′端侧翼序列的连续截断实验，发现报告载体 D4 片段（–1166 bp 至–724 bp）的截断和 D3 片段（–723 bp 至–263 bp）的截断导致启动子活力逐步提高，而 D2 片段（–262 bp 至 + 203 bp）的截断导致启动子活力显著降低（图 6-1），说明核心启动子区位于–262 bp 至 + 203 bp。此外，EPA 对 Δ4 *fads2* 基因启动子活力的显著抑制出现在连续截断突变体 D3 上，其他三个突变体（D4、D2 和 D1）对 EPA 处理没有应答，表明 Δ4 *fads2* 基因启动子的 EPA 应答区位于–723 bp 至–263 bp 区域。

（2）Δ4 *fads2* 基因 5′端上游序列中转录因子结合位点的确定

硬骨鱼类 *fads2* 基因（Δ6 *fads2*、Δ6Δ5 *fads2* 和 Δ4 *fads2*）都属于 *Fads2* 基因簇（Castro et al.，2012）。图 6-2 进行启动子序列比对的基因，包括黄斑蓝子鱼 Δ4 *fads2*，欧洲鲈鱼、大西洋鳕、大西洋鲑的 Δ6 *fads2* 和人的 Δ6 *FADS2*，斑马鱼的 Δ6Δ5 *fads2*。根据比对结果，发现了两个高度保守的元件：NF-Y 和 SRE。

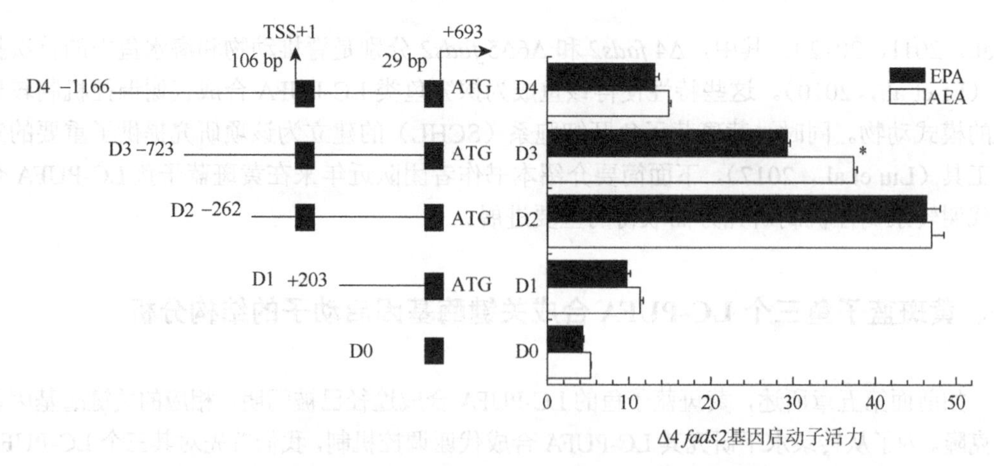

图 6-1 黄斑蓝子鱼 Δ4 *fads2* 基因 5′端侧翼序列的截断结构分析

Δ4 *fads2* 基因 5′端侧翼序列的截断结构在图 6-1 的左边展示。非编码外显子使用黑色的长方形表示，外显子使用两个外显子中间的黑色线条表示。所有序列位置都是根据 TSS 的相对位置确定，推定为 5′非编码外显子的第一个碱基。右边校正的启动子活力（萤火虫荧光素酶活性/海肾荧光素酶活性）为启动子报告载体的活力。D0（pGL4.10 空载体）为阴性对照。*表示 EPA 相较于 AEA 对照组处理具有显著差异（$P<0.05$，*t*-检验）。

```
Siganus_canaliculatus_Δ4 fads2   -128 ------------------TTATTGACCCTATTGCGCATCGGCCAGAGGGTCAGGATTTAC
Dicentrarchus_labrax_Δ6 fads2    -65  ------------------TTATTGAGCCTATTGCACATCAGCCAGCGGTCTAGGATATAC
Gadus_morhua_Δ6 fads2            -111 ------------------TCATTGAGCCAATTGCGAATATGCCAGCGGTCGGGGATACGC
Salmon_salar_Δ6 fads2            -267 TGACAGACCTGAAGGGCTTTTTGAACCAATTGCAGATATGCCAGGGGTCTA---TTGA
Danio_rerio_Δ6Δ5 fads2           -159 --------CAAAGTTCTCTCTGTGCTCCCATTGGCTGACA--------------------
Homo_sapiens_Δ6 FADS2            -209 ------CTTCGAAAGATCCTCCTGGGCCAATGGCAGGCGGGGC-----------------
                                                        NF-Y

Siganus_canaliculatus_Δ4 fads2        TG----------------CGCGCCGATTGGCCCACAAACCCTCGAATGATCGGCTCGGAATT -41
Dicentrarchus_labrax_Δ6 fads2         TG----------------TACGCCGATTGGCCCAGAAACCCTCGAATGATCGGCTCGGAATT +23
Gadus_morhua_Δ6 fads2                 GCGGATTGGTCCGGGATACGCGCGGATTGGCCCACCATCCCTCGAATGATC-GCTCGGAATT -12
Salmon_salar_Δ6 fads2                 AA----------------TAACCCCATTGGACTAGAGACCCTCGAATGATCTGCTTGGTATT -166
Danio_rerio_Δ6Δ5 fads2                GAGACTCTCTCAGAGACGCGCGCCGATTGGCTGCTGGAG-CTCGAATGATCTGTTCGGAATT -82
Homo_sapiens_Δ6 FADS2                 --------------GACGCGACCGGATTGG--TGCAGGCGCTCTGCTGATCGCTGTGGAAAC -127
                                                        NF-Y                        SRE

                                                                          Hnf4α
Siganus_canaliculatus_Δ4 fads2   +78  ---------GGGGATCTGAAGCCGGAAATCTGGA---TTTTGTAAGTCCAATATTGCTGC +125
Dicentrarchus_labrax_Δ6 fads2    +151 ---------ATGTGTCTGAACCCC--------GA---GGAGAGTAGCCAAAATCTGAATA +190
Gadus_morhua_Δ6 fads2            +113 ---------ATCTGATTGCAGCAGAGGAAGGATTCCTGGACTCCAGTGGACGCACGTTGC +163
Salmon_salar_Δ6 fads2            +91  --------TATATTGTTGATAGTAATATAGCCT---TATTTAATGTAATGTAATGTAGC +138
Danio_rerio_Δ6Δ5 fads2           +165 ---------ATCAGGTTCAATTGG--------CG---AATGAAAAGAAAGGATGTG---- +200
Homo_sapiens_Δ6 FADS2            +97  AGAAGGCTGGGGGAGGGGGCGCGGTGGGAGGAG----TAGGAGAAGACAAAAGCCGAAAG +153
```

图 6-2 黄斑蓝子鱼、欧洲鲈鱼、大西洋鳕、大西洋鲑、斑马鱼和人的 *fads2*（*FADS2*）基因核心启动子区比对

欧洲鲈鱼（*Dicentrarchus labrax*）、大西洋鳕鱼（*Gadus morhua*）、大西洋鲑鱼（*Salmo salar*）的 Δ6 *fads2* 的启动子序列从相应报道的文献中获取，斑马鱼（*Danio rerio*）的 Δ6Δ5 *fads2* 启动子从 NCBI 基因组数据中获取。序列中的位置都是相对于 TSS 标记的，保守的 NF-Y 和 SRE 元件被标记了灰色阴影框。

利用在线软件 TRANSFAC®和 TF Binding®，在黄斑蓝子鱼 Δ4 *fads2* 基因核心启动子上预测到 5 个转录因子结合位点，GATA-2、C/EBP、NF-1、TBP 和 Hnf4α（图 6-3）。

（3）通过定点突变确定候选的转录因子结合位点

根据上面在黄斑蓝子鱼 Δ4 *fads2* 基因核心启动子上预测到的 5 个转录因子结合位点（图 6-3）和 2 个同源性比对分析得到的保守位点（NF-Y 和 SRE）（图 6-2），依据其生物信

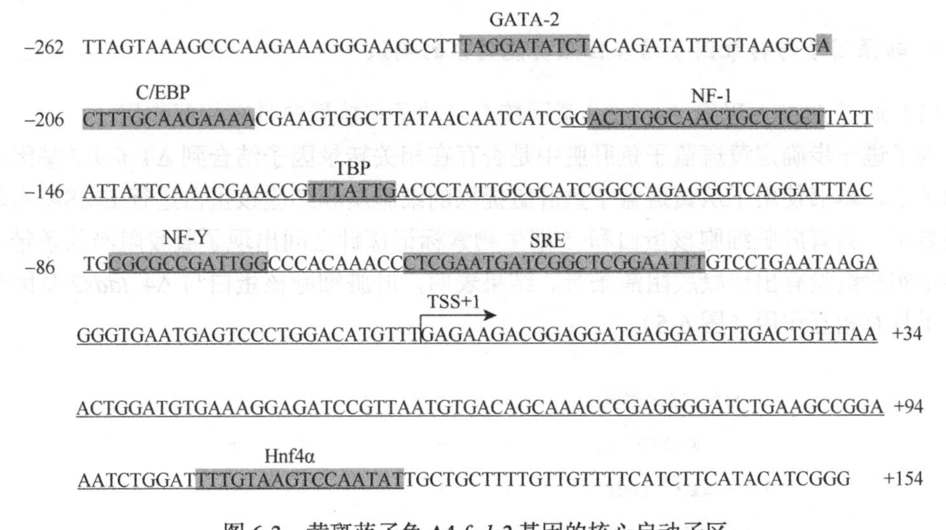

图 6-3　黄斑蓝子鱼 Δ4 *fads2* 基因的核心启动子区

图中的位置都是相对于设定的转录起始位点（TSS），转录因子的结合位点使用灰色阴影进行标记，下划线部分表示 EMSA 实验中的核酸探针区域。

息学分析，对相应的转录因子结合位点分别进行定点突变。将构建好的突变体转染入 HEK 293T 细胞后，检测启动子活力的变化（图 6-4）。结果显示，与野生型报告载体 D2 相比，NF-1、NF-Y、Hnf4α、SRE、GATA-2 和 C/EBP 位点突变后，启动子活力显著下降（$P<0.05$），但 TBP 元件突变并没有引起启动子活力出现明显变化。结果表明，GATA-2、C/EBP、NF-1、NF-Y、Hnf4α 和 SRE 对黄斑蓝子鱼 Δ4 *fads*2 基因核心启动子的活力非常重要。

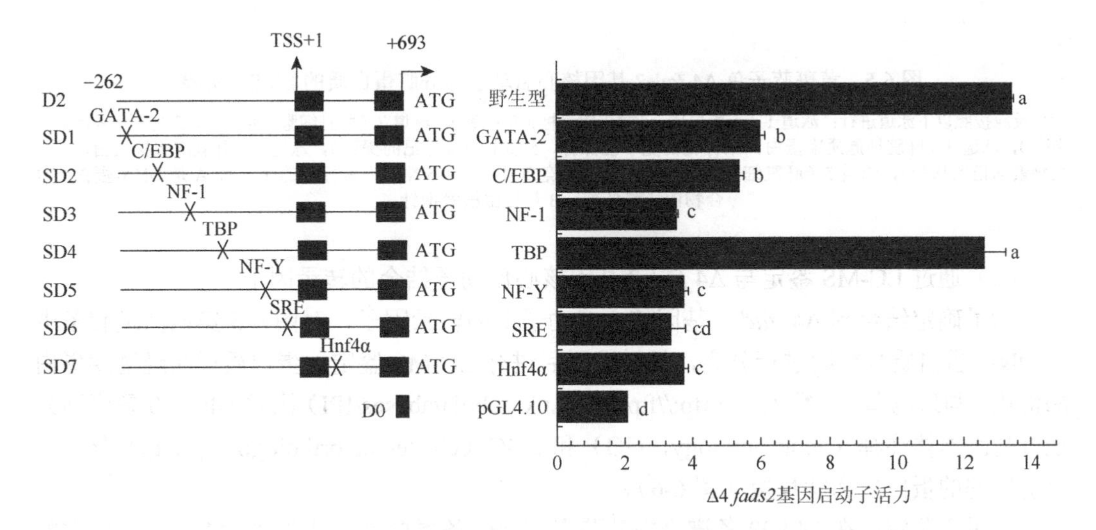

图 6-4　定点突变对黄斑蓝子鱼 Δ4 *fads2* 基因启动子活力的影响

Δ4 *fads*2 基因 5′端侧翼序列的截断结构在图 6-4 的左边展示，非编码外显子使用黑色的长方形表示，外显子使用两个外显子中间的黑色线条表示。右侧柱数据为平均值±标准误（$n=3$），所有柱中无相同字母标注者表示相互间具有显著差异（$P<0.05$，Tukey 多重比较检验）。D0（pGL4.10 空载体）为阴性对照。

3. 转录因子与转录因子结合位点功能关系的确认

（1）通过EMSA确定Δ4 *fads2*基因核心启动子与核蛋白具有相互作用

为了进一步确定黄斑蓝子鱼肝脏中是否存在相关转录因子结合到Δ4 *fads2*基因核心启动子上，本书使用了从黄斑蓝子鱼肝脏提取的细胞质和细胞核蛋白进行EMSA实验。结果显示，只有肝脏细胞核蛋白和5′端生物素标记探针之间出现了凝胶阻滞的条带，其他各个实验组没有出现凝胶阻滞条带。结果表明，肝脏细胞核蛋白与Δ4 *fads2*基因核心启动子具有相互作用（图6-5）。

肝脏细胞质浆蛋白	−	+	+	−	−
肝脏细胞核蛋白	−	−	−	+	+
5′端生物素标记的探针	+	+	+	+	+
未标记的竞争性探针	−	−	+	−	+
泳道	1	2	3	4	5

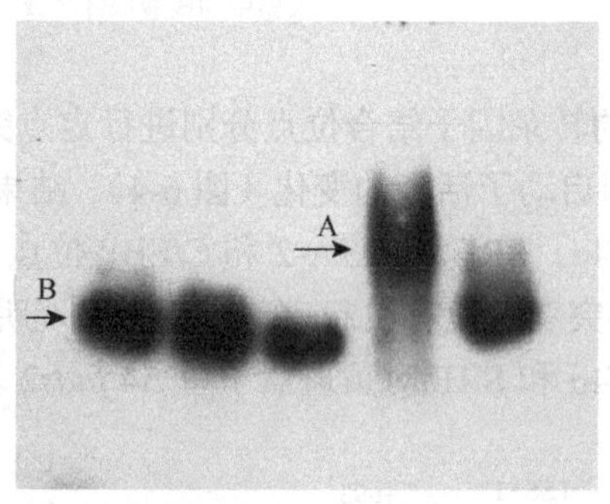

图6-5　黄斑蓝子鱼Δ4 *fads2*基因核心启动子与肝脏蛋白质的EMSA实验

实验反应按照以下泳道进行：泳道1（无蛋白质，5′端生物素标记的探针），泳道2（肝脏细胞质浆蛋白，5′端生物素标记的探针），泳道3（肝脏细胞质浆蛋白，未标记的竞争性探针，5′端生物素标记的探针），泳道4（肝脏细胞核蛋白，5′端生物素标记的探针），泳道5（肝脏细胞核蛋白，未标记的竞争性探针，5′端生物素标记的探针）。A是DNA-蛋白质复合物的迁移条带，B是自由核酸探针。

（2）通过LC-MS鉴定与Δ4 *fads2*基因核心启动子结合的转录因子

为了确定结合到Δ4 *fads2*基因核心启动子上的转录因子，对图6-5第四泳道胶条中的DNA-蛋白质复合物进行分离，经过洗脱后进行LC-MS鉴定。蛋白质样品经过胰蛋白酶消化，与斑马鱼IPI数据库（ftp://ftp.ebi.ac.uk/pub/databases/IPI）比对（40 470条序列），通过基因本体注释（gene ontology，GO）和COG（cluster of orthologous group）分类，分析酶解的蛋白质和肽片段（图6-6）。

经质谱鉴定，在14 992条谱带中共鉴定到294条蛋白谱；从总共141个已经鉴定的肽段中鉴定到83个已知蛋白质（图6-6），其中有黄斑蓝子鱼的Δ4 *fads2*基因核心启动子上对应的Hnf4α（YQVQVSLEDYINDR）和NF-1（LDLVMVILFK）的蛋白质片段。结果表明，转录因子Hnf4α、NF-1确实与黄斑蓝子鱼Δ4 *fads2*基因核心启动子相应的结合位点存在相互作用的功能关系。

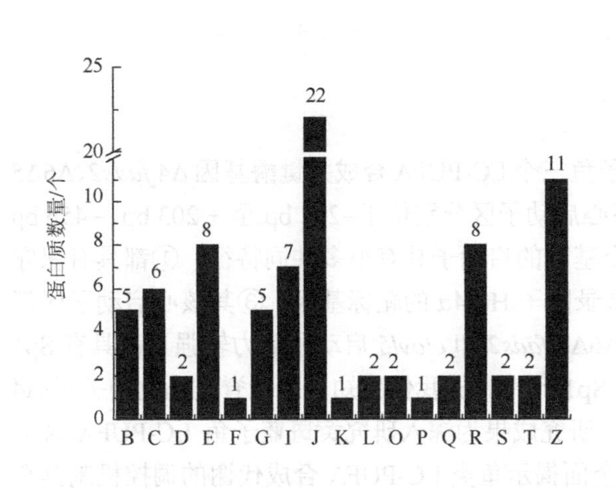

图 6-6　结合到核心启动子上的核蛋白的 COG 分类

通过 LC-MS 分析图 6-5 第四泳道分离到的 DNA-蛋白质复合物。根据蛋白群同源法，按照不同的功能进行分类，对肝脏细胞核蛋白中鉴定到的 83 个蛋白质进行注释。黑色柱子上面标注的数字代表 COG 分类过程中鉴定到的蛋白质数量。

（二）黄斑蓝子鱼 Δ6Δ5 *fads2* 和 *elovl5* 基因启动子的克隆和结构分析

采用与上述 Δ4 *fads*2 启动子克隆和结构分析相同的方法和策略，获得了黄斑蓝子鱼 Δ6Δ5 *fads*2 和 *elovl*5 基因的启动子序列和结构特性。黄斑蓝子鱼三个 LC-PUFA 合成关键酶基因（Δ4 *fads2*、Δ6Δ5 *fads2* 和 *elovl5*）的启动子结构特征及异同点分别见表 6-2 和表 6-3。

表 6-2　黄斑蓝子鱼三个 LC-PUFA 合成关键酶基因的启动子结构特征

关键酶基因	获得启动子长度/bp	核心启动子位置	生物信息学预测与突变鉴定到的 TF 结合位点	EMSA 和 LC-MS 确认到的 TF 结合位点
Δ4 *fads2*	1859	–262 bp 至 + 203 bp	GATA-2、C/EBP、NF-1、NF-Y、Hnf4α 和 SRE	NF-1、Hnf4α
Δ6Δ5 *fads2*	2044	–456 bp 至 + 51 bp	C/EBP、NF-1、Sp1、AP1、Pparγ、NF-Y 和 SRE	NF-1、Hnf4α
elovl5	2404	–837 bp 至–344 bp	NF-Y、SRE、Sp1 和 Hnf4α	Hnf4α

表 6-3　黄斑蓝子鱼 Δ4 *fads2*、Δ6Δ5 *fads2* 和 *elovl5* 基因启动子结构的比较分析

相同点	不同点
1. 都具有保守的 NF-Y、SRE 和 DR-1 元件	1. Δ4 *fads2* 启动子活力较弱且缺乏 Sp1 元件
2. 都是转录因子 Hnf4α 的靶基因	2. Δ6Δ5 *fads2* 启动子活力较强且具有 Sp1 元件
3 核心启动子区域都距离 TSS 较近	3. *elovl5* 启动子活力较强且具有 Sp1 元件

（三）总结

通过系统研究，基本弄清了黄斑蓝子鱼三个LC-PUFA合成关键酶基因Δ4 *fads2*、Δ6Δ5 *fads2* 和 *elovl5* 的启动子结构，确定其核心启动子区分别位于–262 bp 至 + 203 bp、–456 bp 至 + 51 bp 和–837 bp 至–344 bp。此三个基因的启动子具有很多共同特征：①都具有保守的 NF-Y、SRE 和 DR-1 元件；②都是转录因子 Hnf4α 的靶标基因；③其核心启动子区都距离 TSS 较近。三者的不同点主要有：Δ6Δ5 *fads2* 和 *elovl5* 启动子活力较强且都具有 Sp1 元件，Δ4 *fads2* 启动子活力较弱且缺乏 Sp1 元件。据我们所知，这是脊椎动物中关于 Δ4 *fads2* 基因启动子结构研究的首次报道。研究成果为深入研究黄斑蓝子鱼 LC-PUFA 合成的转录调控机制提供了前期基础，对于全面揭示鱼类 LC-PUFA 合成代谢的调控机制具有重要意义。详细内容见已发表论文 Dong 等（2016，2018，2020）、Li 等（2018）和 Wang 等（2018）。

二、Hnf4α 在黄斑蓝子鱼 LC-PUFA 合成代谢中的正调控作用

如在面前所述，我们在黄斑蓝子鱼 Δ4 *fads2*、Δ6Δ5 *fads2* 和 *elovl5* 基因启动子上预测到转录因子 Hnf4α 的结合位点，并通过 EMSA 实验证明了该转录因子与核心启动子区存在着相互作用（Dong et al.，2016，2018；Li et al.，2018）。Hnf4α 在脂质代谢调控中具有非常重要的作用（Odom et al.，2004），但其在 LC-PUFA 合成调控中的作用尚未见报道。为此，本部分拟在前期研究工作基础上，探究 Hnf4α 对 Δ4 *fads2*、Δ6Δ5 *fads2* 和 *elovl5* 基因表达的调控作用，以明确 Hnf4α 在 LC-PUFA 合成代谢中的调控作用。主要研究内容和结果如下。

（一）黄斑蓝子鱼 *hnf4α* 基因的克隆及其组织表达特性

通过 RACE 技术克隆到黄斑蓝子鱼 *hnf4α* 基因的 cDNA 序列全长 1736 bp（基因登录号 JF502073），其 ORF 编码含 454 个 AA 的蛋白质。利用 qPCR 分析该基因在 9 种组织中的表达特性，显示其在肠中的表达量最高，其次是肝脏、眼、内脏脂肪组织，在心脏、脾脏、肌肉和鳃中的表达量最低（图 6-7）。

（二）Hnf4α 过表达对 Δ4 *fads2*、Δ6Δ5 *fads2* 和 *elovl5* 基因启动子活力的影响

对黄斑蓝子鱼 LC-PUFA 合成关键酶 Δ4 *fads2*、Δ6Δ5 *fads2* 和 *elovl5* 基因启动子进行结构分析，发现三个核心启动子区都存在一个 DR-1 元件。该元件是转录因子 Hnf4α 的结合位点，提示 Hnf4α 很可能是这些基因的调控因子。为了验证此推测，我们构建了 pcDNA3.1 + Hnf4α 过表达载体，并与启动子报告载体一同转染进入 HEK 293T 细胞中。由于 HEK 293T 细胞中不存在 Hnf4α 蛋白（Jiang et al.，2003），使用 pcDNA3.1 + Hnf4α

过表达载体在 HEK 293T 细胞中进行过表达实验，就可以检测 Hnf4α 过表达对关键酶基因启动子活力的影响。

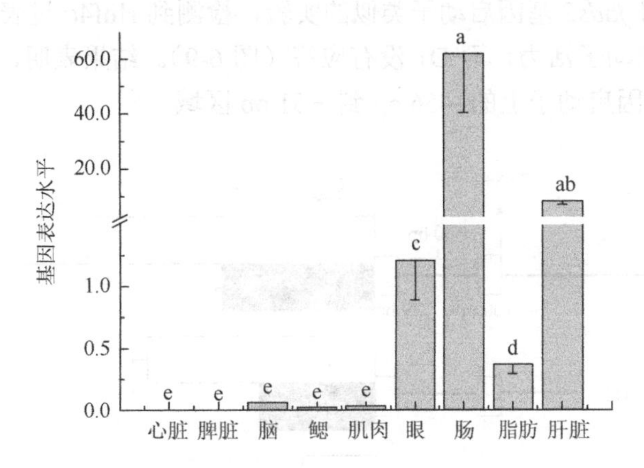

图 6-7　黄斑蓝子鱼 *hnf4α* 的组织表达特异性

hnf4α 基因的相对表达量通过 $2^{-\Delta\Delta CT}$ 法确定，内参基因为 18S rRNA。数据为平均值±标准误（$n=4$），柱上无相同字母标注表示相互间差异显著（$P<0.05$，Tukey 多重比较检验）。

1. HEK 293T 细胞中过表达 pcDNA3.1 + Hnf4α 对 Δ4 *fads2* 基因启动子活力的影响

pcDNA3.1 + Hnf4α 载体分别与 Δ4 *fads2* 基因启动子的连续截断报告载体 D4、D3、D2、D1 共转染进入 HEK 293T 细胞中。实验结果显示，缺失突变体 D1、阴性对照载体 D0 和 Hnf4α 元件定点突变体 D2(Hnf4α)的启动子活力对于 Hnf4α 过表达处理无应答，没有显著变化；D4、D3 和 D2 的启动子活力受 Hnf4α 过表达影响，都出现了显著提高（$P<0.05$）（图 6-8）。这些结果提示，Hnf4α 可以在转录水平促进 Δ4 *fads2* 基因的表达。

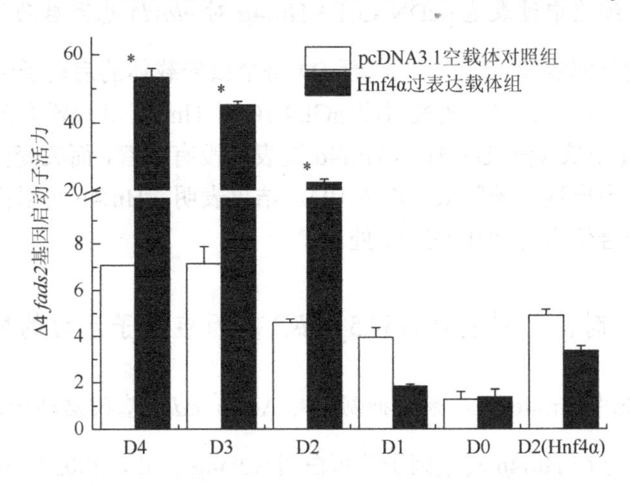

图 6-8　Hnf4α 过表达对 Δ4 *fads2* 基因启动子的连续截断报告载体启动子活力的影响

对照组转染质粒组合是 pGL4.10 + pcDNA3.1，Δ4 *fads2* 基因启动子的连续截断报告载体 D4、D3、D2、D1 分别与 pcDNA3.1 + Hnf4α 共转染进入 HEK 293T 细胞中。阴性对照 D0（pGL4.10）是一个空载体，在报告基因上游没有启动子序列。每一个质粒复合物实验组都进行三次独立的转染实验，每次实验至少重复三次。纵坐标表示萤火虫荧光素酶活性与海肾荧光素酶活性的比值，横坐标表示不同的缺失突变体。*表示 Hnf4α 过表达对启动子活力的影响显著高于相应的对照组（相应的缺失突变体 + pcDNA3.1 + Hnf4α）（$P<0.05$，*t*-检验）。

2. HEK 293T 细胞中过表达 Hnf4α 对 Δ6Δ5 *fads2* 基因启动子活力的影响

通过跟上面 Δ4 *fads2* 基因启动子类似的实验，检测到 Hnf4α 过表达可显著降低报告载体 D3 和 D2 的启动子活力，而 D1 没有应答（图 6-9）。结果表明，Hnf4α 的结合位点位于 Δ6Δ5 *fads2* 基因启动子上的–456 bp 到 + 51 bp 区域。

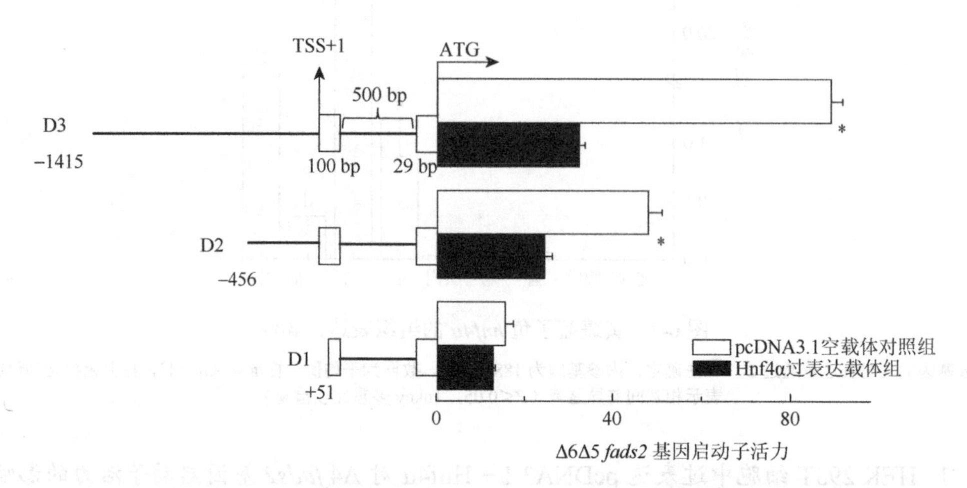

图 6-9　HEK 293T 细胞中过表达 Hnf4α 对 Δ6Δ5 *fads2* 基因启动子活力的影响

图左侧是 Δ6Δ5 *fads2* 基因的启动子分析，报告载体 D3、D2 和 D1 分别包含全长启动子（2044 bp）和连续截断突变体（1085 bp、578 bp）。两个白色边框分别代表长度为 100 bp 和 29 bp 的非编码外显子，两个外显子中间的黑色线段表示一个 500 bp 的内含子。转录起始位点被设置为"＋1"，三个报告载体中启动子上下游序列距离 TSS 的位置被分别标注为–1415 bp、–456 bp 和 + 51 bp。每个启动子载体的活力通过萤火虫荧光素酶活性/海肾荧光素酶活性计算得来。*表示在 pcDNA3.1 + Hnf4α 处理组和对照组 pcDNA3.1 之间，各个载体的启动子活力具有显著差异（$P<0.05$）。

3. HEK 293T 细胞中过表达 pcDNA3.1 + Hnf4α 对 *elovl5* 基因启动子活力的影响

通过跟上面的类似实验，检测到 D0 至 D4 每个报告载体的启动子活力都在 Hnf4α 过表达后显著增强了（$P<0.05$），阴性对照 pGL4.10 对 Hnf4α 处理没有改变；与野生型报告载体 D3 相比，定点突变体 D3M1 对 Hnf4α 过表达没有应答，而突变体 D3M2 在 Hnf4α 过表达后启动子活力出现显著降低（图 6-10）。结果表明：Hnf4α 可以提高 *elovl5* 基因启动子活力，且其结合位点可能在 D3M1 处。

（三）Hnf4α 激动剂、抑制剂对 Δ6Δ5 *fads2* 基因启动子活力的影响

1. HepG2 细胞中 Hnf4α 激动剂、抑制剂对 Δ6Δ5 *fads2* 基因启动子活力的影响

HepG2 细胞中存在 Hnf4α 转录因子的蛋白质（Jiang et al.，2003）。因此，在该细胞系中开展 Hnf4α 激动剂、抑制剂实验后，获得了与在 HEK 293T 细胞系中进行 Hnf4α 过表达实验相似的结果：Hnf4α 激动剂（Alverine 和 Benfluorex）处理后 Δ6Δ5 *fads2* 基因启动子活力（D3、D2）显著降低，而 D1 对此两个激动剂无响应（图 6-11）。相反，抑制剂 BI6015 可显著增强报告载体 D2 的启动子活力，但对其他载体则没有影响。这些结果提示，在哺

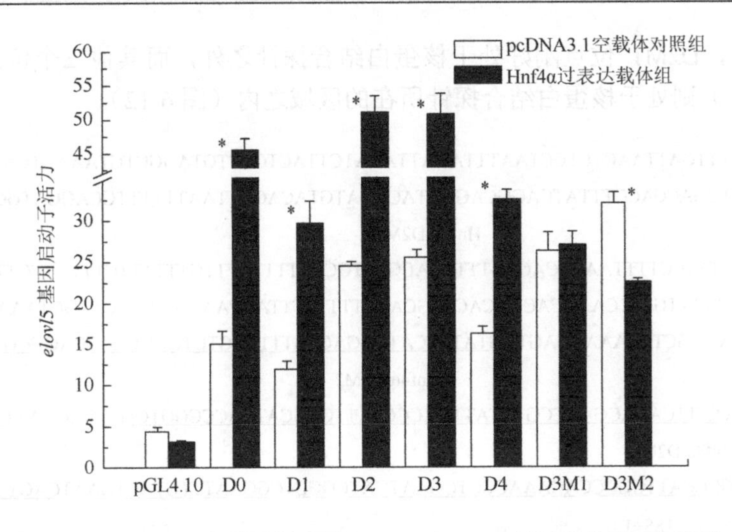

图 6-10　HEK 293T 细胞中过表达 Hnf4α 对 *elovl5* 基因启动子活力的影响

elovl5 基因启动子的连续截断报告载体、定点突变载体和阴性对照载体与过表达载体质粒 pcDNA3.1 + Hnf4α 一起共转染进入 HEK 293T 细胞中，对照组是共转染空载体 pGL4.10 和 pcDNA3.1 质粒。pGL4.10 阴性对照质粒在报告基因上游并未插入任何启动子序列。每个质粒复合物都进行三次独立的转染实验；每次独立的实验中，每个质粒复合物的实验组进行 3 次重复。*表示在 pcDNA3.1 + Hnf4α 处理组和对照组 pcDNA3.1 之间，各个载体的启动子活力具有显著差异（$P<0.05$，*t*-检验）。

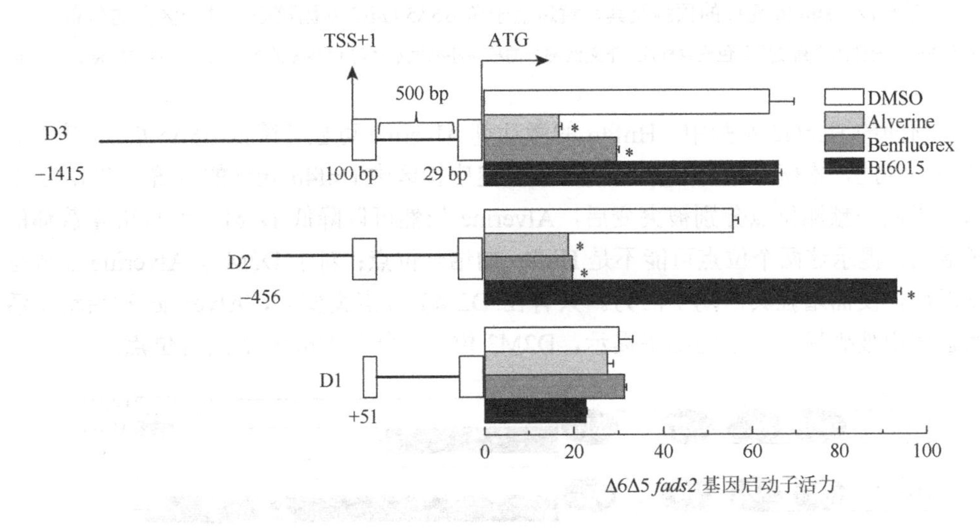

图 6-11　在 HepG2 细胞中，Hnf4α 的激动剂、抑制剂对黄斑蓝子鱼 Δ6Δ5 *fads2* 基因启动子活力的影响

*表示 Hnf4α 的激动剂、抑制剂处理组和对照组之间的启动子活力存在显著的差异（$P<0.05$）。

乳动物的转录系统中，HNF4α 可下调 Δ6Δ5 *fads2* 基因启动子活力，黄斑蓝子鱼 Δ6Δ5 *fads2* 基因核心启动子区上的 Hnf4α 应答区位于−456 bp 到 + 51 bp。

2. Δ6Δ5 *fads2* 基因核心启动子上 Hnf4α 结合位点的预测和鉴定

根据在线生物信息学网站 TFBIND（http://tfbind.hgc.jp/）的预测分析，在黄斑蓝子鱼 Δ6Δ5 *fads2* 基因核心启动子区发现了四个潜在的 Hnf4α 结合位点。根据之前 EMSA 实验的核心区探针，D2M1 位点刚好处于核蛋白结合探针之外，而其他三个位点（D2M2、D2M3、D2M4）则处于核蛋白结合探针所在的区域之内（图 6-12）。

```
-456 GGCCATTTGATTAACTCTGCTAATTTAGATTAAATCTTACTGTCTGTAGGCTGTAAAATCATTA -393
-392 ACATTACGACCACCTTTATCAGGCAGGGTACAGATGTACAGATTAATTTTTTGCAGGATGCTA -330
                              Hnf4α D2M1
-329 TGTCAATTTCCTTTTAATGCAGATTTTTGACGTTTGCGTTTTTCTTTGTTTTTTCTTTGTTGTTTT -264
-263 TTTGTTTTTTTGTTTCAAACACCACACTTGCATATTTTTTTTAATAAAAAAAACATGGTAAAAA -200
-199 CTAAGAAAGCTGTAAAAGAGTCGTATTTCATCAGACTGTTTCCGTCTGGGCGCGCAGGCGACG -137
                                  Hnf4α D2M2
-136 TTTTAATATTCAGACGAACCGTTTATTGACCCTATTGCGCATCACCCGGTGGTTCAGGATTTAC -73
        Hnf4α D2M3
-72  TGTGCGCCCATTGGCCCAGAAACCCTCGAATGATCGGCTCGGAATTTGTACTGAATCAGTGGG -10
          TSS+1
-9   TGAATCCCTGAACCTATTTGAGGAGGATGAGGATGTGAGGAGGTGAACTCGAATGTGGACGG +51
          Hnf4α D2M4
+52  AGCACGGTCAACGTGACCATAGGAAAGCAGACAACGTTTGCAAATAAGTAAGTTACAAATCT +115
          Pparγ
```

图 6-12　Hnf4α 元件的预测及其在黄斑蓝子鱼 Δ6Δ5 *fads2* 基因核心启动子区上的分布

Hnf4α 和 Pparγ 元件的序列使用灰色底纹标注，下划线部分的核酸序列表示之前 EMSA 的核酸探针序列（Dong et al.，2018）。

在前面的 HepG2 实验中，Hnf4α 的激动剂 Alverine 可显著降低 Δ6Δ5 *fads2* 基因启动子活力。为此，本研究选择该激动剂用于鉴定应答区中 Hnf4α 元件的位置。图 6-13 结果显示，当四个预测位点分别被突变后，Alverine 依然可以降低 D2M2 和 D2M4 载体的启动子活力，提示这两个位点可能不是 Hnf4α 的结合位点；对于 D2M1，Alverine 在该位点突变以后，反而增强其启动子活力。只有在 D2M3 位点突变后，Alverine 对启动子活力的增强作用被破坏了。这些结果提示，D2M3 位点可能是 Hnf4α 的结合位点。

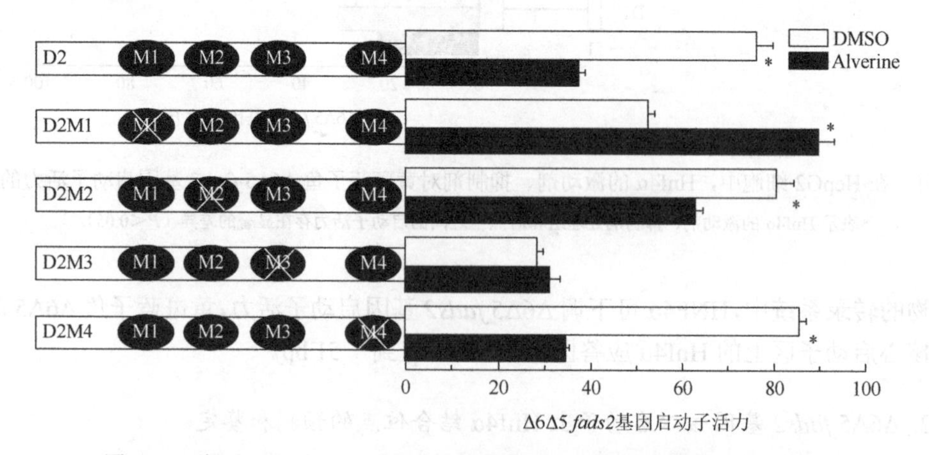

图 6-13　在 HepG2 中，Alverine 对黄斑蓝子鱼 Hnf4α 元件突变体的影响

Δ6Δ5 *fads2* 基因启动子连续截断报告载体 D2 被视作野生型，D2M1、D2M2、D2M3 和 D2M4 表示定点突变体。符号“×”表示启动子报告载体中相应的 Hnf4α 元件进行了定点突变。*表示 Alverine 处理组与对照组具有显著差异（$P<0.05$）。

（四）*hnf4α* 的 mRNA 过表达对 Δ4 *fads2*、Δ6Δ5 *fads2* 和 *elovl5* 基因表达的影响

1. *hnf4α* 的 mRNA 过表达对 Δ4 *fads2* 和 Δ6Δ5 *fads2* 基因表达的影响

除了以上在 HEK 293T 和 HepG2 细胞中的实验结果外，Hnf4α 对 Δ6Δ5 *fads2* 和 Δ4 *fads2* 基因表达的影响在黄斑蓝子鱼的原代肝细胞中得到了进一步的探究。*hnf4α* 的 mRNA 成熟体在体外合成后，被转染进入黄斑蓝子鱼的原代肝细胞中，使 *hnf4α* 的 mRNA 过表达。结果显示，与对照组相比，三个基因的表达量都出现显著提高。其中，*hnf4α* 的表达量提高约 25 倍，Δ6Δ5 *fads2* 的表达量提高约 21.5 倍，而 Δ4 *fads2* 的表达量提高约 1 倍（图 6-14）。结果提示，Hnf4α 可能通过靶向作用于 Δ6Δ5 *fads2* 和 Δ4 *fads2* 基因，参与 LC-PUFA 的合成调控。

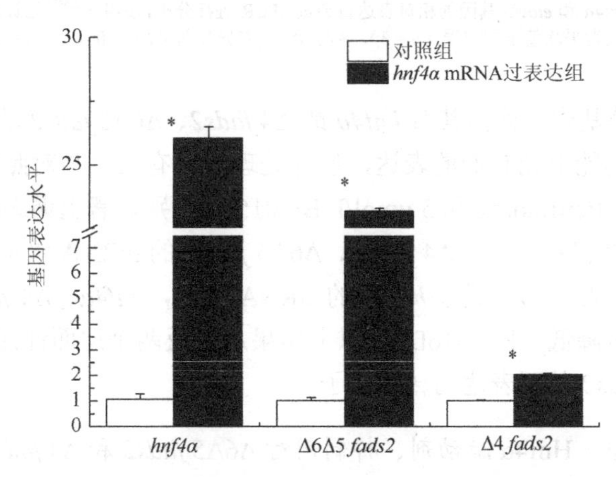

图 6-14　转染或未转染 *Hnf4α* mRNA 的原代肝细胞中，*hnf4α*、Δ4 *fads2* 和 Δ6Δ5 *fads2* 基因表达的 qPCR 分析

靶基因对每个转录本的相对定量表达量按 $2^{-\Delta\Delta CT}$ 法计算，18S rRNA 为内参基因。数据为平均值±标准误（$n=6$），*表示差异显著（$P<0.05$，t-检验）。

2. SCHL 细胞中过表达 *hnf4α* mRNA 对 *elovl5* 基因表达的影响

为了确定黄斑蓝子鱼 Hnf4α 对 *elovl5* 基因表达的调控作用，采用与上述同样的研究策略。结果显示，在对黄斑蓝子鱼肝细胞系（SCHL）细胞进行 *hnf4α* 的 mRNA 过表达处理后，*hnf4α* 和 *elovl5* 基因的表达水平均显著提高（图 6-15），说明 Hnf4α 可以上调 *elovl5* 基因的表达。

（五）Hnf4α 激动剂、抑制剂和 RNAi 对 Δ4 *fads2*、Δ6Δ5 *fads2* 和 *elovl5* 基因表达的影响

1. Hnf4α 激动剂、抑制剂和 RNAi 对黄斑蓝子鱼原代肝细胞中 *hnf4α*、Δ4 *fads2* 和 Δ6Δ5 *fads2* 基因表达的影响

将黄斑蓝子鱼原代肝细胞培养在含有 Hnf4α 激动剂（Alverine、Benfluorex）或抑制

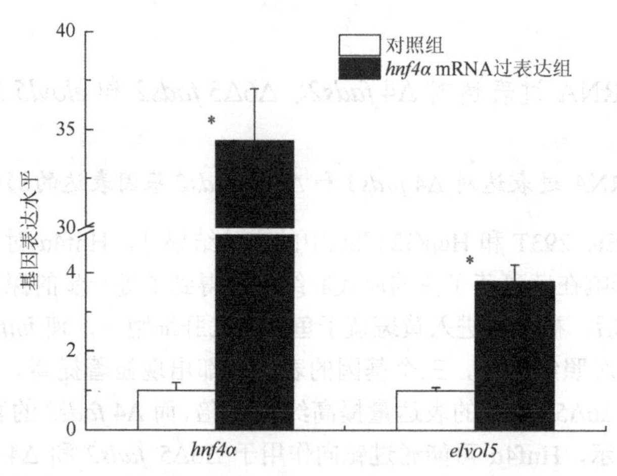

图 6-15　在转染 *hnf4α* 的 mRNA 后，SCHL 细胞中 *hnf4α* 和 *elovl5* 基因的表达变化

黄斑蓝子鱼 SCHL 细胞中 *hnf4α* 和 *elovl5* 基因的相对表达量通过 qPCR 进行分析，使用 $2^{-\Delta\Delta CT}$ 法计算，内参基因为 18S rRNA。结果为平均值±标准误（$n=3$）。*表示组间差异显著（$P<0.05$，t-检验）。

剂（BI6015）的培养基中，评估其对 *hnf4α* 或 Δ4 *fads2*、Δ6Δ5 *fads2* 基因表达的影响。结果显示，三种试剂均能上调它们的表达，但与处理浓度有关。与对照组相比，10 μmol/L Alverine、20 μmol/L Benfluorex 和 5 μmol/L BI6015 可分别显著上调 *hnf4α* 的 mRNA 水平约 4 倍、0.8 倍和 0.7 倍；同时，Δ4 *fads2*、Δ6Δ5 *fads2* 的 mRNA 水平也在相应剂量处理组显著提高（图 6-16A～C）。通过 *hnf4α* 的 siRNA 处理，*hnf4α*、Δ4 *fads2* 和 Δ6Δ5 *fads2* 基因的表达水平显著降低（图 6-16D）。以上结果从正反两个层面都证明，Hnf4α 是上调 Δ4 *fads2* 和 Δ6Δ5 *fads2* 基因表达的转录因子。

2. SCHL 细胞中，Hnf4α 激动剂、抑制剂对 Δ6Δ5 *fads2* 和 Δ4 *fads2* 基因表达的影响

跟上面类似，使用 Hnf4α 激动剂（Alverine、Benfluorex）或抑制剂（BI6015）处理黄斑蓝子鱼肝细胞系（SCHL）细胞后，激动剂可显著提高 *hnf4α*、Δ6Δ5 *fads2* 和 Δ4 *fads2* 基因的表达水平，且 Benfluorex 的激活效果好于 Alverine；但抑制剂处理无效果（图 6-17）。结果说明，Hnf4α 激动剂可以上调 *hnf4α*、Δ6Δ5 *fads2* 和 Δ4 *fads2* 的基因表达，Hnf4α 很可能是这两个关键酶基因的正调控因子。

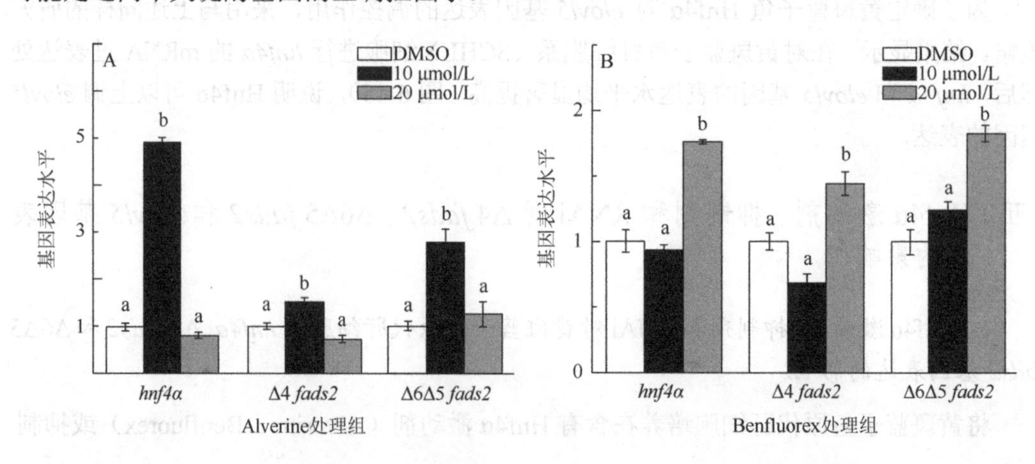

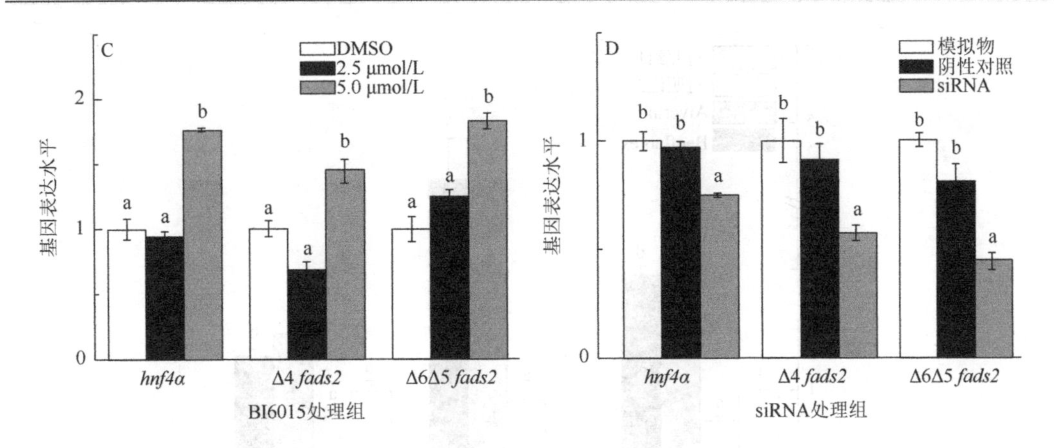

图 6-16　黄斑蓝子鱼原代肝细胞在 Alverine（A）、Benfluorex（B）和 BI6015（C）中孵育，或者转染 Hnf4α 的 siRNA（D）后，基因 mRNA 表达水平的变化

黄斑蓝子鱼原代肝细胞被孵育在含有 Alverine（A）、Benfluorex（B）或 BI6015（C）的培养基中，或被转染 Hnf4α 的 siRNA（D）。各基因的表达量采用 qPCR 分析，18S rRNA 为内参基因。数据为平均值±标准误（$n=3$），同一个基因中，柱上无相同上标字母者表示相互间差异显著（$P<0.05$）。

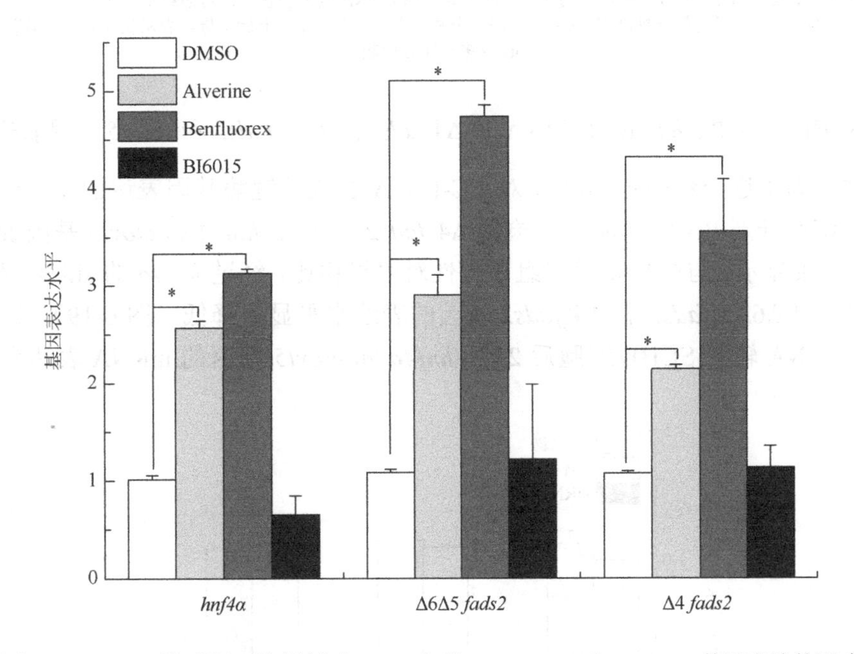

图 6-17　Hnf4α 激动剂、抑制剂对 SCHL 细胞 Δ6Δ5 *fads2* 和 Δ4*fads2* 基因表达的影响

3. 腹腔注射 Hnf4α 激动剂对 *elovl5* 和 Δ4 *fads2* 基因表达的影响

为了进一步确定 Hnf4α 对 LC-PUFA 合成关键酶基因表达的调控作用，Hnf4α 激动剂（Alverine 和 Benfluorex）被注射进入黄斑蓝子鱼幼鱼的腹腔。然后取肝脏组织样品，采用 qPCR 检测基因的表达水平。结果显示，相较于对照组，Alverine 和 Benfluorex 可显著提高 *hnf4α*、*elovl5* 和 Δ4 *fads2* 基因的表达水平（图 6-18），说明在体条件下，Hnf4α 很可能是上调 *elovl5* 和 Δ4 *fads2* 基因表达的转录因子。

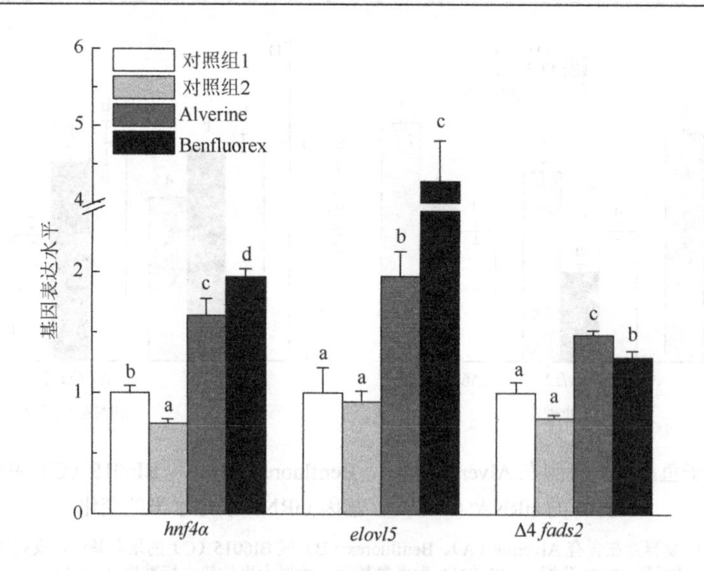

图 6-18 体内注射 Hnf4α 激动剂对黄斑蓝子鱼幼鱼肝脏 *hnf4α*、*elovl5* 和 Δ4 *fads2* 基因表达水平的影响

基因的相对表达量采用 qPCR 进行分析，使用 $2^{-\Delta\Delta CT}$ 法计算，18S rRNA 为内参基因。对照组 1 注射 0.9% NaCl，对照组 2 注射 2.5% DMSO。数据为平均值±标准误（$n=3$），同一个基因中，柱上无相同上标字母者表示相互间差异显著（$P<0.05$，Tukey 多重比较检验）。

4. SCHL 细胞中，*hnf4α* 的 siRNA 对 Δ4 *fads2*、Δ6Δ5 *fads2* 和 *elovl5* 基因表达的影响

同样，为了进一步确定 Hnf4α 对 LC-PUFA 合成关键酶基因表达的调控作用，利用 SCHL 细胞开展 RNAi 实验，并检测 Δ4 *fads2*、Δ6Δ5 *fads2* 和 *elovl5* 基因表达水平的变化。结果显示，与模拟物对照组和阴性对照组相比，经过 *hnf4α* 的 siRNA 处理后，SCHL 细胞中 Δ6Δ5 *fads2* 和 Δ4 *fads2* 基因的表达水平显著降低（图 6-19）。同样，在 *hnf4α* 的 siRNA 转染 SCHL 细胞后 24 h，*hnf4α* 和 *elovl5* 基因的 mRNA 表达水平显著

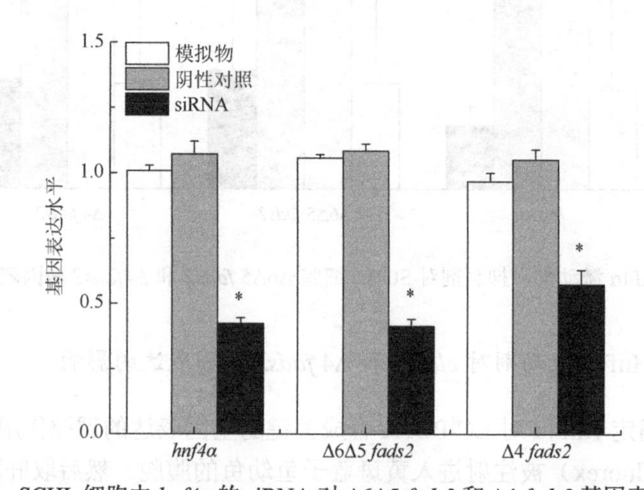

图 6-19 SCHL 细胞中 *hnf4α* 的 siRNA 对 Δ6Δ5 *fads2* 和 Δ4 *fads2* 基因表达的影响

模拟物对照组仅添加转染试剂 Lipofectamine 2000，阴性对照组转染 NC siRNA，实验组（siRNA）转染 *hnf4α* 的 siRNA。*表示 *hnf4α* 的 siRNA 处理组的基因表达水平显著低于对照组（$P<0.05$）。

下降（图 6-20）。结果表明，当 *hnf4α* 基因的表达下调时，Δ6Δ5 *fads2*、Δ4 *fads2* 和 *elovl5* 基因的表达水平也随着降低，从反面证明 Hnf4α 可以调控此三个 LC-PUFA 合成关键酶基因的表达。

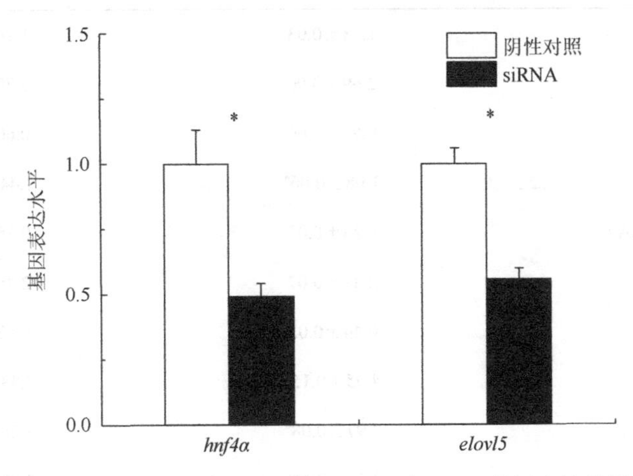

图 6-20　SCHL 细胞中 *hnf4α* 的 siRNA 对 *elovl5* 基因表达的影响

阴性对照组转染 NC siRNA，实验组（siRNA）转染 *hnf4α* 的 siRNA。*表示 *hnf4α* 的 siRNA 处理组的基因表达水平显著低于对照组（$P<0.05$）。

（六）Hnf4α 对 SCHL 细胞脂肪酸组成和转化效率的影响

1. *hnf4α* 过表达对 SCHL 细胞脂肪酸组成的影响

前述研究都表明，Hnf4α 可以调控黄斑蓝子鱼三个 LC-PUFA 合成关键酶基因的表达，提示它应该也调控其 LC-PUFA 合成。为验证此推论，我们对 SCHL 细胞进行 *hnf4α* 的 mRNA 过表达处理，然后分析 SCHL 细胞的脂肪酸组成。表 6-4 结果显示，*hnf4α* 过表达组的 20:2n-6、20:5n-3（EPA）、22:5n-3、22:6n-3（DHA）和 LC-PUFA 水平都显著高于对照组（$P<0.05$），说明 Hnf4α 促进了 SCHL 细胞中脂肪酸底物向产物的转化以及 LC-PUFA 的合成。

表 6-4　SCHL 细胞中过表达 *hnf4α* 组和对照组的脂肪酸组成　（单位：%总脂肪酸）

主要脂肪酸	组别	
	对照组	*hnf4α* 的 mRNA 过表达组
14:0	1.37±0.11	1.26±0.01
16:0	14.49±0.21	14.54±0.06
18:0	15.28±0.40	14.89±0.06
24:0	0.71±0.04	0.75±0.01
18:1n-9	21.39±0.56	22.03±0.17

续表

主要脂肪酸	组别	
	对照组	*hnf4α* 的 mRNA 过表达组
24:1	1.23±0.03	1.16±0.17
18:2n-6	2.69±0.06	2.79±0.03
18:3n-6	0.58±0.06	0.60±0.04
20:2n-6	1.08±0.06[a]	1.44±0.05[b]
20:4n-6（ARA）	0.25±0.02	0.35±0.02
18:3n-3	2.41±0.07	2.45±0.04
18:4n-3	0.44±0.02	0.52±0.03
20:3n-3	4.95±0.15[a]	5.33±0.03[b]
20:5n-3（EPA）	2.97±0.08[a]	3.28±0.01[b]
22:5n-3	3.70±0.03[a]	3.90±0.01[b]
22:6n-3（DHA）	15.39±0.43[a]	16.65±0.04[b]
SFA	31.73±0.58	31.45±0.06
MUFA	22.81±0.46	23.19±0.10
LC-PUFA	19.30±0.59[a]	20.89±0.04[b]
20:2n-6/18:2n-6	0.29±0.00[a]	0.35±0.01[b]
20:3n-3/18:3n-3	0.67±0.00[a]	0.69±0.00[b]

注：数据为平均值±标准误（$n=3$），每一行中，无相同字母标注者表示相互间差异显著（$P<0.05$，*t*-检验）。

2. *hnf4α* 过表达对 SCHL 细胞脂肪酸转化效率的影响

表 6-4 结果显示，*hnf4α* 过表达组的 20:2n-6/18:2n-6 和 20:3n-3/18:3n-3 的比值显著高于对照组（$P<0.05$），说明其脂肪酸转化效率得到提高（图 6-21）。在 LC-PUFA 的合成途径中，18:2n-6→20:2n-6 和 18:3n-3→20:3n-3 转化由 Elovl5 催化完成。结果表明，Hnf4α 不仅可以促进关键酶基因的表达，还可以提高 SCHL 细胞中的脂肪酸转化效率。

3. Hnf4α 激动剂（Alverine 和 Benfluorex）对黄斑蓝子鱼幼鱼肝脏脂肪酸组成的影响

对实验鱼的肝脏样品进行脂肪酸组成进行分析的结果显示（表 6-5），与 0.9% NaCl 对照组相比，Alverine 注射组中的 DHA 和 LC-PUFA 含量，以及 Benfluorex 注射组的 20:2n-6 和 20:5n-3（EPA）含量都显著提高（$P<0.05$）。结果说明，在体水平下，Hnf4α 激动剂可以改变黄斑蓝子鱼幼鱼肝脏的脂肪酸组成，促进 LC-PUFA 的合成，从而进一步验证了 Hnf4α 具有促进 LC-PUFA 合成的能力。

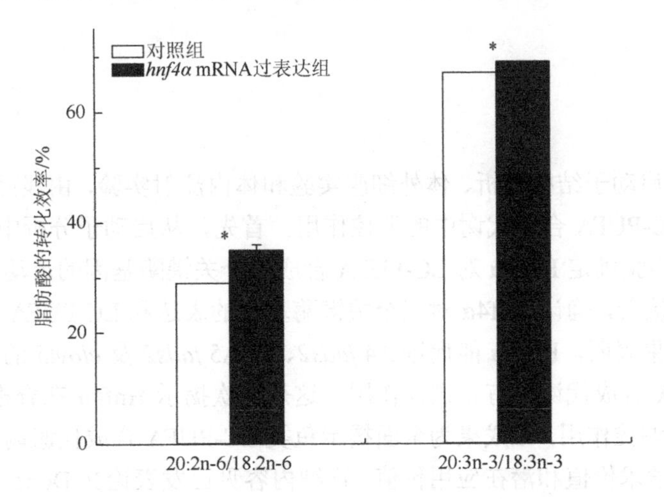

图 6-21　*hnf4α* 的 mRNA 过表达对 SCHL 细胞脂肪酸转化效率的影响

表 6-5　注射 Hnf4α 激动剂（Alverine 和 Benfluorex）后黄斑蓝子鱼肝脏的脂肪酸组成

主要脂肪酸	0.9% NaCl	DMSO	Alverine	Benfluorex
14:0	64.57±3.00	68.23±6.92	63.33±1.75	66.74±2.42
16:0	665.83±39.65	644.23±66.56	644.91±85.87	632.51±23.44
18:0	135.08±19.18	128.54±5.02	129.51±9.24	149.43±31.85
20:0	11.36±0.74	12.38±0.63	13.16±0.87	12.71±0.46
24:0	5.47±0.43	6.26±1.44	6.99±0.22	6.88±1.66
16:1n-7	127.47±8.56	144.49±17.31	139.50±5.31	137.02±5.78
18:1n-9	498.35±40.16	500.34±18.62	540.13±46.47	508.29±23.00
20:1n-9	6.40±0.81	8.07±0.60	8.45±1.71	8.22±1.75
24:1	5.06±0.64	5.49±0.34	5.77±0.08	5.04±0.47
18:2n-6	166.67±32.11	164.96±17.76	189.71±9.42	215.96±6.42
18:3n-6	10.79±1.13	11.28±1.55	12.72±1.47	14.36±1.08
20:2n-6	10.95±2.11[a]	11.91±1.29[ab]	14.15±1.29[ab]	18.61±1.44[b]
20:4n-6（ARA）	5.81±1.14	6.92±0.39	9.17±0.49	9.09±1.10
22:2n-6	5.10±0.74	5.66±0.27	6.22±0.43	6.72±0.78
18:3n-3	56.06±1.57	58.94±3.93	66.39±2.13	53.71±3.11
18:4n-3	8.92±1.44	12.38±0.63	13.71±0.82	11.44±2.14
20:3n-3	20.89±2.08	27.69±2.82	27.07±1.39	24.82±4.33
20:5n-3（EPA）	12.89±2.80[a]	15.72±2.57[ab]	20.24±1.03[ab]	21.74±0.80[b]
22:5n-3	58.47±14.38	64.67±4.52	87.41±7.27	84.19±11.84
22:6n-3（DHA）	128.85±32.08[a]	150.16±17.21[ab]	228.95±21.00[b]	184.21±12.77[ab]
SFA	695.5±50.75	741.14±31.12	703.99±25.38	714.46±54.49
MUFA	638.70±49.09	642.50±35.66	688.79±47.88	661.95±17.77
LC-PUFA	236.99±54.82[a]	282.73±20.30[a]	397.02±32.44[b]	349.38±22.93[ab]

注：单位为 mg/kg 干质量，数据为平均值±标准误差（$n=3$），各行中无相同字母标注者表示相互间差异显著（$P<0.05$，*t*-检验）。

（七）总结

本部分通过启动子结构分析、体外细胞实验和体内注射实验，由浅而深，探讨 Hnf4α 在黄斑蓝子鱼 LC-PUFA 合成代谢中的调控作用。首先，从启动子分析中预测到 DR-1 元件，并通过系列实验确定 Hnf4α 对 LC-PUFA 合成三个关键酶基因的启动子活力和表达具有正调控作用；接着，确认 Hnf4α 对三个关键酶基因的表达和 LC-PUFA 合成代谢具有促进作用。研究结果表明，Hnf4α 能促进 Δ4 *fads2*、Δ6Δ5 *fads2* 及 *elovl5* 的转录，对黄斑蓝子鱼的 LC-PUFA 合成代谢具有正调控作用。这是首次揭示 Hnf4α 在脊椎动物 LC-PUFA 合成代谢中具有调控作用，该成果为全面揭示鱼类 LC-PUFA 合成代谢调控机制增加了新资料，具有重要学术价值和潜在应用价值。详细内容见已发表论文 Dong 等（2016，2018，2020）、Li 等（2018）和 Wang 等（2018）。

三、Lxrα-Srebp1 通路在黄斑蓝子鱼 LC-PUFA 合成代谢中的正调控作用

Lxr-Srebp 是哺乳动物脂质代谢中一条较保守的代谢途径，在 LC-PUFA 合成代谢调控中具有重要作用；该途径在硬骨鱼类 LC-PUFA 合成代谢调控中的作用已在大西洋鲑中有报道（Carmona-Antonanzas et al.，2014），但在其他鱼类中未见报道。前期，我们在黄斑蓝子鱼 Δ4 *fads2*、Δ6Δ5 *fads2* 和 *elovl5* 基因启动子上预测到转录因子 Srebp1 的结合位点，并确认了该位点对启动子活力的影响作用（Dong et al.，2016，2018；Li et al.，2018）。考虑到 Srebp1 的结合位点在脊椎动物 LC-PUFA 合成关键酶基因启动子上具有高度的保守性（Zheng et al.，2009），本部分聚焦 Lxrα-Srebp1 通路在黄斑蓝子鱼 LC-PUFA 合成代谢中的转录调控作用，主要研究内容及结果如下。

（一）黄斑蓝子鱼 *lxrα* 和 *srebp1* 基因克隆及序列特性

通过 5′端和 3′端的 cDNA 末端快速扩增技术（RACE），获得了黄斑蓝子鱼 *lxr* 基因 3055 bp 的 cDNA 序列，包含一个 407 bp 的 5′端非翻译区（5′UTR）和一个 1259 bp 的 3′端非翻译区（3′UTR）；ORF 长为 1389 bp，编码含 462 个 AA 的蛋白质（核苷酸和氨基酸序列提交到 NCBI 数据库的登录号分别为 JF502074.1 和 AFH35110.1）。氨基酸序列比对分析显示，黄斑蓝子鱼 Lxr 具有该家族成员典型的结构，包括一个 DBD、一个 LBD、激活功能域（AF-1/2）和一个 D 结构域（铰链区）（图 6-22A）。

克隆到 *srebp1* 基因的 cDNA 全长为 3952 bp，包含 201 bp 的 5′UTR，239 bp 的 3′UTR；ORF 长 3513 bp，编码含 1171 个 AA 的蛋白质（核苷酸和氨基酸序列提交到了 NCBI 的登录号分别是 JF502069.1 和 AFH35105.1）。氨基酸序列比对分析显示，黄斑蓝子鱼 Srebp1 蛋白具有保守的碱基螺旋-环-螺旋结构域，为结合 DNA 所必需（图 6-22B）。

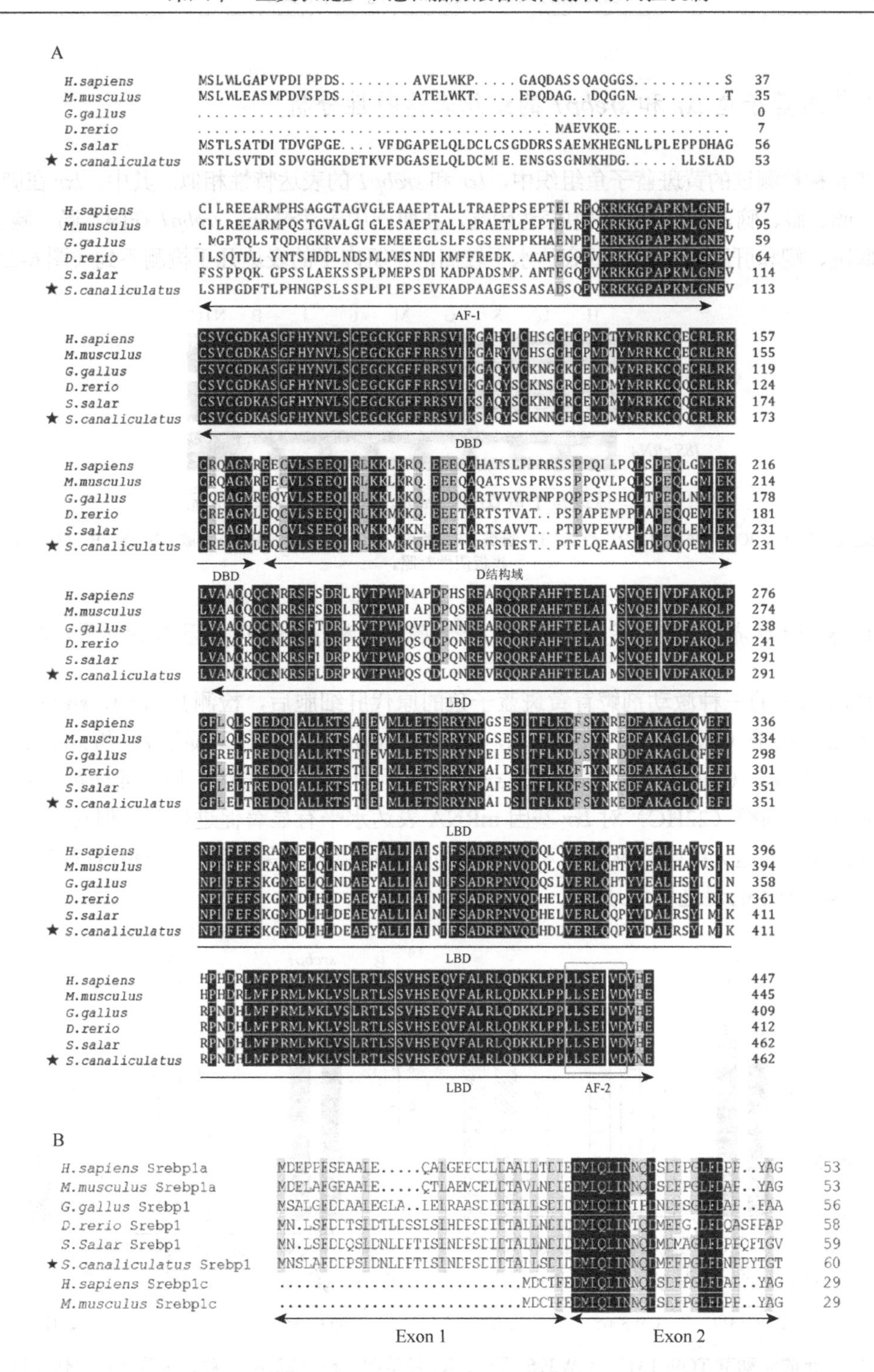

图 6-22　黄斑蓝子鱼推测的 Lxr（A）和 Srebp1 的氮端（B）的氨基酸序列比对

参与比对的物种为人（*H. sapiens*）、小鼠（*M. musculus*）、鸡（*G. gallus*）、斑马鱼（*D. rerio*）和大西洋鲑（*S. salar*）。一致性的氨基酸（AA）标注为黑色阴影，相似的氨基酸标注为灰色阴影。（A）Lxr 的蛋白质结构域使用箭头线标记；AF-1 表示为氮端的配体依赖型激活结构域（AF）；DBD 代表 DNA 结合结构域；D 结构域代表连接 LBD 和 DBD 的铰链区；LBD 代表含有 AF-2 区域的配体结合结构域，用灰色标注。（B）Srebp 蛋白的外显子（Exon）区域用箭头线标注。

（二）黄斑蓝子鱼 *lxr* 和 *srebp1* 的组织表达特性分析

在 8 种检测过的黄斑蓝子鱼组织中，*lxr* 和 *srebp1* 的表达特性相似。其中，*lxr* 在脾脏、肝脏、肠、眼、脑、心脏等组织中表达较高，在肌肉中表达最低；*srebp1* 在眼、肠、脑、心脏、脾脏、鳃和肝脏等组织中的表达水平较高，在肌肉中的表达几乎检测不到（图 6-23）。

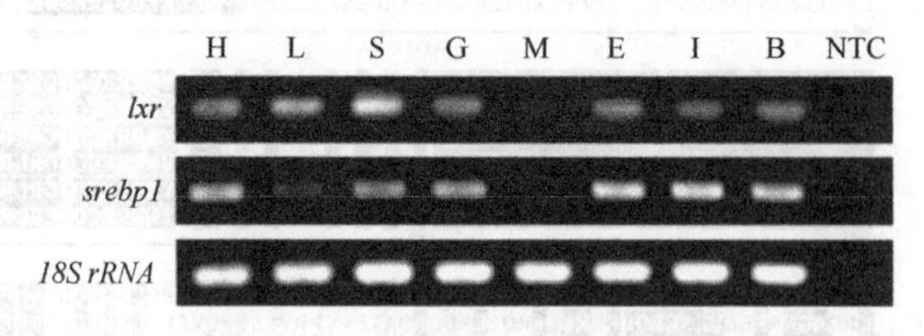

图 6-23　黄斑蓝子鱼 *lxr* 和 *srebp1* 基因的组织表达情况

基因表达采用半定量 PCR 方法检测。H：心脏；L：肝脏；S：脾脏；G：鳃；M：肌肉；E：眼；I：肠；B：脑；NTC：非模板阴性对照。

（三）Lxr 激动剂对黄斑蓝子鱼原代肝细胞 *lxr* 和 *srebp1* 基因表达的影响

利用 Lxr 的三种激动剂孵育黄斑蓝子鱼的原代肝细胞后，检测其 *lxr* 和 *srebp1* 基因 mRNA 表达水平（图 6-24）。结果显示，激动剂 TO901317 可显著促进 *lxr* 和 *srebp1* 基因的 mRNA 表达，GW3965 可显著促进 *srebp1* 基因的 mRNA 表达，但与处理剂量有关；22(R)-羟基胆固醇（22HC）对 *lxr* 基因 mRNA 表达水平有显著促进作用，但对 *srebp1* 基因的 mRNA 表达无影响。从这三种激动剂的处理浓度和效果来看，TO901317 对 *lxr* 和 *srebp1* 基因表达的促进作用最强。

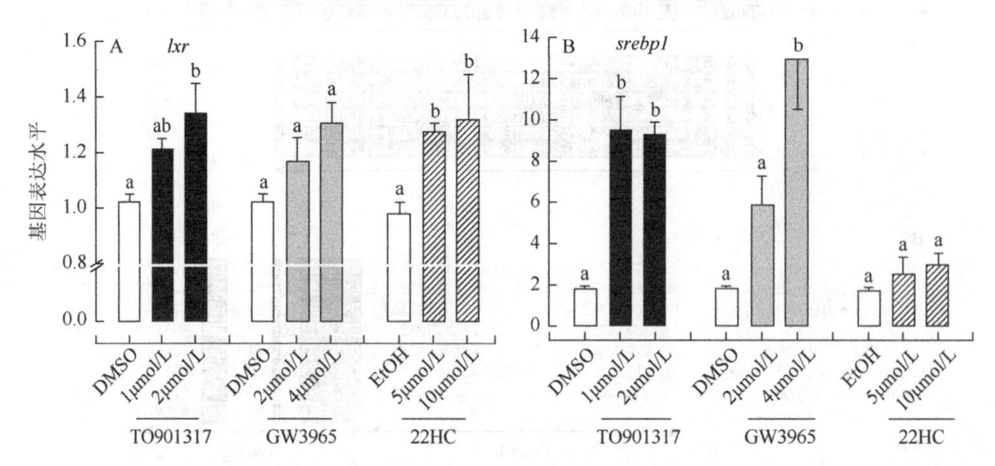

图 6-24　Lxr 的激动剂 TO901317、GW3965 和 22(R)-羟基胆固醇（22HC）对黄斑蓝子鱼原代肝细胞中 *lxr* 和 *srebp1* 基因 mRNA 表达水平的影响

使用 Lxr 的激动剂 TO901317（1 μmol/L 和 2 μmol/L）、GW3965（2 μmol/L 和 4 μmol/L）、22(R)-羟基胆固醇（22HC）（5 μmol/L 和 10 μmol/L）和对照组试剂（DMSO-TO901317，EtOH-22HC）孵育黄斑蓝子鱼原代肝细胞 6 h 后取样，*lxr* 和 *srebp1* 基因表达量采用 qPCR 分析，18S rRNA 为内参基因。数据为平均值±标准误（$n = 3$），同一种激动剂处理组中，柱上无相同字母标注者表示相互间差异显著（$P<0.05$，Tukey 多重比较检验）。

（四）Lxr 激动剂 TO901317 对 LC-PUFA 合成相关基因表达的影响

利用上述研究中效果最好的 Lxr 激动剂 TO901317 孵育黄斑蓝子鱼的原代肝细胞后，检测其对 LC-PUFA 合成关键酶及相关转录因子基因表达水平的影响。结果显示，TO901317 在 1 μmol/L 和/或 2 μmol/L 处理浓度下，可显著提高 Δ6Δ5 *fads2*、Δ4 *fads2* 及 *pparγ* 基因的 mRNA 表达水平，但对 *elovl5*、*pparα* 和 *pparβ* 的作用不明显（图 6-25）。

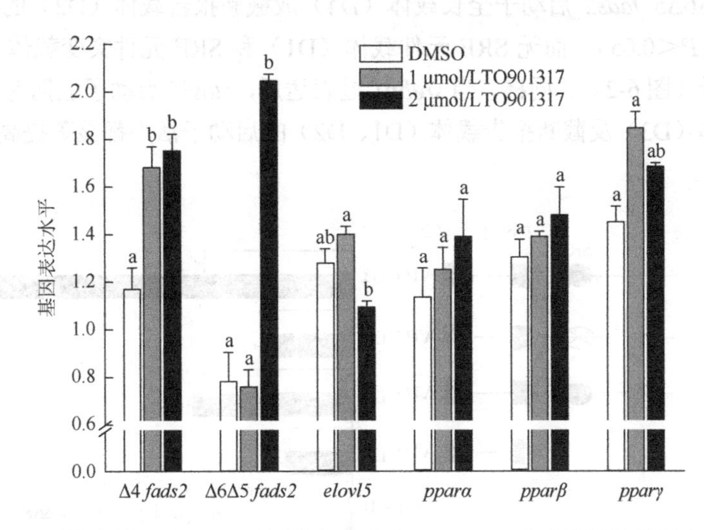

图 6-25　Lxr 激动剂 TO901317 对原代肝细胞中 LC-PUFA 合成关键酶基因表达的影响

黄斑蓝子鱼原代肝细胞在 TO901317（1 μmol/L 和 2 μmol/L）中孵育 6 h 后，取样并采用 qPCR 分析 Δ4 *fads2*、Δ6Δ5 *fads2*、*elovl5* 和 *ppars* 的 mRNA 表达水平，对照组使用 DMSO 孵育。18S rRNA 为内参基因。数据为平均值±标准误（$n=3$），同一基因中，柱上无相同字母标注者表示相互间差异显著（$P<0.05$，Tukey 多重比较检验）。

（五）Srebp1 结合元件（SRE）在黄斑蓝子鱼 Δ6Δ5 *fads2* 和 *elovl5* 核心启动子区的位置

根据生物信息学分析及系列实验，前期我们已确定黄斑蓝子鱼 Δ6Δ5 *fads2* 和 *elovl5* 核心启动子区的顺式作用元件（表 6-2），包括保守的 NF-Y、SRE 元件，以及 PPRE、C/EBP 和 Sp1 元件。其结构见图 6-26A 和图 6-26B，其中，SRE 是 Srebp1 的结合元件。

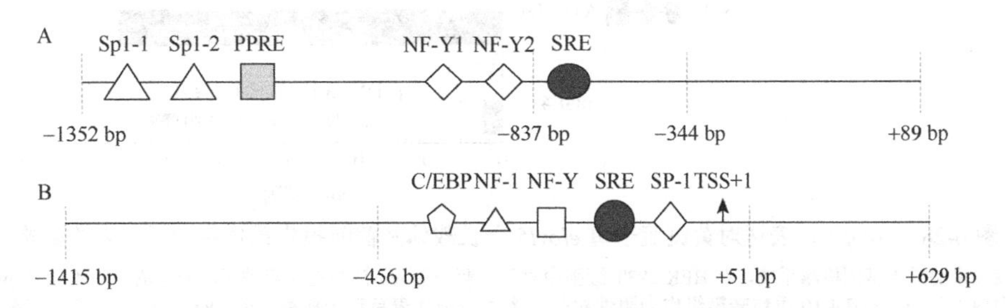

图 6-26　*elovl5*（A）和 Δ6Δ5 *fads2*（B）核心启动子区的结合元件

（六）*srebp1* 过表达对黄斑蓝子鱼 Δ6Δ5 *fads2* 和 *elovl5* 启动子活力的影响

为了探究 *srebp1* 与 Δ6Δ5 *fads2* 和 *elovl5* 之间的功能关系，我们在 HEK 293T 细胞中利用双荧光素酶报告基因检测系统，检测 *srebp1* 基因过表达对 Δ6Δ5 *fads2* 和 *elovl5* 基因启动子活力的影响。结果显示，利用 100 ng 的 pcDNA3.1（对照）或 *srebp1* 过表达载体 + 50 ng 的 Δ6Δ5 *fads2* 或 *elovl5* 启动子报告载体共转染 HEK 293T 细胞后，拥有 SRE 元件（Srebp1 结合位点）的 Δ6Δ5 *fads2* 启动子全长载体（D4）或截断报告载体（D2）的活力显著提高了（$P<0.01$ 或 $P<0.05$），而无 SRE 元件载体（D1）和 SRE 元件突变载体（D3）的活力与对照组无差异（图 6-27）。同样，当 *srebp1* 过表达后，*elovl5* 启动子上拥有不同数目 SRE 元件的全长载体（D3）及截断报告载体（D1、D2）的启动子活力都显著提高了（$P<0.05$）（图 6-28）。

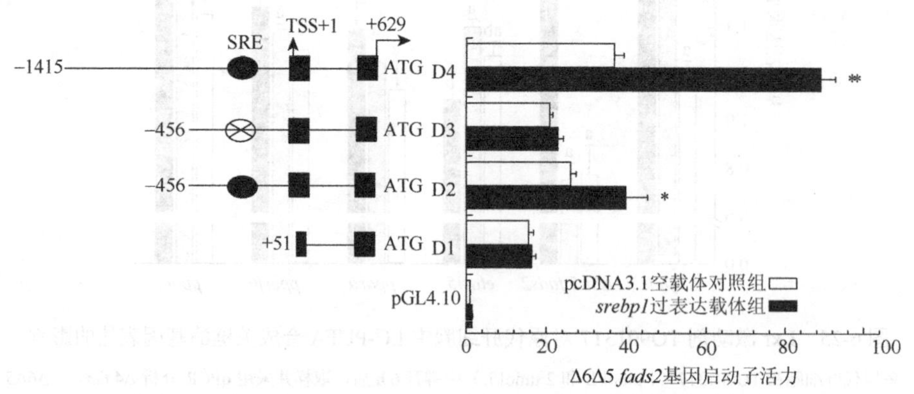

图 6-27 *srebp1* 过表达对黄斑蓝子鱼 Δ6Δ5 *fads2* 全长载体及缺失突变体启动子活力的影响

通过双荧光素酶报告基因检测系统，在 HEK 293T 细胞中对黄斑蓝子鱼 Δ6Δ5 *fads2* 进行启动子活力检测。0.04 ng 的 pGL4.75 质粒作为内参质粒，pGL4.10 质粒转染组作为阴性对照。黑色椭圆代表启动子序列上的 SRE 元件。右侧数据为平均值±标准误，*表示过表达组与相应对照组相比差异显著（$*P<0.05$，$**P<0.01$，*t*-检验）。

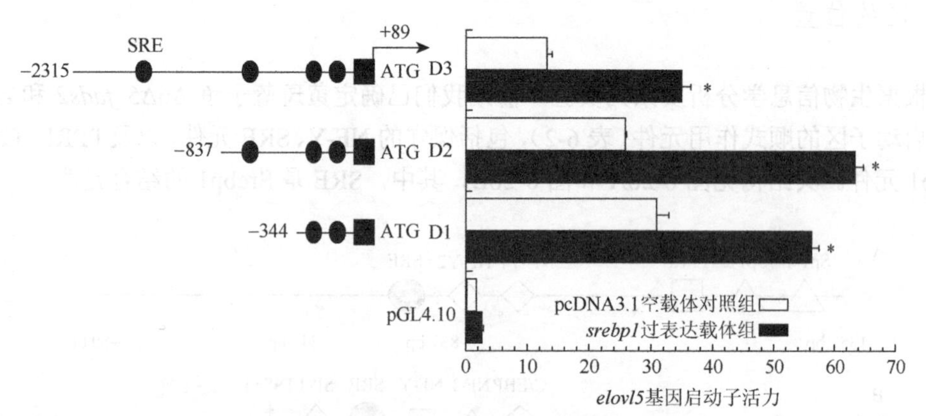

图 6-28 *srebp1* 过表达对黄斑蓝子鱼 *elovl5* 全长载体及截断报告载体启动子活力的影响

通过双荧光素酶报告基因检测系统，在 HEK 293T 细胞中对黄斑蓝子鱼 *elovl5* 进行了启动子活力检测。0.04 ng 的 pGL4.75 质粒作为内参质粒，pGL4.10 质粒转染组作为阴性对照。黑色椭圆代表启动子序列上的 SRE 元件。右侧数据都为平均值±标准误，*表示过表达组与相应对照组相比差异显著（$*P<0.05$，*t*-检验）。

（七）SCHL 细胞中，*srebp1* 的 siRNA 对 Δ6Δ5 *fads2* 和 *elovl5* 基因表达的影响

为了进一步确定 Srebp1 对 LC-PUFA 合成关键酶基因表达的调控作用，有必要利用 SCHL 细胞开展 RNAi 实验，检测 Δ6Δ5 *fads2* 和 *elovl5* 基因表达水平的变化。首先，利用不同长度 *srebp1* 基因的 siRNA（分别命名为 siRNA-638、siRNA-1211 和 siRNA-1303）处理 SCHL 细胞，评估其对 *srebp1* 基因的沉默效率。结果显示，siRNA-638 和 siRNA-1211 可显著降低 *srebp1* 基因的表达量（$P<0.05$）（图 6-29），但 siRNA-1303 的效果不明显（$P>0.05$）。为此，我们选择 siRNA-1211 开展正式 RNAi 实验。结果显示，使用 siRNA-1211 处理 SCHL 细胞后，*srebp1*、Δ6Δ5 *fads2* 和 *elovl5* 基因的表达水平都显著降低（$P<0.05$）（图 6-30），从反面证明 Srebp1 可以调控 Δ6Δ5 *fads2* 和 *elovl5* 基因的表达。

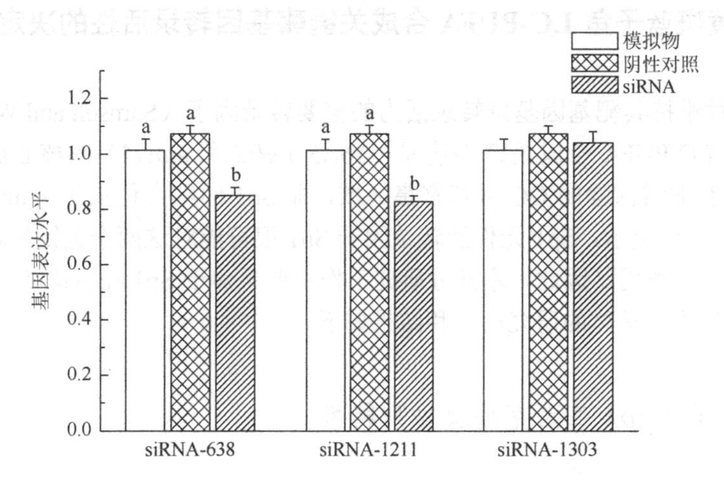

图 6-29　*srebp1* 基因被不同 siRNAs 沉默后的相对表达量变化

数据为平均值±标准误（$n=3$），同一个处理组中，无相同上标字母表示相互间差异显著（$P<0.05$）。

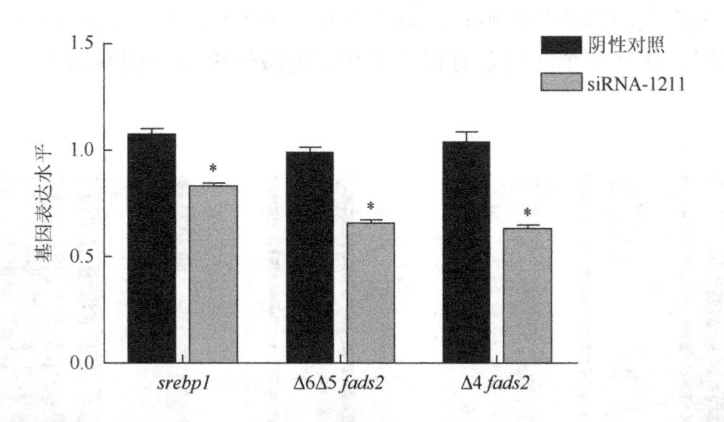

图 6-30　在用 siRNA-1211 对 SCHL 细胞进行沉默后，*srebp1*、Δ6Δ5 *fads2* 和 *elovl5* 基因相对表达量的变化

数据为平均值±标准误（$n=3$），*表示 *srebp1* 基因 siRNA 组与对照组差异显著（$P<0.05$，*t*-检验）。

（八）总结

Lxr-Srebp 途径在哺乳动物和大西洋鲑 LC-PUFA 合成代谢中的调控作用已有报道，但在其他硬骨鱼类中的相关报道很少。本部分的系列研究结果表明，Lxrα-Srebp1 途径通过激活 Δ4 *fads2*、Δ6Δ5 *fads2* 和 *elovl5* 基因的表达，参与调控黄斑蓝子鱼 LC-PUFA 合成过程（Zhang et al.，2016；You et al.，2017；Sun et al.，2019）。这一结论前期已在哺乳动物中得到证明（Nara et al.，2002；Qin et al.，2009；Varin et al.，2015），说明脊椎动物的 Lxrα-Srebp1 途径在调节 LC-PUFA 合成过程中是一个非常保守的机制。

四、Sp1 对黄斑蓝子鱼 LC-PUFA 合成关键酶基因转录活性的决定作用

Sp1 是一种维持其靶基因基础转录活力的重要转录因子（Samson and Wong，2002）。在黄斑蓝子鱼 LC-PUFA 合成关键酶基因（Δ6Δ5 *fads2* 和 *elovl5*）的核心启动子区上，我们也发现具有非常保守的 GC 碱基富集区域，即 Sp1 的结合位点（Dong et al.，2018；Li et al.，2018）。这提示，Sp1 元件及转录因子 Sp1 很可能对这两个关键酶基因的转录具有非常重要的调控作用。因此，本部分研究工作主要聚焦于 Sp1 在黄斑蓝子鱼 LC-PUFA 合成中的调控作用，具体的研究内容和结果如下。

（一）黄斑蓝子鱼 *sp1* 基因克隆及序列特性

我们从黄斑蓝子鱼中克隆到 *sp1* 的 cDNA 序列 3724 bp，包含一个 2106 bp 的 ORF，编码一个含 701 个 AA 的蛋白质（基因登录号 MK572810）。氨基酸序列比对分析显示，该蛋白质具有 Sp1 蛋白的典型结构：在氮端具有一个 Sp 盒子，在碳端具有一个 Btd 盒和三个锌指结构域，并且整个序列含有很多潜在的磷酸化位点（图 6-31）。

```
                                                                   Btd盒
As : SLGSTGLQMHQLQGVPINITGAAGEQPLLT...AGESLDSSAVMEDASM.SPPS.QGRRNRREACTCP : 520 520
Am : NLANAGLQMHQIQGVPIAVANNAGDQGGA....GGESLDDCTVLDQSLDTSPTQ.PSRRTRREACTCP : 509 509
Ca : TLGNTGLQMHQLQGVPITITNTAGDGS....GTTGDALEDSGALEENMESSPTP.SSRRTRREACTCP : 319 319
Dr : TLGSGGLQM.QPIQMPVTI...ASAPG....EAAADALEDSAVLEENAESSPNTASSRRTRREACTCP : 297 297
Km : TLGSTGLQMHQLQGLPIPITSNAGEQSLQT...GGESLGDSTVMGEEDM.NSPP.QGRRSRREACTCP : 531 531
Lc : TLGGSGLQMHQLQTVPITIASTAGEQALQA...GGESLDDSTAMDDEDI.SPPT.QGRRNRREACTCP : 525 525
On : SLGGSGLQMHQLPIT...IASTAGEQPLQT...GGESLDENTAMDEEDL.SPPP.QGRRNRREACTCP : 532 532
Ol : TLGSAGLQMHQIPGVPISIANPAGEQPLIT...GGDGLEDSMIMDDEDI.SPPN.QGRRNRREACTCP : 525 525
Pn : NLGNAGLQMHQLQGVPIAMANTAGEQGGA....GAESLEDCTVLDQSLETSPTQ.PSRRTRREACTCP : 512 512
Ss : TLQNSGLQMHQLQGVPITISNTAGDQGLQTA...GDSLDDGTVM.EEGDTSPQP.QNRRTRREACTCP : 504 504
Sf : TLGNTGLQMHQLQGVPIAIANTAGEPGIQTVGVGGDSLDDNTALDEGGETSPQP.PTRRTRREACTCP : 536 536
Sc : TLGGSGLQMHQLQTVPIAITSATGEQSLQT...GGESLDDSTAMDDEDI.SPPT.QGRRNRREACTCP : 528 528
```

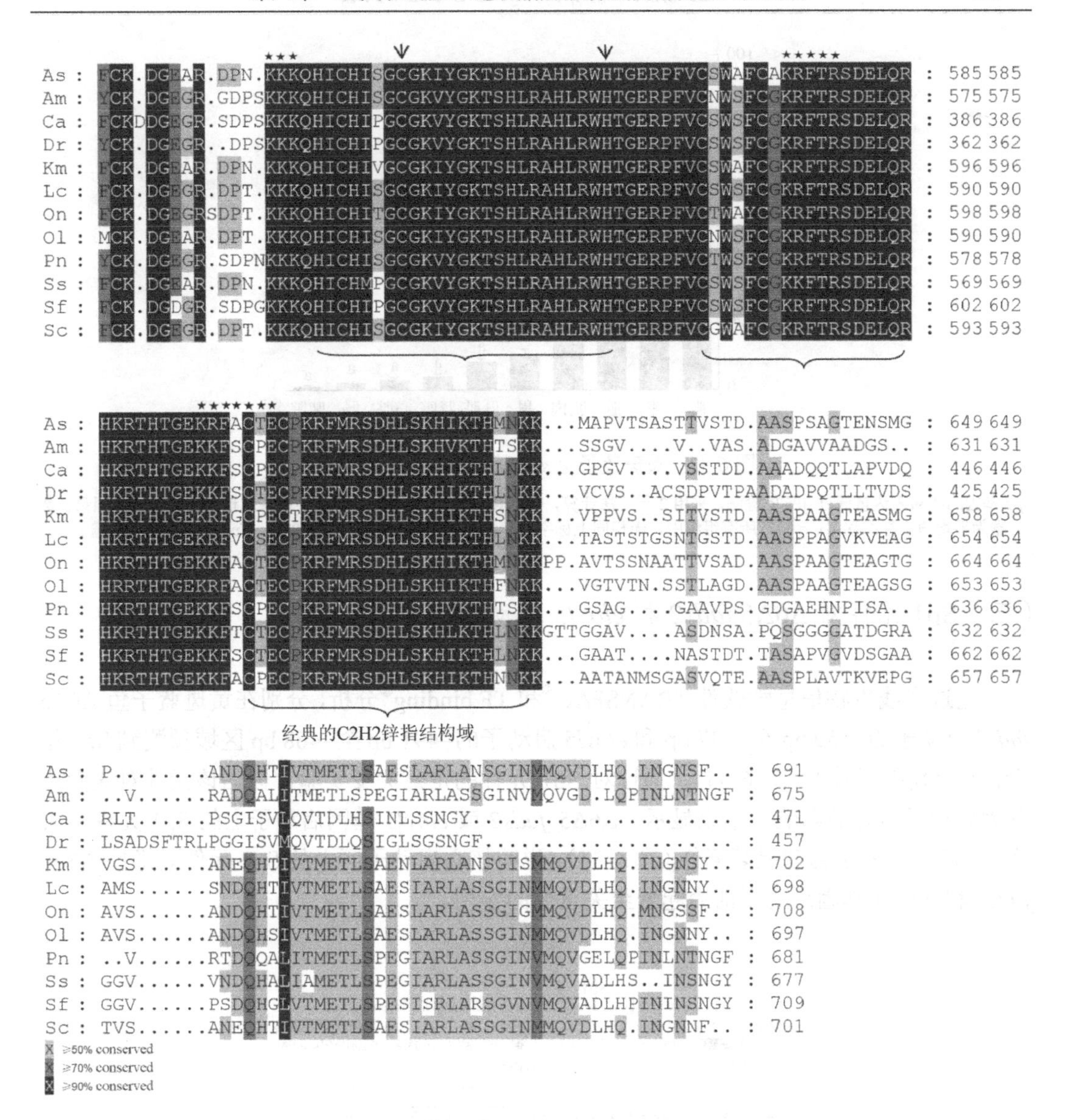

图 6-31　Sp1 蛋白的 Btd 盒和锌指结构域的氨基酸（AA）序列比对

比对的鱼种包括：黄斑蓝子鱼（*S. canaliculatus*，Sc，MK572810）、鲫（*Carassius auratus*，Ca，XP_026096509.1）、大黄鱼（*L. crocea*，Lc，XP_010730401.1）、大西洋鲑（*S. salar*，Ss，XP_013989519.1）、五线旗鳉（*Aphyosemion striatum*，As，SBP16265.1）、墨西哥丽脂鲤（*Astyanax mexicanus*，Am，XP_007248419.1）、鮟鱼（*Kryptolebias marmoratus*，Km，XP_017264015.1）、尼罗罗非鱼（*O. niloticus*，On，XP_019214905.1）、青鳉（*O. latipes*，Ol，XP_004068725.1）、纳氏锯脂鲤（*Pygocentrus nattereri*，Pn，XP_017548304.1）、亚洲龙鱼（*Scleropages formosus*，Sf，XP_018597836.1）、斑马鱼（*D. rerio*，Dr，AAH67713.1）。黑色和灰色的边框分别表示一致和相似的氨基酸序列。虚线括号表示 Btd 盒，实线括号表示锌指结构域，五角星和箭头分别表示潜在的磷酸化位点和锌离子结合位点。

（二）黄斑蓝子鱼 *sp1* 基因的组织表达情况

黄斑蓝子鱼的 *sp1* 基因在所有检测过的 10 种组织中都有表达（图 6-32）。其中，在眼和鳃中的表达丰度最高，显著高于其他组织。

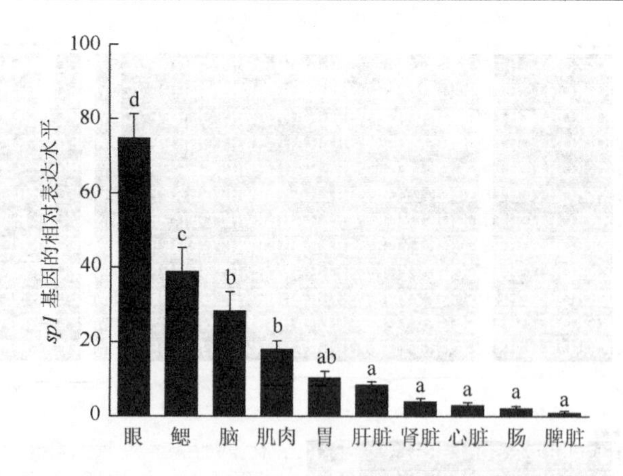

图 6-32　黄斑蓝子鱼 *sp1* 基因的组织表达特性

sp1 基因的相对表达量通过 qPCR 检测，采用 $2^{-\Delta\Delta CT}$ 法计算，18S rRNA 为内参基因，以肠中的表达量作为倍比的参照量。数据为平均值±标准误（$n=6$），所有组织中，无相同上标字母表示相互间差异显著（$P<0.05$，Tukey 多重比较检验）。

（三）Sp1 元件对 Δ6Δ5 *fads2* 和 *elovl5* 启动子活力的影响

通过在线生物信息学软件 TRANSFAC®和 TF binding®分析，分别在黄斑蓝子鱼 Δ6Δ5 *fads2* 启动子的–159 bp 至–137 bp 和 *elovl5* 启动子的–491 bp 至–468 bp 区域预测到 Sp1 结合位点（Sp1 元件）（图 6-33）。通过对 Sp1 元件的定点突变实验，评估该元件对这两个基因启动子活力的影响。结果显示：Δ6Δ5 *fads2* 或 *elovl5* 基因启动子上的 Sp1 元件被突变后，启动子的活力都显著降低（图 6-34），说明核心启动子区上的 Sp1 元件对维持 Δ6Δ5 *fads2* 和 *elovl5* 基因启动子活力起着至关重要的作用。

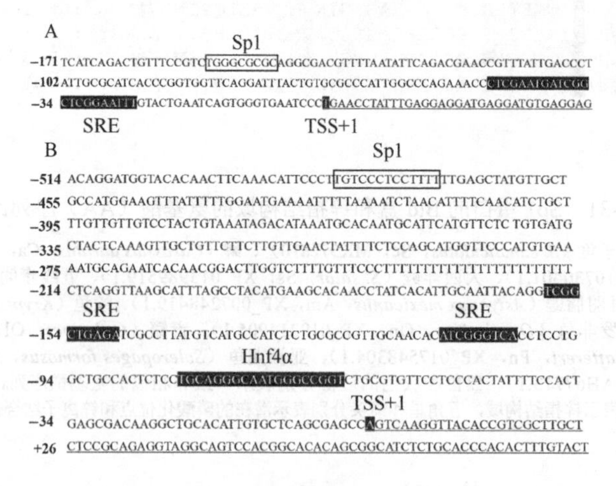

图 6-33　黄斑蓝子鱼 Δ6Δ5 *fads2*（A）和 *elovl5*（B）核心启动子区上预测的 Sp1 位点

序号的标记是相对于转录起始位点（TSS，+1）的第一个碱基确定。潜在的转录结合基序被标记为黑色，透明边框标记为 Sp1 结合位点，下划线标记的碱基位于转录起始位点下游。

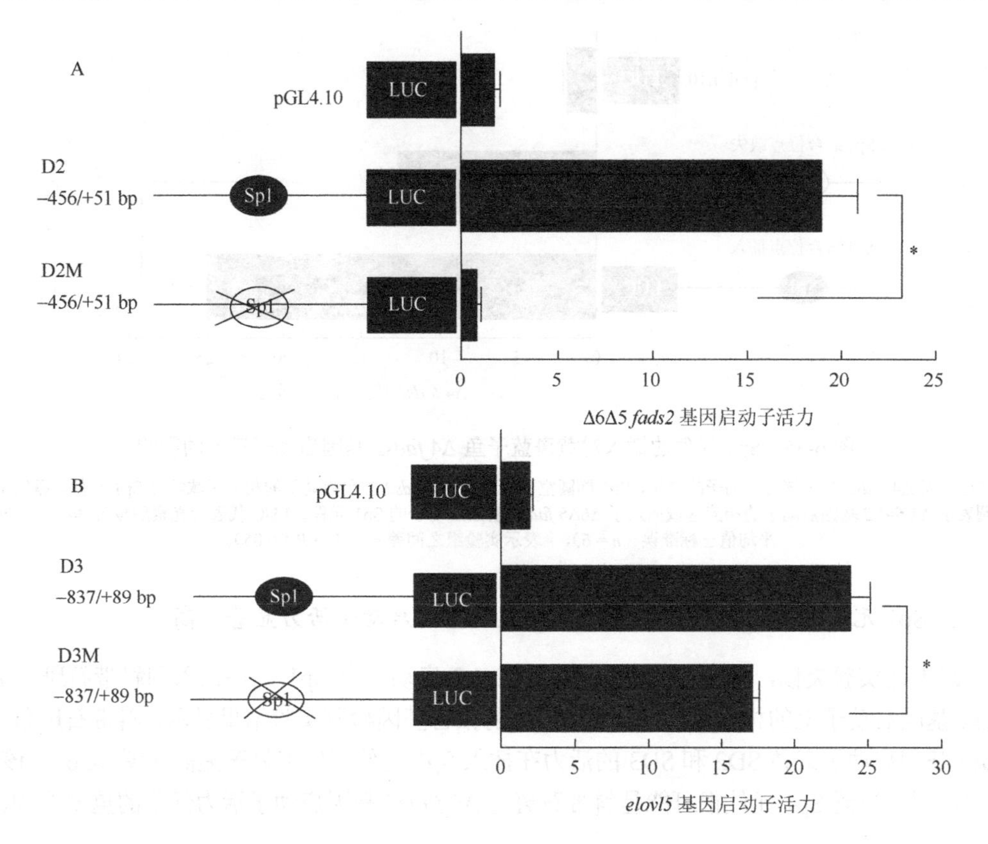

图 6-34　HepG2 细胞中，Sp1 元件突变对 Δ6Δ5 *fads2* 和 *elovl5* 基因启动子活力的影响

阴性对照 pGL4.10 是一个空载体，在报告基因序列的上游没有启动子序列。图中横坐标表示萤火虫荧光素酶活性与海肾荧光素酶活性的比值；纵坐标表示含有不同的启动子片段的报告基因载体。数据为平均值±标准误（$n=6$），*表示 Sp1 元件突变组鱼对照组间差异显著（$P<0.05$）。

（四）Sp1 元件对 *fads2* 基因启动子活力具有重要作用

1. Sp1 元件的插入使黄斑蓝子鱼 Δ4 *fads2* 基因的启动子活力显著提高

我们前期的研究发现，在黄斑蓝子鱼的 Δ6Δ5 *fads2* 基因启动子上具有 Sp1 结合位点（Sp1 元件），而 Δ4 *fads2* 基因的启动子上缺失该元件。另外，通过多个物种 *fads2* 基因核心启动子区的比对分析发现，Sp1 元件存在于黄斑蓝子鱼 Δ6Δ5 *fads2*、大西洋鲑 Δ6 *fads2* 和人的 *FADS2* 基因的启动子上，且这 3 个基因启动子都具有较强的活力；相反，大西洋鳕、欧洲鲈鱼和斜带石斑鱼的 Δ6 *fads2* 及黄斑蓝子鱼 Δ4 *fads2* 基因的启动子上都缺乏 Sp1 元件，且前面三种鱼都是缺乏 LC-PUFA 合成能力的肉食性海水鱼，而黄斑蓝子鱼 Δ4 *fads2* 基因的启动子活力比 Δ6Δ5 *fads2* 弱很多。基于以上信息，推测 *fads2* 启动子上 Sp1 元件缺乏可能是其活力低下的原因。为验证此推测，我们将黄斑蓝子鱼 Δ6Δ5 *fads2* 启动子上的 Sp1 元件插入 Δ4 *fads2* 启动子的相应区域后，双荧光素酶报告基因检测实验结果显示，Δ4 *fads2* 启动子的活力出现显著提高（图 6-35）。结果说明，*fads2* 基因启动子活力与 Sp1 结合位点具有密切的关联性。

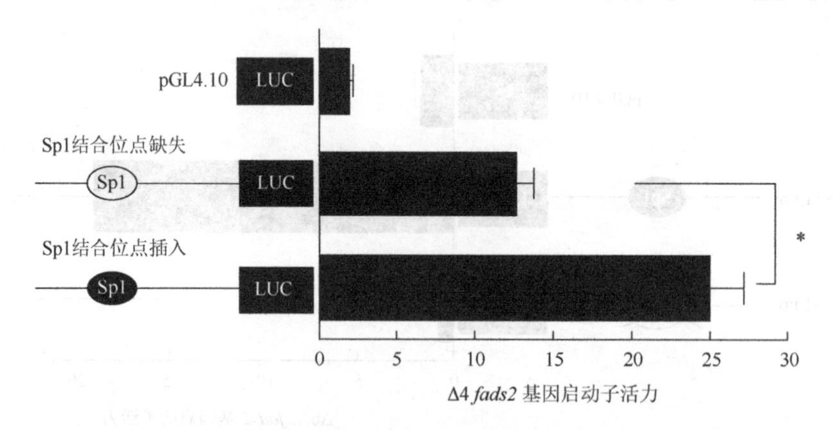

图 6-35　Sp1 元件的插入对黄斑蓝子鱼 Δ4 *fads2* 基因启动子活力的影响

图左边代表 Δ4 *fads2* 基因核心启动子的结构，Sp1 椭圆空白框表示 Δ4 *fads2* 基因启动子的相应区域缺乏 Sp1 元件，黑色实心椭圆表示 Δ4 *fads2* 基因启动子的相应区域插入了 Δ6Δ5 *fads2* 基因启动子的 Sp1 元件；LUC 代表荧光素酶报告基因；数据为平均值±标准误（$n=6$），*表示实验组之间差异显著（$P<0.05$）。

2. Sp1 元件的插入使斜带石斑鱼 Δ6 *fads2* 基因启动子活力显著提高

跟上述实验类似，将黄斑蓝子鱼 Δ6Δ5 *fads2* 启动子上 Sp1 元件插入到斜带石斑鱼 Δ6 *fads2* 基因启动子上的相应区域后，双荧光素酶报告基因检测实验结果显示，斜带石斑鱼 Δ6 *fads2* 基因启动子载体 SD2 和 SD3 的活力在插入 Sp1 元件后出现显著提高（图 6-36）。该结果也说明，缺乏 Sp1 元件很可能是斜带石斑鱼 Δ6 *fads2* 基因启动子活力低下的重要原因。

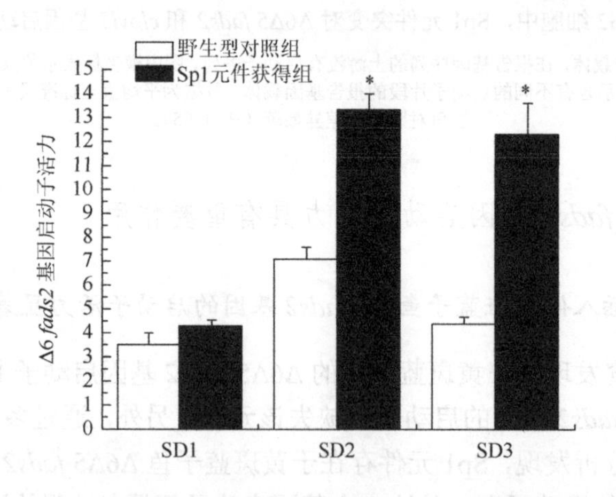

图 6-36　Sp1 元件的插入对斜带石斑鱼 Δ6 *fads2* 基因启动子活力的影响

*表示与野生型对照载体相比，Sp1 元件插入后使得启动子活力显著升高（$P<0.05$）。

（五）Sp1 与 Δ6Δ5 *fads2* 和 *elovl5* 启动子存在特异性结合的确定

为了确定 Sp1 是否与 Δ6Δ5 *fads2* 和 *elovl5* 基因启动子上的 Sp1 元件存在结合关系，我们开展了 EMSA 实验。结果显示，含有 Sp1 结合位点的双链寡核苷酸探针与黄斑蓝子鱼肝细胞提取蛋白孵育后，泳道 2 出现了 DNA-蛋白质复合物滞后条带（图 6-37）。未标记的探针可以在反应中与标记探针竞争，导致泳道 3 未出现滞后条带；未标记的突变探针不能在反应中与标记探针竞争，故泳道 4 也出现了滞后条带。此体外实验结果说明，Sp1 可以直接结合到 Δ6Δ5 *fads2* 和 *elovl5* 启动子上的特异性位点（Sp1 元件），进而对这两个基因的转录发挥调控作用。

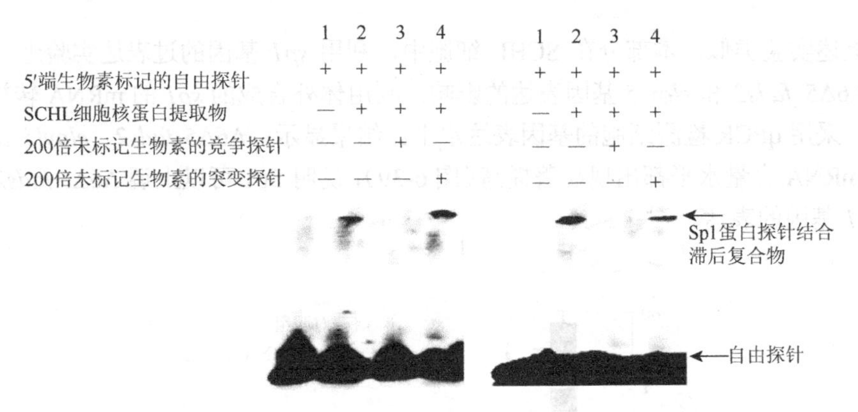

图 6-37　黄斑蓝子鱼 Δ6Δ5 *fads2*（左）和 *elovl5*（右）启动子上 Sp1 元件核酸探针与肝细胞蛋白质进行的 EMSA

泳道 1：阴性对照（生物素标记的自由探针）；泳道 2：生物素标记探针 + 核蛋白；泳道 3：未标记的竞争探针 + 核蛋白；泳道 4：未标记突变探针 + 核蛋白。“+”表示相应试剂被添加，“—”表示相应试剂未被添加。

（六）Sp1 的抑制剂或者 siRNA 对 Δ6Δ5 *fads2* 和 *elovl5* 基因表达的影响

为了确定 Sp1 对 Δ6Δ5 *fads2* 和 *elovl5* 基因表达的调控作用，利用 SCHL 细胞开展了 Sp1 的 RNAi 实验和抑制剂实验。当 SCHL 细胞孵育在 100 μmol/L 的 Sp1 抑制剂光神霉素 A（mithramycin A）中 24 h 后，Δ6Δ5 *fads2* 和 *elovl5* 基因的 mRNA 水平显著降低，而 Δ4 *fads2* 的表达不受影响（图 6-38A）。类似地，当使用 *sp1* 基因的 siRNA 处理 SCHL

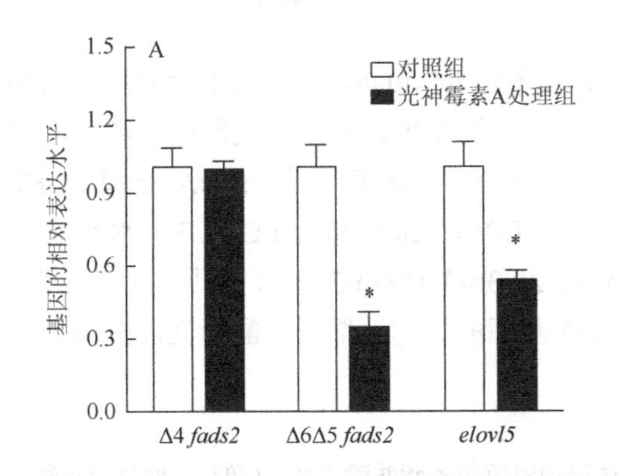

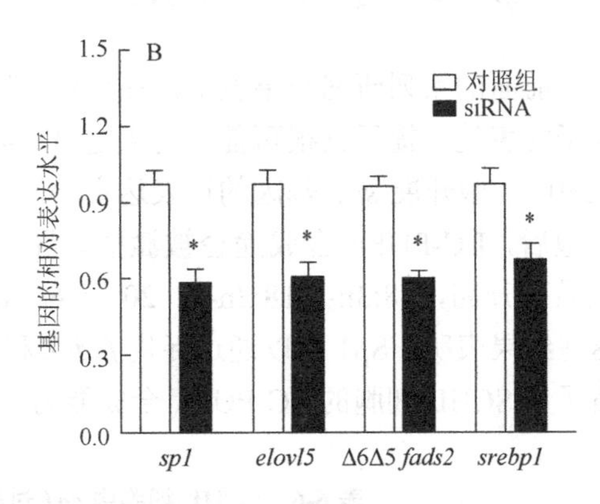

图 6-38　Sp1 抑制剂或 siRNA 处理 SCHL 细胞对基因表达水平的影响

图 A：SCHL 细胞培养液中添加 Sp1 抑制剂光神霉素 A；图 B：细胞使用 *sp1* 基因的 siRNA 或者阴性对照（NC siRNA）处理。基因的相对表达量通过 qPCR 分析，使用 $2^{-\Delta\Delta CT}$ 法计算，以 18S rRNA 为内参基因。结果为平均值±标准误（*n*＝3），*表示组间差异显著（$P<0.05$，*t*-检验）。

细胞后，*sp1*、Δ6Δ5 *fads2*、*elovl5* 和 *srebp1* 基因的 mRNA 水平都显著降低（图 6-38B）。这些结果说明，Sp1 可以上调 Δ6Δ5 *fads2*、*elovl5* 和 *srebp1* 基因的表达。

（七）*sp1* 的 mRNA 过表达对 Δ6Δ5 *fads2* 和 *elovl5* 基因表达的影响

与上述实验类似，本部分在 SCHL 细胞中，利用 *sp1* 基因的过表达实验进一步确定 Sp1 对 Δ6Δ5 *fads2* 和 *elovl5* 基因表达的影响。利用体外合成的 *sp1* 的 mRNA 转染 SCHL 细胞后，采用 qPCR 检测细胞的基因表达水平。结果显示：Δ6Δ5 *fads2*、*elovl5* 和 *srebp1* 基因的 mRNA 含量水平都出现显著提高（图 6-39），说明 Sp1 可以上调 Δ6Δ5 *fads2*、*elovl5* 和 *srebp1* 基因的表达。

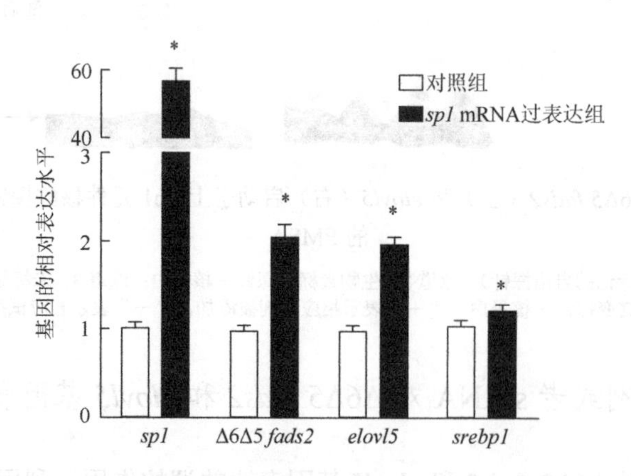

图 6-39　*sp1* 的 mRNA 转染 SCHL 细胞后，Δ6Δ5 *fads2*、*elovl5* 和 *srebp1* 的表达被上调

基因的相对表达量通过 qPCR 分析，使用 $2^{-\Delta\Delta CT}$ 法计算，以 18S rRNA 为内参基因。数据为平均值±标准误（$n=3$），*表示组间差异显著（$P<0.05$，*t*-检验）。

（八）*sp1* 基因过表达对 SCHL 细胞中脂肪酸组成和转化率的影响

前面的系列研究结果表明，Sp1 可上调黄斑蓝子鱼 LC-PUFA 合成关键酶及相关转录因子的表达，提示其很可能具有促进 LC-PUFA 合成的作用。为探讨此问题，我们利用 SCHL 细胞开展 *sp1* 基因的过表达实验。与对照组相比，*sp1* 基因的 mRNA 处理 SCHL 细胞后，LC-PUFA 合成途径被激活，导致 DHA、EPA、ARA 和总 LC-PUFA 水平都出现显著升高，18:3n-6/18:2n-6、20:2n-6/18:2n-6、20:3n-3/18:3n-3 比值也升高（表 6-6）。这些结果表明，Sp1 可以通过促进 *fads*2 和 *elovl5* 基因的表达，增强其酶活性而提高黄斑蓝子鱼 SCHL 细胞的 LC-PUFA 合成能力。

表 6-6　SCHL 细胞中 *sp1* 过表达组和对照组的脂肪酸组成　（单位：%总脂肪酸）

主要脂肪酸	对照组	*sp1* 过表达组
14:0	1.41±0.09	1.31±0.17
14:1	0.32±0.02	0.40±0.09

续表

主要脂肪酸	对照组	Sp*1* 过表达组
16:0	24.61±0.20	25.49±4.61
16:1	0.30±0.02	0.23±0.03
18:0	19.91±0.90	20.34±3.90
18:1	25.95±1.58	22.86±1.40
18:2n-6（LA）	4.08±0.20	3.42±0.30
18:3n-6	0.07±0.01	0.13±0.01
20:1	0.43±0.03	0.60±0.12
18:3n-3（ALA）	0.46±0.05	0.20±0.03 *
20:2n-6	0.24±0.02	0.24±0.01
22:0	0.24±0.02	0.19±0.05
20:3n-6	1.84±0.15	1.98±0.15
22:1n-9	0.49±0.01	0.40±0.06
20:3n-3	0.15±0.01	0.15±0.01
20:4n-6（ARA）	6.10±0.38	7.52±0.26 *
22:2n-6	0.51±0.01	0.47±0.01
20:5n-3（EPA）	2.11±0.21	2.77±0.04 *
24:1n-9	0.21±0.01	0.19±0.02
22:6n-3（DHA）	9.90±0.40	11.50±0.31 *
ΣLC-PUFA	12.15±0.70	14.84±0.36 *
18:3n-6/18:2n-6	0.09±0.002	0.13±0.01 *
20:2n-6/18:2n-6	0.06±0.001	0.09±0.01 *
20:3n-3/18:3n-3	0.20±0.01	0.74±0.12 *

注：数据为平均值±标准误（$n=3$），同一行中，*表示差异显著（$P<0.05$，*t*-检验）。

（九）总结

Sp1 元件一般位于基因启动子上的 GC 富集区域，关于其在脊椎动物 LC-PUFA 合成代谢调控中的作用一直未见报道。最早在人的 *FADS2* 基因启动子上发现了约 5 个潜在的 Sp1 结合位点，随后在大西洋鲑 Δ6 *fads2* 启动子上也发现 Sp1，并被 EMSA 实验得以验证。尽管早已推测 Sp1 蛋白可能在脊椎动物 LC-PUFA 合成中具有调控作用，但一直未得到验证。近几年来，本书作者团队通过在黄斑蓝子鱼和斜带石斑鱼中较系统的研究，确定了 Sp1 在鱼类 LC-PUFA 合成中具有正调控作用。其一，针对黄斑蓝子鱼 Δ6Δ5 *fads2* 启动子上具有 Sp1 元件，而其 Δ4 *fads2* 和斜带石斑鱼 Δ6 *fads2* 启动子上缺乏该元件的特性，将黄斑蓝子鱼 Δ6Δ5 *fads2* 启动子上的 Sp1 元件插入到此两个 *fads2* 基因的启动子相应区域后，后者的启动子活力都得到显著提高，从而确认 Sp1 元件对 *fads2* 基因的启动子活力具有重要作用。其二，揭示 Sp1 在黄斑蓝子鱼 Δ6Δ5 *fads2*、*elovl5* 基因表达和 LC-PUFA

合成中具有正调控作用。研究成果为阐明鱼类 LC-PUFA 合成代谢调控机制增加了新资料，具有重要学术价值和潜在应用价值，这是首次在脊椎动物中报道 Sp1 对 LC-PUFA 合成代谢具有调控作用，详细内容见发表论文 Xie 等（2018）和 Li 等（2019a）。

五、Pparγ 在黄斑蓝子鱼 LC-PUFA 合成代谢中的负调控作用

Ppars 属于类固醇核受体转录因子，这些核受体对靶基因的转录调控需要配体激活（Desvergne and Wahli，1999）。Ppars 具有三个亚型，分别是 Pparα、Pparβ/δ 和 Pparγ（Berger and Moller，2002）。Pparα 和 Pparβ 主要调控脂肪酸氧化，而 Pparγ 则主要调控脂肪储存和脂肪生成（Desvergne et al.，2006）。前期，本书作者团队在黄斑蓝子鱼 Δ6Δ5 *fads2* 基因的核心启动子区发现有与 Ppars 结合的 PPRE 元件（Dong et al.，2018），该元件对维持 Δ6Δ5 *fads2* 基因启动子活力非常重要。该结果表明，Ppars 很可能对 LC-PUFA 的合成调控具有重要作用。本部分主要介绍 Pparγ 对黄斑蓝子鱼 Δ6Δ5 *fads2* 基因表达和 LC-PUFA 合成的调控作用，主要研究内容和结果如下。

（一）黄斑蓝子鱼 *ppars* 基因克隆及序列特性

黄斑蓝子鱼 *ppras* 基因的三个 cDNA 序列特性如下：*pparα*（含多聚 A 尾巴在内全长 2577 bp，ORF 长 1413 bp，编码 477 个 AA）；*pparβ*（全长 2601 bp，ORF 长 1551 bp，编码 516 个 AA）；*pparγ*（ORF 长 1560 bp，编码 519 个 AA）。将此三个 Ppars 的氨基酸序列与人、猪、鸡和斑马鱼、大西洋鲑、军曹鱼、欧洲鲈鱼、真鲷和金头鲷鱼等的相关序列进行同源性比较，其结果显示：黄斑蓝子鱼的 Pparα 与其他硬骨鱼具有 76%～90%相似性，与人、猪和鸡只有 67%～68%相似性；Pparβ、Pparγ 与其他物种的相似性分别为 71%～95%和 68%～88%。黄斑蓝子鱼的 Pparα、Pparβ 和 Pparγ 具有 50%～57%相似性。同源性比对分析显示，黄斑蓝子鱼的三个亚型 Ppars 具有核受体的相同结构特征：可变的氮端中包含一个 AF1 结构域；一个高度保守的 DBD 中，具有两个锌指结构域，包含 8 个保守的半胱氨酸残基；保守的碳端包含 LBD（图 6-40）。此外，我们还发现了一个非常保守的氨基酸序列 CEGCKG，该序列决定了核受体的 DNA 识别特异性。这个序列存在于 DBD 的第一个锌指结构中；在黄斑蓝子鱼 Ppars 的 DBD 中，第二锌指结构的前两个半胱氨酸之间仅检测到 3 个氨基酸，与其他核受体相比，Ppars 具有独特性。这些结果表明，黄斑蓝子鱼的三个 *ppars* 基因属于核受体超家族的成员。

（二）黄斑蓝子鱼 *ppars* 基因的组织表达特性

黄斑蓝子鱼 *ppars* 基因的组织表达特性利用 qPCR 方法检测，结果见图 6-41。*pparα* 基因在所有检测过的组织中都有表达，其中脑和心脏中的丰度最高，显著高于脾脏和内脏脂肪组织中的含量（图 6-41A）。*pparβ* 在鳃中表达量最高，肠中几乎检测不到（图 6-41B）。*pparγ* 在肠和鳃中表达最高，其次是肝脏、内脏脂肪组织和脾脏，心脏、脑、肌肉、眼中表达水平较低（图 6-41C）。

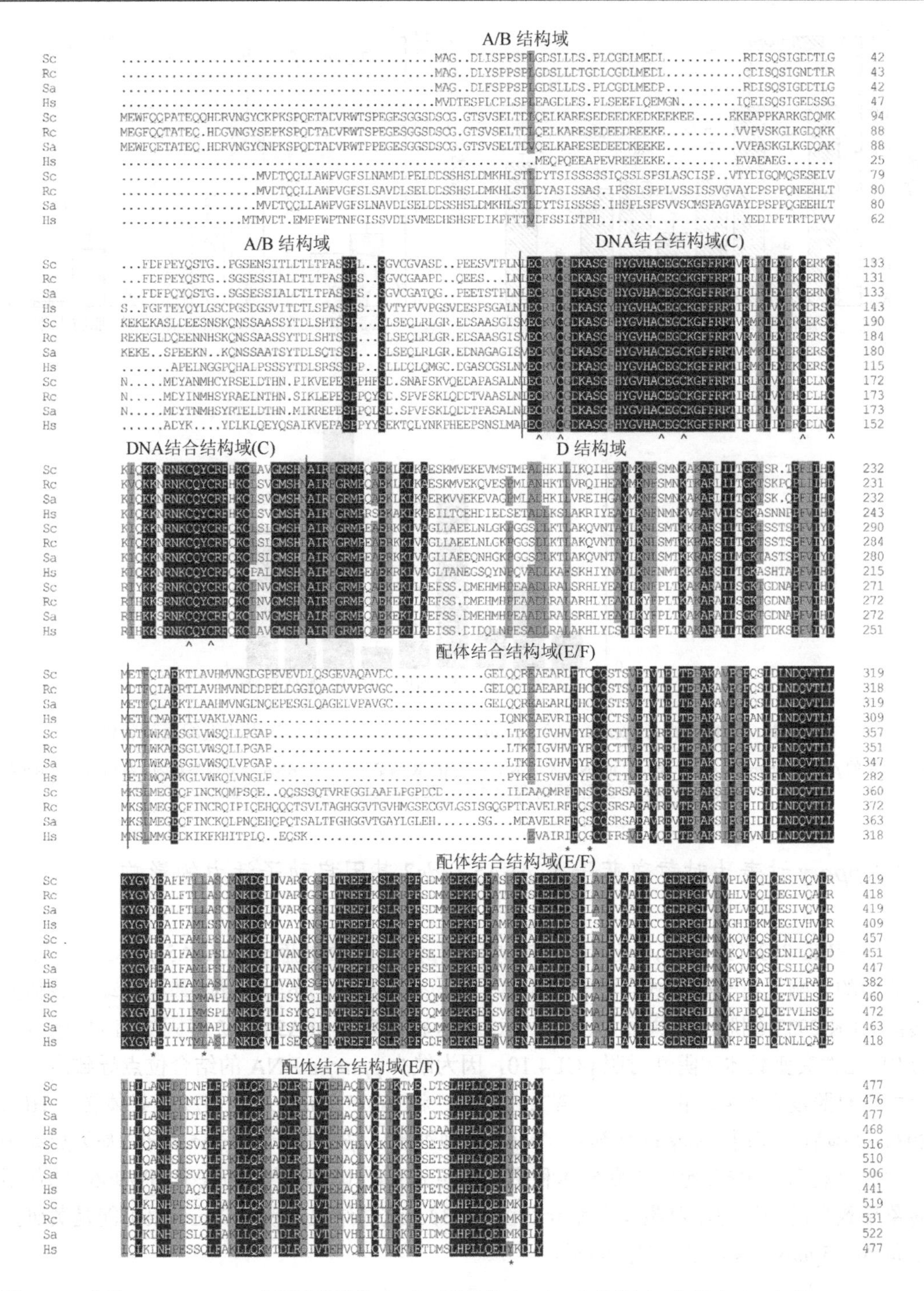

图 6-40　使用 CLUSTAL.w 对黄斑蓝子鱼（Sc）、军曹鱼（Rc）、金头鲷（Sa）和人（Hs）的 Pparα、Pparβ 和 Pparγ 进行的多序列比对分析

黄斑蓝子鱼的 Pparα（登录号 AFH35106.1）、Pparβ（AFH35107.1）和 Pparγ（AFH35108.1）基因序列为本书作者团队克隆，其他鱼的序列从 NCBI 获得（http://www.ncbi.nlm.nih.gov）。黑色和灰色框分别表示一致和相似的氨基酸残基序列。“-”被用来补齐最大的一致性。DNA 结合结构域包含两个锌指结构域，并含有 8 个保守的半胱氨酸残基，参与到 Zn^{2+} 的配位，以“^”表示。*表示 AF-2 基序。

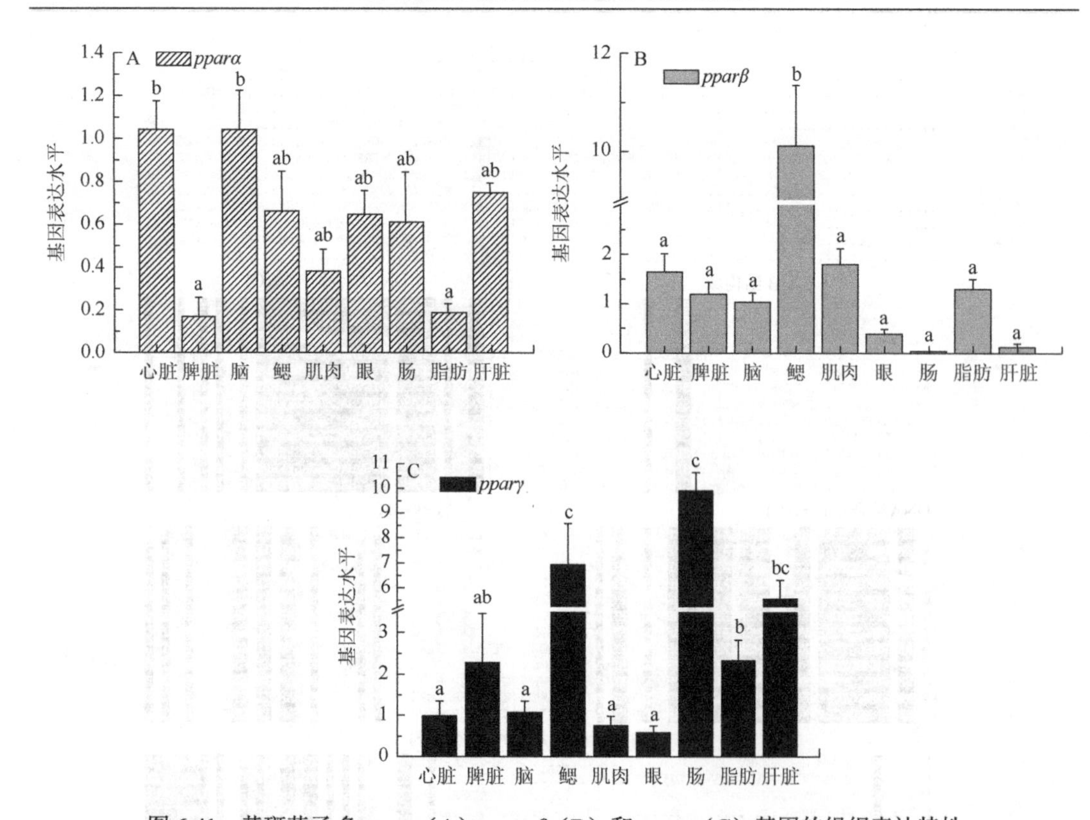

图 6-41　黄斑蓝子鱼 *pparα*（A）、*pparβ*（B）和 *pparγ*（C）基因的组织表达特性

各组织中的 *pparα*、*pparβ* 和 *pparγ* 基因的 mRNA 表达水平采用 qPCR 测定，以 18S rRNA 作为内参基因。数据为平均值±标准误（$n=4$），柱上无相同字母标注者，表示相互间差异显著（$P<0.05$）。

（三）*pparγ* 过表达对黄斑蓝子鱼 Δ6Δ5 *fads2* 基因启动子活力的影响

在 HEK 293T 细胞中，采用两种方式研究 *pparγ* 对黄斑蓝子鱼 Δ6Δ5 *fads2* 基因启动子活力的影响。第一种方式，将 pcDNA3.1 + *pparγ* 载体和 Δ6Δ5 *fads2* 基因启动子载体共转染 HEK 293T 细胞。结果显示：*pparγ* 过表达显著抑制 Δ6Δ5 *fads2* 基因的启动子活力；PPRE 元件突变载体和阴性对照 pGL4.10，因为缺少 *pparγ* mRNA 的结合位点导致启动子活力与对照没有差异（图 6-42）。第二种方式，将 Δ6Δ5 *fads2* 基因启动子载体转染 HEK 293T 细胞后，使用 Pparγ 抑制剂 GW9662 处理细胞。结果显示：Δ6Δ5 *fads2* 基因启动子活力显著提高；PPRE 元件突变载体和阴性对照 pGL4.10，同样因为缺少 GW9662 的作用对象导致启动子活力与对照没有差异（图 6-43）。这些结果表明，Pparγ 很可能是黄斑蓝子鱼 Δ6Δ5 *fads2* 基因的负调控因子。

（四）Pparγ 与 Δ6Δ5 *fads2* 基因启动子上 PPRE 元件之间的相互作用

Pparγ 与 Δ6Δ5 *fads2* 基因启动子上 PPRE 元件之间的相互作用，采用含有 PPRE 元件的双链寡核苷酸探针与黄斑蓝子鱼肝细胞提取蛋白开展 EMSA 实验予以研究确定。

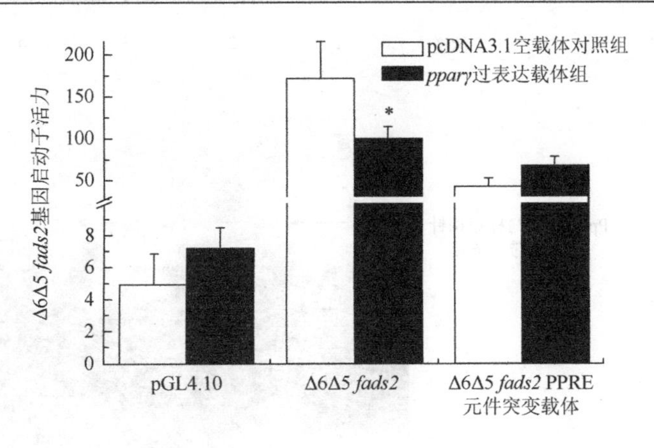

图 6-42　黄斑蓝子鱼 *pparγ* 过表达对 Δ6Δ5 *fads2* 基因启动子活力的影响

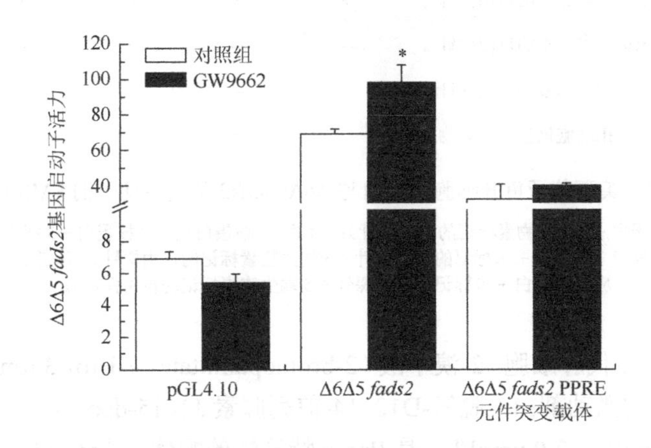

图 6-43　黄斑蓝子鱼 Pparγ 抑制剂对 Δ6Δ5 *fads2* 基因启动子活力的影响

图 6-44 的实验结果显示：泳道 1（无核蛋白 + 5′端生物素标记的自由探针）没有出现滞后条带；泳道 2（核蛋白 + 5′端生物素标记的自由探针）出现明显的滞后条带；泳道 3（核蛋白 + 未标记的自由探针 + 5′端生物素标记的自由探针）未出现滞后条带；泳道 4（核蛋白 + 未标记的突变探针 + 5′端生物素标记的自由探针）出现滞后条带。本实验中，5′端生物素标记的自由探针上含有 PPRE 元件，未标记的自由探针起到竞争性探针作用。泳道 2 出现滞后条带，从正面支持 Pparγ 与 PPRE 存在相互作用；加入竞争性的未标记自由探针可中和此相互作用，导致泳道 3 上未出现滞后条带；在未标记自由探针的 PPRE 元件突变后，泳道 4 出现了滞后条带，从反面验证 Pparγ 与 PPRE 之间存在相互作用。

（五）Ppars 激动剂对黄斑蓝子鱼原代肝细胞 *ppars* 和 LC-PUFA 合成相关基因表达的影响

为了进一步确定 Ppars 对 LC-PUFA 合成相关基因表达的影响，使用三种 Ppars 激动剂

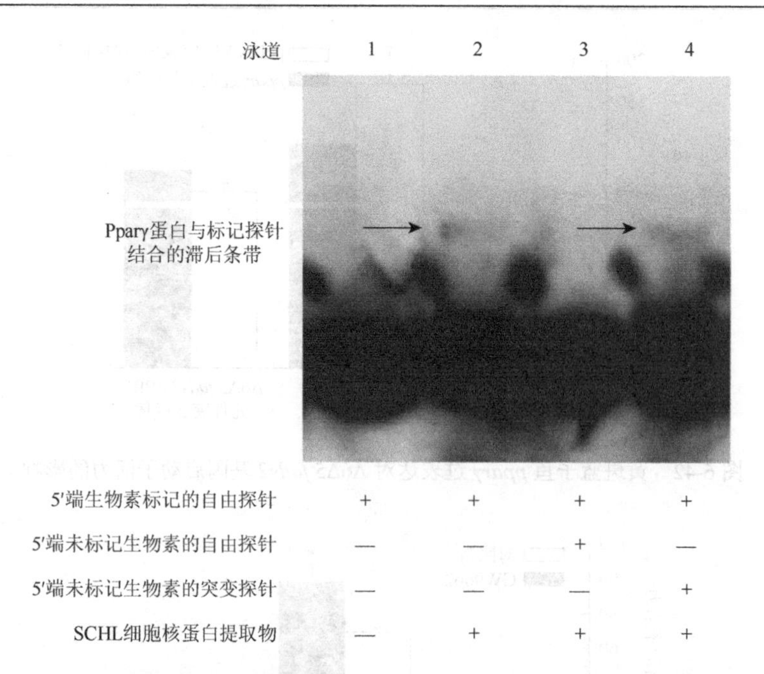

图 6-44 黄斑蓝子鱼肝细胞核蛋白与 Δ6Δ5 *fads2* 基因启动子的 EMSA 实验

泳道 1：阴性对照（无核蛋白 + 5′端生物素标记的自由探针）；泳道 2：核蛋白反应（核蛋白 + 5′端生物素标记的自由探针）；泳道 3：未标记探针竞争反应（核蛋白 + 未标记的自由探针 + 5′端生物素标记的自由探针）；泳道 4：未标记突变探针竞争反应（核蛋白 + 未标记的突变探针 + 5′端生物素标记的自由探针）。

处理黄斑蓝子鱼的原代肝细胞。2-溴十酸（2-bromopalmitate，2-Bro，3 μmol/L，30 μmol/L）是 Pparα 和 Pparβ 的激动剂；15-脱氧-D12, 14-前列腺素 J2（15-deoxy-D12, 14-prostaglandin J2，15d-J2，0.3 μmol/L，3.0 μmol/L）是 Pparγ 特异性的配体；非诺贝特（fenofibrate，FF，0.5 μmol/L，5.0 μmol/L）是 Pparα 特异性的配体。图 6-45 结果显示：30 μmol/L 2-Bro 或 0.5 μmol/L 和 5.0 μmol/L FF 激动剂可显著提高 *pparγ* 的表达水平，3.0 μmol/L 15d-J2 可抑制 *pparα* 的表达；同时，2-Bro 和 FF 也可提高 *srebp1* 和 *elovl5* 基因的表达。然而，FF 抑制 Δ6Δ5 *fads2* 的表达，15d-J2 抑制 Δ6Δ5 *fads2* 和 Δ4 *fads2* 的表达。三种激动剂对 *pparβ* 及 *lxr*、*hnf4α* 的表达无影响。

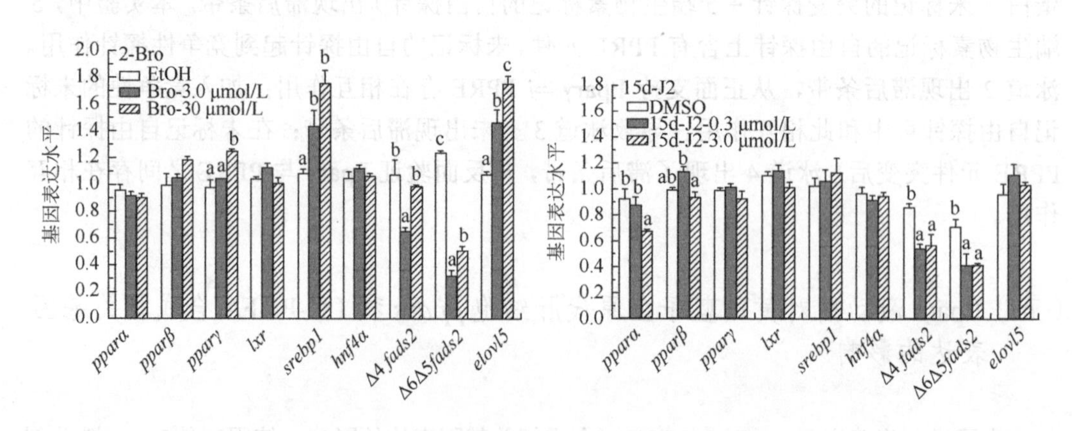

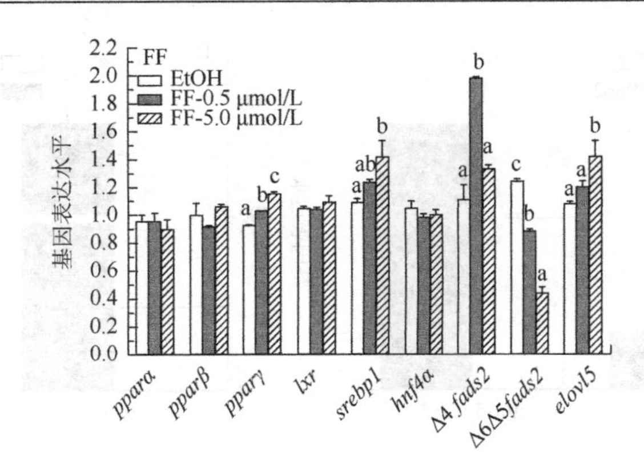

图 6-45　Ppars 三种激动剂（2-Bro，15d-J2 和 FF）对黄斑蓝子鱼原代肝细胞 *ppars* 及 LC-PUFA 合成相关基因表达水平的影响

基因表达水平采用 qPCR 检测，18S rRNA 作为内参基因。数据为平均值±标准误（$n=4$），柱上无相同字母标注者，表示相互间差异显著（$P<0.05$）。

（六）Pparγ 对 SCHL 细胞 Δ6Δ5 *fads2* 基因表达的影响

为了明确 Pparγ 对 Δ6Δ5 *fads2* 基因表达的影响，利用 SCHL 细胞开展了三个层面不同的实验：①Pparγ 抑制剂处理实验；②*pparγ* 的 mRNA 过表达实验；③小分子 siRNA 敲低 *pparγ* 实验。取得的主要实验结果如下。

①抑制剂实验：利用 Pparγ 抑制剂 GW9662 处理 SCHL 细胞后，*pparγ* 的 mRNA 表达水平显著降低，而 Δ6Δ5 *fads2* 基因表达水平显著上调（图 6-46A），说明 Pparγ 对 Δ6Δ5 *fads2* 基因表达具有负调控效应。

②mRNA 过表达实验：利用 *pparγ* 过表达的 mRNA 处理 SCHL 细胞后，*pparγ* 的 mRNA 水平显著升高，而 Δ6Δ5 *fads2* 的 mRNA 水平则显著降低（图 6-46B）。结果表明，在 *pparγ* 的 mRNA 过表达条件下，黄斑蓝子鱼 Δ6Δ5 *fads2* 的转录被抑制，从而说明其作为负调控因子的作用。

③siRNA 敲低实验：利用 *pparγ* 的 siRNA 处理 SCHL 细胞后，*pparγ* 的 mRNA 水平显著降低，而 Δ6Δ5 *fads2* 的 mRNA 水平显著升高（图 6-46C）。这个结果与抑制剂实验结果一致，表明 Pparγ 是黄斑蓝子鱼 Δ6Δ5 *fads2* 的负调控因子。

上述三个实验从正反两个方面，明确了 Pparγ 对黄斑蓝子鱼 Δ6Δ5 *fads2* 基因的转录具有负调控作用。在此基础上，利用 *pparγ* 的 siRNA 处理 SCHL 细胞的结果显示，*pparγ* 基因的表达被 siRNA 降低后，Δ6Δ5 *fads2*、Δ4 *fads2* 的基因表达出现了显著性升高，而 *elovl5* 基因的表达也出现了升高，但是其趋势不显著（图 6-47）。

（七）*pparγ* 基因过表达或 siRNA 敲低对 SCHL 细胞 LC-PUFA 合成能力的影响

上述系列研究结果表明，Pparγ 可抑制黄斑蓝子鱼 LC-PUFA 合成相关基因的表达，提示其对 LC-PUFA 合成具有调控作用。为探讨此问题，利用 SCHL 细胞开展 *pparγ* 基因过表达或 siRNA 敲低实验。表 6-7 的结果显示，与相应的对照组相比，*pparγ* siRNA 处理，

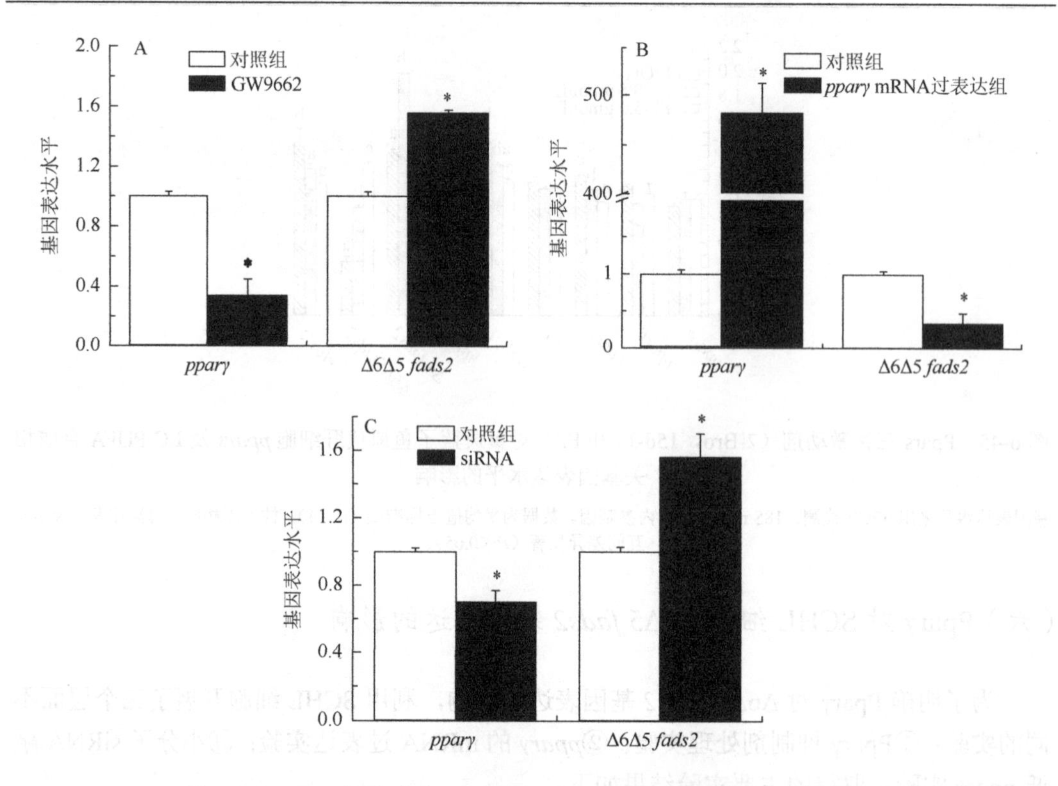

图 6-46 SCHL 细胞系中 *pparγ* 和 Δ6Δ5 *fads2* 基因表达的 qPCR 分析

A：GW9662 抑制剂实验；B：mRNA 过表达实验；C：siRNA 敲低 *pparγ* 实验。基因的相对表达量使用 qPCR 检测，利用 $2^{-\Delta\Delta CT}$ 法计算，以 18S rRNA 为内参基因。数据为平均值±标准误（*n*＝3），*表示组间差异显著（*P*＜0.05，*t*-检验）。

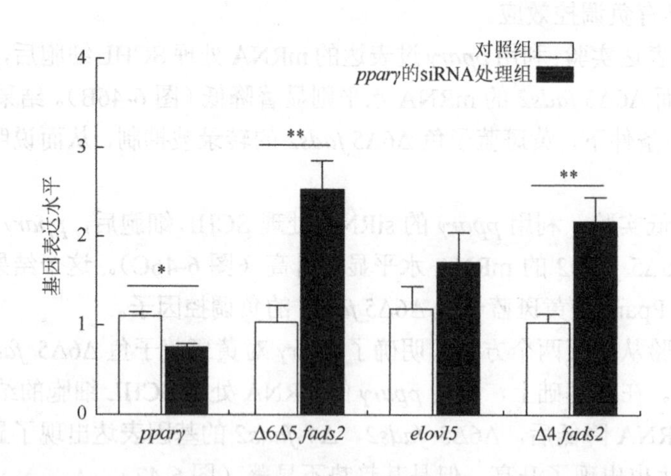

图 6-47 *pparγ* siRNA 处理 SCHL 对 *pparγ*、Δ6Δ5 *fads2*、Δ4 *fads2* 和 *elovl5* 表达水平的影响

数据为平均值±标准误（*n*＝6）。*和**分别表示组间差异显著（*P*＜0.05）和极显著（*P*＜0.01）。

可显著提高相关脂肪酸底物向产物的转化，导致 18:3n-6/18:2n-6、18:4n-3/18:3n-3 比值显著提高；相应地，*pparγ* 过表达则会抑制 LC-PUFA 合成途径的活性，导致 20:4n-6（ARA）、20:5n-3（EPA）、22:6n-3（DHA）及 LC-PUFA 水平，以及 18:3n-6/18:2n-6、18:4n-3/18:3n-3

比值显著降低。这些结果表明，Pparγ 通过抑制 *fads2* 和 *elovl* 基因的表达水平和酶活性，降低黄斑蓝子鱼的 LC-PUFA 合成能力。

表 6-7　SCHL 细胞转染 *pparγ* 的 siRNA 或 mRNA 以后的脂肪酸组成　（单位：%总脂肪酸）

主要脂肪酸	*pparγ* 敲低		*pparγ* 过表达	
	阴性对照组	*pparγ* siRNA 组	对照组	*pparγ* mRNA 过表达
14:0	0.43±0.06	0.50±0.02	1.79±0.15	1.86±0.66
16:0	16.81±0.77	15.17±0.47	16.43±0.07	18.83±0.83
18:0	13.65±0.51	13.57±0.93	18.38±0.61	23.22±0.59
22:0	1.55±0.12	1.54±0.16	1.94±0.23	1.44±0.24
16:1n-7	4.54±0.19	5.08±0.55	2.42±0.13	2.67±0.23
18:1n-9	31.87±0.73	31.38±2.12	23.93±0.55	23.37±1.77
20:1n-9	0.72±0.04	0.71±0.04	0.95±0.19	0.51±0.09
24:1	0.32±0.13	0.33±0.02	1.45±0.09	1.29±0.08
18:2n-6（LA）	3.77±0.11	3.78±0.17	2.65±0.07	2.32±0.44
20:2n-6	0.90±0.08	0.82±0.08	0.38±0.03	0.90±0.34
18:3n-6	0.59±0.17[b]	1.53±0.35[a]	1.09±0.17[a]	0.49±0.15[b]
18:3n-3（ALA）	0.62±0.21	0.65±0.04	0.72±0.21[b]	2.81±0.99[a]
18:4n-3	0.32±0.05[b]	0.88±0.18[a]	0.51±0.07[a]	0.29±0.06[b]
20:4n-6（ARA）	4.84±0.51	4.73±0.73	7.50±0.16[a]	5.98±0.34[b]
20:5n-3（EPA）	3.17±0.10	3.22±0.25	3.50±0.09[a]	2.87±0.21[b]
22:6n-3（DHA）	16.09±1.33	16.12±1.09	16.35±0.15[a]	11.09±1.80[b]
SFA	32.45±0.15	30.78±1.36	38.53±0.31	45.35±1.63
MUFA	37.45±0.77	37.49±2.51	28.76±0.44	27.83±2.00
PUFA	30.28±0.69	31.73±1.17	32.71±0.44	26.76±2.45
LC-PUFA	24.09±0.79	24.07±1.64	27.35±0.40[a]	19.94±1.27[b]
18:3n-6/18:2n-6	0.16±0.04[b]	0.41±0.10[a]	0.41±0.07[a]	0.21±0.02[b]
18:4n-3/18:3n-3	0.54±0.16[b]	1.36±0.31[a]	0.75±0.26[a]	0.12±0.06[b]

注：数据为平均值±标准误（$n=3$），各行中，相同基因对照组和处理组标不同的字母，表示相互间差异显著（$P<0.05$，*t*-检验）。

（八）总结

本部分的系列研究结果表明，Pparγ 对黄斑蓝子鱼 LC-PUFA 合成相关基因的表达及 LC-PUFA 合成能力具有负调控作用，这是脊椎动物中的首次发现，相关内容详见已发表论文 Li 等（2019b）和 Sun 等（2020）。

第四节 鱼类 LC-PUFA 合成代谢转录调控机制研究展望

随着水产养殖业的发展，鱼油和鱼粉供需矛盾将更加严重。因此，研发提高海水鱼利用亚油酸、亚麻酸合成 LC-PUFA 能力的方法或技术，可提高配合饲料中植物油替代鱼油的比例，这对于降低饲料成本，缓解鱼油或鱼粉资源不足的矛盾，促进水产养殖业的健康发展等具有重要意义。弄清鱼类 LC-PUFA 合成代谢的调控机制，则有助于研发提高鱼体内源性 LC-PUFA 合成能力的方法，实现上述目标。

经过近 20 年的研究，鱼类 LC-PUFA 合成代谢的转录调控机制已得到初步阐明。其中，本书作者团队在黄斑蓝子鱼 LC-PUFA 合成代谢转录调控机制方面取得的研究成果，应该是目前鱼类相关研究中最全面和最深入的。我们在黄斑蓝子鱼的研究表明，鱼类中至少存在 4 条 LC-PUFA 合成代谢的转录调控机制或通路：Sp1 对 LC-PUFA 合成关键酶基因转录活性具有决定作用；Hnf4α 及 Lxrα-Srebp1 对 LC-PUFA 合成代谢具有正调控作用；Pparγ 对 LC-PUFA 合成代谢具有负调控作用。其中，关于 Sp1、Hnf4α 和 Pparγ 在 LC-PUFA 合成代谢调控中的作用机制，都是脊椎动物中的首次报道。这些成果不仅可为全面揭示鱼类 LC-PUFA 合成代谢调控机制增加了新资料，具有重要理论意义和学术价值；而且可为研发提高鱼体内源性 LC-PUFA 合成能力的方法提供基础，具有潜在应用价值。

从硬骨鱼类到哺乳动物，Lxrα-Srebp1 途径具有保守性。然而，由于硬骨鱼类拥有更多的基因类群和更多的功能分布，其 *fads2* 和 *elovl* 基因似乎拥有更加复杂的调控机制（Guillou et al.，2010；Lopes-Marques et al.，2018）。例如，Sp1 在决定 Δ6Δ5 *fads2* 和 *elovl5* 启动子活力方面具有重要的作用；作为激活转录（正向调控）的转录因子，Hnf4α 可作用于 Δ6Δ5 *fads2*、Δ4 *fads2* 和 *elovl5* 基因；而 Pparγ 对 Δ6Δ5 *fads2* 基因的表达具有抑制效应（负向调控）。依据已经得到的资料，我们在图 7-26 中展示了目前已在硬骨鱼类中发现的 LC-PUFA 合成代谢转录调控机制。然而，这些信息对于我们完全揭示硬骨鱼类 LC-PUFA 合成代谢的转录调控机制还有较大差距。鱼种、生活环境和摄食习性，以及盐度、温度和膳食中的营养成分等对 LC-PUFA 合成能力及代谢调控机制的影响都有待深入研究。转录因子和下游靶基因的表达，以及代谢过程可能会随着环境和膳食营养等因素而改变。硬骨鱼类可能会通过应答刺激来适应这些影响因素的变化，而这些刺激是通过已知的细胞信号级联反应实现的，例如：细胞内的钙离子和激酶磷酸化。然而，关于参与鱼类 LC-PUFA 合成关键酶基因表达调控的细胞信号途径，目前这方面的信息还知之甚少，有待进一步深入探究。随着研究层次的深入，表观遗传学水平的调控机制将会被阐明，从而使我们对鱼类 LC-PUFA 合成代谢的转录调控机制有一个更全新的认知。上述系统深入的理论研究成果将有助于加速解决水产饲料中鱼油替代的实际问题，从而有助于水产养殖业的健康与可持续发展。

参考文献

Bell J G，Tocher D R，2009. Farmed Fish：The Impact of Diet on Fatty Acid Compositions[M]. Hoboken：Wiley-Blackwell：1-25.

Berger J，Moller D E，2002. The mechanisms of action of PPARs[J]. Annual Review of Medicine，53：409-435.

Carmona-Antonanzas G，Tocher D R，Martinez-Rubio L，et al.，2014. Conservation of lipid metabolic gene transcriptional regulatory networks in fish and mammals[J]. Gene，534（1）：1-9.

Carmona-Antonanzas G，Zheng X Z，Tocher D R，et al.，2016. Regulatory divergence of homeologous Atlantic salmon *elovl5* genes following the salmonid-specific whole-genome duplication[J]. Gene，591（1）：34-42.

Castro L F，Monroig Ó，Leaver M J，et al.，2012. Functional desaturase Fads1（Δ5）and Fads2（Δ6）orthologues evolved before the origin of jawed vertebrates[J]. PLoS One，7（2）：e31950.

Cruz-Garcia L，Minghetti M，Navarro I，et al.，2009. Molecular cloning tissue expression and regulation of liver X receptor（LXR）transcription factors of Atlantic salmon（*Salmo salar*）and rainbow trout（*Oncorhynchus mykiss*）[J]. Comparative Biochemistry and Physiology Part B：Biochemistry and Molecular Biology，153（1）：81-88.

Desvergne B，Michalik L，Wahli W，2006. Transcriptional regulation of metabolism[J]. Physiological Reviews，86：465-514.

Desvergne B，Wahli W，1999. Peroxisome proliferator-activated receptors：Nuclear control of metabolism[J]. Endocrine Reviews，20：649-688.

Dong X J，Tan P，Cai Z N，et al.，2017. Regulation of FADS2 transcription by SREBP-1 and PPAR-α influences LC-PUFA biosynthesis in fish[J]. Scientific Reports，7：40024.

Dong X J，Xu H G，Mai K S，et al.，2015. Cloning and characterization of SREBP-1 and PPAR-α in Japanese seabass *Lateolabrax japonicus* and their gene expressions in response to different dietary fatty acid profiles[J]. Comparative Biochemistry and Physiology Part B：Biochemistry and Molecular Biology，180：48-56.

Dong Y W，Wang S Q，Chen J L，et al.，2016. Hepatocyte Nuclear Factor 4α（HNF4α）is a transcription factor of vertebrate fatty acyl desaturase gene as identified in marine teleost *Siganus canaliculatus*[J]. PLoS One，11（7）：e0160361.

Dong Y W，Wang S Q，You C H，et al.，2020. Hepatocyte nuclear factor 4α（Hnf4α）is involved in transcriptional regulation of Δ6/Δ5 fatty acyl desaturase（Fad）gene expression in marine teleost *Siganus canaliculatus*[J]. Comparative Biochemistry and Physiology Part B：Biochemistry and Molecular Biology，239：110353.

Dong Y W，Zhao J H，Chen J L，et al.，2018. Cloning and characterization of Δ6/Δ5 fatty acyl desaturase（Fad）gene promoter in the marine teleost *Siganus canaliculatus*[J]. Gene，647：174-180.

FAO，2020. The State of World Fisheries and Aquaculture 2020：Sustainability in Action[EB/OL]. [2022-05-25]. https://www.fao.org/3/ca9229en/ ca9229en.pdf.

Geay F，Wenon D，Mellery J，et al.，2015. Dietary linseed oil reduces growth while differentially impacting LC-PUFA synthesis and accretion into tissues in Eurasian perch（*Perca fluviatilis*）[J]. Lipids，50（12）：1219-1232.

Geay F，Zambonino-Infante J，Reinhardt R，et al.，2012. Characteristics of *fads2* gene expression and putative promoter in European sea bass（*Dicentrarchus labrax*）：Comparison with salmonid species and analysis of CpG methylation[J]. Marine Genomics，5：7-13.

Goh P T，Kuah M K，Chew Y S，et al.，2020. The requirements for sterol regulatory element-binding protein（Srebp）and stimulatory protein 1（Sp1）-binding elements in the transcriptional activation of two freshwater fish *Channa striata* and *Danio rerio* elovl5 elongase[J]. Fish Physiology and Biochemistry，46（4）：1349-1359.

Goldstein J L，DeBose-Boyd R A，Brown M S，2006. Protein sensors for membrane sterols[J]. Cell，124（1）：35-46.

Guillou H，Zadravec D，Martin P G，et al.，2010. The key roles of elongases and desaturases in mammalian fatty acid metabolism：Insights from transgenic mice[J]. Progress in Lipid Research，49（2）：186-199.

Halver J E，Hardy R W，2002. Fish Nutrition[M]. 3rd. Cambridge：Academic Press：181-257.

Hayhurst G P，Lee Y H，Lambert G，et al.，2001. Hepatocyte nuclear factor 4α（nuclear receptor 2A1）is essential for maintenance of hepatic gene expression and lipid homeostasis[J]. Molecular Biology，21（4）：1393-1403.

Jiang S，Tanaka T，Iwanari H，et al.，2003. Expression and localization of P1 promoter-driven hepatocyte nuclear factor-4α（HNF4α）isoforms in human and rats[J]. Nuclear Receptor，1：5.

Leaver M J，Taggart J B，Villeneuve L，et al.，2011. Heritability and mechanisms of n-3 long chain polyunsaturated fatty acid deposition in the flesh of Atlantic salmon[J]. Comparative Biochemistry and Physiology Part D：Genomics and Proteomics，6（1）：62-69.

Li S L，Monroig Ó，Wang T J，et al.，2017. Functional characterization and differential nutritional regulation of putative Elovl5 and Elovl4 elongases in large yellow croaker（*Larimichthys crocea*）[J]. Scientific Reports，7（1）：2303.

Li S L，Yuan Y H，Wang T J，et al.，2016. Molecular cloning functional characterization and nutritional regulation of the putative elongase Elovl5 in the orange-spotted grouper（*Epinephelus coioides*）[J]. PLoS One，11（3）：e0150544.

Li Y Y，Hu C B，Zheng Y J，et al.，2008. The effects of dietary fatty acids on liver fatty acid composition and Delta（6）-desaturase expression differ with ambient salinities in *Siganus canaliculatus*[J]. Comparative Biochemistry and Physiology Part B：Biochemistry and Molecular Biology，151（2）：183-190.

Li Y Y，Monroig Ó，Zhang L，et al.，2010. Vertebrate fatty acyl desaturase with Δ4 activity[J]. Proceedings of the National Academy of Sciences，107（39）：16840-16845.

Li Y Y，Wen Z Y，You C H，et al.，2020. Genome wide identification and functional characterization of two LC-PUFA biosynthesis elongase（*elovl8*）genes in rabbitfish（*Siganus canaliculatus*）[J]. Aquaculture，522：735127.

Li Y Y，Yin Z Y，Dong Y W，et al.，2019b. Pparγ is involved in the transcriptional regulation of liver LC-PUFA biosynthesis by targeting the Δ6Δ5 fatty acyl desaturase gene in the marine teleost *Siganus canaliculatus*[J]. Marine Biotechnology，21（1）：19-29.

Li Y Y，Zeng X W，Dong Y W，et al.，2018. Hnf4α is involved in LC-PUFA biosynthesis by up-regulating gene transcription of elongase in marine teleost *Siganus canaliculatus*[J]. International Journal of Molecular Sciences，19：3193.

Li Y Y，Zhao J H，Dong Y W，et al.，2019a. Sp1 is involved in vertebrate LC-PUFA biosynthesis by upregulating the expression of liver desaturase and elongase genes[J]. International Journal of Molecular Sciences，20：5066.

Liu Y，Zhang Q H，Dong Y W，et al.，2017. Establishment of a hepatocyte line for studying biosynthesis of long-chain polyunsaturated fatty acids from a marine teleost the white-spotted spinefoot *Siganus canaliculatus*[J]. Journal of Fish Biology，91（2）：603-616.

Lopes-Marques M，Kabeya N，Qian Y，et al.，2018. Retention of fatty acyl desaturase 1（fads1）in Elopomorpha and Cyclostomata provides novel insights into the evolution of long-chain polyunsaturated fatty acid biosynthesis in vertebrates[J]. BMC Evolutionary Biology，18（1）：157.

Metian M，2013. Fish matters：Importance of aquatic foods in human nutrition and global food supply[J]. Reviews in Fisheries Science，21（1）：22-38.

Minghetti M，Leaver M J，Tocher D R，2011. Transcriptional control mechanisms of genes of lipid and fatty acid metabolism in the Atlantic salmon（*Salmo salar* L）established cell line SHK-1[J]. Biochimica et Biophysica Acta（BBA）：Molecular and Cell Biology of Lipids，1811（3）：194-202.

Monroig Ó，Li Y Y，Tocher D R，2011. Δ-8 desaturation activity varies among fatty acyl desaturases of teleost fish：High activity in Δ-6 desaturases of marine species[J]. Comparative Biochemistry and Physiology Part B：Biochemistry and Molecular Biology，159（4）：206-213.

Monroig Ó，Wang S Q，Zhang L，et al.，2012. Elongation of long-chain fatty acids in rabbitfish *Siganus canaliculatus*：Cloning functional characterisation and tissue distribution of Elovl5-and Elovl4-like elongases[J]. Aquaculture，350-353：63-70.

Nara T Y，He W S，Tang C R，et al.，2002. The E-box like sterol regulatory element mediates the suppression of human Δ-6 desaturase gene by highly unsaturated fatty acids[J]. Biochemical and Biophysical Research Communications，296（1）：111-117.

Naylor R L，Goldburg R J，Primavera J H，et al.，2000. Effect of aquaculture on world fish supplies[J]. Nature，405（6790）：1017-1024.

Odom D T，Zizlsperger N，Gordon D B，et al.，2004. Control of pancreas and liver gene expression by HNF transcription factors[J]. Science，303：1378-1381.

Qin Y，Dalen K T，Gustafsson J A，et al.，2009. Regulation of hepatic fatty acid elongase 5 by LXRα-SREBP-1c[J]. Biochimica et Biophysica Acta（BBA）：Molecular and Cell Biology of Lipids，1791（2）：140-147.

Reed B D，Charos A E，Szekely A M，et al.，2008. Genome-wide occupancy of SREBP1 and its partners NFY and SP1 reveals novel functional roles and combinatorial regulation of distinct classes of genes[J]. PLoS Genet，4（7）：e1000133.

Samson S L，Wong N C，2002. Role of Sp1 in insulin regulation of gene expression[J]. Journal of Molecular Endocrinology，29（3）：265-279.

Sun J J，Chen C Y，You C H，et al.，2020. The miR-15/16 cluster is involved in the regulation of vertebrate LC-PUFA biosynthesis by targeting *pparγ* as demonostrated in rabbitfish *Siganus canaliculatus*[J]. Marine Biotechnology，22（4）：475-487.

Sun J J，Zheng L G，Chen C Y，et al.，2019. MicroRNAs involved in the regulation of LC-PUFA biosynthesis in teleosts：miR-33 enhances LC-PUFA biosynthesis in *Siganus canaliculatus* by targeting *insig1* which in turn upregulates *srebp1*[J]. Marine Biotechnology，21（4）：475-487.

Tacon A G J，Metian M，2009. Fishing for aquaculture：Non-food use of small pelagic forage fish-a global perspective[J]. Reviews in Fisheries Science，17（3）：305-317.

Tang C，Cho H P，Nakamura M T，et al.，2003. Regulation of human Δ-6 desaturase gene transcription：Identification of a functional direct repeat-1 element[J]. Journal of Lipid Research，44（4）：686-695.

Tay S S，Kuah M K，Shu-Chien A C，2018. Transcriptional activation of zebrafish *fads2* promoter and its transient transgene expression in yolk syncytial layer of zebrafish embryos[J]. Scientific Reports，8（1）：3874.

Tocher D R，2015. Omega-3 long-chain polyunsaturated fatty acids and aquaculture in perspective[J]. Aquaculture，449：94-107.

Turchini G M，Francis D S，2009. Fatty acid metabolism（desaturation elongation and β-oxidation）in rainbow trout fed fish oil-or linseed oil-based diets[J]. The British Journal of Nutrition，102（1）：69-81.

Turchini G M，Ng W K，Tocher D R，2010. Fish Oil Replacement and Alternative Lipid Sources in Aquaculture Feeds[M]. Boca Raton：CRC Press：209-244.

Turner J，Crossley M，1999. Mammalian Krüppel-like transcription factors：More than just a pretty finger[J]. Trends in Biochemical Sciences，24（6）：236-240.

Varin A，Thomas C，Ishibashi M，et al.，2015. Liver X receptor activation promotes polyunsaturated fatty acid synthesis in macrophages：Relevance in the context of atherosclerosis[J]. Arteriosclerosis Thrombosis & Vascular Biologyl，35（6）：1357-1365.

Wahl H G，Kausch C，Machicao F，et al.，2002. Troglitazone downregulates Δ-6 desaturase gene expression in human skeletal muscle cell cultures[J]. Diabetes，51（4）：1060-1065.

Wang S Q，Chen J L，Jiang D L，et al.，2018. Hnf4α is involved in the regulation of vertebrate LC-PUFA biosynthesis：insights into the regulatory role of Hnf4α on expression of liver fatty acyl desaturases in the marine teleost *Siganus canaliculatus*[J]. Fish Physiology and Biochemistry，44（3）：805-815.

Weingarten-Gabbay S，Segal E，2014. The grammar of transcriptional regulation[J]. Human Genetics，133（6）：701-711.

Willson T M，Brown P J，Sternbach D D，et al.，2000. The PPARs：From orphan receptors to drug discovery[J]. Journal of Medicinal Chemistry，43（4）：527-550.

Xie D Z，Fu Z X，Wang S Q，et al.，2018. Characteristics of the *fads2* gene promoter in marine teleost *Epinephelus coioides* and role of Sp1-binding site in determining promoter activity[J]. Scientific Reports，8（1）：5305.

Xie D Z，Wang S Q，You C H，et al.，2015. Characteristics of LC-PUFA biosynthesis in marine herbivorous teleost *Siganus canaliculatus* under different ambient salinities[J]. Aquaculture Nutrition，21（5）：541-551.

Xu H G，Dong X J，Ai Q H，et al.，2014. Regulation of tissue LC-PUFA contents Δ6 fatty acyl desaturase（*FADS2*）gene expression and the methylation of the putative *FADS2* gene promoter by different dietary fatty acid profiles in Japanese seabass（*Lateolabrax japonicus*）[J]. PLoS One，9（1）：e87726.

Xu H G，Luo Z，Wu K，et al.，2017. Structure and functional analysis of promoters from two liver isoforms of CPT I in grass carp *Ctenopharyngodon idella*[J]. International Journal of Molecular Sciences，18：2405.

You C H，Jiang D L，Zhang Q H，et al.，2017. Cloning and expression characterization of peroxisome proliferator-activated receptors（PPARs）with their agonists dietary lipids and ambient salinity in rabbitfish *Siganus canaliculatus*[J]. Comparative Biochemistry and Physiology Part B：Biochemistry and Molecular Biology，206：54-64.

Zhang Q H，You C H，Liu F，et al.，2016. Cloning and characterization of Lxr and Srebp1 and their potential roles in regulation of

LC-PUFA biosynthesis in rabbitfish *Siganus canaliculatus*[J]. Lipids，51（9）：1051-1063.

Zheng X Z，Leaver M J，Tocher D R，2009. Long-chain polyunsaturated fatty acid synthesis in fish：Comparative analysis of Atlantic salmon（*Salmo salar* L）and Atlantic cod（*Gadus morhua* L）Δ6 fatty acyl desaturase gene promoters[J]. Comparative Biochemistry and Physiology Part B：Biochemistry and Molecular Biology，154（3）：255-263.

Zhu K C，Song L，Guo H Y，et al.，2019a. Identification of fatty acid desaturase 6 in golden pompano *Trachinotus Ovatus*（Linnaeus 1758）and its regulation by the PPARαβ transcription factor[J]. International Journal of Molecular Sciences，20：23.

Zhu K C，Song L，Guo H Y，et al.，2019b. Elovl4a participates in LC-PUFA biosynthesis and is regulated by PPARαβ in golden pompano *Trachinotus ovatus*（Linnaeus 1758）[J]. Scientific Reports，9（1）：4684.

Zhu K C，Song L，Zhao C P，et al.，2018. The transcriptional factor PPARαβ positively regulates Elovl5 elongase in golden pompano *Trachinotus ovatus*（Linnaeus 1758）[J]. Frontiers in Physiology，9：1340.

Zhu K C，Zhao N，Liu B S，et al.，2020. Transcription factor pparαβ activates *fads2s* to promote LC-PUFA biosynthesis in the golden pompano *Trachinotus ovatus*（Linnaeus 1758）[J]. International Journal of Biological Macromolecules，161：605-616.

第七章　鱼类长链多不饱和脂肪酸合成代谢转录后调控机制

第一节　miRNA 介导的转录后调控概述

一、miRNA 简介

microRNA（miRNA，miR-）是一类长度为 18～25 个核苷酸的单链非编码小 RNA，可识别特定的目标 RNA，使之降解或翻译抑制，参与基因转录后水平调控。miRNA 的生物合成需要经过一系列复杂的加工过程，首先它的转录起始于细胞核，在 RNA 聚合酶Ⅱ的催化下，miRNA 编码基因转录，形成 pri-miRNA。pri-miRNA 通常具有几千个碱基对（bp）长度，并带有复杂的二级结构。随后，pri-miRNA 在 RNA 内切酶III/核酸酶（Drosha/DGCR8）剪切复合体的作用下生成长度约为 60～90 bp 的具有典型茎环结构的发卡状前体 miRNA（pre-miRNA）（Lee et al.，2003；Yeom et al.，2006），接着被 Exportin5 运输到细胞质中，进一步被核糖核酸酶 Dicer 切割成 18～25 bp 的双链 RNA。双链 RNA 解链后，其中一条链即形成成熟的 miRNA，成熟的 miRNA 与 DGCR8 蛋白结合，形成 RNA 诱导沉默复合物（RNA-induced silencing complex，RISC），而另一条游离链则由于缺乏蛋白质的保护被迅速降解了（Han et al.，2004）。

miRNA 广泛存在于病毒、动植物等生物的基因组中，已知的 miRNA 编码基因约占人类基因组的 2%，多数以单拷贝、多拷贝或者基因簇的形式分布于基因间或者编码基因的内含子中，也有个别存在于外显子中（Alvarez-Garcia and Miska，2005）。截至 2018 年 10 月，miRBase 数据库收录的发夹前体序列升至 38 589 条，新增 10 031 条；成熟 miRNA 及 miRNA 产物升至 48 885 条，新增 13 149 条（http://www.mirbase.org），其中大部分 miRNA 存在空间和时间上的表达及物种间的进化保守性。

二、miRNA 介导的转录后调控机制

绝大多数 miRNA 通过与靶基因的 3′非编码区（3′UTR）互补配对，指导核糖蛋白复合物（miRNP）对靶 mRNA 进行切割或者抑制翻译，在转录后水平调控靶基因的表达。一般 miRNA 与靶 mRNA 3′UTR 不完全互补导致翻译抑制，而完全或近完全互补导致靶 mRNA 直接切割。虽然 miRNA 与其靶 mRNA 3′UTR 在整体序列上可能完全互补，也可能不完全互补，但是 miRNA 5′端第 2～8 个核苷酸序列，也被称为“种子序列”，往往和靶 mRNA 3′UTR 完全互补（Doench and Sharp，2004）。虽然大部分 miRNA 的功能尚不清楚，但研究发现，在人体中，40%～90%的 mRNA 是由已知的 miRNA 调控的，且一种 miRNA 能够靶向针对上百个 mRNA，其中包括编码转录因子的 mRNA，可通过

修饰 mRNA 的稳定性或抑制蛋白质合成，参与特定通路或生理学过程的转录后调控，如细胞的增殖、分化、凋亡和蛋白质、糖类及脂类代谢等（Miranda et al.，2006；Schickel et al.，2008）。

第二节　miRNA 在鱼类 LC-PUFA 合成代谢中的转录后调控机制

miRNA 广泛参与基因的转录后水平调控，在细胞多种生理活动中发挥着重要的调控作用。它与靶基因以不完全匹配方式结合，影响着体内成千上万种蛋白质的表达，参与调控多个信号转导通路，在体内多种生理过程中起到非常重要的作用。与转录因子相比，miRNA 的调控机制可能更能够满足生物体精密而协调的基因表达调控需要（Flower et al.，2013）。研究发现，miRNA 与脂类代谢调控密切相关，能够直接或间接调控细胞内脂肪生成与积累、脂肪酸氧化、胆固醇流动及脂肪细胞的增殖与分化等（Flower et al.，2013）。而日粮中脂类的改变（高脂、低脂或必需脂肪酸的添加）也会通过对 miRNA 的作用来影响机体的生命活动，尤其是必需脂肪酸能够以多个 miRNA 靶向于多种细胞信号转导通路的相关基因网络，调控机体的生理代谢活动（Davidson et al.，2009；Zhang et al.，2014a）。那么，作为脂类代谢中的一个分支——LC-PUFA 的合成代谢，miRNA 是否亦参与其代谢调控呢？

目前，关于 miRNA 在脊椎动物 LC-PUFA 合成代谢调控中的作用及机制的研究报道甚少。除了 Fan 等（2021）发现 miR-193a-5p 具有通过靶向牛乳腺上皮细胞 FADS1 参与 LC-PUFA 生物合成调控的作用外，在其他脊椎动物中鲜见有相关报道。为了探索 miRNA 在鱼类 LC-PUFA 合成代谢调控中的作用及机制，前期我们利用生物信息学方法预测分析发现，在黄斑蓝子鱼Δ4 *fads2* 和胰岛素诱导基因 1（*insig1*）的 3′UTR 分别存在 miR-17 和 miR-33 的结合位点，并通过验证发现它们之间确有互作关系，提示 miRNA 在鱼类的 LC-PUFA 合成代谢调控中确实起着非常重要的作用。同时，我们在后续的研究中发现了一系列 miRNA 参与黄斑蓝子鱼 LC-PUFA 的合成代谢调控。研究结果不仅有助于全面揭示鱼类 LC-PUFA 合成代谢调控机制，也可为研发提高鱼体内源性 LC-PUFA 合成能力的方法提供新的思路和依据，对于提高水产饲料中植物油替代鱼油的比例，降低或摆脱水产养殖对鱼油的依赖，促进鱼类养殖业的可持续健康发展具有潜在的现实意义。

一、miR-17、miR-146a、miR-26a 和 miR-145 在黄斑蓝子鱼 LC-PUFA 合成代谢中的负调控作用

（一）miR-17 在黄斑蓝子鱼 LC-PUFA 合成调控中的作用

利用生物信息学方法（TargetScan 和 PicTar 在线软件），本书在黄斑蓝子鱼 Δ4 *fads2* mRNA 的 3′UTR 预测到了一个潜在保守的 miR-17 结合位点，提示 Δ4 *fads2* 可能是 miR-17 作用的靶基因之一。在哺乳动物中，miR-17 是多顺反子 miR-17-92 基因簇中的成员，在动物发育、细胞分化及癌症发生发展过程中发挥重要的调控作用（Ventura et al.，2008）。

这提示，miR-17 也可能以 miR-17-92 基因簇形式参与黄斑蓝子鱼的 LC-PUFA 合成调控。基于此，我们通过克隆 miR-17 编码基因，并利用在体和离体实验，探究 miR-17 与 Δ4 *fads2* 之间的调控作用关系，从而揭示 miR-17 在 LC-PUFA 合成调控中的作用。

1. 黄斑蓝子鱼 miR-17 基因序列的克隆与同源性分析

首先，利用染色体步移法克隆到黄斑蓝子鱼 miR-17 所在的 miR-17-92 基因簇序列。然后，对其结构进行分析，发现 miR-17-92 的基因簇由 6 个 miRNA 组成，从 5′端依次为 miR-17、miR-18(a)、miR-19(a)、miR-20(a)、miR-19(b)、miR-92（a）（图 7-1）。这种组成和结构与斑马鱼及人的 miR-17-92 基因簇一致。最后，通过多序列比对分析，发现黄斑蓝子鱼 miR-17 的成熟序列与其他脊椎动物高度一致（图 7-2），5′端具有保守的“种子序列”（AAAGUGC）。这提示，miR-17 可能在不同物种间具有类似且保守的调控作用。

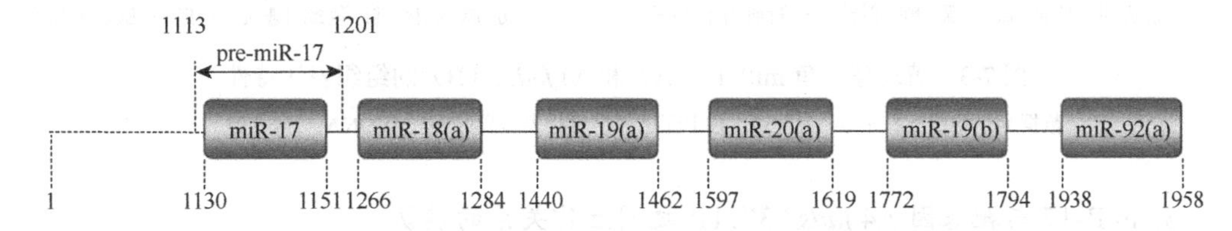

图 7-1　黄斑蓝子鱼 miR-17-92 基因簇结构示意图

黑线表示成熟体 miRNA 之间基因序列。水平虚线表示 miR-17 前 1130 bp 的序列。水平箭头所指示的区域为 pre-miR-17 序列，垂直的虚线指示每个 miRNA 在所示基因片段中的位置（单位：bp）。

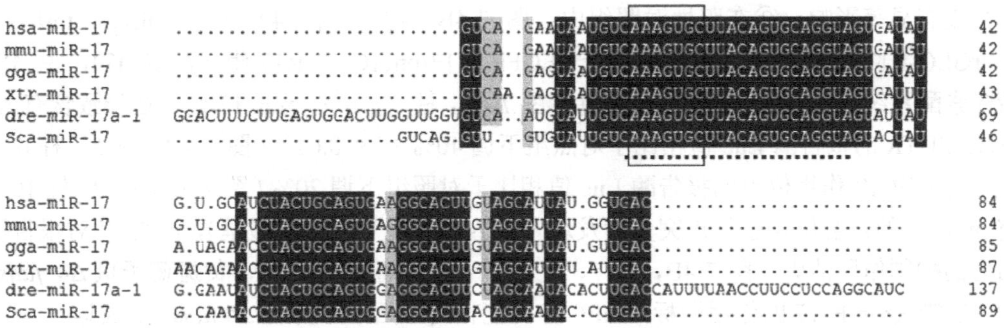

```
hsa-miR-17       ...........................GUCA..GAAUAAUGUCAAAGUGCUUACAGUGCAGGUAGUGAUAU   42
mmu-miR-17       ...........................GUCA..GAAUAAUGUCAAAGUGCUUACAGUGCAGGUAGUGAUGU   42
gga-miR-17       ...........................GUCA..GAGUAAUGUCAAAGUGCUUACAGUGCAGGUAGUGAUAU   42
xtr-miR-17       ...........................GUCAA.GAGUAAUGUCAAAGUGCUUACAGUGCAGGUAGUGAUUU   43
dre-miR-17a-1    GGACUUUCUUGAGUGGACUUGGUUGGUGUCA..AUGUAUUGUCAAAGUGCUUACAGUGCAGGUAGUAUUAU   69
Sca-miR-17       .....................GUCAG.GUU...GUGUAUUGUCAAAGUGCUUACAGUGCAGGUAGUACUAU   46

hsa-miR-17       G.U.GCAUCUACUGCAGUGAAGGCACUUGUAGCAUUAU.GGUGAC........................   84
mmu-miR-17       G.U.GCAUCUACUGCAGUGAGGGCACUUGUAGCAUUAU.GCUGAC........................   84
gga-miR-17       A.UAGAACCUACUGCAGUGAAGGCACUUGUAGCAUUAU.GUUGAC........................   85
xtr-miR-17       AACAGAACCUACUGCAGUGAAGGCACUUGUAGCAUUAU.AUUGAC........................   87
dre-miR-17a-1    G.GAAUAUCUACUGCAGUGGAGGCACUUCUAGCAAUACACUUGACCAUUUUAACCUUCCUCCAGGCAUC  137
Sca-miR-17       G.CAAUACCUACUGCAGUGGAGGCACUUACAGCAAUAC.CCUGAC........................   89
```

图 7-2　不同物种间 pre-miR-17 的多序列比对

缩写名对应的物种和其在 miRBase 数据库中的登录号分别为：hsa，人，MI0000071；mmu，小鼠，MI0000687；gga，鸡，MI0001184；xtr，爪蟾，MI0004803；dre，斑马鱼，MI0001897；黄斑蓝子鱼 miR-17 命名为 sca-miR-17。黑色和灰色的阴影分别表示相同或相似的核苷酸。虚线指示的是黄斑蓝子鱼成熟体 miR-17 序列。黑色方框指示 miR-17 的种子序列。

2. miR-17 与 Δ4 *fads2* 的组织表达特性分析

由于 miRNA 的组织表达特性可以部分反映 miRNA 的调控功能（Lagos-Quintana et al.，2002），于是我们用 RT-qPCR 方法检测了黄斑蓝子鱼不同组织的 miR-17 与 Δ4 *fads2* 转录表达水平。结果显示，在所检测的组织中，miR-17 在鳃中的表达最高，并显著高于脂肪、背肌、眼、胆囊、心脏、肝脏和脾脏（$P<0.05$），但与脑、肠、肾脏之间的差异并

不显著（图 7-3A）。相反，Δ4 *fads2* 在脑中表达水平最高，其次是肠、眼、心脏（$P<0.05$），而在脂肪、背肌、胆囊、鳃、心、肾脏和脾脏组织中表达水平较低（图 7-3B）。这些结果提示，在黄斑蓝子鱼部分组织中，Δ4 *fads2* 的表达可能受到 miR-17 的抑制。

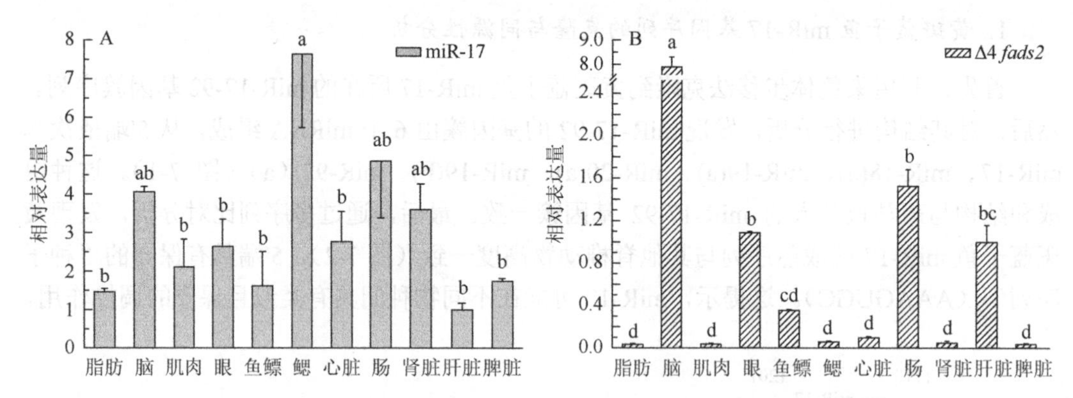

图 7-3 黄斑蓝子鱼 miR-17（A）和 Δ4 *fads2*（B）的组织表达特性

数据为平均值±标准误（$n=3$），柱上无相同字母代表差异显著（AVONA；$P<0.05$）。

3. miR-17 与靶基因 Δ4 *fads2* 3′UTR 之间互作关系的确认

为了确认 miR-17 与 Δ4 *fads2* 3′UTR 之间的互作关系，在体外 HEK 293T 细胞中进行了双荧光素酶报告基因检测实验。结果显示：①在阴性对照组中（图 7-4B，柱 1、柱 2），由于 pmirGLO-空白不含 miR-17 的作用位点，所以 miR-17 的过表达对其荧光素酶（Luc）活性没有显著影响；②在阳性对照组中（图 7-4B，柱 3、柱 4），转染 pEGFP-miR-17/pmirGLO-R17 组的 Luc 活性显著低于 pEGFP-空白/pmirGLO-R17 组（$P<0.05$），说明双荧光素酶系统工作正常；③在实验组中（图 7-4B，柱 5～10），miR-17 过表达导致含有 Δ4 *fads2* 3′UTR 的报告酶 Luc 值相比于对照组下调 40%（$P<0.01$）（图 7-4B，柱 5、柱 6），仅含有 miR-17 作用位点的报告酶 Luc 值相比于对照组下调 20%（图 7-4B，柱 9、柱 10）。将 miR-17 的结合位点进行点突变后发现（图 7-4A，星号标识的碱基），miR-17 对报告酶活力的抑制作用消失（图 7-4B，柱 7、柱 8）。以上实验结果说明，黄斑蓝子鱼 Δ4 *fads2* 的 3′UTR 是 miR-17 的作用靶标，miR-17 可能在转录后水平抑制 Δ4 *fads2* 的表达。

4. miR-17 和 Δ4 *fads2* 在黄斑蓝子鱼肝脏中的表达变化

由于 miRNA 对靶基因表达的调控作用通常会受到生理条件或者细胞种类的影响，因此，在研究 miRNA 的调控功能时要尽量模拟特定生理环境、避免异源因素的干扰（Didiano and Hobert，2006）。本书作者团队前期研究发现，养殖水体盐度可以影响黄斑蓝子鱼肝脏中 LC-PUFA 合成关键酶基因的表达水平和 LC-PUFA 的合成能力（Li et al.，2008）。因此，为了进一步探讨 miR-17 与 Δ4 *fads2* 在黄斑蓝子鱼肝脏 LC-PUFA 合成代谢中的调控关系，我们检测了养殖于 10 ppt 和 32 ppt 水体盐度的黄斑蓝子鱼肝脏 miR-17 与 Δ4 *fads2* 的 mRNA 表达水平及蛋白质表达量。结果如图 7-5 所示，miR-17 在 32 ppt 组中的表达水平要显著高于 10 ppt 组。相反，Δ4 *fads2* 的 mRNA 和蛋白质在 32 ppt 组中的表达水平要显著低于 10 ppt 组。结合之前的双荧光素酶报告基因检测实验和组织表达特性的检测结果，可以进一步推知 miR-17 通过诱导 Δ4 *fads2* mRNA 降解或同时抑制 Δ4 Fads2 蛋白翻译的方式，在转录后水平抑制肝脏中 Δ4 *fads2* 的表达，从而参与 LC-PUFA 合成代谢的调控。

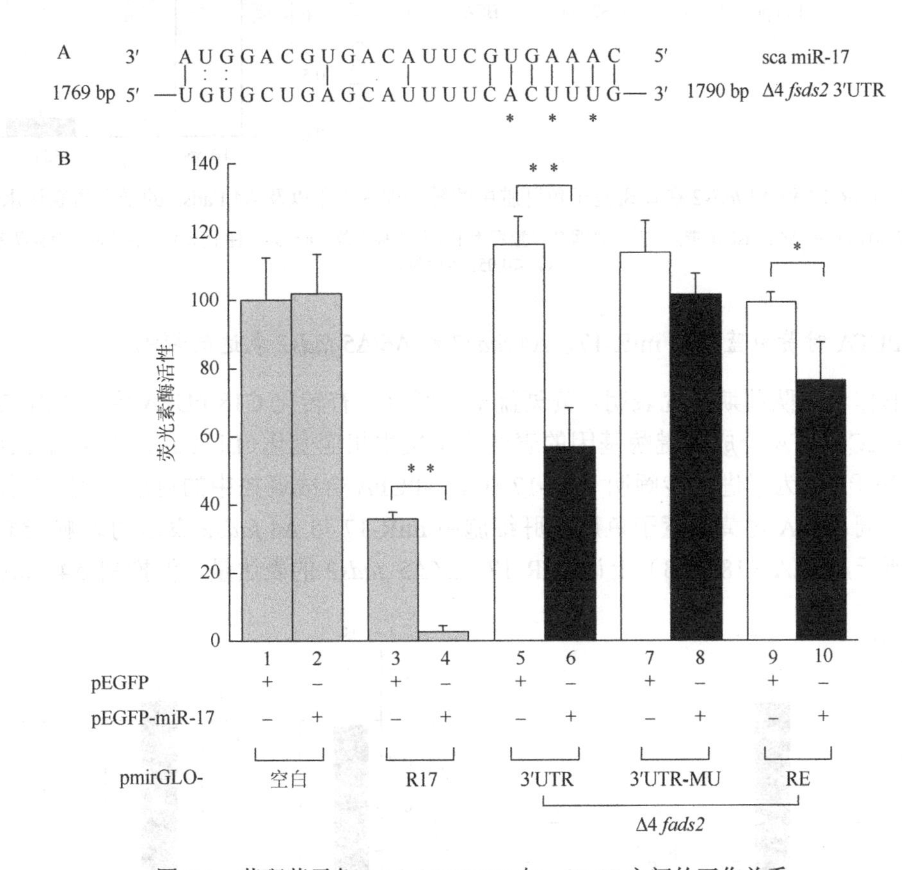

图 7-4　黄斑蓝子鱼 Δ4 *fads2* 3′UTR 与 miR-17 之间的互作关系

图 A 为 miR-17 在黄斑蓝子鱼 Δ4 *fads2* 3′UTR 预测的结合位点，*表示引入定点突变的核苷酸。图 B 为双荧光素酶报告基因检测实验结果，数据为平均值±标准误（$n=6$），*和**分别表示差异显著（$P<0.05$）和极显著（$P<0.01$，*t*-检验）。

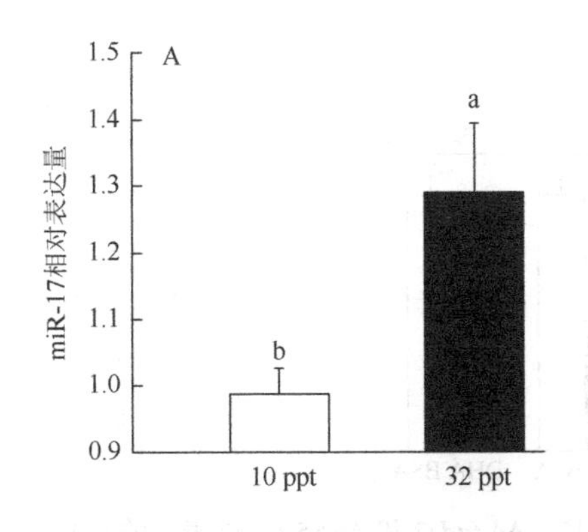

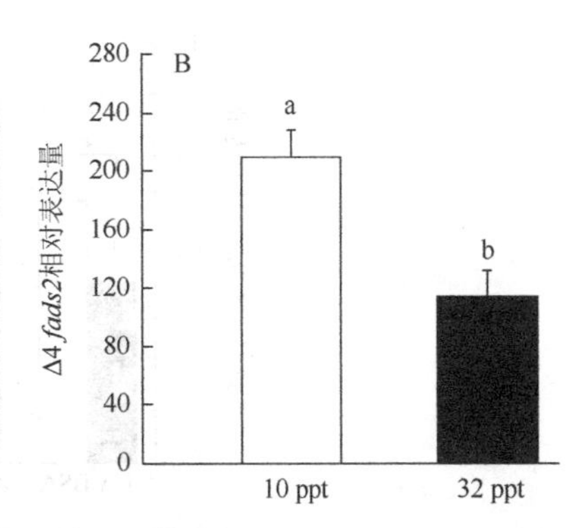

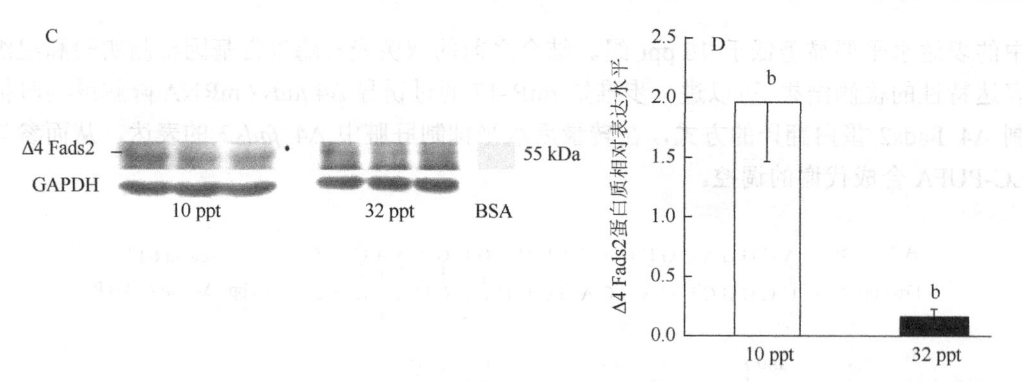

图 7-5　miR-17 和 Δ4 *fads2* 在黄斑蓝子鱼肝脏中的转录表达水平以及 Δ4 Fads2 的蛋白质表达水平

图 D 是对图 C 中 Δ4 Fads2 条带光密度值的量化。数据为平均值±标准差（$n=3$），柱上无相同字母表示差异显著（$P<0.05$，*t*-检验）。

5. PUFA 对黄斑蓝子鱼 miR-17、Δ4 *fads2* 和 Δ6/Δ5 *fads2* 表达的影响

本书作者团队前期研究表明，黄斑蓝子鱼肝脏具有转化 C18 PUFA 为 LC-PUFA 的能力，且 LC-PUFA 合成关键酶基因的表达水平发生相应变化（Li et al.，2008；Xie et al.，2015）。基于此，为了进一步阐明 miR-17 在 LC-PUFA 合成调控中的可能作用，在体外，检测了不同 PUFA 对黄斑蓝子鱼原代肝细胞中 miR-17 与 Δ4 *fads2* 表达的影响。结果如图 7-6 所示，ALA（18:3n-3）上调 miR-17、Δ6Δ5 *fads2* 的表达量，但抑制 Δ4 *fads2* 的

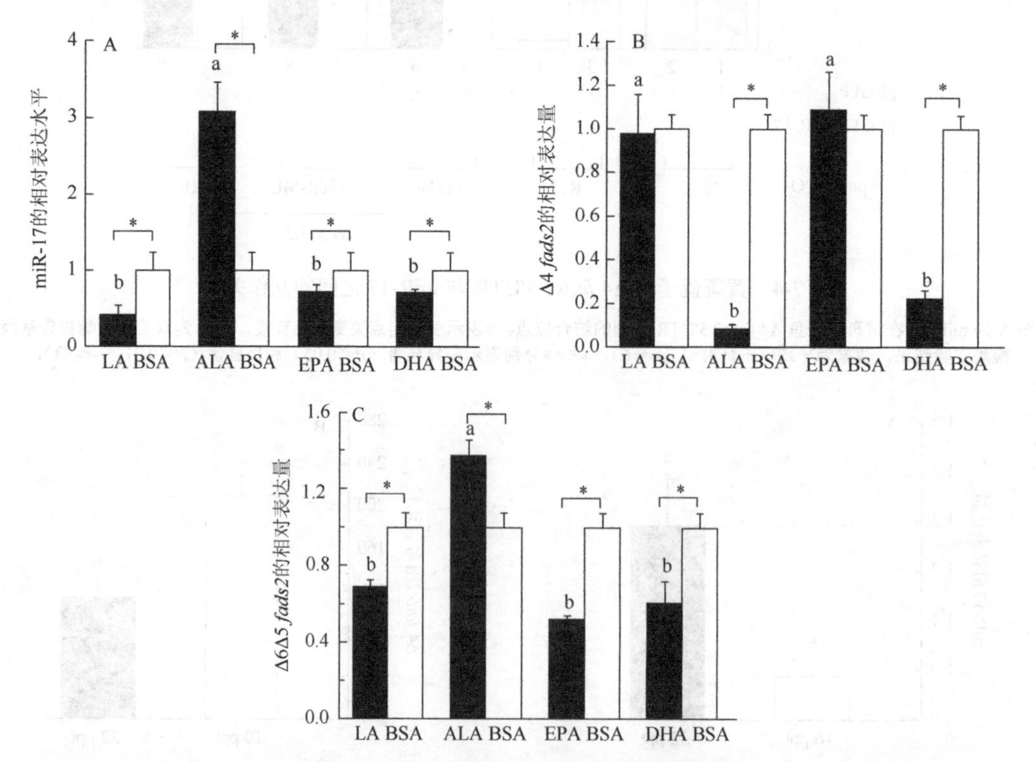

图 7-6　不同 PUFA 对黄斑蓝子鱼原代肝细胞的 miR-17、Δ4 *fads2* 和 Δ6Δ5 *fads2* 表达的影响

数据为平均值±标准误（$n=3$）。*表示差异显著（$P<0.05$），柱上无相同字母代表差异显著（$P<0.05$，ANOVA）。

表达；相反，EPA（20:5n-3）和 LA（18:2n-6）下调了 miR-17、Δ6Δ5 *fads2* 的表达量，但对 Δ4 *fads2* 的表达没有显著影响。miR-17 与 Δ4 *fads2* 在 ALA 处理组中呈现出相反的变化关系，此结果说明，miR-17 对 Δ4 *fads2* 表达的转录后抑制作用起始于 Δ4 *fads2* 的 mRNA 降解。

以上结果表明，miR-17 可能通过诱导 Δ4 *fads2* mRNA 降解的方式抑制 Δ4 *fads2* 的表达，从而参与黄斑蓝子鱼 LC-PUFA 合成代谢的调控。这是首次在脊椎动物中报道和揭示 miRNA 在 LC-PUFA 合成代谢调控中的作用，也是首次从转录后水平研究鱼类 LC-PUFA 合成代谢的分子调控机制（Zhang et al.，2014b）。

（二）miR-146a 在黄斑蓝子鱼 LC-PUFA 合成调控中的作用

与 miR-17 相似，在不同水体盐度（32 ppt 和 10 ppt）下饲养的黄斑蓝子鱼肝脏和不同 PUFA 孵育的黄斑蓝子鱼肝细胞系（SCHL）中，我们发现 miR-146a 的表达具有明显差异。由于前期发现水体环境盐度和脂肪酸是影响鱼类 LC-PUFA 合成代谢的重要因素，提示 miR-146a 可能参与黄斑蓝子鱼 LC-PUFA 的合成调控。miR-146a 是软骨中发现得最早的 miRNA 之一，参与炎症反应和胆固醇的合成和流出（Yang et al.，2011），但其是否参与脊椎动物 LC-PUFA 合成调控还未见报道。为了阐明 miR-146a 在 LC-PUFA 合成调控中的作用及机制，我们开展了与研究 miR-17 类似的实验，主要研究内容和结果如下。

1. miR-146a 靶基因的预测与验证

利用生物信息学软件分析发现，黄斑蓝子鱼 *elovl5* 的 3′UTR 存在 miR-146a 的结合位点(图 7-7A)，双荧光素酶报告基因检测实验验证两者之前确实存在互作的关系(图 7-7B)。然后，通过将 miR-146a 模拟物（mimic，mimics）和抑制剂分别转染黄斑蓝子鱼 SCHL，进行过表达或敲低实验。结果发现，过表达 miR-146a 显著降低 *elovl5* 的表达（图 7-7C）；转染 miR-146a 抑制剂后，*elovl5* 的表达显著升高（$P<0.05$）（图 7-7D）。这些结果说明，*elovl5* 是 miR-146a 的作用靶基因。

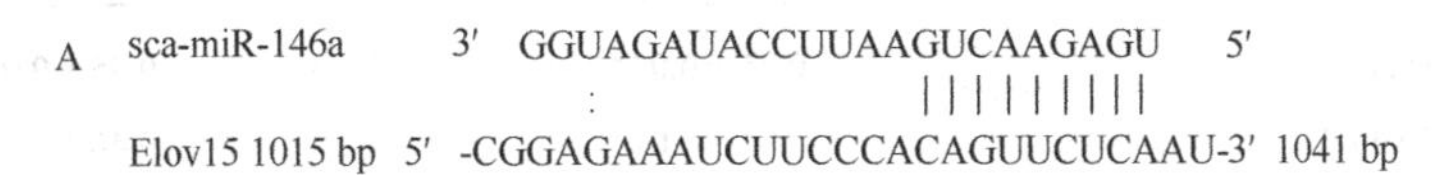

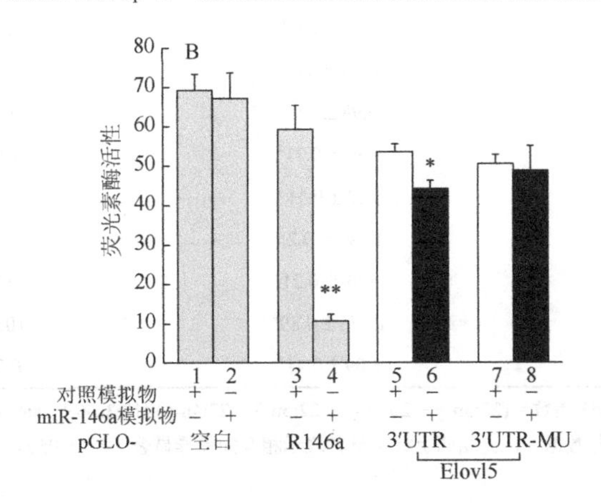

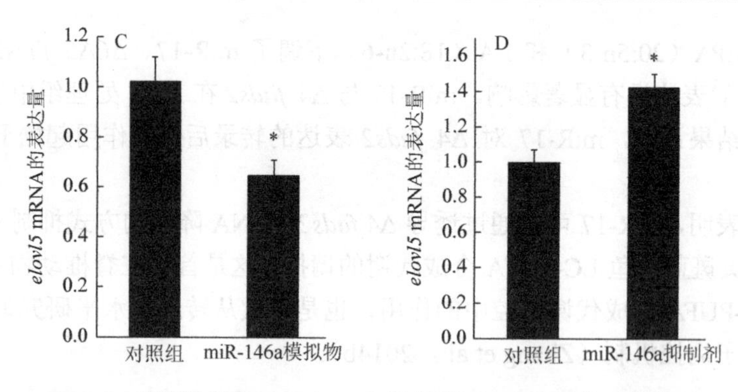

图 7-7　黄斑蓝子鱼 miR-146a 与靶基因 *elovl5* 之间的互作关系

图 A 为在 *elovl5* 3′UTR 预测的 miR-146a 结合位点；图 B 为双荧光素酶报告基因检测实验结果；图 C 和图 D 分别为肝细胞被过表达和敲低 miR-146a 处理后，*elovl5* 的表达水平。数据为平均值±标准误，*和**分别表示差异显著（$P<0.05$）和极显著（$P<0.01$，*t*-检验）。

2. miR-146a 对黄斑蓝子鱼肝细胞 LC-PUFA 合成的调控作用

为了在转录后水平进一步确定 miR-146a 对 *elovl5* 转录后酶活力的影响，在 SCHL 细胞转染了 miR-146a 模拟物或对照（NC 模拟物）6 h 后添加 50 μmol/L LA 底物，48 h 后检测细胞脂肪酸组成的结果见表 7-1。

表 7-1　miR-146a 模拟物与 NC 模拟物转染后黄斑蓝子鱼肝细胞的脂肪酸含量（单位：μg/10^8 个细胞）

主要脂肪酸	NC 模拟物	miR-146a 模拟物
16:0	9.90±0.21	9.79±0.53
18:0	7.67±0.05	7.73±0.40
18:1n-9	8.69±0.21	8.87±0.50
18:2n-6（LA）	8.54±0.20	8.55±0.48
18:3n-3（ALA）	0.86±0.10	0.85±0.04
18:3n-6	0.33±0.04^{a}	0.90±0.01^{b}
20:3n-6	0.58±0.03	0.57±0.03
18:4n-3	0.35±0.02^{a}	0.95±0.03^{b}
20:4n-3	0.93±0.01^{a}	0.46±0.02^{b}
20:4n-6（ARA）	2.55±0.04	2.65±0.12
22:4n-6	0.37±0.02	0.40±0.04
20:5n-3（EPA）	0.98±0.03	1.07±0.06
22:5n-3	5.33±0.71^{a}	1.08±0.06^{b}
22:6n-3（DHA）	6.12±0.11^{a}	3.22±0.21^{b}
SFA	17.95±0.25	17.86±0.10
MUFA	8.89±0.21	9.03±0.50
LC-PUFA	17.76±0.89^{a}	10.47±0.81^{b}
Elovl5 指数	4.09±0.41^{a}	0.72±0.05^{b}

注：反映 Elovl5 酶活性的 Elovl5 指数＝(20:3n-6＋20:4n-3＋22:5n-3＋22:4n-6)/(18:3n-6＋18:4n-3＋20:5n-3＋20:4n-6)。数据为平均值±标准误（$n=4$）。同行数据中，无相同上标字母者表示相互间差异显著（$P<0.05$）。

结果显示，与NC组相比，利用过表达上调黄斑蓝子鱼肝细胞中miR-146a的表达水平后（图7-8A），显著降低了从18:3n-6到20:3n-6、20:5n-3到22:5n-3脂肪酸的转化率（$P<0.05$）（图7-8B）。由于Elovl5参与18:3n-6到20:3n-6、18:4n-3到20:4n-3、20:5n-3到22:5n-3的延长反应，而产物与底物之间的比值能够在一定程度上反映参与该反应的酶活性大小。本实验的延长酶指数（Elovl5指数）结果表明，黄斑蓝子鱼肝细胞过表达miR-146a使Elovl5的活性显著降低（$P<0.05$）。而且，如表7-1所示，过表达miR-146a也使LC-PUFA（特别是DHA和22:5n-3）含量显著降低。说明，miR-146a能够通过靶向抑制Elovl5的mRNA和酶活性，抑制黄斑蓝子鱼肝细胞LC-PUFA的生物合成。

上述结果表明，miR-146a可以通过诱导mRNA降解和抑制蛋白质翻译的方式抑制Elovl5的表达，从而参与黄斑蓝子鱼LC-PUFA合成代谢的调控，这是首次在脊椎动物中报道miR-146a在LC-PUFA合成中的调控作用，详细内容见发表论文Chen等（2018）。

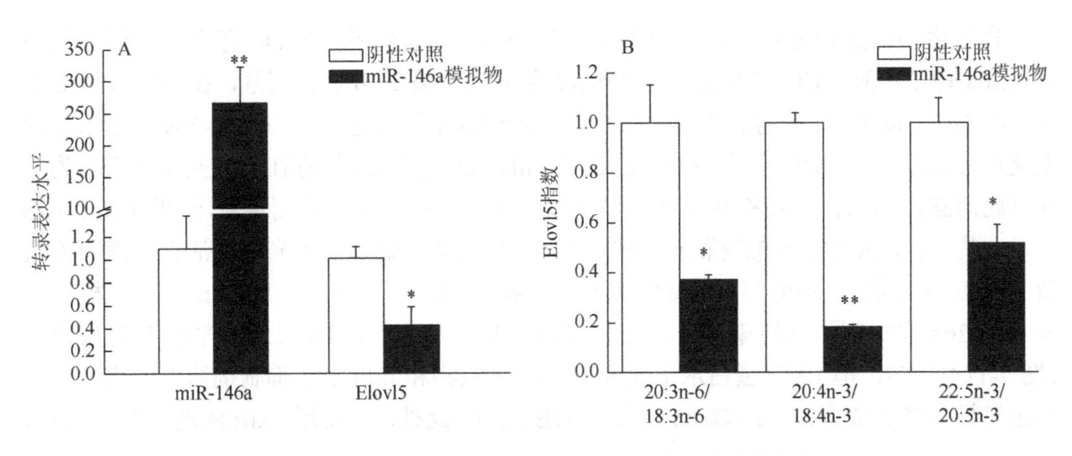

图7-8 miR-146a过表达对黄斑蓝子鱼肝细胞中脂肪酸转化率的影响

图B为GC-MS检测结果。数据为平均值±标准误（$n=3$），*代表差异显著（$P<0.05$，*t*-检验）。

（三）miR-26a在黄斑蓝子鱼LC-PUFA合成调控中的作用

为了挖掘更多参与调控鱼类LC-PUFA合成代谢的miRNA及其靶向代谢通路和基因网络，我们对在不同盐度（32 ppt和10 ppt）水体中投喂不同脂肪源（鱼油和植物油，FO和VO）饲料的黄斑蓝子鱼肝脏进行了miRNA表达谱测序分析，发现了一些差异表达的miRNA。经RT-qPCR验证发现，miR-26a高度响应环境盐度和饲料脂肪源（图7-9A）。此外，在体外，与对照组（BSA孵育细胞）相比，利用50～100 μmol/L ALA-BSA复合物孵育SCHL细胞后，miR-26a的表达丰度显著降低（$P<0.05$）（图7-9B）。这些结果表明，在体内和体外，miR-26a对环境盐度和ALA均有响应，其很可能参与黄斑蓝子鱼的LC-PUFA合成代谢调控。由于miR-26a是否参与脊椎动物LC-PUFA合成调控还未见报道，因此，我们采用与miR-17相似的实验方法，揭示miR-26a参与LC-PUFA合成代谢调控的作用及可能机制，主要研究及结果如下。

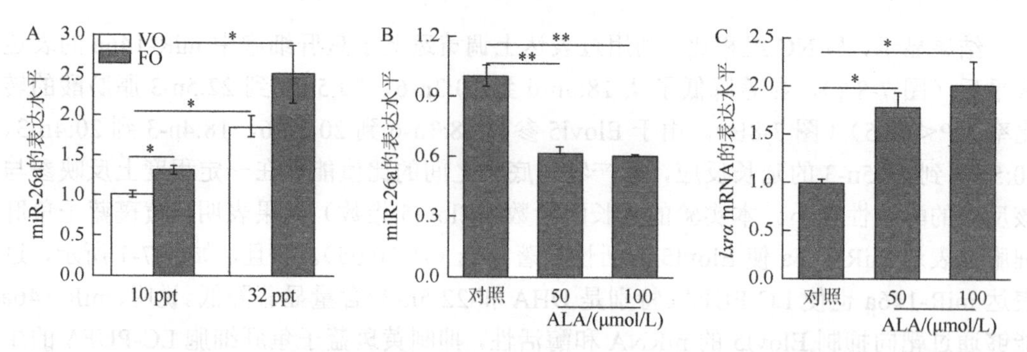

图 7-9　不同盐度和脂肪源饲料投喂组黄斑蓝子鱼肝脏及不同 ALA 浓度孵育黄斑蓝子鱼肝细胞的 miR-26a 和 *lxrα* mRNA 的表达水平

数据为平均值±标准误（*n*＝3），*和**分别表示差异显著（*P*＜0.05）和极显著（*P*＜0.01，*t*-检验）。

1. miR-26a 靶基因的预测与验证

利用生物信息学分析发现，黄斑蓝子鱼 *lxrα* mRNA 的 3′UTR 存在一个保守的与 miR-26a 种子序列（UCAAGUA）互补的结合位点（图 7-10A）。而且，在体外黄斑蓝子鱼肝细胞中，随着 ALA 孵育浓度的增加，*lxrα* mRNA 的表达水平与 miR-26a 表达水平的变化正好相反（*P*＜0.05）（图 7-9C），说明 miR-26a 与 Lxrα 间存在功能互作关系。为了探讨此问题，我们利用 HEK293T 细胞进行双荧光素酶报告基因检测实验，结果如图 7-10B 所示。其中，miR-26a 模拟物和 pre-miR-26a 质粒均能有效降低荧光素酶活性，说明黄斑蓝子鱼 *lxrα* 可能是 miR-26a 直接作用的一个靶基因。利用梯度浓度的 miR-26a 模拟物和 miR-26a 抑制剂分别转染黄斑蓝子鱼 SCHL 后，*lxrα* mRNA 表达水平没有明显变化（图 7-11A、C），但 Lxrα 蛋白水平随 miR-26a 模拟物和 miR-26a 抑制剂浓度的增加而分别出现显著降低或升高（*P*＜0.05）（图 7-11B、D）。此外，在使用 Lxrα 激动剂 TO901317

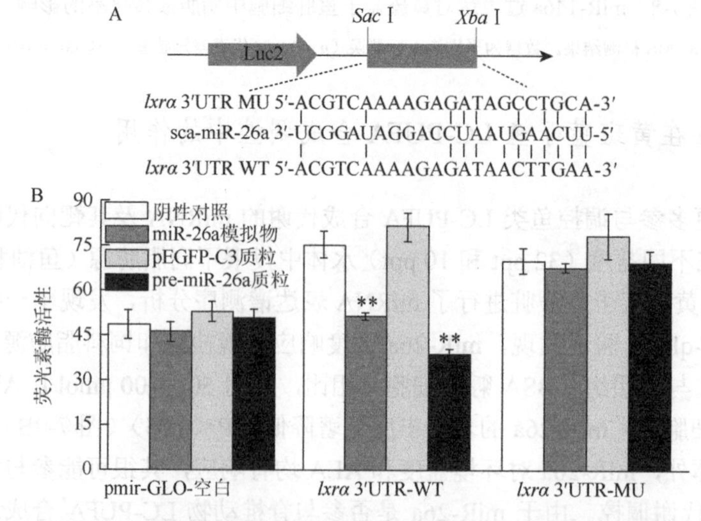

图 7-10　黄斑蓝子鱼 miR-26a 与 *lxrα* 3′UTR 之间的互作关系

图 A 为在黄斑蓝子鱼 *lxrα* 3′UTR 预测的 miR-26a 结合位点。图 B 为双荧光素酶报告基因检测实验结果。数据为平均值±标准误（*n*＝6），**表示差异极显著（*P*＜0.01，*t*-检验）。

处理黄斑蓝子鱼 SCHL 后再转染 miR-26a 模拟物，发现 miR-26a 模拟物能显著抑制激动剂诱导的 *lxrα* mRNA 和蛋白质水平的上调（图 7-11E、F）。这些结果表明，miR-26a 通过直接结合黄斑蓝子鱼 *lxrα* mRNA 的 3′ UTR 抑制其蛋白质的翻译。

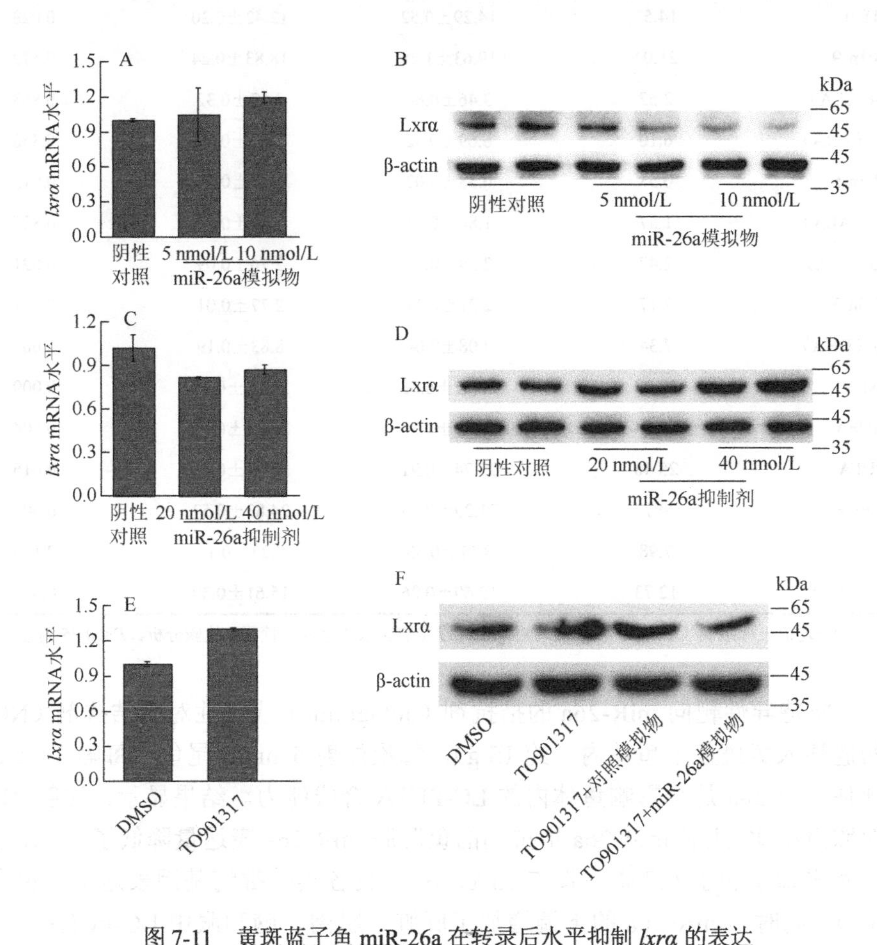

图 7-11　黄斑蓝子鱼 miR-26a 在转录后水平抑制 *lxrα* 的表达

图 A、B 为 SCHL 细胞转染不同浓度 miR-26a 模拟物后 *lxrα* mRNA 和蛋白质的表达水平；图 C、D 为 SCHL 细胞转染不同浓度 miR-26a 抑制剂后，*lxrα* mRNA 和蛋白质的表达水平；图 E、F 在 SCHL 细胞孵育激动剂 TO901317 基础上转染 miR-26a 模拟物后，*lxrα* mRNA 和蛋白质的表达水平。数据为平均值±标准误（$n=3$，6）。*和**分别表示差异显著（$P<0.05$）和极显著（$P<0.01$，*t*-检验）。

2. miR-26a 对黄斑蓝子鱼 LC-PUFA 合成代谢的调控作用及分子机制

为了评估 miR-26a 是否影响黄斑蓝子鱼肝细胞（SCHL）的 LC-PUFA 合成，在转染 miR-26a 抑制剂或阴性对照抑制剂（NC 抑制剂）后，细胞中添加 30 μmol/L 底物 ALA。在 ALA 处理 48 h 后，收集细胞检测脂肪酸组成。结果发现，与对照组相比，转染 miR-26a 抑制剂组 miR-26a 的表达量降低了 55%（图 7-12A），Lxrα 蛋白表达水平却增加了 2 倍多（图 7-12B），且各合成关键酶基因表达水平也上调了（图 7-12C）；同时，LC-PUFA 水平显著增加，尤其是 20:5n-3、22:6n-3 和 22:4n-6（$P<0.05$）（表 7-2）。

表 7-2　黄斑蓝子鱼肝细胞转染 miR-26a 抑制剂后孵育 30 μmol/L ALA 后的脂肪酸组成

主要脂肪酸	空白对照组/%	NC 抑制剂/%	miR-26a 抑制剂/%	*P* 值
16:0	12.71	13.73±0.12	11.42±0.40	0.005
18:0	14.57	14.29±0.52	12.42±0.20	0.028
18:1n-9	21.04	19.63±1.28	18.83±0.24	0.572
18:2n-6（LA）	2.52	3.46±0.64	3.57±0.32	0.883
20:4n-6（ARA）	6.10	6.69±0.32	7.07±0.17	0.358
22:4n-6	0.58	0.58±0.02	0.81±0.05	0.015
18:3n-3（ALA）	1.57	1.86±0.34	1.76±0.26	0.827
20:5n-3（EPA）	2.47	2.29±0.09	2.76±0.09	0.021
22:5n-3	2.17	2.21±0.23	2.77±0.01	0.071
22:6n-3（DHA）	7.34	7.08±0.04	8.83±0.19	0.001
SFA	27.28	28.02±0.63	23.85±0.60	0.009
MUFA	24.04	23.06±1.30	22.31±0.25	0.604
PUFA	25.46	27.74±0.91	31.84±0.49	0.016
LC-PUFA	20.71	21.29±0.45	24.83±0.53	0.007
n-6 LC-PUFA	7.98	8.61±0.33	9.23±0.16	0.166
n-3 LC-PUFA	12.73	12.69±0.26	15.61±0.39	0.003

注：数据为平均值±标准误（$n=4$）。实验组与对照组间脂肪酸含量的差异性使用 t-检验分析，$P<0.05$ 为差异显著。

此外，将特异性靶向 miR-26a 的拮抗剂（antagomir）或阴性对照拮抗剂（NC 拮抗剂）经腹腔注入黄斑蓝子鱼体内（约 15 g），每次注射 5 nmol/尾鱼，每隔 3～5 d 注射一次，评估 miR-26a 是否影响鱼体内的 LC-PUFA 合成能力。结果显示，注射 21 d 后，与阴性对照组相比，注射 miR-26a 拮抗剂的鱼肝脏 miR-26a 表达量降低了 83%，而 Lxrα 蛋白表达水平却增加了 0.7 倍（图 7-13A、B），且各类关键酶基因表达水平也上调了（图 7-13C）；同时，miR-26a 的下调增加了肝脏、肌肉、脑和眼中 LC-PUFA 的积累，特别是显著增加了所有检测组织中 DHA 的沉积量（$P<0.05$）（图 7-13D～G）。相反，miR-26a 敲低组鱼组织中 ALA 和 LA 的含量降低，尤其是脑和眼。

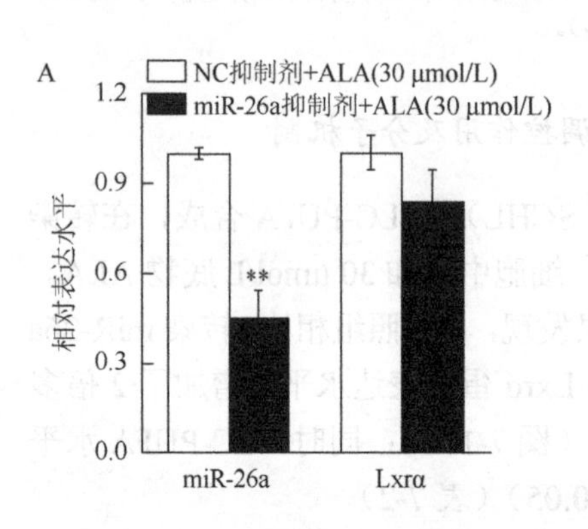

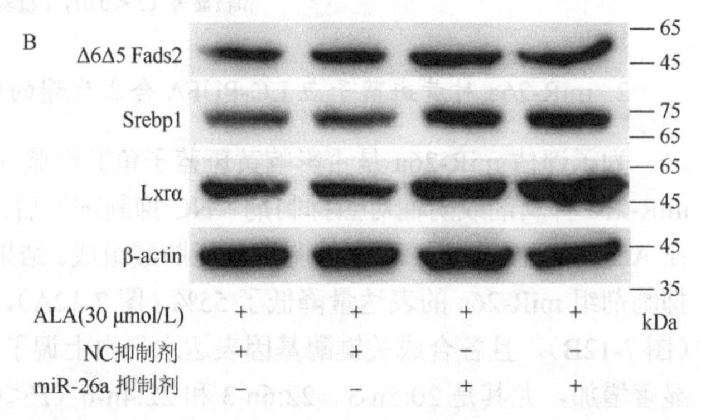

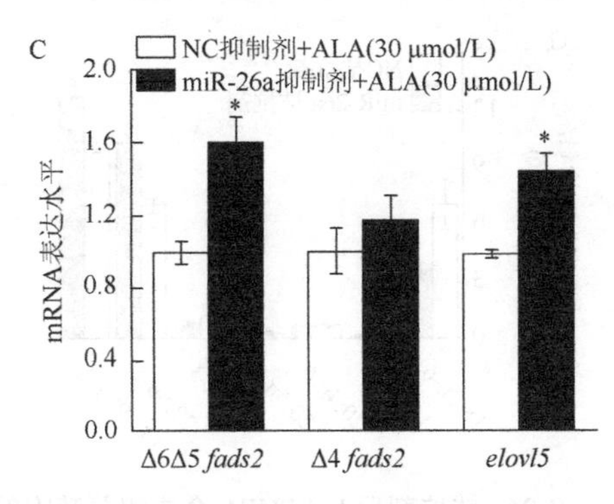

图 7-12　黄斑蓝子鱼肝细胞转染 miR-26a 抑制剂后 LC-PUFA 合成相关基因和蛋白质的表达水平

数据为平均值±标准误（$n=3\sim6$）。实验组间表达量的差异使用 t-检验分析，$^{*}P<0.05$，$^{**}P<0.01$。

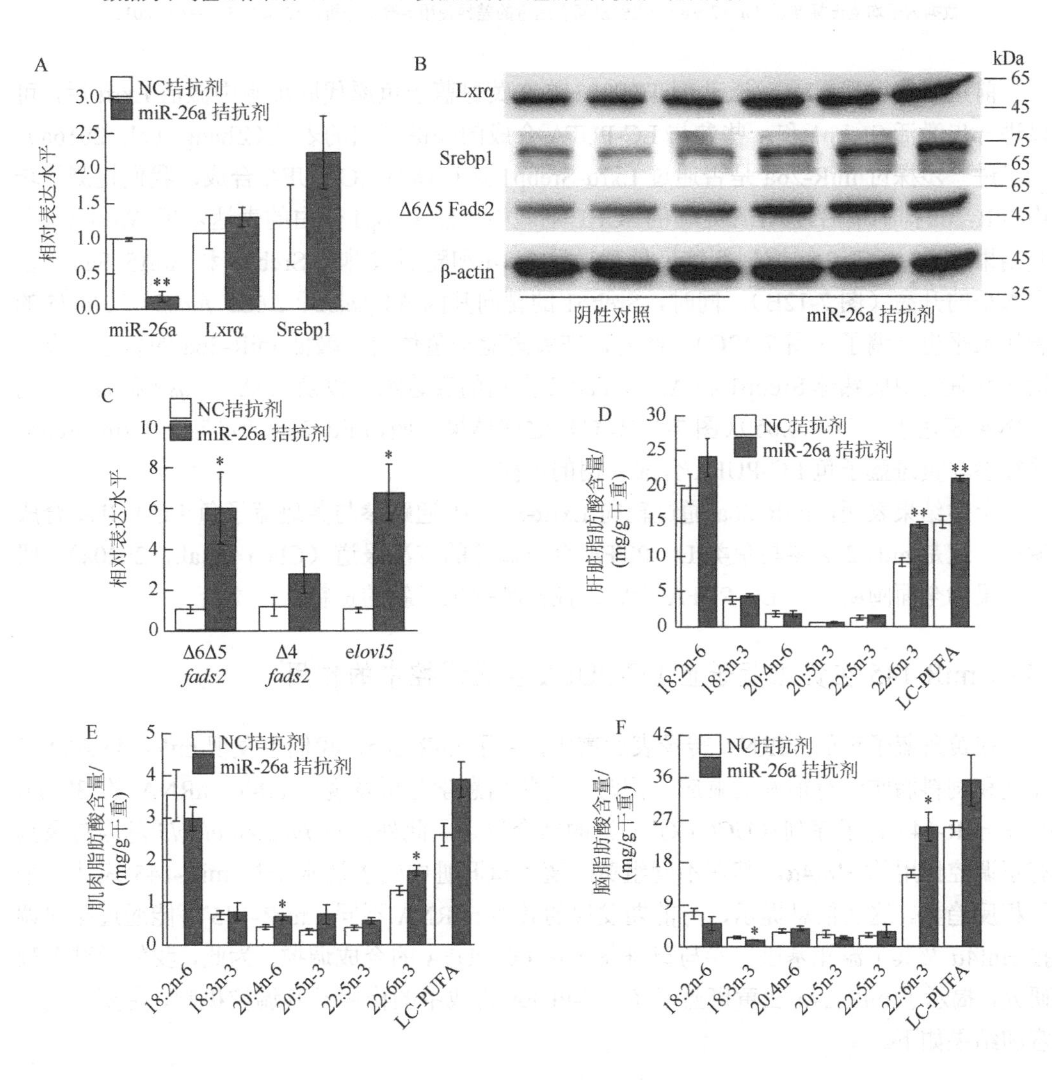

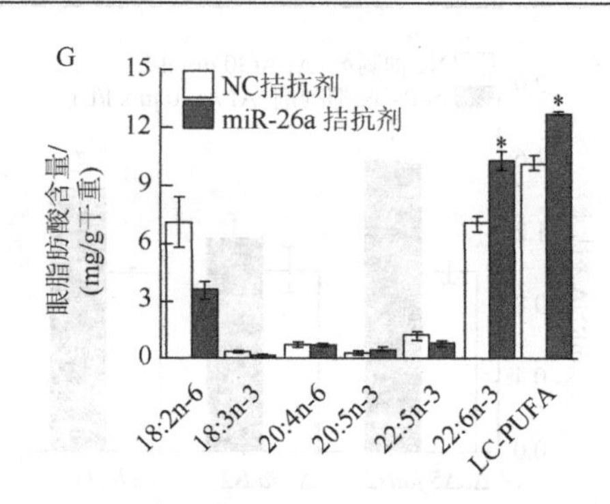

图 7-13　黄斑蓝子鱼体内注射 miR-26a 拮抗剂后 LC-PUFA 合成相关基因的表达及组织脂肪酸（mg/g 干重）的含量

数据为平均值±标准误（$n=3\sim6$）。实验组间表达量的差异使用 t-检验分析，$*P<0.05$，$**P<0.01$。

前期研究发现，Lxrα 激动剂 TO901317 在黄斑蓝子鱼原代肝细胞中激活 Lxrα 后，可以进一步激活 Srebp1 和一些参与 LC-PUFA 合成的关键基因的表达（Zhang et al.，2016a）。为了进一步探讨 miR-26a 是否通过 Lxrα-Srebp1 途径调节 LC-PUFA 合成，我们检测了转染 miR-26a 抑制剂后经 ALA 处理的 SCHL 细胞中成熟 Srebp1 蛋白的表达水平。Western 杂交结果显示，miR-26a 抑制剂转染处理导致 Lxrα 和随后成熟的 Srebp1 和 Δ6Δ5 Fads2 蛋白水平的升高（图 7-12B）。同时，Srebp1 的靶向基因 Δ4 *fads2*、Δ6Δ5 *fads2* 和 *elovl5* 的表达水平也上调了（图 7-12C）。此外，在黄斑蓝子鱼体内，敲低 miR-26a 的表达也显著增加肝脏组织成熟体 Srebp1 和 Δ6Δ5 Fads2 蛋白的表达水平以及 Δ6Δ5 *fads2* 和 *elovl5* 的 mRNA 表达水平（$P<0.05$）（图 7-13B、C）。这些结果表明，miR-26a 通过靶向 Lxrα-Srebp1 途径参与黄斑蓝子鱼 LC-PUFA 合成代谢的调控。

上述结果表明，miR-26a 通过靶向 Lxrα-Srebp1 通路参与黄斑蓝子鱼 LC-PUFA 合成调控，这是 miR-26a 参与鱼类 LC-PUFA 合成调控的首次报道（Chen et al.，2020a）。研究成果为全面阐明鱼类 LC-PUFA 合成调控机制提供了新的资料。

（四）miR-145 在黄斑蓝子鱼 LC-PUFA 合成调控中的作用

在黄斑蓝子鱼的 miRNA 转录表达谱中，除了 miR-26a，我们也发现 miR-145 对环境盐度和饲料脂肪源有很好的响应。同时，生物信息学分析发现，hnf4α mRNA 的 3′UTR 存在 miR-145 种子序列（UCCAGUU）的结合位点。此外，对 *fads* 和 *elovl5* 基因转录具有正调控作用的 Hnf4α，其在不同组黄斑蓝子鱼肝脏中的表达水平与 miR-145 表达水平呈相反趋势。这些信息提示，与前期发现的其他 miRNA 不同，miR-145 可能通过靶向调控 Hnf4α 及其下游靶基因，参与黄斑蓝子鱼 LC-PUFA 的合成调控。为此，我们通过系列研究，揭示了 miR-145 在黄斑蓝子鱼 LC-PUFA 合成中的作用及其调控机制，主要研究内容和结果如下。

1. miR-145 与靶基因 *hnf4α* 之间互作关系的确认

如图 7-14A、B 所示，黄斑蓝子鱼 *hnf4α* 可能是 miR-145 直接作用的一个靶基因。为了进一步确定 miR-145 对 *hnf*4α 的靶向调控作用，我们利用 SCHL 细胞进行了 pre-miR-145 的过表达和敲低实验。结果发现，转染过表达的 pre-miR-145 质粒显著降低 *hnf*4α 的 mRNA 和蛋白质水平，且呈现剂量依赖性（$P<0.05$）（图 7-14C、D）。相反，转染 miR-145 拮抗剂显著上调了 *hnf*4α 的 mRNA 和蛋白质水平（$P<0.05$）（图 7-14E、F）。这些结果表明，*hnf*4α 是 miR-145 作用的靶基因，miR-145 可能通过翻译抑制和 mRNA 降解作用，抑制内源性 *hnf*4α 和蛋白质的表达。

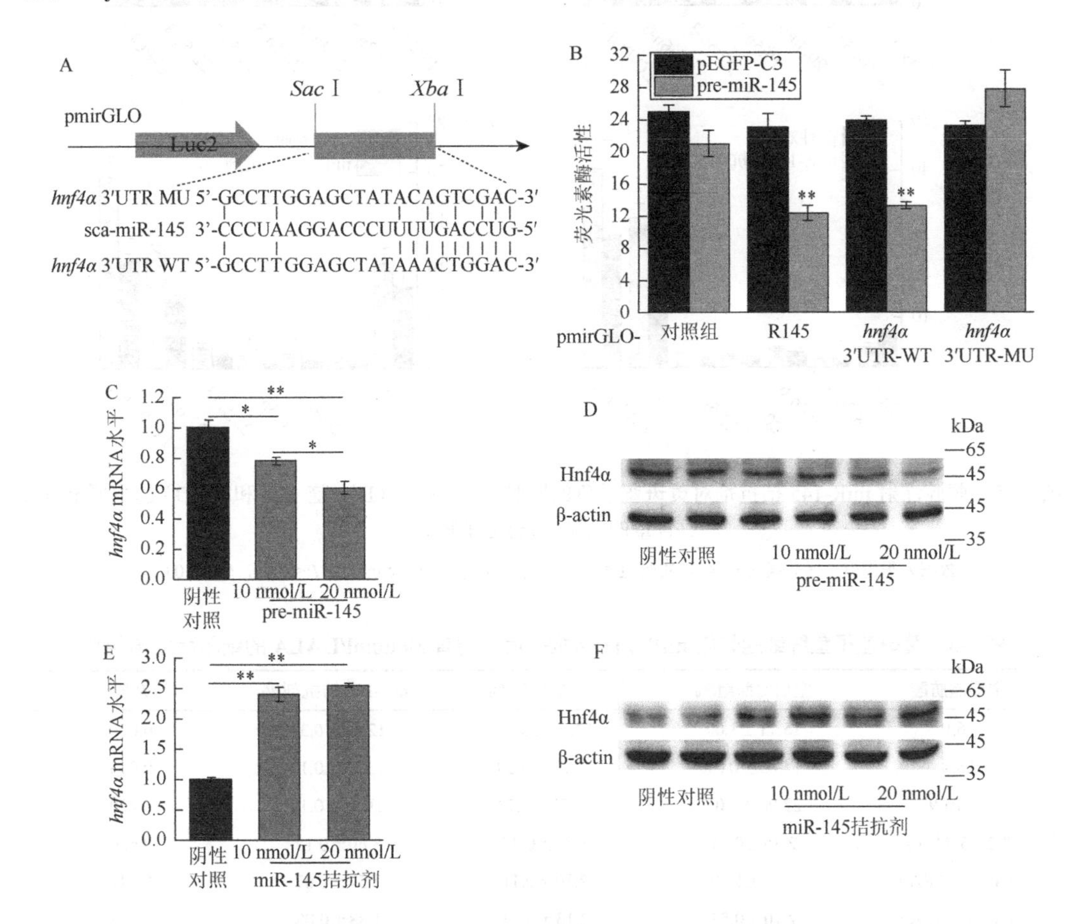

图 7-14　黄斑蓝子鱼 *hnf4α* 的 3'UTR 与 miR-145 互作关系的验证

图 A：在黄斑蓝子鱼 *hnf4α* 的 3'UTR 预测到 miR-145 的结合位点；图 B：双荧光素酶报告基因检测实验结果；图 C、D：SCHL 细胞转染不同浓度 pre-miR-145 表达质粒后，*hnf4α* 的 mRNA 和蛋白质表达水平；图 E、F：SCHL 细胞转染不同浓度 miR-145 拮抗剂后，*hnf4α* 的 mRNA 和蛋白质表达水平。数据为平均值±标准误（$n=3\sim6$）。使用 *t*-检验分析实验组间的差异性，$^{*}P<0.05$，$^{**}P<0.01$。

2. miR-145 对黄斑蓝子鱼 LC-PUFA 合成代谢的调控作用及机制

通过对黄斑蓝子鱼肝细胞转染和腹腔注射 miR-145 拮抗剂实验，评估 miR-145 对蓝子鱼 LC-PUFA 合成代谢的作用。结果显示，相比于对照组，miR-145 拮抗剂处理肝细胞可显著提高其 LC-PUFA 水平，特别是 DHA 和 ARA 水平（表 7-3）。同时，miR-145 拮抗剂注射黄斑蓝子鱼后，其肝脏、肌肉、脑和眼的 LC-PUFA 含量均升高（图 7-15）。

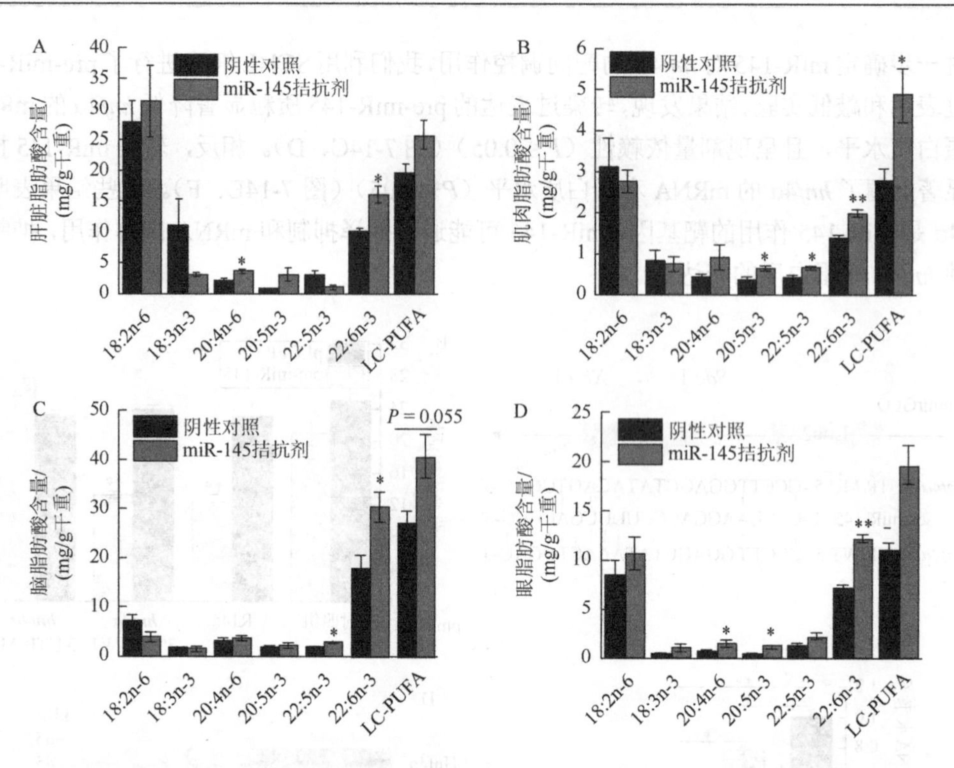

图 7-15　腹腔注射 miR-145 拮抗剂对黄斑蓝子鱼的肝脏（A）、肌肉（B）、脑（C）和眼（D）的主要 PUFA 含量的影响（mg/g 干重）

数据为平均值±标准误（$n=4$），实验组间表达量的差异使用 t-检验分析，$^*P<0.05$，$^{**}P<0.01$。

表 7-3　黄斑蓝子鱼肝细胞转染 miR-145 拮抗剂后，孵育 30 μmol/L ALA 的细胞脂肪酸组成

主要脂肪酸	空白对照组/%	NC 拮抗剂/%	miR-145 拮抗剂/%	P 值
16:0	15.71±3.00	14.04±0.30	12.41±0.31	0.010
18:0	14.65±0.07	14.87±0.39	13.38±0.17	0.013
18:1n-9	22.06±1.01	20.72±0.73	21.36±0.17	0.420
18:2n-6（LA）	2.85±0.34	3.86±0.47	3.60±0.12	0.620
20:4n-6（ARA）	7.49±1.39	7.10±0.11	7.57±0.07	0.011
18:3n-3（ALA）	2.10±0.53	2.13±0.23	1.88±0.08	0.342
20:5n-3（EPA）	2.33±0.14	2.37±0.11	2.82±0.02	0.008
22:5n-3	1.94±0.23	2.28±0.17	2.68±0.09	0.076
22:6n-3（DHA）	7.39±0.05	7.24±0.09	9.08±0.08	0.000
SFA	30.36±3.07	28.91±0.68	25.79±0.48	0.009
MUFA	25.29±1.25	24.51±0.64	24.85±0.12	0.625
PUFA	28.68±2.90	29.89±0.78	32.56±0.19	0.016
LC-PUFA	22.38±1.67	22.56±0.47	25.33±0.12	0.001
n-6 LC-PUFA	9.40±1.42	9.22±0.18	9.78±0.05	0.025
n-3 LC-PUFA	12.97±0.25	13.34±0.38	15.56±0.08	0.001

注：数据为平均值±标准误（$n=4$），$P<0.05$ 为差异显著（t-检验）。

如第六章所述，黄斑蓝子鱼 LC-PUFA 合成关键酶基因 Δ4 *fads2*、Δ6Δ5 *fads2* 和 *elovl5* 的表达受 Hnf4α 的转录调控（Dong et al.，2016，2018；Li et al.，2019）。此处的结果显示，与对照组相比，转染或注射了 miR-145 拮抗剂的细胞或组织中，*hnf4α*、Δ4 *fads2* 的蛋白质和 mRNA 表达水平，以及 Δ6Δ5 *fads2* 和 *elovl5* 的 mRNA 表达水平均上调了（图 7-16）。这些结果说明，miR-145 通过抑制 *hnf4α* 的表达进而抑制 LC-PUFA 合成关键酶基因的表达，最终抑制黄斑蓝子鱼肝细胞 LC-PUFA 的合成。本研究首次揭示了 miR-145 通过靶向 Hnf4α 调控黄斑蓝子鱼 LC-PUFA 的合成代谢及其作用机制（Chen et al.，2020b），研究成果有助于全面了解脊椎动物 LC-PUFA 合成和代谢的复杂调控机制。

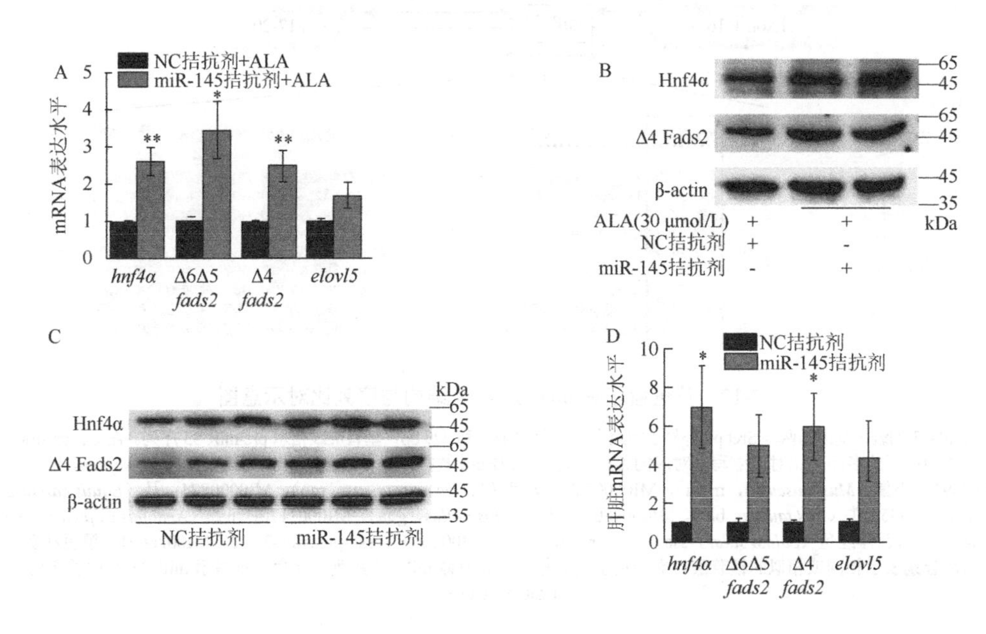

图 7-16　Hnf4α 是 miR-145 抑制 LC-PUFA 合成关键酶基因表达的潜在关键靶点

图 A 和图 B 分别为 SCHL 细胞转染 miR-145 拮抗剂、再孵育 ALA 48 h 后，*hnf4α* 和 LC-PUFA 合成关键酶基因的 mRNA 和蛋白质表达水平。图 C 和图 D 分别为黄斑蓝子鱼腹腔注射 miR-145 拮抗剂后，*hnf4α* 和 LC-PUFA 合成关键酶基因的蛋白质和 mRNA 表达水平。数据为平均值±标准误（$n=4$），*$P<0.05$，**$P<0.01$（*t*-检验）。

二、miR-33 和 miR-24 在黄斑蓝子鱼 LC-PUFA 合成代谢中的正调控作用

（一）miR-33 在黄斑蓝子鱼 LC-PUFA 合成调控中的作用

在哺乳动物中，miR-33 被发现存在于 SREBP1 的内含子中，可与宿主 SREBP1 协同调节脂质代谢（Horie et al.，2013）。然而，在海水鱼类中还未发现 miR-33 的存在，miR-33 是否参与脊椎动物 LC-PUFA 合成代谢调控也未见报道。为此，我们采用研究 miR-17 相同的方法，探讨 miR-33 在黄斑蓝子鱼 LC-PUFA 合成调控中的作用。首先克隆了黄斑蓝子鱼的 miR-33，发现其是 *srebp1* 基因中内含子 16 上的 miRNA，成熟序列与其他物种高度一致（图 7-17）。由于 Srebp1 是调节鱼类 LC-PUFA 合成关键酶基因转录表达的重要转

录因子，且与 miR-33 具有相似的组织表达分布特征以及对环境盐度和 PUFA 的响应模式（图 7-18）。利用 Srebp1 激动剂（TO901317）孵育黄斑蓝子鱼原代肝细胞后，不但上调了 *srebp1* 及其下游靶基因 Δ4 *fads2* 和 Δ6Δ5 *fads2* 的表达，还提高了 miR-33 的转录表达（图 7-19）。这提示，miR-33 可能与 Srebp1 一起协同参与黄斑蓝子鱼 LC-PUFA 合成代谢调控。为此，我们通过系列研究，揭示了 miR-33 在黄斑蓝子鱼 LC-PUFA 合成代谢中的调控作用及机制，主要研究内容和结果如下。

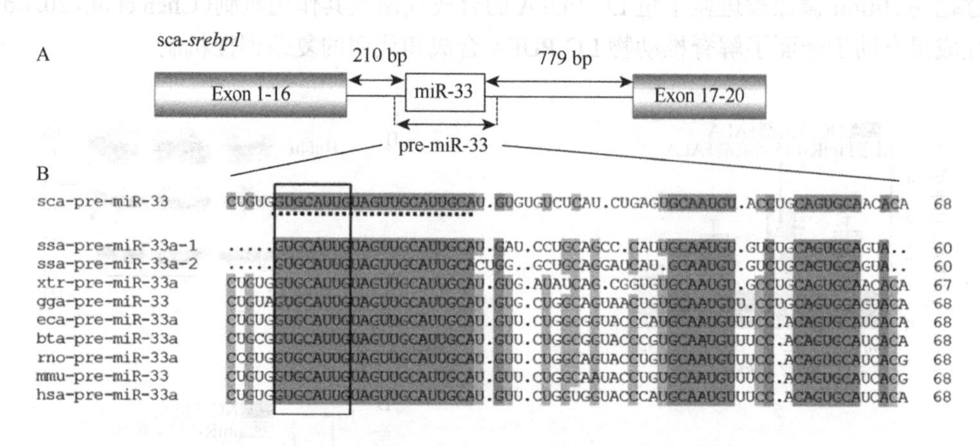

图 7-17　黄斑蓝子鱼 miR-33 基因结构与序列比对示意图

图 A：miR-33 的编码基因与两侧 Srebp1 外显子的距离分别为 210 bp 和 779 bp，垂直虚线指示 pre-miR-33 序列。图 B：pre-miR-33 在不同物种间的多序列比对，缩写名对应的物种和其在 miRBase 数据库中的登录号分别为：人（*Homo sapiens*, hsa），MI0000091；小鼠（*Mus musculus*，mmu），MI0000707；大鼠（*Rattus norvegicus*，rno），MI0000874；马（*Equus caballus*，eca），MI0012935；牛（*Bos taurus*，bta），MI0009807；鸡（*Gallus gallus*，gga），MI0001170；爪蟾（*Xenopus tropicalis*，xtr），MI0004922；大西洋鲑鱼（*Salmo salar*，ssa），ssa-pre-miR-33a-1 MI0026690；ssa-pre-miR-33a-2，MI0026691。黑色和灰色的阴影分别表示相同或相似的核苷酸。虚线指示黄斑蓝子鱼成熟体 miR-33 序列。黑色方框指示 miR-33 的种子序列（UGCAUUG）。

1. miR-33 靶基因的预测与验证

利用生物信息学分析，在黄斑蓝子鱼胰岛素诱导基因 1（*insig1*）的 3′UTR 发现潜在的、保守的 miR-33 种子序列（UGCAUUG）结合位点（图 7-20A）。Srebp1 是作为非活性蛋白前体合成的，需要在高尔基体中进行蛋白质水解切割以获得反式激活活性，而这一激活过程可以被 Insig1 抑制。Insig1 是一种内质网膜蛋白，能够促进 Srebp1 前体在内质网中的保留，是 Srebp1 成熟蛋白激活的抑制剂（Yang et al.，2002）。这提示，miR-33 很可能通过靶向抑制 *insig1* 的表达，从而促进 *srebp1* 的加工成熟入核，进而促进 LC-PUFA 合成关键酶基因的转录表达。为此，我们首先利用双荧光素酶报告基因检测实验对 miR-33 与 *insig1* 间的互作关系进行验证。结果如图 7-20A 所示，黄斑蓝子鱼 *insig1* 的 3′UTR 的确是 miR-33 的潜在作用靶标。利用过表达的 miR-33 处理 SCHL 细胞后，*insig1* 的蛋白质和 mRNA 表达水平被下调了，而 *srebp1* 及 LC-PUFA 合成关键酶基因的 mRNA 表达水平被上调了（图 7-20C、D）。这些结果进一步说明，*insig1* 是 miR-33 的潜在作用靶基因，miR-33 可以通过靶向抑制 *insig1* 的表达，促进 Srebp1 的激活，进而激活 Srebp1 下游 LC-PUFA 合成关键酶靶基因的表达。

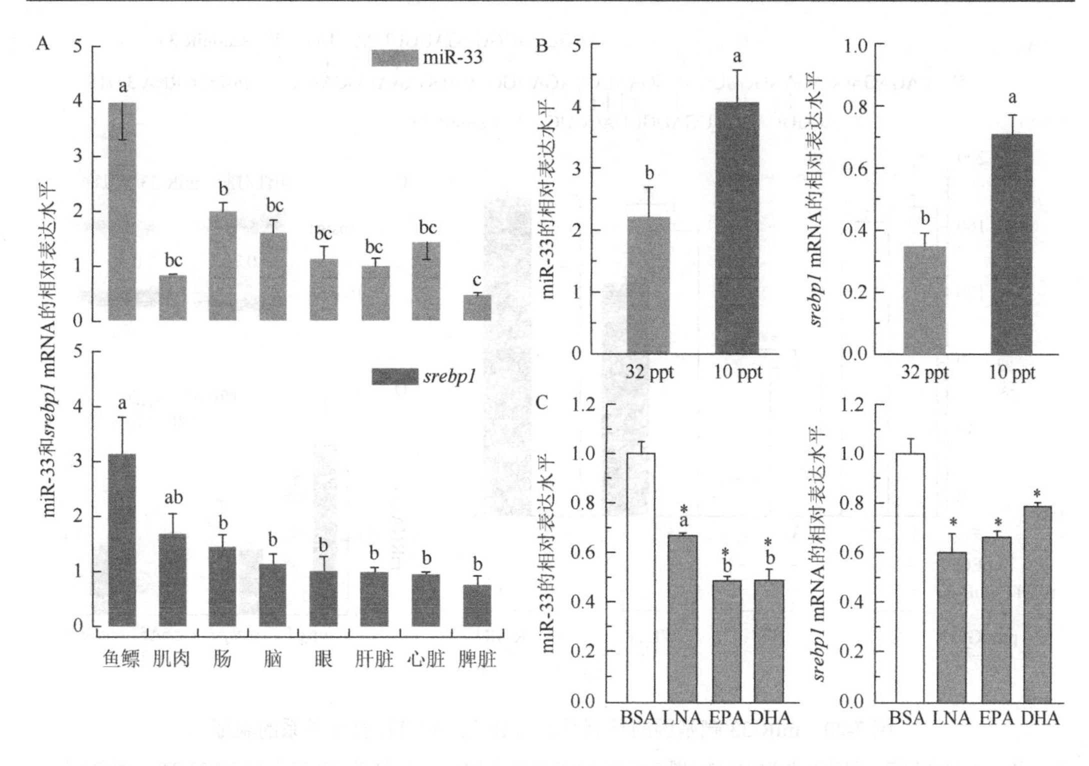

图 7-18　黄斑蓝子鱼 miR-33 和 Srebp1 转录本的组织表达特性及对环境盐度和脂肪酸的响应模式

图 A 为 miR-33 和 Srebp1 转录本的组织表达特性的结果；图 B 为 miR-33 和 Srebp1 转录本在不同盐度（10 ppt 和 32 ppt）水平条件下饲养的蓝子鱼肝脏中的表达水平；图 C 黄斑蓝子鱼原代肝细胞孵育不同脂肪酸后 miR-33 和 Srebp1 转录本表达水平。数据为平均值±标准误（$n=3$），*代表与对照组 BSA 处理的结果差异显著（$P<0.05$，*t*-检验），柱上无相同字母表示差异显著（$P<0.05$，ANOVA，Tukey 多重比较检验）。

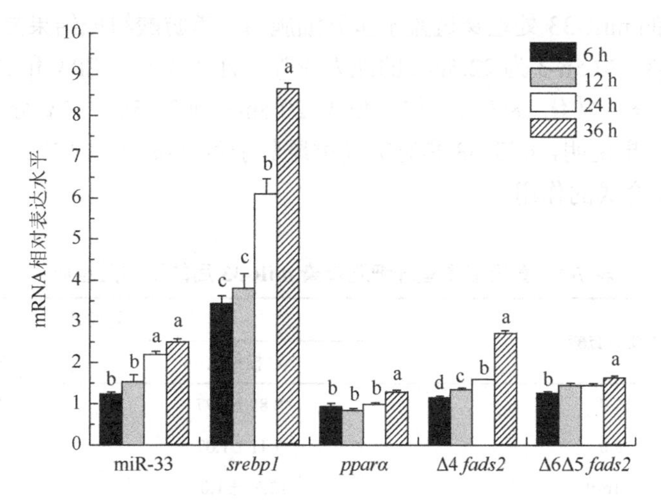

图 7-19　黄斑蓝子鱼肝细胞孵育 TO901317 后不同时间点 miR-33 和 LC-PUFA 合成相关基因的表达水平

数据为平均值±标准误（$n=3$），柱上无相同字母代表组间差异显著（$P<0.05$，ANOVA，Tukey 多重比较检验）。

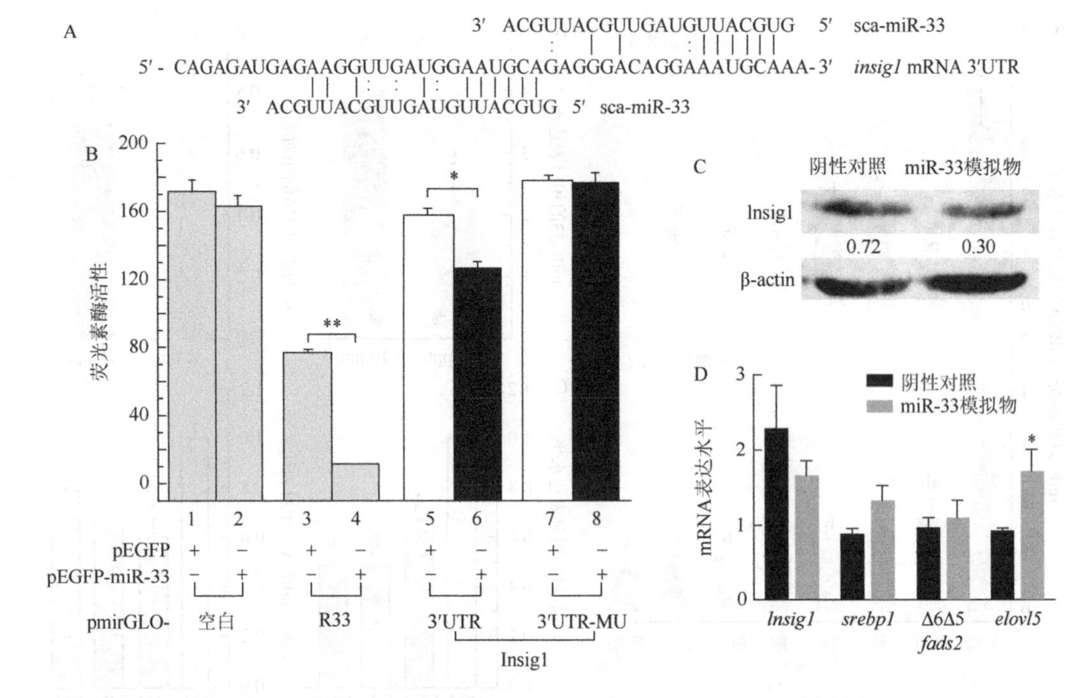

图 7-20　miR-33 靶基因的预测及其与 Insig1 3′UTR 互作关系的验证

图 A 是 miR-33 作用靶基因结合位点的预测；图 B 双荧光素酶报告基因检测实验验证 miR-33 与 Insig1 3′UTR 之间的互作关系。图 C 和图 D 是黄斑蓝子鱼肝细胞过表达 miR-33 后 Insig1、Srebp1 及 LC-PUFA 合成关键酶基因的 mRNA 或蛋白质表达水平的监测结果。数据为平均值±标准误（$n=3$），实验组间表达量的差异使用 t-检验分析，$*P<0.05$，$**P<0.01$ 。

2. miR-33 对黄斑蓝子鱼 LC-PUFA 合成代谢的调控作用

利用过表达的 miR-33 处理黄斑蓝子鱼肝细胞后，脂肪酸组成结果显示，肝细胞转化 18:3n-3 为 18:4n-3、20:5n-3 为 22:5n-3 的能力较强，而且 ARA、EPA 和 DHA 水平也升高了（表 7-4）。由于参与转化 18:3n-3 到 18:4n-3、20:5n-3 到 22:5n-3 的酶分别是 Δ6Δ5 Fads2 和 Elovl5，这些结果说明，miR-33 具有提高黄斑蓝子鱼肝细胞 Δ6Δ5Fads2 和 Elovl5 活性及促进 LC-PUFA 合成的作用。

表 7-4　黄斑蓝子鱼肝细胞转染 miR-33 后的脂肪酸组成

主要脂肪酸	处理组	
	NC 模拟物/%	miR-33 模拟物/%
16:0	8.89±0.77	10.49±0.79
18:0	7.11±1.07	9.05±0.81
18:1n-9	12.52±1.08	13.79±1.81
18:2n-6	2.22±0.16	2.49±0.34
18:3n-6	0.73±0.05	0.73±0.21
18:3n-3	0.54±0.07	0.39±0.02
18:4n-3	0.49±0.02	0.56±0.05

续表

主要脂肪酸	处理组	
	NC 模拟物/%	miR-33 模拟物/%
20:4n-6（ARA）	2.24±0.43	2.70±0.48
20:5n-3（EPA）	1.69±0.11	1.72±0.25
22:4n-6	0.26±0.02	0.29±0.06
22:5n-3	1.75±0.26	1.95±0.36
22:6n-3（DHA）	7.11±0.94	7.76±1.23
SFA	16.45±1.83	20.08±1.60
MUFA	12.52±1.08	13.79±1.81
LC-PUFA	13.36±1.79	14.75±2.18
18:4n-3/18:3n-3（Δ6Δ5 Fads2）	0.94±0.09[a]	1.42±0.01[b]
22:5n-3/20:5n-3（Elovl5）	1.00±0.06	1.12±0.09

注：数据为平均值±标准误（$n=3$）。组间数据的差异使用 t-检验分析，同行数据上标不同的字母表示差异显著（$P<0.05$）。

本研究的结果表明，miR-33 通过抑制 Insig1 蛋白的翻译，从而间接提高了成熟 Srebp1 蛋白的表达，进而上调 LC-PUFA 生物合成关键酶的表达，最终促进 LC-PUFA 的生物合成（Zhang et al.，2016ab；Sun et al.，2019）。由于 miR-33 与 Srebp1 的转录是一起表达，Srebp1 与 miR-33 的相互作用可能是一种自我促进机制，有助于增强 Srebp1 对 LC-PUFA 合成的调控功能。这是 miR-33 参与脊椎动物 LC-PUFA 合成调控的首次报道（Zhang et al.，2016b），研究成果为全面揭示鱼类 LC-PUFA 合成代谢调控机制增加了新的内容。

（二）miR-24 在黄斑蓝子鱼 LC-PUFA 合成调控中的作用

除了 miR-33 外，我们发现黄斑蓝子鱼 *insig1* 的 3′UTR 区也存在 miR-24 种子序列（GGCUCAG）的结合位点。双荧光素酶报告基因检测实验和 SCHL 细胞的 miR-24 敲低与过表达实验表明，*insig1* 的确是 miR-24 的靶基因。这些提示，miR-24 可能跟 miR-33 一样，具有调控黄斑蓝子鱼 LC-PUFA 合成的作用。为此，我们通过系列研究，揭示了 miR-24 在黄斑蓝子鱼 LC-PUFA 合成中的调控作用及机制。主要研究内容及结果如下。

利用 miR-24 抑制剂处理 SCHL 细胞，评估 miR-24 对黄斑蓝子鱼肝细胞 LC-PUFA 生物合成的调控作用。结果显示，相比阴性对照组，miR-24 抑制剂处理组肝细胞的 miR-24 水平极显著地降低了（20 倍）（图 7-21A）；相反，其靶基因 *insig1* 的 mRNA 和蛋白质表达水平却显著上调了（图 7-21A、B）。同时，Srebp1 的成熟体蛋白表达水平及其下游 LC-PUFA 合成相关靶基因 Δ4 *fads2*、Δ6Δ5 *fads2* 和 *elovl5* 的 mRNA 表达水平及 Δ4 Fads2 的蛋白质表达水平也相应下调了（图 7-21B、C）。脂肪酸组成分析发现，转染 miR-24 抑制剂后，肝细胞的 LC-PUFA 水平相比于对照组显著降低了（$P<0.05$），特别是 n-3 和 n-6 代谢途径的终产物，包括 20:5n-3、22:5n-3、22:6n-3 和 20:4n-6 的占比（图 7-21D）。

以上结果表明，miR-24 通过诱导 *insig1* mRNA 的降解和抑制蛋白质翻译的方式下调

insig1 的表达，从而促进 Srebp1 的激活及其下游 LC-PUFA 合成相关靶基因的表达，最终促进黄斑蓝子鱼 LC-PUFA 的合成。这是有关 miR-24 参与鱼类 LC-PUFA 合成调控的首次报道（Chen et al.，2019），研究成果为全面揭示鱼类 LC-PUFA 合成调控机制提供新资料。

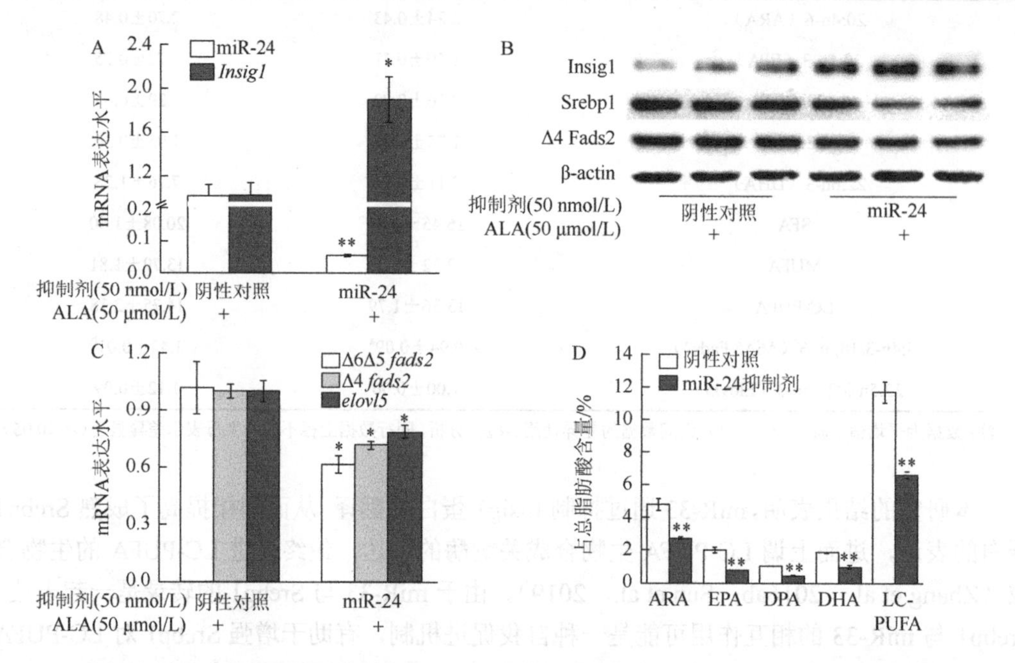

图 7-21　黄斑蓝子鱼肝细胞系转染 miR-24 抑制剂并孵育 50 μmol/L ALA 后，LC-PUFA 合成相关基因的表达水平及脂肪酸组成的变化

图 A 为 miR-24 和 *insig1* 的转录表达水平；图 B 为细胞 Insig1、成熟 Srebp1 和 Δ4 Fads2 蛋白的 Western 杂交检测结果；图 C 为 LC-PUFA 合成关键酶基因的 mRNA 表达水平；图 D 为细胞主要脂肪酸组成成分（%占总脂肪酸）。数据为平均值±标准误（$n=4$），相对于对照组*表示差异显著（$P<0.05$），**表示差异极显著（$P<0.01$）。

三、miRNA 基因簇在黄斑蓝子鱼 LC-PUFA 合成代谢中的调控作用

（一）miRNA 基因簇的表达与功能特性

研究发现，大多数的 miRNA 基因在染色体上的排列并非随机分布，许多 miRNA 基因紧密相邻排列成簇，也叫 miRNA 基因簇，即在同一染色体上彼此紧密相连的两个或两个以上的 miRNA 基因构成的基因群（Li and Lu，2010）。在动植物基因组中，miRNA 基因簇占有很大比例，且分布呈现出多样性。miRNA 基因簇存在高度协同的表达特性，转录通常由一个启动子控制，以多顺反子的形式被转录加工成多个成熟的 miRNA，且同簇的 miRNA 在功能上往往是相关的，它们或具有相同的靶基因或作用于相同的信号通路（Ambros，2004）。但 miRNA 基因簇的成员之间也存在差异表达的现象，虽然位于同一个 miRNA 基因簇中，却表现出不同的表达水平和模式，其原因可能是存在不同的转录机制和加工成熟过程（Xu and Wong，2008）。尽管目前对于 miRNA 基因簇排列方式的意义及功能尚未真正清楚，但至少提示，如果只依靠单个

miRNA 基因来调控并高效精密地完成基因组复制、表达以及协调整个相互作用网络等一系列过程，往往是不够的，因此，通过 miRNA 基因簇来调控整个基因组就显得很有必要。此外，同源性的 miRNA 基因簇生成的 miRNA 基因，似乎更像是一种冗余性的自我保护，因为一旦其中一个成员遭受突变被淘汰，至少还可以确保其他同源的 miRNA 发挥功能（Yu et al.，2006）。

（二）miR-15-16 基因簇在黄斑蓝子鱼 LC-PUFA 合成调控中的作用

目前，对于 miRNA 介导的转录后调控机制研究主要集中在单个 miRNA，关于 miRNA 基因簇的研究尚处于起步阶段。由于单个 miRNA 的调控力度比较微弱，且受到很多因素影响，而 miRNA 基因簇在动物基因组中占有很大比例，且无论在调控力度还是稳定性上，比单个 miRNA 更具优势，因此，探究 miRNA 基因簇的表达与功能非常必要。

研究发现，在小鼠中敲除 miR-17-92 基因簇会引起胚胎心肺系统发育不全，导致胚胎早期死亡，其表达上调则会促进小鼠前体脂肪细胞分化（Ventura et al.，2008）。miR-15-16 基因簇在多种癌症中呈低表达（Bonci et al.，2009），其可以靶向作用于成纤维细胞生长因子 2（fibroblast growth factor 2，FGF2），抑制肿瘤新生血管形成和向远端转移的作用（Xue et al.，2015）。本书作者团队在黄斑蓝子鱼中首次发现多种单个 miRNA 参与脊椎动物的 LC-PUFA 合成调控，然而，关于 miRNA 基因簇在脊椎动物 LC-PUFA 合成调控中的作用还未见报道。为此，我们对其在鱼类 LC-PUFA 合成调控中的作用及机制进行研究。

我们利用生物学信息学软件分析发现，黄斑蓝子鱼 *pparγ* 的 3′UTR 存在一个 miR-15 和 miR-16 共同的潜在结合位点。由于我们已获知 *pparγ* 是调控该鱼 LC-PUFA 合成关键酶基因表达的重要转录因子，这促使我们进一步探讨 miR-15 和 miR-16 是否具有作为 miRNA 基因簇协同调控 LC-PUFA 合成的作用。主要研究内容和结果如下所述。

1. miR-15-16 基因簇基因序列的克隆与组织表达特性

基于黄斑蓝子鱼基因组数据，克隆获得 1926 bp 的 miR-15-16 基因簇序列（图 7-22A），它与人的 miR-15-16 基因簇的基因结构一致。通过与其他物种同源序列的多重比对，确定了 miR-15 和 miR-16 的前体序列。其中，编码黄斑蓝子鱼 miR-15 的前体 sca-pre-miR-15 长度为 58 bp，编码 miR-16 的前体 sca-pre-miR-16 长度为 80 bp，均具有典型稳定茎环二级结构。将此两个前体序列与其他物种的同源序列进行多重比对发现，sca-pre-miR-15/16 与其他鱼类的 pre-miR-15/16 序列同源性较高，且在黄斑蓝子鱼 miR-15 和 miR-16 的 5′ 端均识别出一个 7 bp 的共同种子序列（AGCAGCA）（图 7-23A）。

为了确定 miR-15 和 miR-16 在黄斑蓝子鱼体内是否存在共转录特性，我们先对其在蓝子鱼组织中的 mRNA 表达丰度进行检测。结果发现，miR-15 和 miR-16 在检测过的 10 种组织中均有表达；其中，在脑中的表达水平最高，显著高于其他组织（图 7-22B）。结果说明，miR-15 和 miR-16 在黄斑蓝子鱼中具有相似的转录本表达特性，提示它们之间可能存在共转录特性。

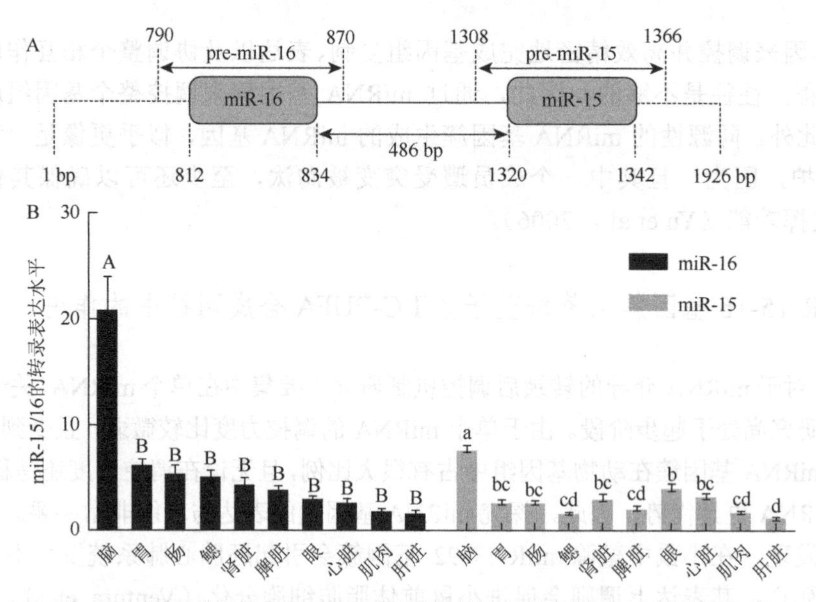

图 7-22　黄斑蓝子鱼 miR-15-16 基因簇结构示意图和组织表达特性分析

图 A 为 miR-15-16 基因簇所在的一段长度为 1926 bp 的基因序列。黑线表示成熟体 miRNA 之间基因序列，灰色部分表示 miR-15-16 基因簇两个 miRNA 成熟序列，非编码区的成熟 miRNA 之间的序列用黑线表示，两端的核苷酸序列用虚线表示。水平箭头表示编码 pre-miR-15 和 pre-miR-16 的序列，带有数字的垂直虚线表示每个元素在 1926 bp 基因片段上的位置虚线。图 B 是 miR-15 和 miR-16 的组织表达特性分析结果，数据为平均值±标准差（$n=6$），柱上无相同字母代表组间差异显著（$P<0.05$，ANOVA，Tukey 多重比较检验）。

2. miR-15-16 基因簇共同靶基因的预测与验证

生物信息学分析发现，miR-15 和 miR-16 在黄斑蓝子鱼 *ppary* 的 3′UTR 上有一个共同的潜在结合位点（图 7-23A）。利用双荧光素酶报告基因检测实验对 miR-15-16 基因簇与 *ppary* 之间的互作关系进行验证的结果显示，异源表达的 miR-15、miR-16 和共表达 miR-15/16 模拟物均可有效地降低荧光素酶活性，且在共转染 miR-15/16 模拟物时的荧光

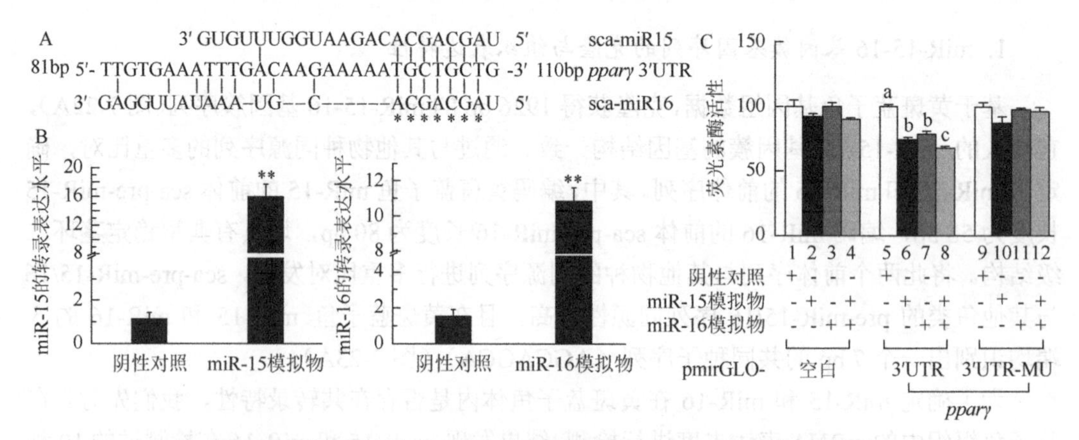

图 7-23　黄斑蓝子鱼 miR-15-16 基因簇与 *ppary* 3′UTR 的互作关系

图 A 为 miR-15 和 miR-16 在黄斑蓝子鱼 *ppary* 3′UTR 预测的结合位点，*表示引入定点突变的核苷酸。图 B 为在 HEK 293T 细胞中超表达 miR-15 和 miR-16 后，利用 qPCR 检测其表达量。图 C 为双荧光素酶报告基因检测实验结果，数据为平均值±标准差（$n=8$）。其中**表示极显著差异（$P<0.01$，*t*-检验），柱上无相同字母代表差异显著（$P<0.05$，ANOVA，Tukey 多重比较检验）。

素酶活性最低（$P<0.01$，图 7-23B、C），表明黄斑蓝子鱼 *pparγ* 的 3′UTR 可能是 miR-15-16 基因簇的共同作用靶标。进一步利用 SCHL 细胞开展的 Western 杂交实验发现，转染 miR-15、miR-16 和 miR-15/16 模拟物或抑制剂后，Pparγ 蛋白水平均低于阴性对照组（图 7-24）。其中，共转染 miR-15/16 模拟物或抑制剂对 Pparγ 蛋白表达的抑制作用最为明显（$P<0.05$）。此结果再次印证了 Pparγ 可能是 miR-15-16 基因簇的一个潜在作用靶标，并且 miR-15 和 miR-16 之间存在协同表达调控作用。

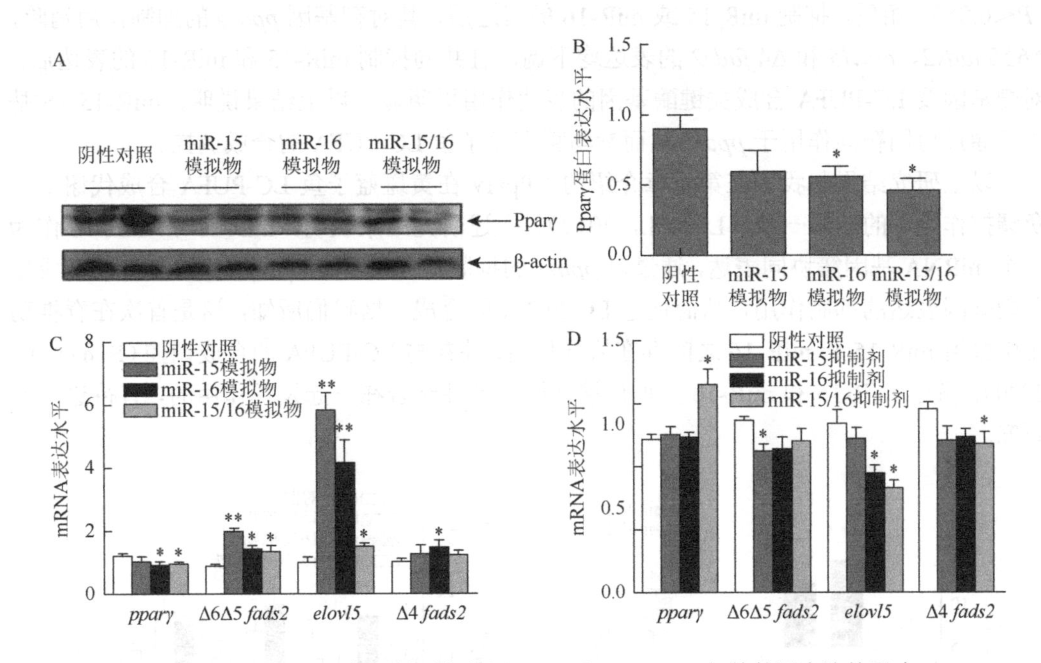

图 7-24　miR-15-16 基因簇对靶基因 Pparγ 和 LC-PUFA 相关基因表达的影响

图 A 为黄斑蓝子鱼肝细胞系（SCHL）转染 miR-15/16 模拟物和 NC 模拟物后，Western 杂交检测 Pparγ 蛋白表达水平结果。图 B 为用 Image J 软件 v1.8.0 对 Pparγ 的相对蛋白水平进行定量分析的结果。图 C 为 SCHL 细胞转染 miR-15/16 模拟物和 NC 模拟物后，LC-PUFA 合成相关基因的 mRNA 表达水平。图 D 为 SCHL 细胞转染 miR-15/16 抑制剂和 NC 抑制剂后，LC-PUFA 合成相关基因的 mRNA 表达水平。数据为平均值±标准差（$n=3$），*、**分别表示与对照组差异显著和极显著（*$P<0.05$，**$P<0.01$，*t*-检验）。

3. miR-15-16 基因簇对黄斑蓝子鱼 LC-PUFA 合成的作用及调控机制

为了进一步研究 miR-15-16 基因簇在 LC-PUFA 合成中的调控作用，将 miRNA 模拟物转染 SCHL 后，收集肝细胞提取 RNA 和脂肪，然后分析基因的 mRNA 水平及细胞的脂肪酸组成，结果见表 7-5 和图 7-25。结果显示，超表达 miR-15 可提高 18:3n-3（ALA）转化为 18:4n-3、22:5n-3 转化为 22:6n-3（DHA）的效率，超表达 miR-16 或共表达 miR-15/16 均可提高 ALA 转化为 18:4n-3、20:5n-3（EPA）转化为 22:5n-3 及 22:5n-3 转化为 DHA 的效率；同时，共表达或单独过表达 miR-15 和 miR-16，都可提高 DHA、ARA 及 LC-PUFA 水平。这些结果说明，单独或共表达 miR-15/16 均可提高 Δ6Δ5 Fads2、Elovl5 和 Δ4 Fads2 的酶活性，进而提高 SCHL 细胞的 LC-PUFA 合成能力。值得注意的是，共表达 miR-15 和 miR-16 组的 LC-PUFA 水平最高，提示 miR-15-16 基因簇中可能存在协同作用，共同促进 LC-PUFA 的合成。

为了探讨 miR-15-16 基因簇在调控 LC-PUFA 合成中的潜在作用机制，利用 SCHL 细胞进行 miRNA 超表达和敲低表达实验。结果如图 7-24 所示，过表达 miR-15 或 miR-16 后，靶标基因 *pparγ* 的表达被抑制；相应地，LC-PUFA 合成关键酶基因，即 Δ6Δ5 *fads2*、*elovl5* 和 Δ4 *fads2* 的表达均显著上调（*P*＜0.05），且共表达 miR-15 和 miR-16 比单独过表达 miR-15 或 miR-16 对 *pparγ* 的抑制作用更强，LC-PUFA 合成关键酶基因也被显著上调（*P*＜0.05）。相反，抑制 miR-15 或 miR-16 的表达后，其对靶基因 *pparγ* 的抑制作用消除，Δ6Δ5 *fads2*、*elovl5* 和 Δ4 *fads2* 的表达均下调，且共同抑制 miR-15 和 miR-16 的表达后，对靶基因及 LC-PUFA 合成关键酶基因的表达作用更明显。以上结果说明，miR-15-16 基因簇通过协同靶向作用于 *pparγ* 从而参与黄斑蓝子鱼 LC-PUFA 的合成调控。

以上研究结果与我们在第六章介绍的“Pparγ 在黄斑蓝子鱼 LC-PUFA 合成代谢中的负调控作用”的结果一致（Li et al.，2019）。上述研究结果表明，miR-15 和 miR-16 作为一个 miRNA 基因簇协同表达，通过对 *pparγ* 的抑制作用，降低 Pparγ 对 LC-PUFA 合成相关靶基因表达的抑制作用，从而促进 LC-PUFA 的合成。据我们所知，这是首次在脊椎动物中报道 miR-15 和 miR-16 之间存在协同作用，并参与 LC-PUFA 的合成调控（Sun et al.，2020）。关于 miR-15 和 miR-16 是如何被共同转录并结合在一起发挥作用的，有待进一步研究。

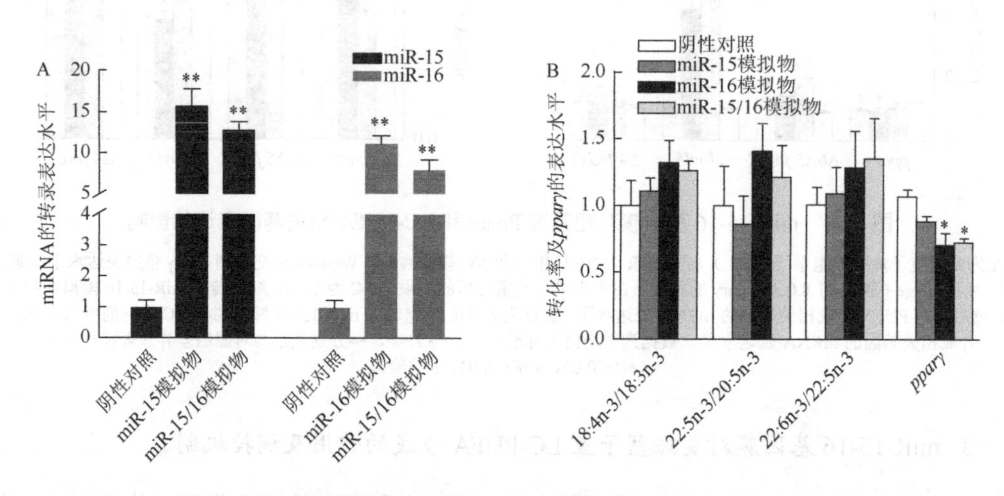

图 7-25　miR-15-16 基因簇通过抑制 *pparγ* 促进黄斑蓝子鱼肝细胞的 LC-PUFA 合成

图 A 为 qPCR 检测超表达 miR-15 和 miR-16 后的表达量。图 B 为超表达 miR-15-16 基因簇后检测 Δ6Δ5 Fads2、Elovl5 和 Δ4 Fads2 酶活指标的变化和 qPCR 检测 *pparγ* mRNA 水平的变化。数据为平均值±标准差（$n=6$），*、**表示与对照组比较存在显著差异（*$P<0.05$，**$P<0.01$，*t*-检验）。

表 7-5　miR-15/16 模拟物转染黄斑蓝子鱼肝细胞的脂肪酸组成（单位：μg/10^7 个细胞）

脂肪酸	不同处理组			
	NC 模拟物	miR-15 模拟物	miR-16 模拟物	miR-15/16 模拟物
16:0	27.57±2.91	35.19±5.92	29.46±7.29	35.16±5.77
18:0	15.06±1.65	18.94±3.22	17.28±2.74	19.98±2.61

续表

脂肪酸	不同处理组			
	NC 模拟物	miR-15 模拟物	miR-16 模拟物	miR-15/16 模拟物
18:1n-9	17.48 ± 1.76^{a}	18.92 ± 1.68^{ab}	22.23 ± 0.12^{b}	20.51 ± 1.19^{ab}
18:2n-6	3.45±0.29	3.77±0.39	3.37±0.30	4.16±0.39
18:3n-6	0.72±0.07	0.54±0.12	0.44±0.08	0.63±0.09
18:3n-3	0.60 ± 0.07^{a}	0.43 ± 0.08^{ab}	0.30 ± 0.03^{b}	0.46 ± 0.09^{ab}
18:4n-3	1.59±0.37	1.27±0.29	1.00±0.04	1.47±0.21
20:2n-6	1.02 ± 0.18^{a}	0.62 ± 0.14^{ab}	0.47 ± 0.04^{b}	0.63 ± 0.15^{ab}
20:3n-6	1.28±0.09	1.23±0.10	1.32±0.08	1.37±0.09
20:4n-6（ARA）	5.99±0.40	6.52±0.65	7.20±0.16	7.11±0.39
20:3n-3	0.58±0.10	0.35±0.03	0.29±0.01	0.58±0.17
20:5n-3（EPA）	4.93 ± 0.68^{ab}	5.82 ± 0.56^{a}	3.69 ± 0.32^{b}	4.14 ± 0.45^{ab}
22:5n-3	1.49±0.27	1.53±0.35	1.72±0.37	1.66±0.36
22:6n-3（DHA）	9.91 ± 1.09^{a}	10.70 ± 0.97^{ab}	13.52 ± 0.20^{b}	13.27 ± 0.83^{b}
SFA	44.10±4.59	55.92±9.18	47.95±10.62	57.07±8.50
MUFA	17.48 ± 1.76^{a}	18.92 ± 1.68^{ab}	22.23 ± 0.12^{b}	20.51 ± 1.19^{ab}
LC-PUFA	24.89±1.29	27.19±1.39	29.02±0.85	29.62±0.99
18:4n-3/18:3n-3	2.61±0.48	2.90±0.24	3.45±0.42	3.26±0.21
22:5n-3/20:5n-3	0.32±0.09	0.28±0.07	0.45±0.10	0.38±0.08
22:6n-3/22:5n-3	6.90±0.93	7.53±1.36	8.93±1.51	10.40±1.57

注：数据为平均值±标准误（$n=4$），同一行数据中无相同上标字母者表示相互间差异显著（$P<0.05$，ANOVA，Tukey 多重比较检验）。

第三节　鱼类 LC-PUFA 合成代谢转录后调控机制研究展望

关于 miRNA 在鱼类 LC-PUFA 合成调控中的作用，目前仅见本书作者团队在黄斑蓝子鱼中的研究报道，在其他脊椎动物中也鲜见相关报道。图 7-26 为本书作者团队基于黄斑蓝子鱼 LC-PUFA 合成代谢转录调控和转录后调控机制研究成果所作的概略图。在黄斑蓝子鱼转录后调控机制研究方面，首次发现一系列单个 miRNA 或 miRNA 基因簇通过直接靶向作用于 LC-PUFA 合成关键酶参与 LC-PUFA 的合成调控，或通过靶向作用于转录因子及其下游 LC-PUFA 合成关键酶基因参与 LC-PUFA 的合成调控。研究成果为全面阐明鱼类 LC-PUFA 合成代谢调控机制提供了新资料，具有重要的理论意义，也可为研发提高鱼体内源性 LC-PUFA 合成能力的方法提供新的思路和依据，对于降低或摆脱水产养殖对鱼油依赖性过强的“卡脖子”问题，促进水产养殖业的健康可持续发展具有潜在现实意义。

虽然在鱼类 LC-PUFA 合成代谢调控机制研究方面已取得较多进展，但从某种程度上来说，目前这些信息对于我们完全理解和认知鱼类 LC-PUFA 合成代谢的调控机制还远远不够。因为，鱼类有 30 000 余种，拥有丰富的基因类群和更多的基因功能分布，硬骨鱼类 LC-PUFA 合成关键酶基因似乎拥有着更加复杂的调控机制。虽然已鉴定到多种转录因子和 miRNA 直接或间接参与鱼类 LC-PUFA 合成的调控，但尚不清楚外界因素，如环境盐度和脂肪酸等膳食营养素，是如何通过调节 miRNA 的转录表达和加工成熟，调控相关转录因子，最终影响 LC-PUFA 合成关键酶基因表达和 LC-PUFA 的合成。此外，miRNA 作为内源性 RNA，也是 DNA 的一种转录产物，它在转录时也会受到转录因子的调控。近年来，研究表明，作为基因表达的关键调控因子，转录因子和 miRNA 之间存在广泛的相互作用和合作调控，能够以前馈环路和反馈环路或嵌套环路的形式共同调控靶基因的表达，可以使基因的调控更加精密和稳定，而且这种共调控网络普遍存在于动植物基因组中，发生在发育和生理细胞自我调节过程中，以缓冲基因表达或增强信号转导，在多种生物过程包括细胞增殖、分化与凋亡，肿瘤、癌症等疾病的发生发展，以及胆固醇稳态等发挥着重要的调控作用（Zhang et al.，2015；Perri et al.，2021；Citrin et al.，2021）。因此，随着未来各种全基因组方法应用的增加，鉴定和研究硬骨鱼“miRNA-转录因子-基因”或“转录因子-miRNA-基因”共调控网络至关重要，以便更全面地了解 LC-PUFA 合成代谢的调控机制，还可为提高养殖鱼类的内源性 LC-PUFA 合成能力提供有效的方法和策略。

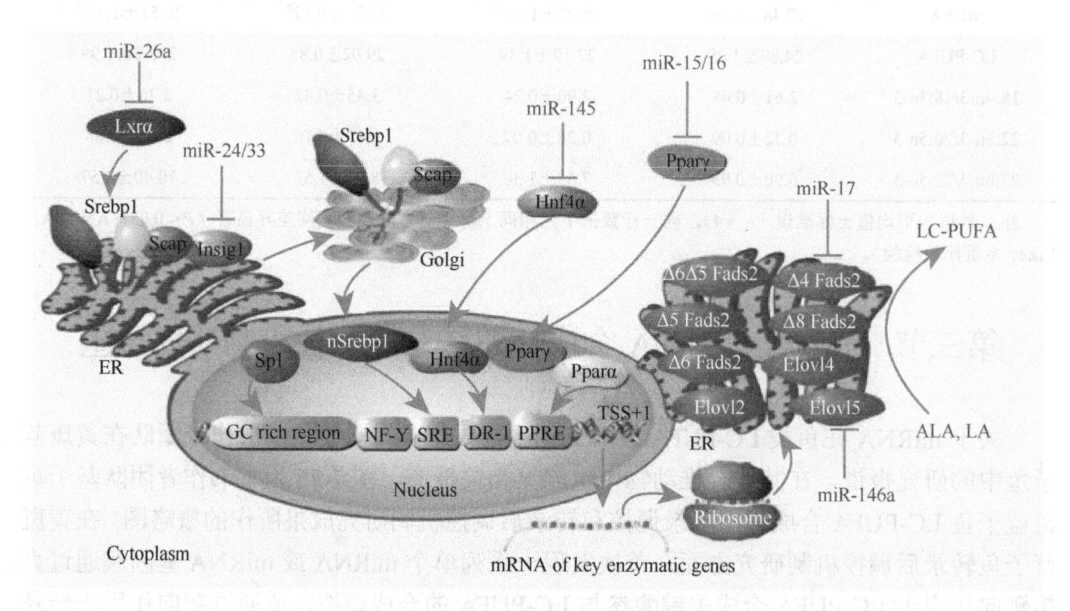

图 7-26　参与硬骨鱼类 LC-PUFA 合成代谢的转录和转录后调节的转录因子（TF）和 miRNA 的示意图（Xie et al.，2021）（后附彩图）

在硬骨鱼 *fads2* 和 *elovl* 的核心启动子上鉴定到的主要 TF 结合元件包括 GC 富集区（GC rich region）、核因子 Y（NF-Y）、甾醇调节元件（SRE）、直接重复序列 1（DR-1）和过氧化物酶体增殖物反应元件（PPRE）。TF 包括刺激蛋白 1（Sp1）、甾醇调节元件结合蛋白 1(Srebp1)、肝细胞核因子 4α(Hnf4α)、肝脏 X 受体 α(Lxrα)和过氧化物酶体增殖物激活受体 α/γ(Pparα/γ)。一些 miRNAs 已被发现参与黄斑蓝子鱼 LC-PUFA 的生物合成调控，其中 miR-17 和 miR-146a 分别直接靶向作用于 Δ4 *fads 2* 和 *elovl5*。miR-24 和 miR-33 直接共同靶向胰岛素诱导基因 1（*insig1*），这是一种内质网（ER）膜蛋白，促进 Srebp1 前体在 ER 中的保留，并防止它们在高尔基体中的蛋白质水解激活。miR-26a、miR-145 和 miR-15/16 基因簇分别靶向 *lxrα*、*hnf4α* 和 *pparγ*。nSrebp1：Srebp1 蛋白的成熟核形式；Scap：Srebp 切割激活蛋白；TSS：转录起始位点。Cytoplasm：细胞浆；Nucleus：细胞核；mRNA of key enzymatic genes：关键酶基因的 mRNA；Ribosome：核糖体。箭头：靶 mRNA 表达上调；钝箭头：靶 mRNA 表达下调。

参考文献

Alvarez-Garcia I，Miska E A，2005. MicroRNA functions in animal development and human disease[J]. Development，132（21）：4653-4662.

Ambros V，2004. The functions of animal microRNAs[J]. Nature，431（7006）：350-355.

Bonci D，Coppola V，Musumeci M，et al.，2009. The mir-15a/mir-16-1 cluster controls prostate cancer progression by targeting multiple oncogenic activities[J]. European Urology Supplements，181（4）：188.

Chen C Y，Wang S Q，Hu Y，et al.，2020a. miR-26a mediates LC-PUFA biosynthesis by targeting the Lxrα-Srebp1 pathway in the marine teleost *Siganus canaliculatus*[J]. Journal of Biological Chemistry，295：13875-13886.

Chen C Y，Wang S Q，Zhang M，et al.，2019. miR-24 is involved in vertebrate LC-PUFA biosynthesis as demonstrated in marine teleost *Siganus canaliculatus*[J]. Biochimica et Biophysica Acta（BBA）：Molecular and Cell Biology of Lipids，1864（5）：619-628.

Chen C Y，Zhang J Y，Zhang M，et al.，2018. miR-146a is involved in the regulation of vertebrate LC-PUFA biosynthesis by targeting elovl5 as demonstrated in rabbitfish *Siganus canaliculatus*[J]. Gene，676：306-314.

Chen C Y，Zhang M，Li Y Y，et al.，2020b. Identification of miR-145 as a key regulator involved in LC-PUFA biosynthesis by targeting *hnf4α* in the marine teleost *Siganus canaliculatus*[J]. Journal of Agricultural and Food Chemistry，68：15123-15133.

Citrin K M，Fernández-Hernando C，Suárez Y，2021. MicroRNA regulation of cholesterol metabolism[J]. Annals of the New York Academy of Sciences，1495（1）：55-77.

Davidson L A，Wang N，Shah M S，et al.，2009. n-3 Polyunsaturated fatty acids modulate carcinogen-directed non-coding microRNA signatures in rat colon[J]. Carcinogenesis，30（12）：2077-2084.

Didiano D，Hobert O，2006. Perfect seed pairing is not a generally reliable predictor for miRNA-target interactions[J]. Nature Structural & Molecular Biology，13：849-851.

Doench J G，Sharp P A，2004. Specificity of microRNA target selection in translational repression[J]. Genes Development，18（5）：504-511.

Dong Y W，Wang S Q，Chen J L，et al.，2016. Hepatocyte nuclear factor 4α（HNF4α）is a transcription factor of vertebrate fatty acyl desaturase gene as identified in marine teleost *Siganus canaliculatus*[J]. PLoS One，11：e0160361.

Dong Y W，Zhao J H，Chen J L，et al.，2018. Cloning and characterization of Δ6/Δ5 fatty acyl desaturase（fad）gene promoter in the marine teleost *Siganus canaliculatus*[J]. Gene，647：174-180.

Fan Y，Arbab A A I，Zhang H，et al.，2021. MicroRNA-193a-5p regulates the synthesis of polyunsaturated fatty acids by targeting fatty acid desaturase 1（FADS1）in bovine mammary epithelial cells[J]. Biomolecules，11：157.

Flower E，Froelicher E S，Aouizerat B E，2013. MicroRNA regulation of lipid metabolism[J]. Metabolism，62（1）：12-20.

Han J，Lee Y，Yeom K H，et al.，2004. The Drosha-DGCR8 complex in primary microRNA processing[J]. Genes Development，18（24）：3016-3027.

Horie T，Nishino T，Baba O，et al.，2013. MicroRNA-33 regulates sterol regulatory element-binding protein 1 expression in mice[J]. Nature Communication，4：2883.

Lagos-Quintana M，Rauhut R，Yalcin A，et al.，2002. Identification of tissue-specific microRNAs from mouse[J]. Current Biology，12：735-739.

Lee Y，Ahn C，Han J，et al.，2003. The nuclear RNase Ⅲ Drosha initiates microRNA processing[J]. Nature，425（6956）：415-419.

Li G，Lu Z H，2010. Global expression analysis of miRNA gene cluster and family based on isomiRs from deep sequencing data[J]. Computational Biology & Chemistry，34（3）：165-171.

Li Y Y，Hu C B，Zheng Y J，et al.，2008. The effects of dietary fatty acids on liver fatty acid composition and Δ6-desaturase expression differ with ambient salinities in *Siganus canaliculatus*[J]. Comparative Biochemistry and Physiology Part B：Biochemistry and Molecular Biology，151：183-190.

Li Y Y，Yin Z Y，Dong Y W，et al.，2019. Pparγ is involved in the transcriptional regulation of liver LC-PUFA biosynthesis by targeting the Δ6Δ5 fatty acyl desaturase gene in the marine teleost *Siganus canaliculatus*[J]. Marine Biotechnology，21（1）：19-29.

Miranda K C，Huynh T，Tay Y，et al.，2006. A pattern-based method for the identification of microrna binding sites and their corresponding heteroduplexes[J]. Cell，126（6）：1203-1217.

Perri P，Ponzoni M，Corrias M V，et al.，2021. A focus on regulatory networks linking microRNAs，transcription factors and target genes in neuroblastoma[J]. Cancers（Basel），13（21）：5528.

Schickel R，Boyerinas B，Park S M，et al.，2008. MicroRNAs：Key players in the immune system，differentiation，tumorigenesis and cell death[J]. Oncogene，27（45）：5959-5974.

Sun J J，Chen C Y，You C H，et al.，2020. The miR-15/16 Cluster Is Involved in the Regulation of Vertebrate LC-PUFA Biosynthesis by Targeting pparγ as Demonostrated in Rabbitfish *Siganus canaliculatus*[J]. Marine Biotechnology，22：475-487.

Sun J J，Zheng L G，Chen C Y，et al.，2019. MicroRNAs involved in the regulation of LC-PUFA biosynthesis in teleosts：miR-33 enhances LC-PUFA biosynthesis in *Siganus canaliculatus* by targeting insig1 which in turn upregulates srebp1[J]. Marine Biotechnology，21：475-487.

Ventura A，Young A G，Winslow M M，et al.，2008. Targeted deletion reveals essential and overlapping functions of the miR-17～92 family of miRNA clusters[J]. Cell，132（5）：875-886.

Xie D Z，Chen C Y，Dong Y W，et al.，2021. Regulation of long-chain polyunsaturated fatty acid biosynthesis in teleost fish[J]. Progress in Lipid Research，82：101095.

Xie D Z，Wang S Q，You C H，et al.，2015. Characteristics of LC-PUFA biosynthesis in marine herbivorous teleost *Siganus canaliculatus* under different ambient salinities[J]. Aquaculture Nutrition，21（5）：541-551.

Xu J Z，Wong C W，2008. A computational screen for mouse signaling pathways targeted by microRNA clusters[J]. RNA，14（7）：1276-1283.

Xue G，Yan H L，Zhang Y，et al.，2015. c-Myc-mediated repression of miR-15-16 in hypoxia is induced by increased HIF-2α and promotes tumor angiogenesis and metastasis by upregulating FGF2[J]. Oncogene，34（11）：1393-1406.

Yang K，He Y S，Wang X Q，et al.，2011. MiR-146a inhibits oxidized low-density lipoprotein-induced lipid accumulation and inflammatory response via targeting toll-like receptor 4[J]. FEBS Letter，585：854-860.

Yang T，Espenshade P J，Wright M E，et al.，2002. Crucial step in cholesterol homeostasis：Sterols promote binding of SCAP to INSIG-1，a membrane protein that facilitates retention of SREBPs in ER[J]. Cell，15（13）：711-716.

Yeom K H，Lee Y，Han J，et al.，2006. Characterization of DGCR8/Pasha，the essential cofactor for Drosha in primary miRNA processing[J]. Nucleic Acids Research，34（16）：4622-4629.

Yu J，Wang F，Yang G H，et al.，2006. Human microrna clusters：Genomic organization and expression profile in leukemia cell lines[J]. Biochemical & Biophysical Research Communications，349（1）：59-68.

Zhang D D，Lu K L，Dong Z J，et al.，2014a. The effect of exposure to a high-fat diet on microRNA expression in the liver of blunt snout bream（*Megalobrama amblycephala*）[J]. PLoS One，9（5）：e96132.

Zhang H M，Kuang S，Xiong X，et al.，2015. Transcription factor and microRNA co-regulatory loops：Important regulatory motifs in biological processes and diseases[J]. Brief Bioinformation，16：45-58.

Zhang Q H，Xie D Z，Wang S Q，et al.，2014b. miR-17 is involved in the regulation of LC-PUFA biosynthesis in vertebrates：Effects on liver expression of a fatty acyl desaturase in the marine teleost *Siganus canaliculatus*[J]. Biochimica et Biophysica Acta（BBA）：Molecular and Cell Biology of Lipids，1841（7）：934-943.

Zhang Q H，You C H，Liu F，et al.，2016a. Cloning and characterization of lxr and srebp1，and their potential roles in regulation of LC-PUFA biosynthesis in rabbitfish *Siganus canaliculatus*[J]. Lipids，51（9）：1051-1063.

Zhang Q H，You C H，Wang S Q，et al.，2016b. The miR-33 gene is identified in a marine teleost：A potential role in regulation of LC-PUFA biosynthesis in *Siganus canaliculatus*[J]. Scientific Report，6：32909.

第八章　提高养殖鱼类长链多不饱和脂肪酸含量的理论和技术

第一节　鱼类肌内脂肪和脂肪酸的沉积特性与调控机制

鱼类是人类重要的优质食物蛋白质来源。据统计，2017 年全球人口摄入的动物蛋白中鱼类占比达 17.3%（FAO，2018）。此外，鱼类富含有利于人体健康的长链多不饱和脂肪酸（LC-PUFA，也称高不饱和脂肪酸 HUFA），如 EPA 和 DHA。由于陆生畜禽养殖动物及鸡蛋、牛奶中的 LC-PUFA 含量很少，故 LC-PUFA 也是鱼类最特别的营养价值所在。长期的科研及临床应用结果表明，LC-PUFA 具有促进人脑发育、防治心脑血管疾病、预防老年痴呆、改善肥胖、减缓炎症反应、抗肿瘤等多种功能（Tocher，2015），有“脑黄金”“心脑金”之称。人类虽然具有合成 EPA 和 DHA 的能力，但自身的合成量通常不能满足机体生理功能的需要，特别是青少年、脑力劳动者和老年人。故人们通常需要从食物中补充这两种脂肪酸，而鱼类等水产品是人获取 EPA 和 DHA 的主要来源，其肌肉中 EPA 和 DHA 的含量直接反映其营养价值的高低。此外，在风味口感方面，脂肪也是影响肌肉香味、嫩度、多汁性、色泽等的一个重要因素（Wang et al.，2005）。早在 20 世纪 70 年代就有报道指出，为了使肉质具有良好的适口性，肌肉中一定要有适量的脂肪（Smith and Carpenter，1970）。一方面，肌内脂肪能够明显改善肌肉的纹理、紧实度和保水性等，这是影响肉质硬度、多汁等口感的内在原因（曾勇庆和孙玉民，1999）；另一方面，肌内脂肪酸也是产生风味化合物的前体，能够影响肉质的香味（李庆岗和经荣斌，2004）。因此，研究鱼类肌内脂肪沉积和含量的调控机制，对于改善鱼肉的品质和价值，生产有利于人类健康的优质鱼产品具有重要的经济价值和社会意义。脂肪营养的实质是脂肪酸营养，因此，肌肉脂肪酸组成和含量的调控是脂肪调控最为重要的内容。

一、鱼类肌内脂肪沉积的一般过程和机制概述

机体对于脂肪酸的获取是脂肪在体内沉积的前提，而脂肪酸的从头合成是机体脂肪酸的主要来源途径之一。在细胞质中，机体能够以葡萄糖有氧氧化、氨基酸分解、酮体分解等过程产生的乙酰辅酶 A 为原料，在柠檬酸合酶的作用下首先转变为柠檬酸，柠檬酸穿过线粒体内膜并在柠檬酸裂解酶的作用下重新合成乙酰辅酶 A；随后，乙酰辅酶 A 在乙酰辅酶 A 羧化酶作用下生成丙二酰辅酶 A；最终，丙二酰辅酶 A 在脂肪酸合酶（Fas）作用下合成 C16 的棕榈酸（Ameer et al.，2014）。之后，棕榈酸等饱和脂肪酸在硬脂酰辅

酶A去饱和酶的作用下，生成单不饱和脂肪酸（MUFA）（Mauvoisin and Mounier，2011）。MUFA 再经过多次去饱和及碳链延长反应，进而生成不同类型的脂肪酸，在这个过程中涉及多种去饱和酶以及碳链延长酶（图 8-1）。在此过程中，Fas 是最终催化丙二酰辅酶 A 生成棕榈酸的酶，因而编码 Fas 的基因被认为是脂肪酸合成的标志基因（Jensen-Urstad and Semenkovich，2012）。

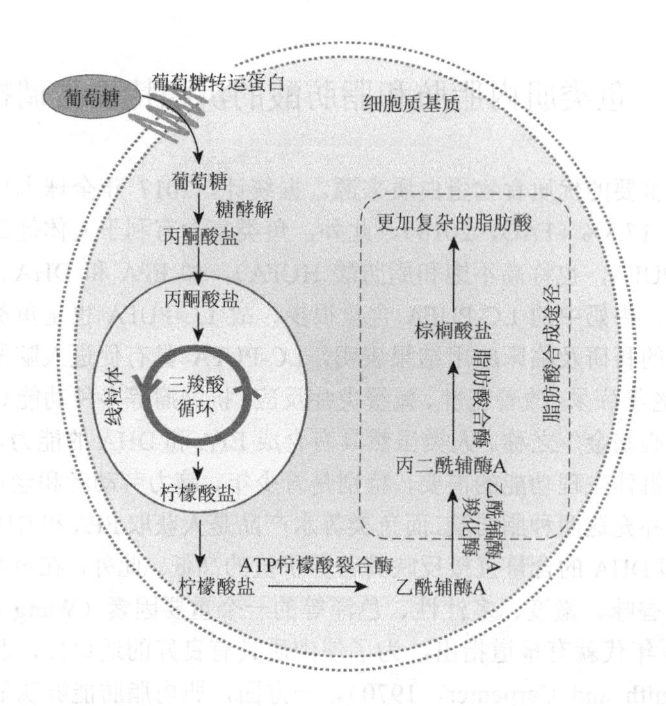

图 8-1　脂肪酸从头合成（引自 Ameer et al.，2014）（后附彩图）

由于脊椎动物不能从头合成 C18 不饱和脂肪酸，故 LC-PUFA 的生物合成从 α-亚麻酸（18:3n-3，ALA）和亚油酸（18:2n-6，LA）开始，经过一系列的脂肪酸去饱和及碳链延长作用而完成。值得注意的是，淡水鱼一般具有 LC-PUFA 合成能力，而绝大多数海水鱼由于某种 LC-PUFA 合成酶的活性缺乏或不足，故其 LC-PUFA 合成能力缺乏或很弱，维持生理功能所需的 LC-PUFA 主要靠食物提供。

据报道，鱼类具有与哺乳动物类似的脂肪酸摄取系统（Kjær et al.，2009），按照营养摄入和代谢路径可分为 5 个主要步骤：①胆汁酸乳化。日粮中的脂肪进入肠道后，在小肠处经过胆汁酸的乳化而变得亲水，随后在脂肪酶的作用下分解释放出脂肪酸。②乳糜微粒的合成。释放出的脂肪酸在肠上皮细胞处又被酯化，并合成乳糜微粒，经淋巴系统进入血液循环。③乳糜微粒分解。乳糜微粒中的脂肪在血管内皮脂蛋白酯酶的作用下重新分解释放出脂肪酸。④脂肪酸跨膜。脂肪酸（主要是一些长链脂肪酸）在跨膜载体如脂肪酸转运蛋白（FATPs）等协助下跨过细胞膜。⑤脂肪酸胞内转运。进入胞内的脂肪酸被脂肪酸结合蛋白（FABPs）装载，进而转运到肝脏、肌肉、脂肪等处进行后续代谢（图 8-2）。

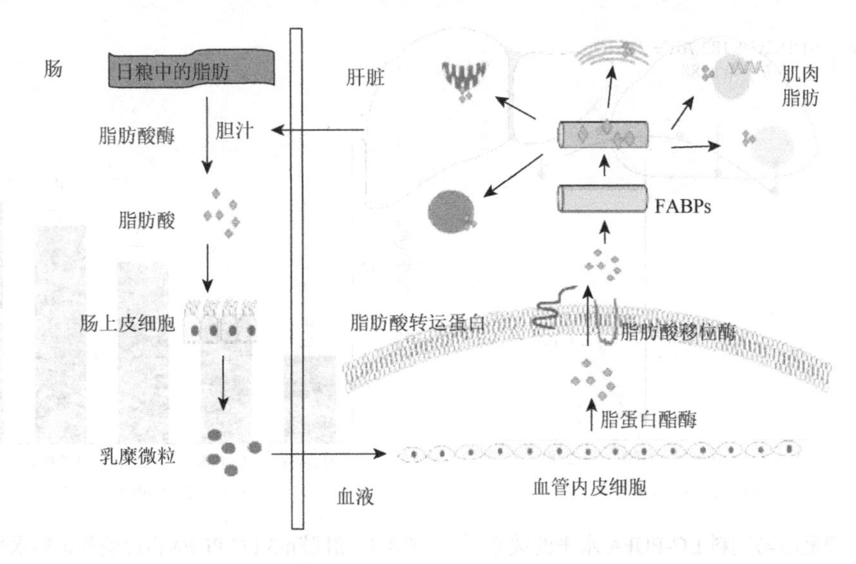

图 8-2　鱼类对日粮脂肪酸摄取关键过程概述图（后附彩图）

近年来，随着海洋资源日益锐减，有限的鱼粉、鱼油资源量已难以满足水产养殖业，特别是海水鱼养殖业快速、可持续发展的需求。如何提高养殖鱼类，尤其是海水养殖鱼类的 LC-PUFA 合成能力、含量及利用效率，降低海水鱼配合饲料对鱼粉鱼油的过度依赖，对于节约海洋资源以及提高养殖鱼类的营养价值具有重要作用。一方面，通过弄清鱼类 LC-PUFA 合成代谢的调控机制，研发提高鱼体内源性 LC-PUFA 合成能力的方法，是提高鱼体 LC-PUFA 含量及降低海水鱼养殖对鱼油依赖的途径之一，目前这方面已有较多研究报道（Chen et al.，2019；Wang et al.，2018；Li et al.，2018）；另一方面，促进鱼体对饲料中有限 LC-PUFA 的摄取和沉积效率也是提高鱼体 LC-PUFA 利用效率及含量的有效途径，但目前这方面的研究较少。为此，本书以我国重要海水养殖鱼类——卵形鲳鲹（*T. ovatus*）为对象，探讨其对饲料 LC-PUFA 摄取和沉积的关键过程及机制。研究结果不仅可为鱼类营养学理论提供新的内容，也可为降低海水鱼配合饲料中鱼油的添加水平及提高鱼体 LC-PUFA 含量等方面的研究提供新的思路。

二、卵形鲳鲹中参与 LC-PUFA 摄取和沉积的主要基因及信号通路

将平均体重为 14.84 g±0.06 g 的卵形鲳鲹幼鱼，以 LC-PUFA 含量分别为 0.64%、1.00%、1.24%、1.73%和 2.10%的 5 种等氮等脂配合饲料在海上网箱中喂养 8 周后，进行称重和取样。通过增重率与饲料 LC-PUFA 含量之间的二次回归曲线分析发现，饲料中 LC-PUFA 的适宜添加水平为 1.49%（图 8-3）。试验鱼肝脏的 LC-PUFA 水平随着饲料 LC-PUFA 含量的升高而升高（图 8-4）。根据以上结果，分别选取饲料 LC-PUFA 水平为 1.00%和 2.10%的投喂组鱼的肝脏进行转录组测序分析，筛选与 LC-PUFA 摄取和沉积相关的候选基因，主要研究内容与主要结果如下。

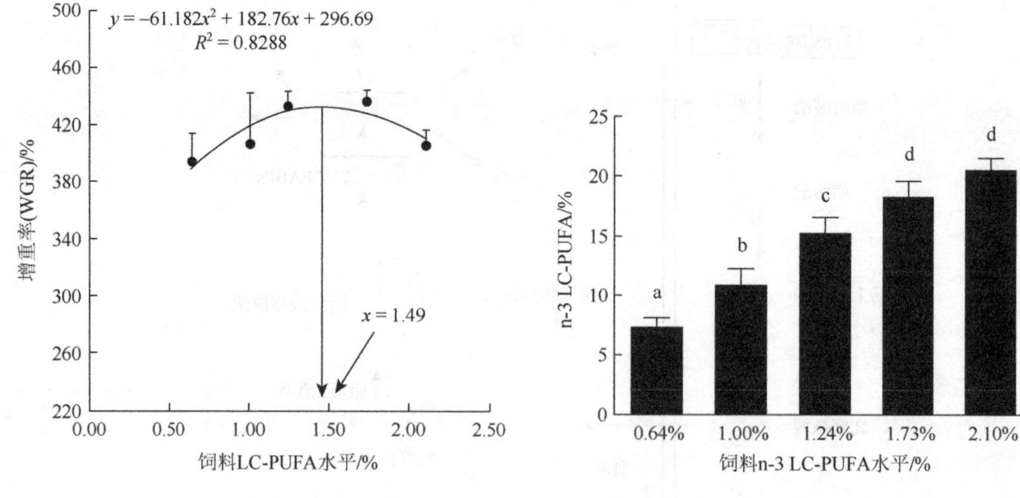

图 8-3　增重率与饲料 LC-PUFA 水平的关系　　图 8-4　肝脏 n-3 LC-PUFA 占比受其饲料水平的影响

（一）参与 LC-PUFA 摄取和沉积的候选基因

以 $P<0.05$ 以及差异倍数不小于 2 为条件，对转录组测序注释的基因进行筛选，共获得差异表达基因 287 个，其中上调基因 140 个，下调基因 147 个（图 8-5）。对差异基因进行 GO 分析，发现这些基因总体上可归纳为 3 大类 39 个功能组。在“生物学过程”部分，大多数差异基因参与“代谢过程”和“细胞过程”；在“细胞组成”部分，大多数基因参与“细胞”和“细胞组分”；在“分子功能”部分，大多数基因参与“结合”及“催化活性”（图 8-6）。

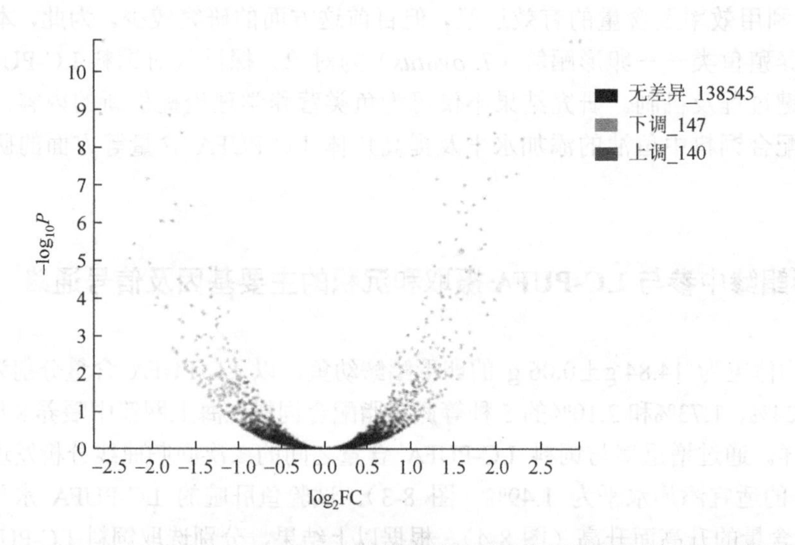

图 8-5　1.00%和 2.10% n-3 LC-PUFA 饲料投喂组鱼肝脏的差异表达基因（后附彩图）

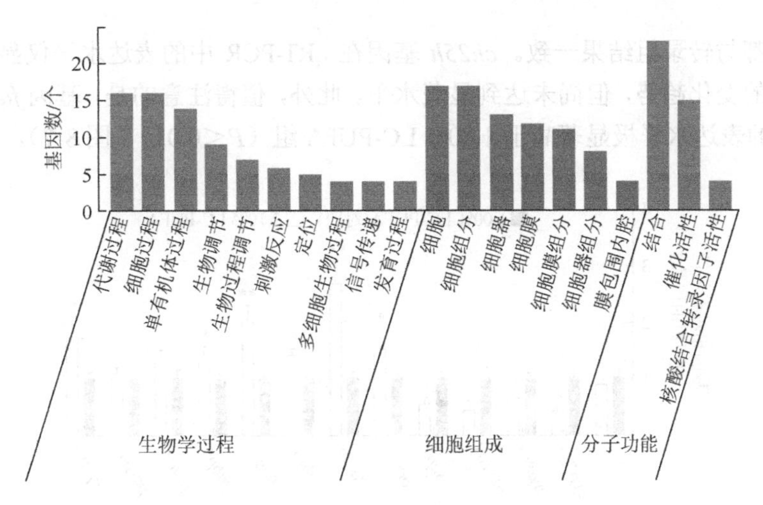

图 8-6　1.00%和 2.10% LC-PUFA 饲料投喂组鱼肝脏差异基因的 GO 分析（后附彩图）

针对图 8-2 所示鱼类对日粮脂肪酸摄取五大过程，即胆汁酸乳化、乳糜微粒合成、乳糜微粒分解、脂肪酸跨膜以及脂肪酸胞内转运，结合 287 个差异表达基因的注释，共筛选到 10 个参与 LC-PUFA 摄取、沉积的候选基因，分别是参与胆汁酸合成的胆固醇-25-羟化酶基因（*ch25h*）、胆固醇-7α-羟化酶基因（*cyp7a1*）、甾醇-12-羟化酶基因（*cyp8b1*）、δ4-3 酮类固醇 5β-还原酶基因（*akr1d1*）、固醇载体蛋白 2 基因（*scp2*）以及酰基辅酶 A 硫脂酶 8 基因（*acot8*），参与脂肪酸跨膜转运的 *fatp6*，参与脂肪酸胞内转运的 *fabp1*、*fabp4* 以及 *fabp6*（表 8-1）。

表 8-1　参与卵形鲳鲹 LC-PUFA 摄取、沉积候选基因及 ppar 家族基因差异表达

基因名称	英文缩写	差异倍数	*P*
胆固醇-25-羟化酶	*ch25h*	−1.07	2.44E-02
胆固醇-7α-羟化酶	*cyp7a1*	−1.70	2.97E-05
甾醇-12-羟化酶	*cyp8b1*	−1.17	1.87E-02
δ4-3 酮类固醇 5β-还原酶	*akr1d1*	−1.10	3.48E-02
固醇载体蛋白 2	*scp2*	−1.22	3.52E-02
酰基辅酶 A 硫脂酶 8	*acot8*	1.31	2.03E-03
长链脂肪酸转运蛋白 6	*fatp6*	1.47	3.48E-04
脂肪酸结合蛋白 1	*fabp1*	1.13	4.73E-03
脂肪酸结合蛋白 4	*fabp4*	1.85	1.14E-04
脂肪酸结合蛋白 6	*fabp6*	1.46	1.20E-03
过氧化物酶体增殖物激活受体 α	*pparα*	0.09	0.95
过氧化物酶体增殖物激活受体 β/δ	*pparβ/δ*	−0.00077	0.99
过氧化物酶体增殖物激活受体 γ	*pparγ*	1.59	4.72E-06

通过进一步 qRT-PCR 验证，在这 10 个候选基因中，除 *ch25h* 基因外，其余 9 个基因

的表达水平都与转录组结果一致。*ch25h* 基因在 qRT-PCR 中的表达水平仅显示出与转录组结果一样的变化趋势，但尚未达到显著水平。此外，值得注意的是，基因 *fatp6* 和 *fabp4* 在 2.10%组的表达水平极显著高于 1.00% LC-PUFA 组（$P<0.01$）（图 8-7）。

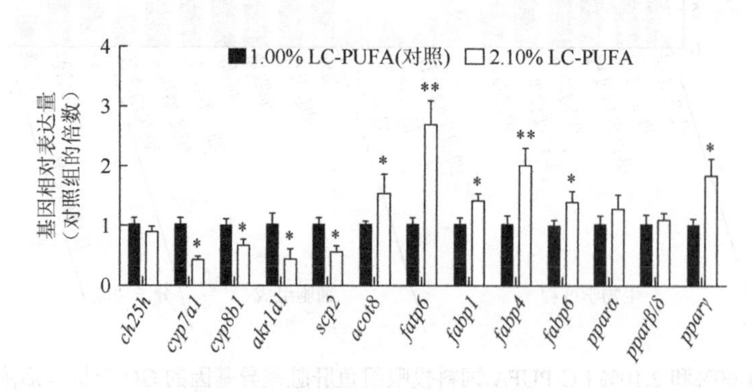

图 8-7　差异基因的 qRT-PCR 验证

（数据为平均值±标准差，$n = 12$；$*P<0.05$；$**P<0.01$）

（二）参与 LC-PUFA 摄取和沉积的主要信号通路

为进一步了解 LC-PUFA 摄取和沉积的调控机制，对 10 个参与 LC-PUFA 摄取沉积的候选基因进行 KEGG 分析。根据富集因子大小，这些基因主要涉及的前 8 条信号通路分别是鞘脂类代谢（map00600）、类固醇激素生物合成（map00140）、胆汁分泌（map04976）、初级胆汁酸生物合成（map00120）、Ppar 信号通路（map03320）、过氧化物酶体（map04146）、胰岛素抵抗（map04931）和脂肪细胞脂解调控（map04932）。在这 8 条信号通路中，富集到过氧化物酶体增殖物激活受体（Ppar）信号通路（map00320）的基因最多，表明 Ppar 信号通路可能参与这些基因表达的调控（图 8-8）。

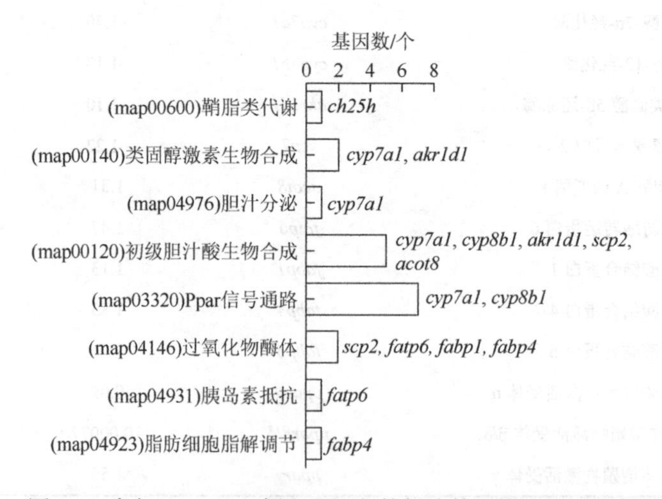

图 8-8　参与 LC-PUFA 摄取和沉积的候选基因的 KEGG 分析

另一方面，在287个差异基因中搜索*ppar*家族的成员（*pparα*，*pparβ/δ*和*pparγ*），发现只有*pparγ*的表达出现显著差异（表8-1）。qRT-PCR验证结果也表明，与1.00% LC-PUFA组相比，*pparγ*的表达水平在2.10% LC-PUFA组显著上调，而*pparα*和*pparβ/δ*的表达水平在两个处理组之间无显著差异（图8-7）。

综上，本研究通过比较1.00%和2.10% LC-PUFA饲料投喂组卵形鲳鲹的肝脏转录组测序结果，重点对参与LC-PUFA摄取和沉积的基因进行了筛选，初步鉴定到*fatp6*和*fabp4*基因为调控LC-PUFA摄取沉积的候选基因。此外，*pparγ*可能通过调控参与脂肪乳化和脂肪酸转运相关基因的表达，在LC-PUFA摄取和沉积过程中发挥重要作用，详细内容见已发表论文Lei等（2020a）。

三、卵形鲳鲹Fabps家族基因的克隆、分子特征、组织分布及营养调控

Fabps是一类胞质内保守的蛋白质，它们来源于同一祖先。该蛋白质家族的首要功能是结合疏水性配体（如长链脂肪酸、胆酸盐、脂肪酸衍生物等），并将它们从细胞膜转运到不同的细胞内靶部位进行后续代谢（Smathers and Petersen，2011）。1972年，FABP首次在老鼠（*Mus musculus*）肝脏中被发现（Ockner et al.，1972）。目前，Fabps家族共有12个亚型（Fabp1～Fabp12）被成功分离鉴定（Vandepoele et al.，2004）。Fabps被认为是影响脂肪酸摄取和沉积的决定性蛋白质（Glatz and Luiken，2018；Luciana et al.，2017），哺乳动物的研究表明，该基因表达的高低与脂肪酸含量直接相关（Pan et al.，2015；Luciana et al.，2017）。鱼类中已有的研究也表明，饲料中不同的脂肪酸组成会影响某些Fabps基因的表达（Xu et al.，2017；Torstensen et al.，2009）。这提示，Fabps很可能在鱼类脂肪酸摄取和沉积中发挥重要作用，阐明其作用和调控机制将有助于提高脂肪酸，特别是有益于人体健康的LC-PUFA在养殖鱼类的含量。鉴于此，我们对卵形鲳鲹的Fabps进行了分子克隆、序列分析和系统发育树分析，并对Fabps亚型的组织表达分布特性，以及饲料中不同LC-PUFA浓度对其基因表达水平的影响进行了检测。

（一）卵形鲳鲹Fabps分离鉴定及其序列分析

成功克隆到卵形鲳鲹Fabps家族5个亚型的完整编码序列，包括*fabp4*（GenBank：MN562216）、*fabp6a*（GenBank：MN562217）、*fabp6b*（GenBank：MN562218）、*fabp7a*（GenBank：MN562219）和*fabp7b*（GenBank：MN562220），它们分别编码133个、127个、118个、132个和132个AA。将卵形鲳鲹的Fabps氨基酸序列与人（*Homo sapiens*）、鼠（*Rattus norvegicus*）、斑马鱼（*Danio rerio*）和大西洋鲑（*Salmo salar*）相应Fabps亚型进行比对，发现其具有很高的同源性（图8-9）。

对卵形鲳鲹5个Fabps亚型进行比对，发现Fabp4和Fabp7s具有较高的同源性，超过50%；Fabp4与Fabp6s、Fabp6s与Fabp7s之间的同源性则较低，低于30%（图8-10）。这些结果与哺乳动物的FABPs按照氨基酸序列同源性高低的分组结果一致，即Fabp3、Fabp7、Fabp8、Fabp4和Fabp5同源性较高，分为一组；Fabp6和Fabp1归入另一组。

图 8-9 卵形鲳鲹 Fabp4（A）、Fabp6（B）和 Fabp7（C）氨基酸序列与其他物种相应 Fabps 氨基酸序列比对

其他物种包括人（Hs）、鼠（Rn）、斑马鱼（Dr）和大西洋鲑（Ss）。黑色阴影部分代表 100%同源，灰色阴影部分代表部分同源。引入间隙（-）使序列对齐。

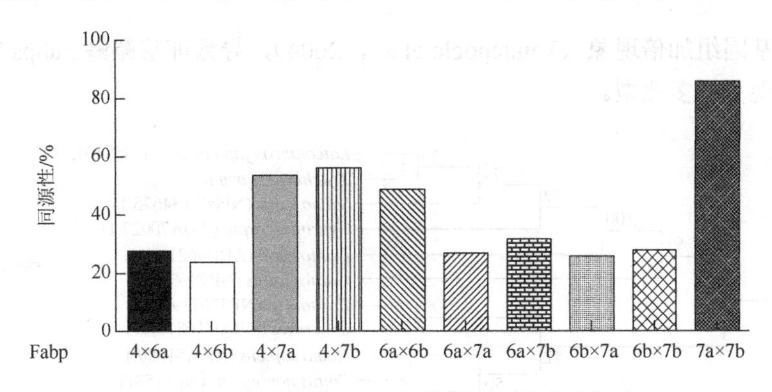

图 8-10　卵形鲳鲹 Fabps 氨基酸序列的多重比对

此外，利用专业软件在卵形鲳鲹 Fabps 结构中预测到 2 个较为保守的蛋白质结构域，即脂质运载蛋白结构域（PF00061）和脂质运载蛋白 7 结构域（PF14651）。此 2 个结构域从人、鼠等哺乳动物到斑马鱼、大西洋鲑、卵形鲳鲹等鱼类物种都高度保守（图 8-11）。没有发现信号肽结构或者跨膜结构，这符合 Fabps 作为胞内蛋白的结构特征。

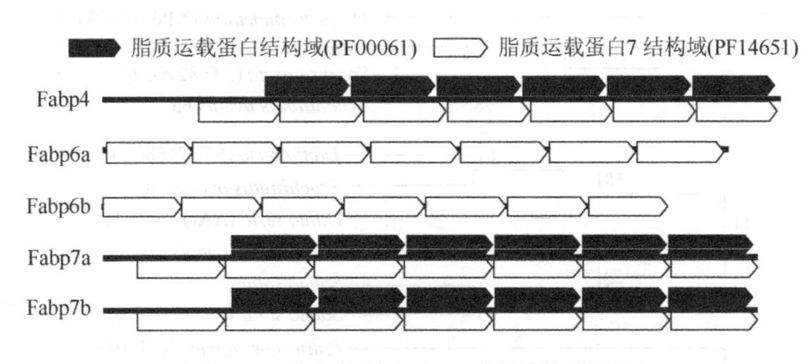

图 8-11　卵形鲳鲹 Fabps 蛋白结构域预测

（二）卵形鲳鲹 Fabps 系统发育树分析

为进一步分析卵形鲳鲹Fabps亚型与其他物种相应Fabps亚型的进化关系，利用Fabps的氨基酸序列构建系统发育树。如图 8-12A 显示，同属于鲈形目的卵形鲳鲹和鲈鱼，其 Fabp4 首先分在同一分支，步长值为 73%；随后，它们和大西洋鲑形成一个分支，其步长值高达 74%；然后，再整体和鲤形目的鲤鱼以及大西洋鲑形成一个分支；最后，所有鱼的 Fabp4 和所有恒温物种的 Fabp4 各形成一个分支。另一方面，Fabp6 和 Fabp7 的树型结构与 Fabp4 具有一定的差异。对于 Fabp6a，卵形鲳鲹的 Fabp6a 首先与金头鲷以高达 98% 的步长值分在同一小支，然后再和大西洋鲑、斑点叉尾鮰和斑马鱼分在一支。然而，对于 Fabp6b，卵形鲳鲹的 Fabp6b 区别于其 Fabp6a 亚型，其 Fabp6b 在进化上可能与恒温动物的 Fabp6 更为接近（图 8-12B）。Fabp7 也显示出类似的树型结构。总体上，所有恒温动物的 Fabp7 以及所有鱼类的 Fabp7 各自成支。在内部，卵形鲳鲹的 Fabp7b 与大西洋鲑的 Fabpb1 和 Fabp7b2 在进化上可能更为接近，而卵形鲳鲹的 Fabp7a 亚型与斑马鱼 Fabp7a 的进化距离相对较近（图 8-12C）。这些树型结构也再一次说明，距今 2 亿多年前硬骨鱼类发生的全基因组加倍现象（Vandepoele et al.，2004），导致卵形鲳鲹 Fabps 家族较其他恒温动物出现了更多亚型。

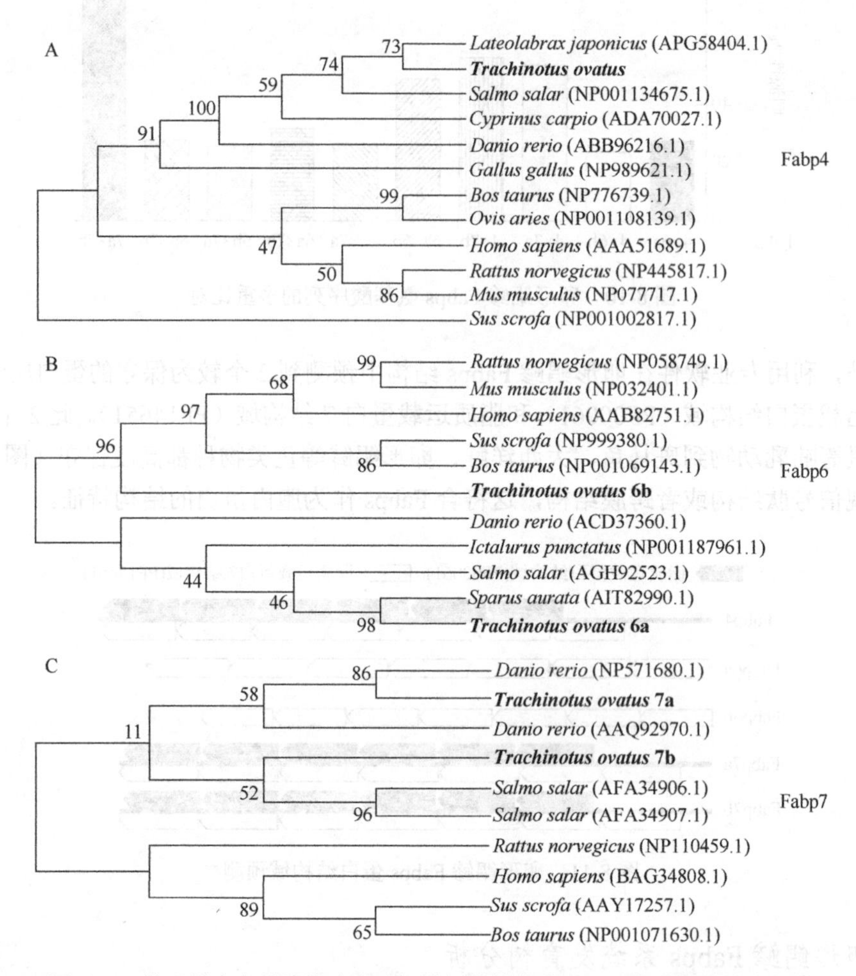

图 8-12　基于最大自然法构建卵形鲳鲹与其他物种 Fabps 序列的系统发育树

分支点的值表示经过 1000 次迭代后树型拓扑结构的百分比频率。

（三）卵形鲳鲹 Fabps 的组织表达谱分析

从卵形鲳鲹中已克隆的 5 个 Fabps 亚型的组织表达特性见图 8-13A。结果显示，它们在检测的 9 种组织中均有较为广泛的表达。其中，*fabp4* 基因在肝脏和脑中高表达，在脂肪组织次之，在心脏、肾脏和脾脏的表达较低；*fabp6a* 基因在肝脏高表达，在肾脏和脂肪次之，在脑、心脏和脾脏的表达较低；与 *fabp6a* 不同，*fabp6b* 在鳃的表达水平最高，在肠和脂肪组织次之；*fabp7a* 几乎只在脑组织高表达；*fabp7b* 在脑中也高表达，其次是肝脏和脂肪组织，在脾脏和肾脏的表达最低。总体上，卵形鲳鲹的 *fabp4*、*fabp6a*、*fabp6b*、*fabp7a* 和 *fabp7b* 在肝脏、脂肪、脑和肌肉组织的表达相对高于其他组织（图 8-13B）。Fabp 不同亚型的组织分布特性，提示其在功能上可能存在差异性。

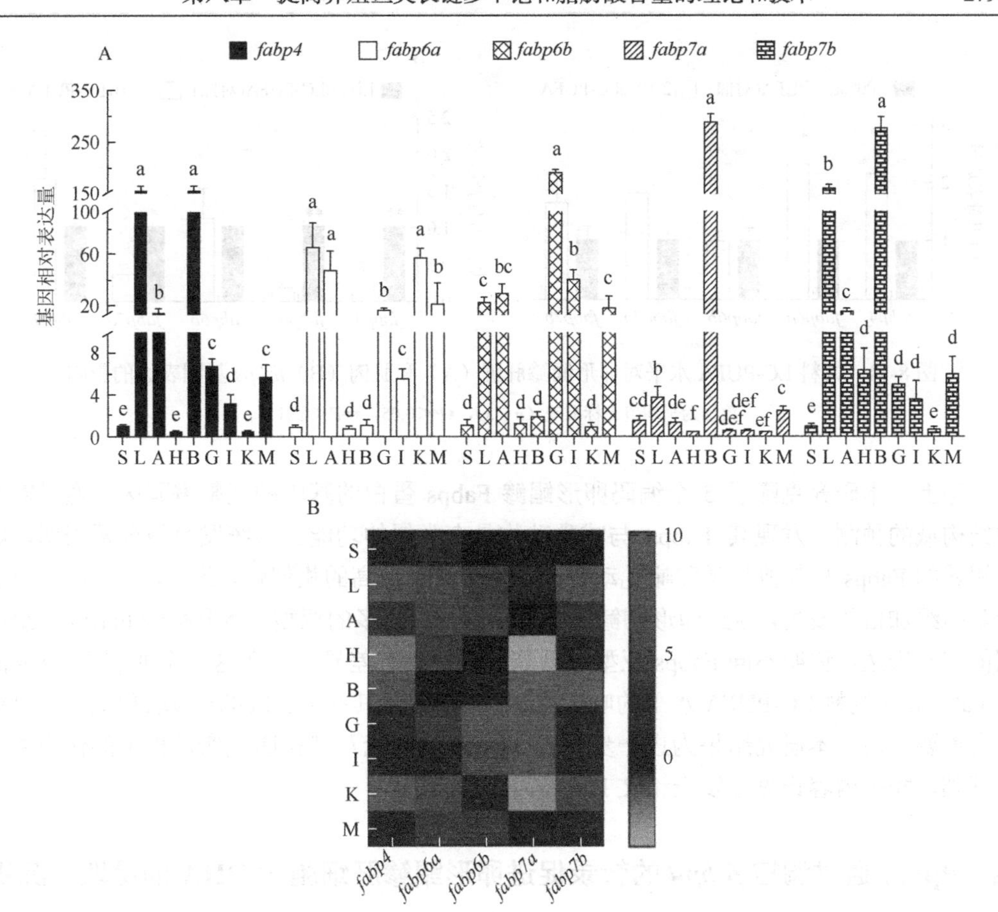

图 8-13　卵形鲳鲹 *fabps* 基因在各组织中的 mRNA 表达水平（qRT-PCR 检测）（后附彩图）

脾脏（S）、肝脏（L）、脂肪（A）、心脏（H）、脑（B）、鳃（G）、肠（I）、肾脏（K）和肌肉（M）。图 A：*fabps* 基因在各组织中的表达情况。以脾脏的表达水平为对照，数据为平均值±标准差（$n=6$），同一基因中，柱上无相同字母标注者表示相互间差异显著（$P<0.05$）。图 B：*fabps* 在各组织分布的热图。用公式 $\log_2$（基因表达水平）进行数据处理。基因表达丰度：低（绿色），中（黑色），高（红色）。

(四)饲料 LC-PUFA 水平对卵形鲳鲹肝脏和肌肉 *fabp4*、*fabp6a*、*fabp6b*、*fabp7a* 和 *fabp7b* 基因表达的影响

分别用 1.00%和 2.10% LC-PUFA 饲料投喂卵形鲳鲹 56 d 后，其肝脏和肌肉 *fabps* 基因表达的变化分别如图 8-14A 和 8-14B 所示。肝脏中，2.10% LC-PUFA 组鱼 *fabp*4 和 *fabp*6a 基因的表达水平显著高于 1.00% LC-PUFA 组，而 *fabp6b*、*fabp7a* 和 *fabp7b* 基因的表达水平在两个饲料组之间没有显著差异；肌肉中，2.10% LC-PUFA 组鱼 *fabp4*、*fabp6a* 和 *fabp7a* 的 mRNA 水平显著低于 1.00% LC-PUFA 组，但两个饲料组之间 *fabp6b* 和 *fabp7b* 基因的表达水平无显著差异。结果说明，在这 5 个亚型中，*fabp4* 和 *fabp6a* 比其他 3 个亚型对饲料 LC-PUFA 水平的变化可能更加敏感；此外，肌肉和肝脏组织中，*fabp4* 和 *fabp6a* 对饲料 LC-PUFA 水平的应答呈现完全相反的模式，这可能源于两个组织间 *fabps* 的补偿性调节，也提示这两个 *fabp* 在 LC-PUFA 摄取和沉积中可能具有重要作用，值得进一步深入研究。

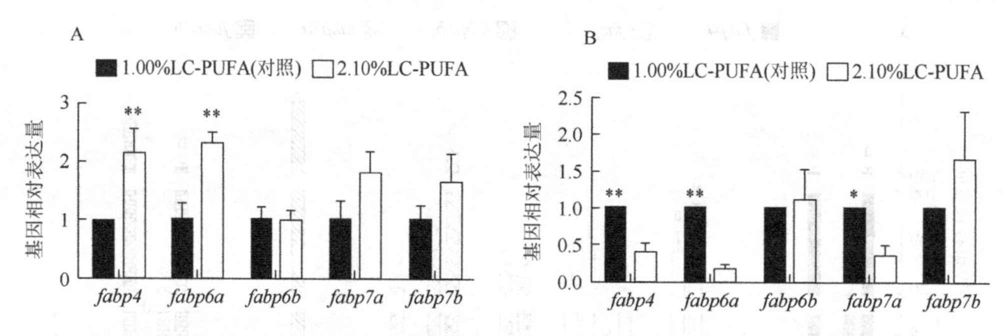

图 8-14 饲料 LC-PUFA 水平对卵形鲳鲹肝脏（A）和肌肉（B）*fabps* 基因表达的影响

数据为平均值±标准差（$n=3$），$^*P<0.05$，$^{**}P<0.01$。

综上，本研究克隆了 5 个编码卵形鲳鲹 Fabps 蛋白的基因的完整编码区。通过对蛋白结构域的预测，发现其 Fabps 与哺乳动物具有类似的功能。系统发育树分析表明，卵形鲳鲹的 Fabps 与其他鱼类和哺乳动物的 Fabps 具有很高的相似性。此外，由于硬骨鱼类全基因组加倍的发生，导致卵形鲳鲹的 Fabps 也具有较多的亚型。卵形鲳鲹 Fabps 在组织间的差异表达，说明不同 Fabps 亚型在功能上可能具有差异性。在这 5 个亚型中，Fabp4 和 Fabp6a 对饲料 LC-PUFA 水平的响应更加敏感，提示其在 LC-PUFA 摄取和沉积中可能具有重要作用。本研究结果为进一步研究 Fabps 的功能及其在脂代谢过程中的作用奠定了基础，相关内容详见已发表论文 Lei 等（2020b）。

四、Pparγ 通过调控 *fabp4* 的转录促进卵形鲳鲹肝细胞对 DHA 的摄取与沉积

在上述转录组研究中，*fabp4* 被鉴定为调控卵形鲳鲹组织 LC-PUFA 含量的候选基因。同时，试验鱼肝脏 *fabp4* 的 mRNA 水平随着饲料及肝脏 LC-PUFA 含量的升高而上调（图 8-15）。为此，本研究首先克隆 *fabp4* 的启动子序列，然后综合采用基因过表达、荧光素酶报告基因检测系统、定点突变、脂肪酸组成分析等手段，对 Fabp4 在卵形鲳鲹 LC-PUFA 含量调控中的作用及机制开展进一步研究。

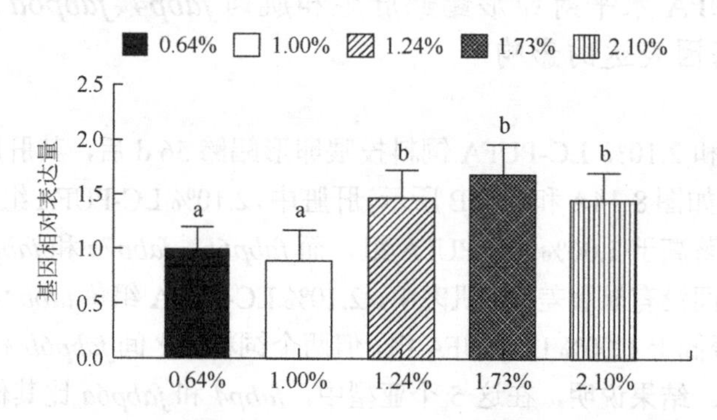

图 8-15 饲料 LC-PUFA 水平对卵形鲳鲹肝脏 *fabp4* mRNA 水平的影响

数据为平均值±标准差（$n=6$）。0.64%组设为对照组，柱上不同字母表示相互间差异显著（$P<0.05$）。

（一）卵形鲳鲹 *fabp4* 基因 5′端侧翼序列克隆及活性分析

克隆得到卵形鲳鲹 *fabp4* 基因 5′端侧翼序列 2059 bp（距离起始密码子）。生物信息学分析发现，该区域可能存在转录因子叉头框蛋白 1、CCAAT/增强子结合蛋白 α、Pparα 和 Pparγ 等的结合位点（图 8-16）。

GAAGATAAATTTGACCATTTCTTTATTTTGCATGGCTGGTTTTGTTTTTTCTCAAATACAACTTTAACTCACCTGCCTTTATTTA
GTATTTTGGGTTGCTGGTGTTTTTAAAAGGCCAACTATAAGGTTTACTGTAATGTTTTGCTGAAACCATTGGGAGGCAGTACA
TGGCAGTCTGACATTTGGGACACAGATCCACTGATTGTTTTCTGCCAGAGTTTCAATAGAGCAATACTGCTAATCAATGAAAT
CTTTCAACACCCAACTCTTTTGCAGTTTTTGTTTTTAAGCAATGCAACAAATGTATCGCAAATATTCAAATGAATTAACAAAC
GTTTTGTAAAAAGATGTGTAAGGAATACATATGAATAAACTGAGAAATGTTTAACTTTGAATGAAAATCAGTTTCATCATATA
CTTTTTGTAAGGTCTGTTACATTTATCTGCAGTTGCGAACAGTTACTAACAGAGCCTTTATGGACTATTTTATCTGCTTTTCAC
AGGCGCCATCTGCTGGTTAAAACCAGTACTCAGTCAGAGCAGGAGTGATTGGTTGGGAATTTGCATAAAAAAGCAACATTT
TCTTCCTGCTGATATAAATGGGAAAAGAGTTTATTTTATATGTAGAACCTGGCAGAGTGGACTAGGGCTGCAACTAACCATTA
TTTTCATATTTTTATAGTTATTTTTTAAATTAATCAATACATCATTTTGTTTATGAAATCACAGTAAATAGAGAAAAATGCCAATT
GTAATTCCCAACAGAACAAGGTGATGTCCTCATCAAATCTTCATATTTGAGGAGCTGGAAAAAGCAAATACTAGATATATGA
GTTTAAAAAGTTGCTAAACGATTATCATTGATCAAATTAATTATAAATTCATTTTCTGACCATCGATTAATCGACAAGTTCTGC
AGCTCTAGAATGGTCAAGAGTGTGTATGTGCAATTTTCTTCGTTAATACTTATTTTATTATCATGTTTACTATTAATGTAATTATT
ATTGATGATGAGTTATTCATTTAGCCTATTTCATCTAACTGTGAATGATGTTTATTTTCACAATTATGCACCTTATACAGACTGG
TGACAACATAAGGGAAAAACCAAAGTGTTGGGCCACCATGTGTCACCAGAACAGCTTCAGTACTCCTTGGCATTGATTCTA
CACGTTTCTAAACTCCACTGGAGGGATGAACACTGTTCTTCCAAAGGATATTCCCTCATTTGGTGTTTCGATGAAGGTGGTG
GAGAAGGGTGTTCAACTGGGTTGAGATCTGGTGACTGCAAAGCCCATAGCATATCATTCACATCATTTCCATACTCATCAAA
CTATTCAGGGACCCATCGGGCACTGCCATGCTGGAAGAGACCACTTGTATCAGGATAGAAATGTTTCATCATAGGATGAAGG
TGATCATATCGCACTAATACACGAGCATCGCCGTCATGATGTCTTTCCCATAGATATAAATGTAGATGTCACTTTAGTCAGTTT
AGTTCCTGCTGAGACACTGTGCAGCTGAACAGTCTTTGAGACTGAAGCTCCTGCTATCTGTGCCCCAACAATGAACCCTCTT
TCAAAGTGACTGAGGTGTCGCCATCTTGATGCAAAATCAGAATCAACTGGGCCTGCTTAGCATCTTCATACATGCCACAGTC
CCATCCTGTGCATCTTTGTGGAAGCATGTTATAGTATTTGTTAACATTGTTCTTACAGAAAGAAAATGCAGCCACACGAACCA
AATCCTATCAGGTCACATTATTGCAGCACCCTATCACCAACCCAATTCACGCTGAAGTCAGCAGGCTCACCACTTCCCTTCAAT
CAAACACACCATCAAAATCTGATTTGAAGACACGCCCCCTAATCCGCCCGTTTCCATGGCAACGTCAGCACCTGCTCATGAT
TGGTGGCCCTGGATGAGACGCGTGCTGTAGCAGGCTTTAAATATGAAGCTCGCTCCGGGTTTCTGCCTCTTGCGCTTCACCG
CTGAAACTGCTTGTTTTTCTGTTGTGTGTGTGTGTGTCAACACATCTGAGCGTCATCTTCACCACC**ATG**

图 8-16　卵形鲳鲹 *fabp4* 基因 5′端侧翼序列及部分预测的转录因子结合位点

虚线框：叉头框蛋白 1；实下划线：CCAAT/增强子结合蛋白 α；虚下划线：Pparα；实线框：Pparγ。加粗碱基为起始密码子。

在 *fabp4* 基因 5′端侧翼序列基础上，通过连续截断实验制备 5 个不同长度的启动子缺失体（D1：−2 bp～−2006 bp；D2：−2 bp～−1521 bp；D3：−2 bp～−1158 bp；D4：−2 bp～−733 bp；D5：−2 bp～−241 bp），然后利用双荧光素酶报告基因检测系统分析其启动子活力。结果显示，与全长片段 D1 启动子的活力相比，部分序列缺失后的 D2、D3、D4、D5 启动子的活性都显著下降了（图 8-17）。其中，−1522 bp 至−2006 bp 序列的缺失，导致 D2 启动子的活性下降最明显，说明−1521 bp 至−2006 bp 区域为卵形鲳鲹 *fabp4* 基因的核心启动子区。

（二）Fabp4 促进肝细胞对 DHA 的摄取和沉积

利用斜带石斑鱼的肝细胞系（ECHL）细胞研究 Fabp4 在 DHA 摄取和沉积中的作用。结果显示，与对照组相比，*fabp4* 基因过表达可显著提高细胞的 DHA 含量；当使用 Fabp4 的抑制剂 BMS309403 抑制 *fabp4* 的表达后，DHA 的含量显著下降（图 8-18）。说明 Fabp4 可促进肝细胞对 DHA 的摄取。

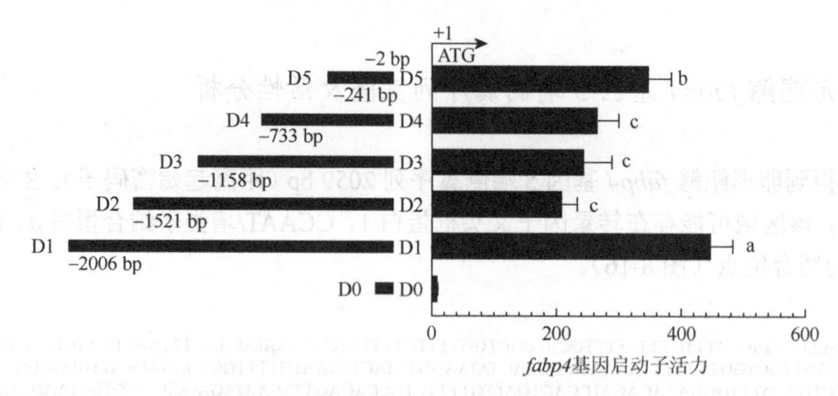

图 8-17 卵形鲳鲹 *fabp4* 基因启动子活力检测

起始密码子的第一个碱基定位+1。D0 是阴性对照，即 pGL4.10 质粒空载。数据为平均值±标准差，不同字母表示相互间差异显著（$P<0.05$）。

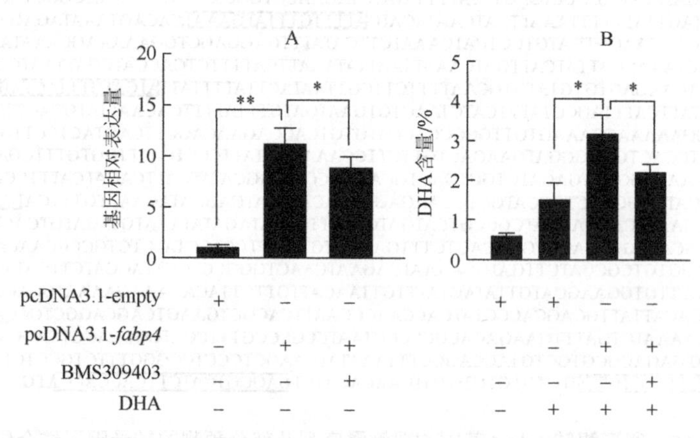

图 8-18 Fabp4 促进 DHA 的摄取

图 A：ECHL 细胞转染 pcDNA3.1-empty 或 pcDNA3.1-*fabp4* 12 h 后，质粒被移除，加 75 μmol/L BMS309403 孵育细胞。24 h 后，收集细胞检测 *fabp4* 基因的表达水平（pcDNA3.1-empty 组的倍数）。*表示 $P<0.05$；**表示 $P<0.01$；图 B：ECHL 细胞转染 pcDNA3.1-empty 或 pcDNA3.1-*fabp4* 12 h 后，质粒被移除，加入 50 μmol/L DHA 和 75 μmol/L BMS309403（BMS309403 提前 2 h 加入）孵育细胞。24 h 后，收集细胞检测 DHA 的含量。数据为平均值±标准差（$n=6$），*表示 $P<0.05$。

（三）激活 Pparγ 促进肝细胞中 DHA 的摄取和沉积

如图 8-19 所示，过表达 *pparγ* 基因可显著提高肝细胞的 *pparγ* 的 mRNA 水平；但同时使用 Pparγ 抑制剂 GW9662 处理时，*pparγ* 的 mRNA 水平降低（图 8-19A）。过表达 *pparγ* 基因，同时向培养液中添加 DHA，则可使肝细胞的 DHA 含量显著上升；相反，如果同时用 GW9662 抑制 *pparγ* 基因的表达，则肝细胞的 DHA 含量的上升有所减弱。说明 Pparγ 可促进肝细胞对 DHA 的摄取和沉积。

（四）Pparγ 调节 *fabp4* 基因的转录

图 8-18 和图 8-19 的结果显示，Fabp4 和 Parγ 都可以促进肝细胞对 DHA 的摄取和沉积。如图 8-16 所示，在 *fabp4* 基因启动子区 5′端侧翼序列靠前端区域存在 Pparγ 的结

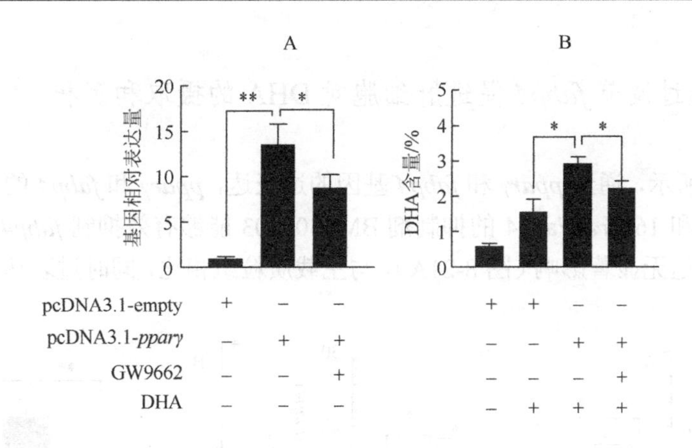

图 8-19　激活 Pparγ 促进肝细胞对 DHA 的摄取

图 A：ECHL 细胞转染 pcDNA3.1-empty 或者 pcDNA3.1-*pparγ* 质粒 12 h 后，移除质粒，并用 75 μmol/L GW9662 处理 24 h。最后，收集细胞检测 *pparγ* 的基因表达（pcDNA3.1-empty 组的倍数）。图 B：ECHL 细胞转染 pcDNA3.1-*pparγ* 或 pcDNA3.1-empty 质粒 12 h 后，移除质粒，并用 50 μmol/L DHA 和 75 μmol/L GW9662 孵育细胞（GW9662 先于 DHA 2 h 加入）。孵育 24 h 后，收集细胞检测 DHA。数据表示为平均值±标准差，*$P<0.05$；**$P<0.01$。

合位点；而图 8-17 结果显示，Pparγ 结合位点所在区域是 *fabp4* 基因核心启动子区。上述结果提示，Pparγ 很可能通过对 *fabp4* 基因的转录调节，促进肝细胞对 DHA 的摄取和沉积。为了验证此推论，我们对 *fabp4* 基因启动子上的 Pparγ 结合位点进行定点突变，然后利用 HEK 293T 细胞和双荧光素酶报告基因检测系统，比较分析启动子的活力。结果显示，将 Pparγ 结合位点突变体（突变型 D6）或未突变体（野生型 D6）转染 HEK 293T 细胞后，Pparγ 结合位点被突变的启动子活力显著降低（图 8-20A）。另一方面，在 HEK 293T 细胞中转染 *fabp4* 基因启动子全长片段，同时转染不同浓度的 pcDNA3.1-Pparγ 质粒（*pparγ* 过表达）后，*fabp4* 启动子的活力与 pcDNA3.1-*pparγ* 浓度存在正相关关系（图 8-20B）。结果表明，*fabp4* 是 Pparγ 的靶基因，Pparγ 对 *fabp4* 基因的转录具有调节作用。

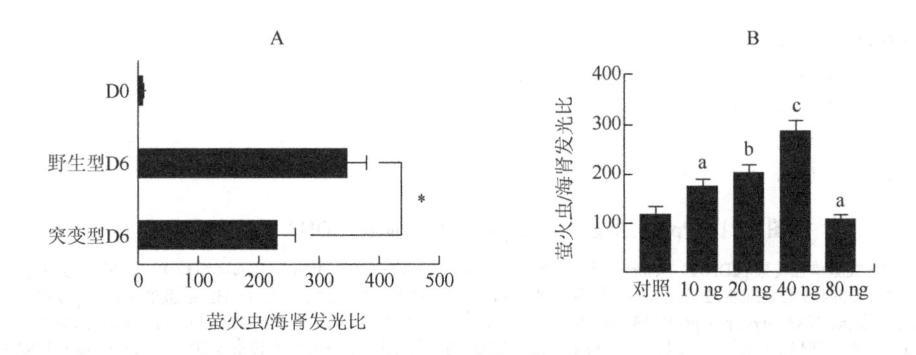

图 8-20　卵形鲳鲹 *fabp4* 是 Pparγ 的靶基因之一

图 A：HEK 293T 细胞转染 D0（pGL4.10-empty）、野生型 D6 或者突变型 D6。24 h 后检测荧光素酶的活性。数据表示为平均值＋标准差。*$P<0.05$。图 B：HEK 293T 细胞共转染 *fabp4* 全长启动子（D1）以及不同浓度的 pcDNA3.1-*pparγ*。数据表示为平均值±标准差，不同字母表示差异显著（$P<0.05$）。

（五）Pparγ 通过调节 *fabp4* 促进肝细胞对 DHA 的摄取和沉积

如图 8-21 所示，通过 *pparγ* 和 *fabp4* 基因的过表达，*pparγ* 和 *fabp4* 的 mRNA 水平分别提高了 15 倍和 16 倍。Fabp4 的抑制剂 BMS309403 能够有效抑制 *fabp4* 的表达，但对 *pparγ* 基因的表达无显著影响（图 8-21A）。与空载质粒组相比，同时过表达 *pparγ* 和 *fabp4*

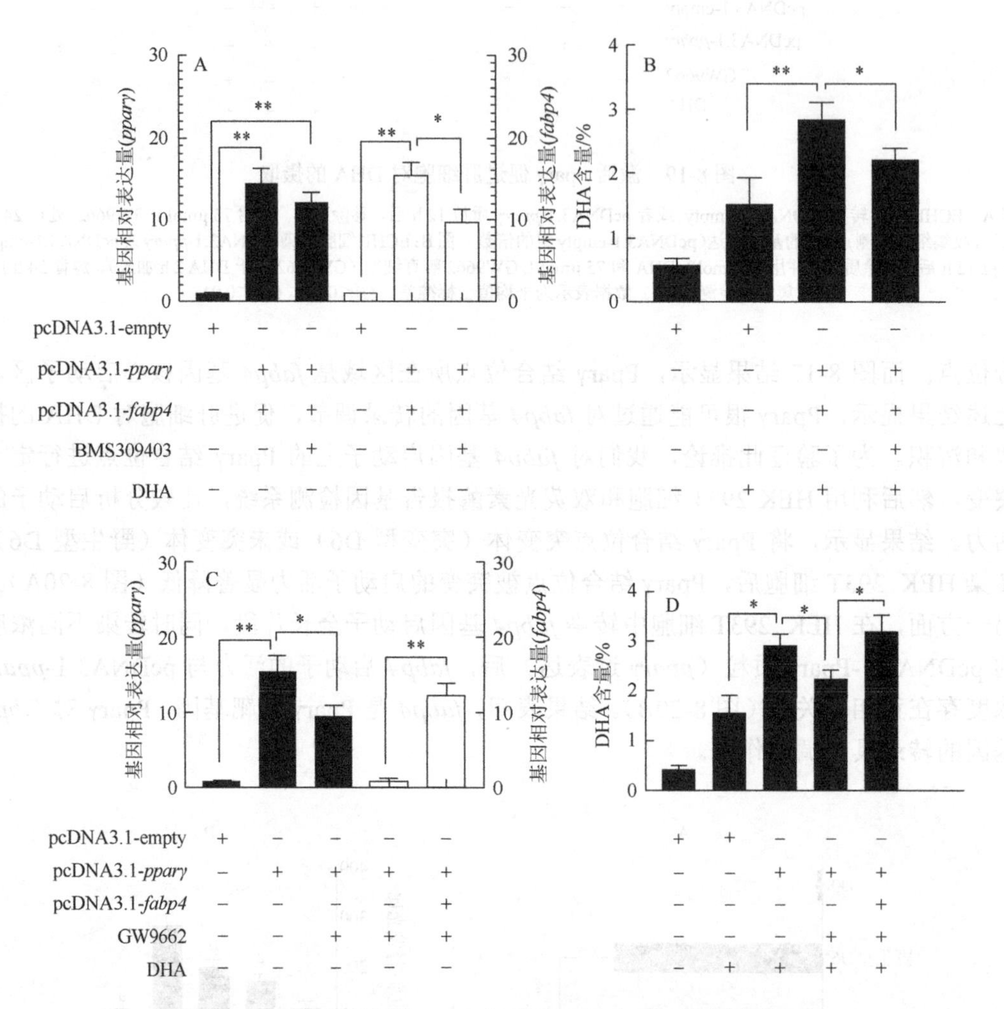

图 8-21 Pparγ 通过调节 *fabp4* 促进肝细胞对 DHA 的摄取和沉积

图 A：ECHL 细胞单独转染 pcDNA3.1-empty 或同时转染 pcDNA3.1-*pparγ* 和 pcDNA3.1-*fabp4* 质粒 12 h，随后移除质粒，加入 75 μmol/L BMS309403 孵育细胞。24 h 后，收集细胞检测 *pparγ* 和 *fabp4* 基因的表达。图 B：ECHL 细胞单独转染 pcDNA3.1-empty 或同时转染 pcDNA3.1-*pparγ* 和 pcDNA3.1-*fabp4* 质粒 12 h，然后加入 75 μmol/L BMS309403 以及 50 μmol/L DHA 孵育细胞（BMS309403 先于 DHA 2 h 前加入）。24 h 后，收集细胞检测 DHA 的含量。图 C：ECHL 细胞转染 pcDNA3.1-empty 或 pcDNA3.1-*pparγ* 12 h，然后移除质粒，并加入 75 μmol/L GW9662 孵育细胞。加入 GW9662 12 h 后，用 pcDNA3.1-*fabp4* 转染细胞。转染 12 h 后，收集细胞检测 *pparγ* 和 *fabp4* 基因的表达。图 D：ECHL 细胞转染 pcDNA3.1-empty 或 pcDNA3.1-*pparγ* 12 h，随后移除质粒，并加入 75 μmol/L GW9662 孵育细胞。12 h 后，用 pcDNA3.1-*fabp4* 转染细胞。同时，加入 50 μmol/L DHA 孵育细胞。加入 DHA12 h 后，收集细胞检测 DHA 的含量。数据为平均值±标准差，*表示差异显著（$P<0.05$），**表示差异极显著（$P<0.01$）。

基因能够显著提高细胞 DHA 的含量；然而，使用 BMS309403 抑制 Fabp4 以后，DHA 含量上升的作用有所减弱（图 8-21B）。相反，用 Pparγ 的抑制剂 GW9662 处理细胞后，*pparγ* 过表达引起的该基因上调的趋势有所减弱；同时，*fabp4* 的过表达显著上调其 mRNA 表达水平（图 8-21C）。抑制 *pparγ* 的表达使得细胞 DHA 含量下降；然而，该下降作用在 *fabp4* 过表达后有所恢复（图 8-21D）。结果表明，Pparγ 通过调控 *fabp4* 基因的转录，促进肝细胞对 DHA 的摄取和沉积。

五、总结

本研究通过综合采用转录组筛选、基因克隆以及离体研究等手段，明确 *fabp4* 基因的表达与肝细胞 DHA 的含量呈现直接的正相关关系。进一步的研究表明，Pparγ 通过调控 *fabp4* 基因的转录，促进肝细胞对 DHA 的摄取和沉积。研究成果为揭示鱼类脂肪和脂肪酸的摄取和沉积机制增加了新的知识，对于研发提高卵形鲳鲹及其他养殖鱼类 LC-PUFA 含量的方法及提高饲料中鱼油的利用效率等提供了理论基础和参考资料。详细内容见已发表论文 Lei 等（2022）。

第二节　提高养殖鱼类肌肉 LC-PUFA 含量的策略

大量研究表明，长链多不饱和脂肪酸（LC-PUFA）在促进人的大脑发育和防治心脑血管疾病等方面发挥重要作用。一项基于随机临床数据的汇总研究揭示，适量摄入鱼肉或鱼油（例如每周 1～2 次，摄取 EPA + DHA 的量为 250 mg/d）可以降低冠心病死亡率 36%（Mozaffarian et al.，2006）。EPA 和 DHA 还具有降低血清甘油三酯、静息心率和血压，以及改善血管内皮的功能。然而，上述临床效果与摄取剂量和持续时间密切相关，因此，很多机构或组织发布了 n-3 LC-PUFA 的推荐摄入量。由于鱼类，尤其是富含油脂的海水鱼，是 n-3 LC-PUFA 的主要来源，为此，一些国家的机构也推荐了鱼肉摄入量（表 8-2）。

通常情况下，各种鱼肉都是理想的优质蛋白质来源。然而，不同鱼肉在提供 n-3 LC-PUFA 方面的能力却又有很大的差异。按照 500 mg/d EPA + DHA 的摄入需要量作为标准，如果选择大西洋鲑，一个成年人每周需要进食 2 餐这种鱼类；如果是海鲈，则需要 5.5 餐；如果是罗非鱼则需要 30 餐。表 8-3 汇总了十几种鱼类的鱼肉中 n-3 LC-PUFA 的含量，可以作为消费者选择食物时参考。

对消费者来讲，从健康的角度出发，应该尽可能选择富含 n-3 LC-PUFA 的鱼肉。对于生产者来说，需要特别注重鱼肉在 EPA 和 DHA 含量方面的品质。根据表 8-3 所汇总的数据，养殖的大西洋鲑和虹鳟，在 EPA + DHA 含量方面与野生鱼几乎没有差异。然而，代价是养殖这些鱼类需要消耗大量的鱼油，每年全球约 75%的鱼油产量供给到水产养殖产业，仅大西洋鲑的养殖每年就要消耗 20 万 t 鱼油（FAO，2018）。随着全球渔业资源面临长期短缺的可能性，“鱼进-鱼出（Fish in-Fish out）”模式变得不可持续，迫切需要开发能够替代鱼油的新型脂肪源。另外，养殖鱼保留 LC-PUFA 的效率有限，EPA 和 DHA

在大西洋鲑全鱼和鱼肉中的保留率分别为46%和26%（Ytrestøyl et al.，2015）。因此，如果要兼顾养殖产品的营养价值和养殖产业的可持续性，既要提高鱼体内源性LC-PUFA的合成能力和沉积效率，也要不断开发可持续供给的可替代鱼油的新型脂肪源（和子杰等，2020）。

表8-2　不同国家/地区的相关机构对n-3 LC-PUFA和鱼肉的摄入量建议

国家/地区	机构	对象	推荐量
全球	FAO/WHO	健康成年人	每日250 mg EPA + DHA
	国际脂肪酸和脂类研究会	降低健康成年人冠心病风险	每日至少500 mg EPA + DHA
	围产期脂肪摄入研究组	孕妇和授乳妇女	每日至少200 mg DHA 每周1～2份海鱼，包括富含脂肪的鱼肉
欧洲	欧洲食品安全局	健康成年人	每日250 mg EPA + DHA 每周1～2份富含脂肪的鱼肉
		孕妇和授乳妇女	每日250 mg EPA + DHA的基础上，额外增加100 mg DHA
美国	美国心脏协会	健康成年人	每日500 mg EPA + DHA 每周至少食用两次2.5盎司（约71 g）鱼肉（最好是富含脂肪的）
		二级冠心病预防	每日1 g EPA + DHA
		高脂血症治疗	每日2～4 g EPA + DHA
		孕妇和授乳妇女	每周鱼肉摄入量增加到12盎司（约340 g），注意避开重金属污染的鱼肉
	美国卫生与公共服务部/农业部	健康成年人	每周至少消费8盎司（约227 g）海鲜，以提供250 mg/d的EPA + DHA
		孕妇和授乳妇女	每周消费8～12盎司（227～340 g）的各种海鲜
	营养与营养学学会	一般成年人	每周至少2次富含脂肪的鱼肉，以提供500 mg/d的EPA + DHA
英国	国家脂类协会	高脂血症治疗	每日2～4 g n-3 LC-PUFA
	国家卫生保健研究所	二级冠心病预防或高冠心病风险人群	每周至少食用2份鱼肉，包括1份高脂鱼肉
澳大利亚和新西兰	澳大利亚国家心脏基金会	成年人	每周2～3次鱼肉以提供250～500 mg/d的EPA + DHA
		二级冠心病预防	每日1000 mg EPA + DHA
		高脂血症治疗	每日摄取EPA + DHA从1200 mg增加到4000 mg直到血脂降低
	澳大利亚和新西兰卫生和医学研究委员会	降低慢性疾病风险	男性每日610 mg EPA + DPA + DHA，女性430 mg
荷兰	荷兰卫生委员会	一般健康成年人	通过食用鱼肉摄入200 mg/d n-3 LC-PUFA
法国	法国食品安全局	一般健康成年人	每日250 mg EPA + 250 mg DHA
加拿大	加拿大营养师	一般健康成年人	每周两次约8盎司（约227 g）的鱼肉，最好是高脂鱼
日本	卫生部	预防与生活方式有关的疾病	每日至少1 g EPA + DHA（无上限）

注：本表内容引自*Fish and fish oil in health and disease prevention*（Raatz and Bibus，2016）。

表 8-3　代表性鱼类的鱼肉中 n-3 LC-PUFA 含量　（单位：mg/100 g 鱼肉）

鱼的种类	EPA	DPA	DHA	n-3 LC-PUFA
太平洋鲱	1242	220	884	2346
野生大西洋鲑	411	368	1429	2208
养殖大西洋鲑	689	0	1456	2146
大西洋鲱	909	71	1105	2085
大鳞大马哈鱼	1009	296	727	2033
银鲑鱼	544	294	831	1668
蓝鳍金枪鱼	364	160	1141	1665
鳀鱼（生鱼肉）	538	29	911	1478
红鲑鱼	415	171	812	1398
大西洋鲭鱼	504	106	699	1308
养殖黄斑蓝子鱼[①]	103.6	35.7	1072.4	1222
野生虹鳟	468	0	520	988
养殖虹鳟	259	109	616	985
沙丁鱼	473	0	509	982
杂交条纹鲈	216	0	751	967
狗鲑鱼	299	101	505	905
淡水鲈鱼	305	108	458	871
海鲈	206	96	556	859
粉鲑鱼	218	56	399	673
石斑鱼	35	16	213	265
罗非鱼	5	61	133	199
大西洋鳕	4	13	154	171

注：①数据来源于 Xie 等（2018），其他数据来源于美国国家营养数据库（USDA），除非特别说明，所有数据都来自熟肉样品。

一、提高养殖鱼类肌肉 LC-PUFA 含量的脂肪酸精准营养技术

鱼类脂肪酸的组成取决于食物和内源性代谢的相互作用，因此，鱼体本身的新陈代谢状态对特定脂肪酸的沉积也会产生重要影响。影响鱼体 LC-PUFA 合成和沉积的因素主要包括脂肪酸的消化吸收和脂肪酸氧化。

鱼类对脂肪酸的消化吸收效率通常通过测定表观消化率来确定。影响鱼类消化、吸收脂肪酸的因素通常包括：饲料总脂肪含量、脂肪酸组成、脂肪酸存在形式（甘油三酯、磷脂）以及温度。鱼类对所有 PUFA（包括 LC-PUFA）都有很高的消化率，消化率还与鱼体的生长阶段以及生理状态有关。

在体外，氧化水平与脂肪酸的链长以及不饱和程度相关，即随着碳链加长以及不饱和程度增加，脂肪酸越容易被氧化。在体内，脂肪酸氧化遵循另外的规则，即浓度越高的脂肪酸越优先氧化，这与脂肪酸提供能量的重要作用相关，该规则唯一例外的是 DHA，无论在肝脏还是肌肉，鱼类都尽可能把 DHA 储存起来。这可能是由于 DHA 的 Δ4 不饱

和键对线粒体的β氧化具有抵抗作用，使它不像其他脂肪酸那样容易被氧化。

目前，仍有许多海水鱼类的养殖必需使用鱼油作为饲料源。由于鱼油主要来自捕捞渔获物，随着渔业资源持续减少，鱼油产量的增加已经几近停滞。尽管水产品加工拓展了鱼油的来源，但是增量将主要用于人类直接消费，鱼油在水产养殖中的比重将持续降低。鱼油短缺仍将是长期困扰水产养殖业发展的瓶颈问题。因此，通过精确设置饲料的鱼油添加水平，以及通过优化饲料脂肪酸组成，实现 n-3 LC-PUFA 的高效利用和最大保留率是应对鱼油不足的重要途径。通过脂肪酸精准营养技术提高养殖鱼类肌肉 LC-PUFA 含量的主要策略如下。

1. 确定饲料中 DHA/EPA 的适宜比

如前所述，本书作者团队在卵形鲳鲹和斜带石斑鱼的研究都表明，通过调控饲料的适宜 DHA/EPA 比，可以实现必需脂肪酸最大化沉积的效果。卵形鲳鲹饲料中 DHA/EPA 比为 0.81 时，肝脏中 DHA 沉积水平达到峰值；肌肉和脑中 DHA 沉积达到峰值所需要的比为 1.69，但与 1.48 时没有显著性差异。该结果说明，DHA/EPA 比对脂肪酸沉积效率有重要影响，精准的必需脂肪酸比例有助于提高鱼类对特定脂肪酸的沉积效率。对于斜带石斑鱼，DHA/EPA 比为 3 时，肌肉中 DHA 的沉积达到峰值，但与比例为 1 或 2 时并无显著差异；因此，在生产中推荐饲料 DHA/EPA 比为 1，有利于斜带石斑鱼肌肉中 DHA 的沉积（Chen et al.，2017）。

中国海洋大学艾庆辉教授团队系统研究了日本鲈鱼（花鲈）（*L. japonicus*）和大黄鱼（*L. crocea*）饲料中适宜的 DHA/EPA 比。针对日本鲈鱼，他们配制了 DHA/EPA 比分别为 0.55、1.04、1.53、2.08、2.44 和 2.93 的六种配合饲料。经过 10 周的养殖试验表明，饲料 DHA/EPA 比为 2.08 时，特定生长率最高（$P<0.05$）；经回归分析，获得饲料中 DHA/EPA 的适宜比为 2.05。对于 LC-PUFA 的保留率，我们参考卵形鲳鲹中的研究方法，以 DHA 保留率作为考察指标。对全鱼来说，DHA/EPA 比在 2.08、2.44、2.93 时，DHA 含量最高，但无显著差异；说明 DHA/EPA 比为 2.08 时，DHA 在组织中的保留效率最高。对于肌肉来说，各组间 DHA 含量无显著差异，尽管绝对含量以 2.93 组最高，但从保留效率来看，0.55 组最高。该研究综合生长性能和 DHA 沉积效率，认为日本鲈鱼饲料中 DHA/EPA 的适宜比为 2.05 左右（Xu et al.，2016）。针对大黄鱼（*L. crocea*）的类似研究也表明，鱼肉中 DHA 含量并不完全随饲料中 DHA 水平增加而上升，当 DHA/EPA 比为 2.17 或 3.04 时，肌肉中 DHA 含量达到峰值；当 DHA/EPA 比上升到 3.88 时，肌肉中的 DHA 含量反而下降（$P<0.05$）（Zuo et al.，2012）。

诸多类似的研究表明，肌肉中 n-3 LC-PUFA 的沉积水平并非随饲料中鱼油的供给而线性增加。因此，精确配制饲料中 LC-PUFA 的比例，尤其是 DHA/EPA 的比可以实现节省鱼油并高效沉积 DHA 之目的。

2. 优化饲料中的 ALA/LA 比

对于具有 LC-PUFA 合成能力的鱼类，ALA 和 LA 作为合成 EPA、DHA 和 ARA 的前体，其饲料中的含量和比例对养殖鱼类最终 LC-PUFA 的沉积水平有重要影响。如前面第四章第一节和第五章所述，黄斑蓝子鱼具有完整的LC-PUFA合成能力。为此，有必要研究饲料中ALA/LA比对肌肉LC-PUFA沉积水平的影响，以确定适宜的ALA/LA比。以鱼油为脂肪源的配合饲料（D1）为对照，以植物油配制ALA/LA比分别为0.05、0.47、0.93、1.35、1.93、2.45的六种配合饲料（D2～D7）为试验料，饲料配方见表8-4。

表8-4　黄斑蓝子鱼不同ALA/LA比的饲料配方及主要脂肪酸组成　（单位：%）

项目		D1	D2	D3	D4	D5	D6	D7
组分	酪蛋白	40.0	40.0	40.0	40.0	40.0	40.0	40.0
	淀粉	35.4	35.4	35.4	35.4	35.4	35.4	35.4
	混合微量成分①	16.6	16.6	16.6	16.6	16.6	16.6	16.6
	鱼油	8.0	0	0	0	0	0	0
	三油酸甘油酯	0	8	6.79	5.72	4.77	3.92	3.16
	紫苏籽油	0	0	1.21	2.28	3.23	4.08	4.84
常规营养成分	干物质	86.55	87.48	87.39	88.35	86.71	87.96	88.13
	粗蛋白质	32.10	32.32	31.70	32.89	31.97	32.34	32.19
	粗脂肪	8.13	8.02	7.95	8.21	8.11	8.03	7.93
	粗灰分	6.91	6.61	6.57	6.48	6.18	6.24	6.47
主要脂肪酸	14:0	7.86	2.3	1.72	1.52	1.51	1.28	1.18
	16:0	27.67	12.01	14.33	11.42	13.41	11.75	8.15
	18:0	13.87	1.02	2.96	2.68	4.48	3.73	1.86
	16:1	3.18	1.59	1.43	1.12	1.31	1.57	2.13
	18:1	7.71	60.71	48.43	44.9	45.48	41.23	38.64
	18:2n-6	9.96	21.33	21.13	19.9	14.39	13.8	13.92
	18:3n-3	1.26	1.04	10	18.46	19.42	26.64	34.12
	21:0	5.26	—	—	—	—	—	—
	20:4n-6（ARA）	1.31	—	—	—	—	—	—
	22:1n-9	1.45	—	—	—	—	—	—
	20:5n-3（EPA）	8.03	—	—	—	—	—	—
	22:6n-3（DHA）	10.31	—	—	—	—	—	—
	SFA	54.66	15.33	19.01	15.62	19.40	16.76	11.19
	MUFA	9.16	60.71	48.43	44.9	45.48	41.23	38.64
	n-3 PUFA	19.60	1.04	10	18.46	19.42	26.64	34.12
	n-6 PUFA	11.27	21.33	21.13	19.9	14.39	13.8	13.92
	ALA/LA	0.13	0.05	0.47	0.93	1.35	1.93	2.45

注：①包括纤维素、混合维生素、混合矿物质、氨基酸、磷酸二氢钙等。“—”表示未检出。

以上述 7 种饲料对初始体重为 5.5 g 左右的黄斑蓝子鱼幼鱼开展 12 周的养殖试验。结果显示，除 D2（ALA/LA 比 0.05）和 D4（ALA/LA 比 0.93）组外，其他各组鱼的生长性能与对照组（D1 组）无显著差异，其中 D3 组的增重率和特定生长率最高（表 8-5）。常规营养成分在各组间也无显著性差异。

肝脏脂肪酸组成结果显示（表 8-6），其总 ALA 保留率很低，说明 ALA 可能被转化为 n-3 LC-PUFA 了。DHA 含量随 ALA/LA 比的增加而增加，且 ALA/LA 比为 1.93（D6 组）组鱼肝脏的 DHA 水平最高。肝脏 ARA 水平也与饲料 LA 水平有关。

在肌肉中，各植物油组鱼的 DHA 水平随着饲料 ALA/LA 比增加而增加，而 ARA 水平在 ALA/LA 比为 0.47 和 1.35 时最高（表 8-7）。结果说明，对黄斑蓝子鱼这种具有 LC-PUFA 合成能力的鱼类来说，饲料中 ALA/LA 比确能影响肌肉的 LC-PUFA 的沉积效率，这可能与 LC-PUFA 的合成有关。如前所述，C18 PUFA 可调节 LC-PUFA 合成关键酶的表达，从而影响鱼体内 LC-PUFA 的合成，如增加或减少 EPA 向 DHA 的转化率，从而可能间接影响鱼体 DHA 的沉积效率。详细内容见已发表论文 Xie 等（2018）。

对不具有完整 LC-PUFA 合成能力的鱼类来说，ALA 和 LA 为非必需脂肪酸，而 DHA、EPA、ARA 等 LC-PUFA 为必需脂肪酸。我们分析了饲料不同 ALA/LA 比对卵形鲳鲹和斜带石斑鱼的影响，发现无论是肌肉还是肝脏，LC-PUFA 含量饲料 ALA/LA 比关系不大（Chen et al.，2017；Wang et al.，2020）。这说明，对不具有 LC-PUFA 合成能力或该能力很弱的鱼类来说，饲料 ALA/LA 比对 LC-PUFA 沉积的影响非常有限。

表 8-5　饲料不同 ALA/LA 比对黄斑蓝子鱼生长性能的影响

	项目	D1	D2	D3	D4	D5	D6	D7
生长指标	初始体重/g	5.58±0.22	5.37±0.12	5.37±0.09	5.64±0.05	5.33±0.19	5.19±0.23	5.28±0.43
	终末体重/g	38.14±1.8	32.87±0.45	37.67±2.54	33.53±0.73	36.25±2.72	36.2±3.19	35.2±1.78
	增重率/%	584.23±32.56[a]	512.21±6.99[bc]	602.33±51.36[a]	494.36±15.33[c]	579.73±27.48[a]	597.09±47.84[a]	570.21±42.42[ab]
	特定生长率/(%/d)	2.29±0.06[a]	2.16±0.01b[c]	2.32±0.09[a]	2.13±0.03[c]	2.28±0.05[a]	2.31±0.08[a]	2.26±0.08[ab]
	饲料系数	1.5±0.03	1.63±0.04	1.56±0.09	1.6±0.07	1.61±0.07	1.54±0.05	1.52±0.05
	蛋白质效率/%	2.12±0.06	1.94±0.06	2.01±0.12	1.96±0.08	1.94±0.09	2.03±0.07	2.05±0.07
	成活率/%	100.00	98.33	96.67	98.33	100.00	100.00	100.00
常规营养成分/%	水分	72.37±0.75	69.65±2.96	68.49±0.10	67.95±0.88	67.71±4.29	70.29±0.91	72.46±0.85
	粗蛋白质	16.36±0.05	16.17±0.95	18.11±1.44	17.47±0.95	16.09±2.11	16.75±0.06	17.19±0.12
	粗脂肪	7.00±0.18	9.21±1.12	9.94±1.36	11.27±2.56	8.99±0.65	6.87±0.05	6.69±0.23
	粗灰分	3.49±0.04	3.81±0.28	3.76±0.38	3.26±0.06	3.32±0.28	3.20±0.07	3.29±0.29

注：数据为平均值±标准差（$n=3$）。同行数据中，无相同上标字母者表示相互间差异显著（$P<0.05$）。

表 8-6　饲料不同 ALA/LA 比对黄斑蓝子鱼肝脏脂肪酸组成的影响（单位：%总脂肪酸）

主要脂肪酸	D1	D2	D3	D4	D5	D6	D7
14:0	2.18±0.10	3.09±0.15	2.75±0.37	3.23±0.30	3.25±0.54	2.79±0.35	2.90±0.30
16:0	37.87±0.8^{a}	27.24±0.34^{c}	27.45±0.68^{c}	36.53±2.32^{ab}	33.62±0.51^{b}	32.73±1.78^{b}	32.88±3.66^{bc}
18:0	5.28±0.35^{a}	4.46±0.75^{ab}	4.16±0.05^{b}	4.61±0.5^{ab}	4.57±0.27^{ab}	5.11±0.47^{a}	5.01±0.80^{ab}
16:1	13.27±0.93^{a}	9.15±0.08^{b}	8.99±0.18^{b}	12.13±3.1^{ab}	11.31±0.29^{a}	11.10±1.37^{ab}	11.05±1.45^{ab}
18:1	24.65±1.11^{c}	37.77±0.37^{a}	37.13±1.44^{a}	29.25±1.15^{b}	29.49±0.06^{b}	30.81±1.11^{b}	29.25±0.71^{b}
18:2n-6	1.96±0.32^{d}	6.86±0.76^{a}	7.25±0.54^{a}	2.90±0.13^{c}	5.54±0.34^{ab}	4.82±0.51^{b}	4.92±0.88^{b}
18:3n-6	0.14±0.03^{c}	0.23±0.02^{c}	0.83±0.05^{b}	1.07±0.04^{a}	0.87±0.01^{ab}	0.68±0.10^{b}	0.70±0.12^{b}
18:3n-3	0.03±0.01^{d}	0.26±0.02^{a}	0.21±0.02^{b}	0.15±0.01^{c}	0.16±0.02^{c}	0.13±0.02^{c}	0.15±0.02^{c}
20:3n-6	0.21±0.2^{d}	1.87±0.1^{a}	1.71±0.12^{a}	0.76±0.14^{c}	0.99±0.06^{bc}	1.09±0.17^{b}	0.95±0.06^{bc}
20:4n-6（ARA）	2.51±0.26^{a}	1.70±0.10^{b}	1.74±0.03^{b}	1.33±0.02^{c}	1.28±0.11^{c}	1.05±0.22^{c}	1.15±0.02^{c}
18:4n-3	0.22±0.04^{c}	0.33±0.02^{b}	0.43±0.10^{ab}	0.47±0.03^{a}	0.35±0.01^{abc}	0.37±0.04^{ab}	0.45±0.02^{a}
20:4n-3	0.02±0.01^{d}	0.33±0.02^{c}	0.32±0.09^{c}	0.42±0.03^{b}	0.51±0.03^{ab}	0.58±0.04^{a}	0.47±0.04^{ab}
20:5n-3（EPA）	0.68±0.04^{a}	0.09±0.02^{c}	0.14±0.03^{c}	0.28±0.03^{b}	0.39±0.01^{a}	0.40±0.02^{a}	0.43±0.03^{a}
22:5n-3（DPA）	1.70±0.2^{a}	0.23±0.02^{e}	0.30±0.03^{d}	0.44±0.04^{c}	0.43±0.02^{bc}	0.47±0.04^{bc}	0.55±0.02^{b}
22:6n-3（DHA）	8.5±0.13^{a}	1.72±0.14^{e}	2.17±0.14^{de}	2.38±0.07^{dc}	3.31±0.41^{c}	4.28±0.23^{b}	3.56±0.40^{c}
SFA	45.33±1.25^{a}	34.79±0.56^{c}	34.36±1.1^{c}	44.37±1.52^{a}	41.44±0.23^{b}	40.63±1.85^{b}	43.32±0.40^{ab}
MUFA	37.92±0.18^{c}	46.92±0.45^{a}	46.12±1.62^{a}	41.38±1.95^{b}	40.8±0.35^{b}	41.91±1.16^{b}	40.46±1.03^{b}
n-3 PUFA	11.13±0.16^{a}	2.63±0.18^{e}	3.25±0.32^{e}	3.72±0.12^{d}	4.63±0.39^{c}	5.65±0.33^{b}	5.13±0.32^{b}
n-6 PUFA	4.82±0.38^{d}	10.66±0.98^{a}	11.53±0.43^{a}	6.06±0.07^{c}	8.68±0.30^{b}	7.64±0.80^{bc}	7.07±0.24^{bc}
n-3/n-6 PUFA	2.32±0.17^{a}	0.25±0.01^{e}	0.28±0.04^{e}	0.61±0.02^{c}	0.53±0.03^{d}	0.74±0.04^{b}	0.73±0.04^{b}

注：数据为平均值±标准差（$n=3$）。同行数据中，无相同上标字母者表示相互间差异显著（$P<0.05$）。

表 8-7　饲料中不同 ALA/LA 比对肌肉脂肪酸组成的影响（单位：%总脂肪酸）

主要脂肪酸	D1	D2	D3	D4	D5	D6	D7
14:0	1.90±0.14	2.5±0.17	2.33±0.04	2.26±0.27	2.18±0.27	2.38±0.10	2.22±0.09
16:0	26.48±0.86^{ab}	24.76±0.10^{bc}	23.90±0.47^{c}	25.04±0.34^{ab}	24.60±0.34^{b}	27.16±1.13^{a}	28.19±0.67^{a}
18:0	5.01±0.36^{a}	3.91±0.09^{b}	3.70±0.11^{b}	4.21±0.38^{b}	4.18±0.46^{b}	4.97±0.33^{ab}	5.06±0.08^{a}
16:1	6.80±0.91	7.37±0.13	6.82±0.42	6.91±0.51	6.73±0.44	7.28±0.29	6.99±0.13
18:1	22.04±0.83^{d}	38.64±0.37^{a}	39.13±1.12^{a}	34.80±1.14^{b}	34.00±1.06^{b}	31.91±1.11^{bc}	30.74±0.17^{c}
18:2n-6	4.04±1.58^{c}	10.73±0.74^{a}	10.66±0.99^{a}	10.04±0.33^{a}	9.76±0.32^{a}	7.72±0.72^{b}	6.41±0.26^{b}
18:3n-6	0.22±0.02^{d}	1.36±0.04^{a}	1.13±0.03^{ab}	1.25±0.21^{ab}	1.06±0.09^{b}	0.83±0.07^{c}	0.78±0.03^{c}
18:3n-3	0.87±0.20^{e}	1.06±0.09^{e}	2.46±0.07^{d}	4.41±0.10^{c}	6.22±0.29^{b}	5.99±0.48^{b}	7.06±0.13^{a}
20:3n-6	0.20±0.02^{f}	1.93±0.04^{a}	1.42±0.09^{b}	1.23±0.06^{c}	1.04±0.07^{d}	0.81±0.06^{e}	0.80±0.03^{e}
20:4n-6（ARA）	1.73±0.06^{a}	1.42±0.11^{bc}	1.58±0.03^{ab}	1.39±0.17^{bc}	1.50±0.05^{ab}	1.36±0.08^{cb}	1.31±0.03^{c}
18:4n-3	1.07±0.08^{a}	0.38±0.02^{d}	0.58±0.03^{c}	0.77±0.06^{b}	0.98±0.02^{a}	0.97±0.08^{a}	0.97±0.08^{a}
20:4n-3	0.14±0.01^{c}	0.25±0.01^{ab}	0.26±0.01^{a}	0.19±0.10^{ab}	0.28±0.03^{a}	0.22±0.05^{ab}	0.21±0.15^{b}
20:5n-3（EPA）	4.78±0.01^{a}	0.31±0.02^{e}	0.20±0.02^{e}	0.45±0.06^{d}	0.49±0.03^{c}	0.72±0.01^{b}	0.72±0.03^{b}

续表

主要脂肪酸	D1	D2	D3	D4	D5	D6	D7
22:5n-3（DPA）	6.51±0.02[a]	0.56±0.02[c]	0.48±0.08[c]	0.81±0.05[c]	0.99±0.07[b]	0.92±0.02[bc]	0.94±0.11[b]
22:6n-3（DHA）	15.32±0.52[a]	1.79±0.37[c]	1.63±0.12[c]	2.93±0.16[b]	2.94±0.26[b]	3.46±0.30[b]	3.45±0.30[b]
SFA	33.39±1.36[ab]	31.17±0.16[b]	29.93±0.40[c]	31.51±0.24[b]	30.97±0.49[b]	34.50±1.54[a]	35.46±0.79[a]
MUFA	28.84±0.65[d]	46.01±0.52[a]	45.96±1.41[a]	41.72±1.54[b]	40.73±0.65[b]	39.20±0.92[bc]	37.72±0.28[c]
n-3 PUFA	28.68±0.61[a]	4.33±0.43[e]	5.61±0.14[e]	9.57±0.46[d]	11.80±0.15[c]	12.21±0.63[b]	13.36±0.36[b]
n-6 PUFA	6.18±1.46[c]	15.44±0.62[a]	14.79±1.06[ab]	13.91±0.47[b]	13.37±0.39[b]	10.72±0.92[c]	9.32±0.32[c]
n-3/n-6 PUFA	4.77±1.03[a]	0.28±0.01[c]	0.38±0.02[c]	0.69±0.02[bc]	0.88±0.04[bc]	1.14±0.07[bc]	1.44±0.06[b]

注：数据为平均值±标准差（$n=3$）。同行数据中，无相同上标字母者表示相互间差异显著（$P<0.05$）。

3. 优化投喂策略

对于很多鱼类来说，如某些淡水鱼，较长时间投喂低鱼油饲料可能不会对其生长性能产生明显的负面影响。为此，我们可以利用该特性，在养殖前期采取植物油饲料投喂，在后期再使用鱼油饲料投喂的策略，在节省鱼油的同时使养殖鱼产品中沉积更多的 n-3 LC-PUFA。基于此，Montero 等（2005）以欧洲鲈鱼（*D. labrax*）为对象进行了研究。他们配制了5种饲料，以纯鱼油为脂肪源的饲料作为对照组，另外4组分别以60%豆油（SO）、60%菜籽油（RO）、60%亚麻籽油（LO）和 80%亚麻籽油替代鱼油。以初始体重为 75 g 的欧洲鲈鱼为对象，在第一阶段用此 5 种饲料养至商品鱼规格，然后再用全鱼油饲料养殖 150 d。养殖试验全程中，鱼肉的 DHA 和 EPA 变化见图 8-22。

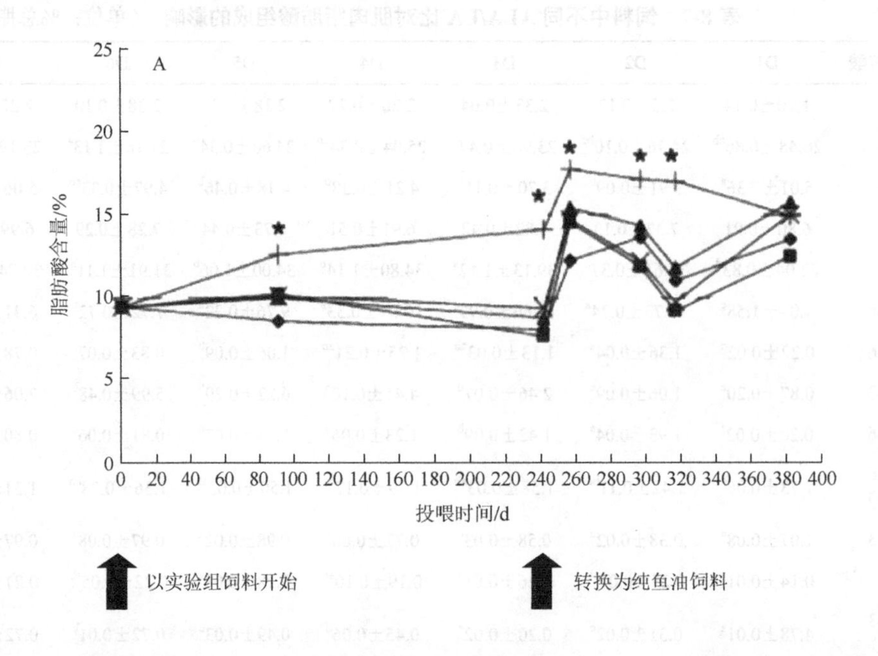

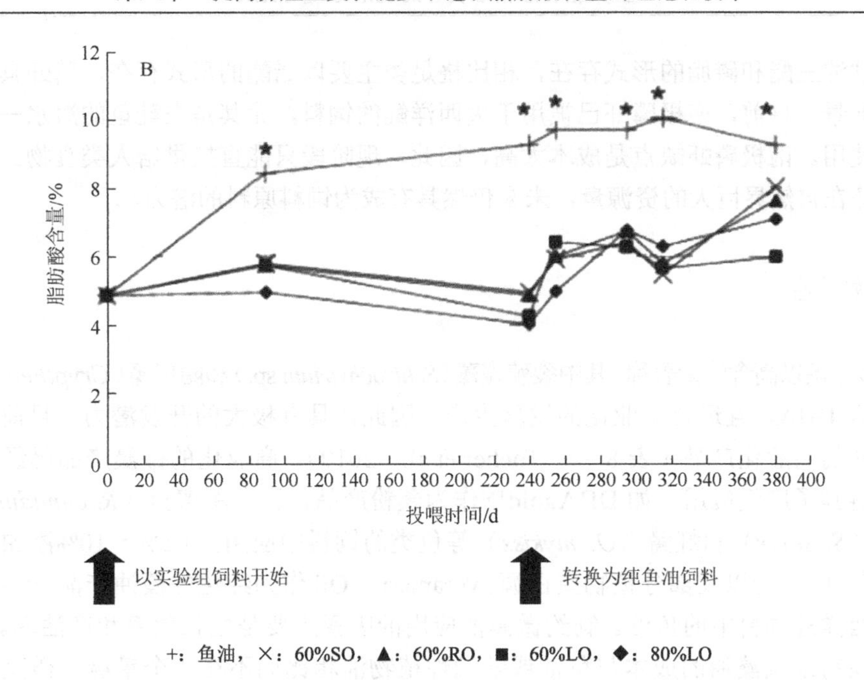

图 8-22　欧洲鲈鱼在养殖全程中鱼肉 DHA（A）和 EPA（B）的变化（引自 Montero et al.，2005）
图中*表示不同饲料组间鱼肉 DHA 和 EPA 含量差异显著。

从结果可以看出，在养殖后期再投喂鱼油饲料，的确可以在一定程度上弥补前期饲料中鱼油不足导致的 LC-PUFA 含量损失。但是，回补过程并非线性，而且与替代鱼油的植物油有关。对亚麻籽油来说，更高的替代比例最终的回补效果反而越好，无论是 DHA 还是 EPA 在鱼肉中的保留率，80%亚麻籽油（LO）组都高于 60% LO 组。结合回补过程的非线性情况，暗示长期的低鱼油饲料投喂使鱼体产生了一定的适应机制，复投鱼油饲料之后产生补偿机制。因此，对于拟通过鱼油饲料复投提高鱼肉 LC-PUFA 含量的方法，需要综合考虑替代鱼油的植物油的种类、替代比例以及复投持续时间。

二、提高养殖鱼类肌肉 n-3 LC-PUFA 含量的新型饲料脂肪源

水产养殖既是 n-3 LC-PUFA 的主要提供者，同时也是 n-3 LC-PUFA 的主要消费者。因此，从事水产养殖的相关研究者长期关注 EPA 和 DHA 供需之间的矛盾，并致力于开发鱼油之外的新型脂肪源。Tocher 等（2019）对近年来有商业开发潜力的新型水产饲料脂肪源进行了系统总结，具有良好应用潜力的包括磷虾油、微藻油和转基因植物油。

（一）海洋中的脂肪源

很多海洋生物都富含 n-3 LC-PUFA，特别是南半球的磷虾和北半球的桡足类生物。两者的自然资源极其丰富，是非常有开发潜力的饲料原料。磷虾所富含的 n-3 LC-PUFA

主要以甘油三酯和磷脂的形式存在，相比桡足类主要以蜡酯的形式存在，磷虾具有更好的应用前景。目前，南极磷虾已被用于大西洋鲑的饲料，尤其是在鲑鱼的海水—淡水转换阶段使用。南极磷虾缺点是成本太高，因此，现阶段只能直接供给人类食物。考虑到南极磷虾在自然界巨大的资源量，未来仍然具有成为饲料原料的潜力。

（二）微藻油

很多微藻以高含油量著称，其中裂殖壶藻（*Schizochytrium* sp.）和隐甲藻（*Crypthecodinium* sp.）富含 DHA，且适合工业化的发酵生产，因此，具有极大的开发潜力。目前，已有多个成熟的商业化产品（表 8-8）（Tocher et al.，2019）。商业化的微藻产品已经在水产饲料中得到了广泛应用，如 DHAgold™作为藻粉产品，已在军曹鱼（*R. canadum*）、大西洋鲑（*S. salar*）和虹鳟（*O. mykiss*）等鱼类的饲料中应用，1.5%～10%添加水平可以替代鱼油、鱼粉以及部分植物蛋白源。Veramaris® Oil 作为纯化的藻油产品，可以 100%替代大西洋鲑饲料中的鱼油。制约微藻油应用的因素主要是生长效率和产油率。目前，商业化藻粉或微藻油的成本与鱼油或陆源性植物油相比尚不在一个量级；微藻油的另一个不足之处是，目前所有具有商业化潜力的产品都只能提供 DHA，EPA 的含量却很低。所有鱼类对 DHA 的保留率均高于 EPA，在神经组织中 DHA 还具有 EPA 所不可替代的功能；但是，EPA 作为二十烷酸衍生的多种激素的前体，同样具有重要生理功能。从成本和资源丰度来讲，陆源性植物油是理想的脂肪源，但是陆源性植物几乎无法合成 20C 以上的脂肪酸，转基因技术的成功应用使我们得到理想脂肪源成为可能。

表 8-8　具有商业化潜力的 EPA 或 DHA 新来源

商品名	来源	类型	含油量/%	EPA①/%	DHA①/%	总 n-3 LC-PUFA	
						%TFA②	%总重③
AlgaPrime™ DHA	微藻	藻粉	60	0	48	48	28
DHAgold™	微藻	藻粉	49	1	44.4	45.8	22.5
DHA Natur™	微藻	藻粉	50～60	0.25	34	34.3	17.2～20.6
ForPlus™	微藻	藻粉	61	0.3	29	29.3	17.9
Nymega™	微藻	藻粉	65	约 0.1	20	约 31	21
Veramaris® Oil	微藻	油	100	约 16	约 34	约 54	约 54
亚麻荠	转基因亚麻籽	油	100	20	0	24	24
亚麻荠	转基因亚麻籽	油	100	9	11	28	28
Latitude™	转基因油菜籽	油	100	7	1	12	12
Aquaterra™/Nutriterra™	转基因油菜籽	油	100	0.5	10	12	12
Yarrowia lipolytica	转基因酵母	酵母粉	约 50	约 50	0	50	25

注：引自 Tocher et al.（2019）。①EPA 或 DHA 占总脂肪酸（TFA）的百分比；②n-3 LC-PUFA（包括 20:4n-3 和 22:5n-3，如果有的话）占总脂肪酸（TFA）的百分比；③n-3 LC-PUFA 占产品总重的百分比（干重）。

（三）转基因植物油

目前科学家已经成功地把来自真菌和微藻的基因导入产油植物的基因组中，不仅得到了富含DHA的油脂，同时还获得了富含EPA的油脂（表8-8）。Betancor等（2016a）分别用富含EPA和DHA的转基因亚麻芥（*Camelina sativa*）油完全替代金头鲷（*S. aurata*）饲料中的鱼油，最终鱼肉中保留的EPA和DHA与鱼油组均无显著差异。同样地，富含DHA的亚麻芥油也可以完全替代大西洋鲑（*S. salar*）饲料中的鱼油而不影响生长和鱼肉中n-3 LC-PUFA的沉积水平，仅仅全鱼脂肪含量有所降低（$P<0.05$）（Betancor et al., 2016b）。目前，一些实验室已经获得了生产特定脂肪酸的植物油，从脂肪酸的角度为精准营养的实践提供了重要基础。

参考文献

和子杰，谢帝芝，聂国兴，2020. 提升养殖鱼类n-3高不饱和脂肪酸含量的综合策略[J]. 动物营养学报，32（11）：5089-5104.

李庆岗，经荣斌，2004. 猪肌内脂肪酸的研究进展[J]. 中国畜牧兽医，31（5）：13-14.

曾勇庆，孙玉民，1999. 鲁西黄牛与利鲁杂交牛肉质特性的研究[J]. 黄牛杂志，（3）：12-16.

Ameer F，Scandiuzzi L，Hasnain S，et al.，2014. De novo lipogenesis in health and disease[J]. Metabolism，63（7）：895-902.

Betancor M B，Sprague M，Montero D，et al.，2016a. Replacement of marine fish oil with de novo omega-3 oils from transgenic camelina sativa in feeds for gilthead sea bream（*Sparus aurata* L.）[J]. Lipids，51（10）：1171-1191.

Betancor M B，Sprague M，Sayanova O，et al.，2016b. Nutritional evaluation of an EPA-DHA oil from transgenic camelina sativa in feeds for post-smolt Atlantic salmon（*Salmo salar* L.）[J]. PLoS One，11（7）：e0159934.

Chen C Y，Chen J S，Wang S Q，et al.，2017. Effects of different dietary ratios of linolenic to linoleic acids or docosahexaenoic to eicosapentaenoic acids on the growth and immune indices in grouper，*Epinephelus coioides*[J]. Aquaculture，473：153-160.

Chen C Y，Wang S Q，Zhang M，et al.，2019. miR-24 is involved in vertebrate LC-PUFA biosynthesis as demonstrated in marine teleost *Siganus canaliculatus*[J]. Biochimica et Biophysica Acta：Molecular and Cell Biology of Lipids，1864（5）：619-628.

FAO，2018. The State of World Fisheries and Aquaculture 2018[EB/OL]. [2022-05-30]. https://www.fao.org/3/i9540en/i9540en.pdf.

Glatz J FC，Luiken J J F P，2018. Dynamic role of the transmembrane glycoprotein CD36（SR-B2）in cellular fatty acid uptake and utilization[J]. Journal of Lipid Research，59（7）：1084-1093.

Jensen-Urstad A P L，Semenkovich C F，2012. Fatty acid synthase and liver triglyceride metabolism：Housekeeper or messenger[J]. Biochimica et Biophysica Acta：Molecular and Cell Biology of Lipids，1821（5）：747-753.

Kjær M A，Vegusdal A，Berge G M，et al.，2009. Characterisation of lipid transport in Atlantic cod（*Gadus morhua*）when fasted and fed high or lowfat diets[J]. Aquaculture，288：325-336.

Lei C X，Fan B，Tian J J，et al.，2022. PPARγ regulates fabp4 expression to increase DHA content in golden pompano（*Trachinotus ovatus*）hepatocytes[J]. British Journal of Nutrition，127（1）：3-11.

Lei C X，Li M M，Tian J J，et al.，2020a. Transcriptome analysis of golden pompano（*Trachinotus ovatus*）liver indicates a potential regulatory target involved in HUFA uptake and deposition[J]. Comparative Biochemistry Physiology Part D：Genomics and Proteomics，33：100633.

Lei C X，Li M M，Zhang M，et al.，2020b. Cloning，molecular characterization，and nutritional regulation of fatty acid-binding protein family genes in gold pompanos（*Trachinotus ovatus*）[J]. Comparative Biochemistry Physiology Part B：Biochemistry and Molecular Biology，246-247：110463.

Li Y Y，Yin Z Y，Dong Y W，et al.，2018. Pparγ is involved in the transcriptional regulation of liver LC-PUFA biosynthesis by targeting the Δ6Δ5 fatty acyl desaturase gene in the marine teleost *Siganus canaliculatus*[J]. Marine Biotechnology，21：19-29.

Luciana R S，Natalia M B A，Natalia S，et al.，2017. FABP1 knockdown in human enterocytes impairs proliferation and alters lipid metabolism[J]. Biochimica et Biophysica Acta：Molecular and Cell Biology of Lipids，1862（12）：1587-1594.

Mauvoisin D，Mounier C，2011. Hormonal and nutritional regulation of SCD1 gene expression[J]. Biochimie，93（1）：78-86.

Montero D，Robaina L，Caballero M J，et al.，2005. Growth，feed utilization and flesh quality of European sea bass（*Dicentrarchus labrax*）fed diets containing vegetable oils：A time-course study on the effect of a re-feeding period with a 100% fish oil diet[J]. Aquaculture，248（1）：121-134.

Mozaffarian D，Rimm E B，2006. Fish intake，contaminants，and human health evaluating the risks and the benefits[J]. JAMA，296：1885-1899.

Ockner R K，Manning J A，Poppenhausen R B，et al.，1972. A binding protein for fatty acids in cytosol of intestinal mucosa，liver，myocardium，and other tissues[J]. Science，177（4043）：56-58.

Pan Y J，Scanlon M J，Owada Y J，et al.，2015. Fatty acid-binding protein 5 facilitates the blood-brain barrier transport of docosahexaenoic acid[J]. Molecular Pharmaceutics，12（12）：4375-4385.

Raatz S K，Bibus D M，2016. Fish and Fish Oil in Health and Disease Prevention[M]. Cambridge：Academic Press：27-48.

Smathers R L，Petersen D R，2011. The human fatty acid-binding protein family：Evolutionary divergences and functions[J]. Human Genomics，5（3）：170-191.

Smith G C，Carpenter Z L，1970. Lamb carcass qualityⅢ. Chemical，physical and histological measurements[J]. Journal of Animal Science，31（4）：697-706.

Tocher D R，2015. Omega-3 long-chain polyunsaturated fatty acids and aquaculture in perspective[J]. Aquaculture，449：94-107.

Tocher D R，Betancor M B，Sprague M，et al.，2019. Omega-3 long-chain polyunsaturated fatty acids，EPA and DHA：Bridging the gap between supply and demand[J]. Nutrients，11（1）：89.

Toretensen B E，Nanton D A，Olsvik P A，et al.，2009. Gene expression of fatty acid-binding proteins，fatty acid transport proteins（cd36 and FATP）and β-oxidation-related genes in Atlantic salmon（*Salmo salar* L.）fed fish oil or vegetable oil[J]. Aquaculture Nutrition，15（4）：440-451.

Vandepoele K，De V W，Taylor J S，et al.，2004. Major events in the genome evolution of vertebrates：Paranome age and size differ considerably between ray-finned fishes and land vertebrates[J]. Proceedings of the National Academy of the Sciences of the United States of America，101：1638-1643.

Wang S Q，Chen J L，Jiang D L，et al.，2018. Hnf4α is involved in the regulation of vertebrate LC-PUFA biosynthesis：Insights into the regulatory role of Hnf4α on expression of liver fatty acyl desaturases in the marine teleost *Siganus canaliculatus*[J]. Fish Physiology and Biochemistry，44：805-815.

Wang S Q，Wang M，Zhang H，et al.，2020. Long-chain polyunsaturated fatty acid metabolism in carnivorous marine teleosts：Insight into the profile of endogenous biosynthesis in golden pompano *Trachinotus ovatus*[J]. Aquaculture Research，51（2）：623-635.

Wang Y H，Byrne K A，Reverter A，et a1.，2005. Transcriptional profiling of skeletal muscle tissue from two breeds of cattle[J]. Mammalian Genome，16（3）：201-210.

Xie D Z，Liu X B，Wang S Q，et al.，2018. Effects of dietary LNA/LA ratios on growth performance，fatty acid composition and expression levels of elovl5，Δ4 fad and Δ6/Δ5 fad in the marine teleost *Siganus canaliculatus*[J]. Aquaculture，484：309-316.

Xu H G，Wang J，Mai K S，et al.，2016. Dietary docosahexaenoic acid to eicosapentaenoic acid（DHA/EPA）ratio influenced growth performance，immune response，stress resistance and tissue fatty acid composition of juvenile Japanese seabass，*Lateolabrax japonicus*（Cuvier）[J]. Aquaculture Research，47（3）：741-757.

Xu H G，Zhang Y Q，Wang C Q，et al.，2017. Cloning and characterization of fatty acid-binding proteins（fabps）from Japanese seabass（*Lateolabrax japonicus*）liver，and their gene expressions in response to dietary arachidonic acid（ARA）[J]. Comparative Biochemistry and Physiology Part B：Biochemistry and Molecular Biology，204：27-34.

Ytrestøyl T，Aas T S，Åsgård T，2015. Utilisation of feed resources in production of Atlantic salmon（*Salmo salar*）in Norway[J]. Aquaculture，448：365-374.

Zuo R T，Ai Q H，Mai K S，et al.，2012. Effects of dietary docosahexaenoic to eicosapentaenoic acid ratio（DHA/EPA）on growth，nonspecific immunity，expression of some immune related genes and disease resistance of large yellow croaker（*Larmichthys crocea*）following natural infestation of parasites（*Cryptocaryon irritans*）[J]. Aquaculture，334：101-109.

第四篇　鱼类脂肪酸精准营养的应用实践与展望

第九章　脂肪酸精准营养技术在黄斑蓝子鱼配合饲料鱼油替代中的应用

第一节　黄斑蓝子鱼的基本营养需求

蛋白质、脂肪和糖类是鱼类的三大营养素，也是水产饲料中最重要的部分。本书分别以酪蛋白和鱼油为蛋白源、脂肪源，通过养殖试验确定了黄斑蓝子鱼（*S. canaliculatus*）幼鱼对蛋白质和脂肪的适宜需求。然后，在此基础上研究了植物蛋白和植物油对动物性原料的替代比例，最终确定了具有实际应用价值的饲料配方。相关研究取得的主要结果及结论如下。

一、黄斑蓝子鱼对蛋白质的营养需求

采用酪蛋白为蛋白源、鱼油为脂肪源，配制脂肪含量为8%而蛋白质水平分别为24%、28%、32%、36%和40%的5种配合饲料，以研究黄斑蓝子鱼对蛋白质的适宜需要量。饲料配方见表9-1。

表9-1　黄斑蓝子鱼蛋白质需求研究的饲料配方及常规营养成分　　（单位：%）

项目		饲料蛋白质水平/%				
		24	28	32	36	40
组分	酪蛋白	29.81	34.78	39.75	44.72	49.69
	鱼油	9	9	9	9	9
	α-淀粉	43.19	38.22	33.25	28.28	23.31
	纤维素	12	12	12	12	12
	多矿	4	4	4	4	4
	多维	2	2	2	2	2
常规营养成分	干物质	91.06	90.91	91.03	90.72	90.58
	粗蛋白质	24.15	28.08	32.33	36.44	40.05
	粗脂肪	8.77	8.63	8.77	8.73	8.74
	粗灰分	6.34	6.34	6.50	6.38	6.54

以初始体重为10.14 g左右的黄斑蓝子鱼幼鱼为对象，在180 L的海水养殖缸中开展为期8周的养殖试验。结果表明，饲料中的蛋白质含量对黄斑蓝子鱼的生长性能、饲料利用率等都有一定的影响（表9-2）。蛋白质水平过高（40%）或过低（24%）的饲料组鱼

的生长效果较差，32%蛋白质水平组鱼的增重率和蛋白质效率最好，且显著高于其他各组，饲料系数显著低于其他各组。鱼体的蛋白质含量随着饲料蛋白质水平的增加呈上升趋势，但水分、粗脂肪和粗灰分的含量不受影响。根据增重率及蛋白质效率与饲料蛋白质水平的二次回归分析，获得黄斑蓝子鱼幼鱼对蛋白质的适宜需要量为 29.01%～34.37%（王树启等，2010）。

表 9-2 不同蛋白质水平饲料投喂黄斑蓝子鱼 8 周后的生长性能

生长指标	饲料蛋白质水平/%				
	24	28	32	36	40
初始体重/g	10.46±0.29[a]	10.49±0.27[a]	9.92±0.10[a]	9.86±0.09[a]	9.97±0.03[a]
终末体重/g	13.55±0.20[d]	14.38±0.12[b]	14.86±0.21[a]	13.91±0.14[bc]	14.32±0.28[b]
增重率/%	30.19±0.97[c]	35.08±1.89[b]	48.04±2.00[a]	41.51±1.92[b]	41.46±2.66[b]
特定生长率/(%/d)	0.73±0.01[c]	0.85±0.05[b]	1.11±0.04[a]	0.93±0.04[b]	0.96±0.06[b]
饲料系数	2.87±0.06[a]	2.59±0.17[a]	1.96±0.06[c]	2.25±0.06[b]	2.19±0.07[b]
蛋白质效率/%	1.45±0.03[b]	1.48±0.09[b]	1.60±0.05[a]	1.23±0.03[bc]	1.14±0.04[c]
成活率/%	97.44	97.44	94.87	97.44	94.87

注：数据为平均值±标准误（$n=6$）。同一行中，无相同上标字母标注者，表示相互间有显著差异（$P<0.05$）。

二、黄斑蓝子鱼对脂肪的营养需求

采用酪蛋白为蛋白源、鱼油为脂肪源，配制蛋白质含量为 32%，脂肪水平分别为 3%、6%、9%和 12%的 4 种配合饲料，以研究黄斑蓝子鱼对脂肪的适宜需要量。饲料配方见表 9-3。

表 9-3 黄斑蓝子鱼脂肪需求研究的饲料配方及常规营养成分 （单位：%）

项目		饲料脂肪水平/%			
		3	6	9	12
组分	酪蛋白	39.75	39.75	39.75	39.75
	鱼油	3	6	9	12
	α-淀粉	39.25	36.25	33.25	30.25
	纤维素	12	12	12	12
	多矿	4	4	4	4
	多维	2	2	2	2
常规营养成分	干物质	91.16	91.41	91.36	90.85
	粗蛋白质	32.33	32.24	32.15	32.18
	粗脂肪	3.08	5.94	9.07	11.78
	粗灰分	6.16	6.78	6.56	6.37

以初始体重为 9.94 g 左右的黄斑蓝子鱼幼鱼为对象，在 180 L 的海水养殖缸开展为期 8 周的养殖试验。结果表明，3%、6%和 9%脂肪水平组鱼的增重率、饲料系数和蛋白质效率相互间无显著差异（P>0.05），但它们的增重率及 6%和 9%组的蛋白质效率显著高于 12%脂肪水平组鱼（P<0.05），6%组的饲料系数显著低于 12%脂肪水平组（表 9-4）。肝体比和鱼体脂肪含量随着饲料脂肪水平的增加而升高，但鱼体的蛋白质和水分含量受饲料脂肪水平的影响不大。3%脂肪水平组鱼的成活率较低。通过回归分析，获得该鱼对脂肪的适宜需求水平在 6%～9%。此外，肝体比与饲料脂肪水平呈现平行的变化关系，说明随饲料脂肪水平提高，肝脏中的脂肪含量也会上升，因此，在最佳范围内选择较低的脂肪添加水平有利于黄斑蓝子鱼的健康。综合考虑上述指标，认为黄斑蓝子鱼幼鱼饲料中脂肪的适宜添加量为 6%～9%（王树启等，2010）。

表 9-4　不同脂肪水平饲料投喂下黄斑蓝子鱼的生长性能

生长指标	脂肪水平/%			
	3	6	9	12
初始体重/g	10.25±0.19	10.06±0.24	9.76±0.08	9.69±0.05
终末体重/g	14.21±0.56[a]	14.10±0.68[ab]	13.22±0.46[ab]	12.41±0.56[b]
增重率/%	37.19±5.06[a]	38.01±2.87[a]	34.24±0.59[a]	30.30±1.39[b]
特定生长率/(%/d)	0.82±0.13[a]	0.86±0.06[a]	0.78±0.02[a]	0.67±0.03[b]
饲料系数	2.73±0.15[ab]	2.26±0.19[b]	2.55±0.12[ab]	2.79±0.10[a]
蛋白质效率/%	1.15±0.06[ab]	1.39±0.11[a]	1.23±0.06[a]	1.12±0.04[b]
肝体比/%	0.94±0.10[c]	1.15±0.19[b]	1.22±0.09[b]	1.56±0.20[a]
成活率/%	58.98	82.05	89.74	89.74

注：数据为平均值±标准误（n＝3）。同一行中，无相同上标字母标注者，表示相互间有显著差异（P<0. 05）。

第二节　黄斑蓝子鱼配合饲料中的鱼粉和鱼油替代研究

目前，海水鱼饲料大多以鱼粉和鱼油作为主要蛋白源和脂肪源。由于鱼粉和鱼油资源有限，限制其在水产饲料中的应用，因此，以植物性原料替代鱼粉和鱼油具有重要的应用价值。我们在上述基础饲料配方的基础上，分别以豆粕和豆油替代饲料中不同比例的鱼粉和鱼油，在上述相同条件下分别开展 8 周的养殖试验，以确定黄斑蓝子鱼饲料中鱼粉和鱼油的适宜替代水平。饲料配方见表 9-5 和表 9-6。

以豆粕为替代蛋白源，分别替代饲料中 20%、40%、60%和 80%的鱼粉，对照组饲料含 50%鱼粉，其他组分一样，饲料配方见表 9-5。结果显示，20%和 40%的鱼粉替代水平，对黄斑蓝子鱼的生长性能无显著影响。但是，当替代比例达到或超过 60%时，增重率、特定生长率、蛋白质效率显著降低（P<0.05），饲料系数显著提高（P<0.05）（表 9-6）。因此，在本试验条件下，从生长性能考虑，利用豆粕至少可以替代黄斑蓝子鱼配合饲料中 40%的鱼粉，使饲料鱼粉含量至少可低至 30%。

表 9-5　黄斑蓝子鱼豆粕替代鱼粉研究的饲料配方及常规营养成分　（单位：%）

项目		饲料中豆粕替代鱼粉比例/%				
		0	20	40	60	80
组分	鱼粉	50.0	40.0	30.0	20.0	10.0
	豆粕	0	15.0	31.0	46.0	61.0
	鱼油	1.6	2.9	3.3	4.2	5.0
	豆油	3.8	2.5	2.1	1.2	0.4
	α-淀粉	5	5	5	5	5
	淀粉	15	15	15	15	15
	纤维素	21.5	16.5	13.6	8.6	3.6
	其他	3.1	3.1	3.1	3.1	3.1
常规营养成分	干物质	88.65	88.42	88.78	89.98	89.14
	粗蛋白质	32.48	32.03	32.20	32.37	32.45
	粗脂肪	7.91	7.88	7.95	7.98	7.80
	粗灰分	10.02	9.78	9.44	9.41	8.75

注：其他包括混合维生素、混合矿物质、磷酸二氢钙、蛋氨酸、氯化胆碱、维生素 C，具体比例参见文献（徐树德，2009）。

表 9-6　黄斑蓝子鱼配合饲料中豆粕替代不同比例鱼粉对生长性能的影响

生长指标	饲料中豆粕替代鱼粉比例/%				
	0	20	40	60	80
初始体重/g	15.66±0.02	15.65±0.08	15.69±0.07	15.58±0.01	15.71±0.09
终末体重/g	45.88±1.49^{a}	45.63±0.06^{a}	46.45±0.60^{a}	39.44±0.32^{b}	33.60±1.31^{c}
增重率/%	193.03±9.37^{a}	191.62±1.89^{a}	196.02±2.54^{a}	153.24±1.98^{b}	113.98±9.62^{b}
特定生长率/(%/d)	1.92±0.06^{a}	1.91±0.01^{a}	1.93±0.02^{a}	1.65±0.01^{b}	1.35±0.08^{c}
饲料系数	1.167±0.068^{c}	1.196±0.019^{bc}	1.207±0.012^{bc}	1.397±0.002^{b}	1.722±0.039^{a}
蛋白质效率/%	2.68±0.02^{a}	2.61±0.04^{a}	2.59±0.02^{a}	2.24±0.004^{b}	1.82±0.04^{c}
成活率/%	91.67±2.36^{a}	88.33±1.41^{a}	91.67±3.01^{a}	82.5±1.37^{a}	77.5±2.53^{b}
肝体比/%	2.51±0.11^{a}	2.14±0.07^{ab}	2.23±0.32^{a}	2.49±0.35^{a}	1.95±0.11^{b}
脏体比/%	14.42±1.03	15.11±0.99	15.07±0.44	13.41±0.58	13.17±1.24
肥满度/(g/cm^{3})	2.25±0.02	2.09±0.09	2.17±0.26	1.86±0.19	1.94±0.36
比肠长	2.67±0.10	2.65±0.10	2.60±0.20	2.25±0.10	2.49±0.21
含肉率/%	70.31±2.55	66.91±1.21	68.93±0.93	68.18±0.20	71.37±1.20

注：数据为平均值±标准误（$n=3$）。同一行中，无相同上标字母标注者，表示相互间有显著差异（$P<0.05$）。

以豆油为替代脂肪源，分别替代饲料中 33%、67%和 100%的鱼油，对照组含 5.4%鱼油，其他组分一样，饲料配方见表 9-7。由于基础配方中含有 30%鱼粉，鱼粉含有少量鱼油，故豆油替代鱼油的实际比例分别为 22.5%、45%和 67.5%。8 周养殖试验的结果显示，各豆油替代组鱼的生长性能都好于鱼油组对照组（表 9-8）。其中，22.5%和 45%豆油替代组鱼的增重率、特定生长率、饲料系数等都显著好于鱼油（$P<0.05$），而 67.5%豆油替代组鱼的生长性能也好于鱼油组，但无统计学差异（$P>0.05$）。究其原因，可能是基础饲料中 30%鱼粉所含有的 n-3 L-PUFA 已经能够满足黄斑蓝子鱼正常生长对必需脂肪酸的需求，如 67.5%替代组饲料中 DHA 和 EPA 的含量分别为 3.47%和 1.90%（表 9-7），故添加豆油的饲料可能更适合为黄斑蓝子鱼提供满足其生长所需要的能量。

表 9-7　黄斑蓝子鱼豆油替代鱼油研究的饲料配方及常规营养成分　（单位：%）

项目		FO	SO22.5	SO45	SO67.5
组分	鱼粉	30.0	30.0	30.0	30.0
	豆粕	28.0	28.0	28.0	28.0
	α-淀粉	5.0	5.0	5.0	5.0
	淀粉	19.5	19.5	19.5	19.5
	纤维素	9.0	9.0	9.0	9.0
	混合矿物质	1.0	1.0	1.0	1.0
	混合维生素	1.0	1.0	1.0	1.0
	磷酸氢二钙	0.5	0.5	0.5	0.5
	蛋氨酸	0.5	0.5	0.5	0.5
	氯化胆碱	0.08	0.08	0.08	0.08
	维生素	0.02	0.02	0.02	0.02
	鱼油	5.4	3.6	1.8	0
	豆油	0	1.8	3.6	5.4
常规营养成分	干物质	90.33	90.04	90.21	90.19
	粗蛋白质	32.72	32.60	32.48	32.25
	粗脂肪	8.27	8.63	8.42	8.39
	粗灰分	10.89	10.65	10.98	10.69
主要脂肪酸	16:0	25.65	20.91	18.47	16.82
	18:1n-9	12.31	15.43	17.61	19.75
	18:2n-6	7.75	8.83	12.02	16.15
	18:3n-6	0.97	0.90	0.57	0.18
	18:3n-3	5.24	6.99	7.57	7.98
	20:3n-6	6.06	5.18	3.49	1.18
	20:4n-6（AA）	0.70	0.45	0.31	0.19
	20:4n-3	0.53	0.08	0.06	0.02
	20:5n-3（EPA）	7.42	5.40	3.98	1.90
	22:5n-3（DPA）	0.96	0.71	0.59	0.42
	22:6n-3（DHA）	11.08	8.32	5.51	3.47
	SFA	43.30	37.43	31.75	27.36

续表

项目		FO	SO22.5	SO45	SO67.5
主要脂肪酸	MUFA	13.69	17.74	20.8	22.53
	n-3 PUFA	25.23	21.61	17.73	13.79
	n-6 PUFA	17.78	23.22	29.72	36.32
	n-3/n-6 PUFA	1.42	0.93	0.60	0.38

注：FO，鱼油；SO22.5、SO45、SO67.5 分别为豆油替代饲料中 22.5%、45%、67.5%的鱼油。

表 9-8　黄斑蓝子鱼配合饲料中豆油替代不同比例鱼油对生长性能的影响

生长指标	FO	SO22.5	SO45	SO67.5
初始体重/g	11.86±0.05	12.15±0.16	12.09±0.09	12.23±0.09
终末体重/g	41.33±0.33^{c}	46.85±0.85^{b}	50.04±0.8^{a}	45.11±0.62^{b}
增重率/%	248.43±4.23^{c}	285.63±3.66^{b}	313.96±7.57^{a}	268.79±4.23^{bc}
增重率/%	2.35±0.02^{c}	2.44±0.02^{b}	2.57±0.03^{a}	2.36±0.02^{bc}
特定生长率/(%/d)	2.23±0.02^{c}	2.41±0.02^{b}	2.54±0.03^{a}	2.33±0.02^{bc}
饲料系数	1.23±0.01^{a}	1.18±0.01^{b}	1.10±0.01^{c}	1.24±0.02^{a}
蛋白质效率/%	2.48±0.02^{c}	2.61±0.02^{b}	2.81±0.008^{a}	2.51±0.04^{c}
成活率/%	100	100	100	100
肝体比/%	1.43±0.11	1.19±0.08	1.34±0.08	1.25±0.09
脏体比/%	8.27±0.35	8.55±0.37	8.93±0.31	9.08±0.35
肥满度/(g/cm^3)	2.72±0.18	2.76±0.17	2.84±0.06	2.72±0.12

注：FO，鱼油；SO22.5、SO45、SO67.5 分别为豆油替代饲料中 22.5%、45%、67.5%的鱼油。数据为平均值±标准误（$n=3$）。同一行中，无相同上标字母标注者，表示相互间有显著差异（$P<0.05$）。

对肝脏和肌肉脂肪含量的测定结果表明，豆油替代饲料中的鱼油对黄斑蓝子鱼组织的脂肪含量没有显著影响。肝脏的总脂含量及中性脂/极性脂比例均远高于肌肉，暗示肝脏是黄斑蓝子鱼脂肪沉积的主要组织（表 9-9）。肝脏和肌肉脂肪酸组成结果显示，组织脂肪酸组成在很大程度上反映了饲料的脂肪酸情况。相应地，随着饲料中豆油替代鱼油比例的增加，饲料中的 n-3 PUFA 水平逐渐减少，而 n-6 PUFA 水平逐渐升高（表 9-7），肝脏和肌肉中的 n-3 PUFA 和 n-6 PUFA 水平呈现跟饲料一样的变化趋势（表 9-10 和表 9-11）。

表 9-9　黄斑蓝子鱼配合饲料中豆油替代不同比例鱼油对肝脏和肌肉脂肪水平的影响（单位：%）

组别		FO	SO22.5	SO45	SO67.5
肝脏	水分	63.39±1.42	59.81±2.12	56.89±2.81	62.73±1.39
	总脂	27.72±3.32	26.28±4.68	23.85±4.32	26.03±0.36
	中性脂	82.78±3.46	87.82±2.78	85.27±1.65	84.48±2.17
	极性脂	17.22±1.05	12.18±1.75	14.73±0.86	15.52±0.48

续表

组别		FO	SO22.5	SO45	SO67.5
肌肉	水分	74.70±0.70	75.70±0.60	73.61±0.34	74.41±0.28
	总脂	4.71±0.28	3.95±0.57	4.20±0.15	3.75±0.36
	中性脂	61.44±3.03	64.06±2.86	61.36±1.49	65.70±3.25
	极性脂	38.56±1.22	35.94±2.64	38.64±1.54	34.30±2.18

注：FO，鱼油；SO22.5、SO45、SO67.5 分别为豆油替代饲料中 22.5%、45%、67.5%的鱼油。数据为平均值±标准误（$n=3$）。

表 9-10　黄斑蓝子鱼配合饲料中豆油替代不同比例鱼油对肝脏脂肪酸组成的影响（单位：%总脂肪酸）

主要脂肪酸	FO	SO22.5	SO45	SO67.5
14:0	1.61±0.07	1.50±0.11	1.66±0.05	1.87±0.12
16:0	18.98±0.30^{a}	17.03±0.16^{b}	15.67±0.32^{c}	16.07±0.20^{c}
18:0	4.74±0.11^{c}	5.36±0.18^{b}	5.46±0.11^{b}	8.40±0.19^{a}
16:1	1.75±0.13^{b}	2.52±0.04^{a}	2.25±0.06^{a}	3.58±0.64^{a}
18:1	12.79±0.62^{c}	14.32±0.23^{bc}	17.65±0.51^{b}	25.78±0.17^{a}
18:2n-6	3.66±0.03^{c}	10.64±0.32^{b}	15.73±0.49^{ab}	18.44±0.72^{a}
18:3n-6	2.42±0.05^{b}	2.44±0.04^{b}	2.29±0.01^{b}	2.72±0.04^{a}
18:3n-3	0.51±0.02^{b}	1.34±0.10^{a}	1.46±0.11^{a}	1.40±0.05^{a}
20:3n-6	0.59±0.01^{d}	1.05±0.01^{c}	1.14±0.05^{b}	1.63±0.11^{a}
20:4n-6（ARA）	1.85±0.13^{a}	1.69±0.10^{a}	1.61±0.10^{a}	0.31±0.04^{b}
20:4n-3	0.46±0.10^{a}	0.62±0.10^{a}	0.34±0.03^{a}	0.03±0.00^{b}
20:5n-3（EPA）	0.91±0.01^{a}	0.63±0.03^{b}	0.31±0.03^{c}	0.21±0.02^{c}
22:5n-3（DPA）	6.52±0.13^{a}	5.27±0.08^{b}	4.74±0.07^{c}	1.14±0.14^{d}
22:6n-3（DHA）	29.86±0.17^{a}	23.96±0.23^{b}	19.78±0.79^{c}	5.60±0.11^{d}
SFA	26.66±2.14^{b}	28.28±1.54^{b}	29.43±0.78^{ab}	32.26±0.34^{a}
MUFA	18.66±0.27^{c}	20.60±0.31^{bc}	21.85±0.21^{b}	32.39±0.59^{a}
n-3 PUFA	38.90±0.97^{a}	32.36±1.01^{b}	26.83±0.46^{c}	8.54±0.41^{d}
n-6 PUFA	9.88±0.52^{c}	17.38±0.37^{b}	21.96±0.71^{ab}	24.43±0.58^{a}
n-3/n-6 PUFA	3.94±0.09^{a}	1.86±0.04^{b}	1.22±0.10^{c}	0.35±0.03^{d}

注：FO，鱼油；SO22.5、SO45、SO67.5 分别为豆油替代饲料中 22.5%、45%、67.5%的鱼油。数据为平均值±标准误（$n=3$）。

表 9-11　黄斑蓝子鱼配合饲料中豆油替代不同比例鱼油对肌肉脂肪酸组成的影响（单位：%总脂肪酸）

主要脂肪酸	FO	SO22.5	SO45	SO67.5
14:0	1.72±0.10	1.41±0.21	1.79±0.04	1.89±0.02
16:0	17.17±0.15^{a}	15.72±0.97^{ab}	13.72±0.23^{b}	13.41±0.28^{b}
18:0	3.41±0.21^{c}	3.91±0.02^{c}	4.90±0.07^{b}	5.55±0.06^{a}
16:1	2.44±0.16	2.20±0.04	2.10±0.06	2.10±0.02

续表

主要脂肪酸	FO	SO22.5	SO45	SO67.5
18:1	12.67±0.34^{b}	13.25±0.13^{b}	16.58±0.08^{ab}	17.83±0.46^{a}
18:2n-6	7.24±0.15^{c}	14.92±0.33^{b}	20.43±0.52^{a}	20.86±0.39^{a}
18:3n-6	2.82±0.06^{c}	3.02±0.02^{b}	3.40±0.33^{ab}	3.85±0.12^{a}
18:3n-3	0.68±0.01^{c}	0.84±0.03^{b}	1.52±0.07^{a}	1.61±0.04^{a}
20:3n-6	0.80±0.12^{b}	0.67±0.17^{b}	1.08±0.06^{ab}	1.30±0.07^{a}
20:4n-6（ARA）	2.47±0.11^{a}	1.93±0.04^{b}	0.87±0.05^{c}	0.65±0.02^{d}
20:4n-3	0.42±0.03^{a}	0.32±0.05^{ab}	0.14±0.03^{b}	0.12±0.03^{b}
20:5n-3（EPA）	1.51±0.05^{a}	1.44±0.12^{a}	0.81±0.07^{b}	0.58±0.03^{c}
22:5n-3（DPA）	7.16±0.04^{a}	6.16±0.13^{a}	4.04±0.11^{b}	3.07±0.13^{c}
22:6n-3（DHA）	30.55±0.25^{a}	27.74±0.31^{b}	16.42±0.55^{c}	10.65±0.33^{d}
SFA	25.31±0.58^{c}	25.35±1.24^{c}	28.51±0.64^{b}	32.19±0.32^{a}
MUFA	18.69±0.51^{c}	18.98±0.24^{bc}	21.61±0.15^{b}	23.62±0.13^{a}
n-3 PUFA	41.08±0.54^{a}	36.72±0.71^{ab}	23.08±0.65^{b}	16.21±0.47^{c}
n-6 PUFA	14.75±0.34^{c}	21.64±0.48^{b}	25.88±0.39^{a}	27.60±0.43^{a}
n-3/n-6 PUFA	2.79±0.11^{a}	1.70±0.02^{b}	0.89±0.04^{c}	0.59±0.04^{d}

注：FO，鱼油；SO22.5、SO45、SO67.5 分别为豆油替代饲料中 22.5%、45%、67.5%的鱼油。数据为平均值±标准误（$n=3$）。

上述结果表明，黄斑蓝子鱼对鱼油的依赖程度要比其他肉食性海水鱼类低，饲料中含有较低水平的 LC-PUFA 即可满足其生长所需，过高的鱼油水平甚至对生长产生一定的负面影响。在饲料中含有 3%左右鱼油的情况下，利用豆粕至少可以替代其配合饲料中 40%的鱼粉，使饲料鱼粉含量至少可低至 30%；在饲料中含有 30%鱼粉情况下，饲料中的鱼油可以被豆油 100%替代，其中替代 33%、67%组的生长性能显著优于鱼油组（Xu et al.，2012）。

第三节　脂肪酸精准营养技术在黄斑蓝子鱼适宜脂肪源研发中的应用

如前面相关章节所述，黄斑蓝子鱼具有完整的 LC-PUFA 合成能力，故其饲料中含有相对较低水平的 LC-PUFA 即可满足其正常生长对 EFA 的需要，配合饲料中 α-亚麻酸/亚油酸的适宜比为 0.4 左右。与大多数海水鱼类的饲料中必需添加较高比例鱼油的情况不同，在黄斑蓝子鱼的饲料中含有 30%鱼粉的情况下，其脂肪源全部为豆油也不会影响其生长性能。为了充分利用植物油资源，减少黄斑蓝子鱼配合饲料中的鱼油使用量，我们以鱼粉和豆粕为蛋白源，以亚麻籽油、菜籽油、豆油及棕榈油为脂肪源，利用植物油按不同添加比例调配成 PUFA 含量分别为 41.95%、38.18%、33.83%、29.94%、27.12%，且 ALA/LA 比均为 0.4 左右的 5 种配合饲料（F2～F5）；同时以鱼油为脂肪源的饲料（F1）为对照。饲料配方及其脂肪酸组成见表 9-12。以初始体重为 12 g 左右的黄斑蓝子鱼幼鱼为对象，利用上述 5 种饲料在室内水族养殖系统中开展为期 9 周的养殖试验。通过生长性能及组织脂肪酸组成的评估，以获得配比科学、PUFA 含量适宜、可应用于养殖生产的混合植物油。取得的主要结果及结论如下。

表 9-12　不同混合植物油饲料配方及常规营养成分　（单位：%）

项目		F1	F2	F3	F4	F5	F6
组分	鱼粉	33	33	33	33	33	33
	豆粕	22	22	22	22	22	22
	α-淀粉	5	5	5	5	5	5
	淀粉	20.9	20.9	20.9	20.9	20.9	20.9
	纤维素	9	9	9	9	9	9
	混合矿物质	2	2	2	2	2	2
	混合维生素	1	1	1	1	1	1
	磷酸氢二钙	0.5	0.5	0.5	0.5	0.5	0.5
	蛋氨酸	0.5	0.5	0.5	0.5	0.5	0.5
	氯化胆碱	0.08	0.08	0.08	0.08	0.08	0.08
	维生素 C	0.02	0.02	0.02	0.02	0.02	0.02
	鱼油	6	—	—	—	—	—
	菜籽油	—	2	1	3	2	1
	豆油	—	2	2	1	0.5	0.5
	棕榈油	—	1	2	1.5	3	4
	亚麻籽油	—	1	1	0.5	0.5	0.5
常规营养成分	干物质	89.65	90.13	90.04	91.65	91.23	89.32
	粗蛋白质	33.01	32.84	31.98	32.04	31.94	32.55
	粗脂肪	8.33	8.16	8.13	8.32	8.45	8.39
	粗灰分	9.97	9.46	10.05	10.66	10.73	9.89
主要脂肪酸	14:0	5.60	1.54	1.74	1.68	1.86	1.79
	16:0	22.80	16.30	20.10	17.54	22.66	26.66
	16:1	5.76	1.86	1.86	1.83	1.88	1.94
	18:0	4.84	4.60	4.67	4.45	4.47	4.60
	18:1n-9	21.38	30.78	29.31	37.82	36.74	35.00
	18:2n-6	7.60	23.24	20.89	17.52	14.83	13.64
	18:3n-3	1.73	9.07	8.06	6.51	5.95	5.06
	20:1	0.31	0.97	0.91	0.35	0.07	0.94
	20:3n-3	0.01	0.06	0.33	0.37	0.37	0.19
	20:4n-6	1.15	0.98	0.81	0.88	0.91	0.80
	22:1n-9	0.75	0.01	0.01	0.29	0.20	0.23
	20:5n-3	10.23	3.69	3.36	3.54	3.28	3.12

续表

项目		F1	F2	F3	F4	F5	F6
	22:5n-3	1.59	0.59	0.71	0.61	0.80	0.62
	ALA/LA	0.23	0.39	0.39	0.37	0.40	0.37
主要脂肪酸	SFA	33.23	22.44	26.51	23.67	28.99	33.05
	MUFA	28.20	33.62	32.09	40.30	38.89	38.11
	PUFA	35.77	41.95	38.18	33.83	29.94	27.12

注："—" 表示 "无"。

（1）生长性能结果显示，各饲料投喂组鱼的增重率、特定生长率、饲料系数和蛋白质效率都无显著差异（$P>0.05$）；F1 和 F2 组鱼的成活率最高、肝体比最低，F1 和 F6 组鱼的脏体比最低（表 9-13）。

表 9-13 不同混合植物油饲料对黄斑蓝子鱼生长性能的影响

生长指标	F1	F2	F3	F4	F5	F6
初始体重/g	12.04±0.06	11.98±0.08	11.87±0.17	11.88±0.02	11.91±0.04	12.08±0.12
终末体重/g	44.75±0.67	41.55±2.02	39.56±0.51	39.96±0.51	37.59±1.98	38.31±0.16
增重率/%	271.66±5.42	246.8±17.84	233.48±6.26	236.31±11.31	231.99±10.48	216.03±3.77
特定生长率/(%/d)	2.08±0.02	1.97±0.08	1.91±0.03	1.92±0.05	1.82±0.09	1.83±0.01
饲料系数	1.31±0.11	1.33±0.05	1.41±0.05	1.32±0.02	1.30±0.02	1.33±0.02
蛋白质效率/%	2.65±0.06	2.55±0.08	2.57±0.08	2.61±0.01	2.59±0.06	2.62±0.04
成活率/%	98.15±1.85[a]	98.15±1.85[a]	90.74±3.70[ab]	87.03±3.70[ab]	88.89±3.21[ab]	83.33±3.21[b]
肝体比/%	2.46±0.09[b]	2.67±0.10[b]	2.82±0.10[ab]	2.90±0.14[ab]	3.61±0.23[a]	3.13±0.16[ab]
脏体比/%	14.20±0.38[b]	15.09±0.44[b]	16.22±0.26[ab]	15.36±0.48[ab]	17.63±1.02[a]	14.48±0.26[b]

注：数据为平均值±标准误（$n=3$）。同一行中，无相同上标字母标注者，表示相互间有显著差异（$P<0.05$）。

（2）在组织脂肪酸组成方面，各植物油组鱼肝脏和肌肉 DHA 或 n-3 LC-PUFA 水平均显著低于鱼油组，但肌肉的 ARA 水平与鱼油组无显著性差异。在各植物油组之间，DHA 的含量在饲料 PUFA 水平为 38.18%时（F3）达到峰值，但是并没有显著性差异（$P>0.05$）。详见表 9-14 和表 9-15。

表 9-14 不同混合植物油饲料对黄斑蓝子鱼肝脏脂肪酸组成的影响 （单位：%总脂肪酸）

主要脂肪酸	F1	F2	F3	F4	F5	F6
12:0	0.48±0.01[b]	0.59±0.01[ab]	0.64±0.03[ab]	0.69±0.05[ab]	0.74±0.01[a]	0.62±0.08[ab]
14:0	2.15±0.10	2.77±0.14	2.18±0.10	2.34±0.12	2.47±0.10	2.15±0.10
16:0	37.57±0.79	33.48±0.32	34.59±1.76	35.23±0.87	35.32±0.55	33.56±0.49
16:1	15.24±0.49[a]	10.99±0.30[b]	11.41±0.66[ab]	12.00±0.01[ab]	11.88±0.20[ab]	12.83±0.05[ab]
18:0	6.05±018	7.03±0.75	6.96±0.18	5.96±0.42	5.90±0.02	5.90±0.11
18:1n-9	25.53±0.08[b]	28.79±0.39[ab]	29.06±0.75[ab]	30.39±1.21[ab]	29.47±0.57[ab]	31.73±1.37[a]
18:2n-6	1.82±0.02[b]	4.57±0.20[a]	4.74±0.53[a]	4.60±0.20[a]	4.42±0.40[a]	4.02±0.19[a]

续表

主要脂肪酸	F1	F2	F3	F4	F5	F6
18:3n-6	0.18±0.01[b]	0.85±0.05[a]	0.97±0.11[a]	0.82±0.04[a]	0.73±0.03[a]	0.72±0.06[a]
18:3n-3	0.01±0.02	0.39±0.06	0.36±0.09	0.35±0.07	0.26±0.01	0.27±0.09
20:3n-6	0.22±0.01[b]	0.98±0.02[ab]	1.13±0.15[ab]	0.97±0.01[ab]	0.87±0.09[ab]	0.88±0.41[ab]
20:3n-3	0.54±0.08	0.72±0.08	0.80±0.07	0.71±0.01	0.76±0.10	0.54±0.12
20:4n-6	2.15±0.03[a]	1.12±0.07[b]	1.08±0.21[b]	0.98±0.06[b]	1.10±0.07[b]	1.09±0.08[b]
20:5n-3	0.34±0.02	0.14±0.03	0.17±0.03	0.17±0.03	0.13±0.02	0.12±0.01
22:5n-3	0.94±0.02	0.38±0.02	0.46±0.02	0.42±0.05	0.41±0.01	0.45±0.06
22:6n-3	5.31±0.17[a]	2.55±0.07[bc]	3.22±0.31[b]	2.91±0.11[bc]	3.07±0.32[bc]	2.67±0.08[c]
SFA	46.24±0.87	43.87±0.91	44.36±1.87	44.22±1.46	44.44±0.51	42.23±0.40
MUFA	41.92±0.54	40.91±0.03	41.55±0.30	42.63±1.23	42.44±0.70	45.90±1.55
n-6 PUFA	4.36±0.02[b]	7.52±0.32[a]	7.91±0.99[a]	7.36±0.11[ab]	7.11±0.53[ab]	6.71±0.36[ab]
n-3 PUFA	6.67±0.18[a]	3.45±0.13[b]	4.21±0.45[b]	3.83±0.21[b]	3.87±0.34[b]	3.51±0.24[b]
n-3/n-6	1.53±0.03[a]	0.46±0.02[b]	0.53±0.01[b]	0.52±0.02[b]	0.55±0.01[b]	0.52±0.01[b]
PUFA	11.03±0.20	10.97±0.46	12.12±1.44	11.20±0.87	10.98±0.87	10.22±0.60

注：数据为平均值±标准误（$n=3$）。同一行中，无相同上标字母标注者，表示相互间有显著差异（$P<0.05$）。

表 9-15　不同混合植物油饲料对黄斑蓝子鱼肌肉脂肪酸组成的影响　（单位：%总脂肪酸）

主要脂肪酸	F1	F2	F3	F4	F5	F6
12:0	0.33±0.08	0.33±0.03	0.33±0.03	0.33±0.02	0.37±0.03	0.33±0.01
14:0	4.57±0.68[a]	1.96±0.12[b]	1.93±0.01[b]	1.96±0.14[b]	1.93±0.14[b]	1.83±0.13[b]
16:0	27.75±0.18	22.97±0.55	25.90±1.66	26.31±1.16	25.66±0.39	25.18±0.84
16:1	10.75±0.15[a]	6.12±0.17[b]	6.25±0.15[b]	6.88±0.81[b]	6.81±0.51[b]	6.76±0.29[b]
18:0	4.45±0.58	4.53±0.05	4.78±0.10	4.20±0.01	4.70±0.38	4.37±0.24
18:1n-9	19.54±1.12[d]	31.07±0.01[abc]	28.18±0.41[c]	32.18±0.47[ab]	33.83±0.40[a]	32.97±0.41[ab]
18:2n-6	3.67±0.05[d]	13.96±0.69[a]	12.50±0.53[ab]	10.63±0.37[bc]	9.32±0.16[c]	9.56±0.15[c]
18:3n-6	0.20±0.01	0.74±0.10	0.73±0.18	0.60±0.07	0.60±0.07	0.64±0.04
18:3n-3	0.74±0.10[d]	4.34±0.19[a]	3.72±0.19[a]	2.78±0.11[b]	2.58±0.14[b]	2.26±0.07[b]
20:3n-6	0.24±0.02[b]	0.86±0.06[a]	0.77±0.04[a]	0.75±0.02[a]	0.70±0.03[a]	0.75±0.07[a]
20:3n-3	0.88±0.06	0.77±0.04	0.71±0.19	0.55±0.04	0.55±0.07	0.49±0.01
20:4n-6	1.46±0.06	1.43±0.13	1.46±0.08	1.28±0.01	1.21±0.06	1.17±0.10
20:5n-3	2.53±0.14[a]	0.66±0.03[b]	0.92±0.17[b]	0.69±0.07[b]	0.79±0.01[b]	0.70±0.02[b]
22:5n-3	3.71±0.23[a]	1.76±0.07[b]	2.19±0.39[b]	1.74±0.07[b]	1.67±0.16[b]	1.82±0.09[b]
22:6n-3	12.33±0.49[a]	5.68±0.19[b]	5.79±0.76[b]	5.19±0.08[b]	5.18±0.27[b]	5.73±0.18[b]
SFA	36.77±0.29[a]	29.44±0.70[b]	32.61±1.55[ab]	32.46±1.27[ab]	32.29±0.91[ab]	31.38±1.21[ab]
MUFA	30.82±0.61[c]	37.54±0.08[a]	35.05±0.54[b]	39.63±1.28[a]	41.21±0.91[a]	40.30±0.66[a]
n-6 PUFA	5.56±0.02[f]	16.99±0.40[a]	15.45±0.40[b]	13.26±0.29[c]	11.71±0.03[d]	12.12±0.16[d]

续表

主要脂肪酸	F1	F2	F3	F4	F5	F6
n-3 PUFA	19.31±0.86[a]	12.44±0.48[b]	12.62±1.51[b]	10.39±0.33[bc]	10.21±0.28[bc]	10.50±0.35[bc]
n-3/n-6	3.47±0.16[a]	0.73±0.01[b]	0.81±0.08[b]	0.78±0.01[b]	0.87±0.03[b]	0.87±0.02[b]
PUFA	24.87±0.84[bc]	29.43±0.88[a]	28.06±1.89[ab]	23.65±0.61[c]	21.92±0.26[c]	22.62±0.51[c]

注：数据为平均值±标准误（$n=3$）。同一行中，无相同上标字母标注者，表示相互间有显著差异（$P<0.05$）。

本试验结果表明，饲料PUFA水平能够影响黄斑蓝子鱼组织中LC-PUFA的沉积效率，但对生长的影响较小。基于本研究的结果并综合考虑各脂肪源的产量和价格，推荐黄斑蓝子鱼配合饲料中适宜脂肪源为菜籽油、豆油、棕榈油、亚麻籽油的复合油，且其比例为4∶1∶6∶1。详细内容见已发表论文Wang等（2018）。

参考文献

王树启，徐树德，吴清洋，等，2010. 黄斑蓝子鱼幼鱼对蛋白质和脂肪适宜需要量的研究[J]. 海洋科学，34（11）：18-22.

徐树德，2009. 黄斑蓝子鱼对蛋白质和脂肪的适宜需要量及其替代研究[D]. 汕头：汕头大学.

Wang S Q，Liu X B，Xu S D，et al.，2018. Total replacement of dietary fish oil with a blend of vegetable oils in the marine herbivorous teleost，*Siganus canaliculatus*[J]. Journal of the World Aquaculture Society，49（4）：692-702.

Xu S D，Wang S Q，Zhang L，et al.，2012. Effects of replacement of dietary fish oil with soybean oil on growth performance and tissue fatty acid composition in marine herbivorous teleost *Siganus canaliculatus*[J]. Aquaculture Research，43（9）：1276-1286.

第十章　脂肪酸精准营养技术在卵形鲳鲹高效配合饲料研发中的应用

第一节　卵形鲳鲹的基本营养需求

关于卵形鲳鲹的营养需求，2004 年开始在国内外学术期刊上有研究报道，但主要研究工作见于 2010 年以后。李远友等（2019）对该鱼的营养需求与饲料研究进展进行了综述，最近几年又增加了一些研究报道。研究内容涉及卵形鲳鲹对蛋白质、必需氨基酸、脂肪、必需脂肪酸、碳水化合物和微量营养素的需求，蛋白源和脂肪源替代鱼粉和鱼油，功能性饲料添加剂应用等方面，相关结果可为该鱼的精准营养及高效优质配合饲料的研发提供参考依据。

一、卵形鲳鲹对蛋白质和氨基酸的营养需求及饲料的鱼粉替代研究

前期，不同研究者以鱼粉、豆粕、菜籽粕、玉米蛋白粉、花生粕、啤酒酵母等为饲料蛋白源，利用初始均重 4.70～25.02 g 的卵形鲳鲹幼鱼在网箱中开展养殖试验，以特定生长率（SGR）、增重率（WGR）、饲料利用率（FCR）、消化性能（DP）、免疫机能（IF）等为评价指标，通过折线模型和二次曲线，得出不同规格幼鱼对蛋白质的营养需求水平为 42%～49%；利用初始均重 5.76～18.81 g 幼鱼开展类似试验，得出其对 5 种必需氨基酸（EAA）的适宜需求水平为：赖氨酸 2.61%～2.94%、精氨酸 2.68%～2.73%、蛋氨酸 1.06%～1.28%、异亮氨酸 1.82%～2.07%、亮氨酸 3.06%，具体详情见综述（李远友等，2019）。最近，Ma 等（2021）以增重率和特定生长率为评价指标，得出卵形鲳鲹幼鱼饲料中牛磺酸的适宜添加量为 10.02 g/kg。Zhou 等（2020）以机体代谢活性为评价指标，报道饲料中添加 2.77%亮氨酸有利于肝脏糖酵解和脂肪酸合成代谢。然而，关于卵形鲳鲹对苯丙氨酸、缬氨酸、色氨酸、苏氨酸和组氨酸等其他 EAA 的需求量以及不同规格幼鱼和成鱼期饲料的适宜蛋白质需求量，目前仍不清楚。

在卵形鲳鲹配合饲料中的鱼粉替代研究方面，早期研究多以单一陆源性蛋白源替代为主。研究表明，利用鸡肉粉、发酵豆粕、玉米蛋白粉、低棉酚棉籽粕可分别替代卵形鲳鲹饲料中 18%、50%、10.96%和 20%鱼粉，使饲料中的鱼粉水平分别降至 22%、21%、45%和 30%（易新文等，2019；李秀玲等，2019；胡海滨等，2019；Fu et al.，2021）。针对单一蛋白源替代鱼粉的局限性，近年来出现了利用复合蛋白源替代鱼粉，以及对植物蛋白源进行适当加工和生物技术处理，降低抗营养因子含量，提高其饲用价值方面的研究报道。例如，本书作者团队利用陆源性复合蛋白源（大豆浓缩蛋白、发酵豆粕、鸡肉

粉等）替代饲料中 40%～80%鱼粉，对卵形鲳鲹幼鱼生长无负面影响，且饲料成本可降低 13.16%～26.31%（Ma et al.，2020a）；采用 14%陆源性复合蛋白配合 10%酶解鱼浆蛋白可替代配合饲料中 80%鱼粉（黎恒基等，2021）。此两项研究中，饲料中的鱼粉水平可降低至 6%。此外，Ren 等（2021）报道，利用 γ 射线处理的羽毛粉替代鱼粉，可使卵形鲳鲹饲料鱼粉含量从对照组的 25%降低至 20%。

二、卵形鲳鲹对脂肪与脂肪酸的营养需求及饲料的鱼油替代研究

关于卵形鲳鲹对脂肪的营养需求，研究者利用初始均重 4.70～50.30 g 幼鱼进行的养殖试验表明，配合饲料中 6.5%～12%的脂肪水平基本能满足其生长需要。然而，最近的 3 项研究报道显示，以不同脂肪源开展养殖试验，得出卵形鲳鲹幼鱼对脂肪的适宜需求水平不同。例如，Fang 等（2021）以鱼油和大豆卵磷脂为脂肪源，获得饲料中脂肪的适宜添加水平为 12%～18%；Ren 等（2021）以鱼油为脂肪源，获得脂肪的适宜添加水平为 10.7%；Xun 等（2021）以鱼油、玉米油和大豆卵磷脂为脂肪源，获得脂肪的适宜添加水平为 9.36%。造成上述脂肪适宜添加水平不一致的原因，可能与饲料配方、养殖条件、脂肪源的脂肪酸组成等因素有关。此外，卵形鲳鲹作为广盐性鱼类，关于其在不同盐度、不同养殖模式（池塘、近海网箱、深远海网箱）下的脂肪需求情况尚少见报道。

关于卵形鲳鲹对 EFA 的需求情况，戚常乐（2016）以特定生长率为依据，通过二次曲线分析得出其幼鱼对 ALA、ARA、EPA 和 DHA 的适宜需求量分别为 1.04%、0.53%、0.42%和 0.85%。近年来，本书作者团队的研究结果表明，卵形鲳鲹的 LC-PUFA 合成能力缺乏或很弱，故其配合饲料中需要添加富含 LC-PUFA 的鱼油才能满足鱼体正常生长和生理功能对 EFA 的需要（Wang et al.，2020a）。养殖试验结果表明，卵形鲳鲹幼鱼配合饲料中含 0.64% LC-PUFA 即可满足其正常生长和存活对 EFA 的需要，1.24%～1.73% LC-PUFA 水平则有利于维持鱼体良好的健康水平和提升肌肉品质（Li et al.，2020a，2020b）；饲料中 DHA/EPA 比为 1.4 左右时有利于鱼的生长和健康，DHA/EPA 比过高则会产生负作用（Zhang et al.，2019a）。

关于卵形鲳鲹配合饲料中的鱼油替代研究已有一些报道。研究结果表明，在饲料中添加一定量鱼粉可满足卵形鲳鲹对 EFA 基础需求的情况下，利用动植物油（如豆油、猪油等）替代一定比例鱼油是可行的（张伟涛，2009；黄劼等，2013；孙卫，2013）。Li 等（2019）发现，相比鱼油对照饲料（8%），磷虾油、玉米油-鱼油混合油（1∶1）、玉米油-磷虾油混合油（1∶1）饲料对卵形鲳鲹幼鱼具有相同的促生长效果。然而，由于卵形鲳鲹的 LC-PUFA 合成能力缺乏或很弱，需要外源 EPA 和 DHA 作为 EFA（Zhang et al.，2019a）。因此，当以陆源性动植物油部分或完全替代鱼油时，可能产生两方面的问题，一是饲料中的 EFA 水平不能满足卵形鲳鲹的生理需求，二是饲料中的脂肪酸组成不平衡，导致生长缓慢、肝脏病变和鱼体脂肪过度沉积等，从而影响替代效果。因此，在满足鱼体最低 EFA 需求情况下，开展利用混合植物油或动植物油替代鱼油的研究，对于研发卵形鲳鲹高效配合饲料具有重要的现实意义。

三、卵形鲳鲹对碳水化合物的营养需求

配合饲料中添加适量的碳水化合物有利于饲料的适口性，对鱼类的正常生长和肠道健康具有重要作用，同时可起到节约蛋白质的效应。然而，鱼类（特别是肉食性海水鱼类）对碳水化合物的利用能力有限，海水鱼饲料中碳水化合物添加量一般不超过 20%，淡水鱼不超过 40%（蔡春芳和陈立侨，2006）。董兰芳（2016）以糊化玉米淀粉为糖原开展养殖试验，以特定生长率和饲料糖水平进行二次曲线回归分析，得出卵形鲳鲹幼鱼饲料中的适宜糖水平为 11.20%～19.80%。研究发现，如果卵形鲳鲹摄入过多糖类，超过其利用能力，可能引起脂肪肝，影响正常的生理机能（胡金城，2004）。目前，未见卵形鲳鲹在不同生长阶段对不同糖源需求量及耐受能力方面的研究。唐媛媛等（2013）对报道文献进行统计分析，推荐卵形鲳鲹配合饲料中粗纤维添加量为：稚鱼和幼鱼小于等于 3.0%，不同规格幼鱼和成鱼小于等于 6.0%；但关于卵形鲳鲹对粗纤维的适宜需求量有待进一步研究。

四、卵形鲳鲹对维生素和矿物质的营养需求

关于卵形鲳鲹对维生素需求的研究已有一些报道，研究者通过养殖试验，依据增重率和特定生长率等指标并经线性回归，得出其幼鱼饲料中维生素 B_2、维生素 B_6 和叶酸的适宜添加量分别为 4.23 mg/kg、8.84 mg/kg 和 4.53 mg/kg（黄倩倩，2019），维生素 B_1、泛酸和烟酸的适宜添加量分别为 12.94 mg/kg、21.03 mg/kg 和 29.85 mg/kg（荀鹏伟，2019），维生素 C 和维生素 E 的适宜添加量分别为 49.73 mg/kg（Zhang et al.，2019b）和 90.75 mg/kg（Zhang et al.，2021），肌醇适宜添加量为 720 mg/kg（黄忠等，2011）。但是，有关卵形鲳鲹对其他维生素的需求量有待研究。

目前，关于卵形鲳鲹对矿物质的营养需求研究不多。依据增重率、特定生长率和饲料利用率等指标并经线性回归，得出其幼鱼饲料中硒和多烟酸铬的适宜添加水平分别为 0.66 mg/kg 和 16.0 mg/kg（于万峰等，2019；Wang et al.，2019）；以肝脏 CuZn-SOD 活性为评价指标，得出其幼鱼饲料中锌的适宜添加水平为 57.04～65.95 mg/kg（于万峰等，2019）。

第二节　基于卵形鲳鲹 EFA 需求特性的复合油研发及其优良效果

一、基于卵形鲳鲹 EFA 需求特性的复合油的应用效果评估

在水产饲料配方中，鱼油（FO）由于富含 n-3 LC-PUFA 和具有良好的 n-3/n-6 PUFA 比，营养价值高，是一种主要的饲料脂肪源，水产养殖每年消耗全球近 75%的 FO 产量（Tacon and Metian，2015）。随着水产养殖业不断发展对 FO 需求的增加，加上其产量没有增加且有下降趋势，FO 供需矛盾日益突出，价格持续上涨，这严重制约水产养殖业的

健康可持续发展；相应地，可持续的替代脂肪源，特别是植物油被广泛用于水产饲料中（Turchini et al.，2009；Oliva-Teles，2012）。除罗非鱼等少数种类外，鱼类一般对 n-3 LC-PUFA 需求较高，故其饲料中要求含有较多的 DHA 和 EPA 或其前体 α-亚麻酸。但是，植物油不仅缺乏 LC-PUFA，而且大多富含亚油酸（18:2n-6）而 α-亚麻酸（18:3n-3）含量低，只有紫苏籽油、亚麻籽油、红花油等含有较多的 α-亚麻酸。因此，在利用陆源性植物油替代配合饲料中的鱼油生产饲料时，如果脂肪源选择不合适，容易造成饲料的脂肪酸不平衡及鱼体所需的 EFA 缺乏或不足、脂肪代谢混乱等问题，进而导致脂肪蓄积严重，甚至脂肪肝、免疫力和营养品质下降等问题。我们认为，重视鱼类的脂肪酸精准营养及饲料的脂肪酸平衡非常重要，这可能是解决目前养殖鱼类普遍存在的脂肪蓄积严重及脂肪肝问题、提高饲料的鱼油替代技术的重要对策。为了验证此观点，我们根据第四章中弄清的卵形鲳鲹 EFA 需求特性（LC-PUFA 适宜水平 0.64%～1.73% LC-PUFA，DHA/EPA 适宜比 1.4 左右），以鱼油及几种植物油为脂肪源，集成油脂的精准配比、均质化、抗氧化等多种技术，研发出符合卵形鲳鲹 EFA 需求特性的复合油（BO，简称“金鲳复合油”）并开展应用效果评估。

另外，在传统的水产饲料生产中，脂肪源通常以液态油形式直接添加到饲料原料中，通过与其他原料充分混合后，借助饲料机制备成颗粒饲料或膨化料。在此种饲料生产方法中，油脂可能因为制备过程中的高温高压而导致营养损失（刘凡和李艳芳，2016）。为了保证饲料产品的品质及解决营养损失问题，研究者相继开发出了不同的饲料加工工艺，如真空喷涂技术；也有将液态油通过包埋、吸附和纳米结晶技术转变为脂肪粉，以减少脂质损失、氧化和酸败（Bakry et al.，2016；Haider et al.，2017；Oliveira et al.，2016）。与液态油相比，脂肪粉在运输、混合、包装、储存、使用等方面具有优越性能，已被广泛应用于家畜家禽饲料中，证明其对动物的生长和脂肪代谢有着积极的作用（刘融等，2018；郑荷花等，2016）。然而，关于脂肪粉在水产配合饲料中的应用研究少见报道。

为了评估金鲳复合油的应用效果及脂肪粉作为水产饲料脂肪源的可行性，我们分别以鱼油（FO）、金鲳复合油（BO）及其相应的脂肪粉作为脂肪源，制备 4 种等氮（46%）等脂（12%）配合饲料（分别命名为 FOl、BOl、FOp 和 BOp），饲料配方和脂肪酸组成分别见表 10-1 和表 10-2。以此 4 种饲料在海上网箱中（1.0 m×1.0 m×2.0 m）对卵形鲳鲹幼鱼（初始体重约 15.10 g）开展 10 周养殖试验，每种饲料设置三个重复，每个网箱放 30 条鱼。试验结束后，比较不同饲料投喂组鱼的生长性能、肝脏和背肌的脂肪酸（FA）组成、血清生化指标、肝脏抗氧化指标以及抗氧化和 FA 转运相关基因的 mRNA 水平。取得的主要结果如下。

表 10-1　卵形鲳鲹试验饲料配方及常规营养成分　　（单位：%）

项目		FOl	FOp	BOl	BOp
组分	鱼粉	25	25	25	25
	豆粕	45	45	45	45
	淀粉	14	9.6	14	9.2
	鱼油	7	—	—	—

续表

项目		FOl	FOp	BOl	BOp
组分	鱼油粉末[①]	—	11.4	—	—
	复合油	—	—	7	—
	复合油粉末[①]	—	—	—	11.4
	卵磷脂	2	2	2	2
	其他成分[②]	7	7	7	7
常规营养成分	干物质	93.61	93.63	93.63	93.53
	粗蛋白质	46.03	46.20	45.79	46.04
	粗脂肪	12.39	12.37	12.03	12.60
	粗灰分	9.80	10.02	9.57	9.74

注：FOl，鱼油；FOp，鱼油粉；BOl，复合油；BOp，复合油粉。①含有60%脂肪和40%玉米淀粉及少量乳化剂和抗氧化剂。②包括磷酸二氢钙、赖氨酸、氯化胆碱、复合维生素和无机盐、微晶纤维素。“—”表示未“无”。

表 10-2　试验饲料的脂肪酸组成

项目		FOl	FOp	BOl	BOp
主要脂肪酸/%总脂肪酸	14:0	4.66	4.82	3.88	3.80
	16:0	19.77	19.87	21.55	21.24
	18:0	4.14	4.23	5.54	5.39
	20:0	0.51	0.47	0.33	0.34
	22:0	0.40	0.37	0.48	0.53
	16:1	5.13	5.08	3.41	3.39
	18:1	15.83	16.03	25.84	26.11
	20:1	0.59	0.58	0.36	0.39
	18:2n-6（LA）	13.64	13.78	19.38	19.48
	18:3n-6	1.13	1.19	1.11	1.09
	20:3n-6	0.32	0.33	0.39	0.39
	20:4n-6（ARA）	1.57	1.66	1.01	1.04
	18:3n-3（ALA）	4.62	4.51	4.38	4.26
	18:4n-3	0.92	0.88	0.46	0.51
	20:4n-3	1.80	1.78	0.79	0.82
	20:5n-3（EPA）	7.62	7.76	5.28	5.33
	22:5n-3	1.15	1.23	0.80	0.79
	22:6n-3（DHA）	12.04	12.27	7.21	7.27
	SFA	29.72	29.88	31.82	31.47
	MUFA	21.60	21.71	29.70	29.90
	n-3 PUFA	29.46	28.93	19.13	19.08

续表

项目		FOl	FOp	BOl	BOp
主要脂肪酸/%总脂肪酸	n-6 PUFA	16.77	17.04	21.93	22.06
	n-3 LC-PUFA	22.65	23.04	14.09	14.21
	n-6 LC-PUFA	1.90	1.99	1.41	1.43
	DHA/EPA	1.58	1.58	1.37	1.36
饲料氧化稳定性	过氧化值/(meq/kg)	40.25	7.44	20.77	3.46
	丙二醛含量/(nmol/mg)	1.23	0.33	0.80	0.21

（一）不同饲料投喂组鱼生长性能和基础生化成分比较

经过 10 周的养殖试验后，4 个饲料投喂组鱼在增重率（WGR）、特定生长率（SGR）、饲料系数（FCR）、肥满度（CF）、脏体比（VSI）、存活率（SUR）等生长性能指标和全鱼基础生化成分指标（干物质、粗蛋白质、粗脂肪和粗灰分）方面均无显著差异（$P>0.05$，表 10-3）。尽管上述指标在 4 个饲料投喂组之间没有显示出统计学差异，但在 WGR、FCR、CF 及肝体比（HSI）等指标方面，金鲳复合油及其脂肪粉组的养殖效果与鱼油及其脂肪粉组相当甚至更优。例如，金鲳复合油（BOl）及其脂肪粉（BOp）饲料投喂组鱼的 WGR 分别比鱼油（FOl）及其脂肪粉（FOp）组鱼高 13%和 17%。此外，金鲳复合油脂肪粉（BOp）组鱼的 HSI 显著低于鱼油及其脂肪粉组（$P<0.05$）。

表 10-3　利用试验饲料投喂卵形鲳鲹 10 周后的生长性能及全鱼基础生化成分

项目		FOl	FOp	BOl	BOp
生长指标	初始体重/g	15.25±0.00	15.17±0.08	15.08±0.17	15.08±0.30
	终末体重/g	84.87±2.27	85.05±2.96	92.88±2.44	96.63±2.45
	增重率/%	456.52±26.25	461.77±36.61	515.11±26.63	539.77±10.93
	特定生长率/(%/d)	2.45±0.07	2.46±0.10	2.59±0.06	2.65±0.02
	饲料系数	1.67±0.11	1.69±0.15	1.51±0.09	1.37±0.04
	肥满度/(g/cm^3)	3.19±0.07	3.17±0.08	3.11±0.05	3.20±0.09
	肝体比/%	1.19±0.06^b	1.23±0.02^b	1.09±0.03^{ab}	1.01±0.06^a
	脏体比/%	5.49±0.11	5.60±0.11	5.58±0.18	5.60±0.17
	存活率/%	100	98.33±1.67	98.33±1.67	98.33±1.67
常规营养成分/%干重	干物质	68.80±0.18	68.21±6.62	68.55±0.78	69.75±0.41
	粗蛋白质	16.87±0.67	17.05±0.53	16.72±0.87	16.75±0.34
	粗脂肪	9.05±0.27	9.64±0.55	9.48±0.84	8.48±0.31
	粗灰分	4.00±0.22	4.18±0.34	3.93±0.18	4.22±0.15

注：数据为平均值±标准误（$n=3$）。每行数据中，无相同上标字母者表示相互间差异显著（$P<0.05$）；无上标字母表示相互间无差异（$P>0.05$）。

（二）不同饲料投喂组鱼的肝脏和背肌的脂肪酸组成

肝脏和背肌的脂肪酸组成反映了饲料的脂肪酸构成（表 10-4 和表 10-5）。在鱼油（FO）和复合油（BO）饲料组鱼的肝脏和背肌中，大多数 FA 类型（MUFA、PUFA 和 LC-PUFA）的含量存在明显差异。饲喂鱼油（FO）饲料的鱼的 n-3 PUFA 和 LC-PUFA 水平高于饲喂复合油（BO）的鱼（$P<0.05$），而 MUFA、n-6 PUFA 的水平则相反。说明卵形鲳鲹缺乏 LC-PUFA 合成能力或该能力很弱，这与本书作者团队的研究结果一致（Wang et al., 2020a）。另外，饲喂液态油饲料（FOl，BOl）与相应脂肪粉饲料（FOp，BOp）的鱼相比，肝脏或背肌中的脂肪酸组成无显著差异（$P>0.05$），表明脂肪粉对组织脂肪酸组成的影响与相应的液态油相同。

表 10-4 饲喂试验饲料 10 周的卵形鲳鲹肝脏的主要脂肪酸组成 （单位：%总脂肪酸）

主要脂肪酸	FOl	FOp	BOl	BOp
14:0	2.58±0.17[b]	2.45±0.15[ab]	1.86±0.12[a]	1.84±0.04[a]
16:0	23.85±0.71	24.02±0.08	24.88±0.12	25.37±0.37
18:0	5.33±0.26	5.42±0.21	6.56±0.33	6.41±0.20
20:0	0.34±0.02	0.35±0.02	0.28±0.01	0.31±0.01
22:0	0.46±0.03	0.48±0.02	0.40±0.01	0.43±0.02
16:1	3.38±0.03[b]	3.23±0.03[b]	2.36±0.14[a]	2.40±0.04[a]
18:1	17.75±1.91[a]	18.38±1.72[a]	27.92±2.12[b]	28.75±0.27[b]
20:1	1.16±0.11	1.09±0.02	0.92±0.02	0.89±0.03
18:2n-6（LA）	8.49±0.37[a]	8.37±0.45[a]	11.95±0.76[b]	11.60±0.35[b]
18:3n-6	1.65±0.15[a]	1.53±0.08[a]	2.38±0.20[b]	2.35±0.13[b]
20:3n-6	0.27±0.02	0.26±0.01	0.23±0.01	0.21±0.01
20:4n-6（ARA）	1.00±0.24[a]	1.08±0.11[a]	0.79±0.10[b]	0.73±0.02[b]
18:3n-3（ALA）	3.47±0.10	3.43±0.05	3.54±0.02	3.54±0.03
18:4n-3	0.81±0.03[b]	0.72±0.06[b]	0.39±0.08[a]	0.42±0.03[a]
20:4n-3	2.19±0.49	2.08±0.32	1.87±0.15	1.95±0.11
20:5n-3（EPA）	1.34±0.31[b]	1.46±0.07[b]	0.95±0.05[a]	1.03±0.02[a]
22:5n-3	2.56±0.18[b]	2.58±0.07[b]	1.34±0.12[a]	1.33±0.01[a]
22:6n-3（DHA）	12.34±0.62[b]	13.63±1.24[b]	8.03±0.60[a]	8.57±0.16[a]
SFA	32.60±0.75	32.76±0.13	33.98±0.34	34.36±0.51
MUFA	22.42±1.90[a]	22.76±1.71[a]	31.26±2.20[b]	32.08±0.26[b]
n-3 PUFA	22.71±1.76[b]	23.90±1.14[b]	16.12±0.74[a]	16.83±0.30[a]
n-6 PUFA	11.43±0.68[a]	11.27±0.54[a]	15.39±0.94[b]	14.97±0.46[b]
n-3 LC-PUFA	18.43±1.86[b]	19.75±1.13[b]	12.19±1.09[a]	12.88±0.28[a]
n-6 LC-PUFA	1.27±0.04[b]	1.35±0.05[b]	1.03±0.09[a]	0.96±0.06[a]

注：数据为各饲料组 3 个重复的每个网箱 3 尾鱼的平均值±标准误（$n=3$）。每行数据中无相同上标字母者表示相互间差异显著（$P<0.05$）。

表 10-5 饲喂试验饲料 10 周的卵形鲳鲹背肌的主要脂肪酸组成 （单位：%总脂肪酸）

主要脂肪酸	FOl	FOp	BOl	BOp
14:0	3.81±0.12[b]	3.52±0.04[b]	2.75±0.10[a]	2.87±0.04[a]
16:0	22.35±0.25	22.70±0.34	23.21±0.26	22.92±0.45
18:0	5.10±0.20	4.90±0.09	5.43±0.22	5.25±0.16
20:0	0.40±0.04[b]	0.38±0.01[b]	0.32±0.01[a]	0.33±0.01[a]
22:0	0.31±0.01	0.32±0.00	0.29±0.02	0.29±0.02
16:1	4.49±0.13[b]	4.65±0.05[b]	3.35±0.11[a]	3.45±0.07[a]
18:1	21.76±0.37[a]	22.40±0.35[a]	27.30±0.57[b]	27.49±0.47[b]
20:1	0.53±0.03	0.66±0.02	0.51±0.02	0.52±0.04
18:2n-6（LA）	11.60±0.20[a]	12.44±0.26[a]	16.08±0.20[b]	16.74±0.15[b]
18:3n-6	0.98±0.06[a]	1.03±0.04[a]	1.31±0.04[b]	1.32±0.03[b]
20:3n-6	1.40±0.09[b]	1.37±0.04[b]	0.46±0.03[a]	0.51±0.03[a]
20:4n-6（ARA）	0.87±0.06[b]	0.86±0.05[b]	0.54±0.07[a]	0.57±0.04[a]
18:3n-3（ALA）	3.56±0.17	3.60±0.13	3.78±0.76	3.78±0.17
18:4n-3	0.77±0.03[b]	0.87±0.01[b]	0.44±0.01[a]	0.45±0.02[a]
20:4n-3	0.96±0.03[b]	0.95±0.01[a]	0.85±0.02[a]	0.82±0.02[a]
20:5n-3（EPA）	4.26±0.06[b]	4.64±0.05[b]	1.94±0.05[a]	2.02±0.07[a]
22:5n-3	3.36±0.05[b]	3.45±0.04[b]	2.23±0.02[a]	2.15±0.04[a]
22:6n-3（DHA）	13.15±0.44[b]	13.65±0.44[b]	7.99±0.54[a]	8.17±0.53[a]
SFA	32.47±0.21	32.32±0.32	32.34±0.23	31.99±0.19
MUFA	25.78±0.51[a]	27.00±0.37[a]	31.16±0.67[b]	31.46±0.54[b]
n-3 PUFA	25.96±0.86[b]	27.16±0.37[b]	17.23±0.47[a]	17.39±0.53[a]
n-6 PUFA	15.82±0.31[a]	16.27±0.37[a]	19.03±0.23[b]	19.69±0.22[b]
n-3 LC-PUFA	21.73±0.90[b]	22.69±0.48[b]	13.01±0.83[a]	13.16±0.57[a]
n-6 LC-PUFA	2.40±0.12[b]	2.36±0.07[b]	1.13±0.08[a]	1.11±0.07[a]

注：数据为各饲料组 3 个重复的每个网箱 3 尾鱼的平均值±标准误（$n=3$）。每行数据中无相同上标字母者表示相互间差异显著（$P<0.05$）。

（三）不同饲料投喂组鱼的血清生化参数

饲喂 10 周后，卵形鲳鲹血清生化指标和肝脏抗氧化指标见表 10-6。复合油粉（BOp）和鱼油粉（FOp）饲料投喂组鱼的血清葡萄糖（GLU）和甘油三酯（TG）水平均显著高于复合油（BOl）饲料组，且 BOp 组的低密度脂蛋白（LDL）水平最高（$P<0.05$）。血清高密度脂蛋白（HDL）水平、谷丙转氨酶（ALT）和谷草转氨酶（AST）活性在四个饲料组之间无差异（$P>0.05$）（表 10-6）。在四个饲料组中，复合油（BO）饲料投喂组鱼的碱性磷酸酶（ALP）活性较高，特别是 BOp 组的 ALP 活性显著高于 FOl 组（$P<0.05$）。

表 10-6　饲喂试验饲料 10 周的卵形鲳鲹血清生化指标和肝脏抗氧化指标

指标		FOl	FOp	BOl	BOp
血清生化指标	葡萄糖/(mmol/L)	6.35±0.25[ab]	7.18±0.45[b]	5.48±0.34[a]	7.11±0.74[b]
	甘油三酯/(mmol/L)	1.38±0.12[ab]	1.41±0.16[b]	1.03±0.03[a]	1.47±0.28[b]
	低密度脂蛋白/(mmol/L)	0.06±0.04[a]	0.13±0.04[a]	0.10±0.02[a]	0.29±0.04[b]
	高密度脂蛋白/(mmol/L)	2.08±0.15	2.32±0.26	1.86±0.09	2.42±0.14
	碱性磷酸酶/(U/mL)	6.14±0.42[a]	7.81±0.65[ab]	7.98±0.43[ab]	9.16±0.76[b]
	谷丙转氨酶/(U/L)	21.37±3.02	17.37±2.87	15.45±2.14	14.23±2.16
	谷草转氨酶/(U/L)	7.72±0.78	7.98±0.40	8.71±1.58	7.08±1.28
肝脏抗氧化指标	过氧化氢酶/(U/mg prot)	73.52±2.04	81.75±8.60	87.81±2.43	87.16±1.97
	总超氧化物歧化酶/(U/mg prot)	161.98±2.49	165.45±9.44	160.39±4.12	177.90±5.34
	总抗氧化能力/(U/mg prot)	0.19±0.00	0.18±0.01	0.19±0.01	0.20±0.01
	丙二醛/(nmol/mg prot)	1.77±0.13[c]	1.25±0.15[b]	0.89±0.13[ab]	0.70±0.12[a]

注：数据为各饲料组 3 个重复的每个网箱 3 尾鱼的平均值±标准误（$n=3$）。每行数据中无相同上标字母者表示相互间差异显著（$P<0.05$）。

（四）氧化和抗氧化参数

四种试验饲料在–20℃条件下贮藏 3 个月后，脂肪粉饲料的过氧化值（POV）仅为液态油饲料的 16.66%～18.48%（FOp 和 FOl 中分别为 7.44 meq/kg 和 40.25 meq/kg，BOp 和 BOl 中分别为 3.46 meq/kg 和 20.77 meq/kg）。同样，前者的丙二醛（MDA）水平（0.33 nmol/mg 和 1.23 nmol/mg）仅为后者（0.21 nmol/mg 和 0.80 nmol/mg）的 26.25%～26.83%。这些数据表明，脂肪粉饲料的 POV 和 MDA 水平远低于液态油饲料，这意味着由脂肪粉制成的饲料比由传统液态油制成的饲料具有更高质量的氧化稳定性（表 10-2）。

四种饲料投喂组鱼的肝脏过氧化氢酶（CAT）、总超氧化物歧化酶（T-SOD）活性、总抗氧化能力（T-AOC）差异不显著（$P>0.05$），而 BOp 组的 MDA 水平显著低于 FO 饲料组（$P<0.05$）（表 10-6），说明金鲳复合油（BO）脂肪粉有利于提高鱼体的抗氧化能力。

（五）不同饲料投喂组鱼抗氧化和脂肪酸转运相关基因的表达情况

与肝脏抗氧化能力相关的基因（*cat*、*sod* 和 *gsh-px*）（图 10-1A）以及与肠道 FA 转运相关的基因（*cd36*、*fabp2* 和 *fatp4*）（图 10-1B）的表达水平，在喂食脂肪粉饲料的鱼中普遍高于喂食液态油饲料的鱼。具体而言，FOp 组 *cat*、BOp 组 *sod*、FOp 组和 BOp 组 *gsh-px* 的基因表达水平显著高于相应的 FOl 或 BOl 组（$P<0.05$）（图 10-1A）。同样，FOp 组中 *fatp4* 的 mRNA 表达水平以及 FOp 组和 BOp 组中 *fabp2* 的 mRNA 表达水平显著高于相应 FOl 或 BOl 组（$P<0.05$）（图 10-1B）。结果表明，脂肪粉饲料对肝脏和肠道抗氧化能力和脂肪酸转运相关基因的表达有积极影响。

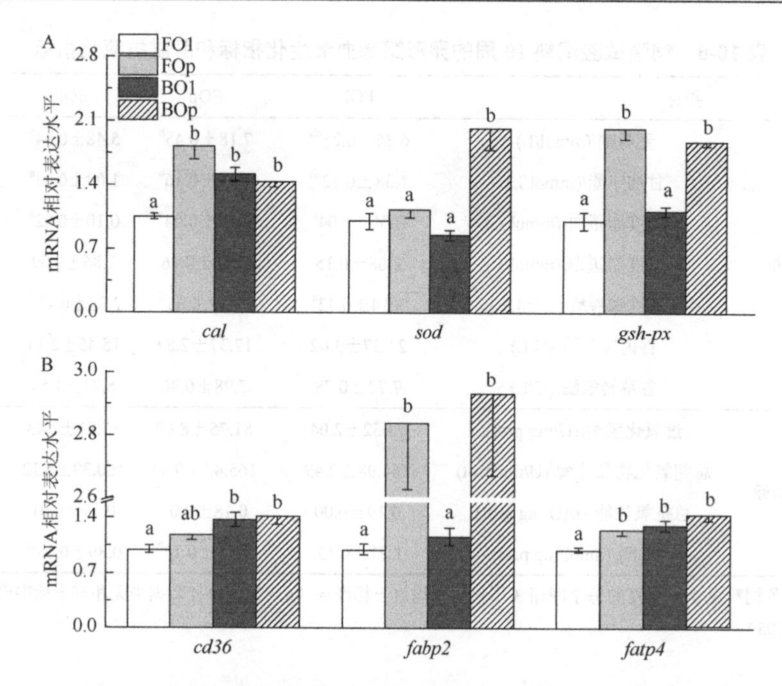

图 10-1 饲喂 4 种试验饲料 10 周，卵形鲳鲹肝脏抗氧化能力（A）和肠道脂肪酸转运相关基因（B）的表达水平

数据为每种饲料 3 个重复，每个重复 3 条鱼的平均值±标准差（$n=3$）；每个基因中，柱上无相同字母标注表示相互间差异显著（$P<0.05$）。

（六）总结

上述养殖试验的生长性能指标（增重率、饲料系数、肝体比、肥满度等）结果表明，基于卵形鲳鲹 EFA 需求特性的金鲳复合油及其脂肪粉饲料的养殖效果与鱼油及其脂肪粉饲料相当甚至更优，表明脂肪酸精准营养是提高饲料脂肪效率和减少水产养殖对鱼油依赖的有效策略。此外，与液态油脂为脂肪源的饲料相比，脂肪粉饲料具有更好的抗氧化稳定性及促生长效果。因此，脂肪粉是水产饲料生产中一种适合的脂肪源添加形式。这是有关基于脂肪酸精准营养的脂肪源及其脂肪粉在水产饲料和水产养殖中的首次应用效果评估，研究成果对于促进水产饲料行业的脂肪酸精准营养研究和应用具有重要意义，详细内容见已发表论文 Xie 等（2020）。

二、卵形鲳鲹复合油对配合饲料中鱼粉替代水平的影响及机制研究

上述研究表明，基于卵形鲳鲹 EFA 需求特性的金鲳复合油展现的养殖效果与鱼油相当甚至更优。为了进一步探讨金鲳复合油的应用效果，特别是其对配合饲料中鱼粉替代水平的影响及机制，我们以鱼油、金鲳复合油以及饲料公司常用的鱼油∶豆油＝2∶3 的复合油（简称“公司复合油”）为脂肪源，制备 4 种等氮（45%）等脂（12%）饲料（D1～D4）。其中，D1 含 30%鱼粉和 8%鱼油，D2 含 30%鱼粉和 8%金鲳复合油，D3 含 12%鱼

粉和8%金鲳复合油，D4含12%鱼粉和8%公司复合油，饲料配方及脂肪酸组成见表10-7和表10-8。利用上述4种饲料在海上网箱喂养平均初始体重为7.61 g的卵形鲳鲹幼鱼9周，通过比较不同试验组鱼的生长性能、血清氧化应激相关指标以及肝脏脂肪酸组成、肌肉品质和肠道菌群结构，评估金鲳复合油和公司复合油的应用效果，探讨金鲳复合油及饲料脂肪酸组成对鱼粉替代效果的影响。研究成果不仅可为金鲳复合油的推广应用提供依据，对于降低水产养殖对鱼油鱼粉的依赖也具有重要现实意义。主要研究结果及结论如下。

表10-7　饲料配方及常规营养成分　（单位：%）

项目		D1	D2	D3	D4
组分	鱼粉	30	30	12	12
	基础蛋白①	28.5	28.5	32.9	32.9
	复合蛋白②	—	—	18	18
	高精面粉	17	17	17	17
	鱼油	8	—	—	—
	金鲳复合油③	—	8	8	—
	公司复合油④	—	—	—	8
	预混料⑤	4	4	4	4
	DL-蛋氨酸	—	—	0.18	0.18
	DL-赖氨酸	—	—	0.38	0.38
	麸皮	12.5	12.5	7.54	7.54
常规营养成分	水分	7.45	6.86	7.13	7.68
	粗蛋白质	46.81	46.03	45.50	45.58
	粗脂肪	13.21	12.51	13.15	12.84
	粗灰分	9.36	8.59	8.98	8.90

注：①基础蛋白由鸡肉粉、大豆浓缩蛋白、玉米蛋白粉组成；②由发酵豆粕和酶解豆粕等组成（Ma et al，2020a）；③基于卵形鲳鲹必需脂肪酸需求特性的复合油（Xie et al.，2020），简称金鲳复合油；④鱼油∶大豆油＝2∶3，简称公司复合油；⑤包括维生素、矿物质、氯化胆碱、磷酸二氢钙。“—”表示“无”。

表10-8　四种试验饲料的脂肪酸组成　（单位：%总脂肪酸）

主要脂肪酸	D1	D2	D3	D4
14:00	6.59	3.62	3.40	3.42
16:00	22.06	28.85	29.72	20.43
18:00	4.94	4.98	6.89	5.36
20:00	0.41	0.47	0.56	0.50
21:00	1.45	0.86	0.52	0.74
23:00	1.13	0.67	0.52	0.72

续表

主要脂肪酸	D1	D2	D3	D4
14:1	0.60	0.38	0.35	0.46
16:1	5.21	3.44	2.59	2.97
18:1n-9	12.12	20.71	22.78	18.77
18:1n-11	3.64	3.20	3.53	3.60
22:1n-9	0.74	0.39	0.38	0.73
18:2n-6（LA）	9.26	13.75	14.47	24.72
20:3n-6	0.20	0.24	0.31	0.43
20:4n-6（ARA）	0.40	0.21	0.16	0.17
18:3n-3（ALA）	2.15	1.97	1.86	3.68
20:5n-3（EPA）	9.72	4.68	3.70	3.05
22:5n-3（DPA）	1.31	0.70	0.52	0.51
22:6n-3（DHA）	9.66	5.37	3.98	5.32
SFA	36.58	39.45	41.60	31.16
MUFA	23.55	28.79	30.21	27.91
n-6 PUFA	10.73	14.64	15.28	25.56
n-3 PUFA	23.00	12.73	10.06	12.57
n-3 HUFA	19.38	10.05	7.67	8.38
DHA/EPA	0.99	1.15	1.08	1.74

（一）不同饲料投喂组鱼生长性能的比较

利用上述 4 种配合饲料养殖卵形鲳鲹 9 周后，各饲料投喂组鱼的成活率都在 98%以上（表 10-9）。在 30%鱼粉水平下，金鲳复合油饲料（D2）和鱼油饲料（D1）投喂组鱼的终末体重、增重率和特定生长率等生长性能指标一样好甚至更好；在 12%鱼粉水平下，金鲳复合油饲料（D3）投喂组鱼的生长性能显著好于公司复合油饲料（D4）组鱼（$P<0.05$）。与 D1 饲料（30%鱼粉、鱼油脂肪源）投喂组鱼相比，D3 饲料（12%鱼粉、金鲳复合油）投喂组鱼的生长性能指标表现一样好（$P>0.05$），但 D4 饲料（12%鱼粉、公司复合油）投喂组鱼的生长性能指标显著降低（$P<0.05$，表 10-9）。上述结果说明，以金鲳复合油为脂肪源时，其饲料的生长效果与鱼油一样好甚至更好，且复合蛋白可成功替代饲料中 60%鱼粉，但以公司复合油为脂肪源时则不能成功替代。

表 10-9　卵形鲳鲹摄食试验饲料 9 周后的生长性能

生长指标	D1	D2	D3	D4
初始体重/g	7.56±0.06	7.58±0.08	7.67±0.00	7.58±0.09
终末体重/g	74.10±1.52[b]	78.7±2.31[b]	71.55±2.39[b]	62.64±2.16[a]

续表

生长指标	D1	D2	D3	D4
增重率/%	880.75±17.87[bc]	937.59±19.04[c]	833.29±31.15[b]	726.49±7.52[a]
特定生长率/(%/d)	3.62±0.03[bc]	3.71±0.03[c]	3.54±0.05[b]	3.35±0.07[a]
饲料系数	1.40±0.02	1.41±0.07	1.46±0.02	1.52±0.07
存活率/%	98.89±1.11	100±0.00	100±0.00	98.89±1.11

注：数据为各饲料 3 个重复的平均值±标准误（$n = 3$）。同行中没有相同字母表示差异显著（$P<0.05$）。

（二）不同饲料投喂组鱼血清氧化应激指标及肝脏脂肪酸组成的比较

如图 10-2 和表 10-10 所示，在 30%鱼粉水平下，金鲳复合油饲料（D2）组鱼的血清氧化型谷胱甘肽（GSSG）和丙二醛（MDA）含量显著低于鱼油饲料（D1）组（$P<0.05$）；在 12%鱼粉水平下，金鲳复合油饲料（D3）组鱼的血清 GSSG、MDA 含量及超氧化物歧化酶（SOD）活性显著低于公司复合油饲料（D4）组（$P<0.05$）。同时，D2 组鱼肝脏 ARA、EPA、DHA、n-3 PUFA 和 n-3 LC-PUFA 水平显著低于 D1 组鱼，D3 组鱼肝脏 LA 和 n-6 PUFA 含量显著低于 D4 组鱼（$P<0.05$）。这些结果说明，金鲳复合油饲料可减少鱼体的氧化应激，且鱼体的氧化应激可能与肝脏多不饱和脂肪酸水平有关；肝脏中 n-6 PUFA 和 n-3 PUFA 水平过高更容易导致脂质过氧化，增加鱼体的氧化应激。金鲳复合油饲料脂肪酸组成较好可能是其可降低鱼体氧化应激的重要原因。

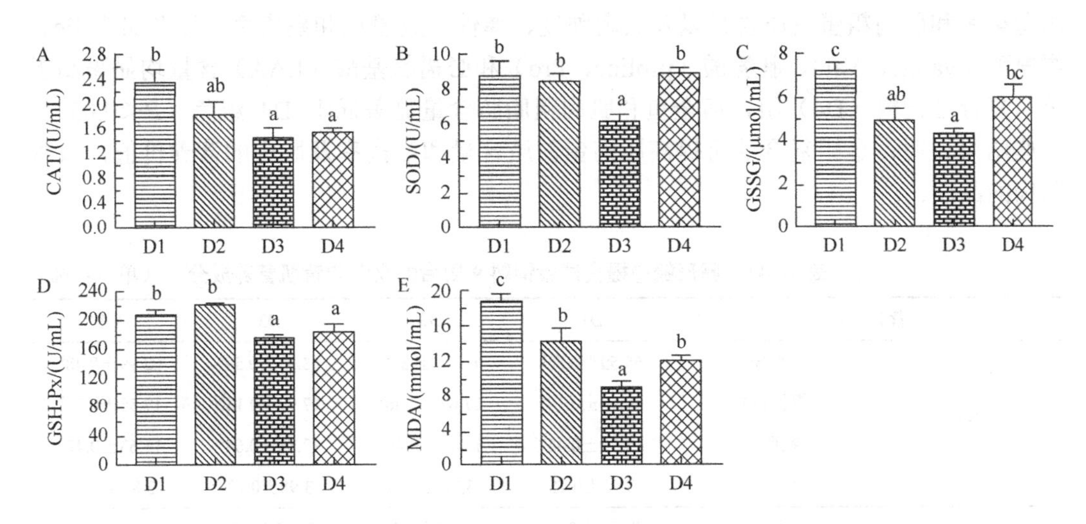

图 10-2　卵形鲳鲹摄食试验饲料 9 周后的血清氧化应激相关指标

A：过氧化氢酶（CAT）；B：超氧化物歧化酶（SOD）；C：氧化型谷胱甘肽（GSSG）；D：谷胱甘肽过氧化物酶（GSH-Px）；E：丙二醛（MDA）。数据是每组三个平行（每个平行检测两尾鱼）的平均值±标准误，柱上无相同字母表示相互间差异显著（$P<0.05$）。

表 10-10 卵形鲳鲹摄食试验饲料 9 周后的肝脏脂肪酸组成 （单位：%总脂肪酸）

主要脂肪酸	D1	D2	D3	D4
18:2n-6（LA）	5.10±0.70[ab]	4.60±0.27[a]	6.36±0.16[b]	9.58±0.61[c]
20:4n-6（ARA）	0.52±0.09[b]	0.14±0.02[a]	0.17±0.00[a]	0.15±0.02[a]
18:3n-3（ALA）	2.54±0.14[a]	3.06±0.11[b]	3.33±0.11[b]	3.36±0.13[b]
20:5n-3（EPA）	0.98±0.08[b]	0.24±0.01[a]	0.18±0.01[a]	0.13±0.01[a]
22:6n-3（DHA）	7.22±0.87[b]	3.45±0.35[a]	2.77±0.10[a]	3.00±0.29[a]
SFA	40.03±1.08[a]	44.87±0.85[b]	41.78±0.44[a]	41.53±0.85[a]
MUFA	34.37±1.42[a]	37.56±0.67[b]	38.3±0.24[b]	34.01±0.89[a]
n-6 PUFA	7.41±0.89[ab]	6.58±0.37[a]	9.08±0.23[b]	13.14±0.79[c]
n-3 PUFA	13.97±1.31[b]	8.19±0.37[a]	7.92±0.21[a]	7.98±0.30[a]
n-3 LC-PUFA	8.20±0.95[b]	3.69±0.37[a]	2.95±0.11[a]	3.13±0.30[a]
DHA/EPA	7.31±0.35[a]	14.20±0.59[b]	15.72±0.34[b]	22.49±1.56[c]

注：数据为平均值±标准误（$n=3$）。同一行中，无相同上标字母标注者，表示相互间有显著差异（$P<0.05$）。

（三）不同饲料投喂组鱼肌肉品质的比较

卵形鲳鲹摄食试验饲料 9 周后，其肌肉品质相关指标见表 10-11～表 10-13。结果显示：在 30%鱼粉水平下，金鲳复合油饲料（D2）组鱼肌肉的粗蛋白质和异亮氨酸（isoleucine，Ile）含量以及剪切力和熟肉率均显著高于鱼油饲料（D1）组鱼，全鱼和肌肉粗脂肪含量显著低于 D1 组鱼（$P<0.05$）；在 12%鱼粉水平下，金鲳复合油饲料（D3）组鱼全鱼和肌肉粗蛋白质含量以及肌肉硬度、弹性、胶着性和熟肉率，以及肌肉 Ile、缬氨酸（valine，Val）、脯氨酸（proline，Pro）和必需氨基酸（EAA）含量均显著高于公司复合油饲料（D4）组，而全鱼和肌肉粗脂肪含量显著低于 D4 组鱼（$P<0.05$）。这些结果说明，金鲳复合油可提高肌肉蛋白质含量和熟肉率及肌肉的营养价值，改善肌肉的品质。

表 10-11 卵形鲳鲹摄食试验饲料 9 周后的全鱼和背肌营养成分 （单位：%）

营养成分		D1	D2	D3	D4
全鱼	水分	65.59±0.56[b]	65.79±.39[b]	63.36±0.54[a]	62.99±0.48[a]
	粗蛋白质	17.50±0.14[a]	17.63±0.06[a]	17.97±0.13[b]	17.55±0.09[a]
	粗脂肪	15.70±0.45[b]	13.46±0.49[a]	12.88±0.64[a]	15.63±0.42[b]
	粗灰分	3.92±0.15	3.78±0.05	3.98±0.10	3.81±0.12
肌肉	水分	72.31±0.51	72.98±0.22	73.85±0.28	73.37±0.42
	粗蛋白质	19.31±0.23[a]	20.51±0.14[b]	19.97±0.11[b]	18.92±0.26[a]
	粗脂肪	7.70±0.54[b]	5.59±0.17[a]	5.22±0.22[a]	6.99±0.48[b]
	粗灰分	1.43±0.03[bc]	1.54±0.04[c]	1.28±0.06[a]	1.32±0.04[ab]

注：数据为平均值±标准误（$n=3$）。同一行中，无相同上标字母标注者，表示相互间有显著差异（$P<0.05$）。

表 10-12　卵形鲳鲹摄食试验饲料 9 周后的背肌氨基酸组成　（单位：%干重）

氨基酸	D1	D2	D3	D4
赖氨酸	2.58±0.21	2.33±0.25	2.37±0.18	1.91±0.04
苯丙氨酸	3.96±0.11	4.07±.21	4.16±0.15	3.71±0.04
蛋氨酸	2.50±0.05	2.57±0.08	2.45±0.07	2.32±0.02
苏氨酸	5.68±0.13	5.92±0.29	6.00±0.21	5.49±0.16
异亮氨酸	2.88±0.08[b]	3.34±0.04[c]	3.01±0.15[b]	2.56±0.04[a]
亮氨酸	4.85±0.12	5.04±0.22	5.05±0.19	4.47±0.07
缬氨酸	4.05±0.08[ab]	4.22±0.15[b]	4.12±0.15[b]	3.71±0.06[a]
组氨酸	0.90±0.04	0.88±0.02	0.87±0.04	0.79±0.02
精氨酸	1.68±0.07	1.68±0.10	1.69±0.08	1.53±0.02
必需氨基酸	29.07±0.77[ab]	30.04±1.32[b]	29.72±1.10[b]	26.49±0.44[a]
天冬氨酸	6.63±0.18	6.82±0.35	6.89±0.26	6.20±0.13
丝氨酸	2.72±0.07	2.86±0.14	2.89±0.09	2.91±0.28
谷氨酸	11.96±0.25	12.22±0.53	12.53±0.40	11.20±0.16
甘氨酸	3.37±0.08	3.52±0.09	3.61±0.13	3.55±0.19
丙氨酸	4.00±0.10	4.11±0.19	4.26±0.13	3.87±0.10
半胱氨酸	0.52±0.01	0.51±0.02	0.51±0.01	0.50±0.01
酪氨酸	1.64±0.08	1.57±0.11	1.60±0.07	1.43±0.04
脯氨酸	7.83±0.05[ab]	7.49±0.12[a]	7.88±0.12[b]	7.53±0.11[a]
非必需氨基酸	38.66±0.75	39.11±1.51	40.17±0.97	37.19±0.81
鲜味氨基酸	25.96±0.6	26.68±1.17	27.29±0.84	24.81±0.57

注：数据为平均值±标准误（$n=3$）。同一行中，无相同上标字母标注者，表示相互间有显著差异（$P<0.05$）。

表 10-13　卵形鲳鲹摄食试验饲料 9 周后的背肌质构特性及可食用品质

质构特性指标	D1	D2	D3	D4
硬度/gf	290.33±8.19[a]	287.83±13.14[a]	363.83±11.77[b]	300.08±6.10[a]
弹性/mm	0.2±0.02[a]	0.25±0.01[ab]	0.30±0.01[b]	0.23±0.03[a]
咀嚼性/mJ	21.07±4.67[a]	22.72±5.03[ab]	35.82±4.41[b]	24.15±2.52[ab]
胶着性/mJ	71.64±7.10[a]	71.73±11.96[a]	117.03±13.09[b]	79.73±7.91[a]
黏聚性	0.24±0.02	0.29±0.03	0.29±0.03	0.27±0.02
剪切力/gf	852.75±18.54[a]	1009.5±25.98[b]	1133.75±22.11[c]	1103±59.62[bc]
失水率/%	5.56±0.61	5.34±0.47	6.32±0.41	5.3±0.32
熟肉率/%	76.88±1.21[a]	81.56±0.60[b]	85.85±0.45[c]	75.25±1.10[a]

注：数据为平均值±标准误（$n=3$）。同一行中，无相同上标字母标注者，表示相互间有显著差异（$P<0.05$）。

（四）金鲳复合油展现优良养殖效果的原因及机制初探

1. 金鲳复合油的脂肪酸组成和平衡性

上述不同饲料投喂组鱼的生长性能、血清氧化应激指标、肝脏脂肪酸组成及肌肉品质相关指标的结果表明，金鲳复合油饲料（D3）投喂组鱼的养殖效果明显优于公司复合油饲料（D4）投喂组鱼。由于饲料 D3 和 D4 的主要差别在于其脂肪源和脂肪酸组成不同，我们从此方面探讨金鲳复合油展现优良养殖效果的原因。对表 10-8 中四种饲料的脂肪酸组成分析发现，金鲳复合油饲料（D3）的重要差异脂肪酸组成与鱼油饲料（D1）接近，但 D4 的 18:2n-6、n-6 PUFA 水平及 DHA/EPA 比值偏高，SFA 水平偏低（图 10-3）。金鲳复合油的脂肪酸组成和平衡性更好可能是其展现优良养殖效果、可提高饲料的鱼粉替代水平的重要原因。

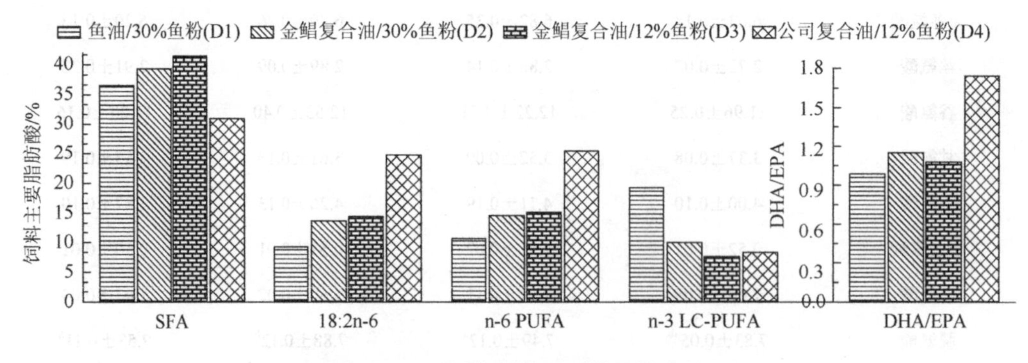

图 10-3 不同饲料的重要差异脂肪酸

2. 金鲳复合油可改善肠道微生物菌群结构

卵形鲳鲹摄食试验饲料 9 周后的肠道微生物多样性如表 10-14 所示。结果显示，在 12%鱼粉水平下，金鲳复合油饲料（D3）组鱼肠道 α 多样性相关指数均与公司复合油饲料（D4）组无显著差异，也与 30%鱼粉/鱼油饲料（D1）组无差异；但是，D4 组 OUTs 数目、Chao1 和 Ace 指数显著高于 D1 组，说明 D3 组鱼肠道菌群多样性与 D1 和 D4 组差别不大，但是 D4 组鱼肠道菌群多样性显著高于 D1 组。通过主成分分析（PCA，图 10-4A）发现，不同投喂组鱼肠道菌群结构明显不同；进一步分析菌群丰度发现，在门水平上，D3 组鱼肠道厚壁菌门（Firmicutes）高于 D1 和 D4 组，变形菌门（Proteobacteria）和螺旋体门（Spirochaetes）低于 D1 和 D4 组（图 10-4B）；在属水平上，D3 组鱼肠道益生菌（芽孢杆菌 *Bacillus*）的相对丰度高于 D1 和 D4 组，潜在致病菌（支原体 *Mycoplasma* 和短螺旋体 *Brevinema*）的相对丰度低于 D4 组，发光杆菌（*Photobacterium*）相对丰度低于 D1 组（图 10-4C）。通过 LDA 效应大小（LDA Effect Size，LEfSe，图 10-4D）分析差异菌群发现，D1 组鱼肠道富集最强的是发光杆菌，D3 组鱼肠道富集最强的是 *Bacillus virus SPbeta*（可能为枯草芽孢杆菌的一个亚种），D4 组鱼肠道富集最强的是支原体、罗尔斯通菌（*Ralstonia*）和短螺旋体。结果表明，在12%鱼粉水平下，公司复合油饲料可增加肠道菌群多样性，可能是增加了潜在致病菌；而金鲳复合油饲料可增加益生菌的丰度，减少有害菌的丰度，从而改善鱼的肠道菌群结构。因此，通过改善肠道菌群结构和丰度可能是金鲳复合油展现优良养殖效果的重要机制之一。

表10-14　卵形鲳鲹摄食试验饲料9周后的肠道微生物多样性

指标	D1	D3	D4
OTUs数目	253.67±41.28[a]	333.75±32.21[ab]	408.5±13.33[b]
香农指数	3.93±0.41	4.11±0.18	4.24±0.32
辛普森指数	0.83±0.05	0.83±0.02	0.85±0.05
Chao1指数	256.36±40.77[a]	335.87±32.81[ab]	412.56±13.72[b]
Ace指数	261.2±40.86[a]	340.57±33.63[ab]	419.05±14.24[b]
覆盖率/%	99.97±0.00	99.97±0.01	99.96±0.00

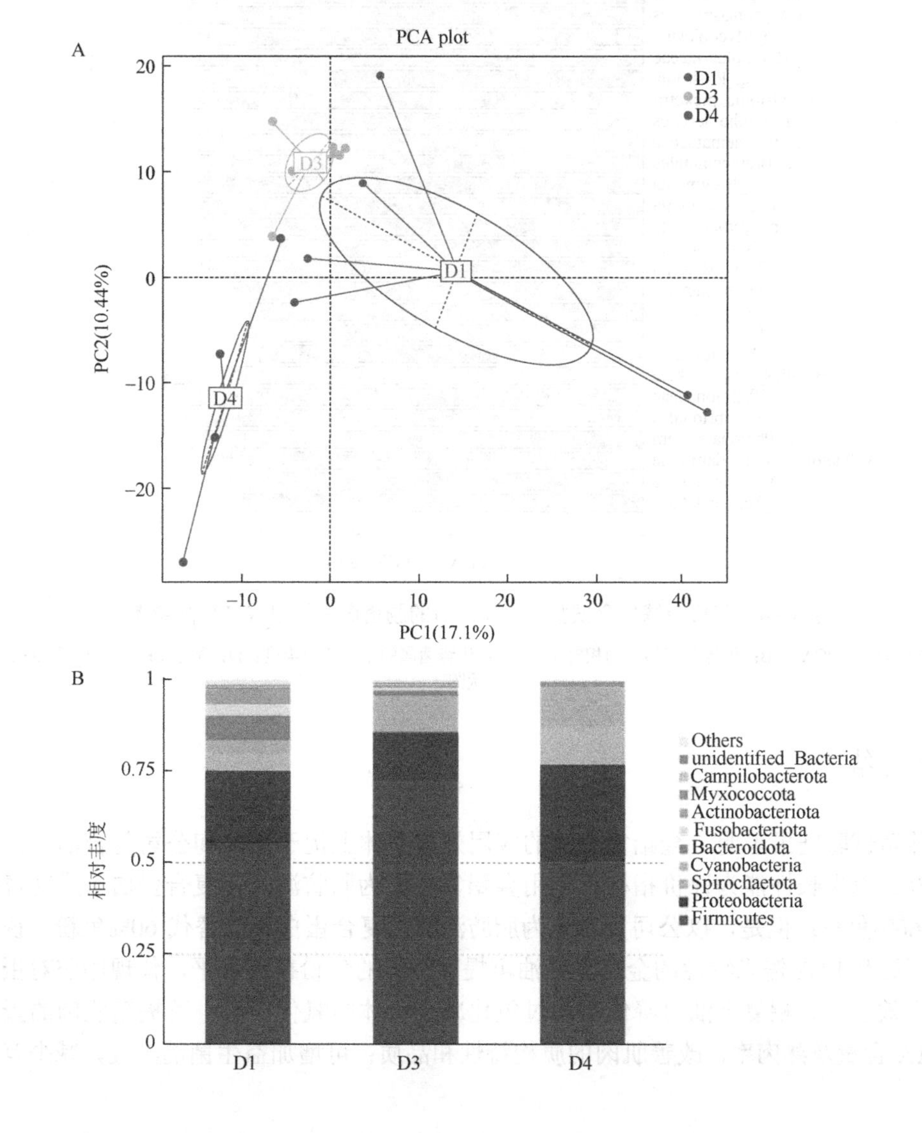

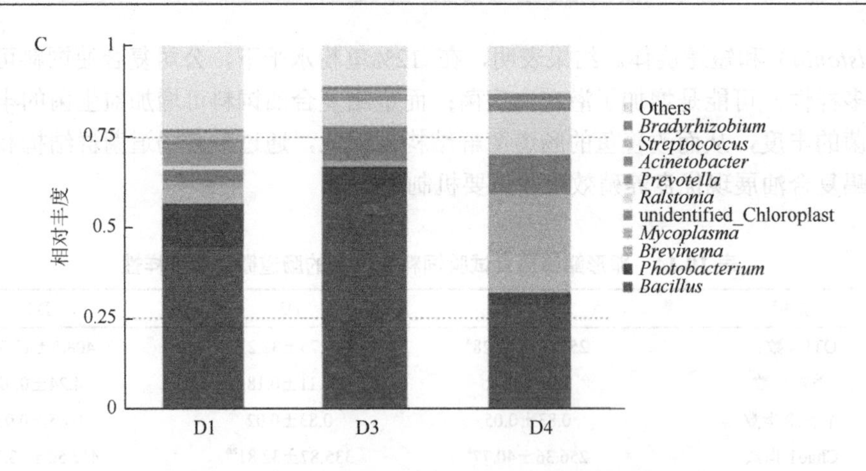

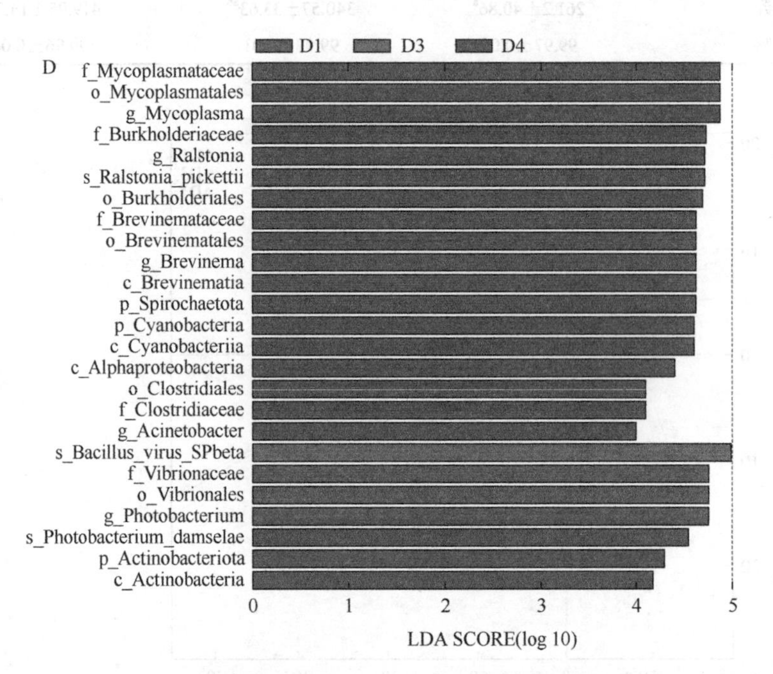

图 10-4　卵形鲳鲹摄食试验饲料 9 周后的肠道微生物组成（后附彩图）

A：主成分分析（PCA）；B：优势菌门的平均相对丰度；C：优势菌属的平均相对丰度；D：基于 LEfSe 分析的 LDA 值分布柱状图。

（五）总结

养殖试验结果表明，金鲳复合油的应用效果整体上优于鱼油和公司复合油，促生长效果好。以生长性能为评价指标，利用金鲳复合油为脂肪源时，复合蛋白可成功替代饲料中 60%鱼粉；但是，以公司复合油为脂肪源时，复合蛋白不能替代 60%鱼粉，说明基于卵形鲳鲹 EFA 需求特性的金鲳复合油可提高饲料的鱼粉替代水平，体现脂肪对蛋白质的协同效应。金鲳复合油可降低脂质过氧化减少鱼体的氧化应激；可提高肌肉的蛋白质和 EAA 含量及熟肉率，改善肌肉的质构特性和品质；可增加益生菌的丰度，减少有害菌的丰度，改善肠道菌群结构。金鲳复合油的重要差异脂肪酸组成与鱼油接近，但公司复合油饲料的 18:2n-6、n-6 PUFA 水平及 DHA/EPA 比值偏高，SFA 水平偏低。这些说明，金鲳复合油的脂肪酸组成和平衡性比公司复合油更好，这可能是其展现优良养殖效果的重要原因；同时，通过改善肠道菌群结构也是其呈现优良养殖效果的机制之一。本研究的部分结果见已发表论文 Zhang 等（2023）。

三、卵形鲳鲹复合油高比例应用于配合饲料中的可行性及机制研究

脂肪是鱼类的重要营养素，不仅可为机体提供必需脂肪酸（EFA）、磷脂，也可作为脂溶性维生素的转运载体；同时，其提供的能量是蛋白质的 2 倍，具有节约蛋白质的效应。近年来的研究和养殖生产表明，高脂、高能饲料具有加快鱼类生长、提高饲料利用率、增加营养保留量、缩短养殖周期、提高养殖效益、有益于环境保护等优点，已在鱼类养殖生产中广泛应用。但是，饲料的脂肪水平过高容易导致养殖鱼类的生长迟缓，肝脏代谢障碍以及脂肪异常沉积，从而影响鱼类的健康。相应地，脂质在鱼类营养中的作用备受关注。可喜的是，我们在前面两小节的研究表明，基于卵形鲳鲹 EFA 需求特性的复合油在饲料中展现的应用效果与鱼油相当甚至更优，而且它还可以提高配合饲料中的鱼粉替代水平。然而，关于金鲳复合油是否可在配合饲料中高比例应用还不得而知。

为此，本研究分别以上一节所述的“金鲳复合油”（BO1）和“公司复合油”（BO2）为脂肪源，制备仅脂肪源不同、脂肪水平为 16%或 19%的 4 种等氮（45%）饲料：D1（BO1，16%脂肪）、D2（BO1，19%脂肪）、D3（BO2，16%脂肪）、D4（BO2，19%脂肪）；饲料配方及脂肪酸组成分别见表 10-15 和表 10-16。利用上述 4 种饲料在海上网箱中（1.0 m×1.0 m×2.0 m，长×宽×高）喂养平均初始体重为 7.61 g 的卵形鲳鲹幼鱼 9 周，通过比较不同饲料投喂组鱼的生长性能、肌肉品质、肝脏免疫相关基因的表达水平及其代谢组，探讨金鲳复合油和公司复合油在饲料中高比例应用的可能性及机制。研究成果不仅可为金鲳复合油的推广应用提供依据，对于降低水产养殖对鱼油的依赖也具有重要现实意义。主要研究结果及结论如下。

表 10-15　饲料配方及常规营养成分　（单位：%）

项目		D1	D2	D3	D4
组分	鱼粉	12	12	12	12
	基础蛋白[①]	32.9	32.9	32.9	32.9
	复合蛋白[②]	18	18	18	18
	高筋面粉	17	17	17	17
	金鲳复合油[③]	11	14	—	—
	公司复合油[④]	—	—	11	14
	预混料[⑤]	4	4	4	4
	DL-蛋氨酸	0.18	0.18	0.18	0.18
	DL-赖氨酸	0.38	0.38	0.38	0.38
	麸皮	45.4	15.4	45.4	15.4

续表

项目		D1	D2	D3	D4
常规营养成分	粗蛋白质	45.19	44.26	45.14	44.65
	粗脂肪	15.57	18.98	15.68	19.46

注：同表 10-7。

表 10-16　四种饲料的脂肪酸组成　（单位：%总脂肪酸）

主要脂肪酸	D1	D2	D3	D4
14:0	3.50	3.60	3.55	3.65
16:0	30.57	31.78	20.09	20.13
18:0	6.32	5.98	5.41	5.16
SFA	42.07	43.02	30.97	31.01
16:1	2.54	2.56	2.96	3.01
18:1	22.88	23.01	18.26	18.14
MUFA	30.44	29.69	26.34	26.15
18:2n-6（LA）	12.97	12.26	24.40	24.43
20:4n-6（ARA）	0.16	0.17	0.18	0.18
n-6 PUFA	13.80	13.10	25.22	25.26
18:3n-3（ALA）	1.62	1.60	3.64	3.79
20:5n-3（EPA）	3.64	3.76	2.87	2.94
22:6n-3（DHA）	4.20	4.32	5.81	6.07
n-3 PUFA	9.99	10.25	12.88	13.42
n-3 LC-PUFA	7.85	8.08	8.68	9.01
DHA/EPA	1.15	1.15	2.03	2.07

（一）不同饲料投喂组鱼生长性能的比较

利用上述 4 种配合饲料养殖卵形鲳鲹 9 周后，各饲料投喂组鱼的生长性能结果见表 10-17。结果显示：在 16%饲料脂肪水平时，投喂金鲳复合油（BO1，D1）和公司复合油（BO2，D3）组鱼除 D1 组的终末体重显著高于 D3 组外（$P<0.05$），其他生长指标如增重率、特定生长率、饲料系数、存活率等无组间差异（$P>0.05$）；但是，在 19%饲料脂肪水平时，D2 组鱼的终末体重、增重率、特定生长率、存活率都显著高于 D4 组（$P<0.05$）。结果表明，当饲料脂肪水平为 19%时，以金鲳复合油为脂肪源的饲料展现的生长性能显著好于公司复合油饲料，说明 BO1 可高比例应用于配合饲料中，而 BO2 的高比例应用不利于金鲳的生长。

表 10-17　卵形鲳鲹摄食试验饲料 9 周后的生长性能

生长指标	D1	D2	D3	D4
初始体重/g	7.72±0.06	7.72±0.15	7.67±0.17	7.39±0.11
终末体重/g	79.14±0.93[c]	76.18±0.69[bc]	72.96±2.28[b]	65.33±1.99[a]

续表

生长指标	D1	D2	D3	D4
增重率/%	924.80±7.62[b]	887.47±25.11[b]	853.37±45.45[ab]	783.76±14.87[a]
特定生长率/(%/d)	3.69±0.01[b]	3.63±0.04[b]	3.58±0.08[ab]	3.46±0.03[a]
饲料系数	1.32±0.00[a]	1.42±0.03[b]	1.3±0.03[a]	1.42±0.04[b]
存活率/%	98.89±1.11[b]	100.00±0.00[b]	100±0.00[b]	96.67±0.01[a]

注：数据为各饲料组鱼三个重复的平均值±标准误（$n=3$）。同行中没有相同字母表示差异显著（$P<0.05$）。

（二）不同饲料投喂组鱼肌肉营养成分、食用品质和质构特性的比较

不同饲料投喂组鱼肌肉的氨基酸组成见表 10-18。结果显示：在相同饲料脂肪水平（16% 或 19%）时，BO1（D1、D2）组鱼肌肉的必需氨基酸（EAA）、非必需氨基酸（NEAA）和鲜味氨基酸（FAA）含量都显著高于 BO2（D3、D4）组鱼（$P<0.05$）。结果说明，饲料中添加 16%或 19% BO1 有利于提高金鲳肌肉的营养价值。

不同饲料组鱼的肌肉可食用品质和质构特性的结果见表 10-19。结果显示：BO1（D1、D2）组鱼肌肉的硬度（HAP）、熟肉率（CMR）在 16%和 19%饲料脂肪水平下均显著高于 BO2（D3、D4）组鱼（$P<0.05$）。在 16%脂肪水平时，BO1（D1）组鱼肌肉的咀嚼性（CHE）、胶着性（GUM）、剪切力（SHF）和 BO2（D3）组鱼无差异（$P>0.05$）；在 19%脂肪水平时，BO1（D2）组鱼的 CHE、GUM 和 SHF 显著高于 BO2（D4）组鱼（$P<0.05$）。结果说明，当饲料中添加高水平（19%）脂肪时，BO1 可提高金鲳肌肉的食用品质和质构特性。

表 10-18 不同饲料投喂组鱼肌肉的氨基酸组成 （单位：%）

氨基酸	D1	D2	D3	D4
赖氨酸	2.20±0.03[b]	2.01±0.08[ab]	1.88±0.01[a]	2.01±0.09[ab]
苯丙氨酸	4.13±0.05[c]	3.74±0.03[b]	3.60±0.02[b]	3.39±0.11[a]
蛋氨酸	2.41±0.08	2.32±0.05	2.31±0.09	2.17±0.08
苏氨酸	5.95±0.07[c]	5.46±0.02[b]	5.32±0.04[b]	5.02±0.12[a]
异亮氨酸	3.06±0.11[c]	2.88±0.13[bc]	2.67±0.14[ab]	2.49±0.06[a]
亮氨酸	5.06±0.05[c]	4.59±0.02[b]	4.44±0.04[b]	4.23±0.01[a]
缬氨酸	4.15±0.03[c]	3.80±0.03[b]	3.70±0.05[ab]	3.57±0.08[a]
必需氨基酸	29.51±0.31[c]	27.15±0.19[b]	26.20±0.32[ab]	25.06±0.62[a]
组氨酸	0.88±0.01[c]	0.83±0.01[b]	0.78±0.00[a]	0.76±0.01[a]
精氨酸	1.70±0.02[c]	1.53±0.00[b]	1.51±0.02[b]	1.42±0.04[a]
天冬氨酸	6.92±0.08[c]	6.24±0.02[b]	6.07±0.06[b]	5.76±0.17[a]
丝氨酸	2.88±0.05[c]	2.66±0.04[b]	2.66±0.04[b]	2.43±0.06[a]
谷氨酸	12.51±0.13[c]	11.51±0.04[b]	11.06±0.08[ab]	10.73±0.31[a]
甘氨酸	3.64±0.07[c]	3.44±0.03[bc]	3.23±0.09[ab]	3.03±0.08[a]

续表

氨基酸	D1	D2	D3	D4
丙氨酸	4.25±0.06[c]	3.87±0.04[b]	3.76±0.04[ab]	3.53±0.12[a]
半胱氨酸	0.51±0.01	0.48±0.01	0.50±0.01	0.48±0.01
酪氨酸	1.60±0.04[b]	1.46±0.02[a]	1.38±0.01[a]	1.40±0.03[a]
脯氨酸	7.40±0.05[ab]	7.23±0.10[a]	7.57±0.10[b]	7.67±0.12[b]
非必需氨基酸	39.71±0.44[c]	36.90±0.15[b]	36.24±0.19[ab]	35.04±0.86[a]
鲜味氨基酸	27.32±0.30[c]	25.06±0.09[b]	24.12±0.25[ab]	23.05±0.68[a]

注：数据为各饲料组鱼三个重复的平均值±标准误（$n=3$）。同行中没有相同字母表示差异显著（$P<0.05$）。鲜味氨基酸为天冬氨酸、谷氨酸、甘氨酸及丙氨酸之和。

表 10-19　不同饲料投喂组鱼肌肉的常规成分、食用品质和质构特性

项目		D1	D2	D3	D4
常规营养成分/%	水分	72.54±0.34[a]	72.71±0.16[a]	71.90±0.35[a]	74.32±0.32[b]
	粗蛋白	19.59±0.08[c]	19.41±0.08[bc]	19.09±0.12[b]	18.59±0.20[a]
	粗脂肪	6.84±0.36[a]	7.35±0.10[ab]	8.22±0.38[b]	6.95±0.33[a]
	灰分	1.43±0.06	1.34±0.05	1.33±0.05	1.38±0.02
可食品质和质构特性指标	硬度/gf	347.75±4.47[c]	314.17±5.32[b]	308.17±10.07[b]	234.83±6.26[a]
	弹性/mm	0.27±0.01	0.22±0.02	0.22±0.02	0.18±0.04
	咀嚼性/mJ	31.89±2.50[c]	19.55±3.98[b]	23.76±3.98[bc]	7.14±1.63[a]
	胶着性/mJ	112.14±4.62[b]	96.14±10.26[b]	93.33±7.90[b]	44.42±4.85[a]
	剪切力/gf	1281.00±49.51[b]	1216.00±11.85[b]	1194.50±16.30[b]	849.75±52.67[a]
	熟肉率/%	86.97±0.50[c]	79.10±1.24[b]	78.51±0.76[b]	74.82±1.29[a]

注：数据为各饲料组鱼三个重复的平均值±标准误（$n=3$）。同行中没有相同字母表示差异显著（$P<0.05$）。

（三）不同饲料投喂组鱼的肝脏代谢组分析

不同饲料投喂组鱼的肝脏代谢组分析结果见图 10-5。偏最小二乘法-判别分析（PLS-DA）结果显示（图 10-5A、C），D1 和 D3、D2 和 D4 组鱼的数据明显分开，说明在 16%和 19%饲料脂肪水平下，BO1 和 BO2 组鱼的肝脏代谢表型明显不同；同时，D1 和 D2 组鱼的数据聚集在一起，但 D3 和 D4 组鱼的数据明显分开，说明以金鲳复合油为脂肪源时，饲料脂肪水平对肝脏代谢的影响较小，但公司复合油的脂肪水平对肝脏代谢的影响大。相应的置换检验显示，Q2 点的回归线在纵坐标的交叉点小于等于 0，且 $R2$ 高于 0.5，表示模型的拟合性和重复性好，说明数据可靠（图 10-5B、D）。KEGG 富集分析显示，在 16%饲料脂肪水平下，饲料脂肪源主要影响精氨酸和丙氨酸等氨基酸代谢以及氧化磷酸化（图 10-6 A）；在 19%饲料脂肪水平下，饲料脂肪源除影响丙氨酸和精氨酸等氨基酸代谢外，还影响维生素 B_6 代谢及 mTOR 信号通路（图 10-6 B）。对差异代谢物分析发现，在 19%饲料脂肪水平下，BO1 组鱼肝脏精氨酸、琥珀酸、琥珀酸半醛、亚精

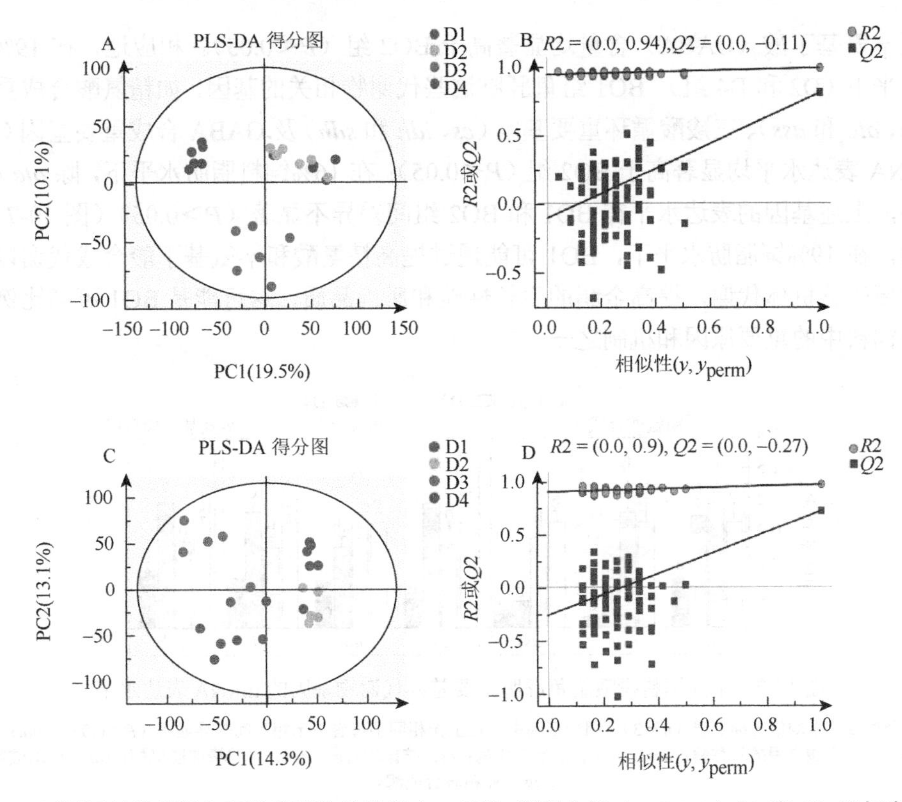

图 10-5　不同饲料投喂组鱼肝脏代谢物的偏最小二乘法-判别分析（PLS-DA）（A 和 C）及相应的置换检验（B 和 D）（后附彩图）

图 A、B 为正离子模式，图 C、D 为负离子模式。置换检验图横坐标表示样本真实分组与 100 次随机分组的相似性，纵坐标表示模型评价参数，右上角 $Q2$ 和 $R2$ 点表示真实分组的模型评价参数，$R2$ 为模型的可解释率，$Q2$ 是模型的可预测度。

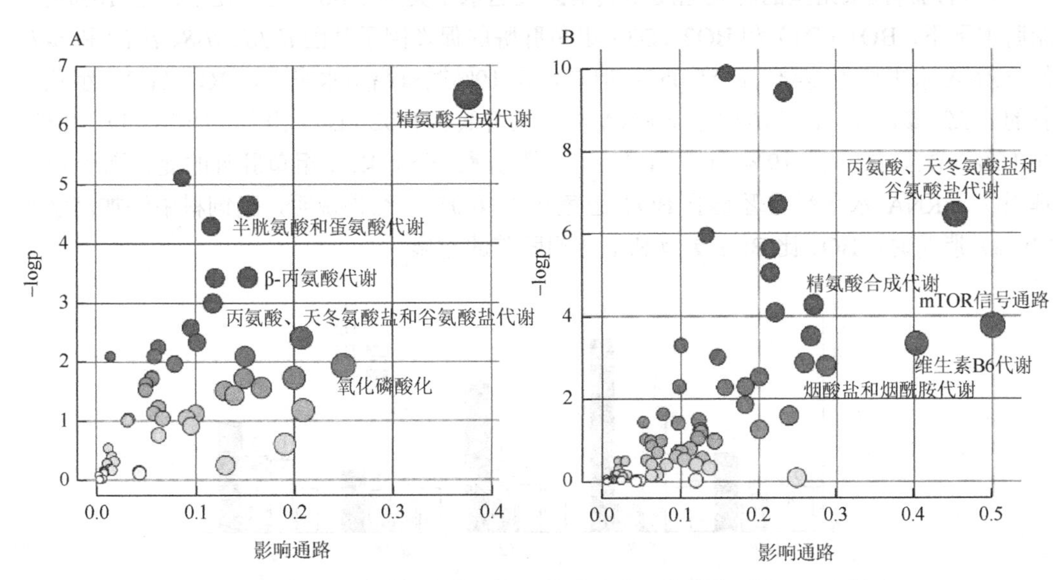

图 10-6　不同饲料投喂组鱼肝脏差异代谢物 KEGG 富集分析（后附彩图）

图 A 为 D1 和 D3 组鱼的比较，图 B 为 D2 和 D4 组鱼的比较。

胺以及γ-氨基丁酸（GABA）含量均显著高于BO2组（$P<0.05$）。相应地，在19%饲料脂肪水平下（D2和D4组），BO1组鱼肝脏这些代谢物相关的基因，如精氨酸合成重要基因（*oat*、*otc*和*ass*）、三羧酸循环重要基因（*cs*、*idh*和*sdh*）及GABA合成重要基因（*spds*）的mRNA表达水平均显著高于BO2组（$P<0.05$）；在16%饲料脂肪水平下，除*otc*和*ass*基因外，上述基因的表达水平在BO1和BO2组间差异不显著（$P>0.05$）（图10-7）。结果说明，在19%饲脂肪水平下，BO1可能通过提高精氨酸和γ-氨基丁酸合成代谢以及三羧酸循环改善机体代谢，提高金鲳的生长性能和肌肉品质，这可能是BO1可高比例应用于配合饲料中的重要原因和机制之一。

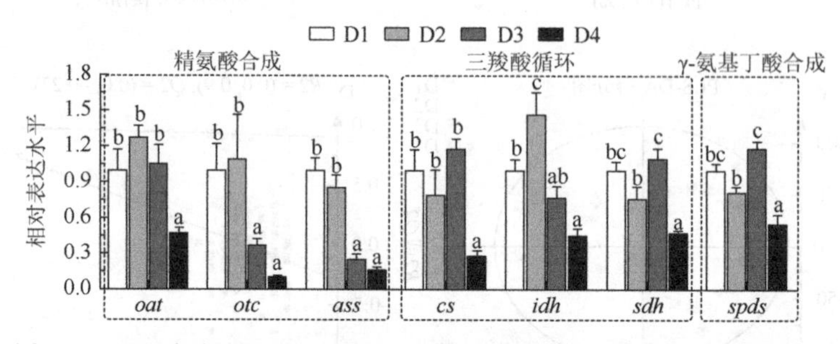

图10-7 不同饲料投喂组鱼肝脏主要差异代谢物基因的mRNA表达水平

数据为三个重复的平均值±标准误（$n=3$）。同一基因中，柱上无相同字母者表示相互间差异显著（$P<0.05$）。*oat*：鸟氨酸转氨酶；*otc*：鸟氨酸氨甲酰转移酶；*ass*：精氨琥珀酸合成酶；*cs*：柠檬酸合酶；*idh*：异柠檬酸脱氢酶；*sdh*：琥珀酸脱氢酶；*spds*：亚精胺合成酶。

（四）不同饲料投喂组鱼肝脏免疫相关基因表达水平的比较

不同饲料投喂组鱼的肝脏免疫相关基因表达水平见图10-8。结果显示：在16%饲料脂肪水平下，BO1（D1）和BO2（D3）组鱼肝脏的促炎因子基因*il-1β*、*il-8*、*il-12*和*il-18*的mRNA水平均无差异（$P>0.05$）；但是，在19%饲料脂肪水平下，BO1（D2）组鱼肝脏的*il-1β*、*il-8*、*il-12*和*il-18*的mRNA水平显著低于BO2（D4）组鱼（$P<0.05$）。此外，在16%（D1，D3）或19%（D2，D4）饲料脂肪水平下，BO1组鱼肝脏的促炎因子*tnf-α*基因的mRNA水平都显著低于BO2组鱼（$P<0.05$）。结果说明，当饲料中添加高水平（19%）脂肪时，BO1比BO2更有利于金鲳肝脏的健康。

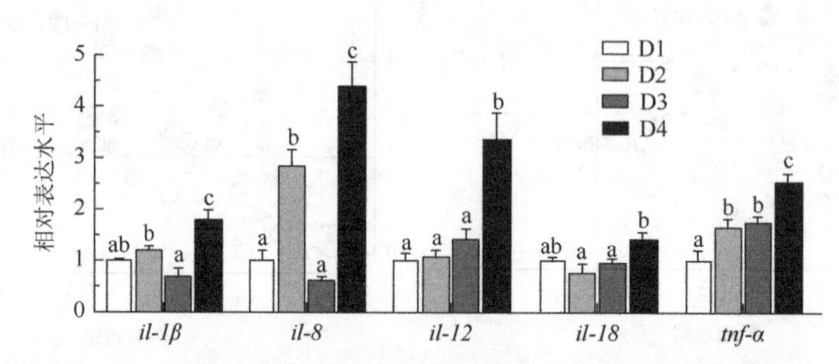

图10-8 不同饲料投喂组鱼肝脏免疫相关基因的mRNA表达水平

数据为三个重复的平均值±标准误（$n=3$）。同一基因中，柱上无相同字母者表示相互间差异显著（$P<0.05$）。*il-1β*，白介素-1β；*il-8*，白介素-8；*il-12*，白介素-12；*il-18*，白介素-18；*tnf-α*，肿瘤坏死因子α。

（五）总结

上述研究结果表明，当饲料脂肪添加高水平达 19%时，金鲳复合油（BO1）组鱼的生长性能及肌肉品质显著优于公司复合油（BO2）组鱼，说明 BO1 可高比例应用于金鲳配合饲料中，而 BO2 则不宜高水平应用。肝脏代谢组分析发现，BO1 组鱼的肝脏促炎基因的 mRNA 表达水平降低，精氨酸和 γ-氨基丁酸的合成代谢及三羧酸循环得到改善，这可能是基于卵形鲳鲹 EFA 需求特性的复合油可高比例应用于配合饲料中的重要原因和机制之一，这进一步说明了脂肪酸精准营养的重要性。

第三节 以卵形鲳鲹复合油为脂肪源的高效低鱼粉配合饲料研发

鱼粉具有蛋白质含量高、氨基酸平衡、适口性好、抗营养因子少、易被动物消化吸收等优点，是目前水产饲料中最常用的蛋白源。但是，鱼粉主要来源于野生海洋渔业，随着近年来人类对海洋资源的过度捕捞和海洋环境污染的加剧，导致鱼粉产量呈下降趋势，资源短缺、价格昂贵与需求增加的矛盾日益突出，这严重制约了水产养殖业，特别是对鱼粉依赖性很强的海水鱼养殖业的健康可持续发展，鱼粉替代成为海水鱼养殖业亟待解决的“卡脖子”问题。卵形鲳鲹的生长速度快，可以在深海网箱、常规近海网箱和海水池塘中养殖，具有高投入高产出的特点。更为特别的是，养殖卵形鲳鲹的饲料成本占其养殖成本 70%～80%，但其商业饲料中目前的鱼粉添加量一般在 20%～30%以上（Tan et al.，2016；李秀玲等，2019；胡海滨等，2019；Li et al.，2020）。因此，如何降低卵形鲳鲹饲料中鱼粉鱼油使用量成为其养殖生产中降本增效的迫切需要。

一、以卵形鲳鲹复合油为饲料脂肪源的复合蛋白替代鱼粉研究

以第十章第二节中所述的基于卵形鲳鲹必需脂肪酸需求特性的金鲳复合油（脂肪粉）为脂肪源，使用几种常见的陆源性动植物蛋白按一定比例配制 3 种复合蛋白（分别命名为：复合蛋白Ⅰ，复合蛋白Ⅱ，复合蛋白Ⅲ）为蛋白源，制备蛋白质（46%）和脂肪（12%）含量基本相等的 7 种配合饲料（D1～D7）。其中，含 30%鱼粉的饲料 D1 为对照；在 D1 基础上，D2、D3 为复合蛋白Ⅰ替代 40%和 60%鱼粉，D4、D5 为复合蛋白Ⅱ替代 40%和 60%鱼粉，D6、D7 为复合蛋白Ⅲ替代 60%和 80%鱼粉。根据各饲料原料的氨基酸含量与组成，将各饲料的氨基酸组成调到基本平衡，各饲料的营养配比及氨基酸、脂肪酸成分别见表 10-20、表 10-21 和表 10-22。以此 7 种饲料在海上网箱中养殖初始体重 14～15 g 卵形鲳鲹幼鱼 8 周后，通过比较不同饲料投喂组鱼生长性能、生理生化指标、肌肉品质指标、肠道消化酶活性等，评估三种复合蛋白替代鱼粉的效果及适宜的替代比例，为卵形鲳鲹高效低鱼粉配合饲料的开发提供依据，为其他肉食性海水硬骨鱼类鱼粉替代研究提供借鉴作用。主要研究内容及结果如下。

表 10-20 试验饲料配方和常规营养成分 （单位：%）

项目		D1	D2	D3	D4	D5	D6	D7
组分	鱼粉[①]	30.00	18.00	12.00	18.00	12.00	12.00	6.00
	复合蛋白Ⅰ[②]	—	12.00	18.00	—	—	—	—
	复合蛋白Ⅱ[③]	—	—	—	12.00	18.00	—	—
	复合蛋白Ⅲ[④]	—	—	—	—	—	18.00	24.00
	基础蛋白[⑤]	33.00	33.00	33.00	33.00	33.00	33.00	33.00
	脂肪粉[⑥]	12.00	12.00	12.00	12.00	12.00	12.00	12.00
	木薯淀粉	11.00	11.00	11.00	11.00	11.00	11.00	11.00
	预混料[⑦]	6.21	6.21	6.21	6.21	6.21	6.21	6.21
	微晶纤维素	7.79	7.05	6.67	7.05	6.67	6.67	6.23
	L-赖氨酸	—	0.33	0.50	0.33	0.50	0.50	0.70
	DL-蛋氨酸	—	0.15	0.22	0.15	0.22	0.22	0.29
	DL-精氨酸	—	0.26	0.40	0.26	0.40	0.40	0.57
常规营养成分	干物质	84.92	84.03	82.63	84.20	83.14	83.31	82.89
	粗蛋白质	46.13	46.4	46.57	46.52	46.86	46.43	46.59
	粗脂肪	11.61	11.88	11.86	11.76	11.86	11.77	11.73
	能量/(MJ/kg)	21.35	20.80	21.00	21.07	21.10	21.05	21.33
	粗灰分	8.97	8.93	9.84	8.68	9.39	9.11	9.24

注：①粗蛋白质含量为72.71%，粗脂肪含量为8.91%；②～④由几种比例不同的陆源性动植物蛋白组成，具体成分和数量因申请专利未予说明；⑤基础蛋白：由鸡肉粉和大豆浓缩蛋白按一定比例组成；⑥脂肪粉：由鱼油、大豆油、菜籽油、紫苏籽油、磷脂等混合而成，含有40%玉米淀粉和60%脂肪；⑦预混料：由氯化胆碱、乙氧基喹啉、磷酸二氢钙、甜菜碱、维生素混合物和矿物化合物组成。“—”表示“无”。

表 10-21 投喂卵形鲳鲹的 7 种饲料的氨基酸组成 （单位：%）

氨基酸	D1	D2	D3	D4	D5	D6	D7
赖氨酸	2.90	2.82	2.83	2.85	2.81	2.62	2.97
苯丙氨酸	2.27	2.19	2.20	2.20	2.21	2.17	2.23
蛋氨酸	1.11	1.23	0.81	1.06	1.07	0.94	1.13
苏氨酸	1.91	1.74	1.73	1.78	1.72	1.65	1.72
异亮氨酸	1.95	1.81	1.76	1.83	1.78	1.71	1.79
亮氨酸	4.47	4.17	4.18	4.22	4.19	4.11	4.22
缬氨酸	2.22	2.05	2.03	2.08	2.03	1.97	2.05
组氨酸	1.34	1.18	1.12	1.18	1.11	1.04	1.12
精氨酸	2.70	2.93	3.18	2.98	3.12	3.08	3.30
必需氨基酸	20.87	20.12	19.84	20.18	20.04	19.29	20.53
天冬氨酸	4.05	3.88	3.92	3.95	3.90	3.81	3.90
丝氨酸	2.07	2.01	2.05	2.04	2.04	2.01	2.04

续表

氨基酸	D1	D2	D3	D4	D5	D6	D7
谷氨酸	7.36	7.18	7.38	7.35	7.43	7.37	7.38
甘氨酸	2.65	2.66	2.80	2.72	2.80	2.72	2.80
丙氨酸	3.10	2.86	2.87	2.91	2.88	2.78	2.88
半胱氨酸	0.41	0.46	0.47	0.41	0.41	0.45	0.47
酪氨酸	1.69	1.62	1.61	1.63	1.62	1.59	1.65
脯氨酸	2.52	2.50	2.63	2.56	2.63	2.63	2.65
非必需氨基酸	23.85	23.17	23.73	23.57	23.71	23.36	23.77

表 10-22　投喂卵形鲳鲹的 7 种饲料的脂肪酸组成　（单位：%总脂肪酸）

主要脂肪酸	D1	D2	D3	D4	D5	D6	D7
14:0	3.90	3.46	3.14	3.33	3.13	3.18	3.10
15:0	0.39	0.39	0.37	0.38	0.37	0.37	0.38
16:0	20.82	21.19	21.38	21.30	21.22	21.16	21.49
17:0	0.37	0.40	0.49	0.42	0.39	0.39	0.41
18:0	5.38	6.14	6.69	6.46	6.57	6.48	6.79
20:0	0.29	0.28	0.38	0.32	0.21	0.36	0.36
22:0	0.17	0.21	0.25	0.25	0.24	0.23	0.24
SFA	31.32	32.07	32.70	32.46	32.13	32.17	32.77
16:1	4.12	3.79	3.57	3.69	3.34	3.36	3.29
17:1	0.36	0.26	0.17	0.24	0.20	0.24	0.16
18:1n-9	22.72	24.72	26.27	25.31	26.09	25.92	26.82
18:1n-11	1.89	1.81	1.67	1.81	1.73	1.69	1.85
MUFA	29.09	30.58	31.68	31.05	31.36	31.21	32.12
18:2n-6（LA）	14.05	15.39	15.92	14.97	15.46	15.58	16.40
18:3n-6	0.16	0.16	0.16	0.15	0.15	0.17	0.14
20:2n-6	0.31	0.42	0.22	0.33	0.24	0.23	0.28
20:3n-6	0.23	0.24	0.22	0.22	0.22	0.22	0.22
20:4n-6（ARA）	0.81	0.75	0.82	0.74	0.83	0.82	0.80
n-6 PUFA	15.56	16.96	17.34	16.41	16.90	17.02	17.84
18:3n-3（ALA）	1.63	1.66	2.89	1.61	2.71	2.70	2.72
20:5n-3（EPA）	5.95	4.43	3.22	4.21	3.21	3.23	2.81
22:5n-3（DPA）	0.82	0.64	0.53	0.63	0.53	0.53	0.57
22:6n-3（DHA）	6.95	5.74	5.54	5.69	5.58	5.53	5.21
n-3 PUFA	15.35	12.47	12.18	12.14	12.03	11.99	11.31
n-6/n-3	1.01	1.36	1.42	1.35	1.40	1.42	1.58
n-3 LC-PUFA	13.72	10.81	9.29	10.53	9.32	9.29	8.59

（一）不同饲料投喂组鱼的生长性能和形态学指标比较

利用不同饲料养殖 8 周后，各饲料组鱼的生长性能和形态学指标结果见表 10-23。除含 30%鱼粉饲料（D1，对照）组死 1 条鱼外，其他试验组鱼存活率均为 100%，说明复合蛋白替代 40%～80%鱼粉后的饲料均可被试验鱼较好接受。用 3 种复合蛋白替代 40%～80%鱼粉后，各饲料（D2～D7）投喂组鱼的增重率、特定生长率、饲料系数、蛋白质效率、存活率与 30%鱼粉饲料（D1）组鱼无显著差异（$P>0.05$），且 D2、D4 和 D6 组鱼的脏体比显著低于 D1 组，D5 组的肥满度显著高于 D1 组（$P<0.05$）。上述生长性能指标结果说明，利用 3 种复合蛋白替代 40%～80%鱼粉可行。

表 10-23　不同饲料投喂组卵形鲳鲹的生长性能和形态学指标比较

项目	D1	D2	D3	D4	D5	D6	D7
初始体重/g	14.53±0.07	14.33±0.07	14.60±0.12	14.40±0.12	14.53±0.07	14.33±0.13	14.40±0.20
终末体重/g	87.46±1.87^{b}	98.06±1.51^{c}	87.61±1.94^{b}	87.55±1.55^{b}	78.56±1.82^{a}	85.88±1.86^{b}	86.21±2.13^{b}
增重率/%	501.01±21.79^{ab}	584.20±17.69^{b}	499.89±40.79^{ab}	508.11±9.74^{ab}	440.74±23.88^{a}	498.95±21.96^{ab}	503.66±58.37^{ab}
特定生长率/(%/d)	3.20±0.07^{ab}	3.43±0.05^{b}	3.19±0.12^{ab}	3.22±0.03^{ab}	3.01±0.08^{a}	3.19±0.07^{ab}	3.19±0.18^{ab}
饲料系数	1.30±0.06^{ab}	1.13±0.03^{a}	1.30±0.09^{ab}	1.28±0.02^{ab}	1.47±0.07^{b}	1.31±0.07^{ab}	1.31±0.17^{ab}
蛋白质效率/%	1.68±0.08^{ab}	1.91±0.05^{b}	1.67±0.12^{ab}	1.68±0.02^{ab}	1.46±0.07^{a}	1.65±0.08^{ab}	1.69±0.22^{ab}
日摄食率/%	3.30±0.12^{ab}	3.00±0.06^{a}	3.29±0.16^{ab}	3.27±0.03^{ab}	3.60±0.12^{b}	3.34±0.13^{ab}	3.27±0.32^{ab}
存活率/%	98.67±1.33	100.00±0.00	100.00±0.00	100.00±0.00	100.00±0.00	100.00±0.00	100.00±0.00
脏体比/%	6.26±0.17^{c}	5.34±0.20^{ab}	5.81±0.26^{bc}	5.05±0.37^{a}	5.78±0.23^{bc}	5.23±0.12^{ab}	5.8±0.17^{bc}
肝体比/%	1.14±0.06^{ab}	1.16±0.07^{ab}	1.18±0.04^{ab}	1.12±0.05^{a}	1.37±0.12^{b}	1.03±0.05^{a}	1.14±0.09^{ab}
肥满度/(g/cm^{3})	3.16±0.05^{a}	3.14±0.08^{ab}	3.01±0.13^{ab}	2.99±0.04^{a}	3.33±0.13^{b}	3.13±0.14^{ab}	3.18±0.11^{ab}

注：初始体重、终末体重、增重率、特定生长率、饲料系数、蛋白质效率、日摄食率和存活率为 3 个网箱的平均值±标准误（$n=3$）；脏体比、肝体比和肥满度为每个网箱 6 条鱼的平均值±标准误（$n=6$）。各行中无共同字母标注者表示相互间显著差异（$P<0.05$）。

（二）不同饲料投喂组鱼相关生理生化指标的比较

1. 不同饲料投喂组鱼血清生化指标的比较

利用 7 种配合饲料投喂卵形鲳鲹 8 周后，血清生化指标结果见表 10-24。三种复合蛋白替代 40%～80%鱼粉（D2～D7）后，血清中的低密度脂蛋白、胆固醇、总胆汁酸、甘油三酯、碱性磷酸酶与 30%鱼粉饲料组（D1）无显著差异（$P>0.05$）；此外，D6 组的总胆固醇、D3～D7 组的谷草转氨酶活性显著低于 D1 组，D2 组的白蛋白明显高于 D1 组（$P<0.05$）。结果表明，使用复合蛋白替代卵形鲳鲹配合饲料中 40%～80%的鱼粉

后，其血清生化指标大多与30%鱼粉饲料（D1）组无差异，甚至更优，对鱼的健康无负面影响。

表10-24　不同饲料投喂组卵形鲳鲹血清生化指标的比较

生化指标	D1	D2	D3	D4	D5	D6	D7
白蛋白/(g/L)	13.83±0.67[a]	18.45±0.82[b]	15.38±0.84[a]	14.06±0.94[a]	14.52±0.38[a]	15.81±0.82[a]	15.58±1.02[a]
球蛋白/(g/L)	38.15±2.78[bc]	26.79±1.74[a]	45.13±2.71[c]	29.8±1.68[ab]	26.83±1.15[a]	32.07±4.56[ab]	27.68±2.01[a]
高密度脂蛋白胆固醇/(mmol/L)	6.02±0.40[c]	5.90±0.17[c]	4.46±0.49[a]	4.75±0.33[ab]	5.81±0.27[bc]	5.80±0.32[bc]	6.01±0.11[c]
低密度脂蛋白胆固醇/(mmol/L)	0.81±0.21[ab]	1.10±0.18[b]	0.64±0.16[ab]	0.70±0.15[ab]	0.91±0.23[ab]	0.41±0.10[a]	0.88±0.23[ab]
总胆汁酸/(μmol/L)	4.08±0.27[ab]	3.60±0.43[a]	5.22±0.74[ab]	4.89±0.34[ab]	5.31±0.62[b]	5.41±0.59[b]	4.93±0.32[ab]
甘油三酯/(mmol/L)	1.28±0.10[abc]	1.05±0.16[a]	1.11±0.18[a]	1.23±0.09[abc]	1.27±0.26[abc]	1.43±0.13[abc]	1.64±0.22[bc]
总胆固醇/(mmol/L)	16.10±0.95[b]	15.50±0.69[b]	14.24±0.39[b]	15.55±0.85[b]	14.53±0.63[b]	11.66±0.97[a]	14.50±0.19[b]
碱性磷酸酶/(K/100 mL)	1.24±0.16[ab]	0.98±0.15[a]	1.37±0.10[ab]	1.09±0.07[a]	1.73±0.26[b]	1.36±0.21[ab]	1.12±0.19[a]
谷草转氨酶/(U/L)	7.76±0.74[c]	7.55±0.93[c]	3.00±0.30[ab]	2.19±0.60[a]	4.34±0.71[b]	4.12±0.53[ab]	3.27±0.34[ab]
谷丙转氨酶/(U/L)	3.56±0.50[cd]	2.57±0.40[abc]	4.57±0.42[d]	1.92±0.34[ab]	1.53±0.74[a]	3.06±0.38[bc]	3.57±0.46[cd]

注：数据为平均值±标准误（$n=6$）。K/100 mL即100 mL血清或液体在37℃与基质作用15 min产生1 mg酚为1个金氏单位。U为一个“国际单位”，表示酶活性的大小。各行中无共同字母标注者表示相互间显著差异（$P<0.05$）。

2. 不同饲料投喂组鱼血清和肝脏抗氧化能力的比较

如表10-25所示，与30%鱼粉饲料（D1）对照组相比，利用三种复合蛋白替代饲料中40%～80%鱼粉后，饲料D2～D7组鱼的血清过氧化氢酶活性，D5～D7组的总抗氧化能力，D2～D5和D7组的总超氧化物歧化酶活性，D7组的丙二醛含量，D2组的谷胱甘肽过氧化物酶活性，以及D4和D6组的谷胱甘肽S转移酶活性都无显著差异（$P>0.05$）；但是，D3～D7组血清的谷胱甘肽过氧化物酶活性显著降低；D2～D4组的总抗氧化能力，D6组的总超氧化物歧化酶活性，D2～D6组的丙二醛含量，以及D2～D3、D5和D7组的谷胱甘肽S转移酶活性都显著提高（$P<0.05$）。在肝脏中，D2～D7组的过氧化氢酶活性，D2～D5组的总抗氧化能力水平，D5组的丙二醛含量，D2和D4组的谷胱甘肽过氧化物酶活性，以及D6～D7组的谷胱甘肽S转移酶活性与D1组均无显著差异（$P>0.05$），但D2～D4组和D6～D7组的丙二醛含量显著降低（$P<0.05$）。

一般来说，抗氧化防御系统影响鱼的健康和免疫系统（Martínez-Álvarez et al.，2005）。在抗氧化防御系统中，总超氧化物歧化酶、谷胱甘肽过氧化物酶和过氧化氢酶通过清除氧化剂来维持组织内低浓度的氧化剂和氧化还原稳态，从而起着重要作用（Abasubong et al.，2018；Zhao et al.，2015）。总抗氧化能力反映鱼的抗氧化能力，丙二醛间接反映自由基对鱼体细胞攻击的严重程度（Cheng et al.，2015；Tan et al.，2016）。本研究的结果表明，使用复合蛋白 III 替代卵形鲳鲹配合饲料中 60%～80%鱼粉后，可以提高鱼的抗氧化能力。

表 10-25　不同饲料投喂组卵形鲳鲹血清和肝脏抗氧化指标的比较

	氧化指标	D1	D2	D3	D4	D5	D6	D7
血清	总抗氧化能力/(U/mL)	9.39±0.74[a]	14.78±0.72[b]	15.73±0.94[b]	14.88±0.86[b]	12.33±1.47[ab]	10.79±1.71[a]	11.03±1.25[a]
	总超氧化物歧化酶/(U/mL)	235.24±19.04[a]	215.05±53.46[a]	224.37±35.5[a]	216.29±50.51[a]	306.10±45.83[ab]	412.94±40.07[b]	254.82±35.93[a]
	过氧化氢酶/(U/mL)	4.46±1.24	4.45±1.92	6.73±1.01	5.02±1.03	6.08±1.05	5.51±1.52	4.36±1.35
	丙二醛/(nmol/mL)	7.33±1.13[a]	23.25±0.83[c]	23.17±1.32[c]	21.96±1.02[c]	23.69±0.99[c]	15.79±1.08[b]	5.69±1.08[a]
	谷胱甘肽过氧化物酶/(U/mL)	261.5±33.42[b]	268.72±16.41[b]	160.43±6.85[a]	120.32±14.79[a]	102.27±15.83[a]	93.05±18.40[a]	114.30±20.29[a]
	谷胱甘肽 S 转移酶/(U/mL)	35.84±2.86[a]	72.12±4.86[cd]	65.64±4.07[bcd]	55.28±4.61[ab]	78.81±6.26[d]	56.57±7.40[abc]	60.46±4.91[bc]
肝脏	总抗氧化能力/(U/mg)	6.25±1.12[a]	4.08±0.73[a]	5.02±1.35[a]	8.25±0.97[ab]	7.16±0.78[ab]	10.57±1.16[c]	13.52±2.32[c]
	总超氧化物歧化酶/(U/mg)	195.45±8.73[a]	232.96±4.31[b]	232.36±8.09[b]	229.36±8.52[b]	263.54±7.34[c]	292.52±7.61[d]	260.94±3.40[c]
	过氧化氢酶/(U/mg)	16.8±2.32[ab]	13.07±1.84[ab]	12.17±1.84[a]	15.27±1.83[ab]	18.56±2.01[b]	12.22±1.68[a]	11.27±1.33[a]
	丙二醛/(nmol/mg)	2.050±0.22[c]	1.21±0.19[a]	1.17±0.18[a]	1.32±0.23[ab]	2.32±0.49[bc]	1.30±0.17[ab]	0.78±0.12[a]
	谷胱甘肽过氧化物酶/(U/mg)	88.40±11.81[a]	101.82±14.85[a]	195.87±11.77[b]	113.93±12.34[a]	245.76±7.05[b]	232.96±28.38[b]	230.20±35.86[b]
	谷胱甘肽 S 转移酶/(U/mg)	19.57±5.77[a]	41.93±3.34[b]	48.62±2.49[b]	44.12±2.54[b]	46.16±3.73[b]	23.92±4.38[a]	15.76±2.16[a]

注：数据为平均值±标准误（$n=6$），各行中无相同字母标注者表示相互间差异显著（$P<0.05$）。

3. 不同饲料投喂组鱼的前肠炎症基因表达水平的比较

由图 10-9 可知，在复合蛋白Ⅰ替代 60%鱼粉（D3）、复合蛋白Ⅱ替代 40%～60%鱼粉（D4～D5）和复合蛋白Ⅲ替代 60%鱼粉（D6）组中，前肠促炎因子 *il-8* 的 mRNA 表达水平与 30%鱼粉饲料（D1）组无显著差异（$P>0.05$）；复合蛋白Ⅰ替代 40%鱼粉（D2）和复合蛋白Ⅲ替代 80%鱼粉（D7）组的促炎因子 *il-8* 的 mRNA 表达水平，D2～D7 组 *tnf-α* 的 mRNA 表达水平都显著低于 D1 组（$P<0.05$）。D2～D5 组和 D7 组的抗炎基因 *il-10* 的 mRNA 表达水平，D4～D5 组抗炎基因 *tgf-β1* 的 mRNA 表达水平与 D1 组无显著差异（$P>0.05$）；D6 组抗炎因子 *il-10* 和 D6 组 *tgf-β1* 的 mRNA 表达水平显著高于 D1 组（$P<0.05$）。

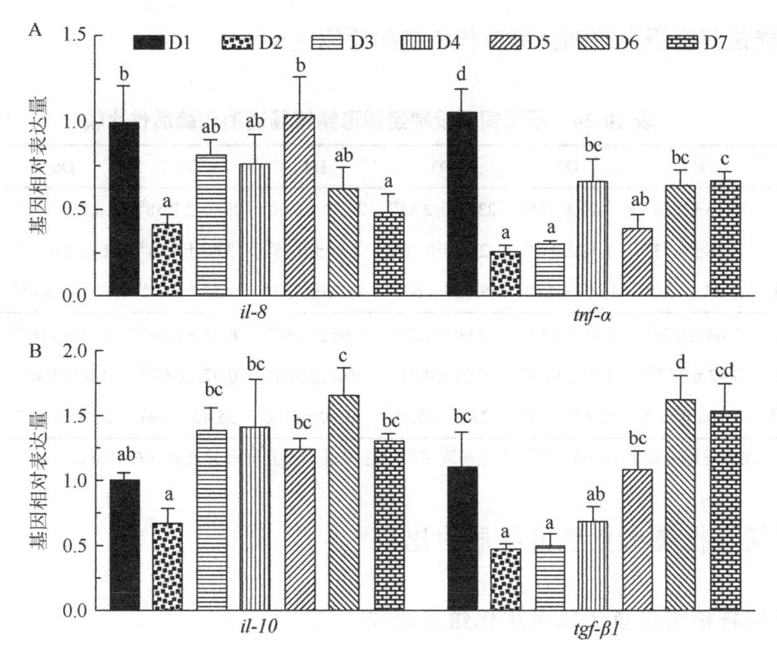

图 10-9　不同饲料投喂组卵形鲳鲹前肠炎症基因表达的比较

数值为平均值±标准误（$n=6$）；同一基因中，柱上无相同字母标注者表示相互间差异显著（$P<0.05$）。

肠道炎性因子是评价肠道炎症反应的重要指标，促炎因子与抗炎因子的失衡是肠道黏膜损伤的重要原因之一（何小华和陈建勇，2011；Pichai and Ferguson，2012），对肠道生态稳定非常重要（Xavier and Podolsky，2007）。肿瘤坏死因子 α（*tnf-α*）和白细胞介素-1β（*il-1β*）在鱼类炎症研究中受到广泛关注，常作为研究炎性反应的指标之一（彭孝坤等，2019）。在本研究中，使用复合蛋白高比例替代鱼粉后，前肠中的促炎因子 *il-8* 和 *tnf-α* 表达水平显著降低，抗炎因子 *il-10* 和 *tgf-β1* 显著升高，使得肠道内促炎因子与抗炎因子平衡，肠道生态平衡得以维持，这可能是复合蛋白替代 40%～80%鱼粉后不会降低其生长性能的原因之一。

4. 不同饲料投喂组鱼的肠道消化酶活性比较

利用 7 种配合饲料投喂卵形鲳鲹 8 周后，肠道消化酶活性及总蛋白质含量见表 10-26。前肠中，复合蛋白Ⅰ替代 40%鱼粉（D2）组的脂肪酶和淀粉酶活性，以及复合蛋白Ⅰ替代 40%和 60%鱼粉（D2、D3）、复合蛋白Ⅱ替代 60%鱼粉（D5）和复合蛋白Ⅲ替代 80%鱼粉（D7）组的胰蛋白酶活性与 30%鱼粉饲料（D1）组无显著差异（$P>0.05$）。此外，前肠中 D3～D7 组的脂肪酶和淀粉酶活性，以及 D4 组和 D6 组的胰蛋白酶活性都显著高于 D1 组（$P<0.05$）。中肠中，D2、D5～D7 组的淀粉酶活性，以及 D2、D4～D7 组的脂肪酶活性，D2～D7 组的胰蛋白酶活性都与 D1 组无显著差异（$P>0.05$）。

肠道是鱼类消化和吸收营养物质的主要场所，在消化过程中起着关键作用，肠道消化酶活性对饲料利用和生长性能有潜在影响（Zhao et al.，2016）。在本研究中，复合蛋白Ⅲ替代 60%～80%鱼粉后，前肠的胰蛋白酶、脂肪酶和 α-淀粉酶活性显著高于 30%鱼粉组，这可能是复合蛋白可高比例替代鱼粉的原因之一。

表 10-26 不同饲料投喂组卵形鲳鲹肠道消化酶活性比较 （单位：U/g）

项目		D1	D2	D3	D4	D5	D6	D7
前肠	脂肪酶	8.13±0.85[a]	7.77±1.05[a]	23.10±2.83[bc]	26.22±1.06[c]	23.03±2.88[bc]	18.11±1.02[b]	21.16±1.10[bc]
	淀粉酶	1.16±0.13[a]	1.12±0.03[a]	2.98±0.10[d]	2.44±0.15[c]	3.03±0.14[d]	2.19±0.21[bc]	1.94±0.27[b]
	胰蛋白酶	23.55±1.90[ab]	12.77±1.91[a]	28.90±4.53[abc]	43.36±7.60[c]	28.53±8.25[abc]	61.43±8.45[d]	38.54±3.12[bc]
中肠	脂肪酶	7.64±0.79[b]	6.01±0.52[ab]	4.90±0.26[a]	6.96±0.84[ab]	6.75±1.24[ab]	7.51±1.00[ab]	7.15±1.09[ab]
	淀粉酶	0.97±0.04[bc]	1.01±0.08[c]	0.54±0.04[a]	0.66±0.01[a]	0.97±0.07[bc]	1.00±0.05[c]	0.83±0.06[b]
	胰蛋白酶	33.06±4.40	22.03±2.65	22.19±5.21	33.00±5.12	35.49±4.94	28.81±3.15	30.22±8.68

注：数据为平均值±标准误（$n=6$），各行中无相同字母标注者表示相互间差异显著（$P<0.05$）。

（三）不同饲料投喂组鱼肌肉品质的比较

1. 不同饲料投喂组鱼的肌肉生化组成比较

利用 7 种配合饲料投喂卵形鲳鲹 8 周后，肌肉生化组成见表 10-27。复合蛋白替代 40%～80%鱼粉饲料（D2～D7）组肌肉的粗蛋白质、粗灰分含量，以及 D2～D5 组肌肉的粗脂肪含量与 30%鱼粉饲料（D1）组无显著差异（$P>0.05$）。复合蛋白Ⅲ替代 60%～80%鱼粉（D6～D7）组肌肉的粗脂肪含量显著高于 30%鱼粉饲料（D1）组（$P<0.05$）。鱼类脂肪中富含有利于人体健康的 EPA 和 DHA，因此，复合蛋白Ⅲ替代饲料中 60%和 80%鱼粉可以提高肌肉的脂肪含量，说明有利于改善肌肉的营养价值。

表 10-27 不同饲料投喂组卵形鲳鲹的肌肉生化组成比较 （单位：%干重）

组成	D1	D2	D3	D4	D5	D6	D7
粗蛋白质	72.65±0.91[ab]	75.21±0.85[b]	74.87±1.42[b]	72.74±1.19[ab]	72.84±1.35[ab]	70.79±1.23[a]	73.19±0.57[ab]
粗脂肪	18.28±0.89[a]	20.42±1.44[ab]	17.63±1.46[a]	21.04±1.12[ab]	21.28±1.35[ab]	24.96±0.69[c]	22.73±0.75[bc]
粗灰分	5.03±0.31	5.16±0.09	5.55±0.32	5.51±0.38	5.52±0.19	4.96±0.44	5.00±0.25

注：数据为平均值±标准误（$n=6$），各行中无相同字母标注者表示相互间差异显著（$P<0.05$）。

2. 不同饲料投喂组鱼的肌肉氨基酸组成比较

利用 7 种配合饲料投喂卵形鲳鲹 8 周后，肌肉氨基酸组成见表 10-28。结果显示，复合蛋白Ⅰ替代 40%、60%鱼粉（D2、D3）和复合蛋白Ⅱ替代 40%鱼粉（D4）组鱼肌肉的必需氨基酸（EAA）和非必需氨基酸（NEAA）与 30%鱼粉饲料（D1）组无显著差异，复合蛋白Ⅱ替代 60%鱼粉（D5）和复合蛋白Ⅲ替代 60%、80%鱼粉（D6、D7）组鱼（除半胱氨酸外）EAA、NEAA 含量均显著高于 30%鱼粉饲料（D1）组（$P<0.05$），其中 D7 组含量最高。结果表明，使用复合蛋白Ⅱ替代 60%鱼粉，以及复合蛋白Ⅲ替代 60%和 80%的鱼粉，可以提高肌肉的 EAA 和 NEAA 含量，改善肌肉的营养价值。

表 10-28　不同饲料投喂组卵形鲳鲹的肌肉氨基酸组成比较　（单位：%干重）

氨基酸	D1	D2	D3	D4	D5	D6	D7
赖氨酸	6.03±0.55[a]	6.88±0.20[abc]	6.33±0.31[a]	6.73±0.37[ab]	7.45±0.24[bc]	7.37±0.11[bc]	7.77±0.18[c]
苯丙氨酸	2.82±0.24[a]	3.22±0.08[abc]	2.98±0.13[a]	3.12±0.16[ab]	3.47±0.11[bc]	3.40±0.04[bc]	3.60±0.08[c]
蛋氨酸	1.72±0.18[a]	2.11±0.06[bcd]	1.96±0.10[ab]	2.02±0.11[bc]	2.32±0.07[cd]	2.25±0.05[bcd]	2.40±0.07[d]
苏氨酸	3.04±0.26[a]	3.45±0.09[abc]	3.19±0.14[a]	3.37±0.19[ab]	3.76±0.12[bc]	3.69±0.05[bc]	3.89±0.08[c]
异亮氨酸	3.03±0.27[a]	3.46±0.10[abc]	3.20±0.15[a]	3.38±0.18[ab]	3.75±0.13[bc]	3.70±0.05[bc]	3.92±0.08[c]
亮氨酸	5.39±0.49[a]	6.13±0.18[abcd]	5.68±0.27[ab]	5.99±0.33[abc]	6.65±0.23[cd]	6.54±0.1[bcd]	6.92±0.16[d]
缬氨酸	3.30±0.29[a]	3.77±0.10[ab]	3.47±0.15[a]	3.66±0.18[ab]	4.10±0.14[bc]	4.04±0.06[bc]	4.28±0.09[c]
组氨酸	1.59±0.15[a]	1.85±0.06[bcd]	1.70±0.07[ab]	1.79±0.09[abc]	2.00±0.07[cd]	1.96±0.03[cd]	2.08±0.04[d]
精氨酸	4.06±0.34[a]	4.58±0.11[abc]	4.24±0.19[a]	4.49±0.26[ab]	5.00±0.14[bc]	4.90±0.07[bc]	5.18±0.12[c]
必需氨基酸	30.97±2.74[a]	35.43±0.99[abc]	32.74±1.50[a]	34.55±1.87[ab]	38.48±1.25[bc]	37.83±0.56[bc]	40.03±0.90[c]
天冬氨酸	6.59±0.57[a]	7.46±0.21[abc]	6.87±0.31[a]	7.24±0.40[ab]	8.06±0.27[bc]	7.92±0.11[bc]	8.37±0.19[c]
丝氨酸	2.65±0.22[a]	2.99±0.08[abc]	2.78±0.12[a]	2.93±0.16[ab]	3.25±0.10[bc]	3.20±0.05[bc]	3.36±0.08[c]
谷氨酸	9.80±0.83[a]	11.06±0.30[abcd]	10.28±0.48[ab]	10.8±0.62[abc]	11.91±0.38[cd]	11.76±0.18[bcd]	12.40±0.29[d]
甘氨酸	4.23±0.31[a]	4.71±0.11[abc]	4.30±0.19[a]	4.57±0.27[ab]	5.24±0.17[c]	5.01±0.07[bc]	5.31±0.20[c]
丙氨酸	4.18±0.33[a]	4.73±0.10[ab]	4.36±0.19[a]	4.61±0.26[ab]	5.17±0.15[bc]	5.04±0.06[bc]	5.34±0.13[c]
半胱氨酸	0.58±0.06[a]	0.70±0.02[b]	0.63±0.03[ab]	0.60±0.03[ab]	0.58±0.02[a]	0.60±0.02[ab]	0.60±0.02[ab]
酪氨酸	2.28±0.22[a]	2.62±0.08[abcd]	2.42±0.11[ab]	2.55±0.14[abc]	2.82±0.10[cd]	2.79±0.05[bcd]	2.94±0.06[d]
脯氨酸	2.37±0.14[a]	2.62±0.04[ab]	2.48±0.09[a]	2.63±0.14[ab]	2.96±0.07[c]	2.82±0.03[bc]	3.03±0.07[c]
非必需氨基	32.68±2.68[a]	36.87±0.86[abc]	34.11±1.52[a]	35.92±2.00[ab]	40.00±1.17[bc]	39.13±0.50[bc]	41.36±1.01[c]

注：数据为平均值±标准误（$n=6$），各行中无相同字母标注者表示相互间差异显著（$P<0.05$）。

3. 不同饲料投喂组鱼的肌肉脂肪酸组成比较

利用 7 种配合饲料投喂卵形鲳鲹 8 周后，肌肉脂肪酸组成和含量见表 10-29。复合蛋白替代 40%～80%鱼粉饲料（D2～D7）投喂组鱼肌肉的 20:4n-6、SFA 含量及 D2 组中 n-6 PUFA 含量与 30%鱼粉饲料（D1）组无显著差异（$P>0.05$），但肌肉的 20:5n-3、22:5n-3、22:6n-3、n-3 PUFA 水平显著低于 D1 组，D2～D7 组的 MUFA 及 D3～D7 组 n-6 PUFA 水平显著高于 D1 组（$P<0.05$）。结果表明，使用复合蛋白替代饲料中 40%～80%鱼粉后，其肌肉脂肪酸组成反映了饲料的脂肪酸组成，这与卵形鲳鲹缺乏 LC-PUFA 生物合成能力或该能力很低的结论一致（Zhang et al.，2019b；Wang et al.，2020b）。

表 10-29　不同饲料投喂组卵形鲳鲹的肌肉脂肪酸组成比较　（单位：%总脂肪酸）

主要脂肪酸	D1	D2	D3	D4	D5	D6	D7
14:0	2.96±0.09[c]	2.63±0.06[abc]	2.61±0.06[abc]	2.74±0.05[bc]	2.16±0.38[ab]	2.08±0.35[a]	2.53±0.04[abc]
16:0	23.21±0.17[a]	23.93±0.11[ab]	23.96±0.11[b]	23.42±0.22[ab]	23.32±0.24[ab]	23.72±0.31[ab]	23.57±0.27[ab]
18:0	4.97±0.11[a]	5.37±0.11[bc]	5.23±0.10[ab]	5.18±0.08[ab]	5.39±0.11[bc]	5.58±0.12[c]	5.63±0.10[c]

续表

主要脂肪酸	D1	D2	D3	D4	D5	D6	D7
23:0	0.64±0.01[a]	0.69±0.02[b]	0.71±0.01[bc]	0.69±0.01[b]	0.72±0.01[c]	0.70±0.01[bc]	0.69±0.01[b]
SFA	32.9±0.24	33.63±0.14	33.55±0.11	33.05±0.23	32.63±0.61	33.21±0.69	33.61±0.22
16:1	3.85±0.05[c]	3.69±0.10[abc]	3.79±0.07[bc]	3.79±0.05[bc]	3.72±0.04[abc]	3.57±0.07[a]	3.63±0.04[ab]
18:1n-9	25.80±0.39[a]	27.32±0.37[b]	28.05±0.20[b]	27.09±0.28[b]	27.67±0.39[b]	28.18±0.33[b]	27.40±0.36[b]
18:1n-11	2.22±0.01[b]	2.13±0.02[a]	2.13±0.01[a]	2.18±0.02[b]	2.14±0.01[a]	2.09±0.01[a]	2.1±0.02[a]
20:1	2.72±0.05[a]	2.77±0.05[ab]	2.86±0.02[bc]	2.80±0.01[abc]	2.88±0.02[c]	2.88±0.03[c]	2.82±0.02[bc]
MUFA	34.93±0.44[a]	36.18±0.50[b]	37.22±0.17[b]	36.23±0.27[b]	36.77±0.37[b]	37.11±0.36[b]	36.32±0.39[b]
18:2n-6	12.53±0.15[a]	12.96±0.10[ab]	13.63±0.15[c]	13.25±0.16[bc]	13.61±0.25[c]	13.5±0.21[bc]	13.52±0.23[bc]
20:2n-6	1.01±0.02[a]	1.05±0.03[ab]	1.12±0.03[bc]	1.10±0.03[abc]	1.19±0.04[c]	1.16±0.04[c]	1.15±0.03[c]
20:4n-6	0.55±0.04	0.54±0.05	0.49±0.02	0.51±0.03	0.55±0.03	0.52±0.04	0.55±0.02
n-6 PUFA	14.32±0.16[a]	14.78±0.10[ab]	15.47±0.16[bc]	15.1±0.22[bc]	15.58±0.31[c]	15.42±0.25[bc]	15.47±0.27[bc]
18:3n-3	0.52±0.02[bc]	0.52±0.02[bc]	0.48±0.01[abc]	0.52±0.01[c]	0.48±0.01[abc]	0.48±0.01[ab]	0.46±0.02[a]
20:5n-3	1.61±0.03[d]	1.24±0.04[c]	1.01±0.03[ab]	1.26±0.04[c]	1.03±0.04[b]	0.93±0.03[a]	1.00±0.03[ab]
22:5n-3	1.98±0.04[d]	1.56±0.03[c]	1.3±0.02[ab]	1.59±0.04[c]	1.39±0.03[b]	1.25±0.04[a]	1.34±0.04[ab]
22:6n-3	7.23±0.22[b]	6.08±0.49[a]	5.39±0.06[a]	6.07±0.12[a]	5.74±0.30[a]	5.71±0.39[a]	5.84±0.16[a]
n-3 PUFA	11.32±0.28[c]	9.40±0.51[b]	8.18±0.07[a]	9.44±0.18[b]	8.65±0.35[ab]	8.36±0.42[a]	8.64±0.23[ab]
n-6/n-3	1.26±0.03[a]	1.59±0.08[b]	1.89±0.02[c]	1.60±0.01[b]	1.81±0.05[c]	1.87±0.09[c]	1.79±0.02[c]
n-3 LC-PUFA	10.79±0.28[c]	8.89±0.53[b]	7.70±0.07[a]	8.92±0.18[b]	8.17±0.35[ab]	7.89±0.43[a]	8.18±0.22[ab]

注：数据为平均值±标准误（$n=6$），各行中无相同字母标注者表示相互间差异显著（$P<0.05$）。

4. 不同饲料投喂组鱼的肌肉质构特性比较

利用7种配合饲料投喂卵形鲳鲹8周后，其肌肉品质参数见表10-30。复合蛋白替代40%～80%鱼粉饲料（D2～D7）投喂组鱼肌肉的熟肉率、硬度、弹性、咀嚼性、黏性和回复性，D2～D3组的失水率，D2～D4组和D6～D7组的pH，D2～D5组的剪切力，D2～D5组和D7组的黏着性，以及D2和D4组的黏结性与30%鱼粉饲料（D1）组无显著差异（$P>0.05$）。总体来说，使用复合蛋白，特别是复合蛋白III替代饲料60%和80%鱼粉后，不会对卵形鲳鲹肌肉的质构特性产生负面影响。

表10-30　不同饲料投喂组卵形鲳鲹肌肉可食用质量和质构特性的比较

肌肉品质		D1	D2	D3	D4	D5	D6	D7
可食用质量	熟肉率/%	92.55±0.79[abc]	92.55±1.67[abc]	94.17±0.79[bc]	91.75±1.05[ab]	95.65±0.68[c]	88.44±1.06[a]	91.66±1.52[ab]
	失水率/%	8.76±0.87[bc]	6.55±0.79[ab]	9.98±0.64[c]	5.89±0.54[a]	5.96±0.72[a]	14.70±1.38[d]	12.89±0.82[d]
	pH	6.64±0.10[a]	6.68±0.05[ab]	6.75±0.03[ab]	6.69±0.05[ab]	6.80±0.03[b]	6.72±0.09[ab]	6.65±0.06[ab]

续表

肌肉品质		D1	D2	D3	D4	D5	D6	D7
质构特性	剪切力/gf	1567.60±85.69^{cd}	1548.00±63.22^{bcd}	1353.80±86.40^{bc}	1430.60±58.05^{bcd}	1618.00±98.52^{d}	1100.80±90.02^{a}	1309.00±61.45^{ab}
	硬度/gf	260.44±29.15	312.44±29.72	282.33±28.57	287.89±43.30	280.71±30.09	300.00±24.37	313.18±39.19
	黏着性/(gf-mm)	4.68±0.53^{b}	3.39±0.45^{ab}	4.04±0.58^{b}	3.78±0.90^{ab}	3.23±0.32^{ab}	2.16±0.27^{a}	4.00±0.69^{ab}
	弹性/mm	0.48±0.02	0.49±0.01	0.46±0.02	0.46±0.02	0.49±0.02	0.48±0.02	0.45±0.02
	咀嚼性/gf	59.73±7.36	71.48±4.87	60.53±6.94	55.05±6.65	53.21±6.83	58.39±3.95	53.61±6.84
	黏性/gf	128.97±13.39	146.00±14.06	119.63±13.26	127.87±17.73	139.15±25.12	125.57±11.52	144.23±26.06
	黏结性	0.48±0.01^{d}	0.47±0.01^{cd}	0.42±0.02^{abc}	0.45±0.01^{bcd}	0.43±0.02^{abc}	0.42±0.02^{ab}	0.40±0.01^{a}
	回复性	0.40±0.01	0.43±0.02	0.41±0.03	0.40±0.01	0.38±0.01	0.38±0.01	0.38±0.01

注：数据为平均值±标准误（$n=6$），各行中无相同字母标注者表示相互间差异显著（$P<0.05$）。

（四）总结

利用由陆源性动植物蛋白组成的复合蛋白替代卵形鲳鲹幼鱼配合饲料中 40%～80%鱼粉后，其生长性能和健康水平与 30%鱼粉对照饲料无差异。此外，利用复合蛋白Ⅲ替代 60%和 80%鱼粉饲料组鱼的健康水平和肌肉品质比 30%鱼粉饲料组更好，表明该复合蛋白可用于卵形鲳鲹配合饲料的鱼粉替代蛋白，使饲料中鱼粉含量从对照组的 30%降低至 6%。研究成果可为研发卵形鲳鲹高效低鱼粉配合饲料提供依据，也可为其他肉食性海水硬骨鱼类鱼粉替代研究提供借鉴作用，研究内容详见已发表论文 Ma 等（2020a）。

二、以卵形鲳鲹复合油为脂肪源的两种高效低鱼粉配合饲料研发

上述研究结果表明，当以卵形鲳鲹复合油为脂肪源时，利用陆源性复合蛋白可有效替代配合饲料中 40%～80%鱼粉，且复合蛋白Ⅲ替代 60%和 80%鱼粉可提高肝脏的抗氧化能力和肌肉品质，说明在生产上可利用该复合蛋白高比例替代饲料中的鱼粉。

在此基础上，本研究对综合性能较好的复合蛋白Ⅰ和Ⅲ的原料配比做进一步优化，以降低饲料成本。利用优化后的复合蛋白Ⅰ和复合蛋白Ⅲ分别替代对照饲料（D1，含 30%鱼粉）中 40%和 80%鱼粉，获得两种低鱼粉试验料 D2 和 D3（鱼粉含量分别降至 18%和 6%），同时以某商品料（D4）和冰鲜杂鱼（D5）作为另外的对照料，各饲料的营养组成见表 10-31。以此 5 种饲料在海上网箱中养殖初始体重 79 g 左右、中等规格卵形鲳鲹 8 周后，通过比较各饲料投喂组鱼生长性能、生理生化指标、肌肉品质及氮磷排放量等指标，评估此两种低鱼粉饲料的应用效果，为研发可应用于养殖生产的基于卵形鲳鲹复合油和复合蛋白的配合饲料提供依据。主要研究内容及结果如下。

表 10-31 试验饲料配方和常规营养成分

	项目	D1（30%鱼粉）	D2（18%鱼粉）	D3（6%鱼粉）	D4（商品料）	D5（冰鲜杂鱼）
组成/%	鱼粉[①]	30.00	18.00	6.00	—	—
	复合蛋白Ⅰ[②]	—	12.00	—	—	—
	复合蛋白Ⅲ[③]	—	—	24.00	—	—
	基础蛋白[④]	31.00	30.00	32.00	—	—
	脂肪粉[⑤]	12.00	12.00	12.00	—	—
	磷脂	0.50	0.76	1.10	—	—
	高筋面粉	12.00	12.00	12.00	—	—
	预混料[⑥]	4.887	4.887	4.887	—	—
	DL-赖氨酸	—	0.29	0.57	—	—
	DL-蛋氨酸	—	0.14	0.27	—	—
	麸皮	9.613	9.923	7.173	—	—
常规营养成分	干物质/%	91.38	92.76	88.30	89.44	25.32
	粗蛋白质/%	46.27	46.34	46.56	45.12	71.09
	粗脂肪/%	11.69	11.54	11.34	9.50	8.05
	能量/(MJ/kg)	20.70	20.44	20.75	20.80	19.93
	粗灰分/%	10.39	10.84	10.35	9.71	19.42
	磷/%	0.99	1.22	1.23	1.26	1.47

注：①鱼粉的粗蛋白质含量为72.71%，粗脂肪含量为8.91%；②，③复合蛋白Ⅰ和Ⅲ：由几种比例不同的陆源性动植物蛋白组成，具体成分和数量因申请专利未予说明；④基础蛋白：由鸡肉粉和大豆浓缩蛋白按一定比例组成；⑤脂肪粉：由鱼油、大豆油、菜籽油、紫苏籽油、磷脂和少量乳化剂混合而成，含有40%玉米淀粉和60%脂肪；⑥预混料：由氯化胆碱、乙氧基喹啉、磷酸二氢钙、甜菜碱、维生素混合物和矿物化合物组成。“—”表示“无”。

（一）不同饲料投喂组卵形鲳鲹生长性能和健康指标的比较

1. 不同饲料投喂组鱼生长性能的比较

不同饲料投喂组鱼的生长性能结果见表 10-32。结果显示，18%鱼粉饲料（D2）和6%鱼粉饲料（D3）投喂组鱼的增重率与30%鱼粉饲料（D1）及冰鲜杂鱼投喂组无差异，其增重率比商品料组分别提高62.76%和71.44%；饲料系数与D1组相当，但比商品料组和冰鲜杂鱼组低40%左右。D2和D3组鱼的脏体比、肝体比、肥满度等形态学指标与D1及D5组无差异（$P>0.05$），而D3组的肠体比显著高于D1和D5组（$P<0.05$）。结果表明，两种低鱼粉配合饲料的生长性能与冰鲜杂鱼组和30%鱼粉组无差异，且显著好于商品料，故可以应用于卵形鲳鲹的养殖生产中。

表 10-32 不同饲料投喂组卵形鲳鲹的生长性能和形态学指标比较

项目	D1（30%鱼粉）	D2（18%鱼粉）	D3（6%鱼粉）	D4（商品料）	D5（冰鲜杂鱼）
初始体重/g	79.38±0.37	79.37±0.35	79.23±0.47	79.12±0.20	79.40±0.16
终末体重/g	220.26±3.32[b]	218.31±4.66[b]	225.33±3.40[b]	164.55±3.82[a]	226.68±3.53[b]
增重率/%	177.48	175.06	184.40	107.56	185.49

续表

项目	D1（30%鱼粉）	D2（18%鱼粉）	D3（6%鱼粉）	D4（商品料）	D5（冰鲜杂鱼）
特定生长率/(%/d)	1.81	1.79	1.85	1.28	1.86
蛋白质效率/%	1.25	1.21	1.33	0.79	3.06
日摄食率/%	2.91	2.98	2.77	3.50	5.12
饲料系数	1.74	1.79	1.62	2.81	2.98
存活率/%	100.00	100.00	100.00	100.00	100.00
脏体比/%	7.40±0.46[b]	7.26±0.37[b]	7.35±0.21[b]	6.14±0.21[a]	6.55±0.22[ab]
肝体比/%	2.05±0.18[b]	1.81±0.20[b]	1.76±0.13[b]	1.23±0.09[a]	1.86±0.05[b]
肥满度	3.52±0.09	3.64±0.18	3.51±0.10	3.43±0.11	3.63±0.16
肠体比/%	1.62±0.08[a]	1.93±0.07[ab]	2.07±0.06[b]	1.86±0.11[ab]	1.74±0.16[a]
比肠长/%	70.49±2.24[a]	82.11±2.17[b]	72.62±2.17[a]	72.30±1.57[a]	80.34±1.41[b]

注：数据为平均值±标准误，其中初始体重和终末体重的 $n=60$，其他数据 $n=6$。各行中无相同字母标注者表示相互间差异显著（$P<0.05$）。

2. 不同饲料投喂组鱼的生理生化和肝脏抗氧化指标比较

（1）不同饲料投喂组卵形鲳鲹血清生化指标的比较

利用不同饲料投喂卵形鲳鲹 8 周后，其血清生化指标见表 10-33。结果显示，18%鱼粉饲料（D2）和 6%鱼粉饲料（D3）投喂组鱼的球蛋白、总胆汁酸与 30%鱼粉饲料（D1）和商品料（D4）投喂组无显著差异（$P>0.05$），甘油三酯和总胆固醇显著低于 D1 组，碱性磷酸酶活性显著高于 D1 组（$P<0.05$）。结果表明，相比于 30%鱼粉料和商品料，投喂两种低鱼粉配合饲料后，鱼的健康指标不会降低，甚至有的指标更好。

表 10-33　不同饲料投喂组卵形鲳鲹血清生化指标的比较

指标	D1	D2	D3	D4	D5
白蛋白/(mg/mL)	15.85±0.62[bc]	15.98±0.69[bc]	13.23±0.87[a]	15.50±0.72[b]	17.79±0.76[c]
球蛋白/(mg/mL)	33.34±2.45[a]	38.45±1.88[ab]	37.72±2.41[ab]	36.90±2.02[ab]	41.26±2.33[b]
高密度脂蛋白胆固醇/(mmol/L)	2.63±0.19[b]	2.49±0.16[b]	1.41±0.16[a]	2.66±0.17[b]	3.73±0.29[c]
低密度脂蛋白胆固醇/(mmol/L)	0.77±0.08[b]	0.76±0.07[b]	0.38±0.08[a]	0.44±0.08[a]	1.12±0.09[c]
甘油三酯/(mmol/L)	2.60±0.18[c]	1.14±0.10[a]	1.93±0.29[b]	1.11±0.09[a]	2.11±0.23[bc]
总胆固醇/(mmol/L)	13.83±0.31[c]	12.20±0.47[ab]	10.95±0.57[a]	12.70±0.62[bc]	17.63±0.59[d]
碱性磷酸酶/(K/100mL)	0.75±0.06[a]	1.02±0.06[bc]	1.22±0.07[c]	0.95±0.07[b]	1.06±0.05[bc]
谷草转氨酶/(U/L)	23.86±1.48[bc]	24.61±3.54[c]	13.81±1.07[a]	17.40±1.93[ab]	16.14±2.25[a]
总胆汁酸/(μmol/L)	4.27±0.13[a]	4.55±0.44[a]	4.84±0.32[a]	4.10±0.33[a]	7.48±0.44[b]

注：数据为平均值±标准误（$n=6$），各行中无相同字母标注者表示相互间差异显著（$P<0.05$）。

（2）不同饲料投喂组卵形鲳鲹血清和肝脏抗氧化指标的比较

利用不同饲料投喂卵形鲳鲹 8 周后，其血清和肝脏抗氧化指标见表 10-34。结果显示，

18%（D2）和6%鱼粉饲料（D3）组鱼的血清和肝脏总抗氧化能力、过氧化氢酶、丙二醛、谷胱甘肽过氧化物酶、谷胱甘肽S转移酶等指标与30%鱼粉（D1）组无显著差异（$P>0.05$）或显著提高（D2组血清总抗氧化能力）。而且，D3组鱼血清及D2和D3组鱼肝脏的总超氧化物歧化酶活性显著高于D1组鱼。结果表明，两种低鱼粉配合饲料有利于提高鱼的抗氧化能力。

（3）不同饲料投喂组卵形鲳鲹的肠道消化酶活性比较

肠道消化酶活性结果显示（表10-35），18%鱼粉饲料（D2）组鱼前肠的淀粉酶和胰蛋白酶活性显著高于30%鱼粉（D1）组、商品料（D4）和冰鲜杂鱼（D5）组（$P<0.05$），而6%鱼粉饲料（D3）组前肠的此两种酶活性与D1、D4组无差异（$P>0.05$）。在中肠，除D3的脂肪酶活性显著小于D1组、胰蛋白酶活性显著大于D4组外（$P<0.05$），D2和D3组鱼的这两种酶活性与D1、D4和D5组无差异（$P>0.05$），淀粉酶活性与D4组无显著差异、但显著低于D1组（$P<0.05$）。结果表明，投喂6%和18%鱼粉饲料的鱼，其消化酶活性与商品料和30%鱼粉组相当甚至更高。

表10-34 不同饲料投喂组卵形鲳鲹血清和肝脏抗氧化指标的比较

	指标	D1	D2	D3	D4	D5
血清	总抗氧化能力(U/mL)	4.50±0.91[a]	7.87±0.85[b]	5.21±0.99[ab]	7.18±0.92[ab]	7.05±0.78[ab]
	总超氧化物歧化酶/(U/mL)	291.18±21.50[b]	348.80±31.59[b]	429.35±27.94[c]	173.71±29.02[a]	155.63±15.63[a]
	过氧化氢酶/(U/mL)	15.81±1.27[ab]	11.85±0.56[a]	18.18±1.69[b]	15.65±1.90[ab]	12.97±1.58[a]
	丙二醛/(nmol/mL)	25.94±1.47[ab]	23.62±1.84[a]	24.85±0.91[ab]	22.34±2.94[a]	30.59±2.35[b]
	谷胱甘肽过氧化物酶/(U/mL)	202.14±27.25	242.25±21.58	222.99±29.30	171.66±28.77	228.61±29.38
	谷胱甘肽S转移酶/(U/mL)	76.65±7.35[bc]	68.23±4.46[ab]	56.14±3.41[a]	53.98±4.48[a]	83.35±5.27[c]
肝脏	总抗氧化能力/(U/mg)	7.84±1.10[a]	7.91±1.05[a]	8.48±1.86[a]	13.89±0.81[b]	8.09±1.19[a]
	总超氧化物歧化酶/(U/mg)	317.73±7.89[b]	430.16±7.28[d]	341.84±3.90[c]	322.5±8.25[bc]	280.84±8.18[a]
	过氧化氢酶/(U/mg)	12.97±1.10	13.86±1.62	12.63±2.77	8.99±0.57	10.52±1.35
	丙二醛/(nmol/mg)	1.26±0.22[a]	1.24±0.08[a]	0.97±0.11[a]	1.11±0.08[a]	2.75±0.35[b]
	谷胱甘肽过氧化物酶/(U/mg)	554.85±32.81[b]	356.35±8.07[a]	400.70±14.01[a]	446.76±32.38[ab]	392.49±11.53[a]
	谷胱甘肽S转移酶/(U/mg)	42.21±6.46	33.93±5.83	57.23±8.83	54.89±8.57	42.76±6.63

注：数据为平均值±标准误（$n=6$），各行中无相同字母标注者表示相互间差异显著（$P<0.05$）。

表10-35 不同饲料投喂组卵形鲳鲹肠道消化酶活性的比较 （单位：U/mg）

项目		D1	D2	D3	D4	D5
前肠	脂肪酶	18.84±0.98[c]	8.81±2.13[ab]	6.88±1.36[a]	12.16±1.54[b]	12.56±2.03[b]
	淀粉酶	1.51±0.04[b]	2.32±0.16[c]	1.73±0.12[b]	1.39±0.21[ab]	1.02±0.04[a]
	胰蛋白酶	40.85±4.80[b]	77.36±7.85[c]	33.67±3.59[ab]	20.21±1.49[a]	37.41±3.95[b]

续表

项目		D1	D2	D3	D4	D5
中肠	脂肪酶	9.16±1.67[b]	6.86±0.73[ab]	5.64±0.42[a]	4.29±0.24[a]	5.74±1.01[a]
	淀粉酶	0.69±0.07[c]	0.38±0.02[b]	0.33±0.02[ab]	0.32±0.02[ab]	0.25±0.02[a]
	胰蛋白酶	34.40±7.91[b]	26.66±7.55[ab]	34.55±5.87[b]	9.00±1.70[a]	20.54±4.33[ab]

注：数据为平均值±标准误（$n=6$），各行中无相同字母标注者表示相互间差异显著（$P<0.05$）。

（二）不同饲料投喂组鱼的肌肉品质比较

利用不同饲料投喂卵形鲳鲹 8 周后，肌肉的生化组成、氨基酸组成见表 10-36。结果显示，18%（D2）和 6%鱼粉饲料（D3）组鱼肌肉的粗蛋白质、粗脂肪和粗灰分含量，以及必需氨基酸和非必需氨基酸的含量都与 30%鱼粉（D1）组无显著差异（$P>0.05$）。结果表明，与 30%鱼粉（D1）组鱼相比，投喂两种低鱼粉配合饲料对鱼的肌肉营养成分无影响。

表 10-36　不同饲料投喂组卵形鲳鲹肌肉生化组成的比较　（单位：%干重）

组成	D1	D2	D3	D4	D5
粗蛋白质	58.78±1.20[a]	59.22±1.27[a]	56.49±1.25[a]	63.61±1.04[b]	64.64±1.42[b]
粗脂肪	37.64±0.74[b]	36.27±1.80[b]	39.63±0.99[b]	29.69±1.32[a]	28.01±0.90[a]
粗灰分	4.03±0.06[a]	4.18±0.09[abc]	4.07±0.16[ab]	4.61±0.15[c]	4.50±0.19[bc]
必需氨基酸	35.58±1.24[ab]	32.14±1.09[a]	36.03±1.27[ab]	36.36±1.33[b]	35.76±1.35[ab]
非必需氨基酸	37.01±1.57[ab]	33.06±0.96[a]	36.44±1.34[ab]	37.85±1.68[b]	35.72±1.11[ab]

注：数据为平均值±标准误（$n=6$），各行中无相同字母标注者表示相互间差异显著（$P<0.05$）。

不同饲料投喂组鱼肌肉的可食用品质和质构特性见表 10-37。结果显示，18%（D2）和 6%鱼粉饲料（D3）组鱼肌肉的失水率、硬度、黏着性、咀嚼性和回复性与 30%鱼粉饲料（D1）、商品料（D4）和冰鲜杂鱼（D5）组无显著差异（$P>0.05$）。与 D1 组鱼相比，D2 组鱼的肌肉熟肉率显著降低，但黏性显著提高；而 D3 组鱼的肌肉熟肉率和弹性无差异。上述结果表明，与 30%鱼粉饲料投喂组鱼相比，投喂两种低鱼粉配合饲料对鱼的肌肉品质和质构特性基本没有不良影响。

表 10-37　不同饲料投喂组卵形鲳鲹肌肉可食用质量和质构特性的比较

肌肉品质		D1	D2	D3	D4	D5
可食用质量	熟肉率/%	89.24±0.85[b]	85.55±0.80[a]	91.45±0.97[b]	90.10±0.95[b]	92.04±0.71[b]
	失水率/%	5.91±1.00	5.98±0.66	4.53±0.20	5.83±0.68	5.70±0.64
	pH	6.36±0.03[ab]	6.30±0.03[a]	6.42±0.01[bc]	6.45±0.01[c]	6.36±0.03[ab]
质构特性	剪切力/gf	1656.67±46.16[d]	1532.67±22.99[c]	943.00±25.89[a]	1627.67±39.16[d]	1309.33±18.39[b]
	硬度/gf	210.00±24.61	270.33±15.94	236.80±26.56	283.33±24.95	215.67±33.39

续表

肌肉品质		D1	D2	D3	D4	D5
质构特性	黏着性/(gf-mm)	3.58±0.39	5.78±0.89	6.08±1.76	4.87±0.27	3.92±0.58
	弹性/mm	0.46±0.02^{a}	0.58±0.02^{b}	0.5±0.05^{ab}	0.48±0.01^{a}	0.45±0.03^{a}
	咀嚼性/gf	39.96±5.62	50.75±7.23	35.08±6.92	50.58±5.16	34.64±6.14
	黏性/gf	77.91±7.99^{a}	109.80±7.38^{b}	77.20±9.15^{a}	120.43±7.37^{b}	64.34±7.59^{a}
	黏结性	0.40±0.01^{b}	0.35±0.03^{ab}	0.31±0.03^{a}	0.37±0.03^{ab}	0.37±0.03^{ab}
	回复性	0.30±0.02	0.35±0.05	0.32±0.05	0.26±0.02	0.26±0.02

注：平均值±标准误（$n=6$），各行中无相同字母标注者表示相互间差异显著（$P<0.05$）。

（三）投喂两种高效低鱼粉配合饲料的经济和环境效益

利用不同饲料投喂卵形鲳鲹8周后，各组的饲料成本和每养殖1 kg鱼的饲料成本见表10-38。通过计算，利用18%（D2）和6%鱼粉饲料（D3）投喂，每养殖1 kg鱼的饲料成本比30%鱼粉饲料（D1）投喂分别降低8.89%和23.98%，比商品料（D4）投喂分别降低36.73%和47.21%，较冰鲜杂鱼（D5）投喂分别降低了63.40%和69.46%。结果表明，复合蛋白替代饲料中40%或80%鱼粉后，养殖生产的降本增效明显，经济效益显著。

表10-38　不同饲料组卵形鲳鲹的饲料成本和每生产1 kg鱼的饲料成本

成本	D1（30%鱼粉）	D2（18%鱼粉）	D3（6%鱼粉）	D4（商品料）	D5（冰鲜杂鱼）
饲料成本/(元/t)	8150.90	7221.13	6658.19	7267.44	11848.34
饲料系数	1.74	1.79	1.62	2.81	2.98
养殖鱼饲料成本/(元/kg)	14.18	12.92	10.78	20.42	35.30

注：每生产1 kg鱼所需的饲料成本（单位：元/kg）＝每公斤饲料成本（单位：元/kg）×饲料系数。

利用不同饲料投喂卵形鲳鲹8周后，各组鱼的氮磷排放量见表10-39。结果显示，6%鱼粉饲料（D3）投喂组鱼的能量储存效率及氮储存效率都显著高于其他各饲料投喂组，其总氮或总磷废物排放量都显著低于其他各饲料投喂组（$P<0.05$）；18%鱼粉饲料（D2）投喂组鱼的总磷废物排放量也显著低于商品料（D4）和冰鲜杂鱼（D5）投喂组（$P<0.05$）。其中，与投喂冰鲜杂鱼（D5）相比，6%鱼粉饲料（D3）投喂组的N、P储存效率分别提高256%和127%，6%和18%鱼粉饲料投喂组总氮废物排放量分别降低79%和74%，总磷废物排放量分别降低66%和61%，环境效益显著。

表10-39　不同饲料组卵形鲳鲹氮磷排放量的比较

项目	D1	D2	D3	D4	D5
能量储存效率/%	83.75±2.25^{b}	81.42±1.71^{b}	88.19±1.22^{c}	48.91±0.97^{a}	47.90±0.52^{a}
氮储存效率/%	47.29±1.72^{b}	46.58±1.50^{b}	53.31±1.15^{c}	28.39±3.11^{b}	14.99±2.00^{a}

续表

项目	D1	D2	D3	D4	D5
磷储存效率/%	43.40±3.31^{b}	36.20±3.57^{b}	45.88±4.73^{b}	34.93±1.69^{b}	20.18±0.65^{a}
总氮废物排放量/(g/kg)	67.32±2.2^{b}	70.90±1.99^{b}	56.24±1.39^{a}	131.81±3.42^{c}	270.57±2.19^{d}
总磷废物排放量/(g/kg)	9.66±0.57^{a}	15.30±1.10^{b}	13.09±1.38^{b}	27.02±1.45^{c}	38.76±1.07^{d}

注：数据为平均值±标准误（$n=6$），各行中无相同字母标注者表示相互间差异显著（$P<0.05$）。

本试验结果中，6%鱼粉饲料（D3）投喂组卵形鲳鲹的氮储存效率和磷储存效率分别为53.31%和45.88%，明显高于王飞（2012）报道的19.30%～22.00%和13.50%～15.80%，以及某商品料的30.00%～40.00%（Li et al.，2010；纪文秀等，2011）。此外，投喂6%鱼粉饲料（D3）每生产1 kg鱼，仅向养殖水体产生56.24～67.32 g氮和9.66～15.30 g磷，远低于他人使用商品料投喂石斑鱼排放的60.00～100.00 g氮（Wang et al.，2008；Li et al.，2010；纪文秀等，2011）和使用配合饲料投喂卵形鲳鲹排放的30.00 g磷（王飞，2012）。结果表明，本书作者团队研发的6%低鱼粉配合饲料的经济和环境效益显著，值得推广应用。

（四）总结

上述研究结果表明，基于卵形鲳鲹复合油的两种低鱼粉（18%和6%鱼粉）配合饲料投喂组鱼的生长性能与30%鱼粉饲料及冰鲜杂鱼投喂组一样好，且显著优于商品料。此外，两种低鱼粉饲料投喂组鱼的饲料利用率、肌肉品质、健康状况，以及总氮和总磷废物排放量都与30%鱼粉组相当，且显著优于市场上的商品料和冰鲜杂鱼组；每养殖1 kg鱼的饲料成本也显著低于30%鱼粉组、商品料和冰鲜杂鱼组。因此，基于生长性能、生理生化指标、抗氧化能力、肌肉品质、经济和环境效益等方面的结果表明，此两种低鱼粉配合饲料值得在卵形鲳鲹养殖生产中进行大规模的推广应用。研究内容详见已发表论文（Ma et al.，2020b）。

参考文献

蔡春芳，陈立侨，2006. 鱼类对糖的利用评述[J]. 水生生物学报，30（5）：608-613.

董兰芳，2016. 饲料不同糖源和糖水平对卵形鲳鲹生长和糖代谢的影响[D]. 南宁：广西大学.

何小华，陈建勇，2011. 炎症性肠病发病的相关免疫机制[J]. 南昌大学学报（医学版），51（10）：93-96.

胡海滨，解绶启，钱雪桥，等，2019. 饲料中添加玉米蛋白粉或鸡肉粉替代部分鱼粉对卵形鲳鲹生长性能的影响[J]. 动物营养学报，31（06）：2752-2764.

胡金城，2004. 工厂化养殖卵形鲳鲹脂肪肝病的防治[J]. 科学养鱼，1：42.

黄劼，程志萍，金明昌，等，2013. 饲料中不同脂肪源替代鱼油对金鲳鱼生长的影响[J]. 长江大学学报（自然科学版），17：48-50.

黄倩倩，2019. 卵形鲳鲹幼鱼对饲料中维生素B_2、维生素B_6和叶酸需求量的研究[D]. 上海：上海海洋大学.

黄忠，林黑着，牛津，等，2011. 肌醇对卵形鲳鲹生长、饲料利用和血液指标的影响[J]. 南方水产科学，7（3）：39-44.

纪文秀，王岩，厉珀余，2011. 不同投喂频率对网箱养殖点带石斑鱼生长、食物利用及氮磷排放的影响[J]. 浙江大学学报（农业与生命科学版），37（4）：432-438.

黎恒基，徐超，苏泽亮，等，2021. 卵形鲳鲹配合饲料中酶解鱼浆蛋白和陆生复合蛋白替代鱼粉的研究[J]. 渔业科学进展，43（05）：205-216 .

李秀玲，刘宝锁，张楠，等，2019. 发酵豆粕替代鱼粉对卵形鲳鲹生长和血清生化的影响[J]. 南方水产科学，15（4）：68-75.

李远友，李孟孟，汪萌，等，2019. 卵形鲳鲹营养需求与饲料研究进展[J]. 渔业科学进展，40（1）：167-177.

刘凡，李艳芳，2016. 挤压膨化技术在水产饲料生产中的应用[J]. 广东饲料，25（11）：37-39.

刘融，陶慧，张乃锋，等，2018. 饲粮中棕榈油脂肪粉添加水平对育肥期湖羊生长性能和营养物质消化代谢的影响[J]. 动物营养学报，30（12）：5013-5022.

彭孝坤，张宇，黄晓瑜，等，2019. 急性冷应激对绵羊免疫功能和不同组织热休克蛋白 70 家族基因表达的影响[J]. 畜牧兽医学报，50（8）：1625-1634.

戚常乐，2016. LNA、ARA、DHA 和 EPA 对卵形鲳鲹幼鱼生长及免疫影响的研究[D].上海：上海海洋大学.

孙卫，2013. 不同脂肪源在低温胁迫下对卵形鲳鲹生理生化指标和脂肪酸组成的影响[D]. 湛江：广东海洋大学.

唐媛媛，张蕉南，艾春香，等，2013. 卵形鲳鲹的营养需求研究及其配合饲料研发[J]. 饲料工业，34（8）：46-50.

王飞，2012. 卵形鲳鲹饲料最适蛋白和脂肪需求及添加不同动植物原料的研究[D].上海：上海海洋大学.

荀鹏伟，2019. 卵形鲳鲹幼鱼对饲料中维生素 B1、泛酸和烟酸需求量的研究[D]. 上海：上海海洋大学.

易新文，陈瑞爱，徐家华，2019. 鸡肉粉替代鱼粉对卵形鲳鲹生长、饲料利用和抗氧化力的影响[J]. 中国海洋大学学报（自然科学版），49（12）：17-24.

于万峰，林黑着，黄忠，等，2019. 卵形鲳鲹（*Trachinotus ovatus*）对饲料中锌的需要量[J]. 动物营养学报，31（10）：4602-4611.

张伟涛，2009. 卵形鲳鲹（*Trachinotus ovatus*）对饲料脂肪利用的研究[D]. 苏州：苏州大学.

郑荷花，李伟，张莉莉，等，2013. 脂肪粉对断奶仔猪生产性能、养分利用率和血清生化指标的影响[J]. 畜牧与兽医，45（6）：14-18.

Abasubong K P，Liu W B，Zhang D D，et al.，2018. Fishmeal replacement by rice protein concentrate with xylooligosaccharides supplement benefits the growth performance，antioxidant capability and immune responses against aeromonas hydrophila in blunt snout bream（*Megalobrama amblycephala*）[J]. Fish and Shellfish Immunology，78：177-186.

Bakry A M，Abbas S，Ali B，et al.，2016. Microencapsulation of oils：A comprehensive review of benefits，techniques，and applications[J]. Comprehensive Reviews in Food Science and Food Safety，15（1）：143-182.

Cheng C H，Yang F F，Ling R Z，et al.，2015. Effects of ammonia exposure on apoptosis，oxidative stress and immune response in pufferfish（*Takifugu obscurus*）[J]. Aquatic Toxicology，164：61-71.

Fang H H，Zhao W，Xie J J，et al.，2021. Effects of dietary lipid levels on growth performance，hepatic health，lipid metabolism and intestinal microbiota on *Trachinotus ovatus*[J]. Aquaculture Nutrition，27：1554-1568.

Fu Z Y，Yang R，Zhou S J，et al.，2021. Effects of rotifers enriched with different enhancement products on larval performance and jaw deformity of golden pompano larvae *Trachinotus ovatus*（Linnaeus，1758）[J]. Frontiers in Marine Science，7：626071.

Haider J，Majeed H，Williams P A，et al.，2017. Formation of chitosan nanoparticles to encapsulate krill oil（*Euphausia superba*）for application as a dietary supplement[J]. Food Hydrocolloids，63：27-34.

Li K，Wang Y，Zheng Z X，et al.，2010. Replacing fish meal with rendered animal protein ingredients in diets for malabar grouper（*Epinephelus malabaricus*）[J]. Journal of the World Aquaculture Society，40：67-75.

Li M M，Xu C，Ma Y C，et al.，2020b. Effects of dietary n-3 highly unsaturated fatty acids levels on growth，lipid metabolism and innate immunity in juvenile golden pompano（*Trachinotus ovatus*）[J]. Fish and Shellfish Immunology，105：177-185.

Li M M，Zhang M，Ma Y C，et al.，2020a. Dietary supplementation with n-3 high unsaturated fatty acids decreases serum lipid levels and improves flesh quality in the marine teleost golden pompano *Trachinotus ovatus*[J]. Aquaculture，516：734632.

Li X L，Liu B S，Liu B，et al.，2019. Growth performance，lipid deposition and serum biochemistry in golden pompano *Trachinotus Ovatus*（Linnaeus，1758）fed diets with various fish oil substitutes[J]. The Israeli Journal of Aquaculture-Bamidgeh，71：1589.

Ma Y C，Li M M，Xie D Z，et al.，2020a. Fishmeal can be replaced with a high proportion of terrestrial protein in the diet of the carnivorous marine teleost（*Trachinotus ovatus*）[J]. Aquaculture，519：734910.

Ma Y C，Xu C，Li M M，et al.，2020b. Diet with a high proportion replacement of fishmeal by terrestrial compound protein displayed better farming income and environmental benefits in the carnivorous marine teleost（*Trachinotus ovatus*）[J]. Aquaculture Reports，18：100449.

Martínez-Álvarez R M，Morales A E，Sanz A，2005. Antioxidant defenses in fish：Biotic and abiotic factors[J]. Reviews in Fish Biology & Fisheries，15：75-88.

Oliva-Teles A，2012. Nutrition and health of aquaculture fish[J]. Journal of Fish Diseases，35（2）：83-108.

Oliveira M A，Alves S P，Santos-Silva J，et al.，2016. Effects of clays used as oil adsorbents in lamb diets on fatty acid composition of abomasal digesta and meat[J]. Animal Feed Science and Technology，213：64-73.

Pichai M V A，Ferguson L R，2012. Potential prospects of nanomedicine for targeted therapeutics in inflammatory bowel diseases[J]. World Journal of Gastroenterology，18（23）：2895-2901.

Ren X，Zhu M，Wu Y，et al.，2021. The optimal dietary lipid level for golden pompano *Trachinotus ovatus* fed the diets with fish meal replaced by soy protein concentrate[J]. Aquaculture Research，52：3350-3359.

Tacon A G J，Metian M，2015. Feed matters：Satisfying the feed demand of aquaculture[J]. Reviews in Fisheries Science & Aquaculture，23：1-10.

Tan X H，Lin H Z，Huang Z，et al.，2016. Effects of dietary leucine on growth performance，feed utilization，non-specific immune responses and gut morphology of juvenile golden pompano *Trachinotus ovatus*[J]. Aquaculture，465：100-107.

Turchini G M，Quinn G P，Paul L J，et al.，2009. Traceability and discrimination among differently farmed fish：A case study on Australian Murray cod[J]. Journal of Agricultural and Food Chemistry，57（1）：274-281.

Wang J，Gatlin III D M，Li L H，et al.，2019. Dietary chromium polynicotinate improves growth performance and feed utilization of juvenile golden pompano（*Trachinotus ovatus*）with starch as the carbohydrate[J]. Aquaculture，505：405-411.

Wang S Q，Wang M，Zhang H，et al.，2020a. Long-chain polyunsaturated fatty acids biosynthesis in carnivorous marine teleost：Insight into the profile of LC-PUFA biosynthesis in golden pompano *Trachinotus ovatus*[J]. Aquaculture Research，51（2）：623-635.

Wang S Q，Wang M，Zhang H，et al.，2020b. Long-chain polyunsaturated fatty acid metabolism in carnivorous marine teleosts：Insight into the profile of endogenous biosynthesis in golden pompano *Trachinotus ovatus*[J]. Aquaculture Research，51（2）：14410.

Wang Y，Li K，Han H，et al.，2008. Potential of using a blend of rendered animal protein ingredients to replace fish meal in practical diets for malabarg grouper（*Epinephelus malabricus*）[J]. Aquaculture，281：113-117.

Xavier R J，Podolsky D K，2007. Unravelling the pathogenesis of inflammatory bowel disease[J]. Nature，448（7152）：427-434.

Xie D Z，Wang M，Wang S Q，et al.，2020. Fat powder can be a feasible lipid source in aquafeed for the carnivorous marine teleost golden pompano，*Trachinotus ovatus*[J]. Aquaculture International，28：1153-1168.

Xun P W，Lin H Z，Wang R X，et al.，2021. Effects of dietary lipid levels on growth performance，plasma biochemistry，lipid metabolism and intestinal microbiota of juvenile golden pompano（*Trachinotus ovatus*）[J]. Aquaculture Nutrition，27：1683-1698.

Zhang G R，Ning L J，Jiang K S，et al.，2023. The importance of fatty acid precision nutrition：Effects of dietary fatty acid composition on growth，hepatic metabolite and intestinal microbiota in marine teleost *Trachinotus ovatus*[J]. Aquaculture Nutrition：2556799.

Zhang G R，Wang S Q，Chen C Y，et al.，2019. Effects of dietary vitamin C on growth，flesh quality and antioxidant capacity of juvenile golden pompano *Trachinotus ovatus*[J]. Aquaculture Research，50（10）：2856-2866.

Zhang G R，Xu C，You C H，et al.，2021. Effects of dietary vitamin E on growth performance，antioxidant capacity and lipid metabolism of juvenile golden pompano *Trachinotus ovatus*[J]. Aquaculture Nutrition，27：2205-2217.

Zhang M，Chen C Y，You C H，et al.，2019. Effects of different dietary ratios of docosahexaenoic to eicosapentaenoic acid（DHA/EPA）on the growth，non-specific immune indices，tissue fatty acid compositions and expression of genes related to LC-PUFA biosynthesis in juvenile golden pompano *Trachinotus ovatus*[J]. Aquaculture，505：488-495.

Zhao P，Zhou R，Zhu X Y，et al.，2015. Matrine attenuates focal cerebral ischemic injury by improving antioxidant activity and inhibiting apoptosis in mice[J]. International Journal of Molecular Medicine，36：633-644.

Zhao S B，Han D，Zhu X M，et al.，2016. Effects of feeding frequency and dietary protein levels on juvenile allogynogenetic gibel carp（*Carassius auratus gibelio*）var. CAS III：Growth，feed utilization and serum free essential amino acids dynamics[J]. Aquaculture Research，47：290-303.

Zhou C P，Lin H Z，Huang Z，et al.，2020. Effects of dietary leucine levels on intestinal antioxidant status and immune response for juvenile golden pompano（*Trachinotus ovatus*）involved in Nrf2 and NF-κB signaling pathway[J]. Fish and Shellfish Immunology，107：336-345.

第十一章　鱼类脂肪酸精准营养研究展望

水产养殖是鱼粉和鱼油的最大消费者，消耗全世界每年生产的 60%以上鱼粉和近 75%鱼油（Tacon et al.，2011）。水产养殖业必须减少对这些饲料原料的依赖，以保持经济活力及其可持续发展。

由于鱼类和人类一样，对有益于健康的 n-3 PUFA 和 n-3 LC-PUFA 需求高，而对 n-6 PUFA 的需求一般较少。鱼油富含 n-3 LC-PUFA，但资源有限且价格昂贵；陆源性动植物油的资源较丰富、价格相对较低，但缺乏 n-3 LC-PUFA，且除亚麻籽油和紫苏籽油等少数植物油含有一定量的 n-3 LC-PUFA 底物（α-亚麻酸）外，绝大部分植物油的亚麻酸含量很低，而 n-6 PUFA（如亚油酸）含量高。因此，解决鱼类健康生长对 n-3 PUFA 和 n-3 LC-PUFA 的供需矛盾问题是水产养殖业健康可持续发展的迫切需要。我们认为，加强鱼类脂肪酸精准营养和脂肪酸平衡的理论及应用技术研究是解决该问题的重要对策。弄清鱼体在不同条件下对各种（类）脂肪酸的精准需求，可为脂肪酸组成和含量科学合理的配合饲料研发提供依据；在确保配合饲料中含有可使养殖鱼类获得最佳生长和健康的必需脂肪酸情况下，尽可能减少饲料中鱼油和 n-3 PUFA 的使用量，有助于减少水产养殖对鱼油的依赖，摆脱我国水产养殖鱼油主要依赖进口的“卡脖子”问题。要达到此目的，未来可从如下几方面深化研究和取得突破。

第一节　加强鱼类脂肪酸精准营养的理论和技术研究

关于鱼类的必需脂肪酸（EFA）需求研究，近 50 年来已陆续在一些鱼类中有报道。现有的鱼类 EFA 需求数据主要是以幼鱼为研究对象，且大多数是在室内循环水养殖系统条件下获得的，也有一些是在室外网箱养殖系统中获得的。鱼类对脂肪酸，特别是 EFA 的需求特性，受种类（营养级）、生长阶段、养殖环境、试验条件、饲料配方与生产工艺等多种因素的影响。因此，这些因素影响现有 EFA 数据在养殖生产中的可应用性或应用效果。最近，美国南伊利诺伊大学卡本代尔分校动物学系的 Trushenski 团队对虹鳟、斑点叉尾鮰、尼罗罗非鱼、佛罗里达鲳和杂交条纹鲈的 PUFA 需求特性进行了再评估，使这些鱼类的 EFA 需求特性得到了完善（Jackson et al.，2020a，2020b; Barry and Trushenski，2020a，2020b；Trushenski et al.，2020）。这些研究工作也说明，随着研究工作的深入或养殖生产发展的需要，现已发现过去关于某些鱼类的 EFA 需求数据，有必要进行再评估或完善。同时，对于不同养殖鱼类在不同条件下（如生长阶段、养殖环境、饲料配方等）的脂肪酸精准需求特性，也需要进行系统研究。

另外，考虑到脂肪酸的种类繁多，不同脂肪源的脂肪酸组成差异很大；在饲料配方研发和饲料生产时，主要是应用脂肪源而不是脂肪酸。因此，科学、有效的饲料配方需要同时考虑养殖鱼类的脂肪酸（特别是 EFA）需求特性及脂肪源的脂肪酸组成，以便能够较好地满足鱼体正常生长和生理功能对脂肪酸的需要。这就是饲料的脂肪酸平衡问题，关于其概念和内容见本书第二章。目前，关于饲料的脂肪酸平衡方面的研究才刚刚起步。为了更加有效科学地开展鱼类对脂肪酸，特别是 EFA 的精准需求研究，有必要建立较统一规范的试验方法和评价体系。考虑到养殖鱼类的品种很多，可从植食性、杂食性、肉食性等不同营养级物种中，各选择一至几种代表性鱼类为对象，系统探索和建立开展脂肪酸精准营养需求研究的试验方法、操作规范等。在此基础上，系统开展鱼类的脂肪酸精准营养与脂肪酸平衡的理论和技术研究，为全面准确地弄清重要养殖鱼类在不同条件下的脂肪酸需求特性提供基础，为优质高效的饲料开发提供理论和技术支撑。

第二节　加强鱼类 LC-PUFA 合成代谢调控机制及应用技术的研究

近年来，本书作者团队通过在转录水平和转录后水平对黄斑蓝子鱼 LC-PUFA 合成代谢调控机制的研究，已初步找到应用 LC-PUFA 合成调控机制成果提高鱼体内源性 LC-PUFA 合成能力的突破口。例如，通过比较大西洋鲑（*S. salar*）、黄斑蓝子鱼、大西洋鳕（*G. morhua*）、斜带石斑鱼（*E. coioides*）、欧洲鲈鱼（*D. labrax*）和花鲈（*L. japonicus*）的脂肪酸去饱和酶基因（*fads2*）的核心启动子区的结构，发现具有 LC-PUFA 合成能力的大西洋鲑和黄斑蓝子鱼的 Δ6Δ5 *fads2* 具有 Sp1 结合位点，而缺乏 LC-PUFA 合成能力的肉食性海水鱼类——大西洋鳕、斜带石斑鱼、欧洲鲈鱼和花鲈的 *fads2* 缺乏 Sp1 结合位点，提示 *fads2* 基因启动子区 Sp1 结合位点的缺乏可能是该基因转录活性较低的重要原因（Zheng et al.，2009；Geay et al.，2012；Xu et al.，2014；Dong et al.，2018）。在此推论基础上，我们把黄斑蓝子鱼 Δ6Δ5 *fads2* 启动子上的 Sp1 序列插入到斜带石斑鱼 *fads2* 启动子上的对应部位后，后者的启动子活力得到显著提高，从而确认石斑鱼 *fads2* 基因启动子区缺少 Sp1 结合位点是其转录活性低下的重要原因（Xie et al.，2018）。同样，把黄斑蓝子鱼 Δ6Δ5 *fads2* 启动子上的 Sp1 序列插入到该鱼的 Δ4 *fads2* 启动子后，Δ4 *fads2* 基因的转录活性、肝细胞的 LC-PUFA 合成能力也显著升高，从而证明黄斑蓝子鱼Δ4 *fads2* 基因启动子区缺少 Sp1 结合位点也是其活性较低的重要原因（Li et al.，2019）。这是首次揭示 Sp1 在脊椎动物 LC-PUFA 合成关键酶基因转录活性中的重要作用。该研究结果提示，将 LC-PUFA 合成能力缺乏或很低的鱼类的 *fads2* 基因导入 Sp1 结合位点序列，有望提高其内源性的 LC-PUFA 合成能力，这为通过基因编辑技术提高鱼体利用植物油的能力，降低水产养殖对鱼油的依赖以及提高养殖鱼类的 LC-PUFA 含量等提供了新的育种思路。

另外，本书作者团队的研究发现，转录因子 Hnf4α 与黄斑蓝子鱼的几种 LC-PUFA 合成关键酶（Δ4 Fads2、Δ6Δ5 Fads2 及 Elovl5）的基因启动子区都存在有直接的相互作用，说明 Hnf4α 可能参与黄斑蓝子鱼 LC-PUFA 合成的转录调节。进一步的研究发现，Hnf4α 在肠、肝脏和眼等脂肪代谢较活跃的组织器官中有较高的表达。当以 Hnf4α 激动剂（Alverine 和 Benfluorex）处理黄斑蓝子鱼的肝细胞或 *hnf4α* 过表达时，上述 3 个 LC-PUFA 合成关键酶及 *hnf4α* 的 mRNA 水平升高；当使用其拮抗剂（BI6015）处理肝细胞或 siRNA 敲低 *hnf4α* 时，LC-PUFA 合成关键酶的表达水平降低。同时，*hnf4α* 过表达可增强黄斑蓝子鱼肝细胞的 LC-PUFA 合成能力；给黄斑蓝子鱼腹腔注射 Hnf4α 激动剂（Alverine 和 Benfluorex）可增加 *hnf4α*、*elvol5* 和 Δ4 *fads2* 的表达，同时提高肝脏的 LC-PUFA 水平。上述结果表明，Hnf4α 通过靶向作用于黄斑蓝子鱼的 LC-PUFA 合成关键酶基因，参与 LC-PUFA 合成的转录调节，这是首次报道 Hnf4α 作为转录因子参与脊椎动物 LC-PUFA 的合成调控（Dong et al.，2016，2020；Li et al.，2018；Wang et al.，2018）。此外，本书通过系列体内和体外研究，揭示了 miR-145 通过抑制黄斑蓝子鱼 *hnf4α* 基因的表达，调节 LC-PUFA 的合成（Chen et al.，2020），该研究结果有助于我们了解鱼类 LC-PUFA 合成代谢的复杂调控机制。从长远来看，上述转录调控和转录后调控机制的研究成果和发现，将有助于我们开发切实可行的提高鱼体内源性 LC-PUFA 合成能力的方法。例如，将来可能利用转录因子的激动剂，通过腹腔注射或通过饲料添加剂形式投喂，也可通过遗传育种或转基因的方法增加转录因子的拷贝数和表达水平，或通过抑制 miR-145 等方法，达到提高鱼体的内源性 LC-PUFA 合成能力的目的，从而减少饲料中鱼油的添加量或增加鱼体的 LC-PUFA 含量以改善养殖鱼类的营养品质。

总之，揭示鱼类 LC-PUFA 合成代谢的调控机制，弄清海水鱼类 LC-PUFA 合成能力缺乏或低下的深层次原因，既是丰富和发展鱼类营养学，特别是鱼类分子营养学的重大理论问题，也是研发鱼类高效配合饲料，解决水产养殖对鱼油依赖性过强的“卡脖子”问题的产业需要。在此基础上，可望研发出提高鱼体内源性 LC-PUFA 合成能力的方法，增加配合饲料中植物油替代鱼油的比例，降低配合饲料对鱼油的依赖及饲料成本，从而促进配合饲料的推广应用及水产养殖业，特别是海水鱼养殖业的健康可持续发展。因此，加强鱼类 LC-PUFA 合成代谢调控机制及应用技术的研究非常必要和重要。

第三节　利用基因工程技术提高鱼类自身的 LC-PUFA 合成能力

大多数海水鱼因为 LC-PUFA 合成关键酶的活性缺乏或较低，通常不能产生足够量的 EPA 和 DHA 来满足鱼体正常生长和生理功能对 EFA 的需要。因此，在饲料中必须补充富含 n-3 LC-PUFA 的鱼油，以提供 EPA 和 DHA。相反，淡水鱼可以表达 LC-PUFA 合成所需的所有酶，故其能够合成 EPA 和 DHA。随着基因工程技术的发展，一些研究者在鱼类中开展了利用基因工程技术提高鱼体自身 LC-PUFA 合成能力方面的研究工作。例如，Alimuddin 等（2007）通过在斑马鱼中过量表达马苏大马哈鱼（*O. masou*）Δ5 *fad* 基因来调节 EPA/DHA 合成途径，以达到提高 EPA 和 DHA 的合成能力。研究结果显示，与非转基因鱼相比，Δ5 *fad* 基因在喂食商品饲料和卤虫的转基因鱼中的表达，可将全鱼的 EPA（20:5n-3）含量提高 1.21 倍，DHA（22:6n-3）含量提高 1.24 倍；在仅喂食卤虫的转基因鱼中，EPA 和 DHA 含量出现相似的增长模式，分别提高了 1.14 倍和 1.13 倍。相反，ETA（20:4n-3）的含量降低了，因为它是 Δ5 Fad 的底物，而总脂含量保持不变。结果表明，马苏大马哈鱼 Δ5 Fad 在斑马鱼中具有功能活性，可以改变其脂肪酸代谢途径。

Pang 等（2014）以斑马鱼为对象，利用转基因技术生产出富含 n-3 LC-PUFA 的鱼类。第一，*fat1* 被证明在鱼类培养细胞中有效地发挥作用，其显示出 n-6 PUFA 向 n-3 PUFA 的有效转化，其中 n-6/n-3 比从 7.7 降低到 1.1。第二，*fat1* 在转基因斑马鱼中的表达，可将 20:5n-3 和 22:6n-3 的含量分别提高 1.8 倍和 2.4 倍。第三，鱼类密码子优化的 Δ12 去饱和酶基因 *fat2* 和 *fat1* 在鱼类培养细胞中的共表达可显著促进 n-3 PUFA 合成，n-6/n-3 比从 7.7 降低到 0.7。第四，*fat1* 和 *fat2* 在双转基因斑马鱼中的共表达将 20:5n-3 和 22:6n-3 的含量分别提高 1.7 倍和 2.8 倍。总的来说，他们研发了两种富含内源性 n-3 LC-PUFA 的转基因斑马鱼：*fat1* 转基因斑马鱼和 *fat1*/*fat2* 双转基因斑马鱼。该研究结果表明，将 *fat1* 和 *fat2* 转基因技术应用于养殖鱼类，可以大大提高 n-3 LC-PUFA 含量。

Kabeya 等（2014）将马苏大马哈鱼（*O. masou*）的延长酶基因转入海水鱼箕作黄姑鱼（*N. mitsukurii*）中，转基因鱼肝脏中的 EPA（20:5n-3）含量较低（3.3%对 7.7%），但其二十二碳五烯酸（22:5n-3）含量比非转基因鱼高 2.28 倍（4.1%对 1.8%）。此外，在转基因鱼中特异性检测到二十四碳五烯酸（24:5n-3）。因此，用这些脂肪酸代谢酶开发转基因鱼品系，可能是操纵鱼体内脂肪酸代谢途径的有力工具。

为了提高斑点叉尾鮰的营养价值，Huang 等（2021）通过在斑点叉尾鮰中插入由鲤鱼 β-肌动蛋白启动子驱动的鲑鱼 Δ5 Fad 基因（D5D），确定 β-肌动蛋白-D5D 对提高 F1 转基因斑点叉尾鮰 n-3 脂肪酸产量的有效性，并检测其对生长、生化成分、抗病性和其他性能性状的多效性影响。结果显示，与非转基因全同胞鱼相比，转基因 F1 斑点叉尾鮰的 n-3 脂肪酸相对比例增加 33%，n-6 脂肪酸减少 15%，n-9 脂肪酸减少 17%（$P<0.01$）。转基因鱼中 n-3 脂肪酸相对比例提高的同时，脂肪酸的总量减少，导致所有脂肪酸减少。将 β-肌动蛋白-D5D 转基因插入斑点叉尾鮰也对鱼体的生化组成和生长有很大影响。与全同胞鱼相比，转基因斑点叉尾鮰生长更快，抗病能力更强，蛋白质和水分含量更高，但脂肪含量更低；并且存在性别影响，雄性的表现变化更为显著。

上述研究成果表明，利用基因工程技术提高鱼类自身的 LC-PUFA 合成能力，也是降低水产养殖对鱼油依赖性过强的“卡脖子”问题，促进水产养殖业健康发展和提质增效的重要对策。

第四节 利用基因工程技术生产富含 LC-PUFA 的植物油或动物油

通过改变原始基因型或改善体内靶基因的表达，进而提高机体的 n-3 PUFA 合成来改变脂肪酸组成，这是重新平衡 n-3 和 n-6 脂肪酸含量的有效方法。由于鱼油资源短缺且价格昂贵，开发新的 LC-PUFA 来源变得越来越重要。此外，意想不到的环境污染可能导致鱼油中不良的重金属残留。生物合成和转基因方法有可能提供安全、经济和可再生的营养性 LC-PUFA，如 ARA、EPA 和 DHA，这些可以弥补鱼类 LC-PUFA 供应的减少和不可持续。近年来，在开发通过转基因技术生物合成 LC-PUFA 的高等植物或动物方面已取得重要进展。

秀丽隐杆线虫（*Caenorhabditis elegans*）的 *fat-1* 基因编码一种 n-3 脂肪酸去饱和酶（Fat-1），该酶可将 n-6 转化为 n-3 脂肪酸，而这种酶在包括哺乳动物在内的大多数动物中是不存在的。Fat-1 被证明对 C18 和 C20 不饱和脂肪酸底物都具有特异性，这种 C18/C20 双重底物偏好为 EPA 合成所需的去饱和功能提供了两种替代途径。基于 Fat-1 的这一功能，Kang

等（2004）利用*fat-1*基因产生了一种能够将n-6（ω-6）转化为n-3（ω-3）脂肪酸的转基因小鼠，可以将n-6与n-3的比例从20∶1～50∶1降低到几乎1∶1（图11-1）。*fat-1*转基因小鼠现在被广泛用作研究n-3脂肪酸益处及其功能的分子机制的新兴工具。

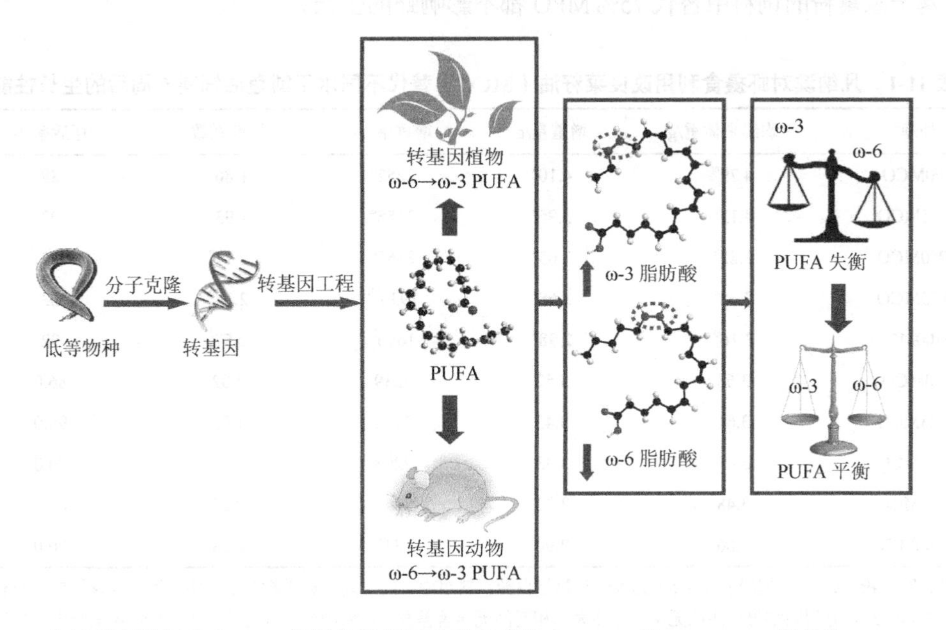

图11-1　在转秀丽隐杆线虫*fat-1*基因的转基因动物和植物中，Fat-1将 ω-6 PUFA转化为ω-3 PUFA（引自Jiao and Zhang，2013）（后附彩图）

多年来，植物种子被宣传为新型脂肪酸，如鱼油中常见的n-3 LC-PUFA（EPA和DHA）的生产平台。近年来，利用基因工程技术改良植物油的脂肪酸组成，特别是生产类似鱼油的植物油已开始在水产饲料中应用，甚至供人和动物食用。高水平DHA的低芥酸油菜品种的成功创制，打开了大规模生产其他重要LC-PUFA（如EPA和DPA）的大门。澳大利亚相关监管机构已经批准种植DHA油菜籽作物（canola crop）作为人类和动物的食用油来源，美国也批准种植（FSANZ，2017；OGTR，2018；USDA，2018）。Han等（2020）在不同的地理和监管位置（英国、美国和加拿大），对转基因来源的非天然n-3 LC-PUFA在荠菜种子油中的积累进行了实地评估。结果发现，无论农业环境如何，这些脂肪酸都遵循一个广泛的趋势，从而清楚地表明荠菜n-3 LC-PUFA转基因性状的稳定性和强健性。在叶、茎、花、花药或蒴果壳材料中未能检测到EPA和DHA的存在，证实这些新脂肪酸在种子中的特异性积累。总的来说，这些数据证实了转基因植物来源的所谓 ω-3 鱼油作为海洋来源油的可持续替代品的前景。Petrie等（2020）利用通过向油菜中引入由7个连续酶促步骤组成的微藻/酵母转基因途径，成功创造了一个在种子中可产生鱼油水平DHA的油菜新品种。该品种可将天然底物油酸转化为α-亚麻酸，随后转化为EPA、DPA和DHA。在澳大利亚和加拿大的几个地方进行的室外试验中，稳定、高效的品种产生了类似鱼油的DHA含量（9%～11%）。该研究是迄今为止报道的DHA含量最高的种子，也是获得批准使用的转基因作物的首批例子之一。此外，Vo等（2021）在凡纳滨对虾的实用饲料（36%蛋白质和 8%脂质）中，在室内循环水族缸养殖系统中评估了利用 n-3 脂肪酸水平得到提高的改良菜籽油（MCO）替代鲱鱼油（MFO）的功效。结果表明（表 11-1），在基于家禽粉的 MCO 饲料中没有适口性问题，MCO 在低鱼粉饲料中替代 100% MFO，以及在基于家禽粉的饲料中替代 75% MFO 都不影响虾的生长。

表 11-1　凡纳滨对虾摄食利用改良菜籽油（MCO）替代不同水平鲱鱼油饲料 6 周后的生长性能

处理[①]	平均终末体重/g	增重量/g	增重率/%	饲料系数	存活率/%
P0MCO	4.29[a]	4.10[a]	2252[a]	1.86[b]	88
P25MCO	4.13[a]	3.95[a]	2155[a]	1.93[b]	92
P50MCO	3.82[a]	3.65[a]	2160[a]	2.11[b]	87
P75MCO	3.88[a]	3.68[a]	1930[ab]	2.14[b]	83
P100MCO	3.16[b]	2.98[b]	1660[b]	2.57[a]	92
F0MCO	3.68	3.52	2239	2.02	86.0
F25MCO	3.61	3.45	2182	1.95	94.0
F50MCO	3.48	3.33	2208	2.15	80.0
F75MCO	3.48	3.32	2069	2.16	84.0
F100MCO	3.06	2.90	1813	2.38	90.0

注：家禽粉（$n=6$）或鱼粉（$n=5$）为唯一动物蛋白源饲料组中，同一列数据无相同小写字母标注者表示相互间有显著差异（$P<0.05$），有相同字母标注或无字母标注表示相互间无显著差异（$P>0.05$）。家禽粉试验组和鱼粉试验组虾平均初始体重分别为 0.18 g 和 0.16 g。

①每种饲料中改良菜籽油（MCO）的替代百分比。基础饲料含有 100%鲱鱼油（MFO），其中 P0MCO 和 F0MCO 组鱼油添加量分别为 5.45%和 4.73%。所有饲料含 36%蛋白质和 8%脂肪，P 和 F 分别表示家禽粉（6%添加量）和鱼粉（15%添加量）为饲料唯一动物蛋白源。

第五节　降低水产养殖对鱼油依赖的饲料配方技术与投喂策略

鱼油的价格比 30 年前贵了 4 倍，但它仍然是水产饲料所需要的 EPA、DHA 和其他 LC-PUFA 的最经济来源（Rombenso et al.，2022）。鱼油供应量有限，且受年际波动的影响，全球年产量 100 万 t 左右鱼油的 88.5%用于水产养殖（Tacon and Metian，2008）。随着水产养殖业的发展，鱼油供需矛盾将更加突出。为了解决这一问题，以及限制使用源自海洋原料的社会和环境压力，水产养殖行业已经进行了数十年的努力，以减少对鱼油的依赖。相应地，利用陆源性动植物油替代水产饲料中鱼油的研究已成为近二三十年来的重要研究主题。人们发现，一些鱼类——主要是杂食性鱼类能够将 C18 PUFA 转化为 LC-PUFA，因而替代饲料中的 FO 相对简单。相反，大多数肉食性鱼类的该种转化能力缺乏或不足，虽然一定量的 FO 被替代不会影响其生长或存活；但是，用缺乏 LC-PUFA 的油脂进行过高比例替代或完全替代鱼油，会导致生长性能降低，并使养殖产品中有益于人体健康的 n-3 LC-PUFA 含量降低，从而使其营养价值不可避免地受到影响。人们通常会将养殖鱼与对应的野生鱼进行比较，消费者期望养殖产品中含有高水平的 EPA 和 DHA。因此，水产养殖业发现自己处于“进退两难”的境地：饲喂基于 FO 的饲料可确保养殖鱼类的营养需求和满足消费者对养殖产品营养价值的期望；然而，对FO的依赖不仅提高了饲料价格，而且引起关注可持续发展的消费者的愤怒。因此，营养学家设计了各种策略来减少水产饲料中的鱼油使用量，同时保持养殖产品中的EPA和DHA水平。代表性的策略有"饲料中其他脂肪酸对'ω-3'鱼油节约效应的配方技术"和"先植物油饲料、后鱼油饲料的投喂策略"。

一、降低水产养殖对鱼油依赖的配方技术

鱼油因其脂肪酸组成全面且富含n-3 LC-PUFA（也称ω-3 LC-PUFA），是鱼类配合饲料的优质脂肪源。但是，鱼油资源短缺且价格昂贵，鱼饲料中的LC-PUFA水平不太可能增加，甚至需要减少，主要对策有三个：一是，利用资源较丰富、价格相对较低但缺乏n-3 LC-PUFA的陆源性动植物油作为脂肪源，部分或高比例甚至完全替代鱼油，其负面影响在上一段中已有陈述；二是，寻找其他富含LC-PUFA的油源，如利用微藻生产的油，或是上一节介绍的"利用基因工程技术生产富含LC-PUFA的植物油或动物油"；三是，利用脂肪酸精准营养技术，尽可能使n-3 LC-PUFA得到高效利用，从而起到节约鱼油的效果。第三种对策就是本节所要介绍的"降低水产养殖对鱼油依赖的配方技术"，即"饲料中其他脂肪酸对'ω-3'鱼油节约效应的配方技术"，这是一种目前较少受到关注的方法。具体来说，就是通过优化饲料的脂肪酸组成，使饲料中含有一定水平可满足鱼体正常生理功能需要的n-3 LC-PUFA（对于LC-PUFA合成能力缺乏或很弱的鱼类）或其合成前体ALA（对于具有LC-PUFA合成能力的鱼类），同时增加饲料中的SFA和MUFA含量；利用SFA和MUFA更容易被代谢利用的特点，使n-3 LC-PUFA免受不希望的分解代谢的影响，从而使有限的LC-PUFA更有效地参与其他重要生理功能或更多地被保留在养殖产品的组织中，提高养殖产品的营养价值。也就是说，用富含SFA及MUFA的饲料来"节省"EPA、DHA和其他LC-PUFA，这种现象被称为"ω-3节约效应"（omega-3 sparing effect）或称"n-3 LC-PUFA节约效应"（Turchini et al.，2011）。其结果，导致养殖鱼类组织中保留的LC-PUFA含量与以FO为脂肪源饲料养殖产品中的含量相似，甚至更高。这已经成为解决FO难题的最有希望的方法之一。在杂交条纹鲈、大西洋鲑（*S. salar*）、罗非鱼、佛罗里达鲳等鱼类的研究都表明，如果EFA需求得到满足，富含SFA和MUFA的饲料可以支持鱼类生长和存活，牛油可以作为脂肪源之一，起到节省鱼油的作用；同时，富含SFA和MUFA的脂质也被证明对组织脂肪酸组成和LC-PUFA保存有积极作用（Rombenso et al.，2022）。

陆源性动植物油通常富含C18 PUFA，当利用其作为饲料脂肪源或高比例替代鱼油时，富含C18 PUFA的饲料会对养殖鱼类的组织脂肪酸组成产生显著影响。因为，饲料中富含C18 PUFA时，鱼体会以消耗LC-PUFA为代价，而C18 PUFA则在组织中被优先或高效地沉积；相反，SFA和MUFA对组织脂肪酸组成的影响极小，因为它们已被代谢利用掉，起到"n-3 LC-PUFA节约效应"。C18 PUFA对组织脂肪酸组成的压倒性影响，以及相应的SFA和MUFA的微弱影响，在不同盐度和温度代表种中都有记录。在某些情况下，"n-3 LC-PUFA节约效应"已被证明足够大，可以有效地减少满足必需脂肪酸需求所需的

LC-PUFA 量。相反，一些研究未能证明这一现象，或者只揭示了适度的好处。尽管这种效应在某些物种中或在某些情况下可能较弱，但大量证据表明，“n-3 LC-PUFA 节约效应”是一致和广泛的（Rombenso et al.，2022）。因此，在设计饲料配方时，在满足养殖鱼类对 EFA 需求的情况下，减少富含 C18 PUFA 脂肪源使用量而增加富含 SFA 和 MUFA 脂肪源的使用量，是减少饲料中鱼油使用量和降低水产养殖对鱼油依赖的重要策略之一。

二、降低水产养殖对鱼油依赖的投喂策略

在鱼类养殖生产中，通过在前期生长阶段（grow-out period）投喂以陆源性油脂为主要脂肪源的饲料，在后期收获前阶段（finishing period）投喂以鱼油为主要脂肪源的饲料，既可以达到前期满足生长和减少鱼油使用量之目的，又可以使后期养成鱼含有更多有益于人类健康的 n-3 LC-PUFA。例如，在大西洋鲑（*S. salar*）养殖试验中，利用不同比例鱼油（FO）和菜籽油（RO）为脂肪源配制脂肪酸组成不同的 5 种实用饲料，其脂肪源配比分别为 100% FO/0% RO（0% RO）、90% FO/10% RO（10% RO）、75% FO/25% RO（25% RO）、50% FO/50% RO（50% RO）或 100% RO。先以此 5 种饲料喂养二龄后幼鱼 16 周；取样后，剩余的鱼以 FO 为唯一脂肪源的商品料持续喂养 12 周。结果显示，饲料中加入菜籽油对生长或饲料转化率没有影响，但鱼肉总脂肪酸组成中的 18:1n-9、18:2n-6 和 18:3n-3 的占比随着 RO 添加量的增加而显著增加；与饲喂 0% RO 饲料组鱼相比，饲喂 10%、25% 和 50% RO 饲料组鱼肉中的 20:5n-3 和 22:6n-3 百分含量显著降低，且饲喂 100% RO 饲料组鱼显著低于其他各饲料组鱼。改为 FO 饲料 4 周后，鱼肉中 20:5n-3 百分比在各处理之间没有显著差异，而 22:6n-3 的百分比在 12 周后恢复。然而，即使在 12 周后，先前喂食 50% 和 100% RO 的鱼肉 18:2n-6 百分比仍然显著高于其他组，尽管在数值上分别降低了 48%和 65%。这项研究表明，在大西洋鲑养殖生产中，RO 是 FO 的潜在替代物，但是饲料中 RO 添加量 50%以上会使鱼肉中 n-3 LC-PUFA（20:5n-3 和 22:6n-3）的百分含量显著降低。然而，这两种 LC-PUFA 的百分比可以通过喂食 FO 饲料 12 周来恢复（Bell et al.，2003）。

在河鲀的养殖试验中，分别以鱼油（FO）、河鲀鱼肝油（TO）、亚麻籽油（LO）、大豆油（SO）、菜籽油（RO）、棕榈油（PO）和牛油（BT）为脂肪源，配制仅脂肪源不同的饲料（含 6%脂肪）喂养平均初始体重 19.50 g 幼鱼 50 d；在收获前阶段，所有鱼都饲喂 FO 饲料 30 d。结果显示，与连续投喂鱼油饲料组相比，收获前阶段投喂鱼油饲料策略可使前期投喂陆源性脂肪源（TSO）饲料组鱼的肌肉 DHA 含量恢复到连续投喂鱼油饲料组的 82.8%～91.6%。与 DHA 相比，EPA 在生长期的肌肉中不太容易被保留，但在收获前阶段投喂鱼油饲料更容易恢复。与肌肉相比，肝脏中的 LC-PUFA 含量要低得多，且更难通过投喂鱼油饲料策略来恢复。在生长末期，投喂 LO、RO 和 BT 饲料导致鱼的生长比 FO 饲料组显著减少，但这种减少在收获前阶段投喂鱼油饲料不再存在，且还观察到鱼油饲料再投喂对 LC-PUFA 沉积的补偿作用。在整个饲养期间，鱼的粗成分、体细胞参数和肌肉质构特性等方面的差异很小，但是血清中的脂质代谢相关生化参数受到饲料的显著影响。养殖河鲀的肝脏油脂可以作为其饲料的合适且安全的脂肪源。在收获前阶段通过鱼油饲料投喂策略恢复生长和养殖产品 LC-PUFA 含量容易程度方面，牛油似乎是比其

他 TSO 更好的河鲀饲料脂肪源。综上所述，在恢复鱼体 LC-PUFA 含量和前期投喂 TSO 饲料的河鲀生长方面，收获前阶段投喂鱼油饲料策略具有高效性（Liao et al.，2021）。

上述先以陆源性油脂饲料后以鱼油饲料的投喂策略简称为“后期投喂鱼油饲料策略”（The fish oil-finishing strategy），现已在大西洋鲑、虹鳟（*O. mykiss*）、金头鲷（*S. aurata*）、欧洲鲈鱼（*D. labrax*）、塞内加尔鳎（*S. senegalensis*）、佛罗里达鲳、高体鰤（*Seriola dumerili*）、默里鳕鱼（*Maccullochella peelii*）、杂交条纹鲈（*Morone chrysops* × *M. saxatilis*）、欧洲白鲑（*C. lavaretus*）、红罗非鱼（*Oreochromis* sp.）及露斯塔野鲮（*Labeo rohita*）等鱼类中进行过研究（Liao et al.，2021）。在大多数研究中，该投喂策略能够将养殖产品的 DHA 含量恢复到连续投喂鱼油饲料鱼的 70%到 90%，LC-PUFA 恢复效率因鱼种类和大小、投喂时间长短、陆源性油脂类型、脂肪酸组成和组织类型而异。总体来说，该投喂策略相对容易操作，是提高养殖鱼产品 LC-PUFA 含量、减少饲料中鱼油使用量和降低水产养殖对鱼油依赖的重要策略。

参考文献

Alimuddin Y G，Kiron V，Satoh S，et al.，2007. Expression of masu salmon Δ5-desaturase-like gene elevated EPA and DHA biosynthesis in zebrafish[J]. Marine Biotechnology，9：92-100.

Barry K J，Trushenski J T，2020a. Reevaluating polyunsaturated fatty acid essentiality in rainbow trout[J]. North American Journal of Aquaculture，82（3）：251-264.

Barry K J，Trushenski J T，2020b. Reevaluating polyunsaturated fatty acid essentiality in hybrid striped bass[J]. North American Journal of Aquaculture，82（3）：307-320.

Bell J G，McGhee F，Campbell P J，et al.，2003. Rapeseed oil as an alternative to marine fish oil in diets of post-smolt Atlantic salmon（*Salmo salar*）：Changes in flesh fatty acid composition and effectiveness of subsequent fish oil “wash out”[J]. Aquaculture，218：515-528.

Chen C Y，Zhang M，Li Y Y，et al.，2020. Identification of miR-145 as a key regulator involved in LC-PUFA biosynthesis by targeting hnf4α in the marine teleost *Siganus canaliculatus*[J]. Journal of Agricultural and Food Chemistry，68：15123-15133.

Dong Y W，Wang S Q，Chen J L，et al.，2016. Hepatocyte nuclear factor 4α（HNF4α）is a transcription factor of vertebrate fatty acyl desaturase gene as identified in marine teleost *Siganus canaliculatus*[J]. PLoS One，11（7）：e0160361.

Dong Y W，Wang S Q，You C H，et al.，2020. Hepatocyte nuclear factor 4α（Hnf4α）is involved in transcriptional regulation of Δ6/Δ5 fatty acyl desaturase（Fad）gene expression in marine teleost *Siganus canaliculatus*[J]. Comparative Biochemistry and Physiology Part B：Biochemistry and Molecular Biology，239：110353.

Dong Y W，Zhao J H，Chen J L，et al.，2018. Cloning and characterization of Δ6/Δ5 fatty acyl desaturase（Fad）gene promoter in the marine teleost *Siganus canaliculatus*[J]. Gene，647：174-180.

FSANZ. A1143-Food derived from DHA Canola Line NS-B50027-4[EB/OL]. [2022-08-09]. http://www.foodstandards.gov.au/code/applications/Pages/A1143-DHA-Canola-Line-NS%E2%80%93B500274.aspx.

Geay F，José Z I J，Reinhardt R，et al.，2012. Characteristics of *fads2* gene expression and putative promoter in European sea bass（*Dicentrarchus labrax*）：Comparison with salmonid species and analysis of CpG methylation[J]. Marine Genomics，5：7-13.

Han L H，Usher S，Sandgrind S，et al.，2020. High level accumulation of EPA and DHA in field-grown transgenic Camelina-a multi-territory evaluation of TAG accumulation and heterogeneity[J]. Plant Biotechnology Journal，18：2280-2291.

Huang Y Q，Bugg W，Bangs M，et al.，2021. Direct and pleiotropic effects of the Masou Salmon Delta-5 Desaturase transgene in F1 channel catfish（*Ictalurus punctatus*）[J]. Transgenic Research，30：185-200.

Jackson C J，Trushenski J T，Schwarz M H，2020a. Reevaluating polyunsaturated fatty acid essentiality in Nile tilapia[J]. North American Journal of Aquaculture，82：278-292.

Jackson C J，Trushenski J T，Schwarz M H，2020b. Assessing polyunsaturated fatty acid essentiality in Florida pompano[J]. North American Journal of Aquaculture，82（3）：293-306.

Jiao J J，Zhang Y，2013. Transgenic biosynthesis of polyunsaturated fatty acids：A sustainable biochemical engineering approach for making essential fatty acids in plants and animals[J]. Chemical Review，113（5）：3799-3814.

Kabeya N，Takeuchi Y，Yamamoto Y，et al.，2014. Modification of the n-3 HUFA biosynthetic pathway by transgenesis in a marine teleost，nibe croaker[J]. Journal of Biotechnology，172：46-54.

Kang J X，Wang J D，Wu L，et al.，2004. *Fat-1* mice convert n-6 to n-3 fatty acids[J]. Nature，427：504.

Li Y Y，Zeng X W，Dong Y W，et al.，2018. Hnf4α is involved in LC-PUFA biosynthesis by up-regulating gene transcription of elongase in marine teleost *Siganus canaliculatus*[J]. International Journal of Molecular Sciences，19（10）：3193.

Li Y Y，Zhao J H，Dong Y W，et al.，2019. Sp1 is involved in vertebrate LC-PUFA biosynthesis by upregulating the expression of liver desaturase and elongase genes[J]. International Journal of Molecular Sciences，20：5066.

Liao Z B，Sun Z Y，Bi Q Z，et al.，2021. Application of the fish oil-finishing strategy in a lean marine teleost，tiger puffer（*Takifugu rubripes*）[J]. Aquaculture，534：736306.

OGTR. Commercial release of canola genetically modified for omega-3 oil content（DHA canola）[EB/OL]. [2022-08-09]. https://www.ogtr.gov.au/gmo-dealings/dealings-involving-intentional-release/dir-155.

Pang S C，Wang H P，Li K Y，et al.，2014. Double transgenesis of humanized *fat1* and *fat2* genes promotes omega-3 polyunsaturated fatty acids synthesis in a zebrafish model[J]. Marine Biotechnology，16：580-593.

Petrie J R，Zhou X R，Leonforte A，et al.，2020. Development of a brassica napus（Canola）crop containing fish oil-like levels of DHA in the seed Oil[J]. Frontiers in Plant Science，11：727.

Rombenso A N，Turchini G M，Trushenski J T，2022.The omega-3 sparing effect of saturated fatty acids：A reason to reconsider common knowledge of fish oil replacement[J]. Reviews in Aquaculture，14：213-217.

Tacon A G J，Hasan M R，Metian M，2011. Demand and supply of feed ingredients for farmed fish and crustaceans：Trends and prospects[J]. FAO Fisheries and Aquaculture Technical Paper，564：1-87.

Tacon A G J，Metian M，2008. Global overview on the use of fish meal and fish oil in industrially compounded aquafeeds：trends and future prospects[J]. Aquaculture，285：146-158.

Trushenski J T，Rombenso A N，Jackson C J，2020. Reevaluating polyunsaturated fatty acid essentiality in Channel Catfish[J]. North American Journal of Aquaculture，82：265-277.

Turchini G M，Francis D S，Senadheera S，et al.，2011. Fish oil replacement with different vegetable oils in *Murray cod*：Evidence of an "omega-3 sparing effect" by other dietary fatty acids[J]. Aquaculture，315（3-4）：250-259.

USDA. Determination of Nonregulated Status for Nuseed DHA Canola[EB/OL]. [2022-08-09]. https://www.aphis.usda.gov/brs/aphisdocs/17_23601p_det.pdf.

Vo L L G，Galkanda-Arachchige H S C，Iassonova D R，et al.，2021. Efficacy of modified canola oil to replace fish oil in practical diets of Pacific white shrimp *Litopenaeus vannamei*[J]. Aquaculture Research，52（6）：2446-2459.

Wang S Q，Chen J L，Jiang D L，et al.，2018. Hnf4α is involved in the regulation of vertebrate LC-PUFA biosynthesis：insights into the regulatory role of Hnf4α on expression of liver fatty acyl desaturases in the marine teleost *Siganus canaliculatus*[J]. Fish Physiology and Biochemistry，44：805-815.

Xie D Z，Fu Z X，Wang S Q，et al.，2018. Characteristics of the fads2 gene promoter in marine teleost *Epinephelus coioides* and role of Sp1-binding site in determining promoter activity[J]. Scientific Reports，8：5305.

Xu H G，Dong X J，Ai Q H，et al.，2014. Regulation of tissue LC-PUFA contents，Δ6 fatty acyl desaturase（FADS2）gene expression and the methylation of the putative FADS2 gene promoter by different dietary fatty acid profiles in Japanese seabass（*Lateolabrax japonicus*）[J]. PLoS One，9（1）：e87726.

Zheng X，Ding Z K，Xu Y Q，et al.，2009. Physiological roles of fatty acyl desaturases and elongases in marine fish：Characterisation of cDNAs of fatty acyl delta6 desaturase and elovl5 elongase of cobia（*Rachycentron canadum*）[J]. Aquaculture，290（1-2）：122-131.

附录1 缩略词表

英文名	中文名	简写
amino acid	氨基酸	AA
acyl-CoA thioeaterase 8	酰基辅酶A硫脂酶8	Acot8
acid phosphatase	酸性磷酸酶	ACP
delta 4-3-ketosteroid-5-beta-reductase	δ4-3 酮类固醇 5β-还原酶	Akr1d1
α-linolenic acid	α-亚麻酸	ALA
alkaline phosphatase	碱性磷酸酶	ALP
glutamic-pyruvic transaminase	谷丙转氨酶	ALT
arachidonic acid	花生四烯酸	ARA
glutamic-oxaloacetic transaminase	谷草转氨酶	AST
base helix-loop-helix	碱基螺旋-环-螺旋	bHLH
base pair	碱基对	bp
bovine serum albumin	牛血清白蛋白	BSA
beef tallow	牛油	BT
buttonhead box	Btd 盒	BTD
catalase	过氧化氢酶	CAT
complementary deoxyribonucleic acid	互补 DNA	cDNA
coding sequence	编码区	CDS
CCAAT enhancer binding protein	CCAAT 增强子结合蛋白	C/EBP
condition factor	肥满度	CF
complement 4	补体 4	c4
cholesterol-25-hydroxylase	胆固醇-25-羟化酶	Ch25h
coconut oil	椰子油	CO
diamine oxidase	二胺氧化酶	DAO
DNA binding domain	DNA 结合结构域	DBD
diglyceride	甘油二酯	DG
docosahexaenoic acid	二十二碳六烯酸	DHA
digestive performance	消化性能	DP
docosapentaenoic acid	二十二碳五烯酸	DPA
days post-hatching	孵化后天数	dph
essential amino acid	必需氨基酸	EAA
essential fatty acid	必需脂肪酸	EFA
elongases of very long chain fatty acid	碳链延长酶	Elovl

续表

英文名	中文名	简写
electrophoretic mobility shift assay	电泳迁移率变动分析	EMSA
eicosapentaenoic acid	二十碳五烯酸	EPA
endoplasmic reticulum	内质网	ER
eicosatetraenoic acid	二十碳四烯酸	ETA
fatty acid	脂肪酸	FA
free amino acid	游离氨基酸	FAA
fatty acid-binding proteins	脂肪酸结合蛋白	Fabps
fatty acid desaturase（fatty acyl desaturase）	脂肪酸去饱和酶	Fad（Fads，Fads2）
whole-body fatty acid mass balance	整体脂肪酸平衡	FAMB
fatty acid synthase	脂肪酸合酶	Fas
fatty acid transport protein	脂肪酸转运蛋白	Fatps
DHA-enriched oil	DHA 纯化油	FD
EPA-enriched oil	EPA 纯化油	FE
food coefficient（feed conversion ratio）	饲料系数	FCR
fibroblast growth factor 2	成纤维细胞生长因子 2	FGF2
fish oil	鱼油	FO
GIFT *Oreochromis niloticus*	吉富罗非鱼	GIFT
γ-linoleic acid	γ-亚麻酸	GLA
glucose	葡萄糖	GLU
gene ontology	基因本体	GO
glutathione peroxidase	谷胱甘肽过氧化物酶	GSH-Px
oxidized glutathione	氧化型谷胱甘肽	GSSG
high-density lipoprotein	高密度脂蛋白	HDL
high-density lipoprotein cholesterol	高密度脂蛋白胆固醇	HDL-C
human embryonic kidney 293T	人体肾脏细胞系 293T	HEK 293T
hepatocyte nuclear factor 4α	肝核因子 4α	Hnf4α
hours post-fertilization	受精后小时数	hpf
hepatosomatic index	肝体指数	HSI
highly unsaturated fatty acid	高不饱和脂肪酸	HUFA
immunity function	免疫机能	IF
interleukin 8	白细胞介素 8	il8
insulin induced gene 1	胰岛素诱导基因 1	*insig1*
Krueppel-like factor 4	Krueppel 样因子 4	*klf4*
linoleic acid	亚油酸	LA
ligand binding domain	配体结合结构域	LBD
liquid chromatography-mass spectrometry	液相色谱-质谱联用	LC-MS

续表

英文名	中文名	简写
long chain polyunsaturated fatty acid	长链多不饱和脂肪酸	LC-PUFA
low-density lipoprotein cholesterol	低密度脂蛋白胆固醇	LDL-C
linseed oil	亚麻籽油	LO
luciferase	萤光素酶	Luc
liver X receptor	肝 X 受体	LXR
liver X receptor response element	肝 X 受体应答元件	LXRE
lysozyme	溶菌酶	LZM
modified canola oil	改良油菜籽油	MCO
malondialdehyde	丙二醛	MDA
monoglyceride	甘油一酯	MG
messenger ribonucleic acid	信使核糖核酸	mRNA
micro ribonucleic acid	微小 RNA	miRNA
mass spectrometry	质谱	MS
mucin 2	黏蛋白 2	Muc2
mucin 13	黏蛋白 13	Muc13
monounsaturated fatty acid	单不饱和脂肪酸	MUFA
nicotine adenine dinucleotide	烟酰胺腺嘌呤二核苷酸	NAD
nicotinamide adenine dinucleotide phosphate	烟酰胺腺嘌呤二核苷酸磷酸	NADP
negative control	阴性对照	NC
non-essential amino acid	非必需氨基酸	NEAA
nuclear factor 1	核因子 1	NF-1
nuclear factor Y	核因子 Y	NF-Y
neighbor joining	邻接法	NJ
n-3 long-chain polyunsaturated fatty acid	n-3 系列长链多不饱和脂肪酸	n-3 LC-PUFA
n-6 polyunsaturated fatty acid	n-6 系列多不饱和脂肪酸	n-6 PUFA
olive oil	橄榄油	OO
open reading frame	开放阅读框	ORF
camellia oil	山茶油	OTO
phosphatidylcholine	卵磷脂	PC
phosphatidylethanolamine	磷脂乙醇胺	PE
protein efficiency ratio	蛋白质效率	PER
phenylalanine	苯丙氨酸	Phe
phosphatidyl inositol	磷脂酰肌醇	PI
palm oil	棕榈油	PO
peroxide value	过氧化值	POV
peroxisome proliferator-activated receptor	过氧化物酶体增殖物激活受体	Ppar

续表

英文名	中文名	简写
phospholipid	磷脂	PL
peanut oil	花生油	PNO
peroxisome proliferator reaction element	过氧化物酶体增殖物反应元件	PPRE
primary transcripts of miRNA	微小 RNA 的初级转录物	pri-miRNA
phosphatidylserines	磷脂酰丝氨酸	PS
perilla seed oil	紫苏籽油	PSO
part per thousand	千分之一	ppt
polyunsaturated fatty acid	多不饱和脂肪酸	PUFA
real-time quantitative PCR	实时定量 PCR	RT-qPCR
rapid amplification of cDNA end	cDNA 末端快速扩增法	RACE
RNA-induced silencing complex	RNA 诱导沉默复合物	RISC
RNA interference	RNA 干扰	RNAi
rapeseed oil	菜籽油	RO
reverse transcription-polymerase chain reaction	逆转录聚合酶链反应	RT-PCR
retinoid X receptor	类视黄醇 X 受体	RXR
S. canaliculatus hepatocyte line	黄斑蓝子鱼肝细胞系	SCHL
sterol carrier protein 2	固醇载体蛋白 2	Scp2
saturated fatty acid	饱和脂肪酸	SFA
specific growth rate	特定生长率	SGR
small interfering ribonucleic acid	小干扰 RNA	siRNA
soybean oil	大豆油	SO
superoxide dismutase	超氧化物歧化酶	SOD
specificity protein 1	激活蛋白 1	SP1
sterol regulatory element	固醇调节元件	SRE
sterol regulatory element-binding protein	固醇调节元件结合蛋白	SREBP
survival rate	存活率	SUR
total antioxidant capacity	总抗氧化能力	T-AOC
total cholesterol	总胆固醇	T-CHO
transcription factor	转录因子	TF
triglyceride	甘油三酯	TG
tight junction	紧密连接	TJ
tumor necrosis factor α	肿瘤坏死因子 α	tnfα
total superoxide dismutase	总超氧化物歧化酶	T-SOD
transcriptional start site	转录起始位点	TSS
unsaturated fatty acid	不饱和脂肪酸	UFA
untranslated region	非翻译区	UTR

续表

英文名	中文名	简写
3′uncoding region	3′端非编码区	3′UTR
5′uncoding region	5′端非编码区	5′UTR
vitamin C	维生素 C	VC
vitamin E	维生素 E	VE
very long chain polyunsaturated fatty acid	超长链多不饱和脂肪酸	VLC-PUFA
vegetable oil	植物油	VO
visceral index	脏体比	VSI
weight gain rate	增重率	WGR
zonula occludens-1	黏附连接分子 1	Zo-1

附录2 鱼名（中英拉对照表）

拉丁名	英文名	中文名
Acanthopagrus schlegelii	black head seabream	黑鲷
Acipenser sinensis	Chinese sturgeon	中华鲟
Alosa sapidissima	American shad	美洲鲥
Anguilla japonica	Japanese eel	日本鳗鲡
Aphyosemion striatum	striped aphyosemion	五线旗鳉
Arapaima gigas	pirarucu	巨骨舌鱼
Argyrosomus regius	meagre	大西洋白姑鱼
Astyanax mexicanus	Mexican blind cavefish	墨西哥丽脂鲤
Atherina presbyter	atherinidae	沙真银汉鱼
Barbonymus gonionotus	silver barb	银无须魮
Boleophthalmus boddarti	mudskipper	薄氏大弹涂鱼
Brachymystax lenok	lenok	细鳞鲑
Caenorhabditis elegans	nematode	秀丽隐杆线虫
Carassius auratus	crucian carp	鲫
Channa argus	snakehead	乌鳢
Channa striata	striped snakehead	线鳢
Chelon labrosus	thick-lipped grey mullet	粗唇龟鲻
Chirostoma estor	pike silverside	欢卡颏银汉鱼
Clarias gariepinus	African catfish	非洲鲶鱼
Colossoma macropomum	tambaqui	大盖巨脂鲤
Coregonus lavaretus	European white fish	欧洲白鲑
Ctenopharyngodon idellus	grass carp	草鱼
Cyprinus carpio	common carp	鲤
Danio rerio	zebrafish	斑马鱼
Dicentrarchus labrax	European seabass	欧洲鲈鱼
Epinephelus malabaricus	grouper	点带石斑鱼
Epinephelus coioides	orange-spotted grouper	斜带石斑鱼
Esox lucius	northern pike	白斑狗鱼
Gadus morhua	Atlantic cod	大西洋鳕
Huso huso	kaluga sturgeon	达氏鳇
Ictalurus punctatus	channel catfish	斑点叉尾鮰
Kryptolebias marmoratus	mangrove rivulus	鳉鱼

续表

拉丁名	英文名	中文名
Labeo rohita	rohu	露斯塔野鲮
Larmichthys crocea	large yellow croaker	大黄鱼
Lateolabrax japonicus	Japanese seabass	花鲈
Lates calcarifer	barramundi	尖吻鲈
Maccullochella peelii	murray cod	默里鳕鱼
Misgurnus anguillicaudatus	pond loach	泥鳅
White *Morone chrysops* × Striped *M. saxatilis*	hybrid striped bass	杂交条纹鲈
Muraenesox cinereus	sea eel	海鳗
Nibea coibor	Chu's croaker	浅色黄姑鱼
Nibea diacanthus	spotted drum	黄姑鱼
Nibea mitsukurii	nibe croaker	箕作黄姑鱼
Oncorhynchus masou	masu salmon	马苏大马哈鱼
Oncorhynchus mykiss	rainbow trout	虹鳟
Onychostoma macrolepis	largescale shoveljaw fish	多鳞白甲鱼
Oreochromis aurea	tilapia	奥利亚罗非鱼
Oreochromis mossambicus	mozambique tilapia	莫桑比克罗非鱼
Oreochromis niloticus	Nile tilapia	尼罗罗非鱼
Oreochromis sp. （*O.mossambicus*♀×*O. niloticus*♂）	red tilapia	红罗非鱼
Oryzias latipes	medaka	青鳉
Pampus argenteus	silver pomfret	银鲳
Pangasius hypophthalmus	sole fish	巴沙鱼
Paralichthys olivaceus	Japanese flounder	牙鲆
Pegusa lascaris	sand sole	沙鳎
Pelteobagrus fulvidraco	yellow catfish	黄颡鱼
Perca fluviatilis	perch	欧亚鲈
Platichthys stellatus	starry flounder	星斑川鲽
Plecoglossus altivelis	ayu	香鱼
Plectorhynchus cinctus	three-banded sweetlip	花尾胡椒鲷
Psetta maxima	turbot	大菱鲆
Pygocentrus nattereri	red-bellied piranha	纳氏锯脂鲤
Rachycentron canadum	cobia	军曹鱼
Salmo salar	Atlantic salmon	大西洋鲑
Sardina pilchardus	sardine	欧洲沙丁鱼
Sarpa salpa	salema porgy	叉牙鲷
Scatophagus argus	spotted scat	金鼓鱼
Scleropages formosus	Asian arowana	亚洲龙鱼

续表

拉丁名	英文名	中文名
Scophthalmus maximus	turbot	大菱鲆
Scylla olivacea	mud crab	榄绿青蟹
Seriola dumerili	greater amberjack	高体鰤
Siganus canaliculatus	rabbitfish	黄斑蓝子鱼
Siganus fuscescens	rabbitfish	褐蓝子鱼
Siganus guttatus	rabbitfish	点蓝子鱼
Siganus lineatus	rabbitfish	金线蓝子鱼
Sillago sihama	silver sillago	多鳞鱚
Siniperca chuatsi	Chinese perch	鳜鱼
Solea senegalensis	senegalese sole	塞内加尔鳎
Sparus aurata	gilthead sea bream	金头鲷
Takifugu rubripes	tiger puffer	红鳍东方鲀
Tetraodon nigroviridis	spotted green pufferfish	黑绿四齿鲀
Thunnus maccoyii	southern bluefin tuna	南方蓝鳍金枪鱼
Thunnus thynnus	Atlantic bluefin tuna	大西洋蓝鳍金枪鱼
Tinca tinca	tench	丁鲹
Trachinotus carolinus	Florida pompano	佛罗里达鲳
Trachinotus ovatus	golden pompano	卵形鲳鲹

彩　　图

图 4-1　黄斑蓝子鱼

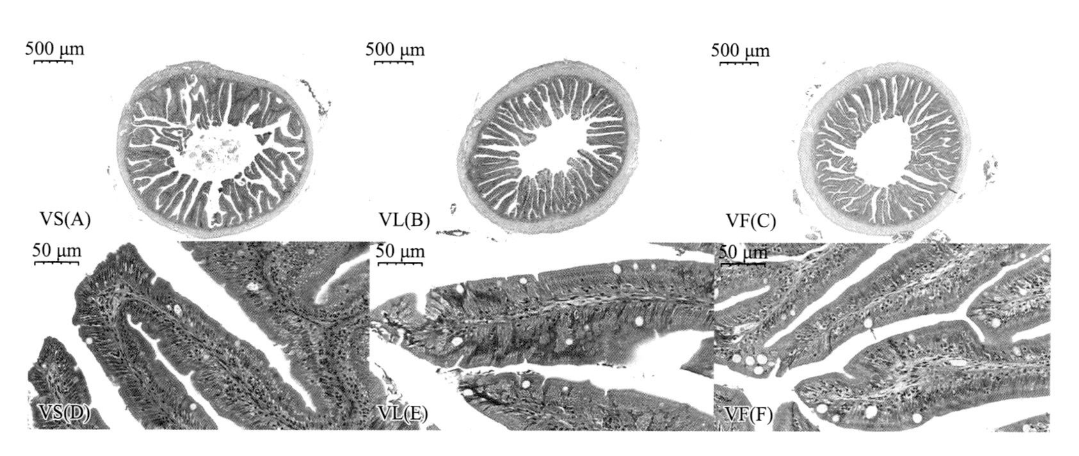

图 4-15　卵形鲳鲹幼鱼摄食豆油（VS）、亚麻籽油（VL）、鱼油（VF）饲料 8 周后的前肠组织结构

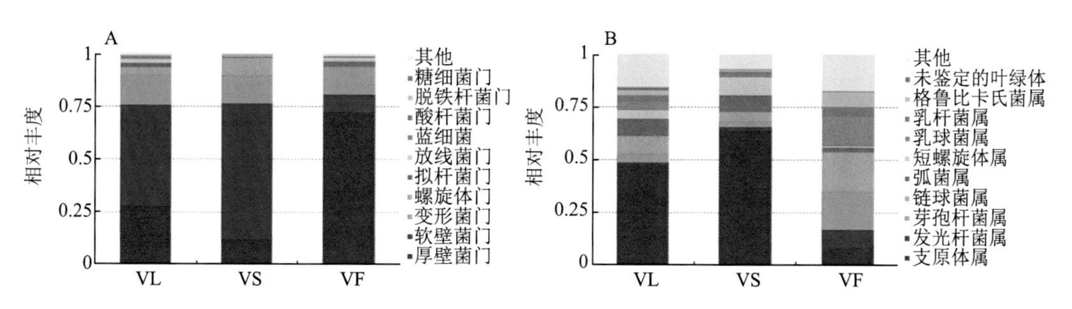

图 4-19　卵形鲳鲹幼鱼摄食豆油（VS）、亚麻籽油（VL）、鱼油（VF）饲料 8 周后的肠道菌群组成（$n = 6$）

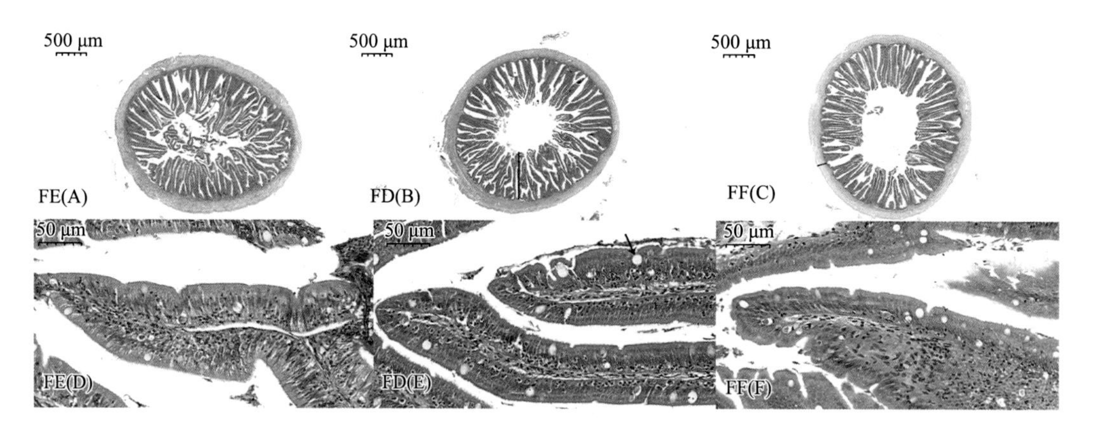

图 4-22　各饲料投喂组卵形鲳鲹幼鱼前肠的组织形态

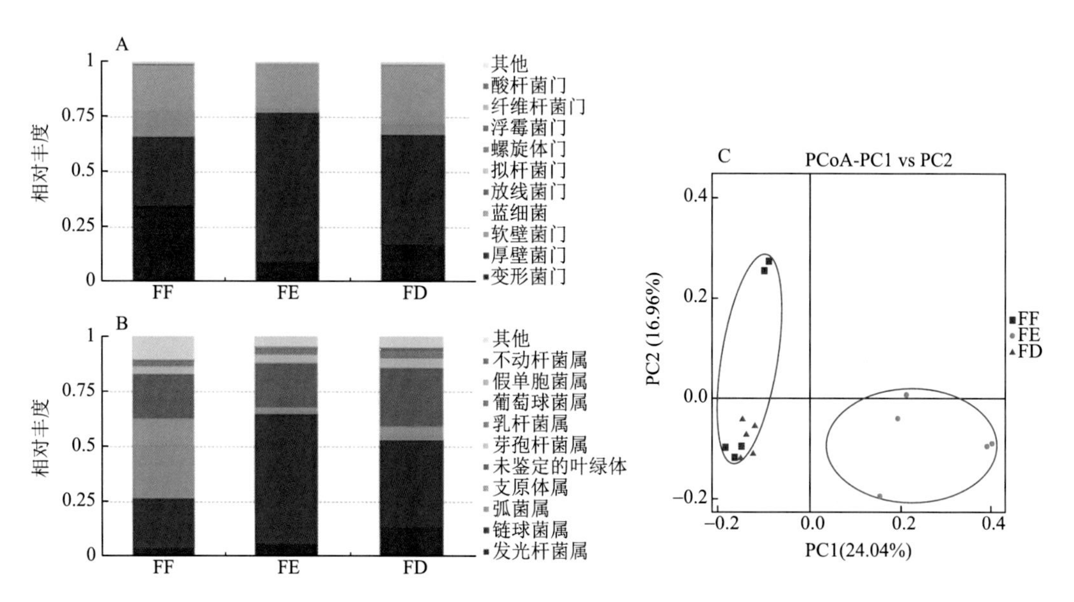

图 4-27　卵形鲳鲹摄食试验饲料 10 周后的肠道菌群组成及其二维 PCoA

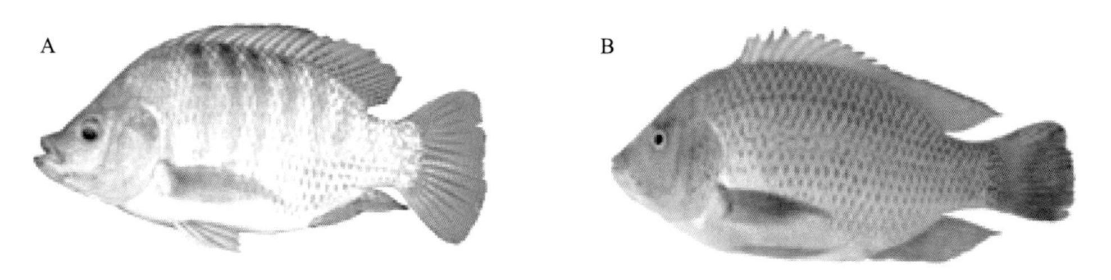

图 4-29　吉富罗非鱼（A）和红罗非鱼（B）

图 4-38　斜带石斑鱼　　　　图 4-40　花尾胡椒鲷

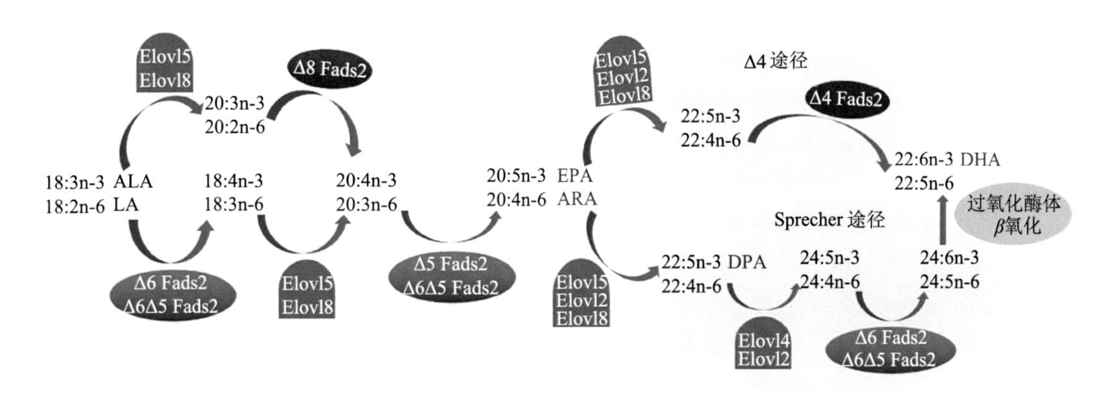

图 5-1　硬骨鱼类 LC-PUFA 合成代谢途径（Xie et al.，2021）

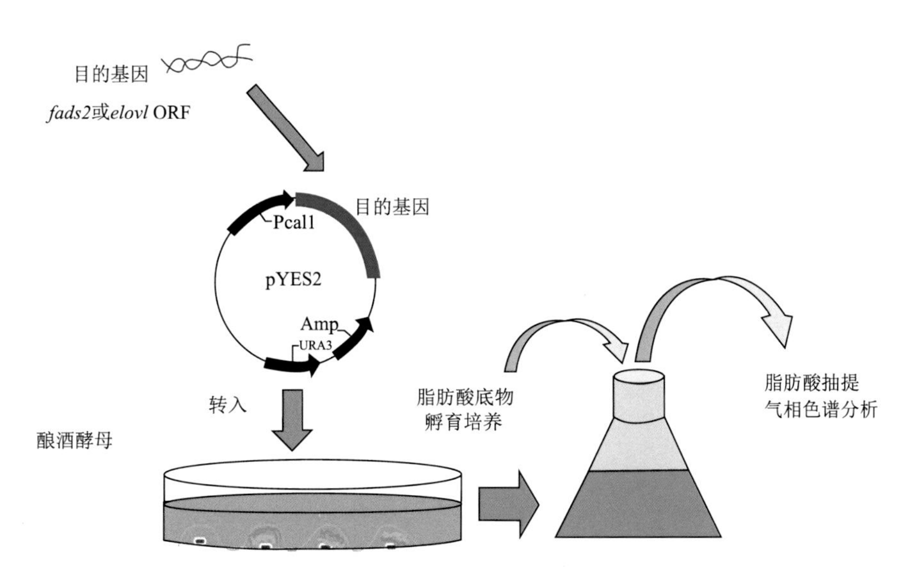

图 5-3　LC-PUFA 合成关键酶基因在酿酒酵母外源表达系统中功能鉴定方案